高等学校电子信息类规划教材

电磁场与电磁波

卢智远　朱满座　侯建强　编

西安电子科技大学出版社

内容简介

本书从经典电磁理论及其数学基础知识出发，系统地描述了电磁场和电磁波的基本规律。全书内容包括：矢量分析基础、静电场、恒定电场与恒定磁场、静态场的解、时变电磁场、均匀平面电磁波、电磁波的反射和折射、导行电磁波、电磁波的辐射及天线基础共9章。内容讲述深入浅出，对电磁理论既有严格的数学公式推导，又注重其物理意义的讲述。书中有大量的例题，每章附有习题，书末附有常用矢量公式、δ函数、特殊函数、考研试题精选和部分习题答案。

本书适合作为高等院校电子工程、通信工程、电子信息工程、微电子和应用电子技术等本科专业的“电磁场与电磁波”及“电磁场理论”课程教材，也可作为电子工程技术人员的参考书。

图书在版编目(CIP)数据

电磁场与电磁波/卢智远，朱满座，侯建强编.
—西安：西安电子科技大学出版社，2012.8(2016.2重印)
高等学校电子信息类规划教材
ISBN 978-7-5606-2776-2

Ⅰ.①电… Ⅱ.①卢… ②朱… ③侯…
Ⅲ.①电磁场—高等学校—教材 ②电磁波—高等学校—教材 Ⅳ.①O441.4

中国版本图书馆CIP数据核字(2012)第054516号

责任编辑 毛红兵 杨宗周 张 媛
出版发行 西安电子科技大学出版社(西安市太白南路2号)
电 话 (029)88242885 88201467 邮 编 710071
网 址 www.xduph.com 电子邮箱 xdupfxb001@163.com
经 销 新华书店
印刷单位 陕西华沐印刷科技有限责任公司
版 次 2012年8月第1版 2016年2月第2次印刷
开 本 787毫米×1092毫米 1/16 印 张 23.5
字 数 560千字
印 数 3001～5000册
定 价 41.00
ISBN 978-7-5606-2776-2/O

XDUP 3068001-2

前　言

电子信息技术的各个领域如通信、广播、电视、导航、遥感遥测遥控、电子仪器仪表等都离不开电磁波的发射、控制、传播与接收，工业自动化、家用电器、地质勘探、交通、电力及医用电子设备等方面也涉及到电磁理论的应用，而且电磁理论过去一直是将来仍是新兴学科的孕育点和增长点。学习电磁场课程，对于培养学生严谨的科学学风、科学方法及抽象思维能力、创新精神等，具有十分重要的作用。

本书的编写注重内容体系的链接，注重对解决问题思路的体现和对导出结论的深入定性说明，并参考了国内外最近几年不同风格的教材。编写采用数理并重的方式，在经典的范围内，从静态场一直到电磁波的辐射，推演出电磁场与电磁波的物理和数学特性，对其定理及场的基本方程的描述，既有严格的数学推导演义，又有物理意义的描述。为了使该书适用于不同层次的读者，增加了各向异性媒质中的平面波、电磁波的反射、折射和辐射等部分内容。为了帮助学生掌握内容和思考问题，本书适当地增加了例题和课后习题的数量，并对一些有难度的习题作了提示，而绝大部分的习题均附有答案。书末还附有近年来西安电子科技大学电磁场与微波专业攻读硕士研究生学位的入学考试试题。

本书作者均为长期从事通信、电子信息、电子技术、探测制导、电磁场与微波技术及微电子专业的“电磁场与电磁波”课程教学工作的一线教师。书中融入了编者长期的教学经验和体会，力求抽象概念形象化，同时注重教学规律，力争做到重点突出、难点分散。

本书适合作为电子工程、通信工程、电子信息工程、微电子和应用电子技术等本科专业的“电磁场与电磁波”及“电磁场理论”课程教材，作适当取舍也可以作为其他相关专业的教材和参考书。

全书共 9 章，第 1 章为矢量分析基础，介绍了矢量与标量及场的概念，给出了常用的定理、公式和恒等式，并引出亥姆霍兹定理以作为理解电磁场理论问题的基础。第 2 章为静电场，介绍了电场强度和电位的计算方法。第 3 章为恒定电场与恒定磁场，介绍了它们的基本规律和性质。第 4 章为静态场的解，基于前述的三种静态场的位函数可将其归结为同类别的边值问题，故可用同样的方法求解。第 5 章为时变电磁场，介绍了它的基本规律及反映宏观电磁现象的麦克斯韦方程组。第 6 章为均匀平面电磁波，介绍了平面电磁波在各种媒质中传播的特性。第 7 章为电磁波的反射和折射。第 8 章为导行电磁波。第 9 章为电磁波的辐射及天线基础。书末附录列出了常用矢量公式、δ 函数和特殊函数。

本书第 1、2、4 章及书后的附录由朱满座执笔，第 3、6、7 章及硕士研究生入学试题由卢智远执笔，第 5、8、9 章由侯建强执笔。全书由卢智远统稿。

在本书的编写过程中，西安电子科技大学电子工程学院的研究生韩日霞、何曼曼、李鹏杰、熊瑞君、王瑞华等为本书录入了部分初稿，计算了部分习题答案。西安电子科技大学牛中奇教授提出了许多宝贵的意见和建议，在此对他们表示衷心的感谢。同时对西安电子科技大学出版社给予的大力支持和帮助表示衷心的感谢。

限于编者水平，书中不当之处在所难免，衷心希望使用本教材的老师和同学批评指正。

编　者

2012 年 4 月

目　　录

第 1 章　矢量分析基础

1.1　矢 量 分 析

矢量分析讨论矢性函数的求导、积分等内容，它是矢量代数的继续，也是场论的基础。在物理学和工程实际中，许多物理量本身就是矢量，如电场强度、磁场强度、流体的流动速度、物质的质量扩散速度及引力等。采用矢量分析研究这些量是很方便的。有些物理量本身是标量，但是描述它们的空间变化特性用矢量较为方便。如物体的引力势，描述它的空间变化就需要用引力。再比如，空间的电位分布，描述其变化采用电场强度较为方便。

1.1.1　矢性函数

我们知道，模和方向都不变的矢量称为常矢量。而在许多科技问题中，常会碰到模和方向或其中之一会改变的矢量。这种矢量称为变矢量。为分析变矢量，需要引入矢性函数的概念。

设有数性变量 t 和变矢量 $\boldsymbol{A}$，如果对于 t 在某个范围内的每一个值，$\boldsymbol{A}$ 都有一个确定的矢量与之对应，则称 $\boldsymbol{A}$ 为数性变量 t 的函数，记作 $\boldsymbol{A}=\boldsymbol{A}(t)$。

如果将此矢量 $\boldsymbol{A}$ 放置在直角坐标中，并令其起点与坐标原点重合，则矢量 $\boldsymbol{A}$ 的三个分量 A_x、A_y、A_z都是 t 的数性函数，故矢量 $\boldsymbol{A}$ 可以写为

$$\boldsymbol{A}(t)=A_x(t)\boldsymbol{e}_x+A_y(t)\boldsymbol{e}_y+A_z(t)\boldsymbol{e}_z \tag{1-1}$$

式中，$\boldsymbol{e}_x$、$\boldsymbol{e}_y$、$\boldsymbol{e}_z$分别为沿三个坐标轴正向的单位矢量。

在以后的讨论中，我们仅限于自由矢量。所谓自由矢量是指当二矢量的模和方向都相同时，就可以认为此二矢量是彼此相等的一类矢量。如在讨论刚体平动问题时，力是自由矢量；在讨论刚体的定轴转动时，力矩是自由矢量。

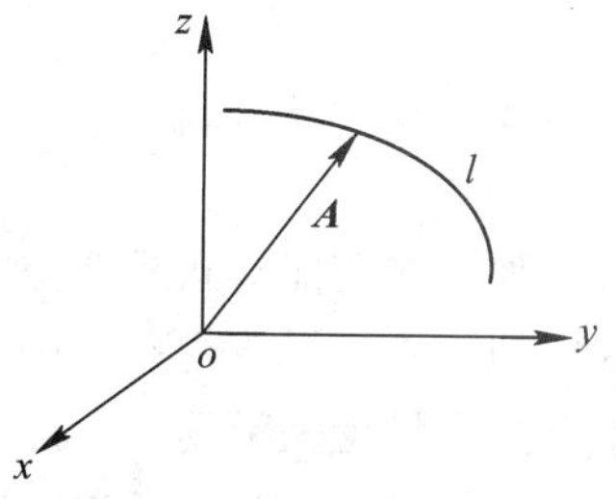

图 1-1　矢端曲线

为了直观地表示矢性函数的 $\boldsymbol{A}(t)$ 变化状态，我们可以把 $\boldsymbol{A}(t)$的起点平移至坐标原点。这样，当数性变量 t 变化时，矢量 $\boldsymbol{A}$ 的终端将会描出一条曲线 l，参看图 1-1，这条曲线称为矢性函数 $\boldsymbol{A}(t)$的矢量端曲线。而式(1-1)常称为矢量端曲线的矢量方程。

1.1.2 矢性函数的求导与积分

1. 矢性函数的导数

设有矢性函数 $\boldsymbol{A}(t)$(矢量的起点均相同)，当数性变量从 t 变到 $t+\Delta t$ 时，对应的矢量分别为

$$\boldsymbol{A}(t)=\overrightarrow{oM};\quad \boldsymbol{A}(t+\Delta t)=\overrightarrow{oN}$$

则矢性函数的增量为

$$\Delta\boldsymbol{A}=\boldsymbol{A}(t+\Delta t)-\boldsymbol{A}(t)=\overrightarrow{MN}$$

我们将矢性函数的增量 $\Delta\boldsymbol{A}$ 与对应的 Δt 之比

$$\frac{\Delta\boldsymbol{A}}{\Delta t}=\frac{\boldsymbol{A}(t+\Delta t)-\boldsymbol{A}(t)}{\Delta t}$$

在 $\Delta t\to 0$ 时的极限，称为矢性函数 $\boldsymbol{A}(t)$ 在点 t 处的导数，如图 1-2 所示，记作 $\dfrac{\mathrm{d}\boldsymbol{A}}{\mathrm{d}t}$ 或 $\boldsymbol{A}'(t)$，即

$$\frac{\mathrm{d}\boldsymbol{A}}{\mathrm{d}t}=\lim_{t\to 0}\frac{\Delta\boldsymbol{A}}{\Delta t}=\lim_{t\to 0}\frac{\boldsymbol{A}(t+\Delta t)-\boldsymbol{A}(t)}{\Delta t}\tag{1-2}$$

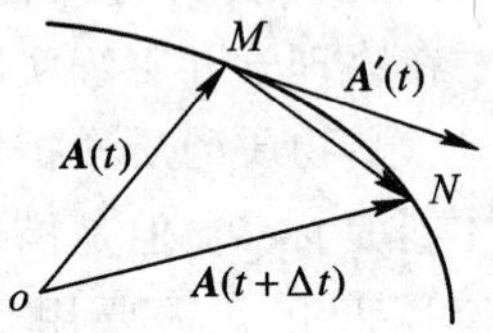

图 1-2 矢量导数

若 $\boldsymbol{A}(t)$ 由式(1-1)给出，且 A_x、A_y、A_z 可导，则有

$$\boldsymbol{A}(t)=A_x(t)\boldsymbol{e}_x+A_y(t)\boldsymbol{e}_y+A_z(t)\boldsymbol{e}_z\tag{1-3}$$

此式把求矢性函数的导矢量，归结为求三个数性函数的导数。

2. 矢性函数的积分

矢性函数的积分与数性函数相似，也分为不定积分与定积分两种。且不论是不定积分还是定积分，矢性函数的积分均可归结为三个数性函数的积分。

$$\int\boldsymbol{A}(t)\mathrm{d}t=\boldsymbol{e}_x\int A_x(t)\mathrm{d}t+\boldsymbol{e}_y\int A_y(t)\mathrm{d}t+\boldsymbol{e}_z\int A_z(t)\mathrm{d}t\tag{1-4}$$

$$\int_a^b\boldsymbol{A}(t)\mathrm{d}t=\boldsymbol{e}_x\int_a^b A_x(t)\mathrm{d}t+\boldsymbol{e}_y\int_a^b A_y(t)\mathrm{d}t+\boldsymbol{e}_z\int_a^b A_z(t)\mathrm{d}t\tag{1-5}$$

1.2 场　　论

1.2.1 场的基本概念

如果在全部空间或部分空间的每一点，都对应着某个物理量的一个确定的值，就说在这空间里确定了该物理量的场。如果这物理量是数量，就称这个场为标量场；若是矢量，就称这个场为矢量场。如温度场、电位场、密度场等都是标量场；而引力场、速度场、电场等则是矢量场。标量场和矢量场包含了科学技术问题中的大多数。但是也有些问题本身比标量场和矢量场复杂，比如刚体的转动惯量、磁化铁氧体的磁导率等，它们一般是空间一个点对应 9 个分量，这些量叫做二阶张量。我们仅仅讨论标量场和矢量场的问题。

如果场中的物理量不随时间变化，则称为稳定场或稳态场；如果随时间变化，则称为不稳定场或时变场。我们仅仅讨论随空间和时间确定变化的场，不涉及随机分布的场。本节的分析以稳定场为例，但是其结论可以推广到时变场的情况。

1.2.2 标量场的等值面

我们抛开具体的物理量，仅分析场随空间的分布和变化。把标量场理解为一个标量函数 u 随空间的位置而变化。就是说把标量场看做是一个物理量在空间的函数。当然这个函数应该是单值函数，就是说一个空间点对应一个物理量的值(暂且不考虑物理量在空间随机分布的随机场问题)。若用直角坐标系表示空间的点，则空间某点 M 就和一组有序实数 (x, y, z) 对应。标量场中各点处的数量就表示为 $u(x, y, z)$。也可简写成 $u(M)$。

为了直观地研究物理量 u 的分布状况，常常需要考察场中有相同物理量的点，也就是使 $u(x, y, z)$ 取相同数值的各点为

$$u(x, y, z) = c \qquad (c\text{ 为常数})$$

此方程在几何上一般表示一个曲面，称为标量场的等值面，如图 1-3 所示。例如温度场的等值面，就是温度相同的点组成的等温面；电位场的等值面，就是电位相同的点组成的等位面。显然，通过标量场的每一点有一个等值面，且一个点只在一个等值面上。

若问题的本身就是两个变量的函数，这种情形叫做平面标量场。此时，标量场一般可以写为 $u(x, y)$。标量场具有相同数值的点，就组成标量场的等值线，等值线方程为

$$u(x, y) = c$$

比如地图上的等高线，地面上方给定高度的等温线等。图 1-4 是地图上的等高线。

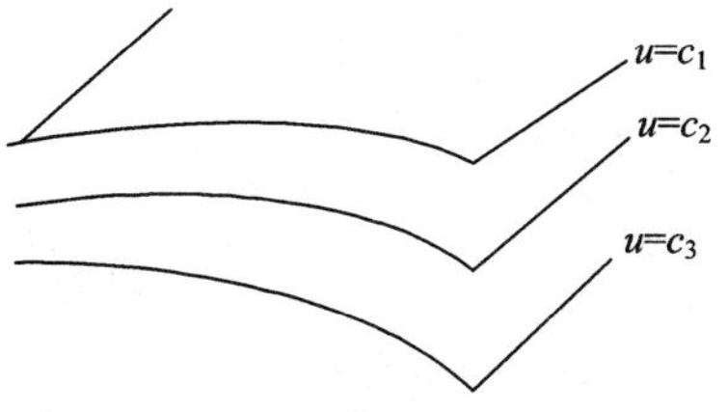

图 1-3 等值面

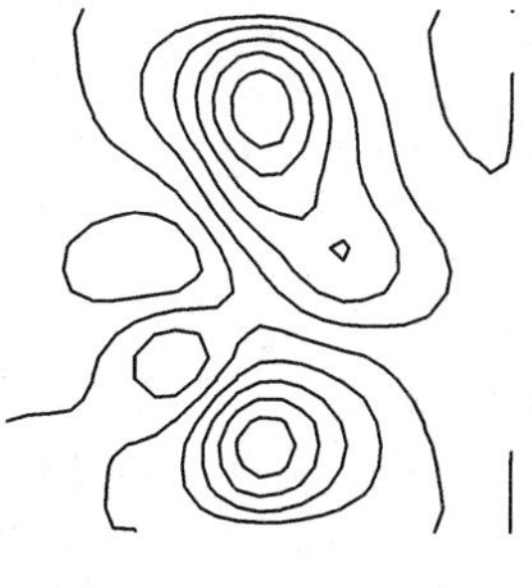

图 1-4 等高线

例 1-1 若两个点电荷产生的电位为 $u(x, y, z)=\dfrac{kq}{r}-\dfrac{kAq}{r_1}$，其中 $r=\sqrt{x^2+y^2+z^2}$，$r_1=\sqrt{(x+a)^2+y^2+z^2}$，$A$、$q$ 和 k 是常数。求电位等于零的等位面方程。

解 令 $u=0$，则有 $1/r=A/r_1$，即 $Ar=r_1$，左右同时平方，得

$$A^2(x^2+y^2+z^2)=(x+a)^2+y^2+z^2$$

化简后得到

$$\left(x-\frac{a}{A^2-1}\right)^2+y^2+z^2=\frac{A^2a^2}{(A^2-1)^2}$$

这个曲面是球心在 $\dfrac{a}{A^2-1}$，半径为 $R=\dfrac{Aa}{|A^2-1|}$ 的球面。

1.2.3 矢量场的矢量线

矢量场中物理量是空间位置的矢性函数，即可以记为 $\boldsymbol{A}=\boldsymbol{A}(M)$；为了直观地表示矢量的分布状况，需要矢量线的概念。所谓矢量线，是指在曲线上面每一点处，场的矢量都位于该点的切线上，如图 1-5 所示。矢量线满足微分方程

$$\frac{\mathrm{d}x}{A_x}=\frac{\mathrm{d}y}{A_y}=\frac{\mathrm{d}z}{A_z} \tag{1-6}$$

通过求解上述常微分方程组，就可以得出矢量线的方程。

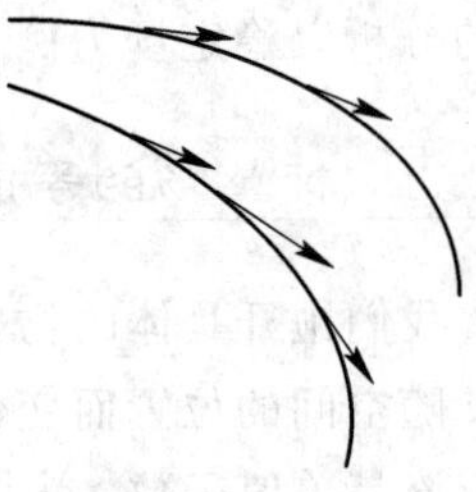

图 1-5　矢量线

例 1-2　求矢量场 $\boldsymbol{A}=-y\boldsymbol{e}_x+x\boldsymbol{e}_y+x\boldsymbol{e}_z$ 通过点 $M(1,0,0)$ 的矢量线方程。

解　矢量线的方程为

$$\frac{\mathrm{d}x}{-y}=\frac{\mathrm{d}y}{x}=\frac{\mathrm{d}z}{x}$$

由 $\dfrac{\mathrm{d}x}{-y}=\dfrac{\mathrm{d}y}{x}$ 得出 $x\,\mathrm{d}x+y\,\mathrm{d}y=0$，积分得到 $x^2+y^2=c_1$；

由 $\dfrac{\mathrm{d}y}{x}=\dfrac{\mathrm{d}z}{x}$ 得出 $\mathrm{d}z-\mathrm{d}y=0$，积分得到 $z-y=c_2$。

最后，把矢量线通过的点的坐标代入，定出系数，得到所求的矢量线为

$$\begin{cases}x^2+y^2=1\\ z=y\end{cases}$$

这是圆柱面和平面的交线，为一个椭圆。至于矢量线的方向，要依据给定点矢量场的方向判定。

例 1-3　求矢量场 $\boldsymbol{A}=(x^2+2xy)\boldsymbol{e}_x-xy\,\boldsymbol{e}_y+xz\,\boldsymbol{e}_z$ 过点 $M(1,\ 1,\ 1)$ 的矢量线方程。

解　矢量线的方程为

$$\frac{\mathrm{d}x}{x^2+2xy}=\frac{\mathrm{d}y}{-xy}=\frac{\mathrm{d}z}{xz}$$

由 $\dfrac{\mathrm{d}y}{-xy}=\dfrac{\mathrm{d}z}{xz}$ 得出 $\dfrac{\mathrm{d}y}{y}+\dfrac{\mathrm{d}z}{z}=0$，积分得到 $\ln(yz)=c_1$；

由 $\dfrac{\mathrm{d}x}{x^2+2xy}=\dfrac{\mathrm{d}y}{-xy}$ 得 $\dfrac{\mathrm{d}x}{x+2y}=\dfrac{\mathrm{d}y}{-y}$，对该式的左右用和比公式，即分子加分子，分母加分母，得到 $\dfrac{\mathrm{d}x+\mathrm{d}y}{x+y}=\dfrac{\mathrm{d}y}{-y}$，积分得到 $\ln[(x+y)y]=c_2$。最后，把矢量线通过的点的坐标代入，定出系数，得到所求的矢量线为

$$\begin{cases}xy+y^2=2\\ yz=1\end{cases}$$

方程 $xy+y^2=2$ 是以 z 轴为母线的双曲柱面，方程 $yz=1$ 是以 x 轴为母线的双曲柱面。所求矢量线是这两个柱面的交线。

求解矢量线方程时，一般要使用和比公式、差比公式及其和差比公式，有时还要左右同时乘以一个叫做积分因子的函数，从原来的矢量线微分方程组，构造两个可以积分的全微分。如果不是全微分，一般是积分不出来的。

1.3　标量场的方向导数和梯度

我们可以借助等值面来了解标量场的分布状况，但这只能了解到标量场总的分布，是一种整体性的了解。而研究标量场的另一个重要方面，是了解它的局部性。为此，要引入方向导数的概念。

1. 方向导数的定义

设 M_0 为标量场 $u(M)$ 中的一点，从点 M_0 出发引一条射线 $\boldsymbol{l}$，在 $\boldsymbol{l}$ 上点 M_0 的附近取一动点 M，记 $M_0M=\rho$，如图 1-6 所示，若当 $M\to M_0$ 时，式

$$\frac{\Delta u}{\rho}=\frac{u(M)-u(M_0)}{\overline{M_0M}}$$

的极限存在，则称它为标量场 $u(M)$ 在 M_0 点处沿 $\boldsymbol{l}$ 方向的方向导数，记为 $\left.\frac{\partial u}{\partial l}\right|_{M_0}$，即

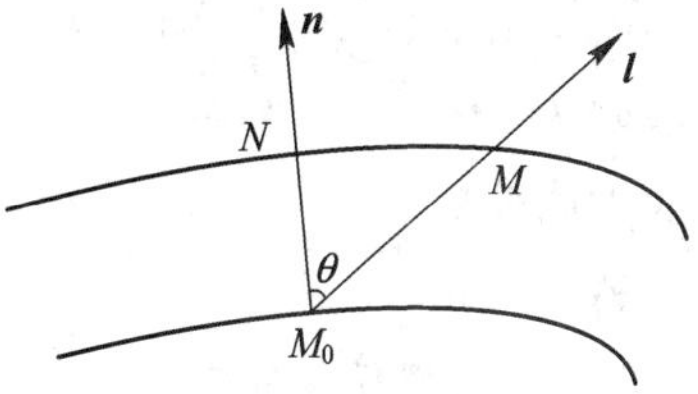

图 1-6　梯度和方向导数

$$\left.\frac{\partial u}{\partial l}\right|_{M_0}=\lim_{M\to M_0}\frac{u(M)-u(M_0)}{\overline{M_0M}} \tag{1-7}$$

2. 方向导数的计算公式

设有向线段 $\boldsymbol{l}$ 的单位矢量为 $\boldsymbol{l}^\circ=\boldsymbol{l}/l$，这个单位矢量的方向余弦为（$\cos\alpha$，$\cos\beta$，$\cos\gamma$），则标量场在某点的方向导数为

$$\frac{\partial u}{\partial l}=\frac{\partial u}{\partial x}\frac{\partial x}{\partial l}+\frac{\partial u}{\partial y}\frac{\partial y}{\partial l}+\frac{\partial u}{\partial z}\frac{\partial z}{\partial l}=\frac{\partial u}{\partial x}\cos\alpha+\frac{\partial u}{\partial y}\cos\beta+\frac{\partial u}{\partial z}\cos\gamma$$

这个公式的推导，我们在高等数学的多元微积分中学习过。在此，我们就略去它的证明过程。

3. 梯度的定义

方向导数解决了标量场在给定沿某个方向的变化率问题。然而从场中的给定点出发，可以有无穷多个方向。这使得用方向导数分析标量场不太方便。观察图 1-6，可以看出，在等值面的法向 $\boldsymbol{n}$ 上，方向导数有最大值。我们用这一最大值连同取最大值的方向组成标量场的梯度。一般而言，有如下定义。

若在标量场 $u(M)$ 中的一点处，存在这样的矢量 $\boldsymbol{G}$，其方向为标量场在 M 点处变化率最大的方向，其模也正好是这个最大变化率的数值，则称矢量 $\boldsymbol{G}$ 为标量场在点 M 处的梯度，记作 $\mathrm{grad}u$。

梯度的定义是与坐标系无关的，它是由标量场中数量 $u(M)$ 的分布所决定的。我们借助方向导数的公式和图 1-6，可以推导出它在直角坐标系中的表示式。图 1-6 绘出了两个等值面，分别过 M_0 点和 M 点，令 $M_0M=\Delta l$，$M_0N=\Delta n$，我们有 $\Delta n=\Delta l\cos\theta$，所以

$$\frac{\partial u}{\partial l}=\frac{\partial u}{\partial n}\cos\theta$$

假定 $u(M)>u(M_0)$，用 $\boldsymbol{n}$、$\boldsymbol{l}^\circ$ 分别表示单位矢量，可以知道在 M_0 点处的梯度就是 $\boldsymbol{n}\frac{\partial u}{\partial n}$，因而，

$$\frac{\partial u}{\partial l}=\frac{\partial u}{\partial n}\cos\theta=\frac{\partial u}{\partial n}\boldsymbol{n}\cdot\boldsymbol{l}^{\circ}=\boldsymbol{G}\cdot\boldsymbol{l}^{\circ}$$

此式表明，标量场沿任意方向 l 的方向导数等于这一点处的梯度在方向 l 上的投影。我们可以用此式推出梯度在直角坐标中的计算公式，分别计算出标量场沿 x、y、z 三个方向的方向导数，也就得到了梯度在 x、y、z 三个方向的投影，因而有：

$$\mathrm{grad}u=\boldsymbol{e}_x\frac{\partial u}{\partial x}+\boldsymbol{e}_y\frac{\partial u}{\partial y}+\boldsymbol{e}_z\frac{\partial u}{\partial z}$$

从梯度的定义及图 1-6 可知，标量场在某一点的梯度，一定垂直于过该点的等值面，且指向等值面增加的一侧。

例 1-4　求标量场 $u=xy^2+yz^3$ 在点 $M(2,-1,1)$ 处的梯度，及在方向 $\boldsymbol{l}=2\boldsymbol{e}_x+2\boldsymbol{e}_y-\boldsymbol{e}_z$ 上的方向导数。

解　$\mathrm{grad}u=y^2\boldsymbol{e}_x+(2xy+z^3)\boldsymbol{e}_y+3yz^2\boldsymbol{e}_z$，$\mathrm{grad}u|_M=\boldsymbol{e}_x-3\boldsymbol{e}_y-3\boldsymbol{e}_z$。

l 方向的单位矢量为

$$\boldsymbol{l}^{\circ}=\frac{\boldsymbol{l}}{|\boldsymbol{l}|}=\frac{2}{3}\boldsymbol{e}_x+\frac{2}{3}\boldsymbol{e}_y-\frac{1}{3}\boldsymbol{e}_z$$

于是有

$$\left.\frac{\partial u}{\partial l}\right|_M=\mathrm{grad}u\cdot\boldsymbol{l}^{\circ}=(\boldsymbol{e}_x-3\boldsymbol{e}_y-3\boldsymbol{e}_z)\cdot\left(\frac{2}{3}\boldsymbol{e}_x+\frac{2}{3}\boldsymbol{e}_y-\frac{1}{3}\boldsymbol{e}_z\right)=-\frac{1}{3}$$

为了方便，引入一个矢性微分算符

$$\nabla\equiv\boldsymbol{e}_x\frac{\partial}{\partial x}+\boldsymbol{e}_y\frac{\partial}{\partial y}+\boldsymbol{e}_z\frac{\partial}{\partial z}$$

叫做哈密尔顿算符(读作“del”或“nabla”)。记号 ∇ 是一个微分运算符号，但同时又要当作矢量看待。其运算规则是：

$$\nabla\boldsymbol{u}=\left(\boldsymbol{e}_x\frac{\partial}{\partial x}+\boldsymbol{e}_y\frac{\partial}{\partial y}+\boldsymbol{e}_z\frac{\partial}{\partial z}\right)u=\frac{\partial u}{\partial x}\boldsymbol{e}_x+\frac{\partial u}{\partial y}\boldsymbol{e}_y+\frac{\partial u}{\partial z}\boldsymbol{e}_z$$

$$\nabla\cdot\boldsymbol{A}=\left(\boldsymbol{e}_x\frac{\partial}{\partial x}+\boldsymbol{e}_y\frac{\partial}{\partial y}+\boldsymbol{e}_z\frac{\partial}{\partial z}\right)\cdot(A_x\boldsymbol{e}_x+A_y\boldsymbol{e}_y+A_z\boldsymbol{e}_z)=\frac{\partial A_x}{\partial x}+\frac{\partial A_y}{\partial y}+\frac{\partial A_z}{\partial z}$$

$$\nabla\times\boldsymbol{A}=\begin{vmatrix}\boldsymbol{e}_x & \boldsymbol{e}_y & \boldsymbol{e}_z\\ \dfrac{\partial}{\partial x} & \dfrac{\partial}{\partial y} & \dfrac{\partial}{\partial z}\\ A_x & A_y & A_z\end{vmatrix}=\left(\frac{\partial A_z}{\partial y}-\frac{\partial A_y}{\partial z}\right)\boldsymbol{e}_x+\left(\frac{\partial A_x}{\partial z}-\frac{\partial A_z}{\partial x}\right)\boldsymbol{e}_y+\left(\frac{\partial A_y}{\partial x}-\frac{\partial A_x}{\partial y}\right)\boldsymbol{e}_z$$

可以看出，用算符 ∇ 可以将梯度简记为 $\mathrm{grad}u=\nabla u$。

例 1-5　$\boldsymbol{r}=x\boldsymbol{e}_x+y\boldsymbol{e}_y+z\boldsymbol{e}_z$，$\boldsymbol{r}'=x'\boldsymbol{e}_x+y'\boldsymbol{e}_y+z'\boldsymbol{e}_z$，$R=r-\boldsymbol{r}'$，求：$\nabla\left(\frac{1}{R}\right)$ 及 $\nabla'\left(\frac{1}{R}\right)$。

解

$$\nabla\left(\frac{1}{R}\right)=\left(\boldsymbol{e}_x\frac{\partial}{\partial x}+\boldsymbol{e}_y\frac{\partial}{\partial y}+\boldsymbol{e}_z\frac{\partial}{\partial z}\right)\left(\frac{1}{R}\right)$$

$$R=\sqrt{(x-x')^2+(y-y')^2+(z-z')^2}$$

$$\frac{\partial}{\partial x}\left(\frac{1}{R}\right)=-\frac{1}{R^2}\frac{\partial R}{\partial x}=-\frac{x-x'}{R^3}$$

$$\frac{\partial}{\partial y}\left(\frac{1}{R}\right)=-\frac{1}{R^2}\frac{\partial R}{\partial y}=-\frac{y-y'}{R^3}$$

$$\frac{\partial}{\partial z}\left(\frac{1}{R}\right)=-\frac{1}{R^2}\frac{\partial R}{\partial z}=-\frac{z-z'}{R^3}$$

所以

$$\nabla\left(\frac{1}{R}\right)=-\frac{1}{R^3}[\boldsymbol{e}_x(x-x)+\boldsymbol{e}_y(y-y)+\boldsymbol{e}_z(z-z)]=-\frac{\boldsymbol{R}}{R^3}$$

同理，
$$\nabla'\left(\frac{1}{R}\right)=\left(\boldsymbol{e}_x\frac{\partial}{\partial x'}+\boldsymbol{e}_y\frac{\partial}{\partial y'}+\boldsymbol{e}_z\frac{\partial}{\partial z'}\right)\left(\frac{1}{R}\right)=\frac{\boldsymbol{R}}{R^3}$$

例 1-6　求曲面 $z=x^2+y^2$ 在点(1，1，2)处的法向。

解　根据梯度与等值面互相垂直的性质，我们令 $u=x^2+y^2-z$，曲面 $z=x^2+y^2$ 是标量场 u 的一个等值面($u=0$)，先计算 u 的梯度

$$\nabla u=2x\boldsymbol{e}_x+2y\boldsymbol{e}_y-\boldsymbol{e}_z$$

$$\nabla u\big|_{(1,1,2)}=2\boldsymbol{e}_x+2\boldsymbol{e}_y-\boldsymbol{e}_z$$

过点(1，1，2)的正法向与该点的梯度矢量同向，所以待求的法向为

$$\boldsymbol{n}=\pm\frac{1}{\sqrt{2^2+2^2+1}}(2\boldsymbol{e}_x+2\boldsymbol{e}_y-\boldsymbol{e}_z)=\pm\frac{1}{3}(2\boldsymbol{e}_x+2\boldsymbol{e}_y-\boldsymbol{e}_z)$$

梯度运算是一致线性运算，可以利用线性性质和一些基本公式简化计算，如：

$$\nabla(cu)=c\nabla u\quad(c\text{ 为常数})$$

$$\nabla(u+v)=\nabla u+\nabla v$$

$$\nabla(uv)=u\nabla v+v\nabla u$$

$$\nabla\left(\frac{u}{v}\right)=\frac{1}{v^2}(v\nabla u-u\nabla v)$$

$$\nabla f(u)=f'(u)\nabla u$$

对一个标量场做梯度运算，产生一个矢量场，这个矢量场的量纲等于原标量场的量纲除以长度的量纲。

1.4　矢量场的通量及散度

我们假定：以后所讲到的曲线都是简单曲线，即光滑曲线或者分段光滑曲线(分段的数目应该是一个有限量)，而光滑曲线一般具有连续变动的切向；所讲到的曲面也都是简单曲面，即光滑曲面或者分片光滑曲面(分片的数目同样应该是有限量)，光滑曲面具有连续变化的法向。此外，为了区分曲面的两侧，常常取定其中的一侧作为曲面的正侧，并规定曲面的法矢量 $\boldsymbol{n}$ 是指向正向的；如果曲面是封闭的，则按习惯总是取其外侧为正侧。这种取定了正侧的曲面，叫做有向曲面。当然，有些曲面是无法定向的，我们仅仅考虑可定向曲面。

1.4.1　通量

先看一个例子，设有流速场 $\boldsymbol{v}(M)$，其中流体是不可压缩的(即流体的密度是不变的)，为了简便，不妨假定其密度为 1 。设 S 为场中一有向曲面，我们求在单位时间内流体向正侧穿过 S 的流量 Q 。(有的参考书中把单位时间流过的体积定义为流量。)

为此，在 S 上取一面元素 $\mathrm{d}\boldsymbol{S}$，M 为 $\mathrm{d}\boldsymbol{S}$ 上任一点，由于 $\mathrm{d}\boldsymbol{S}$ 甚小，可以将其上每一点处的速度矢量 $\boldsymbol{v}$ 与法矢量 $\boldsymbol{n}$ 都近似地看做不变，且都与 M 点的 $\boldsymbol{v}$ 和 $\boldsymbol{n}$ 相同。这样，流体穿过 $\mathrm{d}S$ 的流量 $\mathrm{d}\boldsymbol{Q}$，就近似地等于以 $\mathrm{d}\boldsymbol{S}$ 为底面积，$\boldsymbol{v}_n$ 为高的柱体体积（如图 1－7 所示），即 $\mathrm{d}\boldsymbol{Q}=\boldsymbol{v}_n\,\mathrm{d}\boldsymbol{S}$，或 $\mathrm{d}\boldsymbol{Q}=\boldsymbol{v}\cdot\mathrm{d}\boldsymbol{S}$。其中，$\mathrm{d}\boldsymbol{S}$ 是点 M 处的有向面元，其方向与 $\boldsymbol{n}$ 一致，其模等于 $\mathrm{d}\boldsymbol{S}$，因而在单位时间内向正侧穿过曲面 S 的流量，就可以用曲面积分表示为

$$Q=\int_S \boldsymbol{v}_n\,\mathrm{d}\boldsymbol{S}=\int_S \boldsymbol{v}\cdot\mathrm{d}\boldsymbol{S} \tag{1-8}$$

这种形式的曲面积分，以后常常碰到，为便于研究，将形如上述的曲面积分概括为通量的概念。

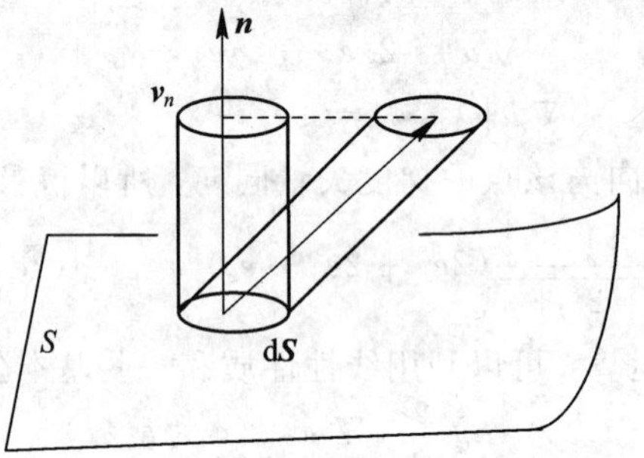

图 1－7　通量

我们称矢量场 $\boldsymbol{A}$ 沿有向曲面 S 的曲面积分

$$\Phi=\int_S \boldsymbol{A}\cdot\mathrm{d}\boldsymbol{S} \tag{1-9}$$

为矢量场 $\boldsymbol{A}$ 向正侧穿过曲面 S 的通量。

在直角坐标中，$\mathrm{d}\boldsymbol{S}=\boldsymbol{e}_x\,\mathrm{d}y\,\mathrm{d}z+\boldsymbol{e}_y\,\mathrm{d}z\,\mathrm{d}x+\boldsymbol{e}_z\,\mathrm{d}x\,\mathrm{d}y$。

如果 S 是一个闭曲面，则用 $\oint_S \boldsymbol{A}\cdot\mathrm{d}\boldsymbol{S}$ 表示 $\boldsymbol{A}$ 从闭合面流出的通量。

例 1－7　若矢量场 $\boldsymbol{A}=\boldsymbol{e}_x x$，求 $\oint_S \boldsymbol{A}\cdot\mathrm{d}\boldsymbol{S}$ 的值，其中 S 是由 $x^2+y^2=r^2$，$z=0$，$z=h$ 组成的闭合曲面（如图 1－8 所示）。

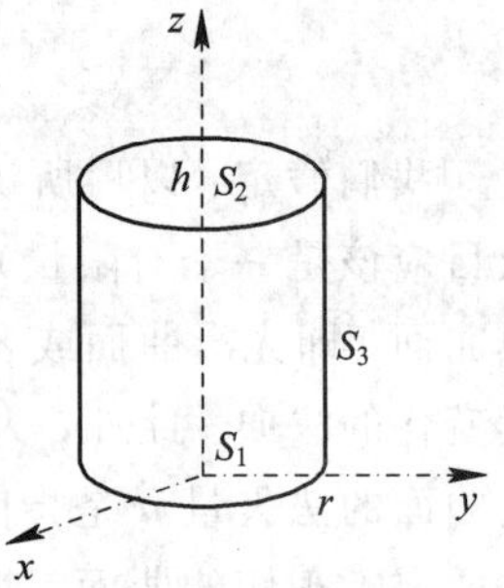

图 1－8　例 1－7 图

解　我们用 S_1，S_2，S_3 分别表示 $z=0$，$z=h$ 和 $x^2+y^2=r^2$，则

$$\oint_S \boldsymbol{A}\cdot\mathrm{d}\boldsymbol{S}=\oint_{S_1} \boldsymbol{A}\cdot\mathrm{d}\boldsymbol{S}+\oint_{S_2} \boldsymbol{A}\cdot\mathrm{d}\boldsymbol{S}+\oint_{S_3} \boldsymbol{A}\cdot\mathrm{d}\boldsymbol{S}$$

且在 S_1，S_2 上，因矢量场与有向面元的法向互相垂直，因而积分为零。在 S_3 上，将 $\boldsymbol{A}=\boldsymbol{e}_x x$ 和 $\mathrm{d}\boldsymbol{S}=\boldsymbol{e}_x\,\mathrm{d}y\,\mathrm{d}z+\boldsymbol{e}_y\,\mathrm{d}z\,\mathrm{d}x+\boldsymbol{e}_z\,\mathrm{d}x\,\mathrm{d}y$ 代入后积分，并且考虑在曲面 S_3 上，有 $x=r\cos\theta$，$y=r\sin\theta$。所以有

$$\oint_S \boldsymbol{A}\cdot\mathrm{d}\boldsymbol{S}=\oint_{S_3} \boldsymbol{A}\cdot\mathrm{d}\boldsymbol{S}=\oint_{S_3} x\,\mathrm{d}y\,\mathrm{d}z=\pi r^2 h$$

现在，我们以流体为例，说明流量的物理意义。当通量为正时，表示有净流量流出，说

明存在着流体的源。当通量为负时，表示有净流量流入，说明存在着流体的负源(在流体力学中，一般把负的质量源叫做流汇）。当通量为零时，表示流入与流出的流量相等，说明体积内正负源的总和为零。

1.4.2 散度

以上的通量是沿一个闭曲面的积分，并不能说明空间某一点的性质。为了研究一点附近的通量特性，需要引入散度的概念。我们考虑一个包含 M 点的小体积元 ΔV ，计算 ΔV 的表面 S 上的通量，再求通量体密度的极限，即 $\lim\limits_{\Delta V\to M}\dfrac{\oint_S \boldsymbol{A}\cdot \mathrm{d}\boldsymbol{S}}{\Delta V}$。如这一极限存在，则称此极限为矢量场在 M 点处的散度，记作 $\mathrm{div}\boldsymbol{A}$，即

$$\mathrm{div}\boldsymbol{A}=\lim_{\Delta V\to M}\frac{\oint_S \boldsymbol{A}\cdot \mathrm{d}\boldsymbol{S}}{\Delta V}\tag{1-10}$$

由以上的定义可见，矢量场 $\boldsymbol{A}$ 的散度 $\mathrm{div}\boldsymbol{A}$ 是一个标量场，它表示场中任意一点处的通量体密度。所以 $\mathrm{div}\boldsymbol{A}$ 就是该点处通量源的强度。因此，当场中某点处散度为正时，表明该点处有正的通量源；当场中某点处散度为负时，表明该点处有负的通量源；当场中某点处散度为零时，表明该点处没有通量源。

在多元微积分中，我们学过奥高公式，即

$$\oint_S P\,\mathrm{d}y\,\mathrm{d}z+Q\,\mathrm{d}x\,\mathrm{d}z+R\,\mathrm{d}x\,\mathrm{d}y=\int_V\left(\frac{\partial P}{\partial x}+\frac{\partial Q}{\partial y}+\frac{\partial R}{\partial z}\right)\mathrm{d}V\tag{1-11}$$

可以借助这一公式和多元微积分中的积分中值定理，推导散度在直角坐标系中的计算公式。设

$$\boldsymbol{A}=A_x\boldsymbol{e}_x+A_y\boldsymbol{e}_y+A_z\boldsymbol{e}_z$$

则在一个包含 M_0 点的小封闭面上的通量为

$$\Delta\Phi=\oint_S \boldsymbol{A}\cdot \mathrm{d}\boldsymbol{S}=\int_V\left(\frac{\partial A_x}{\partial x}+\frac{\partial A_y}{\partial y}+\frac{\partial A_z}{\partial z}\right)\mathrm{d}V\qquad\text{(由奥高公式)}$$

$$=\left[\frac{\partial A_x}{\partial x}+\frac{\partial A_y}{\partial y}+\frac{\partial A_z}{\partial z}\right]\bigg|_M\Delta V\qquad\text{(由积分中值定理)}$$

其中 V 是封闭面 S 包围的体积，M 是 V 内的某一点。由此

$$\mathrm{div}\boldsymbol{A}=\lim_{\Delta V\to M_0}\frac{\Delta\Phi}{\Delta V}=\left[\frac{\partial A_x}{\partial x}+\frac{\partial A_y}{\partial y}+\frac{\partial A_z}{\partial z}\right]\bigg|_M$$

当 V 缩向 M_0 点时，M 就趋于点 M_0。所以，我们得出散度在直角坐标系中的计算公式为

$$\mathrm{div}\boldsymbol{A}=\frac{\partial A_x}{\partial x}+\frac{\partial A_y}{\partial y}+\frac{\partial A_z}{\partial z}\tag{1-12}$$

附带指出，在上述散度的定义式中，常常把求极限的条件写作 $\Delta S\to 0$ 或者写作 $M\to M_0$，也可以写作 $\Delta V\to M_0$，而不写作 $\Delta V\to 0$。其中的差异请读者自己思考。

我们可以用哈米尔顿算子的运算规则将散度表示为

$$\mathrm{div}\boldsymbol{A}=\nabla\cdot\boldsymbol{A}\tag{1-13}$$

可以把奥高公式写成矢量形式，即

$$\oint_S \boldsymbol{A}\cdot \mathrm{d}\boldsymbol{S} = \int_V \nabla\cdot \boldsymbol{A}\,\mathrm{d}\boldsymbol{V} \tag{1-14}$$

例 1-8 若矢量场 $\boldsymbol{A}=\dfrac{\boldsymbol{r}}{r^3}$，其中 $\boldsymbol{r}=x\boldsymbol{e}_x+y\boldsymbol{e}_y+z\boldsymbol{e}_z$，求 $\boldsymbol{A}$ 的散度。

解

$$A_x=\frac{x}{r^3},\ A_y=\frac{y}{r^3},\ A_z=\frac{z}{r^3}$$

$$\frac{\partial A_x}{\partial x}=\frac{r^2-3x^2}{r^5},\ \frac{\partial A_y}{\partial y}=\frac{r^2-3y^2}{r^5},\ \frac{\partial A_z}{\partial z}=\frac{r^2-3z^2}{r^5}$$

$$\nabla\cdot\boldsymbol{A}=\frac{\partial A_x}{\partial x}+\frac{\partial A_y}{\partial y}+\frac{\partial A_z}{\partial z}=0 \qquad (r\neq 0)$$

实际上，当 $r=0$ 时，上述散度是正无穷大。要描述其在坐标原点的特性，要采用三维空间的狄拉克 δ 函数。

例 1-9 用散度定理重新计算例 1-7 的通量。

解

$$\boldsymbol{A}=\boldsymbol{e}_x x,\ \nabla\cdot\boldsymbol{A}=\frac{\partial A_x}{\partial x}+\frac{\partial A_y}{\partial y}+\frac{\partial A_z}{\partial z}=1$$

$$\oint_S \boldsymbol{A}\cdot\mathrm{d}\boldsymbol{S}=\int_V \nabla\cdot\boldsymbol{A}\,\mathrm{d}\boldsymbol{V}=\int_V \mathrm{d}\boldsymbol{V}=\pi r^2 h$$

这和直接计算面积分的结果一致。

散度运算是线性运算，且有：

$$\nabla\cdot(uA)=u\nabla\cdot A+A\cdot\nabla u \tag{1-15}$$

依照定义，矢量场的散度是通量体密度的极限。因而，散度的量纲是原矢量场的量纲除以长度的量纲。在静电场中，有 $\nabla\cdot D=\rho$，D 是电位移矢量，ρ 是体电荷密度，D 的量纲是 $\mathrm{C/m^2}$，ρ 的量纲是 $\mathrm{C/m^3}$。

例 1-10 证明 $\nabla\cdot\nabla\left(\dfrac{1}{r}\right)=0\ (r\neq 0)$。

证明 $r=\sqrt{x^2+y^2+z^2}$

当 $r\neq 0$ 时，

$$\nabla\left(\frac{1}{r}\right)=-\frac{\boldsymbol{r}}{r^3}$$

$$\nabla\cdot\nabla\left(\frac{1}{r}\right)=\nabla\cdot\left(-\frac{\boldsymbol{r}}{r^3}\right)=-\left[\frac{\partial}{\partial x}\left(\frac{x}{r^3}\right)+\frac{\partial}{\partial y}\left(\frac{y}{r^3}\right)+\frac{\partial}{\partial z}\left(\frac{z}{r^3}\right)\right]=0$$

以后将 $\nabla\cdot\nabla u$ 记为 Δu，Δ 称为拉普拉斯算符。在直角坐标系中，有

$$\Delta=\nabla\cdot\nabla=\frac{\partial^2}{\partial x^2}+\frac{\partial^2}{\partial y^2}+\frac{\partial^2}{\partial z^2}$$

1.5 矢量场的环量和旋度

1.5.1 环量定义

矢量场 $\boldsymbol{A}$ 在有向闭合曲线 C 上的线积分

$$\boldsymbol{\Gamma}=\oint_C \boldsymbol{A}\cdot\mathrm{d}\boldsymbol{l} \tag{1-16}$$

我们称此积分为矢量场 $\boldsymbol{A}$ 沿有向闭曲线 l 的环量。

在直角坐标系中，设

$$\boldsymbol{A} = A_x\boldsymbol{e}_x + A_y\boldsymbol{e}_y + A_z\boldsymbol{e}_z$$

又

$$\mathrm{d}\boldsymbol{l} = \mathrm{d}x\boldsymbol{e}_x + \mathrm{d}y\,\boldsymbol{e}_y + \mathrm{d}z\boldsymbol{e}_z$$

则环量可以写成

$$\boldsymbol{\Gamma} = \oint_C \boldsymbol{A}\cdot\mathrm{d}\boldsymbol{l} = \oint_C A_x\,\mathrm{d}x + A_y\,\mathrm{d}y + A_z\,\mathrm{d}z \tag{1-17}$$

例 1-11　设 $\boldsymbol{A} = -y\boldsymbol{e}_x + x\boldsymbol{e}_y$，$C$ 为 $z=0$ 平面中的正方形 $|x|+|y|=R$，求 $\boldsymbol{A}$ 沿正向 C 的环量。

解　当无特别申明时，对平面闭曲线总取逆时针方向为其正向。据此，有

$$\boldsymbol{\Gamma} = \oint_l \boldsymbol{A}\cdot\mathrm{d}\boldsymbol{l} = \oint_l(-y\,\mathrm{d}x + x\,\mathrm{d}y)$$

将积分曲线 $\boldsymbol{l}$ 在Ⅰ、Ⅱ、Ⅲ、Ⅳ象限的各部分分别记为 l_1、l_2、l_3、l_4，则

$$\begin{aligned}\boldsymbol{\Gamma} &= \oint_l -y\,\mathrm{d}x + x\,\mathrm{d}y \\ &= \oint_{l_1} -y\,\mathrm{d}x + x\,\mathrm{d}y + \oint_{l_2} -y\,\mathrm{d}x + x\,\mathrm{d}y + \oint_{l_3} -y\,\mathrm{d}x + x\,\mathrm{d}y + \oint_{l_4} -y\,\mathrm{d}x + x\,\mathrm{d}y\end{aligned}$$

依对称性，只需计算在 l_1 上的积分，其他各段的积分值与此相同。

$$\begin{aligned}\oint_{l_1} -y\,\mathrm{d}x + x\,\mathrm{d}y &= \int_R^0 -y\,\mathrm{d}x + \int_0^R x\,\mathrm{d}y \\ &= \int_R^0 (x-R)\mathrm{d}x + \int_0^R (R-y)\mathrm{d}y \\ &= R^2\end{aligned}$$

所以　$\Gamma = 4R^2$

从此例的计算可以看到，环量的大小与曲线的形状有关。当计算积分的闭曲线选取的大一些，即 R 值增大时，所计算的环量值就大。当我们要考察某一点的涡旋源大小时，要引入环量面密度的概念(如图 1-9 所示)。

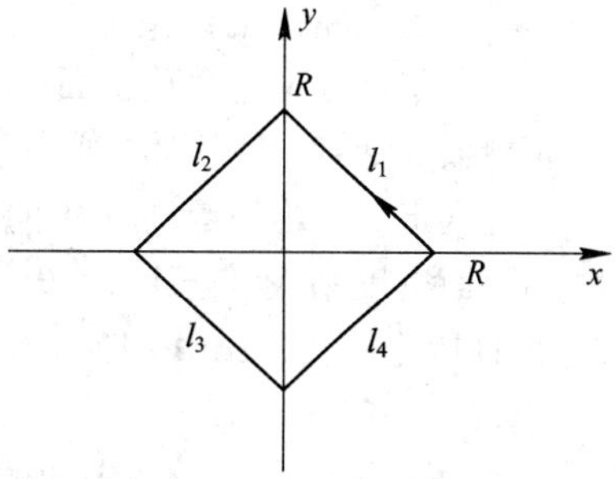

图 1-9　例 1-11 图

1.5.2　环量面密度

设 M 为矢量场 $\boldsymbol{A}$ 中的一点，在 M 点处取定一个方向 $\boldsymbol{n}$，过 M 点作一微小曲面 ΔS，以 $\boldsymbol{n}$ 为 ΔS 的法矢量，ΔS 的周界为 Δl（$\boldsymbol{n}$ 和 Δl 构成右手螺旋关系），如图 1-10 所示。则矢量场沿 Δl 正向的环量 $\Delta\boldsymbol{\Gamma}$ 与面积 ΔS 在 M 点处保持以 $\boldsymbol{n}$ 为法矢量的条件下，以任意方式缩向 M 点时，若其极限

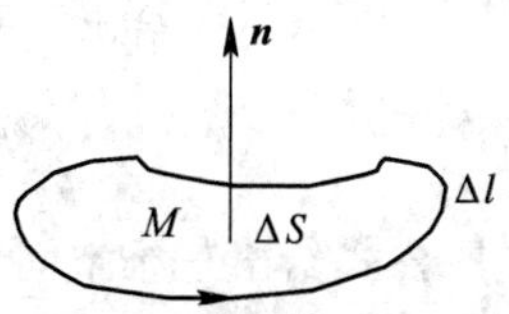

图 1-10　环量面密度

$$\mu_n = \lim_{\Delta S\to M}\frac{\Delta\boldsymbol{\Gamma}}{\Delta S} = \lim_{\Delta S\to M}\frac{\oint_{\Delta l}\boldsymbol{A}\cdot \mathrm{d}\boldsymbol{l}}{\Delta S} \tag{1-18}$$

存在，则称它为矢量场在点 M 处沿方向 $\boldsymbol{n}$ 的环量面密度。

由曲线积分的斯托克斯公式及面积分的中值定理可以求出环量面密度的计算式。在平面直角坐标系中，$\boldsymbol{A}=A_x\boldsymbol{e}_x+A_y\boldsymbol{e}_y+A_z\boldsymbol{e}_z$，所以

$$\begin{aligned}\Delta\boldsymbol{\Gamma}&=\oint_l\boldsymbol{A}\cdot \mathrm{d}\boldsymbol{l}=\oint_{\Delta l}A_x\mathrm{d}x+A_y\mathrm{d}y+A_z\mathrm{d}z\\&=\iint_{\Delta S}\left\{\frac{\partial A_z}{\partial y}-\frac{\partial A_y}{\partial z}\right\}+\left(\frac{\partial A_x}{\partial z}-\frac{\partial A_z}{\partial x}\right)+\left(\frac{\partial A_y}{\partial x}-\frac{\partial A_x}{\partial y}\right)\\&=\iint_{\Delta S}\left[\left\{\frac{\partial A_z}{\partial y}-\frac{\partial A_y}{\partial z}\right\}\cos\alpha+\left(\frac{\partial A_x}{\partial z}-\frac{\partial A_z}{\partial x}\right)\cos\beta+\left(\frac{\partial A_y}{\partial x}-\frac{\partial A_x}{\partial y}\right)\cos\gamma\right]\mathrm{d}S\end{aligned}$$

由中值定理得出，在曲面 ΔS 上，必然存在一点 M'，使得上述积分等于积分函数在 M' 的值乘以面积元 ΔS，即

$$\Delta\boldsymbol{\Gamma}=\left[\left(\frac{\partial A_z}{\partial y}-\frac{\partial A_y}{\partial z}\right)\cos\alpha+\left(\frac{\partial A_x}{\partial z}-\frac{\partial A_z}{\partial x}\right)\cos\beta+\left(\frac{\partial A_y}{\partial x}-\frac{\partial A_x}{\partial y}\right)\cos\gamma\right]_{M'}\Delta S$$

当 ΔS 趋于一点 M 时，M' 也趋近于 M，这样，采用环量面密度的公式，就有

$$\mu_n=\left(\frac{\partial A_z}{\partial y}-\frac{\partial A_y}{\partial z}\right)\cos\alpha+\left(\frac{\partial A_x}{\partial z}-\frac{\partial A_z}{\partial x}\right)\cos\beta+\left(\frac{\partial A_y}{\partial x}-\frac{\partial A_x}{\partial y}\right)\cos\gamma$$

例如，例 1-8 中的矢量场 $\boldsymbol{A}$，正方形的面积是 $2R^2$，当 $R\to 0$ 时，可以得出在原点 (0，0，0)处沿正 z 方向的环量面密度为 2，沿负 z 方向的环量面密度为 −2。

1.5.3　旋度

从环量面密度的定义可以看出，它是一个与方向有关的概念，空间给定点有无数个方向，每一方向对应一个环量面密度。正如在标量场中，空间给定点有一个梯度而有无数个方向导数。要简单地描述空间一点涡旋源的大小与方向，需引入旋度的概念。

旋度定义：若矢量场 $\boldsymbol{A}$ 中的一点 M 处存在一个矢量 $\boldsymbol{R}$，矢量场 $\boldsymbol{A}$ 在 M 点处沿 $\boldsymbol{R}$ 方向的环量面密度最大，且此最大环量面密度的值就是 $\boldsymbol{R}$ 的模值，则称矢量 $\boldsymbol{R}$ 为矢量场 $\boldsymbol{A}$ 在点 M 处的旋度，记作 $\mathrm{rot}\boldsymbol{A}$，即

$$\mathrm{rot}\boldsymbol{A}=R \tag{1-19}$$

由此可知，旋度矢量在数值和方向上表示出了最大的环量面密度。和标量场中梯度与方向导数的关系相似，矢量场沿 n 方向的环量面密度等于旋度在 n 方向的投影。即

$$\mu_n=(\mathrm{rot}\boldsymbol{A})\cdot\boldsymbol{n}$$

我们用此性质推导旋度在直角坐标系中的计算公式。在多元微积分中学过格林公式和斯托克斯公式，格林公式给出了平面中线积分和面积分的关系，即

$$\oint_l P\,\mathrm{d}x+Q\,\mathrm{d}y=\int_S\left(\frac{\partial Q}{\partial x}-\frac{\partial P}{\partial y}\right)\mathrm{d}x\,\mathrm{d}y \tag{1-20}$$

斯托克斯公式给出三维空间曲面积分与曲线积分的关系，即

$$\oint_l P\,\mathrm{d}x+Q\,\mathrm{d}y+R\,\mathrm{d}z=\int_S(R_y-Q_z)\mathrm{d}y\,\mathrm{d}z+(P_z-R_x)\mathrm{d}z\,\mathrm{d}x+(Q_x-P_y)\mathrm{d}x\,\mathrm{d}y \tag{1-21}$$

设 $\boldsymbol{A}=A_x\boldsymbol{e}_x+A_y\boldsymbol{e}_y+A_z\boldsymbol{e}_z$，由格林公式及积分中值定理，可推导出沿 z 方向 $\boldsymbol{A}$ 的环量面密度(即旋度在 z 方向的投影)为

$$R_z=\frac{\partial A_y}{\partial x}-\frac{\partial A_x}{\partial y}$$

同理，沿 x 方向 $\boldsymbol{A}$ 的环量面密度(即旋度在 x 方向的投影)为

$$R_x=\frac{\partial A_z}{\partial y}-\frac{\partial A_y}{\partial z}$$

沿 y 方向 $\boldsymbol{A}$ 的环量面密度(即旋度在 y 方向的投影)为

$$R_y=\frac{\partial A_x}{\partial z}-\frac{\partial A_z}{\partial x}$$

使用哈米尔顿算子，可得到

$$\mathrm{rot}\boldsymbol{A}=\nabla\times\boldsymbol{A} \tag{1-22}$$

可以将斯托克斯公式用矢量形式简写为

$$\oint_l \boldsymbol{A}\cdot \mathrm{d}\boldsymbol{l}=\int_S(\nabla\times\boldsymbol{A})\cdot \mathrm{d}\boldsymbol{S} \tag{1-23}$$

例 1-12　若 $\boldsymbol{A}=\dfrac{x\boldsymbol{e}_x+y\boldsymbol{e}_y}{x+y}$，求点(1, 0, 0)处的旋度及该点沿方向 $l=\boldsymbol{e}_x+\boldsymbol{e}_z$ 的环量面密度。

解

$$A_x=\frac{x}{x+y},\ A_y=\frac{y}{x+y},\quad A_z=0$$

$$\nabla\times\boldsymbol{A}=\begin{vmatrix}\boldsymbol{e}_x & \boldsymbol{e}_y & \boldsymbol{e}_z\\ \dfrac{\partial}{\partial x} & \dfrac{\partial}{\partial y} & \dfrac{\partial}{\partial z}\\ A_x & A_y & A_z\end{vmatrix}$$

$$=\left(\frac{\partial A_z}{\partial y}-\frac{\partial A_y}{\partial z}\right)\boldsymbol{e}_x+\left(\frac{\partial A_x}{\partial z}-\frac{\partial A_z}{\partial x}\right)\boldsymbol{e}_y+\left(\frac{\partial A_y}{\partial x}-\frac{\partial A_x}{\partial y}\right)\boldsymbol{e}_z$$

$$=\frac{x-y}{(x+y)^2}\boldsymbol{e}_z$$

所以，在(1, 0, 0)处，

$$\nabla\times\boldsymbol{A}=\boldsymbol{e}_z$$

l 方向的单位矢量为：$\boldsymbol{l}^\circ=\dfrac{1}{\sqrt{2}}(\boldsymbol{e}_x+\boldsymbol{e}_z)$，因而沿其方向的环量面密度为

$$(\nabla\times\boldsymbol{A})\cdot\boldsymbol{l}^\circ=\frac{1}{\sqrt{2}}$$

我们可以使用以下公式，简化旋度的计算

$$\nabla\times(u\boldsymbol{A})=u\nabla\times\boldsymbol{A}+\nabla u\times\boldsymbol{A} \tag{1-24}$$

$$\nabla\cdot(\boldsymbol{A}\times\boldsymbol{B})=\boldsymbol{B}\cdot\nabla\times\boldsymbol{A}-\boldsymbol{A}\cdot\nabla\times\boldsymbol{B} \tag{1-25}$$

$$\nabla\times(\nabla u)=\boldsymbol{0} \tag{1-26}$$

$$\nabla\cdot(\nabla\times\boldsymbol{A})=0 \tag{1-27}$$

对一个矢量场作旋度运算，所得旋度的量纲是原矢量场的量纲除以长度的量纲。如在恒定磁场中有 $\nabla\times\boldsymbol{H}=\boldsymbol{J}$，$\boldsymbol{H}$ 是磁场强度，单位是 A/m，$\boldsymbol{J}$ 是电流密度，单位是 $\mathrm{A/m^2}$。简

而言之，对一个物理量作梯度、散度或旋度运算，都是求其相应形式的空间微分，其量纲是原来物理量的量纲除以长度。

1.6　亥姆霍兹定理

1.6.1　矢量场的分类

（1）无旋场。若矢量场 $\boldsymbol{F}_1$ 的旋度恒为零，称其为无旋场。无旋场可以表示一个标量场的负的梯度，即

$$\boldsymbol{F}_1 = -\nabla u \tag{1-28}$$

我们称 u 为 $\boldsymbol{F}_1$ 的势函数，称能用上式表示的矢量场为有势场。我们知道一个标量函数的梯度是无旋的；但反过来，是否能够用一个标量函数的负梯度表示无旋场，这个问题的回答是肯定的。因为证明比较繁琐，我们略去证明过程，等读完本节的亥姆霍兹定理，就会明白。无旋场也就是有势场。可以得出无旋场在任意闭曲线上的环量恒为零，即

$$\oint_l \boldsymbol{F}_1 \cdot \mathrm{d}\boldsymbol{l} \equiv 0 \tag{1-29}$$

满足上式的矢量场叫保守场，也就是说，无旋场也就是保守场。

（2）管形场(无散场)。若矢量场 $\boldsymbol{F}_2$ 的散度恒为零，则称此矢量场为管形场，也称为无源场(在此是指散度源)。矢量管是指其周围由矢量线组成的管状结构。管形场的最大特点是，在矢量管的任何截面上积分，数值相等，如图 1-11 所示。无源场总能表示为另一个矢量场的旋度，即 $\boldsymbol{F}_2 = \nabla \times \boldsymbol{A}$。同样道理，由于矢量场的旋度，其散度为零，因而，只要一个矢量场是另外一个矢量场的旋度，其散度必然为零。反之，一个矢量场的散度为零，总能找到一个矢量函数，用这个矢量函数的旋度表示原来的无源场。这个结论的证明过程较长，这里不再赘述。

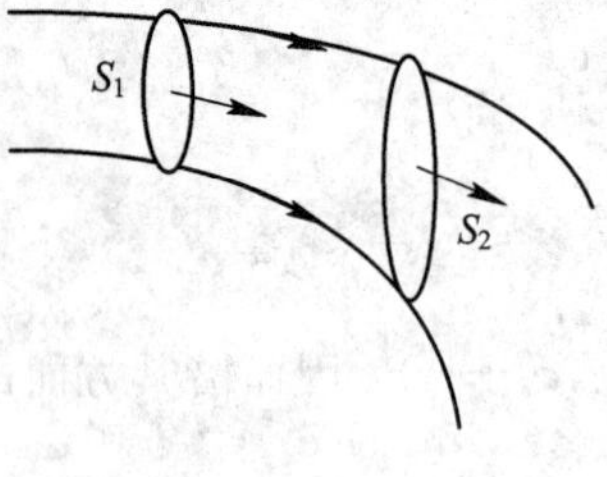

图 1-11　管形场

（3）调和场。若在给定区域，矢量场的散度、旋度恒为零，则称此矢量场为调和场。调和场是指既无旋又无源的矢量场。调和场 $\boldsymbol{F}$ 必然可以写成一个标量函数 u 的负梯度，且这个函数 u 满足 $\nabla^2 u = 0$。此方程叫做拉普拉斯方程，拉普拉斯方程的解叫做调和函数。比如 $f = 2xy$，$u = x^2 - y^2$ 等均是调和函数。调和场在我们所讨论的区域中既无散度源，又无旋度源。此时不要错误地认为场恒为零。因为在区域的边界面上，一般存在面源分布，比如产生静电场的面电荷，或者产生恒定磁场的面电流。如果边界面上没有面源，那么，场就恒为零。

1.6.2　亥姆霍兹定理

一个矢量场的性质由激发该场的源来确定。源有两个，一个是散度源(也叫通量源)，另一个是旋度源(也叫涡旋源)。那么反过来，若已知一个矢量场的散度和旋度，能否唯一确定该矢量场，答案是肯定的，这就是亥姆霍兹定理。

亥姆霍兹定理：如果在体积 v 内矢量场 $\boldsymbol{A}$ 的散度和旋度已知，在 v 的边界 S 上 $\boldsymbol{A}$ 的值也已知，则在 v 内任意一点 $\boldsymbol{A}$ 的值能唯一确定。

这一定理的证明略去。依此定理，可以将任一矢量场 $\boldsymbol{F}$ 分解为一个无旋场与一个无源场的和，即

$$\boldsymbol{F} = \boldsymbol{F}_1 + \boldsymbol{F}_2$$

其中 $\boldsymbol{F}_1$ 是无旋场，$\boldsymbol{F}_2$ 是无源(散度源)场。

同样可以用一个矢量场在某个区域内部的散度源和旋度源以及该场在边界面上的值，把这个矢量场表示出来，即

$$\boldsymbol{F}(\boldsymbol{r}) = -\nabla\nabla\cdot\int_V \frac{\boldsymbol{F}(\boldsymbol{r}')}{4\pi|\boldsymbol{r}-\boldsymbol{r}'|}\mathrm{d}V' + \nabla\times\nabla\times\int_V \frac{\boldsymbol{F}(\boldsymbol{r}')}{4\pi|\boldsymbol{r}-\boldsymbol{r}'|}\mathrm{d}V'$$

上述表达式的第一项就是无旋场部分，第二项是无源(散度源)场部分。当产生场的源分布在有限区域，并且在无穷远处，所讨论的场以足够快的形式趋于零时，公式简化为

$$\boldsymbol{F}(\boldsymbol{r}) = -\nabla\int_V \frac{\nabla'\cdot\boldsymbol{F}(\boldsymbol{r}')}{4\pi|\boldsymbol{r}-\boldsymbol{r}'|}\mathrm{d}V' + \nabla\times\int_V \frac{\nabla'\times\boldsymbol{F}(\boldsymbol{r}')}{4\pi|\boldsymbol{r}-\boldsymbol{r}'|}\mathrm{d}V'$$

当边界面上的源分布对场的影响不可忽略时，亥姆霍兹公式如下：

$$\boldsymbol{F}_1(\boldsymbol{r}) = -\nabla\left\{\int_V \frac{\nabla'\cdot\boldsymbol{F}(\boldsymbol{r}')}{4\pi|\boldsymbol{r}-\boldsymbol{r}'|}\mathrm{d}V' - \oint_S \frac{\boldsymbol{F}(\boldsymbol{r}')\cdot\boldsymbol{n}}{4\pi|\boldsymbol{r}-\boldsymbol{r}'|}\mathrm{d}S\right\}$$

$$\boldsymbol{F}_2(\boldsymbol{r}) = \nabla\times\left\{\int_V \frac{\nabla'\times\boldsymbol{F}(\boldsymbol{r}')}{4\pi|\boldsymbol{r}-\boldsymbol{r}'|}\mathrm{d}V + \oint_S \frac{\boldsymbol{F}(\boldsymbol{r}')\times\boldsymbol{n}}{4\pi|\boldsymbol{r}-\boldsymbol{r}'|}\mathrm{d}S\right\}$$

其中，$\boldsymbol{n}$ 是边界面的外法向。上面假定的场在无穷远处，以足够快的形式趋于零，就是指，当产生场的源分布在有限区域时，上面公式中的面积分为零。至于足够快的含义，不同的问题有不同的限定。我们分别在静态场的解和电磁波的辐射等章节给出论述和说明。

1.7　圆柱坐标系和球坐标系

1.7.1　圆柱坐标系

前面我们学过梯度、散度、旋度都是与坐标系无关的量，但是许多问题在直角坐标系中计算很麻烦。这时采取其他坐标系分析较简便。本节介绍两种重要的坐标系：圆柱坐标系和球坐标系。

1. 圆柱坐标系的度量系数

圆柱坐标系用三个数(ρ，ϕ，z)表示空间一个点，其中 ρ 是点 M 到 oz 轴的距离；ϕ 是过点 M 且以 oz 轴为界的半平面与 xoz 平面之间的夹角；z 就是点 M 在直角坐标(x，y，z)中

的 z 坐标(如图 1-12 所示)。r, ϕ, z 的变化范围是:

$$0\leqslant\rho<\infty\,,\quad 0\leqslant\phi<2\pi,\quad -\infty<z<\infty$$

圆柱坐标与直角坐标的关系为

$$x=\rho r\cos\phi\,,\quad y=\rho\sin\phi,\quad z=z \qquad (1-30)$$

$$r=\sqrt{x^2+y^2},\quad \tan\phi=\frac{y}{x},\quad z=z \qquad (1-31)$$

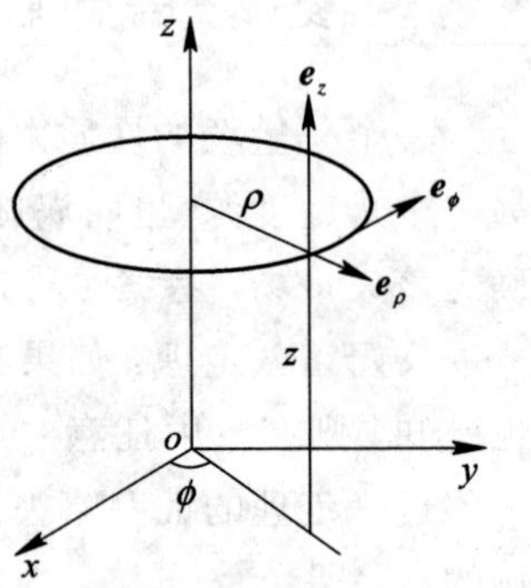

图 1-12　圆柱坐标系

称 ρ 为常数的曲面为坐标曲面 ρ(同理有坐标曲面 ϕ, 坐标曲面 z)。称坐标曲面 ϕ 与坐标曲面 z 相交的曲线为坐标曲线 ρ(同理有坐标曲线 ϕ, 坐标曲线 z)。用 $\boldsymbol{e}_\rho$, $\boldsymbol{e}_\phi$, $\boldsymbol{e}_z$ 依次表示坐标曲线 ρ, ϕ, z 上的切线单位矢量, 其正向分别指向 ρ, ϕ, z 增加的一侧。空间任一点, 三个单位矢量满足下列关系:

$$\boldsymbol{e}_\rho\cdot\boldsymbol{e}_\rho=\boldsymbol{e}_\phi\cdot\boldsymbol{e}_\phi=\boldsymbol{e}_z\cdot\boldsymbol{e}_z=1 \qquad (1-32)$$

$$\boldsymbol{e}_\rho\cdot\boldsymbol{e}_\phi=\boldsymbol{e}_\phi\cdot\boldsymbol{e}_z=\boldsymbol{e}_z\cdot\boldsymbol{e}_\rho=0 \qquad (1-33)$$

$$\boldsymbol{e}_\rho\times\boldsymbol{e}_\phi=\boldsymbol{e}_z,\ \boldsymbol{e}_\phi\times\boldsymbol{e}_z=\boldsymbol{e}_\rho,\ \boldsymbol{e}_z\times\boldsymbol{e}_\rho=\boldsymbol{e}_\phi \qquad (1-34)$$

它们同直角坐标的单位矢量之间的关系为

$$\begin{bmatrix}\boldsymbol{e}_\rho\\ \boldsymbol{e}_\phi\\ \boldsymbol{e}_z\end{bmatrix}=\begin{bmatrix}\cos\phi & \sin\phi & 0\\ -\sin\phi & \cos\phi & 0\\ 0 & 0 & 1\end{bmatrix}\begin{bmatrix}\boldsymbol{e}_x\\ \boldsymbol{e}_y\\ \boldsymbol{e}_z\end{bmatrix} \qquad (1-35)$$

$$\begin{bmatrix}\boldsymbol{e}_x\\ \boldsymbol{e}_y\\ \boldsymbol{e}_z\end{bmatrix}=\begin{bmatrix}\cos\phi & -\sin\phi & 0\\ \sin\phi & \cos\phi & 0\\ 0 & 0 & 1\end{bmatrix}\begin{bmatrix}\boldsymbol{e}_\rho\\ \boldsymbol{e}_\phi\\ \boldsymbol{e}_z\end{bmatrix} \qquad (1-36)$$

我们首先推导圆柱坐标的度量系数。在坐标变换公式($x=\rho\cos\phi$, $y=\rho\sin\phi$, $z=z$)中, 我们求沿着坐标曲线的弧微分。

令 ϕ 和 z 不变, 此时沿着二维半径 ρ 的弧长在直角坐标系的投影分别为 $\mathrm{d}x=\cos\phi\,\mathrm{d}\rho$, $\mathrm{d}y=\sin\phi\,\mathrm{d}\rho$, $\mathrm{d}z=0$。$(\mathrm{d}l_\rho)^2=(\mathrm{d}x)^2+(\mathrm{d}y)^2=(\mathrm{d}\rho)^2$。规定弧长的正向和坐标增加的方向一致。这样就有 $\mathrm{d}l_\rho=\mathrm{d}\rho$。度量系数定义为坐标曲线的弧长微分与坐标微分的比, 即 $h_\rho=\mathrm{d}l_\rho/\mathrm{d}\rho=1$。

同理, 可以算出另外两个度量系数为 $h_\phi=\mathrm{d}l_\phi/\mathrm{d}\phi=\rho$; $h_z=\mathrm{d}l_z/\mathrm{d}z=1$。

有了度量系数, 就会方便地写出圆柱坐标中的有向线元、有向面元即体积元如下:

$$\mathrm{d}\boldsymbol{l}=\boldsymbol{e}_\rho\,\mathrm{d}\rho+\boldsymbol{e}_\phi\rho\,\mathrm{d}\phi+\boldsymbol{e}_z\,\mathrm{d}z \qquad (1-37)$$

$$\mathrm{d}\boldsymbol{S}=\boldsymbol{e}_\rho\rho\,\mathrm{d}\phi\,\mathrm{d}z+\boldsymbol{e}_\phi\,\mathrm{d}\rho\,\mathrm{d}z+\boldsymbol{e}_z\rho\,\mathrm{d}\rho\,\mathrm{d}\phi \qquad (1-38)$$

$$\mathrm{d}v=\rho\,\mathrm{d}\rho\,\mathrm{d}\phi\,\mathrm{d}z \qquad (1-39)$$

2. 圆柱坐标系中的场量微分

我们先推导圆柱坐标系中梯度的运算。我们采用梯度与方向导数的关系式, 即某个方向的方向导数等于梯度在该方向的投影。先求梯度在 ρ 方向的投影, 由于这个方向的度量系数为 1, 很容易得到标量函数 u 在 ρ 方向的方向导数等于 $\partial u/\partial\rho$; 同理可以求出另外两个方向的方向导数, 即

$$\nabla u=\boldsymbol{e}_\rho\frac{\partial u}{\partial\rho}+\boldsymbol{e}_\phi\frac{1}{\rho}\frac{\partial u}{\partial\phi}+\boldsymbol{e}_z\frac{\partial u}{\partial z} \qquad (1-40)$$

这样就得到在圆柱坐标中，哈米尔顿算子为

$$\nabla = \boldsymbol{e}_\rho \frac{\partial}{\partial \rho} + \boldsymbol{e}_\phi \frac{1}{\rho}\frac{\partial}{\partial \phi} + \boldsymbol{e}_z \frac{\partial}{\partial z} \tag{1-41}$$

设

$$\boldsymbol{A} = \boldsymbol{e}_\rho A_\rho + \boldsymbol{e}_\phi A_\phi + \boldsymbol{e}_z A_z \tag{1-42}$$

以下我们直接给出圆柱坐标系的散度和旋度公式

$$\nabla \cdot \boldsymbol{A} = \frac{1}{\rho}\frac{\partial(\rho A_\rho)}{\partial \rho} + \frac{1}{\rho}\frac{\partial A_\phi}{\partial \phi} + \frac{\partial A_z}{\partial z} \tag{1-43}$$

$$\nabla \times \boldsymbol{A} = \boldsymbol{e}_\rho\left(\frac{1}{\rho}\frac{\partial A_z}{\partial \phi} - \frac{\partial A_\phi}{\partial z}\right) + \boldsymbol{e}_\phi\left(\frac{\partial A_\rho}{\partial z} - \frac{\partial A_z}{\partial \rho}\right) + \boldsymbol{e}_z\left[\frac{1}{\rho}\frac{\partial(\rho A_\phi)}{\partial \rho} - \frac{1}{\rho}\frac{\partial A_\rho}{\partial \varphi}\right] \tag{1-44}$$

或

$$\nabla \times \boldsymbol{A} = \begin{vmatrix} \dfrac{\boldsymbol{e}_\rho}{\rho} & \boldsymbol{e}_\phi & \dfrac{\boldsymbol{e}_z}{\rho} \\ \dfrac{\partial}{\partial \rho} & \dfrac{\partial}{\partial \phi} & \dfrac{\partial}{\partial z} \\ A_\rho & \rho A_\phi & A_z \end{vmatrix} \tag{1-45}$$

1.7.2　球面坐标系

1. 球面坐标系的度量系数

球坐标系用三个数(r, θ, ϕ)表示空间一个点M，其中r是点M到原点的距离；θ是有向线段$\overline{oM}$与oz轴正向的夹角；ϕ是过点M且以oz轴为界的半平面与xoz平面之间的夹角（如图1-13所示）。r，θ，ϕ的变化范围是

$$0 \leqslant r < \infty, \quad 0 \leqslant \theta \leqslant \pi, \quad 0 \leqslant \phi \leqslant 2\pi$$

(x, y, z)和(r, θ, ϕ)的关系为

$$x = r\sin\theta\cos\phi, \quad y = r\sin\theta\sin\phi, \quad z = r\cos\theta \tag{1-46}$$

和圆柱坐标类似，有坐标曲面r，坐标曲面θ，坐标曲面ϕ，坐标曲线r，坐标曲线θ，坐标曲线ϕ。球坐标的单位矢量是$\boldsymbol{e}_r$、$\boldsymbol{e}_\theta$、$\boldsymbol{e}_\phi$，任一点的三个单位矢量都不是常矢量，但相互正交。它们同直角坐标单位矢量的关系为

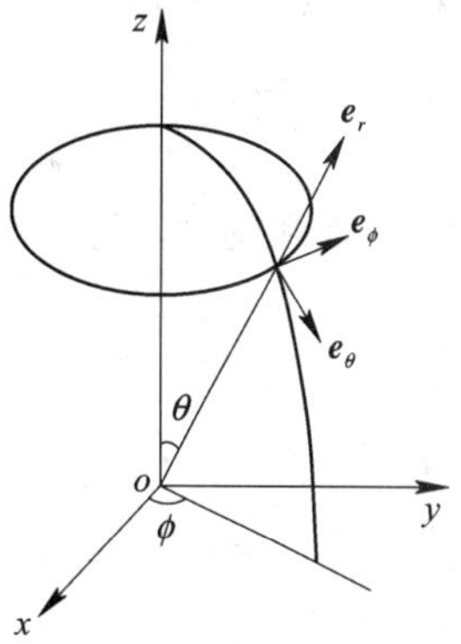

图1-13　球坐标系

$$\begin{pmatrix} \boldsymbol{e}_r \\ \boldsymbol{e}_\theta \\ \boldsymbol{e}_\phi \end{pmatrix} = \begin{pmatrix} \sin\theta\cos\phi & \sin\theta\sin\phi & \cos\theta \\ \cos\theta\cos\phi & \cos\theta\sin\phi & -\sin\theta \\ -\sin\phi & \cos\phi & 0 \end{pmatrix} \begin{pmatrix} \boldsymbol{e}_x \\ \boldsymbol{e}_y \\ \boldsymbol{e}_z \end{pmatrix} \tag{1-47}$$

$$\begin{pmatrix} \boldsymbol{e}_x \\ \boldsymbol{e}_y \\ \boldsymbol{e}_z \end{pmatrix} = \begin{pmatrix} \sin\theta\cos\phi & \cos\theta\cos\phi & -\sin\phi \\ \sin\theta\sin\phi & \cos\theta\sin\phi & \cos\phi \\ \cos\theta & -\sin\theta & 0 \end{pmatrix} \begin{pmatrix} \boldsymbol{e}_r \\ \boldsymbol{e}_\theta \\ \boldsymbol{e}_\phi \end{pmatrix} \tag{1-48}$$

为了在球面坐标系进行积分或微分，需要知道有向线元、有向面元及体积元。为此，要求出度量系数。和圆柱坐标同理，先求沿着三维半径r方向的度量系数。

在坐标变换公式($x=r\ \sin\theta\ \cos\phi$、$y=r\ \sin\theta\ \sin\phi$、$z=r\ \cos\theta$)中，令极角 θ 和方位角 ϕ 不变，我们有 $\mathrm{d}x=\sin\theta\ \cos\phi\ \mathrm{d}r$，$\mathrm{d}y=\sin\theta\ \sin\phi\ \mathrm{d}r$，$\mathrm{d}z=\cos\theta\ \mathrm{d}r$。把这三个线元平方求和，再仿照圆柱坐标系，令坐标曲线的正方向与坐标值增加的方向一致，得到 $h_r=\mathrm{d}l_r/\mathrm{d}r=1$；同理，有 $h_\theta=\mathrm{d}l_\theta/\mathrm{d}\theta=r$；$h_\phi=\mathrm{d}l_\phi/\mathrm{d}\phi=r\ \sin\theta$，球面坐标的有向线元、有向面元、体积元分别为

$$\mathrm{d}\boldsymbol{l}=\boldsymbol{e}_r\,\mathrm{d}r+\boldsymbol{e}_\theta r\,\mathrm{d}\theta+\boldsymbol{e}_\phi r\sin\theta\,\mathrm{d}\phi \tag{1-49}$$

$$\mathrm{d}\boldsymbol{S}=\boldsymbol{e}_r r^2\sin\theta\,\mathrm{d}\theta\,\mathrm{d}\phi+\boldsymbol{e}_\theta r\sin\theta\,\mathrm{d}r\,\mathrm{d}\phi+\boldsymbol{e}_\phi r\,\mathrm{d}r\,\mathrm{d}\theta \tag{1-50}$$

$$\mathrm{d}v=r^2\sin\theta\,\mathrm{d}r\,\mathrm{d}\theta\,\mathrm{d}\phi \tag{1-51}$$

2. 球面坐标系中场量的微分公式

我们先推导球坐标系中梯度的计算公式。仿照圆柱坐标系的方法，采用方向导数与梯度的关系，求出任意的标量场 u 在球面坐标系中沿着坐标曲线的方向导数。由于球坐标中沿着半径方向的度量系数为 1，因而沿着矢量径方向的方向导数为$\dfrac{\partial u}{\partial r}$；同样沿着极角 θ 方向，考虑到这个方向的度量系数为 r，容易得出此方向的方向导数是$\dfrac{\partial u/\partial\theta}{r}$；同理可以得出沿着方位角 ϕ 方向的方向导数是$\dfrac{\partial u/\partial\phi}{r\sin\theta}$。因此，得出标量场的梯度为

$$\nabla u=\boldsymbol{e}_r\frac{\partial u}{\partial r}+\boldsymbol{e}_\theta\frac{1}{r}\frac{\partial u}{\partial\theta}+\boldsymbol{e}_\phi\frac{1}{r\sin\theta}\frac{\partial u}{\partial\phi} \tag{1-52}$$

这样，就有球坐标中的哈米尔顿算子表达式为

$$\nabla=\nabla=\boldsymbol{e}_r\frac{\partial}{\partial r}+\boldsymbol{e}_\theta\frac{1}{r}\frac{\partial}{\partial\theta}+\boldsymbol{e}_\phi\frac{1}{r\sin\theta}\frac{\partial}{\partial\phi} \tag{1-53}$$

对于散度和旋度，我们直接给出计算公式。设 $\mathbf{A}=\boldsymbol{e}_rA_r+\boldsymbol{e}_\theta A_\theta+\boldsymbol{e}_\phi A_\phi$，有

$$\nabla\cdot\mathbf{A}=\frac{1}{r^2}\frac{\partial}{\partial r}(r^2A_r)+\frac{1}{r\sin\theta}\frac{\partial}{\partial\theta}(\sin\theta A_\theta)+\frac{1}{r\sin\theta}\frac{\partial A_\phi}{\partial\phi} \tag{1-54}$$

$$\nabla\times\mathbf{A}=\frac{1}{r^2\sin\theta}\begin{vmatrix}\boldsymbol{e}_r & r\boldsymbol{e}_\theta & r\sin\theta\boldsymbol{e}_\phi\\ \dfrac{\partial}{\partial r} & \dfrac{\partial}{\partial\theta} & \dfrac{\partial}{\partial\phi}\\ A_r & rA_\theta & r\sin\theta A_\phi\end{vmatrix} \tag{1-55}$$

例 1-13　分别在直角坐标系、圆柱坐标系和球坐标系求位置矢量的散度。

解　在直角坐标系，位置矢量 $\boldsymbol{r}=x\boldsymbol{e}_x+y\boldsymbol{e}_y+z\boldsymbol{e}_z$，则

$$\nabla\cdot\boldsymbol{r}=3$$

在圆柱坐标系，$\boldsymbol{r}=x\boldsymbol{e}_x+y\boldsymbol{e}_y+z\boldsymbol{e}_z=\rho\boldsymbol{e}_\rho+z\boldsymbol{e}_z$，用公式(1-43)得

$$\nabla\cdot\boldsymbol{r}=\frac{1}{\rho}\frac{\partial}{\partial\rho}(\rho^2)+\frac{\partial z}{\partial z}=3$$

在球坐标系，$\boldsymbol{r}=x\boldsymbol{e}_x+y\boldsymbol{e}_y+z\boldsymbol{e}_z=r\boldsymbol{e}_r$，用公式(1-54)得

$$\nabla\cdot\boldsymbol{r}=\frac{1}{r^2}\frac{\partial}{\partial r}(r^3)=3$$

例 1-14　设 $A=\boldsymbol{e}_r/r=\boldsymbol{r}/r^2$，分别在直角坐标系、圆柱坐标系和球坐标系求它的散度。

解　在直角坐标系，位置矢量 $\boldsymbol{r}=x\boldsymbol{e}_x+y\boldsymbol{e}_y+z\boldsymbol{e}_z$。

$$\begin{aligned}\nabla\cdot\frac{\boldsymbol{r}}{r^2}&=\frac{\nabla\cdot\boldsymbol{r}}{r^2}+\boldsymbol{r}\cdot\nabla\frac{1}{x^2+y^2+z^2}=\frac{3}{r^2}+\boldsymbol{r}\cdot\nabla\frac{1}{x^2+y^2+z^2}\\&=\frac{3}{r^2}+\boldsymbol{r}\cdot\frac{-1}{(x^2+y^2+z^2)^2}\nabla(x^2+y^2+z^2)\\&=\frac{3}{r^2}+\boldsymbol{r}\cdot\frac{-2}{(x^2+y^2+z^2)^2}(x\boldsymbol{e}_x+y\boldsymbol{e}_y+z\boldsymbol{e}_z)\\&=\frac{3}{r^2}+\boldsymbol{r}\cdot\frac{-2\boldsymbol{r}}{(x^2+y^2+z^2)^2}\\&=\frac{3}{r^2}-2\frac{\boldsymbol{r}\cdot\boldsymbol{r}}{(x^2+y^2+z^2)^2}=\frac{1}{r^2}\end{aligned}$$

同理在圆柱坐标系和球面坐标系，矢量场 $\boldsymbol{A}$ 的散度也是 $1/r^2$。

例 1-15　设某矢量场在圆柱坐标系为 $\boldsymbol{A}=\rho^2\boldsymbol{e}_\phi$，分别在直角坐标系和圆柱坐标系求它的旋度。

解　在直角坐标系，

$$\rho^2=x^2+y^2$$

$$\boldsymbol{e}_\phi=-\sin\phi\boldsymbol{e}_x+\cos\phi\boldsymbol{e}_y=-\frac{y}{\rho}\boldsymbol{e}_x+\frac{x}{\rho}\boldsymbol{e}_y$$

$$\boldsymbol{A}=\rho^2\boldsymbol{e}_\phi=-\rho y\boldsymbol{e}_x+\rho x\boldsymbol{e}_y=-y\sqrt{x^2+y^2}\boldsymbol{e}_x+x\sqrt{x^2+y^2}\boldsymbol{e}_y$$

把上述表达式代入直角坐标系的旋度公式，得

$$\nabla\times\boldsymbol{A}=\boldsymbol{e}_z3\sqrt{x^2+y^2}$$

采用圆柱坐标系计算，同样得到

$$\nabla\times\boldsymbol{A}=\boldsymbol{e}_z\frac{1}{\rho}\frac{\partial(\rho\cdot\rho^2)}{\partial\rho}=3\rho\boldsymbol{e}_z$$

习　题

1-1　若矢量 $\boldsymbol{A}$ 与直角坐标系的三个坐标轴夹角相等，求它的方向余弦。

1-2　若 $\boldsymbol{A}=2\boldsymbol{e}_x+2\boldsymbol{e}_y+2\boldsymbol{e}_z$，$\boldsymbol{B}=2\boldsymbol{e}_x+\boldsymbol{e}_y$，求矢量 $\boldsymbol{A}$ 在矢量 $\boldsymbol{B}$ 上的投影。

1-3　若 $\boldsymbol{A}=\boldsymbol{e}_x+\boldsymbol{e}_y+\boldsymbol{e}_z$，$\boldsymbol{B}=2\boldsymbol{e}_x+\boldsymbol{e}_y$，求同时垂直于矢量 $\boldsymbol{A}$ 和矢量 $\boldsymbol{B}$ 的单位矢量。

1-4　若 $\boldsymbol{A}=\boldsymbol{e}_x+\boldsymbol{e}_y$，$\boldsymbol{B}=-2\boldsymbol{e}_x+\boldsymbol{e}_y$，$\boldsymbol{C}=\boldsymbol{e}_y+2\boldsymbol{e}_z$，求$(\boldsymbol{A}\times\boldsymbol{B})\cdot\boldsymbol{C}$。并且讨论当上述三个矢量同时反向时，刚才这个混合积怎样改变。

1-5　用矢量代数的方法证明，依次连接任意四边形各边中点的线段组成一个平行四边形。

1-6　证明平行四边形四个内角的平分线构成一个长方形。

1-7　写出下列曲线的矢量方程，并且说明是哪种曲线。

① $x=a\cos t$，$y=b\sin t$，$z=0$；

② $x=a\cos t$，$y=a\sin t$，$z=bt$。

1-8　证明圆柱螺旋线 $\boldsymbol{r}=a\cos\theta\boldsymbol{e}_x+a\sin\theta\boldsymbol{e}_y+b\theta\boldsymbol{e}_z$ 的切线与 z 轴的夹角是一个定值。

1-9　求曲线 $x=a\sin^2 t$，$y=a\sin 2t$，$z=a\cos t$ 在 $t=\pi/4$ 处的切向矢量。

1-10　计算不定积分 $\int t^2(\cos t\boldsymbol{e}_x+\sin t\boldsymbol{e}_y)\mathrm{d}t$。

1-11　证明

① $(\boldsymbol{a}\times\boldsymbol{b})\times(\boldsymbol{c}\times\boldsymbol{d})=[\boldsymbol{a}\cdot(\boldsymbol{b}\times\boldsymbol{d})]\boldsymbol{c}-[\boldsymbol{a}\cdot(\boldsymbol{b}\times\boldsymbol{c})]\boldsymbol{d}=[\boldsymbol{a}\cdot(\boldsymbol{c}\times\boldsymbol{d})]\boldsymbol{b}-[\boldsymbol{b}\cdot(\boldsymbol{c}\times\boldsymbol{d})]\boldsymbol{a}$；

② $(\boldsymbol{a}\times\boldsymbol{b})\cdot(\boldsymbol{c}\times\boldsymbol{d})=(\boldsymbol{a}\cdot\boldsymbol{c})(\boldsymbol{b}\cdot\boldsymbol{d})-(\boldsymbol{a}\cdot\boldsymbol{d})(\boldsymbol{b}\cdot\boldsymbol{c})$；

③ $(\boldsymbol{a}\times\boldsymbol{b})\times(\boldsymbol{a}\times\boldsymbol{c})=[(\boldsymbol{a}\times\boldsymbol{b})\cdot\boldsymbol{c}]\boldsymbol{a}$。

1-12　将体积分 $\int_V(\nabla u\cdot\nabla\times\boldsymbol{F})\mathrm{d}V$ 转换为面积分。

1-13　求标量场 $u=\dfrac{1}{\sqrt{x^2+y^2+z^2}}$ 的等值面。并求通过点 $A(2,1,2)$ 处的等值面的具体形式。

1-14　若标量场 $u=2xy$，求与直线 $x+2y-4=0$ 相切的等值线方程。

1-15　若电偶极子的电位表达式为 $\varphi(r,\theta,\phi)=K\dfrac{\cos\theta}{r^2}$，其中 K 为常数，求其等值面。并求其梯度。

1-16　求矢量场 $\boldsymbol{A}=\boldsymbol{e}_x(2x^2-y^2)+\boldsymbol{e}_y 3xy$ 的矢量线方程的通解，当矢量线通过点 $M(1,1,0)$ 时求出矢量线的具体形式。

1-17　求矢量场 $\boldsymbol{A}=\boldsymbol{e}_x y-\boldsymbol{e}_y x$ 过点 $(0,1,0)$ 的矢量线方程。

1-18　求矢量场 $\boldsymbol{A}=\boldsymbol{e}_x x^2+\boldsymbol{e}_y y^2+\boldsymbol{e}_z z(x+y)$ 过点 $(2,1,1)$ 的矢量线方程。

1-19　设矢量场 $\boldsymbol{A}=\boldsymbol{e}_x(x^2-y^2)+\boldsymbol{e}_y 2xy$，分别求过点 $A(1,-2,2)$ 和点 $B(1,2,2)$ 的矢量线方程。

1-20　计算下列标量场的梯度。

① $u=2x^2-y^2-z^2$；　② $u=xy+yz+xz$；　③ $u=x^2+y^2+2xy$。

1-21　求标量场 $u=x^2+y^2+z^2$ 在点 $(1,1,1)$ 处沿方向 $\boldsymbol{l}=\boldsymbol{e}_x+\boldsymbol{e}_y+\boldsymbol{e}_z$，的方向导数 $\dfrac{\partial u}{\partial l}$。

1-22　求曲面 $z=x^2+2y^2$ 在点 $(1,1,3)$ 处的单位法向。

1-23　设 $\boldsymbol{r}=x\boldsymbol{e}_x+y\boldsymbol{e}_y+z\boldsymbol{e}_z$，$r=|\boldsymbol{r}|$，求 ∇r，∇r^2，$\nabla f(r)$。

1-24　设 S 上半球面 $x^2+y^2+z^2=a^2(z\geqslant 0)$，其法矢量 $\boldsymbol{n}$ 与 oz 轴的夹角为锐角，求矢量场 $\boldsymbol{r}=x\boldsymbol{e}_x+y\boldsymbol{e}_y+z\boldsymbol{e}_z$ 向 $\boldsymbol{n}$ 所指向的一侧穿过 S 的通量。

1-25　若 $\boldsymbol{A}=xz\boldsymbol{e}_x+(yx-z^2)\boldsymbol{e}_y+zy\boldsymbol{e}_z$，设 S 是 $z=0$ 和上半球面 $x^2+y^2+z^2=a^2$ $(z\geqslant 0)$ 所包围的半球区域的外表面，求 $\boldsymbol{A}$ 在 S 上的通量。

1-26　若 $\boldsymbol{A}=(y-z)x\boldsymbol{e}_x+(x^2-y^2)\boldsymbol{e}_z$，设 S 是 $z=0$，$z=h$ 和圆柱 $x^2+y^2=a^2$ 所包围空间区域的外侧，求 $\boldsymbol{A}$ 在 S 上的通量。

1-27　求下列矢量场的散度、旋度。

① $\boldsymbol{A}=x^2\boldsymbol{e}_x+y^2\boldsymbol{e}_y+z^2\boldsymbol{e}_z$；

② $\boldsymbol{A}=(y+z)\boldsymbol{e}_x+(x+z)\boldsymbol{e}_y+(x+y)\boldsymbol{e}_z$；

③ $\boldsymbol{A}=(x+y)\boldsymbol{e}_x+(x^2+y^2)\boldsymbol{e}_y$。

1-28　求下列各量：

① $\nabla \cdot \boldsymbol{r}$；② $\nabla \times \boldsymbol{r}$；③ $\nabla(\boldsymbol{k} \cdot \boldsymbol{r})$；④ $(\boldsymbol{k} \cdot \nabla)\boldsymbol{r}$。式中 $\boldsymbol{r}$ 为矢量径，而 $\boldsymbol{k}$ 是常矢量。

1-29　设 S 是球面 $x^2+y^2+z^2=a^2$，计算积分 $\oiint_S [xz^2\boldsymbol{e}_x + x^2y\boldsymbol{e}_y + (3xy^2+y^2z)\boldsymbol{e}_z] \cdot \mathrm{d}\boldsymbol{S}$。

1-30　设 V 为封闭曲面包围的体积，$\boldsymbol{B}$ 为任意常矢量，$\boldsymbol{r}$ 为矢量径，$\boldsymbol{n}$ 为边界面的外法向，证明下列结果：

① $\int_V (\boldsymbol{n} \cdot \boldsymbol{B})\boldsymbol{r} \, \mathrm{d}S = V\boldsymbol{B}$；

② $\int_V (\boldsymbol{n} \cdot \boldsymbol{r})\boldsymbol{B} \, \mathrm{d}S = 3V\boldsymbol{B}$；

③ $\int_V (\boldsymbol{B} \cdot \boldsymbol{r})\boldsymbol{n} \, \mathrm{d}S = V\boldsymbol{B}$。

1-31　求矢量场 $\boldsymbol{A}=y\boldsymbol{e}_x - x\boldsymbol{e}_y$ 沿圆周 $x^2+y^2=R^2$，$z=0$ 的环量(圆周的正向与 z 轴构成右手螺旋)。

1-32　求矢量场 $\boldsymbol{A}=(y-z+2)\boldsymbol{e}_x+(yz+4)\boldsymbol{e}_y - xz\boldsymbol{e}_z$ 沿正方形 $x=0$，$x=2$，$y=0$，$y=2$，$z=0$ 的环量(边界的正向与 z 轴构成右手螺旋)。

1-33　若矢量场 $\boldsymbol{F}=z\boldsymbol{e}_x+x\boldsymbol{e}_y+y\boldsymbol{e}_z$。

① 求其旋度；

② 把其旋度记为 $\boldsymbol{B}$，求 $\boldsymbol{B}$ 在下列曲面上的通量。(a) xoy 平面上由 $x^2+y^2 \leqslant a^2$ 限定的圆盘；(b) 球面 $x^2+y^2+z^2=a^2$ 的 $z>0$ 部分；

③ 计算 $\boldsymbol{F}$ 沿着圆周 $x^2+y^2=a^2$，$z=0$ 的环流量。

1-34　若 $\boldsymbol{F}=x^2\boldsymbol{e}_x+y^2\boldsymbol{e}_y+z^2\boldsymbol{e}_z$，分别用体积分和面积分两种方法计算该矢量场在单位正方体表面的通量。正方体由 $0 \leqslant x \leqslant 1$，$0 \leqslant y \leqslant 1$，$0 \leqslant y \leqslant 1$ 组成。

1-35　若 $\boldsymbol{F}=(x^2+x)\boldsymbol{e}_x+(y^2+y)\boldsymbol{e}_y+(z^2+z)\boldsymbol{e}_z$，求该矢量场在以坐标原点为中心，以 a 为半径的球面上的通量。

1-36　已知矢量场 $\boldsymbol{A}=x\boldsymbol{e}_x+y\boldsymbol{e}_y+z^2\boldsymbol{e}_z$，在圆柱坐标中写出此矢量的表示式，并分别在直角坐标系和圆柱坐标系中求其散度。

1-37　已知 $u=x^2-y^2+2xy$，求 $\nabla^2 u$ 。

1-38　证明 $\nabla(uv)=u\nabla v+v\nabla u$ 。

1-39　证明 $\nabla \cdot (uA)=u\nabla \cdot A+A \cdot \nabla u$ 。

1-40　证明 $\nabla \times (uA)=u\nabla \times A+\nabla u \times A$ 。

1-41　设 C 为常矢量，$\boldsymbol{r}=x\boldsymbol{e}_x+y\boldsymbol{e}_y+z\boldsymbol{e}_z$，试证：

(1) $\nabla(\boldsymbol{C} \cdot \boldsymbol{r})=\boldsymbol{C}$；

(2) $\nabla \cdot (\boldsymbol{C} \times \boldsymbol{r})=0$；

(3) $\nabla \times (\boldsymbol{C} \times \boldsymbol{r})=2\boldsymbol{C}$；

(4) $\nabla \cdot [(\boldsymbol{C} \cdot \boldsymbol{r})\boldsymbol{r}]=4\boldsymbol{C} \cdot \boldsymbol{r}$。

1-42　若平面矢量场 $\boldsymbol{A}=\dfrac{ax^2+2bxy+cy^2}{(x^2+y^2)^2}(x\boldsymbol{e}_x+y\boldsymbol{e}_y)$，其中 a、b 和 c 是常数，求这个矢量场的散度。

1-43　证明：

① $\nabla\times(\nabla u)=0$；

② $\nabla\cdot(\nabla\times\mathbf{A})=0$；

③ $\nabla^2(\nabla\cdot\mathbf{A})=\nabla\cdot(\nabla^2\mathbf{A})$。

1-44 证明

① $\oint_l \boldsymbol{r}\times \mathrm{d}l = 2\iint_S \mathrm{d}\boldsymbol{S}$；

② $\oint_l \boldsymbol{r}\cdot \mathrm{d}l = 0$；

③ $\oint_l (u\nabla u)\cdot \mathrm{d}l = 0$；

④ $\oint_l (f\nabla g)\cdot \mathrm{d}l = -\oint_l (g\nabla f)\cdot \mathrm{d}l$。

1-45 证明下列标量函数是调和函数。

① $u(x, y, z)=2x^2-y^2-z^2+2xy$；

② $u(x, y, z)=\sin\alpha x\ \cos\beta y \mathrm{e}^{-\gamma z}$（其中 $\alpha^2+\beta^2-\gamma^2=0$）；

③ $u(\rho, \phi, z)=\rho\ \sin\phi+3\rho^2\cos2\phi+z$；

④ $u(r, \theta, \phi)=r\ \cos\theta-2r^{-2}\cos\theta$。

1-46 若在边长为 a 的正方形区域内，静电场的电位 $u=V_0xy/a^2$（其中 V_0 是常数），证明 u 满足拉普拉斯方程，并求它的梯度。

1-47 求 $\nabla\cdot A$ 和 $\nabla\times A$

① $\mathbf{A}(\rho, \phi, z)=\boldsymbol{e}_\rho\rho\ \cos\phi+\boldsymbol{e}_\phi\rho\ \sin\phi$；

② $\mathbf{A}(r, \theta, \phi)=\dfrac{2\ \cos\theta}{r^3}\boldsymbol{e}_r+\dfrac{\sin\theta}{r^3}\boldsymbol{e}_\theta$。

1-48 计算以下各式的值：① $\nabla\dfrac{1}{r}$；② $\nabla\times\dfrac{\boldsymbol{r}}{r^3}$；③ $\nabla\cdot\dfrac{\boldsymbol{r}}{r^3}$；④ ∇r。

1-49 设 $\boldsymbol{r}=\boldsymbol{e}_x x+\boldsymbol{e}_y y+\boldsymbol{e}_z z$，$\boldsymbol{e}_r=\dfrac{\boldsymbol{r}}{r}$，分别在三种正交坐标系中计算 $\boldsymbol{r}$ 和 $\boldsymbol{e}_r$ 的散度，并且证明前者都等于 3，后者都等于 $\dfrac{2}{r}$。

1-50 若 $\mathbf{A}=\mathbf{A}_0\mathrm{e}^{-\mathrm{j}\boldsymbol{k}\cdot\boldsymbol{r}}$，$f=f_0\mathrm{e}^{-\mathrm{j}\boldsymbol{k}\cdot\boldsymbol{r}}$，其中 $\mathbf{A}_0$ 和 $\boldsymbol{k}$ 为常矢量，f_0 是常数，证明下列结论：

① $\nabla f=-\mathrm{j}\boldsymbol{k}f$； ② $\nabla\cdot\mathbf{A}=-\mathrm{j}\boldsymbol{k}\cdot\mathbf{A}$； ③ $\nabla\times\mathbf{A}=-\mathrm{j}\boldsymbol{k}\times\mathbf{A}$；

④ $\nabla^2 f=-k^2 f$； ⑤ $\nabla^2\mathbf{A}=-k^2\mathbf{A}$。

第2章 静 电 场

☞电现象和磁现象都是由电荷产生的。静止的电荷产生静电场；匀速直线运动的电荷不仅产生电场，还产生磁场，且电场与磁场是相互独立的。加速运动的电荷产生时变的电磁场，时变的电场和磁场相互作用，形成在空间传播的电磁波。

静电场是指相对于观察者为静止的电荷产生的场。静电场的基本定律是库仑定律。本章从库仑定律和叠加原理出发，运用矢量分析，讨论真空中静电场的基本方程。在此基础上，进而讨论静电场中的导体与导体系统，介质中的静电场，静电场的能量和电场力等。

2.1 库仑定律与电场强度

2.1.1 库仑定律

库仑定律是描述真空中两个静止点电荷之间相互作用的实验定律。内容是，点电荷 q' 作用于点电荷 q 的力为

$$\boldsymbol{F} = \frac{q'q}{4\pi\varepsilon_0 R^2}\boldsymbol{e}_R = \frac{q'q}{4\pi\varepsilon_0}\frac{\boldsymbol{R}}{R^3} \tag{2-1}$$

式中，$\boldsymbol{R}=\boldsymbol{r}-\boldsymbol{r}'$表示从 $\boldsymbol{r}'$到 $\boldsymbol{r}$ 的矢量，R 是 $\boldsymbol{r}'$到 $\boldsymbol{r}$ 的距离，$\boldsymbol{e}_R$是 $\boldsymbol{R}$ 的单位矢量，ε_0是表征真空电性质的物理量，称为真空的介电常数，其值为

$$\varepsilon_0 = 8.854\ 187\ 817\times 10^{-12} \approx \frac{1}{36\pi}\times 10^{-9} \quad (\text{F/m})$$

库仑定律表明，真空中两个点电荷之间作用力的大小与两点电荷电量之积成正比，与距离平方成反比，力的方向沿着它们的连线，同号电荷之间是斥力，异号电荷之间是引力。点电荷 q'受到 q 的作用力为 $\boldsymbol{F}'$，且 $\boldsymbol{F}'=-\boldsymbol{F}$，可见两点电荷之间的作用力符合牛顿第三定律(如图 2-1 所示)。

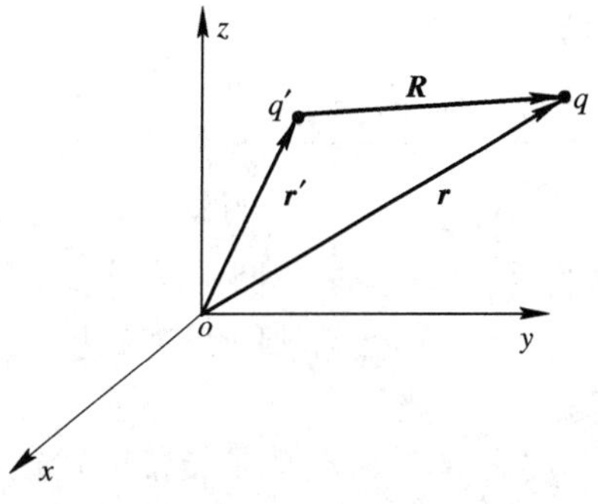

图 2-1 库仑定律用图

库仑定律只能直接用于点电荷。所谓点电荷，是指当带电体的尺度远小于它们之间的距离时，将其电荷集中于一点的理想化模型。对于实际的带电体，一般应该看成是分布在一定的区域内，称其为分布电荷。分布电荷通常用电荷密度来定量描述电荷的空间分布情况，如图 2-2 所示。

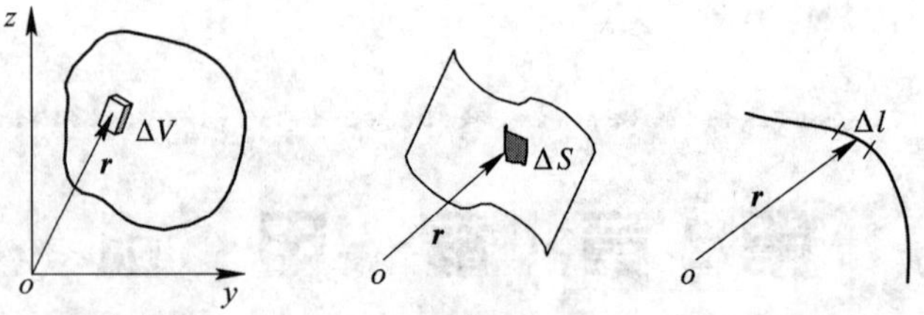

(a) 电荷体密度 (b) 电荷面密度 (c) 电荷线密度

图 2-2 电荷分布示意图

电荷体密度的含义是，在电荷分布区域内，取体积元 ΔV，若其中的电量为 Δq，电荷体密度为

$$\rho = \lim_{\Delta V \to 0} \frac{\Delta q}{\Delta V} = \frac{\mathrm{d}q}{\mathrm{d}V} \tag{2-2}$$

其单位是库/米^3（C/m^3）。这里的 ΔV 趋于零，是指相对于宏观尺度而言很小的体积，以便能精确地描述电荷的空间变化情况；但是相对于微观尺度，该体积元又是足够大，它包含了大量的带电粒子，这样才可以将电荷分布看做空间的连续函数。我们知道，宏观物体的带电量总是电子电荷的整数倍。一个电子的带电量是 $e=-1.602\,18\times10^{-19}$ C。其实在微观领域，组成原子核的大多数粒子的带电量也是如此。只有在涉及强相互作用，此时尺度小于原子核时，量子色动力学的夸克模型中，组成基本粒子的夸克才带分数量值的基本电荷，六种夸克带电量全是基本电荷的 1/3 的整数倍。但是到目前为止，实验中一直没有发现单个的夸克存在，通常总是由两个或者三个夸克组成一个粒子，而这个组成的粒子的带电量是基本电荷的整数倍。

如果电荷分布在宏观尺度 h 很小的薄层内，则可认为电荷分布在一个几何曲面上，用面密度描述其分布。此时仅仅考虑电荷沿曲面的分布，而不考虑电荷沿曲面厚度方向的变化。若面积元 ΔS 内的电量为 Δq，则面密度为

$$\rho_S = \lim_{\Delta V \to 0} \frac{\Delta q}{\Delta S} = \frac{\mathrm{d}q}{\mathrm{d}S} \tag{2-3}$$

对于分布在一条细线上的电荷用线密度描述其分布情况。此时仅仅考虑电荷沿曲线的分布，而不涉及电荷沿带电线的截面的变化。若线元 Δl 内的电量为 Δq ，则线密度为

$$\rho_l = \lim_{\Delta V \to 0} \frac{\Delta q}{\Delta l} = \frac{\mathrm{d}q}{\mathrm{d}l} \tag{2-4}$$

2.1.2 电场强度

电荷 q' 对电荷 q 的作用力，是由于 q' 在空间产生电场，电荷 q 在电场中受力。用电场强度来描述电场，空间一点的电场强度定义为该点的单位正试验电荷所受到的力。在点 $\boldsymbol{r}$ 处，试验电荷 q 受到的电场力为

$$\boldsymbol{F}(\boldsymbol{r}) = q\boldsymbol{E}(\boldsymbol{r}) \tag{2-5}$$

这里的试验电荷是指带电量很小，引入到电场内不影响电场分布的电荷。由两个点电荷间作用力的公式(2-1)，可以得到位于点 $\boldsymbol{r}'$ 处的点电荷 q' 在 $\boldsymbol{r}$ 处产生的电场强度为

$$\boldsymbol{E}(\boldsymbol{r}) = \frac{q'}{4\pi\varepsilon_0}\frac{\boldsymbol{R}}{R^3} = \frac{q'}{4\pi\varepsilon_0}\frac{(\boldsymbol{r}-\boldsymbol{r}')}{|\boldsymbol{r}-\boldsymbol{r}'|^3} \tag{2-6}$$

以后我们将电荷所在点 $\boldsymbol{r}'$ 称为源点，将观察点 $\boldsymbol{r}$ 称为场点。

如果真空中一共有 n 个点电荷，则 $\boldsymbol{r}$ 点处的电场强度可由叠加原理计算。点电荷系统在空间某点产生的电场强度等于各个点电荷单独在该点产生的电场强度的矢量和，这称为电场强度叠加原理。依据叠加原理，得到点电荷系产生的电场强度为

$$\boldsymbol{E}(\boldsymbol{r}) = \sum_{i=1}^{n} \frac{q_i}{4\pi\varepsilon_0} \frac{(\boldsymbol{r}-\boldsymbol{r}_i)}{|\boldsymbol{r}-\boldsymbol{r}_i|^3} \tag{2-7}$$

对于体分布的电荷，可将其视为一系列点电荷的叠加，从而得出 $\boldsymbol{r}$ 点的电场强度为

$$\boldsymbol{E}(\boldsymbol{r}) = \frac{1}{4\pi\varepsilon_0} \int_V \frac{\rho(\boldsymbol{r}')(\boldsymbol{r}-\boldsymbol{r}')}{|\boldsymbol{r}-\boldsymbol{r}'|^3} \mathrm{d}V' \tag{2-8}$$

同理，面电荷和线电荷产生的电场强度分别为

$$\boldsymbol{E}(\boldsymbol{r}) = \frac{1}{4\pi\varepsilon_0} \int_S \frac{\rho_S(\boldsymbol{r}')(\boldsymbol{r}-\boldsymbol{r}')}{|\boldsymbol{r}-\boldsymbol{r}'|^3} \mathrm{d}S' \tag{2-9}$$

$$\boldsymbol{E}(\boldsymbol{r}) = \frac{1}{4\pi\varepsilon_0} \int_l \frac{\rho_l(\boldsymbol{r}')(\boldsymbol{r}-\boldsymbol{r}')}{|\boldsymbol{r}-\boldsymbol{r}'|^3} \mathrm{d}l' \tag{2-10}$$

例 2-1 一个半径为 a 的均匀带电圆环，求轴线上的电场强度。

解 取坐标系如图 2-3 所示，圆环位于 xoy 平面，圆环中心与坐标原点重合，设电荷线密度为 ρ_l。

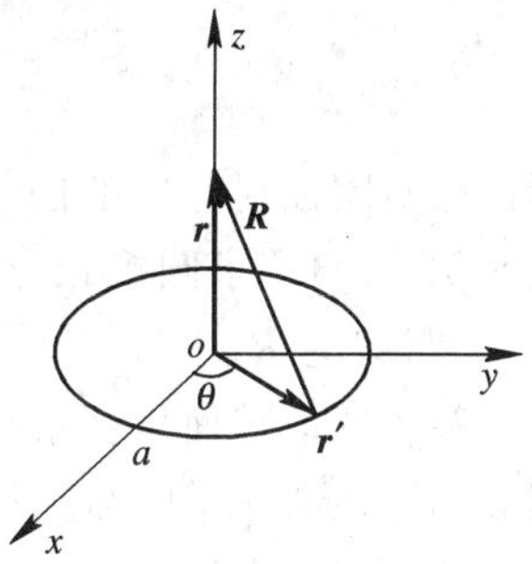

图 2-3 例 2-1 图

由图可以定出：

$$\boldsymbol{r} = z\boldsymbol{e}_z,\ \boldsymbol{r}' = a\cos\theta\boldsymbol{e}_x + a\sin\theta\boldsymbol{e}_y$$

$$|\boldsymbol{r}-\boldsymbol{r}'| = \sqrt{z^2+a^2},\quad \mathrm{d}l' = a\,\mathrm{d}\theta$$

所以

$$\begin{aligned}\boldsymbol{E}(\boldsymbol{r}) &= \frac{\rho_l}{4\pi\varepsilon_0} \int_0^{2\pi} \frac{(z\boldsymbol{e}_z - a\cos\theta\boldsymbol{e}_x - a\sin\theta\boldsymbol{e}_y)}{(a^2+z^2)^{3/2}} a\,\mathrm{d}\theta \\ &= \frac{a\rho_l}{2\varepsilon_0} \frac{z}{(a^2+z^2)^{3/2}} \boldsymbol{e}_z\end{aligned}$$

例 2-2 若上题的圆环上电荷以 $\rho_l = \lambda\cos\theta$ 的形式分布，重新计算 z 轴上某点的电场强度。

解 把场点选在 $z=h$ 处，即 $\boldsymbol{r}=h\boldsymbol{e}_z$，源点与上题一致，$\boldsymbol{r}'=a\cos\theta\boldsymbol{e}_x+a\sin\theta\boldsymbol{e}_y$，由电场强度公式，有

$$\boldsymbol{E}(\boldsymbol{h}) = \frac{\lambda}{4\pi\varepsilon_0} \int_0^{2\pi} \cos\theta \frac{(h\boldsymbol{e}_z - a\cos\theta\boldsymbol{e}_x - a\sin\theta\boldsymbol{e}_y)}{(a^2+h^2)^{3/2}} a\,\mathrm{d}\theta$$

考虑到电荷分布的对称性，可以判断出上述积分仅仅 x 分量不为零。积分后得到

$$\boldsymbol{E}(\boldsymbol{h}) = -\frac{a^2\lambda}{4\varepsilon_0} \frac{1}{(a^2+h^2)^{3/2}} \boldsymbol{e}_x$$

2.2 高 斯 定 理

从库仑定律出发，可以推导出高斯定理。先介绍立体角的概念。

2.2.1 立体角

如图 2-4 所示，立体角是由过一点的射线，绕过该点的某一轴旋转一周所扫出的锥面

所限定的空间。形成立体角锥体可以是圆锥、椭圆锥、三棱锥等任意锥体。如果以点 o' 为球心、R 为半径作球面，若立体角的锥面在球面截下的面积为 S，则此立体角的大小为 $\Omega=S/R^2$。立体角的单位是球面度(sr)。整个球面对球心的立体角是 4π。对于任一个有向曲面 S，面上的面积元 $\mathrm{d}S$ 对某点 o' 的立体角是

$$\mathrm{d}\Omega=\frac{\mathrm{d}S\cos\theta}{R^2}=\frac{\mathrm{d}\boldsymbol{S}\cdot(\boldsymbol{r}-\boldsymbol{r}')}{|\boldsymbol{r}-\boldsymbol{r}'|^3} \quad (2-11)$$

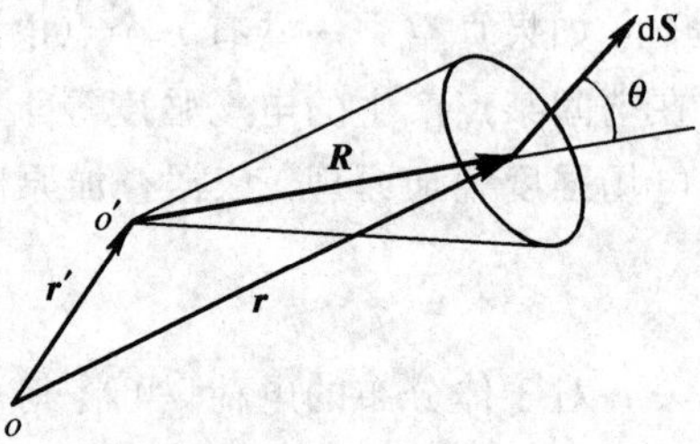

图 2-4　立体角

式中 $\boldsymbol{r}$ 是面积元所处的位置，$\boldsymbol{r}'$ 是点 o' 的位置，$\boldsymbol{R}$ 是从点 $\boldsymbol{r}'$ 到点 $\boldsymbol{r}$ 的矢径，θ 是有向面元 $\mathrm{d}\boldsymbol{S}$ 与 $\boldsymbol{R}$ 的夹角。立体角可以为正，也可以为负，视夹角 θ 为锐角或钝角而定。整个曲面 S 对点 o' 所张的立体角是

$$\Omega=\int_S\frac{(\boldsymbol{r}-\boldsymbol{r}')\cdot\mathrm{d}\boldsymbol{S}}{|\boldsymbol{r}-\boldsymbol{r}'|^3} \quad (2-12)$$

若 S 是封闭曲面，则

$$\Omega=\oint_S\frac{(\boldsymbol{r}-\boldsymbol{r}')\cdot\mathrm{d}\boldsymbol{S}}{|\boldsymbol{r}-\boldsymbol{r}'|^3}=\begin{cases}4\pi & (\boldsymbol{r}'\text{ 在 }S)\\ 0 & (\boldsymbol{r}'\text{ 在 }S\text{ 外})\end{cases} \quad (2-13)$$

即任意封闭面对其内部任一点所张的立体角为 4π，对外部点所张的立体角为零。

例 2-3　求圆锥顶点处的立体角大小。设圆锥的底面半径为 a，母线为 R。

解　选取球面坐标系计算，把圆锥的顶点放在坐标原点，如图 2-5 所示。设圆锥底面向上的方向为正，此时立体角应是一个正值。由立体角的公式，有

$$\begin{aligned}\Omega&=\int_S\frac{\boldsymbol{R}\cdot\mathrm{d}\boldsymbol{S}}{R^3}=\int_0^{2\pi}\int_0^{\theta_0}\frac{R}{R^3}R^2\sin\theta\,\mathrm{d}\theta\,\mathrm{d}\phi\\&=2\pi(1-\cos\theta_0)\end{aligned}$$

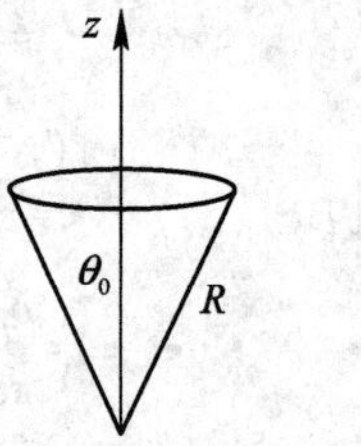

图 2-5　例 2-3 图

其中 θ_0 是底面直径对顶点所张的平面角的一半，即 $\theta_0=\arcsin\dfrac{a}{R}$。

例 2-4　若立方体的边长为 a，求它的一个面相对于其对面的某个顶点所张的立体角。

解　选取如图 2-6 所示的坐标系，设立方体的顶面向上的一侧为正法向，这样计算的立体角应是一个正值。顶面的有向面元为 $\mathrm{d}\boldsymbol{S}=\boldsymbol{e}_z\,\mathrm{d}x\,\mathrm{d}y$。选择底面上位于坐标原点的顶点，计算顶面对于这个顶点所张的立体角。由立体角的计算公式，得

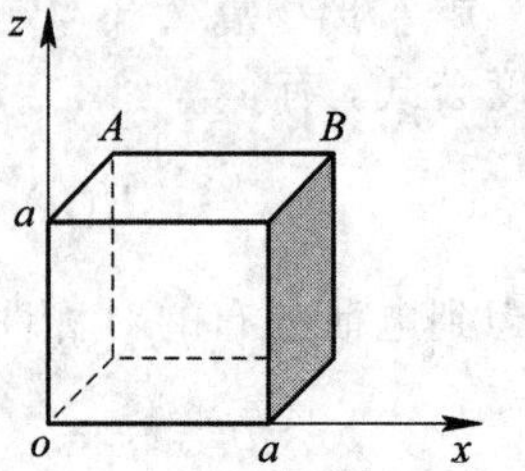

图 2-6　例 2-4 图

$$\begin{aligned}\Omega&=\int_S\frac{\boldsymbol{r}\cdot\mathrm{d}\boldsymbol{S}}{r^3}=\iint\frac{(x\boldsymbol{e}_x+y\boldsymbol{e}_y+a\boldsymbol{e}_z)\cdot\boldsymbol{e}_z\,\mathrm{d}x\,\mathrm{d}y}{(x^2+y^2+a^2)^{3/2}}\\&=\iint\frac{a\,\mathrm{d}x\,\mathrm{d}y}{(x^2+y^2+a^2)^{3/2}}\end{aligned}$$

把这个积分变换到圆柱坐标，我们有 $\Omega=\iint\dfrac{ar\,\mathrm{d}r\,\mathrm{d}\phi}{(r^2+a^2)^{3/2}}$。由问题的对称性，仅仅需要在顶

面的二分之一区域积分，即等于直接在三角形上积分，再乘以 2 即可。注意 r 从 0 积到 b，且 $b=a/\cos\phi$；而 ϕ 从 0 积到 $\pi/4$。这样，我们有

$$\begin{aligned}\Omega&=\iint \frac{ar\ \mathrm{d}r\ \mathrm{d}\phi}{(r^2+a^2)^{3/2}}=a\int_0^{\pi/4}\left[\int_0^{a/\cos\phi}\frac{2r\ \mathrm{d}r}{(r^2+a^2)^{3/2}}\right]\mathrm{d}\phi\\&=a\int_0^{\pi/4}\left[\frac{-2}{\sqrt{r^2+a^2}}\right]\Bigg|_{r=0}^{r=a/\cos\phi}\mathrm{d}\phi=2\int_0^{\pi/4}\left[1-\frac{1}{\sqrt{1+\sec^2\phi}}\right]\mathrm{d}\phi\\&=2\int_0^{\pi/4}\left[1-\frac{\cos\phi}{\sqrt{2-\sin^2\phi}}\right]\mathrm{d}\phi=\frac{\pi}{2}-2\arcsin\left[\frac{1}{\sqrt{2}}\sin\frac{\pi}{4}\right]\\&=\frac{\pi}{6}\end{aligned}$$

当然，我们也可以根据对称性，不必积分，判断出上述立体角是全空间的 1/24，即 $\pi/6$。

2.2.2 高斯定理

高斯定理描述通过一个闭合面电场强度的通量与闭合面内电荷间的关系。先考虑点电荷的电场穿过任意闭曲面 S 的通量

$$\oint_S \boldsymbol{E}\cdot\mathrm{d}\boldsymbol{S}=\frac{q}{4\pi\varepsilon_0}\oint_S\frac{\boldsymbol{r}-\boldsymbol{r}'}{|\boldsymbol{r}-\boldsymbol{r}|^3}\cdot\mathrm{d}\boldsymbol{S}=\frac{q}{4\pi\varepsilon_0}\oint_S\mathrm{d}\Omega \tag{2-14}$$

若 q 位于 S 内部，上式中的立体角为 4π，若位于 S 外部，上式中的立体角为零。对点电荷系或分布电荷，由叠加原理得出高斯定理为

$$\oint_S \boldsymbol{E}\cdot\mathrm{d}\boldsymbol{S}=\frac{Q}{\varepsilon_0} \tag{2-15}$$

上式中，Q 是闭合面内的总电荷。高斯定理是静电场的一个基本定理。它说明，在真空中穿出任意闭合面的电场强度通量，等于该闭合面内部的总电荷量与 ε_0 之比。应该注意曲面上的电场强度是由空间的所有电荷产生的，不要错误地认为其与曲面 S 外部的电荷无关。但是外部电荷在闭合面上产生的电场强度的通量为零。一个体积内部的电通量为零，只能说明体积内的正负电量相等，并不能肯定体积内没有电荷。同样，一个体积内的电通量为正，仅仅是指体积内的总电荷为正，并不意味着体积内没有负电荷。反之亦然。

以上的高斯定理也称为高斯定理的积分形式，它说明通过闭合曲面的电场强度通量与闭合面内的电荷之间的关系，并没有说明某一点的情况。要分析一个点的情形，要用微分形式。如果闭合面内的电荷是密度为 ρ 的体分布电荷，则式(2-15)可以写为

$$\oint_S \boldsymbol{E}\cdot\mathrm{d}\boldsymbol{S}=\frac{1}{\varepsilon_0}\int_V\rho\ \mathrm{d}V \tag{2-16}$$

式中 V 是 S 所限定的体积。用散度定理，可以将上式左面的面积分变换为散度的体积分，即

$$\oint_V \nabla\cdot\boldsymbol{E}\ \mathrm{d}V=\frac{1}{\varepsilon_0}\int_V\rho\ \mathrm{d}V \tag{2-17}$$

由于体积 V 是任意的，所以有

$$\nabla\cdot\boldsymbol{E}=\frac{\rho}{\varepsilon_0} \tag{2-18}$$

这就是高斯定理的微分形式。它说明，真空中任一点的电场强度的散度等于该点的电荷密度与ε_0之比。微分形式描述了一点处的电场强度空间变化和该点电荷密度的关系。尽管该点的电场强度是由空间的所有电荷产生的，可是这一点电场强度的散度仅仅取决于该点的电荷密度，而与其他电荷无关。

高斯定理的积分形式，可以用来计算平面对称、轴对称及球对称的静电场问题。解题的关键是能够将电场强度从积分号中提出来，这就要求找出一个封闭面(高斯面)S，且S由两部分S_1和S_2组成，在S_1上，电场强度$\boldsymbol{E}$与有向面元$\mathrm{d}\boldsymbol{S}$平行，$\boldsymbol{E}/\!/\mathrm{d}\boldsymbol{S}$(或二者之间的夹角固定不变)，并且电场强度的大小保持不变；在S_2上，有$\boldsymbol{E}\cdot\mathrm{d}\boldsymbol{S}=0$。这样就可求出对称分布电荷产生的场。应该注意，用高斯定理计算电场时，并没有要求电场的方向和有向面元夹角为零。如图 2-7 所示的封闭曲面，也能够求出平板电容器内的电场。

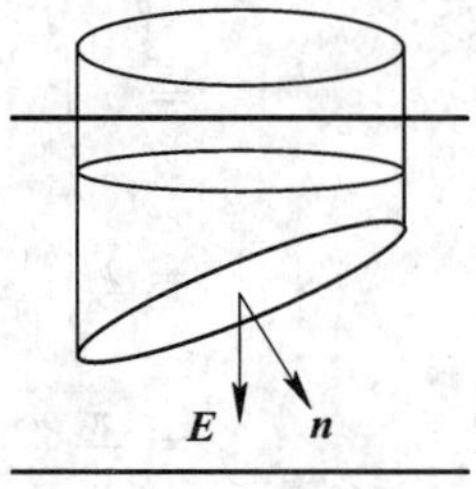

图 2-7 平板电容器

微分形式用来从电场分布计算电荷分布。仅仅对于电荷对称分布的问题，可以通过高斯定理的微分形式，通过解偏微分方程求解电场。这是因为高斯定理仅仅规定了电场强度的散度，而通过前面矢量分析的学习，我们知道，一个矢量场是由其散度和旋度确定的。下面我们给出用高斯定理的微分形式计算对称分布电场的一个例子。

例 2-5 若总量为Q的电荷以$\rho=\dfrac{Q}{2\pi a^2 r}$的形式分布在半径为$a$的球内，球外没有电荷。求电场强度。

解 这个题目，可以用高斯定理积分形式求解，也可以通过解电位的泊松方程计算。我们在此用高斯定理的微分形式求解。由于问题是球对称的，因而球内外电场仅仅有径向分量，且电场只是径向坐标r的函数。设球内、外电场分别为E_1和E_2。则有

$$\frac{1}{r^2}\frac{\mathrm{d}}{\mathrm{d}r}(r^2E_1)=\frac{Q}{2\pi a^2\varepsilon_0 r},\quad \frac{1}{r^2}\frac{\mathrm{d}}{\mathrm{d}r}(r^2E_2)=0$$

解这两个方程，得到$E_1=\dfrac{Q}{4\pi\varepsilon_0 a^2}+\dfrac{A}{r^2}$；$E_2=\dfrac{B}{r^2}$。其中$A$和$B$是待定常数。在球内，尽管电荷密度当$r$趋于零时为无穷大，但围绕球心作一个半径很小的球面，此球面内部的电荷是有限的。并且当刚才的球面半径趋于零时，其内部电荷量也是趋于零的。因而r等于零的点，电场不应该是无穷大。这样就定出系数$A=0$；至于系数B，我们用$r=a$的界面两侧，电场连续(具体的论述，见本章 2.6 节)，就得到$B=Q/(4\pi\varepsilon_0)$。最后得到所求电场是：

$$\boldsymbol{E}_1=\boldsymbol{e}_r\frac{Q}{4\pi\varepsilon_0 a^2},\quad \boldsymbol{E}_2=\boldsymbol{e}_r\frac{Q}{4\pi\varepsilon_0 r^2}$$

在球内电场的大小是一个常量，这并不意味着电场的散度为零。因为球面坐标系中，径向单位矢量不是常矢量，它的散度不为零。实际上，$\nabla\cdot\boldsymbol{e}_r=2/r$。再次强调指出，只有电荷分布对称时，才能用高斯定理的微分形式计算电场。如果不是对称分布问题，是求解不出电场的。因为电场有三个分量，而微分形式的高斯定理仅是一个散度方程，由一个方程是解不出三个分量的。

例 2-6 假设在半径为a的球体内均匀分布着密度为ρ_0的电荷，求任意点的电场强度。

解 本题的电荷分布是球对称的，电场强度仅有径向分量E_r同时它具有球对称性质。作一个与带电体同心、半径为r的球面，将积分形式的高斯定理运用到此球面上。

当$r>a$时，

$$E_r 4\pi r^2 = \frac{\rho_0}{\varepsilon_0}\frac{4\pi}{3}a^3$$

故

$$E_r = \frac{\rho_0 a^3}{3\varepsilon_0 r^2} \qquad (r>a)$$

当$r<a$时，

$$E_r 4\pi r^2 = \frac{\rho_0}{\varepsilon_0}\frac{4\pi}{3}r^3$$

所以

$$E_r = \frac{\rho_0 r}{3\varepsilon_0} \qquad (r<a)$$

例 2-7 已知半径为a的球内、外的电场强度为

$$\boldsymbol{E} = \boldsymbol{e}_r E_0 \frac{a^2}{r^2} \qquad (r > a)$$

$$\boldsymbol{E} = \boldsymbol{e}_r E_0 \left(5\frac{r}{2a} - 3\frac{r^3}{2a^3}\right) \qquad (r < a)$$

求电荷分布。

解 由高斯定理的微分形式$\nabla \cdot \boldsymbol{E} = \frac{\rho}{\varepsilon_0}$，得电荷密度为

$$\rho = \varepsilon_0 \nabla \cdot \boldsymbol{E}$$

用球坐标中的散度公式

$$\nabla \cdot \boldsymbol{A} = \frac{1}{r^2}\frac{\partial(r^2 A_r)}{\partial r} + \frac{1}{r\sin\theta}\frac{\partial(\sin\theta A_\theta)}{\partial\theta} + \frac{1}{r\sin\theta}\frac{\partial A_\phi}{\partial\phi}$$

可得

$$\rho = 0 \qquad (r > a)$$

$$\rho = \varepsilon_0 E_0 \frac{15}{2a^3}(a^2 - r^2) \qquad (r < a)$$

2.3 静电场的旋度与静电场的电位

2.3.1 静电场的旋度

静电场是一个矢量场，除了要讨论它的散度外，还要讨论它的旋度。在点电荷及分布电荷的电场强度表示式中，均含有因子$(\boldsymbol{r}-\boldsymbol{r}')/|\boldsymbol{r}-\boldsymbol{r}'|^3$。以下以体分布电荷产生的电场强度为例，讨论它的旋度特性。由于

$$\nabla \frac{1}{|\boldsymbol{r}-\boldsymbol{r}'|} = -\frac{\boldsymbol{r}-\boldsymbol{r}'}{|\boldsymbol{r}-\boldsymbol{r}'|^3} \tag{2-19}$$

可将体电荷的电场强度表示式改写为

$$\boldsymbol{E}(\boldsymbol{r})=\frac{1}{4\pi\varepsilon_0}\int_V\frac{\rho(\boldsymbol{r}')(\boldsymbol{r}-\boldsymbol{r}')}{|\boldsymbol{r}-\boldsymbol{r}'|^3}\mathrm{d}V'=\frac{-1}{4\pi\varepsilon_0}\int_V\rho(\boldsymbol{r}')\nabla\frac{1}{|\boldsymbol{r}-\boldsymbol{r}'|}\mathrm{d}V'$$
$$=-\nabla\left[\frac{1}{4\pi\varepsilon_0}\int_V\rho(\boldsymbol{r}')\frac{1}{|\boldsymbol{r}-\boldsymbol{r}'|}\mathrm{d}V'\right]\tag{2-20}$$

应注意式中的积分是对源点 $\boldsymbol{r}'$ 进行，算子 ∇ 是对场点作用，因而可将 ∇ 移到积分号外。此式说明，电场强度表示为一个标量位函数的负梯度，所以有

$$\nabla\times\boldsymbol{E}=0\tag{2-21}$$

即静电场的旋度恒等于零，这表明静电场是无旋场。

2.3.2　电位

如上所述，可用一个标量函数的负梯度表示电场强度。这个标量函数就是电场的位函数，简称为电位，电位 φ 的定义由下式确定

$$\boldsymbol{E}=-\nabla\varphi\tag{2-22}$$

电位的单位是伏(V)，因此电场强度的单位是伏/米(V/m)。

体分布的电荷在场点 $\boldsymbol{r}$ 处的电位是

$$\varphi(\boldsymbol{r})=\frac{1}{4\pi\varepsilon_0}\int_V\frac{\rho(\boldsymbol{r}')}{|\boldsymbol{r}-\boldsymbol{r}'|}\mathrm{d}V'\tag{2-23}$$

线电荷和面电荷的电位与上式相似，只需将电荷密度和积分区域作相应的改变。对于位于源点 $\boldsymbol{r}'$ 处的点电荷 q，其在 $\boldsymbol{r}$ 处产生的电位是

$$\varphi(\boldsymbol{r})=\frac{q}{4\pi\varepsilon_0|\boldsymbol{r}-\boldsymbol{r}'|}\tag{2-24}$$

式(2-23)和式(2-24)中本来还要加上一个常数。为简单计，取这个常数为零。

因为静电场是无旋场，其在任意闭合回路的环量为零，即

$$\oint_l\boldsymbol{E}\cdot\mathrm{d}\boldsymbol{l}=0\tag{2-25}$$

这表明，静电场是一个保守场，它沿某一路径从 P_0 点到 P 点的线积分与路径无关，仅仅与起点和终点的位置有关。下面讨论电场强度沿某一路径的线积分

$$\int_{P_0}^{P}\boldsymbol{E}\cdot\mathrm{d}\boldsymbol{l}=\int_{P_0}^{P}-\nabla\varphi\cdot\mathrm{d}\boldsymbol{l}\tag{2-26}$$

因为

$$\nabla\varphi\cdot\mathrm{d}\boldsymbol{l}=\frac{\partial\varphi}{\partial x}\mathrm{d}x+\frac{\partial\varphi}{\partial y}\mathrm{d}y+\frac{\partial\varphi}{\partial z}\mathrm{d}z=\mathrm{d}\varphi\tag{2-27}$$

故

$$\int_{P_0}^{P}\boldsymbol{E}\cdot\mathrm{d}\boldsymbol{l}=\varphi(P_0)-\varphi(P)\tag{2-28}$$

或

$$\varphi(P)-\varphi(P_0)=\int_{P}^{P_0}\boldsymbol{E}\cdot\mathrm{d}\boldsymbol{l}$$

通常，称 $\varphi(P)-\varphi(P_0)$ 为 P 与 P_0 两点间的电位差(或电压)。一般选取一个固定点，规定其电位为零，称这一固定点为参考点。当取 P_0 点为参考点时，P 点处的电位为

$$\varphi(P)=\int_{P}^{P_0}\boldsymbol{E}\cdot\mathrm{d}\boldsymbol{l}\tag{2-29}$$

当电荷分布在有限的区域时，选取无穷远处为参考点较为方便。此时

$$\varphi(P) = \int_P^{\infty} \boldsymbol{E} \cdot d\boldsymbol{l} \tag{2-30}$$

2.3.3 电位微分方程

下面分析电位的微分方程。将 $\boldsymbol{E}=-\nabla\varphi$ 代入高斯定理的微分形式 $\nabla\cdot\boldsymbol{E}=\rho/\varepsilon_0$ 得到

$$\nabla \cdot \nabla\varphi = \nabla^2\varphi = -\frac{\rho}{\varepsilon_0} \tag{2-31}$$

上面的方程称为泊松方程，若讨论的区域 $\rho=0$，则电位微分方程变为

$$\nabla^2\varphi = 0 \tag{2-32}$$

以上形式的二阶偏微分方程称为拉普拉斯方程。满足拉普拉斯方程的函数称为三维空间的调和函数。调和函数的最大特点是，在任意的区域内，它既无极大值，也无极小值。它在区域的边界上达到极值。上述方程中的 ∇^2 在直角坐标系里为

$$\nabla^2 = \frac{\partial^2}{\partial x^2} + \frac{\partial^2}{\partial y^2} + \frac{\partial^2}{\partial z^2}$$

关于拉普拉斯方程的一般求解方法将在静态场的解一章中讨论。

例 2-8 位于 xoy 平面上的半径为 a、圆心在坐标原点的带电圆盘，面电荷密度为 ρ_S，如图 2-8 所示，求 z 轴上的电位。

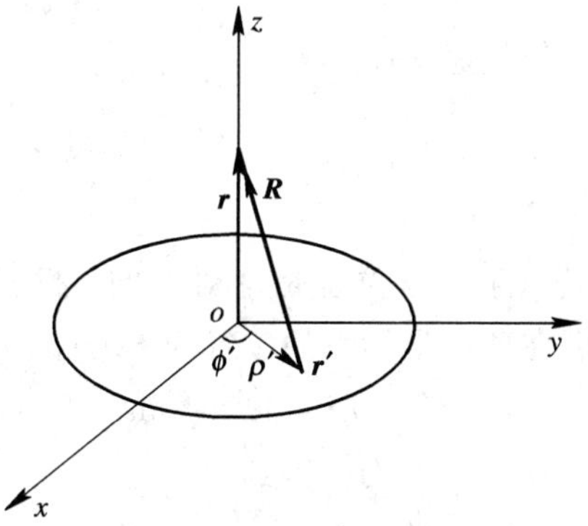

图 2-8 均匀带电圆盘

解 由面电荷产生的电位公式

$$\varphi(\boldsymbol{r}) = \frac{1}{4\pi\varepsilon_0}\int_S \frac{\rho_S(\boldsymbol{r}')}{|\boldsymbol{r}-\boldsymbol{r}'|}\, dS',\ \boldsymbol{r} = z\boldsymbol{e}_z,\ \boldsymbol{r}' = \rho'\cos\phi'\boldsymbol{e}_x + \rho'\sin\phi'\boldsymbol{e}_y$$

$$|\boldsymbol{r}-\boldsymbol{r}'| = \sqrt{z^2+\rho'^2},\ dS' = \rho'\, d\phi'\, d\rho'$$

$$\varphi(z) = \frac{\rho_S}{4\pi\varepsilon_0}\int_0^{2\pi} d\phi' \int_0^a \frac{\rho' d\rho'}{\sqrt{z^2+\rho'^2}} = \frac{\rho_S}{2\varepsilon_0}\left[\sqrt{a^2+z^2}-z\right]$$

以上结果是 $z>0$ 的结论，对任意轴上的任意点，电位是

$$\varphi(z) = \frac{\rho_S}{2\varepsilon_0}\left[\sqrt{a^2+z^2}-|z|\right]$$

例 2-9 求上题中均匀带电圆盘边缘处的电位。

解 由于问题是旋转对称的，边缘上各个点的电位一致。选场点 A，在直角坐标系中，它的坐标为 $x=-a$，$y=0$，$z=0$。如图 2-9 所示。

$$\varphi(\boldsymbol{r}) = \frac{\rho_S}{4\pi\varepsilon_0}\int_S \frac{1}{R}\,\mathrm{d}S' = \frac{\rho_S}{4\pi\varepsilon_0}\iint \frac{r'\,\mathrm{d}r'\,\mathrm{d}\phi}{R}$$

这个积分，如果直接积，比较繁琐。我们把坐标平移，选一个新的平面极坐标系。它的原点就选刚才的场点，径向坐标用 R 表示，角度用 θ 表示。由坐标系变换的雅克比行列式得到 $\mathrm{d}x\,\mathrm{d}y = r'\,\mathrm{d}r'\,\mathrm{d}\phi = R\,\mathrm{d}R\,\mathrm{d}\theta$。注意到圆周在新坐标系的方程为 $R=2a\cos\theta$，角度 θ 的取值范围为 $-90°\sim 90°$；则

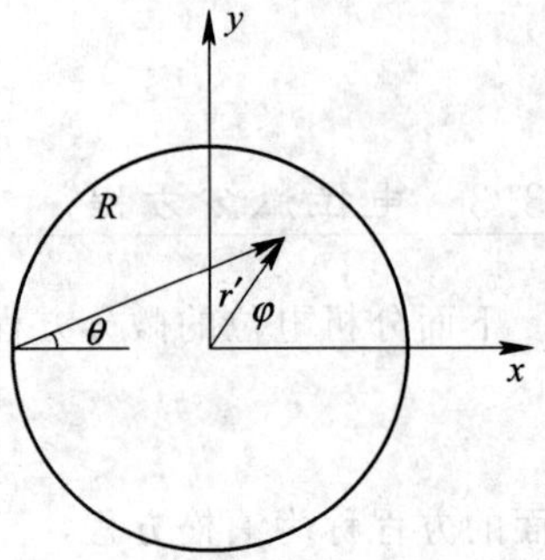

图 2-9　圆盘边缘电位

$$\varphi(\boldsymbol{r}) = \frac{\rho_S}{4\pi\varepsilon_0}\iint \frac{R\,\mathrm{d}R\,\mathrm{d}\theta}{R} = \frac{\rho_S}{4\pi\varepsilon_0}\int_{-\pi/2}^{\pi/2} 2a\cos\theta\,\mathrm{d}\theta = \frac{\rho_S a}{\pi\varepsilon_0}$$

把这个结果和上一个题目比较，可以知道，均匀带电圆盘不是一个等位面。如果带电圆盘是导体，其上面的电荷分布必然是不均匀的。

例 2-10　半径为 a 的均匀带电导体球面(如图 2-10 所示)，所得电量为 Q，求导体球内外任一点的电位。

解　容易得出导体面上的电荷密度为 $\rho_S = \dfrac{Q}{4\pi a^2}$，根据面电荷所产生的电位表达式

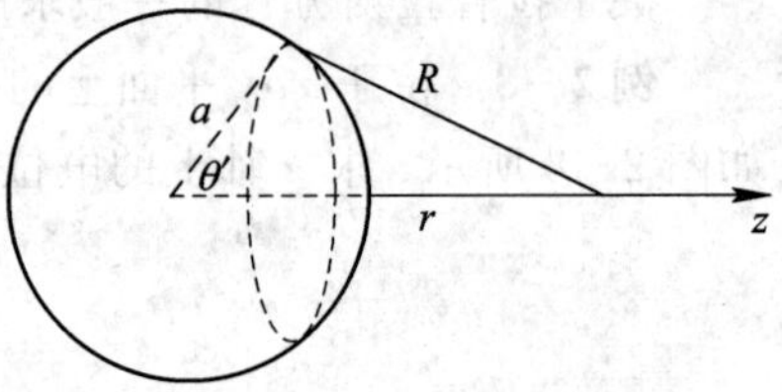

图 2-10　均匀带电球面

$$\varphi(\boldsymbol{r}) = \frac{1}{4\pi\varepsilon_0}\int_S \frac{\rho_S(\boldsymbol{r}')}{|\boldsymbol{r}-\boldsymbol{r}'|}\,\mathrm{d}S'$$

$$= \frac{\rho_S}{4\pi\varepsilon_0}\int_S \frac{1}{|\boldsymbol{r}-\boldsymbol{r}'|}\,\mathrm{d}S'$$

由于电荷分布是球对称的，其产生的电位也是球对称的。我们把场点选在坐标的 z 轴上，即场点的位置为 $\boldsymbol{r}=r\boldsymbol{e}_z$；源点在球面坐标系的位置为 $\boldsymbol{r}'=(a,\theta',\phi')$。因而，我们有

$$\mathrm{d}S' = a^2\sin\theta'\,\mathrm{d}\theta'\,\mathrm{d}\phi'$$

考虑到问题的对称性，先对方位角 ϕ' 积分，得到

$$\mathrm{d}S' = 2\pi a^2\sin\theta'\,\mathrm{d}\theta'$$

这样，就有

$$\varphi(\boldsymbol{r}) = \frac{\rho_S 2\pi a^2}{4\pi\varepsilon_0}\int_0^{\pi}\frac{\sin\theta'}{R}\mathrm{d}\theta'$$

由余弦定理得 $R^2=r^2+a^2-2ar\cos\theta'$，对其微分，注意，此时 a 和 r 是不变的，仅仅角度 θ' 变化，我们有 $R\,\mathrm{d}R = ar\sin\theta'\,\mathrm{d}\theta'$。当场点位于导体球外部时，$r>a$，电位为

$$\varphi(r) = \frac{\rho_S 2\pi a^2}{4\pi\varepsilon_0}\int_{r-a}^{r+a}\frac{R\,\mathrm{d}R}{Rar} = \frac{4\pi\rho_S a^2}{4\pi\varepsilon_0 r} = \frac{Q}{4\pi\varepsilon_0 r}$$

当场点位于导体球内部或在球面上时，$r\leqslant a$，电位为

$$\varphi(r) = \frac{\rho_S 2\pi a^2}{4\pi\varepsilon_0}\int_{a-r}^{a+r}\frac{R\,\mathrm{d}R}{Rar} = \frac{4\pi\rho_S a^2}{4\pi\varepsilon_0 a} = \frac{Q}{4\pi\varepsilon_0 a}$$

这个结果表明，均匀带电球面在球外产生的电位，相当于位于球心等量电荷在球外产生的电位。同样，这个题目也可采用对称性，由高斯定理计算，而不必积分。

例 2-11 求均匀带电球体产生的电位。

解 在前面我们计算了均匀带电球体的电场，

$$E_r = \frac{\rho_0 a^3}{3\varepsilon_0 r^2} \qquad (r > a)$$

$$E_r = \frac{\rho_0 r}{3\varepsilon_0} \qquad (r < a)$$

由此可求出电位。当 $r > a$ 时

$$\varphi = \int_r^\infty E_r\, \mathrm{d}r = \int_r^\infty \frac{\rho_0 a^3}{3\varepsilon_0 r^2}\, \mathrm{d}r = \frac{\rho_0 a^3}{3\varepsilon_0 r}$$

当 $r < a$ 时

$$\varphi = \int_r^a E_r\, \mathrm{d}r + \int_a^\infty E_r\, \mathrm{d}r = \frac{\rho_0}{2\varepsilon_0}\left(a^2 - \frac{r^2}{3}\right)$$

我们把上述结果和采用电位积分公式比较，会得出一个很有用的积分公式，即

$$\int_V \frac{\mathrm{d}V'}{R} = \int_V \frac{\mathrm{d}V'}{|\boldsymbol{r} - \boldsymbol{r}'|} = \begin{cases} \dfrac{4\pi a^3}{3r} & (r \geqslant a) \\ \dfrac{2\pi(3a^2 - r^2)}{3} & (r \leqslant a) \end{cases} \tag{2-33}$$

这个公式，在分析平方反比场的位函数时很有用。比如均匀带电球体的电位或者质量均匀球对称分布的引力势，都会碰到这个积分。

例 2-12 若半径为 a 的导体球面的电位为 V_0，球外无电荷，求空间的电位。

解 可以通过求解电位的微分方程计算电位。对于一般问题，电位方程是二阶偏微分方程，但是对于本题，因其是对称的，就简化为常微分方程。显然电位仅仅是变量 r 的函数。球外的电位用 φ 表示。

$$\nabla^2 \varphi = 0$$

将以上方程写成球坐标的形式，即

$$\frac{1}{r^2}\frac{\mathrm{d}}{\mathrm{d}r}\left(r^2 \frac{\mathrm{d}\varphi}{\mathrm{d}r}\right) = 0$$

对以上方程积分一次，得

$$r^2 \frac{\mathrm{d}\varphi}{\mathrm{d}r} = C_1$$

即

$$\frac{\mathrm{d}\varphi}{\mathrm{d}r} = \frac{C_1}{r^2}$$

再对其积分一次，得到

$$\varphi = -\frac{C_1}{r} + C_2$$

这里出现的两个常数通过导体球面上的电位和无穷远处的电位来确定，在导体球面上，电位为 V_0，无穷远处电位为零。分别将 $r=a$，$r=\infty$ 代入上式，得

$$V_0 = -\frac{C_1}{a} + C_2; \quad 0 = C_2$$

这样解出两个常数为 $C_1 = -aV_0$，$C_2 = 0$，所以

$$\varphi(r)=\frac{aV_0}{r}$$

附带要说明的是，凡是采用积分形式高斯定理能够解决的问题，总能够用求解常微分方程的方法来求解给定问题的泊松方程。

总之，真空中静电场的基本解可归纳为

$$\nabla\times\boldsymbol{E}=0 \tag{2-34}$$

$$\nabla\cdot\boldsymbol{E}=\frac{\rho}{\varepsilon_0} \tag{2-35}$$

即静电场是一个无旋、有源(指通量源)场，电荷就是电场的源。电力线总是从正电荷出发，到负电荷终止。

2.4 电偶极子

2.4.1 电偶极子的电位和电场

电偶极子是指由间距很小的两个等量异号点电荷组成的系统，如图 2-11 所示。真空中电偶极子的电场和电位可用来分析电介质的极化问题。用电偶极矩表示电偶极子的大小和空间取向，它定义为电荷 q 乘以有向距离 $\boldsymbol{l}$，即

$$\boldsymbol{p}=q\boldsymbol{l} \tag{2-36}$$

电偶极矩是一个矢量，它的方向是由负电荷指向正电荷。电偶极矩的单位是库仑乘以米(C·m)。在分析分子、原子等微观问题时常采用德拜(D)作为偶极矩的电位，1 C·m＝3×10^{29} D。

(a) 电偶极子示意图　　(b) 等位线与电力线

图 2-11　电偶极子

下面分析电偶极子的电位和电场。取电偶极子的轴和 z 轴重合，电偶极子的中心在坐标原点。电偶极子在空间任意点 r 的电位为

$$\varphi=\frac{q}{4\pi\varepsilon_0}\left(\frac{1}{r_1}-\frac{1}{r_2}\right)$$

其中，r_1 和 r_2 分别表示场点 r 与 q 和 $-q$ 的距离。当 $l\ll r$ 时，我们有：

$$\frac{1}{r_1}-\frac{1}{r_2}=\frac{r_2-r_1}{r_1r_2}$$

对于上述表达式，我们进行近似处理。首先 $r_1r_2\approx r^2$；其次，当场点到坐标系原点的距离远大于偶极子的长度，即 $l\ll r$ 时，分别从正负电荷到场点的连线近似认为是平行的。这样就有：

$$r_2 - r_1 \approx l\cos\theta$$

同样，这个结果也可以由余弦定理计算出上述各个距离，再作级数展开，忽略高阶无穷小量，可得出与上面的公式一致的结果。从而有

$$\varphi = \frac{ql\cos\theta}{4\pi\varepsilon_0 r^2} \tag{2-37}$$

或

$$\varphi = \frac{\boldsymbol{p}\cdot\boldsymbol{r}}{4\pi\varepsilon_0 r^3} \tag{2-38}$$

其电场强度在球坐标中的表示式为

$$\boldsymbol{E} = \frac{p}{4\pi\varepsilon_0 r^3}(\boldsymbol{e}_r 2\cos\theta + \boldsymbol{e}_\theta \sin\theta) \tag{2-39}$$

电偶极子的等位面方程为 $r^2 = A\cos\theta$；而其电力线方程为 $r = B\sin^2\theta$。上面两个公式中的 A 和 B 是常数，令其取不同的值，就可以做出电偶极子在子午面内的等位线和电力线。

例 2-13 如图 2-12 所示的带电系统，表示一个电四极子。位于原点的电荷是 $-2Q$，位于 $z=s$ 的电荷是 Q，位于 $z=-s$ 的电荷是 Q。求其产生的电位。

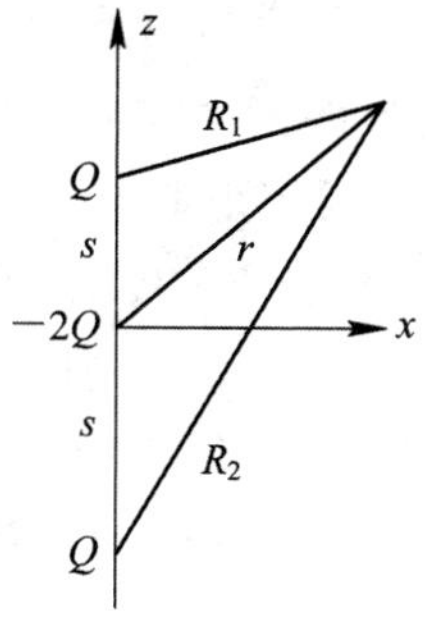

(a) 电四极子示意图

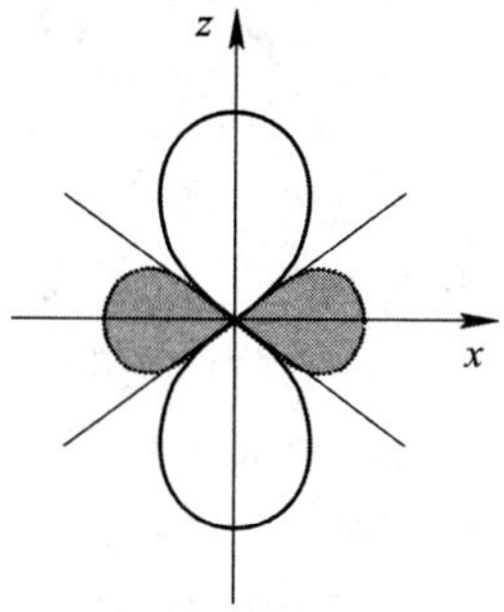

(b) 电四极子等位线

图 2-12 电四极子

解

$$\varphi = \frac{Q}{4\pi\varepsilon_0}\left(\frac{1}{R_1} + \frac{1}{R_2} - \frac{2}{r}\right)$$

$$R_1^2 = r^2 + s^2 - 2rs\cos\theta, \quad R_2^2 = r^2 + s^2 + 2rs\cos\theta$$

由于 s 远小于 r，我们把 R_1 和 R_2 展开，保留 s^2/r^2 项，忽略其他高阶项。我们有

$$\begin{aligned}\frac{1}{R_1} &= \frac{1}{r}\left[1 + \left(-2\frac{s\cos\theta}{r} + \frac{s^2}{r^2}\right)\right]^{-1/2} \\ &= \frac{1}{r}\left[1 - \frac{1}{2}\left(-2\frac{s\cos\theta}{r} + \frac{s^2}{r^2}\right) + \frac{1}{2}\left(\frac{-1}{2}\right)\left(-\frac{1}{2} - 1\right)\left(\frac{-2s\cos\theta}{r} + \frac{s^2}{r^2}\right)^2\right] + \cdots \\ &= \frac{1}{r}\left[1 + \frac{s\cos\theta}{r} - \frac{s^2}{2r^2} + \frac{3}{2}\frac{s^2\cos^2\theta}{r^2}\right] + \cdots \\ &= \frac{1}{r}\left[1 + \frac{s\cos\theta}{r} + \frac{s^2}{2r^2}(3\cos^2\theta - 1)\right] + \cdots\end{aligned}$$

$$\frac{1}{R} = \frac{1}{r}\left[1 - \frac{s\cos\theta}{r} + \frac{s^2}{2r^2}(\cos^2\theta - 1)\right]$$

最后得到

$$\varphi = \frac{Qs^2}{4\pi\varepsilon_0 r^3}(3\cos^2 - 1)$$

其等位面方程为 $r^3=C(3\cos^2\theta-1)$，其中 C 是正实数。当 $\cos^2\theta>1/3$ 时，电位为正；当 $\cos^2\theta<1/3$ 时，电位为负；当 $\cos^2\theta=1/3$ 时，电位为零。其在子午面内等位线如图 2-12(b)所示。图中的带阴影的区域电位为负，不带阴影区域电位为正。

例 2-14 平面偶极子由两个彼此平行，且带有等量异号线电荷的无穷长直导线构成(如图 2-13 所示)。设带正电荷的导线位于 xoy 平面 $x=s$ 的地方，带负电的导线位于 $x=-s$ 处。求其电位。

解 设导线的电荷线密度为 $\pm\rho_l$，则其电位为

$$\varphi=\frac{\rho_l}{2\pi\varepsilon_0}\ln\left(\frac{R_2}{R_1}\right)=\frac{\rho_l}{4\pi\varepsilon_0}\ln\frac{R_2^2}{R_1^2}$$

$$R_1^2=\rho^2+s^2-2\rho s\cos\phi;\quad R_2^2=\rho^2+s^2+2\rho s\cos\phi$$

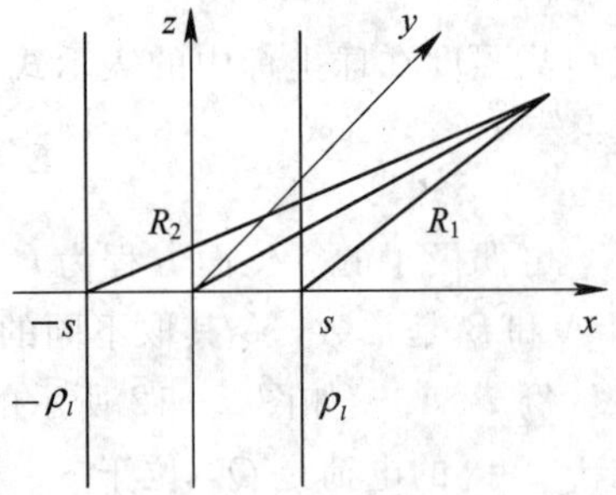

图 2-13　平面偶极子

其中 ρ 和 ϕ 是圆柱坐标中的半径和方位角。当 $s\ll\rho$ 时，

$$\frac{R_2^2}{R_1^2}\approx\frac{\rho^2+2\rho s\cos\phi}{\rho^2-2\rho s\cos\phi}\approx1+\frac{4s\cos\phi}{\rho}$$

$$\varphi=\frac{\rho_l}{4\pi\varepsilon_0}\ln\left(1+\frac{4s\cos\phi}{\rho}\right)\approx\frac{\rho_l 2s}{2\pi\varepsilon_0}\frac{\cos\phi}{\rho}$$

其中 $2s\rho_l$ 是平面偶极子的电偶极矩。无穷长带电直导线产生的电场与距离(即二维半径)成反比，平面偶极子产生的电位与距离成反比，它的电场与距离平方成反比。在三维情形下，电偶极子的电位和电场分别与 r^2 和 r^3 成反比，单个点电荷的电位和电场分别与 r 和 r^2 成反比。这是因为在远区，正负电荷产生的电场有一部分相互抵消的缘故。电偶极子的场分布具有轴对称性。同理，由两个大小相等，反平行放置且二者之间的间距很小的电偶极子组成的带电系统，叫做电四极子。电四极子的电位和电场分别与 r^3 和 r^4 成反比。依此类推，可以求出电多极子等的电位和电场。

例 2-15 若四个带电直导线均与 xoy 平面垂直。位于原点的导线的电荷密度为 -3λ，其余三个导线带电相同，均为 λ，且这些带正电的导线均匀分布在半径为 a 的圆周上，如图 2-14 所示，求电位。

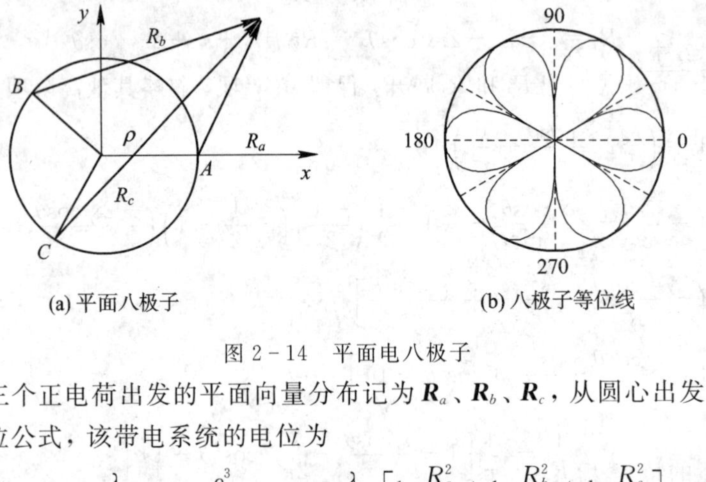

图 2-14　平面电八极子

解 把从三个正电荷出发的平面向量分布记为 $\boldsymbol{R}_a$、$\boldsymbol{R}_b$、$\boldsymbol{R}_c$，从圆心出发的向量记为 R。由直导线的电位公式，该带电系统的电位为

$$\varphi=\frac{\lambda}{2\pi\varepsilon_0}\ln\frac{\rho^3}{R_aR_bR_c}=-\frac{\lambda}{4\pi\varepsilon_0}\left[\ln\frac{R_a^2}{\rho^2}+\ln\frac{R_b^2}{\rho^2}+\ln\frac{R_c^2}{\rho^2}\right]$$

由余弦定理，把上述公式中分母的各个距离用场点表示，就有

$$R_a^2 = \rho^2 + a^2 - 2\rho a\ \cos\phi$$

$$R_b^2 = \rho^2 + a^2 - 2\rho a\ \cos\left(\frac{2\pi}{3} - \phi\right)$$

$$R_c^2 = \rho^2 + a^2 - 2\rho a\ \cos\left(\frac{2\pi}{3} + \phi\right)$$

由于 a 远小于 ρ，$s=a/\rho$，把上述三项各项近似展开，保留 s 的三次及其三次以下各项，忽略掉次要项。由于$\frac{R_a^2}{\rho^2}=1-2s\ \cos\phi+s^2$，因而 $\ln\frac{R_a^2}{\rho^2}=\ln[1-(2s\ \cos\phi-s^2)]$，使用公式

$$\ln(1-u) = -\left(u + \frac{u^2}{2} + \frac{u^3}{3} + \cdots\right)$$

对于 R_b和 R_c作同样的处理。我们令

$$\alpha = 2\ \cos\phi - s$$

$$\beta = 2\ \cos\left(\frac{2\pi}{3} - \phi\right) - s$$

$$\gamma = 2\ \cos\left(\frac{2\pi}{3} + \phi\right) - s$$

并且有如下关系式：

$$\alpha + \beta + \gamma = -3s$$

$$\alpha^2 + \beta^2 + \gamma^2 = 3s^2 + 6$$

$$\alpha^3 + \beta^3 + \gamma^3 = 6\ \cos3\phi - 18s - 3s^3$$

把其化简，忽略次要项，最后得到

$$\varphi = \frac{\lambda a^3}{2\pi\varepsilon_0}\frac{\cos3\phi}{\rho^3}$$

这样的带电系统，是一个平面电八极子，式中 ρ 为圆柱坐标的径向，而 λa^3 是平面八极子的电八极矩。其等位线为 $\rho^3=A\ \cos3\phi$，其中 A 是常数。在半径固定的圆周上，当 $\phi=0$、$2\pi/3$、$4\pi/3$ 时电位达到正的最大值；当 $\phi=\pi/3$、π、$5\pi/6$ 时，电位取负的极大值。其等位线如图 2-14(b)所示。其中实线表示正电位，点画线表示负电位。

2.4.2 外电场中的偶极子

我们不加推导的直接给出电偶极子在外电场中受到的力及其力矩。电偶极子在外电场中所具有的电场能量为 $W_e=-\boldsymbol{E}\cdot\boldsymbol{p}=-Ep\ \cos\theta$。其中 θ 是外电场与电偶极子取向之间的夹角。其在外电场中受到的力矩为 $T=-Ep\ \sin\theta$。在均匀外电场中受力为零，在非均匀外电场中受力为 $\boldsymbol{F}=\nabla(\boldsymbol{E}\cdot\boldsymbol{p})=(\boldsymbol{p}\cdot\nabla)\boldsymbol{E}$。

2.5 电介质中的场方程

根据物质的电特性，可将其分为导电物质和绝缘物质两类，通常称前者为导体，后者为电介质。导体的特点是其内部有大量的能自由运动的电荷，在外电场的作用下，这些自由电荷可以作宏观运动。相反，介质中的带电粒子被约束在介质的分子中，而不能作宏观运动。在电场的作用下，介质内的带电粒子会发生微观的位移，使分子产生极化。以下讨

论介质中电场的特点和规律。

2.5.1 介质的极化

电介质中有静电场时，必须考虑电场与电介质的相互作用所引起的影响。电介质在电结构方面的特性是电子与原子核的结合力相当大，彼此之间相互束缚着。在外加电场的作用下，组成电介质的分子内电荷，只能在微观范围内移动，即在一个分子的尺度内移动。电荷不能从电介质中的某点移动到另外一点。与电介质相反，导体中的电荷能够在导体内部和表面上移动。外加电场使电介质中的电荷发生移动，正电荷向电场方向位移，而负电荷向相反方向位移，从而使正负电荷相互分离，使电介质内产生一个附加的电场，这种现象称为电介质的极化。

任何物质的分子或原子都是由带负电的电子和带正电的原子核组成。依其特性可分为极性分子和非极性分子。非极性分子是指分子的正负电荷中心重合，无外加电场时，分子偶极矩为零的分子，如 H_2，N_2，CCl_4 等分子。极性分子是指分子的正负电荷中心不重合，无外加电场时，分子偶极矩不为零，本身具有一个固有极矩的分子，如 H_2O 分子。

介质的极化一般分为三种情况。分别叫做电子极化，离子极化，取向极化。

1. 电子极化

电子极化是指组成原子的电子云在电场的作用下，电子云相对于原子核发生位移，形成附加的电偶极矩。单原子分子，比如 He 和 Ne，它们的简单模型是在其中心有一个带正电荷的原子核，原子核的周围是带负电的对称分布的电子云。无外加电场时，分子的电偶极矩为零。加上外电场时，电子云相对于原子核作弹性位移，从而产生一个附加电场。这种极化称为电子极化。

2. 离子极化

有些物质，比如 H_2 和 N_2，是由两个或者多个原子，依靠离子键结合的。外电场使正负离子相互分离，从而使分子的电偶极矩不为零。这种极化称为离子极化。许多物质的离子极化，当外加电场消失以后，能够永久存在。这种现象叫做永久极化。铁电物质和驻极体都能够永久极化，类似于永久磁铁。

3. 取向极化

许多物质，比如有机酸等，它们的分子至少包含两种不同的原子，其中一种原子的外围电子全部或部分转移到另外原子上，结果正负电荷中心不重合，每个分子具有永久电矩。这种分子，称为极性分子。极性分子本身具有固有电偶极矩，由于分子的热运动，使各个分子的电偶极矩杂乱无章地排列，从而使其合成电矩为零。但是在电场作用下，虽然外电场对极性分子的合力为零，但极性分子受到的力矩并不为零。这个力矩使分子偶极矩发生转动，平衡时，分子电矩和外加电场方向一致。这种极化叫做取向极化。

单原子的电介质只有电子极化；所有化合物都存在离子极化和电子极化；一些化合物同时存在三种极化。

在极化介质中，每一个分子都是一个电偶极子，整个介质可以看成是真空中电偶极子有序排列的集合体。用极化强度表征电介质的极化性质，极化强度是一个矢量，它代表单位体积中电矩的矢量和。假设体积元 ΔV 里分子电矩的总和为 $\sum \boldsymbol{p}$，则极化强度 $\boldsymbol{P}$ 为

$$\boldsymbol{P} = \lim_{\Delta V \to 0} \frac{\sum \boldsymbol{p}}{\Delta V} \tag{2-40}$$

极化强度的单位是 C/m^2。

2.5.2 极化介质产生的电位

当一块电介质受外加电场的作用而极化后，就等效为真空中一系列电偶极子。极化介质产生的附加电场实质上就是这些电偶极子产生的电场。如图 2-15 所示，设极化介质的体积为 V，表面积是 S，极化强度是 $\boldsymbol{P}$。现在计算介质外部任一点的电位。在介质中 $\boldsymbol{r}'$处取一个体积元 $\Delta V'$，因$|\boldsymbol{r}-\boldsymbol{r}'|$远大于 $\Delta V'$的线度，故可将 $\Delta V'$中介质当成一偶极子，其偶极矩为 $\boldsymbol{p}=\boldsymbol{P}\Delta V'$，它在 $\boldsymbol{r}$ 处产生的电位是

$$\Delta\varphi(\boldsymbol{r}) = \frac{\boldsymbol{P}(\boldsymbol{r}')\Delta V'}{4\pi\varepsilon_0} \cdot \frac{\boldsymbol{r}-\boldsymbol{r}'}{|\boldsymbol{r}-\boldsymbol{r}'|^3} \tag{2-41}$$

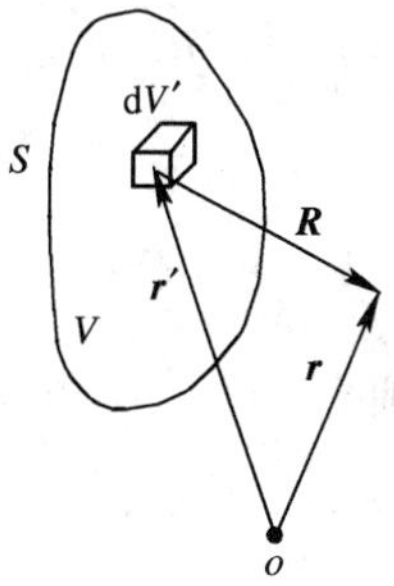

图 2-15 极化介质的电位

整个极化介质产生的电位是上式的积分

$$\varphi(\boldsymbol{r}) = \frac{1}{4\pi\varepsilon_0}\int_V \frac{\boldsymbol{P}(\boldsymbol{r}') \cdot (\boldsymbol{r}-\boldsymbol{r}')}{|\boldsymbol{r}-\boldsymbol{r}'|^3}\, dV' \tag{2-42}$$

对上式进行变换，利用关系式

$$\nabla' \frac{1}{|\boldsymbol{r}-\boldsymbol{r}'|} = \frac{\boldsymbol{r}-\boldsymbol{r}'}{|\boldsymbol{r}-\boldsymbol{r}'|^3}$$

变换为

$$\varphi(\boldsymbol{r}) = \frac{1}{4\pi\varepsilon_0}\int_V \boldsymbol{P}(\boldsymbol{r}') \cdot \nabla' \frac{1}{|\boldsymbol{r}-\boldsymbol{r}'|}\, dV' \tag{2-43}$$

再利用矢量恒等式 $\nabla' \cdot (u\boldsymbol{A}) = u\nabla' \cdot \boldsymbol{A} + \nabla' u \cdot \boldsymbol{A}$

令 $u=\dfrac{1}{|\boldsymbol{r}-\boldsymbol{r}'|}$，$\boldsymbol{A}=\boldsymbol{P}$，则

$$\begin{aligned}\varphi(\boldsymbol{r}) &= \frac{1}{4\pi\varepsilon_0}\int_V \nabla' \cdot \frac{\boldsymbol{P}(\boldsymbol{r}')}{|\boldsymbol{r}-\boldsymbol{r}'|}\, dV' + \frac{1}{4\pi\varepsilon_0}\int_V \frac{-\nabla' \cdot \boldsymbol{P}(\boldsymbol{r}')}{|\boldsymbol{r}-\boldsymbol{r}'|}\, dV' \\ &= \frac{1}{4\pi\varepsilon_0}\oint_S \frac{\boldsymbol{P}(\boldsymbol{r}') \cdot \boldsymbol{n}}{|\boldsymbol{r}-\boldsymbol{r}'|}\, dS' + \frac{1}{4\pi\varepsilon_0}\int_V \frac{-\nabla' \cdot \boldsymbol{P}(\boldsymbol{r}')}{|\boldsymbol{r}-\boldsymbol{r}'|}\, dV'\end{aligned} \tag{2-44}$$

式中，$\boldsymbol{n}$ 是 S 上某点的外法向单位矢量，上式的第一项与面分布电荷产生的电位表示式形式相同，第二项与体分布电荷产生的电位表达式形式相同，$\boldsymbol{P}(\boldsymbol{r}') \cdot \boldsymbol{n}$ 和 $-\nabla' \cdot \boldsymbol{P}(\boldsymbol{r}')$分别有面电荷密度和体电荷密度的量纲，因此极化介质产生的电位可以看做是等效体分布电荷和面分布电荷在真空中共同产生的。等效体电荷密度和面电荷密度分别为

$$\rho(\boldsymbol{r}') = -\nabla' \cdot \boldsymbol{P}(\boldsymbol{r}') \tag{2-45}$$

$$\rho_{SP} = \boldsymbol{P}(\boldsymbol{r}') \cdot \boldsymbol{n} \tag{2-46}$$

这个等效电荷也称为极化电荷，或者称为束缚电荷。在实际计算时，我们一般把公式(2-45)写为下述形式：

$$\rho(\boldsymbol{r}) = -\nabla \cdot \boldsymbol{P}(\boldsymbol{r}) \tag{2-47}$$

在以上的分析中，场点是选取在介质外部，可以证明，上面的结果也适用于极化介质内部任一点的电位的计算。有了电位表达式，就能求出极化介质产生的电场。实际上，以上的电位电场，仅仅考虑的是束缚电荷产生的那一部分，空间的总电场应该再加上自由电荷

(也就是外加电荷)产生的电场。

例 2-16 一个半径为 a 的均匀极化介质球(如图 2-16 所示)，极化强度是 $P_0\boldsymbol{e}_x$ 求极化电荷分布及介质球的电偶极矩。

解 取球坐标系，让球心位于坐标原点。极化电荷体密度为

$$\rho(\boldsymbol{r}) = -\nabla\cdot\boldsymbol{P}(\boldsymbol{r}) = 0$$

极化电荷面密度为

$$\rho_{SP} = \boldsymbol{P}\cdot\boldsymbol{n} = P_0\boldsymbol{a}_z\cdot\boldsymbol{a}_r = P_0\cos\theta$$

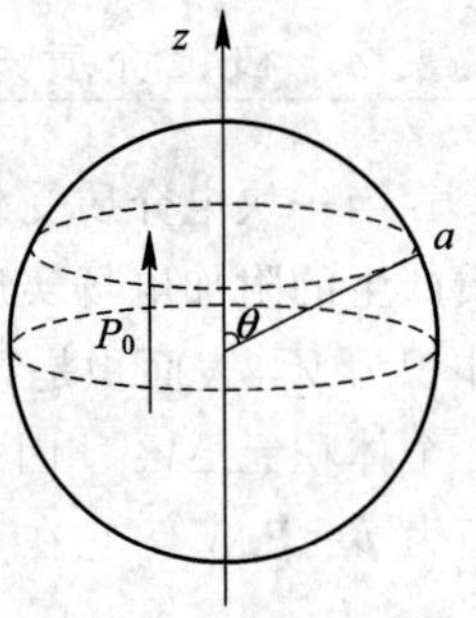

图 2-16 极化介质球

分布电荷对于原点的偶极矩由下式计算(附带说明一下，一个带电系统的电偶极矩，与选取的参考点无关，也就是说，可以选取任意点作为参考点来计算电偶极矩。我们在此是选坐标的原点为电偶极矩的参考点)：

$$\boldsymbol{p} = \int_D \boldsymbol{r}\,\mathrm{d}q$$

积分区域 D 是电荷分布的区域。如果是体分布，作体积分；同样对于线电荷或者面电荷，作相应的积分。对于此问题，我们有 $\boldsymbol{p} = \int_S \boldsymbol{r}\rho_{SP}\,\mathrm{d}S$，代入球面上的各量

$$\boldsymbol{r} = a(\boldsymbol{e}_x\sin\theta\cos\phi + \boldsymbol{e}_y\sin\theta\sin\phi + \boldsymbol{e}_z\cos\theta)$$

$$\mathrm{d}S = a^2\sin\theta\,\mathrm{d}\theta\,\mathrm{d}\phi$$

最后得出

$$\boldsymbol{p} = \boldsymbol{e}_z\frac{4\pi a^3}{3}P_0$$

其实，由于本问题是均匀极化，等效偶极矩肯定等于极化强度与体积之积。

例 2-17 计算上述均匀极化球所产生的电位。

解 依照公式(2-43)，则有

$$\begin{aligned}
\varphi(\boldsymbol{r}) &= \frac{1}{4\pi\varepsilon_0}\int_V \boldsymbol{P}(\boldsymbol{r}')\cdot\nabla'\frac{1}{|\boldsymbol{r}-\boldsymbol{r}'|}\,\mathrm{d}V' \\
&= \frac{1}{4\pi\varepsilon_0}\int_V (P_0\boldsymbol{e}_z)\cdot\left[\boldsymbol{e}_x\frac{\partial}{\partial x'} + \boldsymbol{e}_y\frac{\partial}{\partial y'} + \boldsymbol{e}_z\frac{\partial}{\partial z'}\right]\frac{1}{R}\,\mathrm{d}V' \\
&= \frac{P_0}{4\pi\varepsilon_0}\int_V \frac{\partial}{\partial z'}\frac{1}{R}\,\mathrm{d}V' = \frac{-P_0}{4\pi\varepsilon_0}\int_V \frac{\partial}{\partial z}\frac{1}{R}\,\mathrm{d}V' \\
&= \frac{-P_0}{4\pi\varepsilon_0}\frac{\partial}{\partial z}\int_V \frac{1}{R}\,\mathrm{d}V'
\end{aligned}$$

在上述推导中，采用了关系式 $\partial/\partial z' = -\partial/\partial z$；又考虑到积分时，是以带撇的量为变量计算的，而求偏导数是对于不带撇的量进行的。所以可以把求偏导数提到积分外面。在采用我们前面计算均匀分布球对称电荷的电位时得到的积分公式(2-33)，即

$$\int_V \frac{\mathrm{d}V'}{R} = \int_V \frac{\mathrm{d}V'}{|\boldsymbol{r}-\boldsymbol{r}'|} = \begin{cases} \dfrac{4\pi a^3}{3r} & (r \geqslant a) \\[2ex] \dfrac{2\pi(3a^2 - r^2)}{3} & (r \leqslant a) \end{cases}$$

这样，在介质球外部，我们有

$$\varphi=\frac{-P_0}{4\pi\varepsilon_0}\left(\frac{4\pi a^3}{3}\right)\frac{\partial}{\partial z}\left(\frac{1}{r}\right)$$

考虑到 $z=r\cos\theta$，容易得出 $\frac{\partial}{\partial z}\left(\frac{1}{r}\right)=-\frac{\cos\theta}{r^2}$，因而，有如下关系式：

$$\varphi=\frac{1}{4\pi\varepsilon_0}\left(\frac{4\pi a^3 P_0}{3}\right)\frac{\cos\theta}{r^2}\qquad(r\geqslant a)$$

至于球内电位，同样容易得出

$$\varphi=\frac{P_0}{3\varepsilon_0}z=\frac{P_0}{3\varepsilon_0}r\cos\theta\qquad(r\leqslant a)$$

求电位的负梯度就可以得到电场。介质球外部的电位和电场，等于在球心处放置一个电偶极矩为 $\boldsymbol{e}_z 4\pi a^3 P_0/3$ 的偶极子产生的。至于球内电场，则是一个均匀场，且 $E=-\boldsymbol{e}_z P_0/3\varepsilon_0$。

当空间存在两种不同的电介质时，界面上的束缚电荷密度为 $\rho_{SP}=-\boldsymbol{n}\cdot(\boldsymbol{P}_2-\boldsymbol{P}_1)$，式中 $\boldsymbol{n}$ 是界面上从区域 1 到区域 2 的法向单位矢量。

2.5.3 介质中的场方程

在真空中高斯定理的微分形式为 $\nabla\cdot\boldsymbol{E}=\rho/\varepsilon_0$，其中的电荷是指自由电荷。如前述，极化介质产生的电场等效于束缚电荷的影响，因此，在电介质中，高斯定理的微分形式可写为

$$\nabla\cdot\boldsymbol{E}=\frac{1}{\varepsilon_0}(\rho+\rho_P)\tag{2-48}$$

将 $\rho_P=-\nabla\cdot\boldsymbol{P}$ 代入，得

$$\nabla\cdot(\varepsilon_0\boldsymbol{E}+\boldsymbol{P})=\rho$$

这表明，矢量 $\varepsilon_0\boldsymbol{E}+\boldsymbol{P}$ 的散度为自由电荷密度，称此矢量为电位移矢量(或电感应强度矢量)，并记为 $\boldsymbol{D}$，即

$$\boldsymbol{D}=\varepsilon_0\boldsymbol{E}+\boldsymbol{P}\tag{2-49}$$

于是，介质中高斯定理的微分形式为

$$\nabla\cdot\boldsymbol{D}=\rho\tag{2-50}$$

在介质中，电场强度的旋度仍然为零。将介质中静电场的方程归纳如下

$$\nabla\cdot\boldsymbol{D}=\rho\tag{2-51}$$

$$\nabla\times\boldsymbol{E}=0\tag{2-52}$$

与其相应的积分形式是

$$\oint_S\boldsymbol{D}\cdot\mathrm{d}\boldsymbol{S}=q\tag{2-53}$$

$$\oint_l\boldsymbol{E}\cdot\mathrm{d}\boldsymbol{l}=0\tag{2-54}$$

2.5.4 介电常数

在分析电介质中的静电问题时，必须知道极化强度 $\boldsymbol{P}$ 与电场强度 $\boldsymbol{E}$ 之间的关系。$\boldsymbol{P}$ 与 $\boldsymbol{E}$ 之间的关系由介质的固有特性决定，这种关系称为组成关系。如果 $\boldsymbol{P}$ 和 $\boldsymbol{E}$ 同方向，就称

为各向同性介质，若二者成正比，就称为线性介质。实际应用中的大多数介质都是线性各向同性介质，其组成关系为

$$\boldsymbol{P} = \varepsilon_0 \chi_e \boldsymbol{E} \tag{2-55}$$

式中 χ_e 为极化率，是一个无量纲常数。从而有

$$\boldsymbol{D} = \varepsilon_0(1+\chi_e)\boldsymbol{E} = \varepsilon_0\varepsilon_r\boldsymbol{E} = \varepsilon\boldsymbol{E} \tag{2-56}$$

称 ε_r 为介质的相对介电常数，称 ε 为介质的介电常数。

在线性介质中，电场强度越大，极化强度越大。但在电介质中，电场不能任意增大。如果超过某一数值，就会发生火花放电。这种现象叫做电介质的击穿。在不发生火花放电的条件下，介质能够承受的最大电场，叫做介质的击穿强度。不同的材料，击穿强度不同。比如，空气为 3×10^6 V/m；而云母为 2×10^8 V/m。

对于均匀介质（ε 为常数），电位满足如下的泊松方程

$$\nabla^2\varphi = -\frac{\rho}{\varepsilon} \tag{2-57}$$

在自由电荷为零的区域，电位满足拉普拉斯方程。

例 2-18 一个半径 a 的导体球，带电量为 Q，在导体球外套有外半径为 b 的同心介质球壳，壳外是空气，如图 2-17 所示。求空间任一点的 $\boldsymbol{D}$、$\boldsymbol{E}$、$\boldsymbol{P}$ 以及束缚电荷密度。

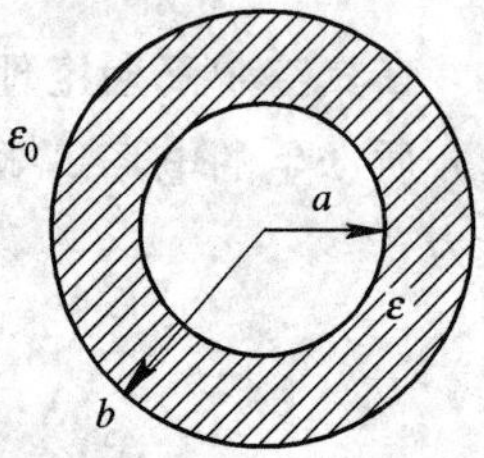

图 2-17 例 2-18 图

解 因导体及介质的结构是球对称的，要保持导体球内的电场强度为零，显然自由电荷及其束缚电荷的分布也必须是球对称的。从而，$\boldsymbol{D}$、$\boldsymbol{E}$、$\boldsymbol{P}$ 的分布也是球对称的。即自由电荷均匀分布在导体球面上，$\boldsymbol{D}$ 在径向方向，且在与导体球同心的任一球面上 $\boldsymbol{D}$ 的数值相等。用介质中的高斯定理的积分形式，取半径为 r 并且与导体球同心的球面为高斯面，得

$$\boldsymbol{D} = \frac{Q}{4\pi r^2}\boldsymbol{e}_r \qquad (r \geqslant a)$$

介质内（$a<r<b$）

$$\boldsymbol{E} = \frac{1}{\varepsilon}D = \frac{Q}{4\pi\varepsilon r^2}\boldsymbol{e}_r$$

$$\boldsymbol{P} = \boldsymbol{D} - \varepsilon_0\boldsymbol{E} = \frac{\varepsilon_r - 1}{\varepsilon_r}\boldsymbol{D} = \frac{\varepsilon_r - 1}{\varepsilon_r}\frac{Q}{4\pi r^2}\boldsymbol{e}_r$$

$$\rho_P = -\nabla\cdot\boldsymbol{P} = -\frac{\varepsilon_r - 1}{\varepsilon_r}\frac{Q}{4\pi}\nabla\cdot\left(\frac{\boldsymbol{e}_r}{r^2}\right) = 0$$

介质外（$b<r$）

$$\boldsymbol{E} = \frac{1}{\varepsilon_0}\boldsymbol{D} = \frac{Q}{4\pi\varepsilon_0 r^2}\boldsymbol{e}_r$$

$$\boldsymbol{P} = 0$$

介质内表面（$r=a$）的束缚电荷面密度

$$\rho_{SP} = \boldsymbol{P}\cdot\boldsymbol{n} = -\boldsymbol{P}\cdot\boldsymbol{e}_r = -\frac{\varepsilon_r - 1}{\varepsilon_r}\frac{Q}{4\pi a^2}$$

介质外表面（$r=b$）的束缚电荷面密度

$$\rho_{SP} = \boldsymbol{P} \cdot \boldsymbol{n} = \boldsymbol{P} \cdot \boldsymbol{e}_r = \frac{\varepsilon_r - 1}{\varepsilon_r} \frac{Q}{4\pi b^2}$$

2.6　静电场的边界条件

不同的电介质的极化性质一般不同，因而在不同介质的分界面上静电场的场分量一般不连续，场分量在界面上的变化规律叫做边界条件。以下我们由介质中场方程的积分形式导出边界条件。

如图 2-18 所示，分界面两侧的介电常数分别为 ε_1、ε_2，用 $\boldsymbol{n}$ 表示界面的法向，并规定其方向由介质 1 指向介质 2。可以将 $\boldsymbol{D}$ 和 $\boldsymbol{E}$ 在界面上分解为法向分量和切向分量，法向分量沿 $\boldsymbol{n}$ 方向，切向分量与 $\boldsymbol{n}$ 垂直。先推导法向分量的边界条件。在分界面两侧作一个圆柱形闭合曲面，顶面和底面分别位于分界面两侧且都与分界面平行，其面积为 ΔS，将介质中积分形式的高斯定理应用于这个闭合面，然后令圆柱的高度趋于零，此时在侧面的积分为零，于是有

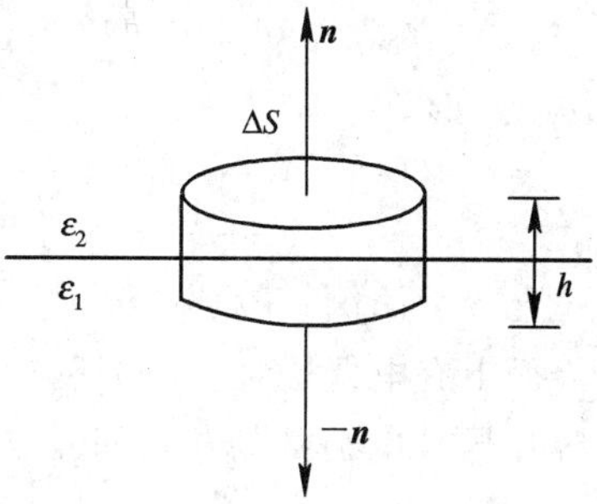

图 2-18　法向边界条件

$$\boldsymbol{D}_2 \cdot \boldsymbol{n}\Delta S - \boldsymbol{D}_1 \cdot \boldsymbol{n}\Delta S = q = \rho_S \Delta S$$

即

$$\boldsymbol{n} \cdot (\boldsymbol{D}_2 - \boldsymbol{D}_1) = \rho_S \tag{2-58}$$

或

$$D_{2n} - D_{1n} = \rho_S \tag{2-59}$$

其中 ρ_S 表示分界面上的自由面电荷密度。

上式说明，电位移矢量的法向分量在通过界面时一般不连续。如果界面上无自由电荷分布，即在 $\rho_S=0$ 时，边界条件变为

$$\boldsymbol{n} \cdot (\boldsymbol{D}_2 - \boldsymbol{D}_1) = 0 \tag{2-60}$$

或

$$D_{2n} - D_{1n} = 0 \tag{2-61}$$

这说明在无自由电荷分布的界面上，电位移矢量的法向分量是连续的。

现在推导电场强度切向分量的边界条件。设分界面两侧的电场强度为 $\boldsymbol{E}_1$、$\boldsymbol{E}_2$，如图 2-19 所示，在界面上作一个狭长矩形回路，两条长边分别在分界面两侧，且都与分界面平行，作电场强度沿该矩形回路的积分，并令矩形的短边趋于零，有

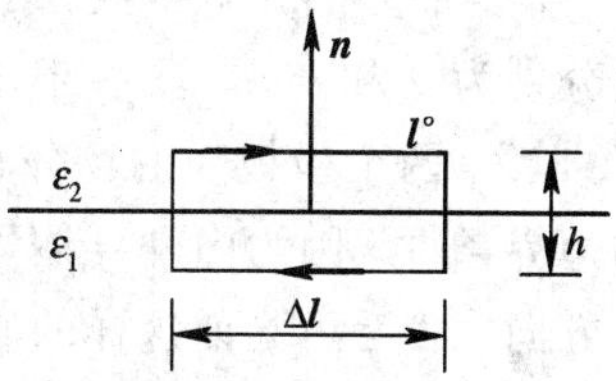

图 2-19　切向边界条件

$$\oint_l \boldsymbol{E} \cdot \mathrm{d}\boldsymbol{l} = \boldsymbol{E}_1 \cdot \Delta \boldsymbol{l}_1 + \boldsymbol{E}_2 \cdot \Delta \boldsymbol{l}_2 = 0$$

因为 $\Delta \boldsymbol{l}_2 = \boldsymbol{l}^\circ \Delta l$，$\Delta \boldsymbol{l}_1 = -\boldsymbol{l}^\circ \Delta l$，$\boldsymbol{l}^\circ$是单位矢量，上式变为$(\boldsymbol{E}_2 - \boldsymbol{E}_1) \cdot \boldsymbol{l}^\circ = 0$，注意到 $\boldsymbol{n} \perp \boldsymbol{l}^\circ$，故有

$$\boldsymbol{n} \times (\boldsymbol{E}_2 - \boldsymbol{E}_1) = 0 \tag{2-62}$$

或

$$E_{2t} = E_{1t}$$

这表明，电场强度的切向分量在边界面两侧是连续的。边界条件可以用电位来表示。电场强度的切向分量连续，意味着电位是连续的，即

$$\varphi_1 = \varphi_2 \tag{2-63}$$

由于

$$D_{1n} = \varepsilon_1 E_{1n} = -\varepsilon_1 \frac{\partial \varphi_1}{\partial n}$$

$$D_{2n} = \varepsilon_2 E_{2n} = -\varepsilon_2 \frac{\partial \varphi_2}{\partial n}$$

法向分量的边界条件用电位表示为

$$\varepsilon_1 \frac{\partial \varphi_1}{\partial n} - \varepsilon_2 \frac{\partial \varphi_2}{\partial n} = \rho_S \tag{2-64}$$

在 $\rho_S = 0$ 时，

$$\varepsilon_1 \frac{\partial \varphi_1}{\partial n} - \varepsilon_2 \frac{\partial \varphi_2}{\partial n} = 0 \tag{2-65}$$

电位在界面两侧一般是连续的，如图 2-20 所示。但是当界面上有电偶层时，电位不连续。电偶层是指两个带有等量异号电荷的薄板，间距 s 很小，电荷面密度很大，且电荷密度乘以间距 s 是一个常数。最后，分析电场强度矢量经过两种电介质界面时，其方向的改变情况。设区域 1 和区域 2 内电力线与法向的夹角分别为 θ_1、θ_2，由式(2-61)和式(2-62)得出

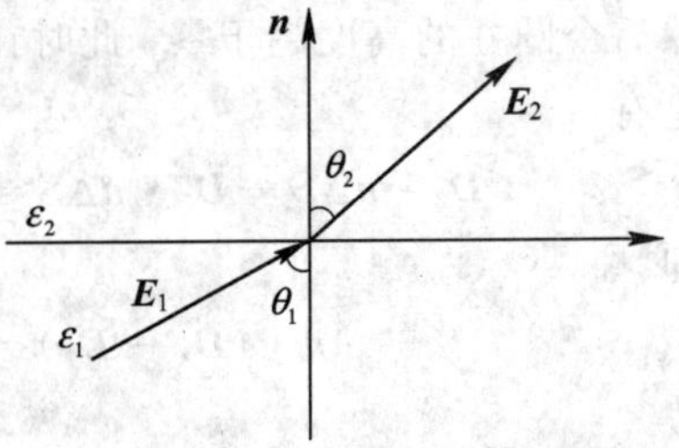

图 2-20 界面处的场分布

$$\frac{\tan\theta_1}{\tan\theta_2} = \frac{\varepsilon_1}{\varepsilon_2}$$

另外，在导体表面，边界条件可以简化。导体内的静电场在静电平衡时为零，设导体外部的场为 $\boldsymbol{E}$、$\boldsymbol{D}$，导体的外法向为 $\boldsymbol{n}$，则导体表面的边界条件简化为

$$E_t = 0 \tag{2-66}$$

$$D_n = \rho_S \tag{2-67}$$

例 2-19 同心球电容器的内导体半径为 a，外导体的内半径为 b，其间填充两种介质，上半部分的介电常数为 ε_1，下半部分的介电常数为 ε_2，如图 2-21 所示，设内外导体带电分别为 q 和 $-q$，求各部分的电位移矢量和电场强度。

解 两个极板间的场分布要同时满足介质分界面和导体表面的边界条件。因为内外导体均是一个等位面，可以假设电场沿径向方向，然后再验证这样的假设满足所有的边界条件。

要满足介质分界面上电场强度切向分量连续，上下两部分的电场强度应满足

$$\boldsymbol{E}_1 = \boldsymbol{E}_2 = E\boldsymbol{a}_r$$

在半径为 r 的球面上作电位移矢量的面积分，有

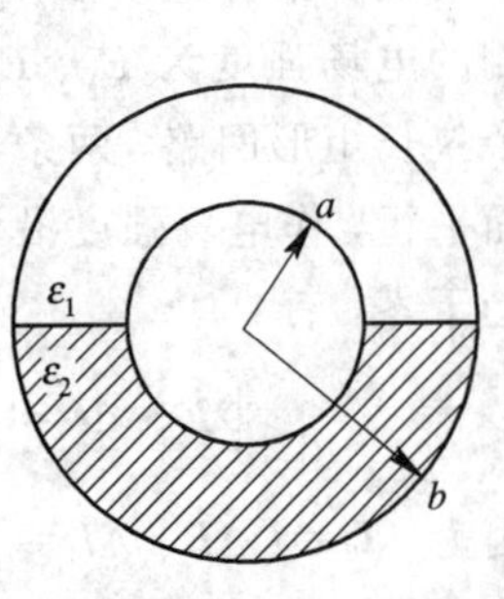

图 2-21 例 2-19 图

$$2\pi\varepsilon_1 r^2 E_1 + 2\pi\varepsilon_2 r^2 E_2 = 2\pi(\varepsilon_1 + \varepsilon_2) r^2 E = q$$

$$E = \frac{q}{2\pi(\varepsilon_1 + \varepsilon_2)r^2}$$

$$\boldsymbol{D}_1 = \boldsymbol{a}_r \frac{\varepsilon_1 q}{2\pi(\varepsilon_1 + \varepsilon_2)r^2}$$

$$\boldsymbol{D}_2 = \boldsymbol{a}_r \frac{\varepsilon_2 q}{2\pi(\varepsilon_1 + \varepsilon_2)r^2}$$

可以验证，这样的场分布也满足介质分界面上的法向分量和导体表面的边界条件。

2.7 导体系统的电容

2.7.1 静电场中的导体

导体是指内部含有大量自由电荷的物质。常见的导体有两类：一类是依靠电子导电的，如金属等；另一类是依靠离子导电的，如酸、碱、盐的溶液等。在静电场这一章中，我们主要讨论金属导体，至于离子型导体，我们放在恒定电流场的章节中讨论。一般的金属中，自由电子浓度很大，数量级大约为 10^{29} 个/m^3，因而金属的电导率很大，大约为 $10^6 \sim 10^8$ S/m。并且其电导率随温度的降低而增大，在极低的温度下，有些金属的电阻几乎降低到零，从而变为超导体。

当导体不带电，并且也不受外电场影响时，电子会在导体内不断地无规则热运动，但是从整体上看，导体内部自由电子所带的负电荷与导体的原子核所带正电荷数量相等，从而使得导体呈现电中性。

在施加外电场时，导体内部的自由电子要重新分布。在静电平衡时，导体内部电场为零，导体本身是一个等位体，其表面是一个等位面，从而使得导体内部无电荷，电荷只分布在导体的表面。表面电荷密度一般不是常数，与导体的形状有关，与导体外的其他带电体也有关。在各自带电量一定的多导体系统中，每个导体的电位及其电荷面密度完全由各导体的几何形状、相对位置和导体间介质的特性等系统结构参数决定，为了描述这种关系，需要引入电位系数、电容系数及部分电容的概念。

2.7.2 电位系数

在 n 个导体组成的系统中，空间任一点的电位由导体表面的电荷产生。同样，任一导体的电位也由各个导体的表面电荷产生。由叠加原理可知，每一点的电位由 n 部分组成。导体 j 对电位的贡献正比于它的电荷面密度 ρ_{Sj}，而 ρ_{Sj} 又正比于导体 j 的带电总量，因而，导体 j 对导体 i 的电位贡献可写为

$$\varphi_{ij} = p_{ij} q_j$$

导体 i 的总电位应该是整个系统内所有导体对它的贡献的叠加，即导体 i 的电位为

$$\varphi_i = \sum_{j=1}^{n} p_{ij} q_j \qquad (i = 1,\ 2,\ \cdots,\ n) \tag{2-68}$$

将其写成线性方程组，有

$$\left.\begin{aligned} \varphi_1 &= p_{11}q_1 + p_{12}q_2 + \cdots + p_{1n}q_n \\ \varphi_2 &= p_{21}q_2 + p_{22}q_2 + \cdots + p_{2n}q_n \\ &\vdots \\ \varphi_n &= p_{n1}q_1 + p_{n2}q_2 + \cdots + p_{nn}q_n \end{aligned}\right\} \tag{2-69}$$

或写成矩阵形式

$$[\varphi] = [p][q] \tag{2-70}$$

其中$[\varphi]=[\varphi_1, \varphi_2, \cdots, \varphi_n]^{\mathrm{T}}$和$[q]=[q_1, q_2, \cdots, q_n]^{\mathrm{T}}$是$n\times 1$列矩阵，$[p]$是$n\times n$方矩阵，这一方阵的元素$p_{ij}$称为电位系数。电位系数$p_{ij}$的物理意义是：导体$j$带1库仑的正电荷，而其余导体均不带电时导体$i$上的电位便是电位系数。

由电位系数的定义可知，导体j带正电，电力线自导体j出发，终止于导体i或终止于地面，又由于导体i不带电，有多少电力线终止于它，就有多少电力线自它发出，所发出的电力线不是终止于其他导体上，就是终止于地面。电位沿电力线下降，其他导体的电位一定介于导体j的电位和地面的电位之间，所以

$$p_{jj} > p_{ij} \geqslant 0 \qquad (i \neq j,\ j = 1, 2, \cdots, n) \tag{2-71}$$

电位系数具有互易性质，即

$$p_{ij} = p_{ji} \tag{2-72}$$

2.7.3 电容系数和部分电容

多导体系统的电荷可以用各个导体的电位来表示，即将式(2-70)改写为

$$[q] = [p]^{-1}[\varphi] = [\beta][\varphi] \tag{2-73}$$

其中，$[\beta]$是$[p]$的逆矩阵，其矩阵元素

$$\beta_{ij} = \frac{M_{ij}}{\Delta} \tag{2-74}$$

式中，Δ是矩阵$[p]$的行列式，M_{ij}是行列式中p_{ij}的代数余子式。将式(2-73)写成方程组，有

$$\left.\begin{aligned} q_1 &= \beta_{11}\varphi_1 + \beta_{12}\varphi_2 + \cdots + \beta_{1n}\varphi_n \\ q_2 &= \beta_{21}\varphi_2 + \beta_{22}\varphi_2 + \cdots + \beta_{2n}\varphi_n \\ &\vdots \\ q_n &= \beta_{n1}\varphi_1 + \beta_{n2}\varphi_2 + \cdots + \beta_{nn}\varphi_n \end{aligned}\right\} \tag{2-75}$$

称β_{ij}为电容系数。它的物理意义是，导体j的电位为1 V，其余导体均接地，这时导体i上的感应电荷量为β_{ij}。由电容系数的定义，导体j的电位比其余导体的电位都高，所以电力线从导体j发出终止于其他导体或地，就是说j带正电，其余导体带负电。根据电荷守恒定律，n个导体上的电荷再加上地面的电荷为零，这样其余$n-1$个导体所带电荷总和的绝对值必定不大于导体j的电荷量，由此可推出

$$\beta_{ij} \leqslant 0 \qquad (i \neq j) \tag{2-76}$$

$$\beta_{ii} > 0 \tag{2-77}$$

$$\sum_j \beta_{ij} \geqslant 0 \tag{2-78}$$

将式(2-75)改写成

$$\left.\begin{aligned} q_1 &= (\beta_{11}+\beta_{12}+\cdots+\beta_{1n})\varphi_1-\beta_{12}(\varphi_1-\varphi_2)-\cdots-\beta_{1n}(\varphi_1-\varphi_n)\\ q_2 &= -\beta_{21}(\varphi_2-\varphi_1)+(\beta_{21}+\beta_{22}+\cdots+\beta_{2n})\varphi_2-\cdots-\beta_{2n}(\varphi_2-\varphi_n)\\ &\vdots\\ q_n &= -\beta_{n1}(\varphi_n-\varphi_1)-\beta_{n2}(\varphi_n-\varphi_2)-\cdots+(\beta_{n1}+\beta_{n2}+\cdots+\beta_{nn})\varphi_n \end{aligned}\right\} \tag{2-79}$$

令

$$C_{ii}=\sum_{j=1}^{n}\beta_{ij} \tag{2-80}$$

$$C_{ij}=-\beta_{ij}\qquad(i\neq j) \tag{2-81}$$

则上式变为

$$\left.\begin{aligned} q_1 &= C_{11}\varphi_1+C_{12}(\varphi_1-\varphi_2)+\cdots+C_{1n}(\varphi_1-\varphi_n)\\ q_2 &= C_{21}(\varphi_2-\varphi_1)+C_{22}\varphi+\cdots+C_{2n}(\varphi_2-\varphi_n)\\ &\vdots\\ q_n &= C_{n1}(\varphi_n-\varphi_1)+C_{n2}(\varphi_n-\varphi_2)+\cdots+C_{nn}\varphi_n \end{aligned}\right\} \tag{2-82}$$

这表明，每个导体上的电荷均由 n 部分组成。而其中的每一部分，都可以在其他导体上找到与之对应的等值异号电荷。如导体 1 上的 $C_{12}(\varphi_1-\varphi_2)$这部分电荷，在导体 2 上有一部分电荷 $C_{21}(\varphi_2-\varphi_1)$与之对应。仿照电容器电容的定义，比例系数 C_{12}是导体 1 和导体 2 之间的部分电容。一般而言，C_{ij}是导体 i 和 j 之间的互部分电容，C_{ii}是导体 i 的自部分电容，也就是导体 i 和地之间的部分电容。部分电容也具有互易性，且为非负值，即

$$C_{ij}=C_{ji} \tag{2-83}$$

$$C_{ij}\geqslant 0 \tag{2-84}$$

三个导体的部分电容如图 2-22 所示。

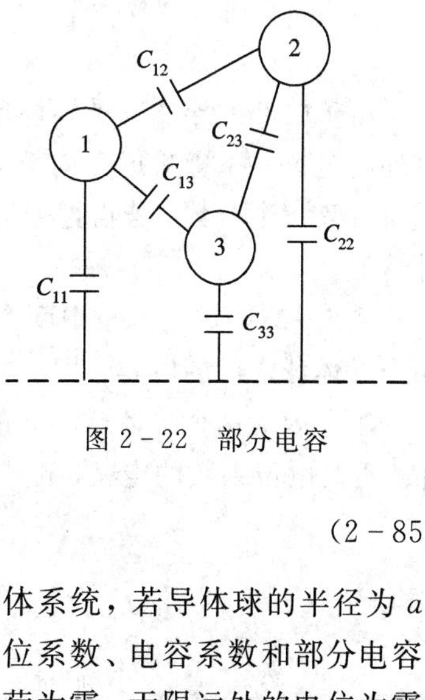

图 2-22　部分电容

两个导体所组成的系统是实际中广泛应用的导体系统。若两个导体分别带电 Q、$-Q$，且它们之间的电位差不受外界影响，则此系统构成一个电容器。电路理论中的电容器实际上就是这种模型。电容器的电容 C 与电位系数的关系为

$$C=\frac{1}{p_{11}+p_{22}-2p_{12}} \tag{2-85}$$

例 2-20　导体球及与其同心的导体球壳构成一个双导体系统，若导体球的半径为 a，球壳的内半径为 b，壳的外半径是 d，如图 2-23 所示，求电位系数、电容系数和部分电容。

解　先求电位系数。设导体球带电量为 q_1，球壳带总电荷为零，无限远处的电位为零，由对称性可得

$$\varphi_1=\frac{q_1}{4\pi\varepsilon_0}\left(\frac{1}{a}-\frac{1}{b}+\frac{1}{d}\right)=p_{11}q_1$$

$$\varphi_2=\frac{q_1}{4\pi\varepsilon_0 d}=p_{21}q_1$$

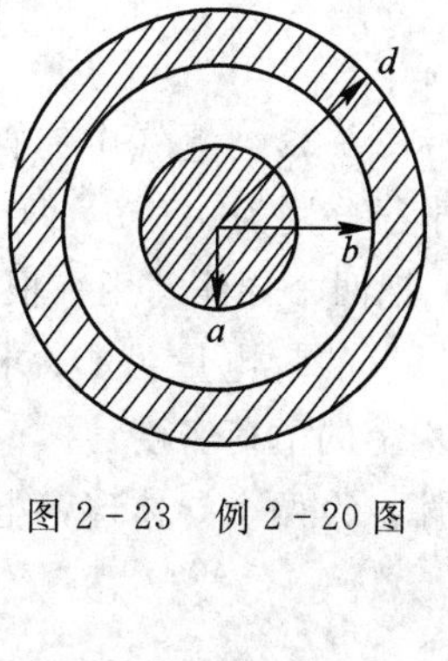

图 2-23　例 2-20 图

因此有

$$p_{11}=\frac{1}{4\pi\varepsilon_0}\left(\frac{1}{a}-\frac{1}{b}+\frac{1}{d}\right)$$

$$p_{21} = \frac{1}{4\pi\varepsilon_0 d} = p_{12}$$

再设导体球的总电荷为零，球壳带电荷为 q_2，可得

$$\varphi_2 = \frac{q_2}{4\pi\varepsilon_0 d} = p_{22} q_2$$

因此

$$p_{22} = \frac{1}{4\pi\varepsilon_0 d}$$

电容系数矩阵等于电位系数矩阵的逆矩阵，故有

$$\beta_{11} = \frac{4\pi\varepsilon_0 ab}{b-a}$$

$$\beta_{12} = \beta_{21} = -\beta_{11} = -\frac{4\pi\varepsilon_0 ab}{b-a}$$

$$\beta_{22} = \frac{4\pi\varepsilon_0}{b-a}[(b-a)d + ab]$$

部分电容为

$$C_{11} = \beta_{11} + \beta_{12} = 0$$

$$C_{12} = C_{21} = -\beta_{12} = \frac{4\pi\varepsilon_0 ab}{b-a}$$

$$C_{22} = \beta_{21} + \beta_{22} = 4\pi\varepsilon_0 d$$

由于内部的导体球被导体球壳包围，因而有 $p_{12} = p_{22}$，以及 $C_{11} = 0$。这说明导体球壳以外的电场并不影响球壳内部的电场，如果外部分布着电荷，仅仅会使内部的各个点电位同时升高一个常数。若再把外壳接地，此时，外部和内部彼此互不影响。静电屏蔽就是这种情形。

例 2-21　假设真空中两个导体球的半径都为 a，两球心之间的距离为 d，且 $d \gg a$，求两个导体球之间的电容。

解　因为两个导体球心间的距离远大于导体球的半径，球面的电荷可以看做是均匀分布。再由电位系数的定义，可得

$$p_{11} = p_{22} = \frac{1}{4\pi\varepsilon_0 a}$$

$$p_{12} = p_{21} = \frac{1}{4\pi\varepsilon_0 d}$$

代入电容器的电容表示式(2-85)，得

$$C = \frac{2\pi\varepsilon_0 ad}{d-a}$$

例 2-22　空气中有两个导体球，如图 2-24 所示，半径分别为 a 和 b，两个球心的距离为 c，且 $c \gg a$，$c \gg b$。把两个导体球用一根极细的导线连接在一起。设这个系统的带电量为 Q，求两个导体球各自所带电荷及表面上的电荷密度。

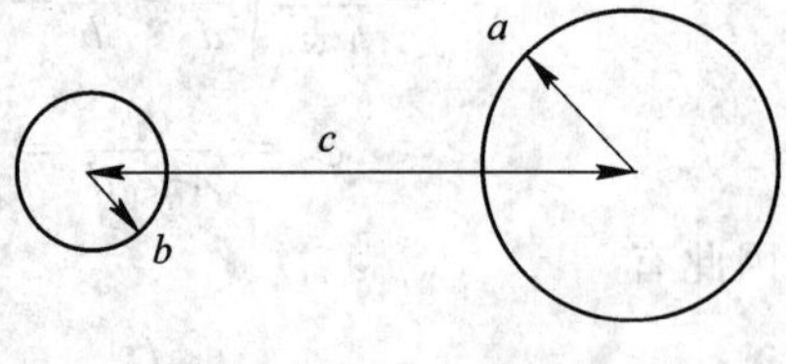

图 2-24　例 2-22 图

解　设两个导体球带电分别为 Q_1 和 Q_2，根据电位

系数的定义，我们有

$$\begin{cases}p_{11}Q_1+p_{12}Q_2=p_{21}Q_1+p_{22}Q_2\\Q_1+Q_2=Q\end{cases}$$

求解上述方程，得出

$$Q_1=\frac{p_{22}-p_{12}}{p_{11}-p_{21}}Q_2$$

仿照上题，容易求出

$$p_{11}=\frac{1}{4\pi\varepsilon_0 a}$$

$$p_{22}=\frac{1}{4\pi\varepsilon_0 b}$$

$$p_{12}=p_{21}=\frac{1}{4\pi\varepsilon_0 c}$$

$$Q_1=\frac{1/b-1/c}{1/a-1/c}Q_2=\frac{a(c-b)}{b(c-a)}Q_2$$

当 $c\gg a$，$c\gg b$ 时，$Q_1=\frac{a}{b}Q_2$，即$\frac{Q_1}{Q_2}=\frac{a}{b}$。这说明，导体球越大，所带电荷越多。但是，导体上的电荷面密度，却是导体球半径越小，电荷密度越大。把上述电荷除以导体球各自的面积(导体球的面积分别为 $4\pi a^2$ 和 $4\pi b^2$)，这样就有$\frac{\rho_{S1}}{\rho_{S2}}=\frac{b}{a}$。可见，对于此问题，导体球面上的电荷密度与其半径成反比。对于复杂形状的导体，表面曲率大的地方密度大，曲率小的地方电荷密度小。如图 2-25 所示，导体面尖锐部分的电力线越密集。至于电荷分布和表面曲率的关系，一般没有解析表达式，这是因为，导体上的电荷分布，不仅与导体自己的形状有关，而且还与周围其他带电体有关。

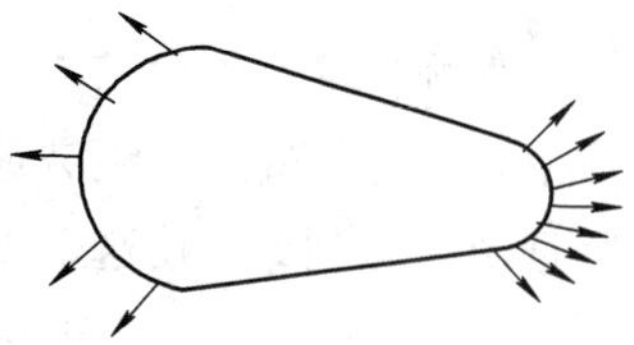

图 2-25　尖端放电

例 2-23　一条同轴线，内导体半径为 a，外导体的内半径为 b，内外导体之间填充两种绝缘材料($a<r<r_0$ 的介电常数为 ε_1，$r_0<r<b$ 的介电常数为 ε_2)，如图 2-26 所示，求单位长度的电容。

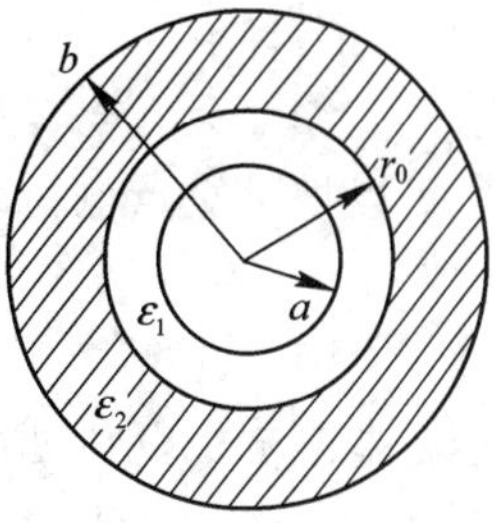

图 2-26　例 2-23 图

解　设内、外导体单位长度带电分别为 ρ_l、$-\rho_l$，内、外导体间的场分布具有轴对称性。由高斯定理可求出内、外导体间的电位移为

$$\boldsymbol{D}=\boldsymbol{e}_r\frac{\rho_l}{2\pi r}$$

各区域的电场强度为

$$\boldsymbol{E}_1=\boldsymbol{e}_r\frac{\rho_l}{2\pi\varepsilon_1 r}\qquad(a<r<r_0)$$

$$\boldsymbol{E}_2=\boldsymbol{e}_r\frac{\rho_l}{2\pi\varepsilon_2 r}\qquad(r_0<r<b)$$

内、外导体间的电压为

$$U=\int_a^b \boldsymbol{E}\cdot \mathrm{d}\boldsymbol{r}=\int_a^{r_0}\boldsymbol{E}_1\cdot \mathrm{d}\boldsymbol{r}+\int_{r_0}^b \boldsymbol{E}_2\cdot \mathrm{d}\boldsymbol{r}=\frac{\rho_l}{2\pi}\left(\frac{1}{\varepsilon_2}\ln\frac{b}{r_0}+\frac{1}{\varepsilon_1}\ln\frac{r_0}{a}\right)$$

因此，单位长度的电容为

$$C=\frac{\rho_l}{U}=\frac{2\pi}{\dfrac{1}{\varepsilon_2}\ln\dfrac{b}{r_0}+\dfrac{1}{\varepsilon_1}\ln\dfrac{r_0}{a}}$$

如果仅仅有两个导体，则由它们组成的电容器的电容为 $C=C_{12}+C_{11}C_{22}/(C_{11}+C_{22})$。这是因为类似于图 2-22，每个导体和零电位的参考面之间存在 C_{11} 和 C_{22}。只有静电屏蔽状态下，电容器的电容才等于两个导体之间的互部分电容 C_{12}。

2.8 电场能量与能量密度

一个带电系统的建立，都要经过其电荷从零到终值的变化过程，在此过程中，外力必须对系统做功。由能量守恒定律，我们知道带电系统的能量等于外力所做的功。

2.8.1 点电荷系统的静电能

首先分析两个点电荷系统的静电能。假设两个点电荷系统是建立在空间无任何电荷的情况下，把点电荷 q_1 从无穷远处搬运到位置 $\boldsymbol{r}_1$，这一过程无需外力做功；接着把电荷 q_1 从无穷远处搬运到 $\boldsymbol{r}_2$，在这个过程中，外力做的功就是 q_2 的电位能，即两个点电荷系统的能量，其值为 $W_{e1}=q_2\varphi_{21}=\dfrac{q_2q_1}{4\pi\varepsilon_0\,|\boldsymbol{r}_2-\boldsymbol{r}_1|}$。其中 φ_{21} 是电荷 q_1 在电荷 q_2 的位置处的电位。当然，我们也可以把上述过程反过来，先搬运电荷 q_2，后搬运电荷 q_1。这样系统的静电能为 $W_{e2}=q_1\varphi_{12}=\dfrac{q_2q_1}{4\pi\varepsilon_0\,|\boldsymbol{r}_2-\boldsymbol{r}_1|}$。因为一个系统的静电能与建立过程无关，在这里忽略掉了由放电产生的焦耳热损耗，也忽略了摩擦力的影响。从而，使得系统的能量可以改写为

$$W_e=\frac{W_{e1}+W_{e2}}{2}=\frac{q_1\varphi_{12}+q_2\varphi_{21}}{2} \tag{2-86}$$

同理，可以把 n 个点电荷系统的电位能写为

$$W_e=\sum_{j=1}^{n}\frac{1}{2}q_j\varphi_j \tag{2-87}$$

式中，φ_j 是第 j 个电荷处由其他电荷所产生的电位，但不包含该电荷自己产生的电位。这是因为点电荷模型意味着它自己在其位置产生的电场和电位均是无穷大。

电位能可以为正，也可以为负。以两个电荷为例，当电荷同号时，电位能为正。这是因为，同号电荷之间的作用力是排斥力，要把两个同号电荷同时从无穷远处搬运到给定位置，外力必须做功。当两者异号时，它们之间的力是吸引力，外力不仅不做功，电场力反而对外界做功。

例 2-24 甲烷(CH_4)分子的简单模型如图 2-27 所示，在正四面体的顶点各有一个基本正电荷 e，在正四面体的中心有四个基本负电荷，设四面体的外接球半径为 a，求单个甲烷分子的静电能。

解 容易求出四面体的棱长 $b=2a/\sqrt{3}$。位于中心的碳原子带电为 $-4e$，且与四个氢原子距离相同，容易求出碳原子的静电能为 $\dfrac{-16e^2}{8\pi\varepsilon_0 a}$；至于氢原子，由于对称，单个氢原子的静电能再乘以 4 即可。

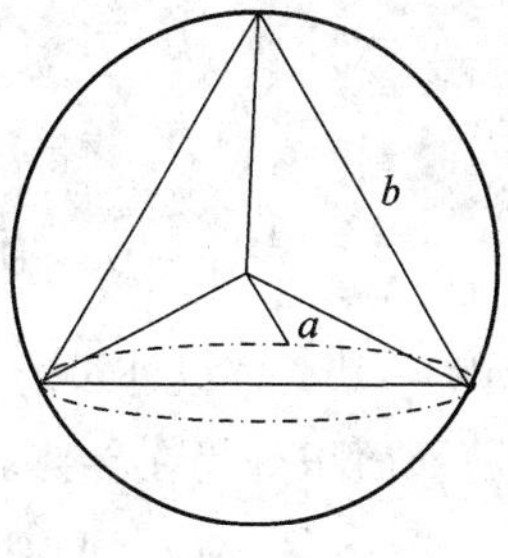

图 2-27 甲烷分子模型

任何一个氢原子与其他三个氢原子的距离相等，都等于 b，氢原子与碳原子的距离为 a，这样单个氢原子的静电能为

$$\frac{-4e^2}{8\pi\varepsilon_0 a}+\frac{3e^2}{8\pi\varepsilon_0 b}=\frac{-4e^2}{8\pi\varepsilon_0 a}+\frac{3\sqrt{3}e^2}{8\pi\varepsilon_0 2a}$$

最后，把单个氢原子的静电能乘以 4，再和碳原子的静电能相加，最终得出一个甲烷分子的静电能为 $\dfrac{-(16-3\sqrt{3})e^2}{4\pi\varepsilon_0 a}$。

2.8.2 分布电荷系统的静电能

静电能的表达式可以推广到分布电荷的情形。对于体分布电荷，可将其分割为一系列体积元 ΔV，每一体积元的电量为 $\rho\Delta V$，当 ΔV 趋于零时，得到体分布电荷的能量为

$$W_e=\int_V \frac{1}{2}\rho(\boldsymbol{r})\varphi(\boldsymbol{r})\mathrm{d}V \tag{2-88}$$

式中，φ 为电荷所在点的电位。同理，面电荷和线电荷的电场能量分别为

$$W_e=\int_S \frac{1}{2}\rho_S(\boldsymbol{r})\varphi(\boldsymbol{r})\mathrm{d}S \tag{2-89}$$

$$W_e=\int_l \frac{1}{2}\rho_l(\boldsymbol{r})\varphi(\boldsymbol{r})\mathrm{d}l \tag{2-90}$$

式(2—89)也适用于计算带电导体系统的能量。带电导体系统的能量也可以用电位系数或电容系数来表示

$$W_e=\sum_{i=1}^{n}\sum_{j=1}^{n}\frac{1}{2}p_{ij}q_iq_j \tag{2-91}$$

$$W_e=\sum_{i=1}^{n}\sum_{j=1}^{n}\frac{1}{2}\beta_{ij}\varphi_i\varphi_j \tag{2-92}$$

如果电容器极板上的电量为 $\pm q$，电压为 U，则电容器内储存的静电能量为

$$W_e=\frac{1}{2}qU=\frac{1}{2}CU^2=\frac{q^2}{2C} \tag{2-93}$$

2.8.3 能量密度

电场能量的计算公式(2-90)计算的是静电场的总能量，这个公式容易造成电场能量储存在电荷分布空间的印象。事实上，只要有电场的地方，移动带电体都要做功。这说明电场能量储存于电场所在的空间。以下分析电场能量的分布并引入能量密度的概念。

设在空间某区域有体电荷分布和面电荷分布，体电荷分布在导体以外和无穷远参考面以内的区域 V 内，而面电荷分布在导体表面 S 上，如图 2-28 所示，该系统的能量为

$$W_e = \frac{1}{2}\int_V \rho\varphi\,\mathrm{d}V + \frac{1}{2}\int_S \rho_S\varphi\,\mathrm{d}S \tag{2-94}$$

将$\nabla\cdot\boldsymbol{D}=\rho$和$\boldsymbol{D}\cdot\boldsymbol{n}=\rho_S$代入上式，有

$$W_e = \frac{1}{2}\int_V \varphi\nabla\cdot\boldsymbol{D}\,\mathrm{d}V + \frac{1}{2}\int_S \varphi\boldsymbol{D}\cdot\boldsymbol{n}\,\mathrm{d}S \tag{2-95}$$

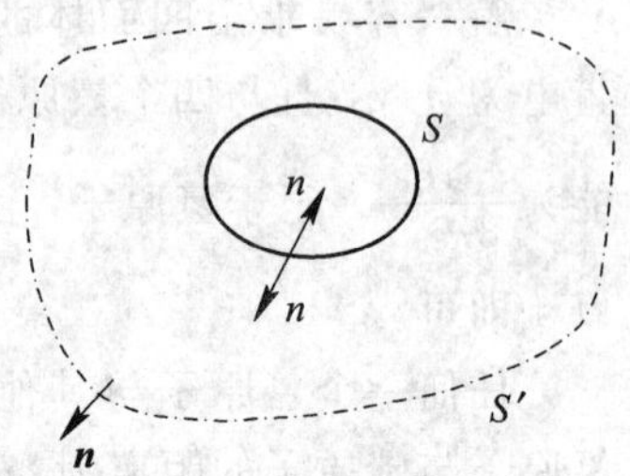

图 2-28 能量密度

考虑到区域V以外没有电荷，故可以将体积分扩展到整个空间，而面积分仍在导体表面进行。利用矢量恒等式

$$\varphi\nabla\cdot\boldsymbol{D} = \nabla\cdot(\varphi\boldsymbol{D}) - \nabla\varphi\cdot\boldsymbol{D} = \nabla\cdot(\varphi\boldsymbol{D}) + \boldsymbol{E}\cdot\boldsymbol{D}$$

则

$$\begin{aligned}\frac{1}{2}\int_V \varphi\nabla\cdot\boldsymbol{D}\,\mathrm{d}V &= \frac{1}{2}\int_V \nabla\cdot(\varphi\boldsymbol{D})\,\mathrm{d}V + \frac{1}{2}\int_V \boldsymbol{E}\cdot\boldsymbol{D}\,\mathrm{d}V\\ &= \frac{1}{2}\int_{S+S'} \varphi\boldsymbol{D}\cdot\mathrm{d}\boldsymbol{S} + \frac{1}{2}\int_V \boldsymbol{E}\cdot\boldsymbol{D}\,\mathrm{d}V\\ &= \frac{1}{2}\int_{S'} \varphi\boldsymbol{D}\cdot\boldsymbol{n}\,\mathrm{d}S + \frac{1}{2}\int_S \varphi\boldsymbol{D}\cdot\boldsymbol{n}'\,\mathrm{d}S + \frac{1}{2}\int_V \boldsymbol{E}\cdot\boldsymbol{D}\,\mathrm{d}V\end{aligned}$$

将上式代入式(2-97)，并且注意在导体表面S上，$\boldsymbol{n}=-\boldsymbol{n}'$，得

$$W_e = \frac{1}{2}\int_V \boldsymbol{E}\cdot\boldsymbol{D}\,\mathrm{d}V + \frac{1}{2}\int_{S'} \varphi\boldsymbol{D}\cdot\boldsymbol{n}\,\mathrm{d}S \tag{2-96}$$

式中，V已经扩展到无穷大，故S'在无穷远处。对于分布在有限区域的电荷，$\varphi\propto 1/R$，$D\propto 1/R^2$，$S'\propto R^2$，因此当$R\to\infty$时，上式中的面积分为零，于是

$$W_e = \frac{1}{2}\int_V \boldsymbol{E}\cdot\boldsymbol{D}\,\mathrm{d}V \tag{2-97}$$

式中的积分在电场分布的空间进行，被积函数$\frac{1}{2}\boldsymbol{E}\cdot\boldsymbol{D}$从物理概念上可以理解为电场中某一点单位体积储存的静电能量，称为静电场的能量密度，以W_e表示，即

$$W_e = \frac{1}{2}\boldsymbol{E}\cdot\boldsymbol{D} \tag{2-98}$$

对于各向同性介质

$$W_e = \frac{1}{2}\varepsilon E^2 \tag{2-99}$$

例 2-25 若真空中电荷q均匀分布在半径为a的球体内，计算电场能量。

解 用高斯定理可以得到电场为

$$\boldsymbol{E} = \boldsymbol{a}_r\frac{qr}{4\pi\varepsilon_0 a^3}\quad (r<a)$$

$$\boldsymbol{E} = \boldsymbol{a}_r\frac{q}{4\pi\varepsilon_0 r^2}\quad (r>a)$$

所以

$$W_e = \frac{1}{2}\int \varepsilon_0 E^2\,\mathrm{d}V = \frac{1}{2}\varepsilon_0\left(\frac{q}{4\pi\varepsilon_0}\right)^2\left[\int_0^a\left(\frac{r}{a^3}\right)^2 4\pi r^2\,\mathrm{d}r + \int_a^\infty \frac{1}{r^4}4\pi r^2\,\mathrm{d}r\right] = \frac{3q^2}{20\pi\varepsilon_0 a}$$

如果用式(2-90)在电荷分布空间积分，其结果与此一致。

例 2-26 极性分子的简单模型为一个均匀极化的球体，计算电场能量。

解 在前面学习介质极化时，我们得到均匀极化球体的束缚电荷、电位和电场。

$$\varphi = \frac{1}{4\pi\varepsilon_0}\left(\frac{4\pi a^3 P_0}{3}\right)\frac{\cos\theta}{r^2} \qquad (r \geqslant a)$$

至于球内电位，同样容易得出

$$\varphi = \frac{P_0}{3\varepsilon_0}z = \frac{P_0}{3\varepsilon_0}r\cos\theta \qquad (r \leqslant a)$$

球面上的束缚电荷密度 $\rho_{SP} = P_0\cos\theta$；球面上的电位是 $\varphi = \frac{P_0}{3\varepsilon_0}a\cos\theta$。采用电位能公式，有：

$$W_e = \frac{1}{2}\oint_S \varphi\rho_{SP}\,\mathrm{d}V = \frac{P_0^2}{6\varepsilon_0}a\oint_S \cos^2\theta a^2\sin\theta\,\mathrm{d}\theta\,\mathrm{d}\varphi = \frac{4\pi P_0^2 a^3}{9\varepsilon_0}$$

我们再采用电场能量密度计算。球内场是均匀的，容易得出球内能量为 $W_1 = \frac{2\pi P_0^2 a^3}{27\varepsilon_0}$；同样对于球外电位，求它的负梯度，得到电场，然后在整个球外从球面积分到无穷大，得到 $W_2 = \frac{4\pi P_0^2 a^3}{27\varepsilon_0}$；可以验证，用两个公式计算结果是一致的。尽管采用静电场的电位能公式与电场能量密度公式计算结论一致，但要强调指出，能量密度公式更具有普遍的本质上的物理意义。能量密度公式可以推广到任意时变场，而电位能的公式，只有频率较低时，才正确。当频率很高时不能用电位能的公式计算能量。比如可见光、X 射线及 γ 射线等，都具有能量但是却没有电荷分布，当然也没有电位的概念。因为电位的概念，本质上讲，仅在频率较低时可以使用。频率很高时找不出与电路对应的回路和节点。没有回路和节点，自然回路电压定律和节点电流定律都是不成立的。

由能量密度公式可以看出，整个系统的电场能量恒为正值。但是，两个带电系统的相互作用能是可正可负的。比如两个系统的电场分别为 $\boldsymbol{E}_1$ 和 $\boldsymbol{E}_2$，设其介电常数一样，则总的能量密度为

$$w = \frac{1}{2}\varepsilon(\boldsymbol{E}_1 + \boldsymbol{E}_2)^2 = \frac{1}{2}\varepsilon\boldsymbol{E}_1^2 + \frac{1}{2}\varepsilon\boldsymbol{E}_2^2 + \varepsilon\boldsymbol{E}_1\cdot\boldsymbol{E}_2$$

这个公式中的最后一项，就是两个带电系统的相互作用能的密度。即两个带电系统的相互作用能量密度为

$$w_{int} = \varepsilon\boldsymbol{E}_1\cdot\boldsymbol{E}_2 \tag{2-100}$$

将这个能量密度对场分布的区域积分，就得出相互作用能。上述相互作用能也可以用电位能来计算，公式为

$$W_{int} = \int_V \varphi_1\rho_2\,\mathrm{d}V_2 = \int_V \varphi_2\rho_1\,\mathrm{d}V_1 = \frac{1}{4\pi\varepsilon}\int_{V_1}\int_{V_2}\frac{\rho_1(\boldsymbol{r}_1)\rho_2(\boldsymbol{r}_2)}{|\boldsymbol{r}_2 - \boldsymbol{r}_1|}\,\mathrm{d}V_2\,\mathrm{d}V_1 \tag{2-101}$$

例 2-27 若一个同轴线内导体的半径为 a，外导体的内半径为 b，之间填充介电常数为 ε 的介质，当内外导体间的电压为 U(外导体的电位为零)时，求单位长度的电场能量。

解 当内外导体间电压为 U 时，内导体单位长度带电量为 ρ_l，则导体间的电场强度为

$$\boldsymbol{E} = \boldsymbol{e}_r\frac{\rho_l}{2\pi\varepsilon r} \qquad (a < r < b)$$

两导体间的电压为 $U = \frac{\rho_l}{2\pi\varepsilon}\ln\frac{b}{a}$，即 $\rho_l = \frac{2\pi\varepsilon U}{\ln(b/a)}$，则

$$\boldsymbol{E} = \boldsymbol{e}_r\frac{U}{r\ln(b/a)} \qquad (a < r < b)$$

单位长度的电场能量为

$$W_e = \frac{1}{2}\int \varepsilon E^2 \, dV = \int_a^b \frac{\varepsilon U^2}{2r^2 \ln^2(b/a)} 2\pi r \, dr = \frac{\pi\varepsilon U^2}{\ln(b/a)}$$

2.9 电 场 力

带电体之间的相互作用力从原则上讲可以用库仑定律计算，但是实际上，除了少数简单情形以外，这种计算往往较难。在此介绍一种通过电场能量求力的方法，称为虚位移法。有时，这种方法显得方便而简洁。现以导体所受的电场力为例进行讨论。

虚位移法求带电导体所受电场力的思路是，假设在电场力 $\boldsymbol{F}$ 的作用下，受力导体有一个位移 $d\boldsymbol{r}$，从而使电场力做功 $\boldsymbol{F}\cdot d\boldsymbol{r}$，因这个位移会引起电场强度的改变，所以电场能量就要产生一个增量 dW_e，再根据能量守恒定律，电场力做功及场能增量之和应该等于外源供给带电系统的能量 dW_b，即

$$dW_b = \boldsymbol{F}\cdot d\boldsymbol{r} + dW_e \tag{2-102}$$

下面从导体上的电荷不变和导体上的电位不变两种情形来讨论。

1. 电荷不变

如果虚位移过程中，各个导体的电荷量不变，就意味着各导体都不连接外源，此时外源对系统做功 dW_b 为零，即

$$\boldsymbol{F}\cdot d\boldsymbol{r} + dW_e = 0 \tag{2-103}$$

因此，在位移的方向上，电场力为

$$F_r = -\left.\frac{\partial W_e}{\partial r}\right|_q \tag{2-104}$$

我们分别取虚位移的方向在 x、y 和 z 方向，就可以得出电场力的矢量形式

$$\boldsymbol{F} = -\nabla W_e\big|_q \tag{2-105}$$

2. 电位不变

如果在虚位移的过程中，各个导体的电位不变，就意味着每个导体都和恒压电源相连接。此时，当导体的相对位置改变时，每个电源因要向导体输送电荷而做功。设各导体的电位分别为 φ_1、φ_2、…、φ_n，各导体的电荷增量分别为 dq_1、dq_2、…、dq_n，则电源做功为

$$dW_b = \sum_{i=1}^{n} \varphi_i \, dq_i \tag{2-106}$$

系统的电场能量为

$$W_e = \frac{1}{2}\sum_{i=1}^{n} \varphi_i q_i \tag{2-107}$$

系统能量的增量为

$$dW_e = \frac{1}{2}\sum_{i=1}^{n} \varphi_i \, dq_i \tag{2-108}$$

代入式(2-102)，得

$$dW_b = \boldsymbol{F}\cdot d\boldsymbol{r} + dW_e = 2\, dW_e \tag{2-109}$$

$$\boldsymbol{F}\cdot d\boldsymbol{r} = dW_e \tag{2-110}$$

因此，在位移的方向上，电场力为

$$F_r = -\left.\frac{\partial W_e}{\partial r}\right|_{\varphi} \tag{2-111}$$

与其相应的矢量形式为

$$\boldsymbol{F} = \nabla W_e \big|_{\varphi} \tag{2-112}$$

最后应说明，在电荷不变和电位不变条件下，电场力的表达式不同，但最终计算出的电场力是相同的。

例 2-28 若平板电容器极板面积为 A，间距为 x，电极之间的电压为 U，求极板间的作用力。

解 设一个极板在 yoz 平面，第二个极板的坐标为 x，此时，电容器储能为

$$W_e = \frac{1}{2}CU^2 = \frac{U^2\varepsilon_0 A}{2x}$$

当电位不变时，第二个极板受力为

$$F_x = \left.\frac{\partial W_e}{\partial x}\right|_{\varphi} = -\frac{U^2\varepsilon_0 A}{2x^2}$$

当电荷不变时，考虑到

$$U = Ex = \frac{qx}{\varepsilon_0 A}$$

将能量表达式改写为 $W_e = \dfrac{q^2 x}{2\varepsilon_0 A}$。最后得出：

$$F_x = -\left.\frac{\partial W_e}{\partial x}\right|_{q} = -\frac{q^2}{2\varepsilon_0 A} = -\frac{U^2\varepsilon_0 A}{2x^2}$$

可见，两种情况下的计算结果相同。式中的负号表示极板间作用力为吸引力。

例 2-29 平行双线的两个导体圆柱的半径均为 a，二者的中轴线相距为 d，单位长度带电分别为 $\pm\lambda$，求带负电荷的导体圆柱单位长度所受到的电场力(假定导体间距 d 远大于半径 a)。

解 我们知道，这个问题的单位长度电容为

$$C_0 = \frac{\pi\varepsilon_0}{\ln[(d-a)/a]}$$

为了采用虚位移法求电场力，必须假设导体有一个位移，我们把带正电荷的导体圆柱固定不动，假定带负电的导体圆柱在电场力的作用下它的中轴线移动到 x 处，这样，单位长度的电容就变化为

$$C_0 = \frac{\pi\varepsilon_0}{\ln[(x-a)/a]}$$

这个系统单位长度的电场能量为

$$W_{e1} = \frac{1}{2}\frac{\lambda^2}{C_0} = \frac{\lambda^2}{2\pi\varepsilon_0}\ln\frac{x-a}{a}$$

我们使用电荷不变情形下的电场力公式，可以求出带负电的导体柱单位长度受力为

$$F_x = -\frac{\partial W_{e1}}{\partial x} = -\frac{\lambda^2}{2\pi\varepsilon_0}\frac{1}{x-a}$$

最后，我们再令这个受力表达式中的 x 为 d，就得到单位长度受力。

当保持电位不变时，同样可以求出受力。此时，两个导体之间的电位是

$$V=\frac{\lambda}{\pi\varepsilon_0}\ln\frac{x-a}{a}$$

在 x 变化的情形下，要使得电位不变，电荷密度 λ 不再是常数。这时，系统的单位长度的电场能量为

$$W_{e1}=\frac{1}{2}C_0V^2=\frac{\pi\varepsilon_0}{2}V^2\frac{1}{\ln[(x-a)/a]}$$

我们使用电位不变情形下的电场力公式，可以求出带负电的导体柱单位长度受力为

$$F_x=\frac{\partial W_{e1}}{\partial x}=-\frac{\pi\varepsilon_0V^2}{2}\frac{1}{\ln^2[(x-a)/a]}\frac{1}{x-a}$$

我们再使用关系式 $V=\frac{\lambda}{\pi\varepsilon_0}\ln\frac{x-a}{a}$，最后，再令 x 为 d，就得到带负电荷的导体单位长度受力为

$$F_x=-\frac{\partial W_{e1}}{\partial x}=-\frac{\lambda^2}{2\pi\varepsilon_0}\frac{1}{d-a}$$

通过上面的例题，我们看到，虚位移法是在假想的位移情形下计算的电场力。在假设电位不变或者电荷不变的约束下，能量的平衡关系是不同的。但是，最后求得的电场力结果是一致的，并不受假设条件的影响。下面我们再分析一个电场力的问题。

例 2-30 空气中有一个半径为 a 的导体球均匀带电，电荷总量为 Q，求导体球面上的电荷单位面积受到的电场力。

解 我们知道，根据同性电荷相斥的原则，不论导体球上的电荷是正是负，导体表面的电荷都受到一个沿半径方向向外的电场力。导体球的电容为 $C=4\pi\varepsilon_0 a$。因而静电能量为

$$W_e=\frac{Q^2}{2C}=\frac{Q^2}{8\pi\varepsilon_0 a}$$

我们采用电荷不变情形下电场力的公式来计算。我们把导体半径 a 看做是变量（注意在虚位移情形下，导体半径应该有一个假想的位移，所以半径 a 在虚位移过程中不应看做常数）。此时，导体面上单位面积受到的电场力为

$$f=-\frac{1}{4\pi a^2}\frac{\partial W_e}{\partial a}=-\frac{1}{4\pi a^2}\frac{\partial}{\partial a}\left(\frac{Q^2}{8\pi\varepsilon_0 a}\right)=\frac{Q^2}{32\pi^2\varepsilon_0 a^4}$$

这个力的方向是沿着矢径方向向外的。当然，我们可以通过库仑定律计算这个问题。

虚位移法还能分析导体受到的力矩。若假设某一导体绕 z 轴有一个角位移 $\mathrm{d}\theta$，则其所受力矩的 z 分量 T_z 做功为 $T_z\,\mathrm{d}\theta$，这时，力矩计算式为

$$T_z=-\left.\frac{\partial W_e}{\partial\theta}\right|_q \tag{2-113}$$

$$T_z=\left.\frac{\partial W_e}{\partial\theta}\right|_\varphi \tag{2-114}$$

例 2-31 设空气中有两个半径分别为 a 和 b 的导体球，其球心之间的距离为 c，且 c 远大于两个球体的尺度。设其带电量分别为 Q 和 q，求两个导体球之间的作用力。

解 通过求解两个导体球构成的带电系统的电位系数或电容系数，容易得到系统的总电场能量（在考虑 c 远大于 a 或 b 条件下）是：

$$\varphi(\boldsymbol{r})=\frac{Q^2}{8\pi\varepsilon a}+\frac{q^2}{8\pi\varepsilon_0 b}+\frac{Qq}{4\pi\varepsilon_0 c}$$

上式的第一项和第二项分别是两个带电导体球的固有能，而第三项是二者之间的相互作用能。我们用电荷不变情形下的公式求导体球 b 受到导体球 a 的作用力。此时，两个导体球的形状不变，但它们之间距离有一个很小的虚位移，即把 c 看做是变量，这样就有：

$$F=-\frac{\partial W_e}{\partial c}=\frac{Qq^2}{4\pi\varepsilon_0 c^2}$$

这和库仑的计算结果是一致的。

例 2-32 计算电偶极子在外电场中的电位能，再由电位能计算其受到的力矩。

解 设电偶极子负端处的电位为 φ，而其正端处的电位为 $\varphi+\mathrm{d}\varphi$，则电偶极子在外电场中的电位能为

$$W_e=q(\varphi+\mathrm{d}\varphi)-q\varphi=q\,\mathrm{d}\varphi$$

由电梯度的性质，我们有：$\mathrm{d}\varphi=\nabla\varphi\cdot\boldsymbol{l}$，这样就可把这个能量写做

$$W_e=\nabla\varphi\cdot(q\boldsymbol{l})=-\boldsymbol{E}\cdot\boldsymbol{p}=-Ep\cos\theta$$

式中 θ 是电偶极子的取向和外电场方向之间的夹角。强调一下，上述能量是电偶极子在外电场中的能量，不包括电偶极子自己产生的电场。我们用电荷不变情形下的力矩公式计算，则电偶极子受到的力矩为

$$T=-\frac{\partial W_e}{\partial\theta}=-Ep\sin\theta$$

这个力矩使电偶极子具有转到和外电场方向一致的趋势。当 θ 等于零时，电偶极子在均匀外电场中，所受到的力及其力矩都是零。当然，$\theta=180°$时，力及其力矩也都是零，但是此时它的能量最大，因而是一种不稳定平衡。

习 题

2-1 在 xoy 平面上，中心在坐标原点半径为 a 的圆面上，以面密度 $\rho_S=A\sqrt{x^2+y^2}$ 的形式分布着面电荷，其中 A 是常数。

(1) 求带电总量 Q；

(2) 指出 A 的量纲或者单位；

(3) 求 z 轴上的点电荷 q 受到的作用力。

2-2 若半径为 a 的非均匀带电圆环，其电荷线密度为 $\rho_l=A\cos\phi$，其中 A 为常数，圆环位于 xoy 平面，且圆心在坐标原点。ϕ 为圆柱坐标的方位角。求 Z 轴上的电场强度。

2-3 总量为 q 的电荷均匀分布于球体中，分别求球内、外的电场强度。

2-4 总电量为 Q 的电荷以密度 $\rho=\dfrac{Q(n+3)}{4\pi a^3}r^n$ 的形式球对称地分布在半径为 a 的球内，球外无电荷，其中 n 是常数，试求其产生的电场。

2-5 半径分别为 a、$b(a>b)$，球心距为 $c(c<a-b)$ 的两球面间有密度为 ρ 的均匀体电荷分布，如题 2-5 图所示，求半径为 b 的球面内任一点的电场强度。

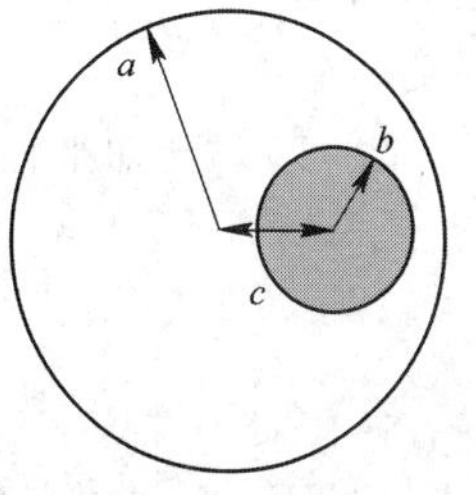

题 2-5 图

2-6 若一个正 N 边形薄板均匀带电，其电荷面密度为 ρ_S，设其内切圆的半径为 R，证明它的中心点的电位为 $\varphi=\dfrac{\rho_S RN}{2\pi\varepsilon_0}\ln[\tan(\pi/N)+\sec(\pi/N)]$。

2-7 长度为 L 的均匀带电直导线，设其电荷线密度为 ρ_l，试求它产生的电位的等位面。

2-8 已知球对称分布的电荷产生的电位为 $\varphi=\dfrac{Q}{4\pi\varepsilon_0 r}e^{-r/a}$，其中 a 为常数，求电场强度及电荷分布。

2-9 若边长为 a 的正三角形薄板均匀带电，其电荷面密度为 ρ_S，证明三角形中心的电位为 $\varphi=\dfrac{\rho_S}{4\pi\varepsilon_0}\sqrt{3}a\ \ln(2+\sqrt{3})$；而顶点的电位为 $\varphi=\dfrac{\rho_S}{8\pi\varepsilon_0}\sqrt{3}a\ \ln3$；某个边的中点的电位是 $\varphi=\dfrac{\rho_S}{8\pi\varepsilon_0}\sqrt{3}a\ \ln(3+2\sqrt{3})$。

2-10 由半径为 a 的导体球和内半径为 b 的导体球壳组成球形电容器，如外加电压为 100 kV，$a=10$ cm，$b=50$ cm，求电容器中的最大电场。

2-11 已知某区域的电场为 $\boldsymbol{E}=E_0\left(\dfrac{4xy}{a^2}\boldsymbol{e}_x+\dfrac{2x^2}{a^2}\boldsymbol{e}_y\right)$，求电力线方程(其中 E_0 和 a 是常量)。

2-12 试求正四面体的一个顶点处的立体角大小。

2-13 标量函数 $u=A(5x^2-6y^2+z^2)$，能否作为无电荷区域的电位(其中 A 是常数)。

2-14 若标量函数 $u(r,\theta,\phi)=(\cos^2\theta-C)r^{-3}$ 是无源区域的电位，求 C 的值。

2-15 一个半径为 a 的均匀带电无限长圆柱电荷密度是 ρ，求圆柱体内、外的电场强度。

2-16 一个半径为 a 的均匀带电圆盘，电荷面密度为 ρ_S，求轴线上任一点的电场强度。

2-17 若平板电容器的极板间距为 $2a$，极板位于 $x=0$ 和 $x=2a$ 处，外加电压为 100 V，$x=0$ 的极板接地。其内部的介质分布为

$$\varepsilon=\begin{cases}\varepsilon_0(1+x/a), & 0<x<a\\ \varepsilon_0, & a<x<2a\end{cases}$$

(1) 求其内部的电场和电位；

(2) 求束缚电荷的体密度及面密度；

(3) 求电容器极板上感应的自由电荷密度；

(4) 求电场能量密度。

2-18 设在边长 $a=10$ cm 的正方形的四个顶点上，各放一个 $Q=2.0\times10^{-6}$ C 的电荷，计算把一个 $q=10^{-8}$ C 的试验电荷从正方形中心移动到一个边的中点，外力所做的功。

2-19 已知半径为 a 的球内、外电场分布为

$$\boldsymbol{E}=\begin{cases}\boldsymbol{e}_r E_0\dfrac{r}{a} & r<a\\ \boldsymbol{e}_r E_0\left(\dfrac{a}{r}\right)^2 & r>a\end{cases}$$

求电荷密度。

2-20 求习题2-3的电位分布。

2-21 若均匀带电的半圆形薄板，其半径为a，电荷密度ρ_S为常数，（如题2-21图所示），求圆周中点的电位，即$A(a, 0)$点的电位。

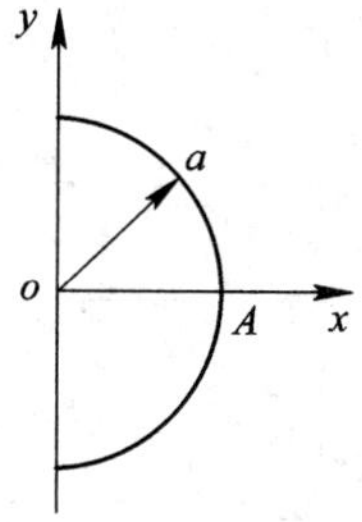

题2-21图

2-22 若一个三角形薄板均匀带电，电荷密度ρ_S为常数，设该三角形的边长分别为a、b和c，与各边相对应的内角为A、B和C，其周长为$2s=a+b+c$。证明，顶点A处的电位为

$$\varphi=\frac{\rho_S c\ \sin B}{4\pi\varepsilon_0}\ln\left(\frac{as}{c(s-a)}\right)$$

2-23 用上述结论求$A=120°$，$B=C=30°$，$a=L$的三角形平板在顶点A处的电位。

2-24 设在半径为a的半球内电荷均匀分布，其体密度ρ_0是常数（如题2-24图所示）。证明下述结论：

(1) 球心处的电位是$\varphi=\frac{\rho_0 a^2}{4\varepsilon_0}$；

(2) 球面正中点（即球面和z轴交点）的电位是$\varphi=\frac{\rho_0 a^2}{\varepsilon_0}\left(\frac{\sqrt{2}}{3}-\frac{1}{4}\right)$；

(3) 球面和平面相交的边缘处电位是$\varphi=\frac{\rho_0 a^2}{6\varepsilon_0}$。

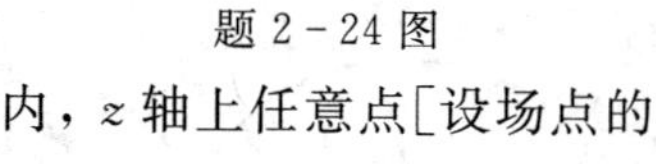

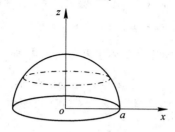

题2-24图

2-25 证明在上题的半球内，z轴上任意点[设场点的位置是$(0, 0, z)$，且$0\leqslant z\leqslant a$]的电位是

$$\varphi=\frac{\rho_S}{2\varepsilon_0}\left[\frac{a^2}{2}-\frac{2z^2}{3}+\frac{(a^2+z^2)^{3/2}}{3z}\right]$$

2-26 若一个底面半径为a，高度为h的圆锥体内均匀带电，设电荷体密度ρ_0为常数，证明圆锥顶点电位是$\varphi=\frac{\rho_0 h}{4\varepsilon_0}(\sqrt{a^2+h^2}-h)$。

2－27　若一个长方形薄板均匀带电，电荷密度 ρ_S 为常数，设长方形的边长分别为 a 和 b，证明某个顶点处的电位为 $\varphi=\frac{\rho_S}{4\pi\varepsilon_0}\left[a\cdot \mathrm{arsh}\frac{b}{a}+b\cdot \mathrm{arsh}\frac{a}{b}\right]$。

2－28　电荷分布如题 2－28 图所示，试证明，在 $r\gg l$ 处的电场为 $E=\frac{3ql^2}{2\pi\varepsilon_0 r^4}$。

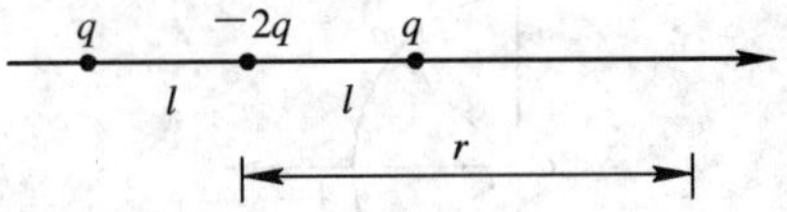

题 2－28 图

2－29　若总量为 Q 的电荷以 $\rho=\rho_0/r^2$ 的形式分布在半径为 a 的球体内，解答下列问题：

(1) 求出常数 ρ_0；

(2) 求电场强度；

(3) 求电场总能量。

2－30　真空中有两个异号点电荷，一个 $-q$ 位于原点，另一个 $+q$ 位于 $(-a, 0, 0)$ 处，证明电位为零的等位面是一个球面，求出球心坐标及其球面半径。

2－31　一个圆柱形极化介质的极化强度沿其轴线方向，介质柱的高度为 L，半径为 a，且均匀极化，求束缚体电荷及束缚面电荷分布。

2－32　总电量为 Q 的电荷，以 $\rho_S=\frac{Q}{2\pi a\sqrt{a^2-\rho^2}}$ 的形式分布在一个半径为 a 的圆盘形薄板上，其中 ρ 是圆柱坐标的二维半径，证明它的中心电位和边缘上的电位都是 $\varphi=Q/(8a\varepsilon_0)$。

2－33　设半径为 a 的球面上分布着 $\rho_S=A\cos\theta$ 的面电荷，其中 A 为常数，θ 是球面坐标的极角，求分布电荷的电偶极矩。

2－34　假设 $x<0$ 的区域为空气，$x>0$ 的区域为电介质，电介质的介电常数为 $3\varepsilon_0$，如果空气中的电场强度为 $\boldsymbol{E}_1=3\boldsymbol{e}_x+4\boldsymbol{e}_y+5\boldsymbol{e}_z$ (V/m)，求电介质中的电场强度。

2－35　一个半径为 a 的导体球表面套一层厚度 $b-a$ 的电介质，电介质的介电常数为 ε，假设导体球带电 q，求任一点的电位。

2－36　证明极化介质中，束缚电荷体密度与自由电荷体密度的关系为：$\rho_p=-\frac{\varepsilon-\varepsilon_0}{\varepsilon}\rho$

2－37　设半径为 a 的球内，一半区域均匀分布正电荷，另一半区域分布负电荷，且正负电荷的电量绝对值相同，求等效偶极矩(即 $z>0$ 带正电，$z<0$ 带负电，如题 2－37 图所示)。

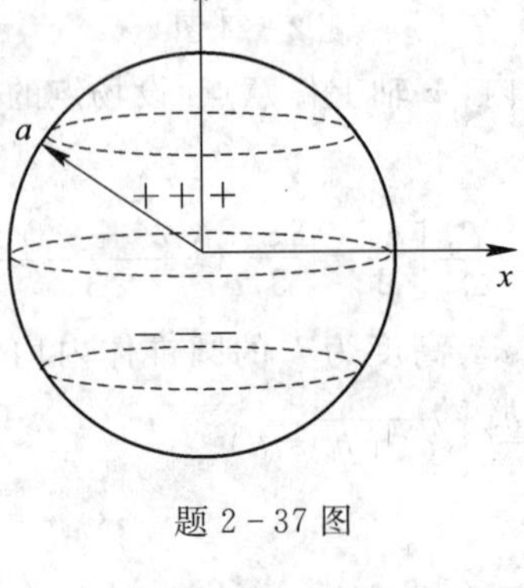

题 2－37 图

2-38 同轴线内、外导体的半径分别为 a 和 b，证明其所储存的电能有一半是在半径为 $c=\sqrt{ab}$ 的圆柱内。

2-39 求习题2-4的电场能量。讨论若电场能量为有限值，n 的取值范围是什么；若球心电位是有限值，n 的取值又如何变化；若球心电场是有限值，n 又应取何值。

2-40 设三个相同的点电荷放在边长为 a 的正三角形顶点上，求其电位能。若在该三角形的中心，再加上一个点电荷 Q，使得系统的电位能为零，求 Q 的值。

2-41 在一条无穷长的直线上，等间隔(设间隔为 a)的交错排列着 $\pm Q$ 的电荷，求某个电荷电位能。

2-42 根据下列不同的模型，计算单个自由电子的能量：

(1) 电量 $Q=-e=-1.6\times10^{-19}$ C，且均匀分布在半径等于 a 的球面上；

(2) 电量同上，但均匀分布在半径为 a 的球体内；

(3) 以密度 $\rho(r)=\dfrac{-e}{\pi a^3}e^{-2r/a}$ 分布在整个空间。

2-43 设自由电子的静电能为 $e^2/(4\pi\varepsilon_0 r_0)$，且根据狭义相对论的质能关系式，令这个能量等于 mc^2。其中 c 是真空中的光速，m 是自由电子质量，且 $m\approx9.11\times10^{-31}$ kg。由此得出 r_0，这个数值叫做电子的汤姆逊经典半径。把 r_0 除以精细结构常数 α，得到电子的康普顿波长 r_1，其中 $\alpha\approx0.007\,29\approx1/137$；把 r_1 再除以 α，得到氢原子的玻尔半径 r_2。试求以上三个半径的值。

2-44 半径为 a 的球体内，电位分布为 $u(r, \theta, \phi)=V_0\sqrt{r/a}$。

(1) 求整个球内的电场能量；

(2) 设 $a=1$ m，$V_0=10$ V，求出上述能量的值；

(3) 求电荷分布(设介质为空气)。

2-45 将两个半径为 a 的雨滴当作导体球，当它们带电后，电势为 U_0，当两雨滴并在一起(仍为球形)后，求其电位。

2-46 半径为 a 的导体球带电为 Q，分别计算下列情形下电场能量：

(1) 球外媒质为空气；

(2) 球外为相对介电常数等于3的均匀介质；

(3) 球外分布非均匀介质，介电常数为 $\varepsilon(r)=\varepsilon_0 r/a$；

(4) 分别计算上述三种情形下的电容。

2-47 真空中有两个导体球的半径都是 a，两球心之间的距离为 d，且 $d\gg a$。计算两个导体球之间的电容。

2-48 设同轴线的内导体半径为1 mm。外导体壳的内半径为3 mm，其间的介质为空气，估计这种传输线每一千米长度的电容。

2-49 带电 Q 的导体球，放在空气中，求球外半径从 b 到 c 之间的电场能量；若 $Q=10^{-10}$ C，$b=10$ cm，$c=20$ cm，(设导体球的半径小于10 cm)，求以上能量的值。

2-50 一个带电系统的电四极矩，与刚体的转动惯量一样，定义为一个对称的 3×3 矩阵。若用 D 表示电四极矩，则它的计算公式为 $D_{ij}=\int_V(3x_ix_j-\delta_{ij}r^2)\mathrm{d}q$。如果是分布电荷，就按照电荷的分布方式进行相应的体积分、面积分或者线积分；如果是点电荷，就进行求和。其中 δ_{ij} 在两个下标一样时取值为 1，其余情况取值为零。依照此公式计算例题 2-24 中甲烷分子的电四极矩。

2-51　若某种双极性分子的电位在半径为 a 的球内和球外表达式为

$$\varphi=\begin{cases}E_0a^4(3\cos^2\theta-1)/r^3 & (r\geqslant a)\\ E_0r^2(3\cos^2\theta-1)/a & (r\leqslant a)\end{cases}$$

(1) 求电场分布；

(2) 求半径为 a 的球面上的电荷面密度；

(3) 用电位能公式求静电能量；

(4) 用电场能量密度公式求能量。(设球内和球外介质均是空气)。

2-52　三个半径相同，带电量相同的导体球(设半径为 a，带电为 Q)，分别放在边长为 b 的正三角形顶点上，且 $b\gg a$。用细导线把导体球 1 接地，达到静电平衡后断开导线；然后依次对导体球 2 和 3 施行同样的过程，求最终状态下，三个导体的电量。

第3章　恒定电场与恒定磁场

☞电流是电荷运动形成的电荷流，不随时间变化的电流称为恒定电流。要在导体中维持恒定电流，其内部必须有恒定的电场，同时恒定电流又会在其周围空间产生磁场。恒定电流的电场和磁场都不随时间变化，它们彼此独立，互不影响，因此可以分别加以研究。

本章先介绍导体中恒定电流与恒定电场的基本物理量和基本定律，再讨论恒定电场的基本方程和边界条件。然后从安培定律和毕奥萨伐尔定律出发，研究磁场中的基本物理量，总结出恒定磁场的基本方程和边界条件，最后介绍电感的计算和磁场能量。

3.1　恒定电场的基本概念

3.1.1　电流强度和电流密度

电流是电场推动电荷运动的结果，是产生磁场的原因。电流强度是描述电流强弱的物理量，电流密度是描述电流分布状态的物理量。电流强度、电流密度与电场、磁场的大小及分布密切相关。

电荷的宏观定向运动形成电流。在金属导体中作宏观定向运动的载流子是带负电荷的自由电子，但习惯上把正电荷的宏观运动方向定义为电流的方向，因而，电流的方向是电场所指的方向，亦即由高电位指向低电位的方向。在导电的液体中，载流子是正、负离子，它们分别沿着和逆着电场方向运动而形成电流。固体和液体导电物质称为导电媒质，固、液导电媒质中的电流称为传导电流。与固、液体导电媒质对应的是气态媒质，气态媒质中的载流子在电场作用下也会形成电流，称这种电流为运流电流。通常，真空器件中的电流就属于运流电流。传导电流能量的传播速度不等于载流子的宏观定向运动速度，能量的传播是依靠载流子之间以及载流子与晶格之间的碰撞来实现的。而传导电流遵从欧姆定律和焦耳定律；运流电流能量的传播速度等于载流子的宏观定向运动的平均速度，能量的传播是依靠载流子“驮载”来实现的，运流电流不遵从欧姆定律和焦耳定律。一般情况下，若无特殊说明，在本书中涉及的电流均指传导电流。

为描述电流的强弱，提出电流强度的概念，定义是：单位时间内流过某横截面的电荷量称为通过该横截面的电流强度。

在导体中取一截面 S，若在时间 Δt 内流过该截面的总电荷为 Δq，则通过该截面的电流强度定义为

$$I = \lim_{\Delta t \to 0} \frac{\Delta q}{\Delta t} = \frac{\mathrm{d}q}{\mathrm{d}t} \tag{3-1}$$

对恒定电流，式(3-1)可简化为

$$I = \frac{\Delta q}{\Delta t} \tag{3-2}$$

电流强度通常简称为电流。电流强度是一个标量，单位是A(安培)。

线电流：在电路分析中总认为电流沿着一根横向尺寸可忽略的导线流动，这种电流称为线电流。对于线电流用电流强度来描述就足够了。

体电流：但当导体的横向尺寸不能忽略时，应该认为电流分布在整个导体的截面上，这种电流称为体电流，如图3-1所示。

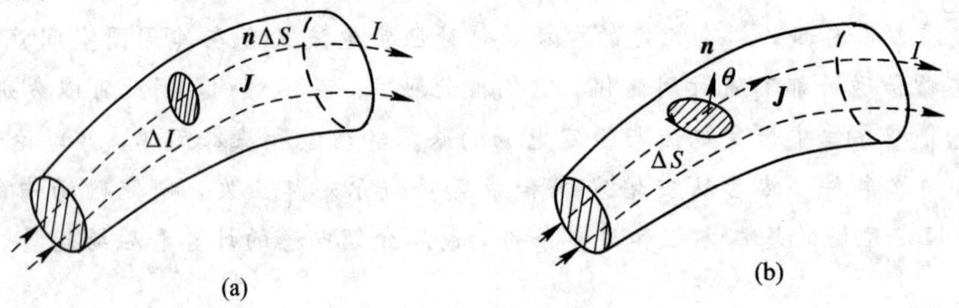

图3-1　体电流密度

面电流：如果电流在一个厚度可忽略的导体表面上流动，则称之为面电流，如图3-2所示。

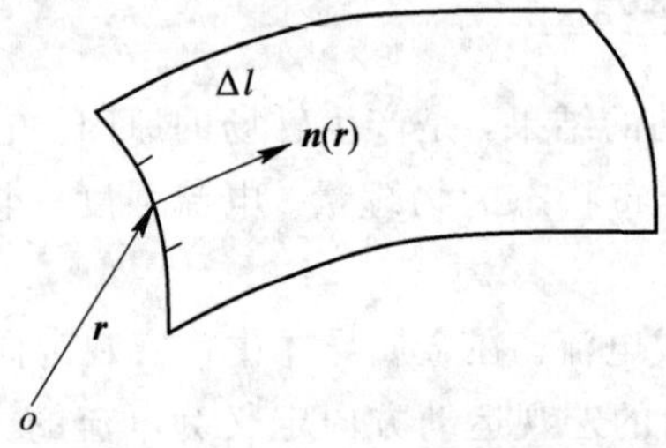

图3-2　面电流密度

对于体电流和面电流，电流强度不能确切地描述电流在导体中的分布情况，故引入电流密度。设 $\boldsymbol{n}$ 表示导体中 $\boldsymbol{r}$($\boldsymbol{r}$ 为坐标 o 点到所讨论的电荷所在点的矢径)处正电荷运动的方向，取垂直与 $\boldsymbol{n}$ 的小面积元 ΔS，通过 ΔS 的电流为 ΔI，则定义

$$\boldsymbol{J} = \lim_{\Delta S \to 0} \frac{\Delta I}{\Delta S} \boldsymbol{n} \tag{3-3}$$

为 $\boldsymbol{r}$ 处的体电流密度，体电流密度的单位是 $\mathrm{A/m^2}$(安培/平方米)，流过截面 S 的电流就是 $\boldsymbol{J}$ 对 S 的通量，即

$$I = \int_S \boldsymbol{J} \cdot \mathrm{d}\boldsymbol{S} \tag{3-4}$$

如果所取的面积元的法线方向 $\boldsymbol{n}$ 与电流方向不平行，而成任意角 θ，如图3-1(b)所示，则通过该面积的电流是

$$\mathrm{d}I = \boldsymbol{J} \cdot \mathrm{d}\boldsymbol{S} = J\ \mathrm{d}S \cos\theta$$

所以通过导体中任意截面 S 的电流强度为

$$I = \int_S \boldsymbol{J} \cdot \mathrm{d}\boldsymbol{S} = \boldsymbol{J} \cdot \boldsymbol{n}\,\mathrm{d}S$$

对于面电流，以 $\boldsymbol{n}(\boldsymbol{r})$表示曲面上 r 处正电荷的运动方向，取一与 $\boldsymbol{n}(\boldsymbol{r})$垂直的线元 Δl，通过 Δl 的电流为 ΔI，则定义

$$\boldsymbol{J}_S(\boldsymbol{r}) = \lim_{\Delta l \to 0} \frac{\Delta I}{\Delta l} \boldsymbol{n}(\boldsymbol{r}) \tag{3-5}$$

为 $\boldsymbol{r}$ 处的面电流密度，面电流密度的单位是 A/m(安培/米)。一般情况下，通过任意一段曲线 l 的面电流为

$$I_s = \int_l |\boldsymbol{J}_S \times \mathrm{d}\boldsymbol{l}| \tag{3-6}$$

与上述传导电流概念对应的运流电流，它是在气态媒质中形成的电流。运流电流密度可表示为

$$\boldsymbol{J} = \rho \boldsymbol{V} \tag{3-7}$$

式中，ρ 为讨论点的电荷密度，$\boldsymbol{V}$ 为电荷运动速度。

例 3-1　导体表面有 $\boldsymbol{J}_S = y\boldsymbol{e}_x + x\boldsymbol{e}_y$(A/m)的面电流分布，试计算通过点 $M(3, 2)$与点 $N(5, 3)$之间的面电流 I_s。

解　通过点 M 和 N 两点的直线方程为 $y = \frac{1}{2}(x+1)$。

通过点 M 和 N 两点的直线上的线元矢量 $\mathrm{d}\boldsymbol{l} = \boldsymbol{n}\,\mathrm{d}l$，其中，线元矢量方向的单位矢 $\boldsymbol{n}$ 和长度 $\mathrm{d}l$ 分别为

$$\boldsymbol{n} = \frac{1}{\sqrt{5}}(2\boldsymbol{e}_x + \boldsymbol{e}_y)$$

$$\mathrm{d}l = \sqrt{(\mathrm{d}x)^2 + (\mathrm{d}y)^2} = \frac{\sqrt{5}}{2}\,\mathrm{d}x$$

因此

$$\mathrm{d}\boldsymbol{l} = \boldsymbol{n}\,\mathrm{d}l = \left(\boldsymbol{e}_x + \frac{1}{2}\boldsymbol{e}_y\right)\mathrm{d}x$$

将其代入 $I_s = \int_l |\boldsymbol{J}_S \times \mathrm{d}\boldsymbol{l}|$ 有

$$\begin{aligned} I_s &= \int_l \left| (y\boldsymbol{e}_x + x\boldsymbol{e}_y) \times \left(\boldsymbol{e}_x + \frac{1}{2}\boldsymbol{e}_y\right) \right| \mathrm{d}x = \int_l \left| \left(\frac{1}{2}y - x\right)\boldsymbol{e}_x \right| \mathrm{d}x \\ &= \int_l \left| \frac{1}{4}(x+1) - x \right| \mathrm{d}x = \int_{x=3}^{5} \left| \frac{1}{4}(-3x+1) \right| \mathrm{d}x \\ &= 5\,\frac{1}{2}(\mathrm{A}) \end{aligned}$$

3.1.2　欧姆定律和焦耳定律

导体内电流是由电场引起的，因而，电流密度 $\boldsymbol{J}$ 和电场强度 $\boldsymbol{E}$ 之间必然存在着某种联系，形式上表示为 $\boldsymbol{J} = \boldsymbol{J}(\boldsymbol{E})$，具体的函数形式由导体的特性决定。工程中常遇到的导体的特点是：当 $\boldsymbol{E} = 0$ 时，$\boldsymbol{J} = 0$；当时 $\boldsymbol{J} \neq 0$，$\boldsymbol{J}$ 与 $\boldsymbol{E}$ 同方向，且在一个很宽的数值范围内，$\boldsymbol{J}$ 与 $\boldsymbol{E}$ 成正比，因而，二者之间的函数关系可写为

$$\boldsymbol{J} = \sigma \boldsymbol{E} \tag{3-8}$$

式中的比例系数 σ 称为导体的电导率，单位为 S/m，其值由导体的性质决定。如果在导体中 σ 不随坐标而变，则称为均匀导体，否则称为非均匀导体。通常，σ 随温度而变，但在常温范围内这一变化可以忽略。表 3-1 给出了几种常用金属导体在常温下的电导率。

表 3-1 常用材料的电导率

材 料	电导率 σ /(S/m)
铁(99.98%)	10^7
黄铜	1.46×10^7
铝	3.54×10^7
金	3.10×10^7
铅	4.55×10^7
铜	5.80×10^7
银	6.20×10^7

应该注意的是，式(3-8)并不适于面电流，这是因为，提出面电流概念虽然在处理一些问题上简单而有效，但它毕竟是一种极端理想化的模型，是将一个很薄但不等于零的横截面理想化为厚度为零的几何线，而这样的极端理想化模型在实际问题中是不存在的。式(3-8)也不适于运流电流，因为运流电流的载流子之间的碰撞是把能量传递给另一个载流子，而不像传导电流那样当载流子碰撞时把能量传递给晶格而造成电能损耗。

在电流场中，任意一点的电流密度与电场强度的关系可由式(3-8)表示，称式(3-8)为欧姆定律的微分形式，与之相应的积分形式是在电路分析中的欧姆定律。

$$U = IR \tag{3-9}$$

式中，U 为加在导体两端的电压，I 为通过导体的电流，R 为导体的电阻。值得说明的是，导体材料的电阻率 ρ 与电导率 σ 互为倒数，即 $\rho=1/\sigma$。需要说明的是，在微分形式的欧姆定律中，$\boldsymbol{J}$ 和 $\boldsymbol{E}$ 描述的是同一点的量，表述的是同一点上 $\boldsymbol{J}$ 与 $\boldsymbol{E}$ 的函数关系；而在积分形式的欧姆定律中，电压 U 与电流 I 描述的是整个系统中的总量。表述的是在整个导体构成的区域中总电压 U 与总电流 I 间的函数关系。

在导体中，电场力推动电子运动使其获得动能，而电子在运动的过程中又不断地与晶格点阵上的原子碰撞，把获得的能量传递给原子，使晶格点阵的热运动加剧，导体温度升高，这就是电流的热效应，这种由电能转换来的热能称为焦耳热。由于导体在传导电流的过程中消耗电能，故称导体为有耗媒质。一般说来，在导体内不同点处产生焦耳热的多少不同，从而形成一种损耗分布，通常，用焦耳定律的微分形式描述这种分布，推导如下：在固态导体中取一长为 Δl，横截面积为 ΔS 的体积元 $\Delta V=\Delta l\Delta S$，因为电流是恒定的，故在 Δt 时间内从体积元一端流入 ΔV 的电量等于从另一端流出的电量，设该电量为 Δq，在电荷流动的过程中，电场力做的功就是把 Δq 由一端移到另一端所做的功，其值为

$$\Delta W = \Delta q E \Delta l$$

式中，E 为体积元 ΔV 内的电场强度，由于 ΔV 很小，故可视 E 为常数，因而，体积元 ΔV 内消耗的功率为

$$\Delta P = \frac{\Delta W}{\Delta t} = \frac{\Delta q}{\Delta t} E \Delta l = \Delta I E \Delta l$$

式中，ΔI 是通过体积元截面 ΔS 的电流。当 $\Delta V \to 0$ 时，上式变为

$$p = \lim_{\Delta V \to 0} \frac{\Delta P}{\Delta V} = \frac{\mathrm{d}I \cdot E \cdot \mathrm{d}l}{\mathrm{d}S \cdot \mathrm{d}l} = \frac{\mathrm{d}I}{\mathrm{d}S} E = EJ$$

P 便是电场中任意一点处单位体积内的消耗功率，称为损耗功率密度。

在各向同性导电媒质中，电流密度 $\boldsymbol{J}$ 和电场强度 $\boldsymbol{E}$ 方向一致，故上式可写为

$$p = \boldsymbol{J} \cdot \boldsymbol{E} = \sigma E^2 \tag{3-10}$$

损耗功率密度的单位为 $\mathrm{W/m^3}$。式(3－10)就是焦耳定律的微分形式。无论是对于恒定电流还是对于时变电流，焦耳定律都是成立的，对于体积为 V 的有耗媒质，其总的损耗功率为

$$P = \int_V \boldsymbol{J} \cdot \boldsymbol{E} \, \mathrm{d}V \tag{3-11}$$

例如，对于长为 l，横截面积为 S 的一段导线，上式可写为

$$P = \int_V \boldsymbol{J} \cdot \boldsymbol{E} \, \mathrm{d}V = \int_l \boldsymbol{E} \, \mathrm{d}l \int_S J \, \mathrm{d}S = UI = I^2 R \tag{3-12}$$

这便是电路中常见的焦耳定律，是焦耳定律的积分表述形式。

应该指出，焦耳定律不适应于运流电流。因为对于运流电流而言，电场力对电荷所做的功转变为电荷的动能，而不是转变为电荷与晶格碰撞的热能。

3.1.3　电流连续性方程、恒定电场的散度

在电流密度为 $\boldsymbol{J}$ 的空间里任取一闭合曲面 S，由电荷守恒定律得知，通过该闭合面的净电流等于单位时间内曲面所包围的体积 V 中电荷的减少量，用数学式表示为

$$\oint_S \boldsymbol{J} \cdot \mathrm{d}\boldsymbol{S} = -\frac{\mathrm{d}q}{\mathrm{d}t} = -\frac{\mathrm{d}}{\mathrm{d}t} \int_V \rho \, \mathrm{d}V \tag{3-13}$$

该式为电流连续性方程的积分形式。因为上式右端的积分是对坐标变量进行的，而微分是对时间变量 t 进行的，它们是相互独立的变量，故积分运算和微分运算的顺序可以交换，且在一般情况下电荷密度 ρ 是空间位置 $\boldsymbol{r}$ 和时间 t 的函数，因而式(3－13)可改写为

$$\oint_S \boldsymbol{J} \cdot \mathrm{d}\boldsymbol{S} = -\int_V \frac{\partial \rho}{\partial t} \, \mathrm{d}V$$

对上式左端应用高斯散度定理可将其改写为

$$\int_V \left(\nabla \cdot \boldsymbol{J} + \frac{\partial \rho}{\partial t} \right) \mathrm{d}V = 0$$

由于封闭曲面 S 是任意选取的，因而它所包围的体积 V 也是任意的，对于在任意体积上的积分为零的条件是被积函数恒为零，故有

$$\nabla \cdot \boldsymbol{J} + \frac{\partial \rho}{\partial t} = 0$$

或

$$\nabla \cdot \boldsymbol{J} = -\frac{\partial \rho}{\partial t} \tag{3-14}$$

这便是电流连续性方程的微分形式。

对于恒定电流而言，电流强度是不随时间变化的，区域内的电荷分布也是恒定的，因

而，任意闭合曲面 S 内的电荷量是不随时间变化的，即有$\frac{\partial \rho}{\partial t}=0$。恒定电流连续性方程的积分和微分形式可在式(3-13)和式(3-14)的基础上简化为

$$\oint_S \boldsymbol{J} \cdot \mathrm{d}\boldsymbol{S} = 0 \tag{3-15}$$

$$\nabla \cdot \boldsymbol{J} = 0 \tag{3-16}$$

式(3-15)表明，单位时间内流入任意一闭合曲面的电荷量等于从该闭合面流出的电荷量，与之相应的情景是；恒定电流的电流线是闭合曲线。式(3-16)表明，在导体中的任一点，流入该点的电流一定等于从该点流出的电流，即恒定电流场是一个无源场(无源场的特定含义是指无散度源，无散度源的场可以有涡旋源，也可以无涡旋源)。将欧姆定律的微分形式 $\boldsymbol{J}=\sigma\boldsymbol{E}$ 代入式(3-15)和式(3-16)，同时假设导体是均匀媒质，则有

$$\oint_S \boldsymbol{E} \cdot \mathrm{d}\boldsymbol{S} = 0 \tag{3-17}$$

$$\nabla \cdot \boldsymbol{E} = 0 \tag{3-18}$$

上式分别为恒定电场的通量和散度。式(3-17)说明，在均匀导体中任一闭合曲面内包含的电荷总量为零，或者说，在均匀导体内部虽有恒定电流但却没有电荷堆积。

值得说明的是，直流电路中的基尔霍夫电流定律是恒定电流连续性方程积分形式的直接结果；另外，式(3-13)和式(3-14)是一般情况下的电流的连续性方程，它们不仅适用于恒定电流场而且适用于时变电流场。

恒定电流是指分布达到稳定状态后的电流，而在建立恒定电流的过程中必然要经过一段非稳定的暂态过程，电流由非稳定状态到达稳定状态的过程称为弛豫过程。这一过程所经历的时间成为弛豫时间。弛豫时间的长短由导电媒质的电参量决定。弛豫过程可由电流的连续性方程描述，弛豫时间也可在描述弛豫过程中给出。设导电媒质是电导率为 σ，介电常数为 ε 的均匀媒质，将

$$\nabla \cdot \boldsymbol{E} = \frac{\rho}{\varepsilon}$$

代入式(3-14)

$$\nabla \cdot \boldsymbol{J} = \sigma \nabla \cdot \boldsymbol{E} = -\frac{\partial \rho}{\partial t}$$

得

$$-\frac{\partial \rho}{\partial t} = \sigma \frac{\rho}{\varepsilon}$$

设 $t=0$ 的起始时刻讨论点的电荷密度为 ρ_0，则有

$$\frac{\sigma}{\varepsilon}\int_0^t \mathrm{d}t = -\int_{\rho_0}^{\rho} \frac{\mathrm{d}\rho}{\rho}$$

从而得到 t 时刻该点的电荷密度

$$\rho = \rho_0 \mathrm{e}^{-\frac{\sigma}{\varepsilon}t} = \rho_0 \mathrm{e}^{-\frac{t}{\tau}} \tag{3-19}$$

式中，$\tau=\varepsilon/\sigma$ 具有时间的量纲，称为该导电媒质的弛豫时间，单位是 s(秒)，它表示某点的电荷密度达到起始值的 $\mathrm{e}^{-1}\approx 0.368$ 倍时所需要的时间。在实际问题中，只要经过几个 τ 的时间便认为导电媒质中的电荷分布由非稳定状态达到了稳定状态，这时的电流便是恒定电

流。对于金属导体而言，这一时间是很短暂的，比如铜，$\tau=1.5\times10^{-19}$ s。

3.1.4　电动势、恒定电场的旋度

由微分形式的欧姆定律式(3-8)可知，导体中的电流依靠导体内的电场来维持，如果电流不随时间变化，则称为恒定电流。维持恒定电流的电场称为恒定电场。恒定电扬在概念上不同于静电场，因为前者可存在于导体中而后者却不能。要维持导体中的恒定电流，必须依靠一种两端分别堆积有正、负电荷的、且能够长时间地维持这种非平衡电荷分布状态的装置，该装置能使在与它连接的导体上产生一定的电荷分布. 从而在导体中产生推动电荷定向运动、形成电流的电场，我们称这样的装置为电源，电源上堆积正电荷的一端叫做正极，堆积负电荷的一端叫做负极。要使电源两端长时间地维持正、负电荷的堆积，必须依靠电源内的非库仑场将正电荷从电源的负极搬运到电源的正极，同时将负电荷由电源的正极搬运到电源的负极(非库仑场亦称局外场，意指不是由电荷产生的电场，而库仑场是指由电荷产生的电场，库仑场总是试图把正电荷由电源的正极搬运到电源的负极)，这种逆库仑场搬运正电荷的功能是电源所特有的。非库仑场可由化学能、热能、机械能等转换而产生。当非库仑场与库仑场达到平衡时，电源两极堆积的电荷量便不再变化，形成一种非平衡的但却是稳定的电荷分布状态。

图 3-3 为一接有电源的导体导线。我们知道，导体中有恒定电流 I，这个电流是导体中的恒定电场移动电荷形成的。电源的正极 A 聚集着正电荷，而电源的负极 B 聚集有负电荷，假设电场将电源正极 A 上的一个电荷 q 通过导体搬到电源的负极 B 端，由于电源正极 A 端少了一个电荷，这将导致电源两端的电压下降，故导体中的电流会变化，这样看来，似乎导体中的电流是不恒定的。事实上导体中的电流是恒定的，这是因为，在电源内，除了有电源的正极的电荷与电源的负极的电荷形成的电场 $\boldsymbol{E}$ 外，还有一个与 $\boldsymbol{E}$ 方向相反的电场 $\boldsymbol{E}'$，且有 $E'>E$。正是这个电场 $\boldsymbol{E}'$ 会将电场 $\boldsymbol{E}$ 从电源正极 A 上搬到电源的负极 B 端的电荷 q 通过电源内搬到电源的 A 端，维持电源两端电压稳定和导体中的电流恒定。而这一过程是靠消耗电源内部的能量完成的。

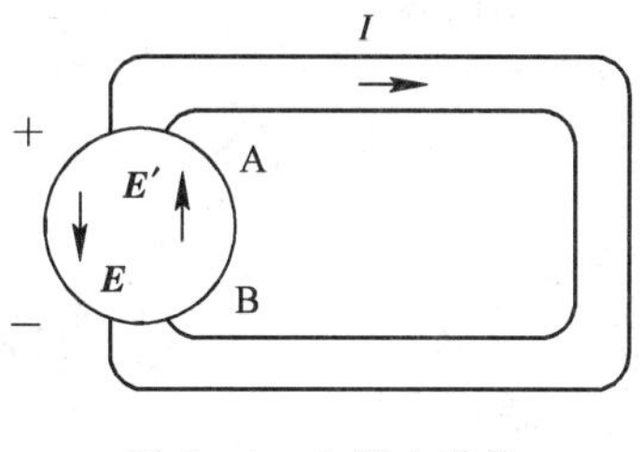

图 3-3　电源电动势

为了定量描述电源的特性，引入电动势这一物理量。电场力移动电荷形成电流做功，电场将电荷 q 由电源的 A 极通过导体移动到 B 极，再由 B 极经电源内部移动到 A 极所做的功为

$$W=\int_{A}^{B} q\boldsymbol{E}\cdot \mathrm{d}\boldsymbol{l}+\int_{B}^{A} q(\boldsymbol{E}+\boldsymbol{E}')\cdot \mathrm{d}\boldsymbol{l}=\oint_{l} q\boldsymbol{E}\cdot \mathrm{d}\boldsymbol{l}+\int_{B}^{A} q\boldsymbol{E}'\cdot \mathrm{d}\boldsymbol{l} \tag{3-20}$$

对于恒定电流而言与之相应的电场 E 是库仑场，它是不随时间变化的恒定电场，它是由不随时间变化的电荷产生的(电荷的分布虽然是不平衡的但却是稳定的，电荷的分布不随时间变化)，因而认为恒定电场的性质与静止电荷产生的静电场的性质相同，即有

$$\oint_{l} \boldsymbol{E}\cdot \mathrm{d}\boldsymbol{l}=0 \tag{3-21}$$

式中的积分路线 l 是指电源之内或电源之外的任意闭合回路。而电源内的电场 $\boldsymbol{E}'$ 为非库仑

场(非守恒场)，将式(3-21)代入式(3-20)得

$$W = q\int_{B}^{A}\boldsymbol{E}'\cdot d\boldsymbol{l}$$

而电源电动势定义是：电源内部的场$\boldsymbol{E}'$将单位正电荷从电源的负极搬运到正极电场力所做的功，以ε表示，数学表达式为

$$\varepsilon = \frac{W}{q} = \int_{B}^{A}\boldsymbol{E}'\cdot d\boldsymbol{l} \tag{3-22}$$

电动势的单位是V(伏特)。事实上，电源的电动势也可以用总电场(库仑场与非库仑场之和)的回路积分表示，分析如下：考虑到电源之外的导体中非库仑场$E'=0$，同时考虑到库仑场E的闭合回路积分式(3-21)为零，则电动势的表达式(3-22)可改写为

$$\varepsilon = \int_{B}^{A}\boldsymbol{E}'\cdot d\boldsymbol{l} = \oint_{l}(\boldsymbol{E}+\boldsymbol{E}')\cdot d\boldsymbol{l} = \oint_{l}\boldsymbol{E}'\cdot d\boldsymbol{l} \tag{3-23}$$

式中，l指通过电源内再通过外导体构成的总体回路。由此可见，电动势又可理解为：搬运单位正电荷绕总体回路一周电场力所做的功(这里的电场指库仑场与非库仑场的总电场)。该定义的特点是用总电场(通常不加特殊说明的电场指的就是总电场)表述电动势，而不必小心区分电场是指库仑场还是非库仑场。

式(3-21)已经表明恒定电场与静电场同样都是守恒场，它的环量为零，对式(3-21)左端应用斯托克斯定理，得相应的微分形式为

$$\nabla\times\boldsymbol{E} = 0 \tag{3-24}$$

这就是恒定电场的旋度。可见恒定电场的旋度处处为零。

3.2 恒定电场的基本方程和边界条件

3.2.1 基本方程

前一节已对恒定电场的性质及遵从的基本规律作了讨论，已经给出了导电媒质中电流和电场强度(不包括电源)的基本方程，为清楚起见，归纳于下。

恒定电场基本方程的积分形式为

$$\begin{cases}\oint_{l}\boldsymbol{E}\cdot d\boldsymbol{l} = 0\\ \oint_{S}\boldsymbol{J}\cdot d\boldsymbol{S} = 0\end{cases} \tag{3-25}$$

与其相应的微分形式为

$$\begin{cases}\nabla\cdot\boldsymbol{J} = 0\\ \nabla\times\boldsymbol{E} = 0\end{cases} \tag{3-26}$$

以上各式中，电流密度$\boldsymbol{J}$与电场强度$\boldsymbol{E}$之间满足欧姆定律$\boldsymbol{J}=\sigma\boldsymbol{E}$。以上的电场是指库仑场，因为在电源外的导体中，非库仑场为零。

在研究恒定电场时，除依据上述的基本方程外，还可引入辅助位函数，即电位函数φ对其进行讨论。电位函数是这样引入的；对于恒定电场而言，$\nabla\times\boldsymbol{E}=0$，因而可依据矢量

恒等式引入标量位函数 φ，而 $\boldsymbol{E}=-\nabla\varphi$，故有

$$\nabla\cdot\boldsymbol{E}=\nabla\cdot(-\nabla\varphi)=-\nabla^2\varphi=0$$

可知，在电源之外的均匀导体中，电位函数 φ 满足拉普拉斯方程，即

$$\nabla^2\varphi=0 \tag{3-27}$$

讨论电源之外的导体中的恒定电场只是问题的一个方面，问题的另一个方面是，分布于导体上的恒定电荷在导体之外的介质中也会产生恒定电场，由于该电场由不随时间变化的恒定电荷产生，因而有理由认为它所遵从的规律与静电荷在介质中产生的静电场相同，故在导体之外的介质中恒定电场基本方程的积分形式和微分形式分别为

$$\begin{cases}\oint_S \boldsymbol{D}\cdot d\boldsymbol{S}=q\\ \oint_l \boldsymbol{E}\cdot d\boldsymbol{l}=0\end{cases} \tag{3-28}$$

$$\begin{cases}\nabla\cdot\boldsymbol{D}=\rho\\ \nabla\times\boldsymbol{E}=0\end{cases} \tag{3-29}$$

式中

$$\boldsymbol{D}=\varepsilon\boldsymbol{E}$$

3.2.2　边界条件

在通过两种导电媒质的边界面时，由于媒质的不连续性导致恒定电场 $\boldsymbol{E}$ 和电流密度 $\boldsymbol{J}$ 发生变化，其变化规律用恒定电场的边界条件描述，而边界条件可由恒定电场基本方程的积分形式(3-25)导出，推导方法与静电场中推导静电场边界条件式的方法相同，这里不再推导。可直接将恒定电场的边界条件归纳如下：

$$\begin{cases}J_{1n}=J_{2n}\\ E_{1t}=E_{2t}\end{cases} \tag{3-30}$$

相应的矢量形式为

$$\begin{cases}\boldsymbol{n}\cdot(\boldsymbol{J}_2-\boldsymbol{J}_1)=0\\ \boldsymbol{n}\times(\boldsymbol{E}_2-\boldsymbol{E}_1)=0\end{cases} \tag{3-31}$$

式(3-30)和式(3-31)的第一个方程表明，电流密度 $\boldsymbol{J}$ 的法向分量 J_n 在边界面上是连续的；第二个方程表明，恒定电场强度 $\boldsymbol{E}$ 的切向分量 E_t 在边界面上也是连续的，反言之，由于在边界面两侧 $E_n=J_n/\sigma$ 和 $J_t=\sigma E_t$ 均成立，且界面两侧的电导率 $\sigma_1\neq\sigma_2$，因而可知，在边界面上电场强度的法向分量 E_n 和电流密度的切向分量 J_t 是不连续的，即

$$\begin{cases}J_{1t}\neq J_{2t}\\ E_{1n}\neq E_{2n}\end{cases}$$

将上式与式(3-30)一并考虑可知，电场强度 $\boldsymbol{E}$ 和电流密度 $\boldsymbol{J}$ 在边界面上都是不连续的，界面两侧的电场强度 $\boldsymbol{E}$ 和电流密度 $\boldsymbol{J}$ 无论是大小还是方向均不相同，即 $\boldsymbol{E}_1\neq\boldsymbol{E}_2$，$\boldsymbol{J}_1\neq\boldsymbol{J}_2$。

由式(3-30)还可导出边界面两侧电场强度与其界面的法线夹角 θ_1 和 θ_2 的关系，如图3-4所示。图中，θ_1 和 θ_2 分别是 $\boldsymbol{J}_1(\boldsymbol{E}_1)$、$\boldsymbol{J}_2(\boldsymbol{E}_2)$ 与界面法向的夹角。将式(3-30)中的第一个方程写为

$$\sigma_1E_{1n}=\sigma_2E_{2n}$$

进而写为

$$\sigma_1 E_1 \cos\theta_1 = \sigma_2 E_2 \cos\theta_2 \qquad (3-32)$$

式(3-30)中的第二个方程可写为

$$E_1 \sin\theta_1 = E_2 \sin\theta_2 \qquad (3-33)$$

两式相除有

$$\frac{\tan\theta_1}{\tan\theta_2} = \frac{\sigma_1}{\sigma_2} \qquad (3-34)$$

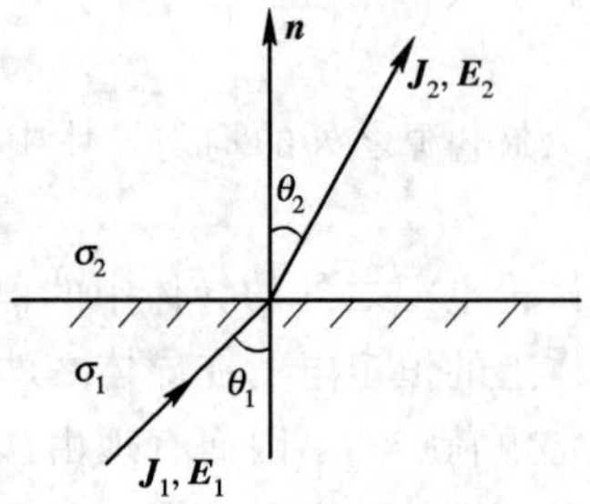

图 3-4　边界条件

这表明分界面上电流线和电力线发生曲折。由式(3-34)可以看出，当 $\sigma_1 \gg \sigma_2$，则 $\theta_1 \gg \theta_2$，即第一种媒质为良导体时，第二种媒质为不良导体时，只要 $\theta_1 \neq \pi/2$，θ_2 总是很小，即在不良导体中，电力线和电流线近似地与良导体表面垂直。这样，可以将良导体的表面看做等位面。

另外，当有电流通过媒质界面时，界面上会有面电荷堆积，其面密度为

$$\rho_S = D_{2n} - D_{1n} = \varepsilon_2 \frac{J_{2n}}{\sigma_2} - \varepsilon_1 \frac{J_{1n}}{\sigma_1} = J_n \left(\frac{\varepsilon_2}{\sigma_2} - \frac{\varepsilon_1}{\sigma_1} \right) \qquad (3-35)$$

式中用到了 $J_{1n} = J_{2n} = J_n$ 这一边界条件。这些电荷是在电流由起始的零值增至终值而成为恒定电流的过程中逐渐聚集于界面的，当建立起恒定电流后，堆积的电荷量便不再发生变化。有两种特殊情况值得说明：一是当两种媒质的介电常数与电导率之比相等，即 $\frac{\varepsilon_2}{\sigma_2} = \frac{\varepsilon_1}{\sigma_1}$ 时，界面上无面电荷堆积，$\rho_S = 0$；二是在导体(媒质 1)与介质(媒质 2)的边界面上，由于媒质 2 为介质，故 $J_2 = 0$，相应的 $J_{2n} = 0$，由 $J_{1n} = J_{2n}$ 这一边界条件知 $J_{1n} = 0$，可知在导体面上的电流无法向分量而只有切向分量，因此在导体表面的电场也只有切向分量，$E_{1t} = \frac{J_1}{\sigma_1}$。对于良导体面言，因 σ_1 很大，而在一般情况下 E_{1t} 很小，由于 $E_{1t} = E_{2t}$ 这一边界条件知，E_{2t} 也很小。由此可知，介质一侧的电场近乎垂直于导体表面。当媒质 1 为理想导体($\sigma_1 \to \infty$)时，$E_1 \to 0$(但 $J_1 = \sigma_1 E_1$ 为有限值)，由式(3-35)可知，理想导体表面上的面电荷密度 $\rho_S = D_{2n}$。

在 3.1 节中曾对恒定电场引入了电位函数 φ，以 φ 表示的边界条件为

$$\begin{cases} \varphi_1 = \varphi_2 \\ \sigma_1 \dfrac{\partial \varphi_1}{\partial n} = \sigma_2 \dfrac{\partial \varphi_2}{\partial n} \end{cases} \qquad (3-36)$$

例 3-2　设同轴线的内导体半径为 a，外导体的内半径为 b，内、外导体间填充电导率为 σ 的导电媒质，如图 3-5 所示，求同轴线间单位长度的漏电电阻 R。

解　媒质内的漏电电流沿径向由内导体流向外导体，设流过半径为 r，单位长度的圆柱面的漏电电流为 I(电流的方向为径向)，则媒质内任一点的电流密度和电场强度为

$$\boldsymbol{J} = \frac{I}{2\pi r}\boldsymbol{e}_r, \qquad \boldsymbol{E} = \frac{I}{2\pi\sigma r}\boldsymbol{e}_r$$

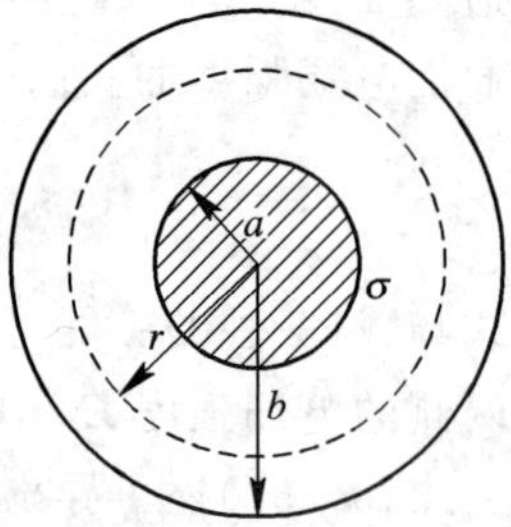

图 3-5　同轴线横截面

内、外导体间的电压为

$$U=\int_a^b \boldsymbol{E}\cdot \mathrm{d}\boldsymbol{r}=\int_a^b \frac{I}{2\pi\sigma r}\mathrm{d}r=\frac{I}{2\pi\sigma}\ln\frac{b}{a}$$

漏电阻为

$$R=\frac{U}{I}=\frac{\ln\left(\frac{b}{a}\right)}{2\pi\sigma}\quad(\Omega/\mathrm{m})$$

例 3-3　某导电媒质中给定时刻的电流密度为 $\boldsymbol{J}=M(x^3\boldsymbol{e}_x+y^3\boldsymbol{e}_y+z^3\boldsymbol{e}_z)$，式中 M 是大于零的常数。

(1) 若给定长度的单位为 m，试确定 M 的单位；

(2) 求此时在点(2，−1，4)处电荷的变化率。

解　(1) 依据 $\boldsymbol{J}$ 的单位为 $\mathrm{A/m^2}$ 得知 M 的单位应为 $\mathrm{A/m^5}$；

(2) 在点(2，−1，4)处电荷的变化率

$$\frac{\partial\rho}{\partial t}=-\nabla\cdot\boldsymbol{J}=-M\left[\frac{\partial x^3}{\partial x}+\frac{\partial y^3}{\partial y}+\frac{\partial z^3}{\partial z}\right]_{(2,\,-1,\,4)}=-63M$$

例 3-4　内导体半径为 a，外导体的内半径为 c 的无限长同轴线内填充两种导电媒质，其介电常数分别为 ε_1 和 ε_2，导电率分别为 σ_1 和 σ_2，两导电媒质分界面为 $r=b$ 的圆柱面。若在内外导体间加恒定电压 U。试求内外导体间的电场强度 $\boldsymbol{E}$，电流密度 $\boldsymbol{J}$ 以及 $r=b$ 界面上的自由面电荷密度 ρ_S。

解　设加电压 U 后，内导体单位长度的带电量为 ρ_l；由于加电压 U 后有沿着径向的漏电流，故在 $r=b$ 的界面上有自由面电荷分布，由于系统的结构是对称的，故自由面电荷的分布是均匀的。设 $r=b$ 柱面单位长度上的总电量为 ρ_{lb}，根据高斯定理可知内、外导体间电场强度的形式解为

$$\boldsymbol{E}_1=\frac{\rho_l}{2\pi\varepsilon_1 r}\boldsymbol{e}_r\qquad(a<r<b)$$

$$\boldsymbol{E}_2=\frac{\rho_l+\rho_{lb}}{2\pi\varepsilon_2 r}\boldsymbol{e}_r\qquad(b<r<c)$$

当 $r=b$ 时，边界条件 $J_{1n}=J_{2n}$ 成立，在此题中即有 $J_1=J_2$，亦即 $\sigma_1E_1=\sigma_2E_2$。将上述 $r=b$ 时的 E_1 和 E_2 代入可得

$$\frac{\sigma_1}{\varepsilon_1}\rho_l=\frac{\sigma_2}{\varepsilon_2}(\rho_l+\rho_{lb}),\quad \rho_l+\rho_{lb}=\frac{\sigma_1\varepsilon_2}{\sigma_2\varepsilon_1}\rho_l$$

内、外导体间的电压

$$U=\int_a^b E_1\,\mathrm{d}r+\int_b^c E_2\,\mathrm{d}r=\int_a^b\frac{\rho_l}{2\pi\varepsilon_1 r}\mathrm{d}r+\int_b^c\frac{\rho_l+\rho_{lb}}{2\pi\varepsilon_2 r}\mathrm{d}r=\frac{\rho_l}{2\pi\varepsilon_1\sigma_2}\left[\sigma_2\ln\frac{b}{a}+\sigma_1\ln\frac{c}{b}\right]$$

所以

$$\rho_l=\frac{2\pi\varepsilon_1\sigma_2 U}{\sigma_2\ln\frac{b}{a}+\sigma_1\ln\frac{c}{b}}$$

代入电场强度的形式解中，并注意到 $\rho_l+\rho_{lb}=\frac{\sigma_1\varepsilon_2}{\sigma_2\varepsilon_1}\rho_l$，得

$$\boldsymbol{E}_1=\frac{\sigma_2 U}{\left[\sigma_2\ln\frac{b}{a}+\sigma_1\ln\frac{c}{b}\right]r}\boldsymbol{e}_r$$

$$\boldsymbol{E}_2 = \frac{\sigma_1 U}{[\sigma_2 \ln \frac{b}{a} + \sigma_1 \ln \frac{c}{b}]r} \boldsymbol{e}_r$$

依据 $\boldsymbol{J}=\sigma\boldsymbol{E}$，两种导电媒质中电流密度的数学表示式为

$$\boldsymbol{J} = \frac{\sigma_1 \sigma_2 U}{\left[\sigma_2 \ln \frac{b}{a} + \sigma_1 \ln \frac{c}{b}\right]r} \boldsymbol{e}_r$$

依据式(3－35)，$r=b$ 面上的自由面电荷密度为

$$\rho_S = J_n\left(\frac{\varepsilon_2}{\sigma_2} - \frac{\varepsilon_1}{\sigma_1}\right) = \frac{(\sigma_1 \varepsilon_2 - \sigma_2 \varepsilon_1)U}{\left[\sigma_2 \ln \frac{b}{a} + \sigma_1 \ln \frac{c}{b}\right]b}$$

3.3 恒定电场与静电场的比拟

如果把导电媒质中的恒定电场与电介质中($\rho=0$ 区域)的静电场比较便会发现，两种场的基本方程及遵从的边界条件在数学形式上完全一致，为比较起见，将它们写于表 3－2 中。

表 3－2 恒定电场与静电场的比拟

比较项目	恒定电场(电源外)	静电场($\rho=0$ 区域)
基本方程	$\nabla \times \boldsymbol{E}=0$ $\nabla \cdot \boldsymbol{J}=0$	$\nabla \times \boldsymbol{E}=0$ $\nabla \cdot \boldsymbol{D}=0$
本构关系	$\boldsymbol{J}=\sigma\boldsymbol{E}$	$\boldsymbol{D}=\varepsilon\boldsymbol{E}$
电位梯度	$\boldsymbol{E}=-\nabla\varphi$	$\boldsymbol{E}=-\nabla\varphi$
电位方程	$\nabla^2\varphi=0$	$\nabla^2\varphi=0$
边界条件	$J_{1n}=J_{2n}$ $E_{1t}=E_{2t}$	$D_{1n}=D_{2n}$ $E_{1t}=E_{2t}$
电位边界条件	$\varphi_1=\varphi_2$ $\sigma_1\frac{\partial\varphi_1}{\partial n}=\sigma_2\frac{\partial\varphi_2}{\partial n}$	$\varphi_1=\varphi_2$ $\varepsilon_1\frac{\partial\varphi_1}{\partial n}=\varepsilon_2\frac{\partial\varphi_2}{\partial n}$
积分量间的对应关系	$U=\int\boldsymbol{E}\cdot d\boldsymbol{l}$ $I=\int\boldsymbol{J}\cdot d\boldsymbol{S}$	$U=\int\boldsymbol{E}\cdot d\boldsymbol{l}$ $Q=\int\boldsymbol{D}\cdot d\boldsymbol{S}$

由表 3－2 看出，两种场的基本方程、导出方程和边界条件在数学形式上是相同的；$\boldsymbol{J}$ 与 $\boldsymbol{D}$，σ 与 ε 在两组方程中所处的地位是相同的，因而，只要把 $\boldsymbol{J}$ 与 $\boldsymbol{D}$，σ 与 ε 互换位置，那么便把一种场的方程变成了另一种场的方程。因此，在相同的边界条件下，如果得到了一种场的解，那么，只要把 $\boldsymbol{J}$ 与 $\boldsymbol{D}$，σ 与 ε 互换位置，便可得到另一种场的解，通常，称这种方法为静电比拟法：称 $\boldsymbol{J}$ 与 $\boldsymbol{D}$，σ 与 ε 为对偶量。

在静电场中，常遇到的一个重要问题是计算两导体间的电容 C，而在恒定电场中，遇

到的一个重要问题是计算两导体间的电阻 R 或电导 G。

如对于图 3－6 所示的两导体构成的系统，若将其视为介质中的静电场问题，则两导体间的电容为

$$C=\frac{q}{U}=\frac{\oint_{S_1}\rho_S \mathrm{d}S}{\int_1^2 \boldsymbol{E}\cdot \mathrm{d}\boldsymbol{l}}=\frac{\varepsilon\oint_S \boldsymbol{E}\cdot \mathrm{d}\boldsymbol{S}}{\int_1^2 \boldsymbol{E}\cdot \mathrm{d}\boldsymbol{l}} \tag{3-37}$$

式中，S_1 是导体 1 的表面积，分母中的线积分是指从导体 1 表面上任意一点到导体 2 表面上任意一点间的曲线。

若将图 3－6 所示的系统视为导电媒质中的恒定电场问题，则两导体间的电导为

$$G=\frac{I}{U}=\frac{\sigma\oint_S \boldsymbol{E}\cdot \mathrm{d}\boldsymbol{S}}{\int_1^2 \boldsymbol{E}\cdot \mathrm{d}\boldsymbol{l}} \tag{3-38}$$

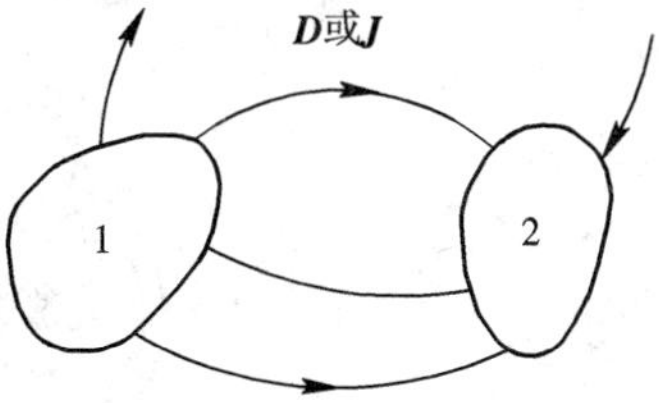

图 3－6　两导体间的电场

由以上两式可看出，若求得了静电场问题中的电容 C，那么，只需将 ε 换成 σ，便得到了相同边界条件下的恒定电场问题中的电导 G。G 的倒数便是电阻 R，即

$$R=\frac{1}{G}=\frac{\int_1^2 \boldsymbol{E}\cdot \mathrm{d}\boldsymbol{l}}{\sigma\oint_S \boldsymbol{E}\cdot \mathrm{d}\boldsymbol{S}} \tag{3-39}$$

将式(3－37)与式(3－38)进行比较可知，恒定电场中的电流强度 I、电导 G 与静电场问题中的电量 q、电容 C 是相应的对偶量。

应该指出，应用静电比拟法是有条件的。要弄清比拟的条件，首先要明确恒定电场与静电场的差别，以图 3－6 为例，差别是：

(1) 导体 1 和导体 2 内部的恒定电场不为零而静电场却为零，因而，导体 1 和 2 内部有电流线(J 线)而无电位移线(D 线)，这意味着，导体 1 和 2 在恒定电场问题中不是等位体，表面也不是等位面，而在静电场问题中都是等位体，表面是等位面。

(2) 在恒定电场问题中 J 线不垂直于导体 1 和 2 的表面(表面不是等位面则意味着恒定电场有表面的切向分量，从而有电流密度的切向分量，有切向分量的场量便一定不与表面垂直)；在相应的静电场问题中，D 线却垂直于导体 1 和 2 的表面。

从上述两点差别可知，在恒定电场和静电场两类问题中，即使边界面的几何形状完全相同也并不意味着边界条件完全相同，因为这时 J 线在边界面上的分布与 D 线在边界面上的分布并不一定相同。换言之，在边界面上恒定电场的切向分量 $E_t\neq 0$，而静电场切向分量 $E_t=0$。显然，只有在某些理想条件下或在某些可以忽略上述差别的实际问题中，静电比拟法才是有效的和可以被使用的。忽略上述两点差别的条件是：导体 1 和导体 2 的电导率 σ_0 远远大于它们周围导电媒质的电导率 σ，这是因为，依据式(3－34)，只有当 $\sigma_0\gg\sigma$ 时，J 线才近似垂直于导体 1 和导体 2 的表面，从而在边界面上 J 线才有近似于 D 线的分布。极端的情况是，导体 1 和导体 2 都为理想导体，这时导体 1 和导体 2 内的恒定电场为零，导体 1 和 2 为等位体，表面为等位面，恒定电场切向分量 $E_t=0$，J 线垂直于导体 1 和

导体 2 的表面，从而 J 线与 D 线在边界面上有完全相同的分布，这样一来，两种场的边界条件才是完全相同的。基于以上分析可知，恒定电场与静电场可比拟的条件是 $\sigma_0 \gg \sigma$，或者 $\sigma_0 \to \infty$。另外，如果导体 1 和导体 2 之间由电导率分别为 σ_1 和 σ_2 的两种导电媒质填充，则可与之比拟的静电场问题是，导体 1 和导体 2 之间由介电常数分别为 ε_1 和 ε_2 的两种电介质填充，除界面的几何形状相同外，还应有 $\frac{\sigma_1}{\sigma_2}=\frac{\varepsilon_1}{\varepsilon_2}$，这样才能保证恒定电场问题中的 J 线与静电场问题中的 D 线在界面上的分布完全相同，这时才能说这两种场的边界条件完全相同。

例 3-5　计算如图 3-7 所示，同轴线单位长度间的电容 C_0 和漏电阻 R_0，设同轴线内导体半径为 a，外导体半径为 b，内、外导体间的填充介电常数为 ε，电导率为 σ 的媒质。

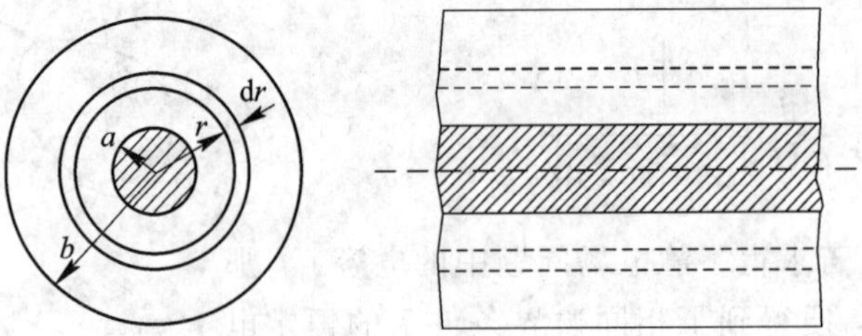

图 3-7　例 3-5 图

解　方法 1：先认为同轴线内、外导体间填充介电常数为 ε 的介质，设内导体单位长度的带电量为 ρ_l。由高斯定理，则内、外导体间的电场强度 E 及电压 U 分别为

$$\boldsymbol{E}=\frac{\rho_l}{2\pi\varepsilon r}\boldsymbol{e}_r$$

$$U=\int_a^b \boldsymbol{E}\cdot \mathrm{d}\boldsymbol{r}=\int_a^b \frac{\rho_l}{2\pi\varepsilon r}\mathrm{d}r=\frac{\rho_l}{2\pi\varepsilon}\ln\frac{b}{a}$$

同轴线单位长度的电容为

$$C_0=\frac{\rho_l}{U}=\frac{2\pi\varepsilon}{\ln\frac{b}{a}}$$

用静电比拟法，将对偶量置换：ε 换成 σ，电量 ρ_l 用电流 I 代替，则上述 C_0 变为电导 G_0，即

$$U=\int_a^b \boldsymbol{E}\cdot \mathrm{d}\boldsymbol{r}=\int_a^b \frac{I}{2\pi\sigma r}\,\mathrm{d}r=\frac{I}{2\pi\sigma}\ln\frac{b}{a}$$

漏电阻为

$$R_0=\frac{1}{G_0}=\frac{\ln\frac{b}{a}}{2\pi\sigma}$$

方法 2：认为同轴线内、外导体间填充电导率为 σ 的漏电媒质，直接由同轴线的几何参数和填充媒质的电参数计算。由例 3-2 的计算结果，漏电阻为

$$R_0=\frac{U}{I}=\frac{\ln\frac{b}{a}}{2\pi\sigma}$$

而电导为

$$G_0 = \frac{2\pi\sigma}{\ln\dfrac{b}{a}}$$

用静电比拟法，将对偶量置换：σ 换成 ε，就得到同轴线两导体间单位长度的电容为

$$C_0 = \frac{\rho_l}{U} = \frac{2\pi\varepsilon}{\ln\dfrac{b}{a}}$$

例 3-6　计算深埋地下半径为 a 的导体球的接地电阻（如图 3-8 所示）。设土壤的电导率为 σ_0。

解　导体球的电导率一般总是远大于土壤的电导率，可将导体球看做等位体。用静电比拟法，位于电介质中的半径为 a 的导体球的电容为

$$C = 4\pi\varepsilon a$$

所以导体球的接地电导为

$$G = 4\pi\sigma a$$

接地电阻为

$$R = \frac{1}{G} = \frac{1}{4\pi\sigma a}$$

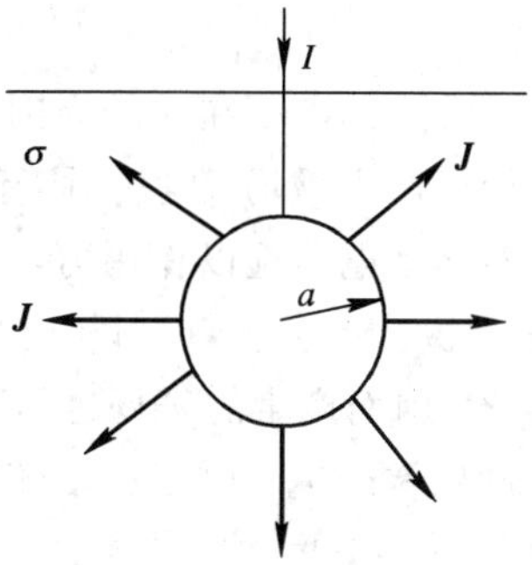

图 3-8　例 3-6 图

例 3-7　试求如图 3-9 所示半径为 $a \leqslant r \leqslant b$ 的扇形电阻片沿着 Φ 方向（即 A，B 间）的电阻 R_Φ，沿着 r 方向（即半径方向）的电阻 R_r 和沿着 h 方向（即厚度方向）的电阻 R_h。

解　要求沿着 Φ 方向的电阻 R_Φ，要先求沿着 Φ 方向的电导 G_Φ。如图，截面积 $\mathrm{d}S = h\,\mathrm{d}r$，长度 $l = r\alpha$ 的一段媒质的电导为

$$\mathrm{d}G_\Phi = \sigma\frac{\mathrm{d}S}{\mathrm{d}l} = \sigma\frac{h\,\mathrm{d}r}{r\alpha}$$

所以，电阻片的电导为

$$G_\Phi = \int \mathrm{d}G_\Phi = \int_a^b \sigma\,\frac{h}{\alpha}\,\frac{\mathrm{d}r}{r} = \frac{\sigma h}{\alpha}\,\ln\frac{b}{a}$$

因而沿着 Φ 方向的电阻

$$R_\Phi = \frac{1}{G_\Phi} = \frac{\alpha}{\sigma h\,\ln\dfrac{b}{a}}$$

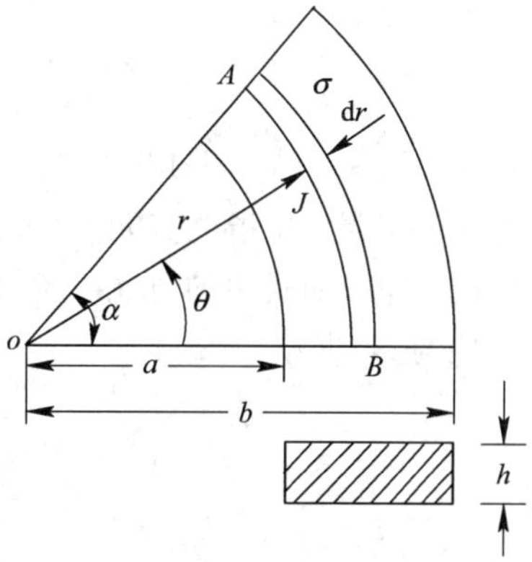

图 3-9　例 3-7 图

沿着 r 方向的电阻 R_r：沿着 r 方向的一段长度为 $\mathrm{d}r$，截面积为 $S = \alpha rh$ 的媒质的电阻

$$\mathrm{d}R_r = \frac{1}{\sigma}\,\frac{\mathrm{d}r}{\alpha rh}$$

因而沿着 r 方向的电阻

$$R_r = \int_a^b \frac{1}{\sigma}\,\frac{\mathrm{d}r}{\alpha rh} = \frac{\ln\dfrac{b}{a}}{\sigma\alpha h}$$

沿着 h 方向的电阻 R_h：沿方向的一段长度为 $l = h$，截面积 $\mathrm{d}S = \alpha r\,\mathrm{d}r$ 媒质的电导

$$\mathrm{d}G_h = \sigma\frac{\mathrm{d}S}{l} = \sigma\frac{\alpha r\,\mathrm{d}r}{h}$$

所以，沿 h 方向的电导和电阻分别为

$$G_h = \int \mathrm{d}G_h = \int_a^b \sigma \frac{\mathrm{d}S}{l} = \frac{\alpha\sigma(b^2 - a^2)}{2h}$$

$$R_h = \frac{2h}{\alpha\sigma(b^2 - a^2)}$$

3.4　磁场、磁感应强度

静止的电荷在它的周围空间产生电场，运动的电荷(电流)不但在它的周围空间产生电场而且产生磁场。电场对于静止的和运动的电荷都会施以作用力，方向平行于电场；磁场只对运动电荷施以作用力，方向垂直于磁场。对于电场，已经给出了电场强度 E 的概念并进行了分析讨论，而对于磁场将提出磁感应强度 B 的概念并给予描述。恒定电流不随时间变化，因而产生的磁场也不随时间变化，不随时间变化的磁场称为恒定磁场或静磁场。永久性磁体产生的磁场亦不随时间变化，同样被称为静磁场。

3.4.1　安培定律

安培定律是描述真空中两个载流细导线回路间相互作用力的实验定律。在真空中，设有 l_1 和 l_2 两个载流线闭合回路，其线上电流分别为 I_1、I_2。安培定律表明，这两个载流线闭合回路具有相互作用力。如图 3-10 所示，线回路 l_1 对线回路 l_2 的作用力为

$$\boldsymbol{F}_{12} = \frac{\mu_0}{4\pi} \oint_{l_2}\oint_{l_1} \frac{I_2\,\mathrm{d}\boldsymbol{l}_2 \times (I_1\,\mathrm{d}\boldsymbol{l}_1 \times \boldsymbol{e}_R)}{R^2} \tag{3-40}$$

式中 $\mu_0 = 4\pi\times10^{-7}$ H/m(亨利/米)是真空的磁导率，$I_1\,\mathrm{d}\boldsymbol{l}_1$ 与 $I_2\,\mathrm{d}\boldsymbol{l}_2$ 分别为回路 l_1 和 l_2 上的电流元矢量，R 指电流元矢量间的距离，$\boldsymbol{R} = \boldsymbol{r}_2 - \boldsymbol{r}_1$ 是由 $I_1\,\mathrm{d}\boldsymbol{l}_1$ 指向 $I_2\,\mathrm{d}\boldsymbol{l}_2$ 的矢量；$\boldsymbol{e}_R$ 是 $\boldsymbol{R}$ 的单位矢量。如式中的电流 I_1 和 I_2 的单位是 A(安培)，R 和 $\mathrm{d}l$ 的单位是 m(米)，则力 $\boldsymbol{F}_{12}$ 的单位为 N(牛顿)。

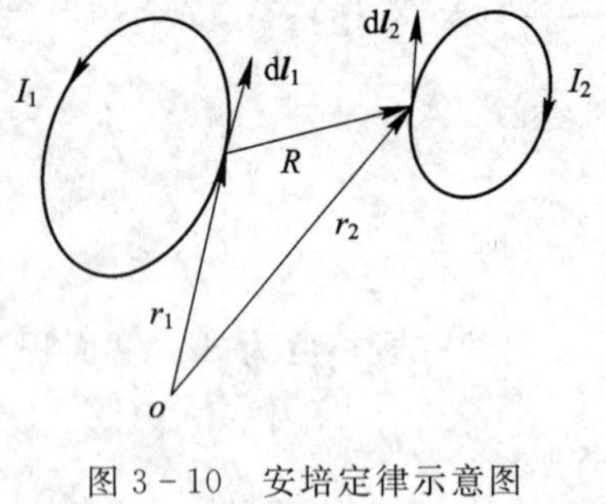

图 3-10　安培定律示意图

显然，只要将式(3-40)中各量的下标 1 和 2 互换，并令 $\boldsymbol{R} = \boldsymbol{r}_1 - \boldsymbol{r}_2$，就可得到回路 l_2 对回路 l_1 的作用力 $\boldsymbol{F}_{21}$。如果将式(3-40)写为下列形式

$$\boldsymbol{F}_{12} = \oint_{l_2}\oint_{l_1} \mathrm{d}\boldsymbol{F}_{12}$$

则 $\boldsymbol{F}_{12}$ 的被积函数可写为

$$\mathrm{d}\boldsymbol{F}_{12} = \frac{I_2\ \mathrm{d}\boldsymbol{l}_2 \times (I_1\ \mathrm{d}\boldsymbol{l}_1 \times \boldsymbol{e}_R)}{R^2} \tag{3-41}$$

该式表示的是电流元 $I_1\ \mathrm{d}\boldsymbol{l}_1$ 给予电流元 $I_2\ \mathrm{d}\boldsymbol{l}_2$ 的作用力。作用力的方向在两电流元的连线方向。

3.4.2　磁感应强度、毕奥—萨伐尔定律

安培定律只能说明载流回路间作用力的大小和方向，但却无法说明力的传递方式，应用场的观点是解释力传递方式最有效的方法。为了引出场的概念，我们将式(3-40)表示为

$$\boldsymbol{F}_{12} = \oint_{l_2} I_2\ \mathrm{d}\boldsymbol{l}_2 \times \left(\frac{u_0}{4\pi}\oint_{l_1}\frac{I_1\ \mathrm{d}\boldsymbol{l}_1 \times \boldsymbol{e}_R}{R^2}\right) \tag{3-42}$$

可见，式(3-42)括号中的函数与载流回路 l_2 及 I_2 无关，而 $\boldsymbol{F}_{12}$ 表示载流回路 l_1 对回路 l_2 的作用力，由于括号中量仅是 l_1 和 I_1 的函数，因此 $\boldsymbol{F}_{12}$ 可以看成载流回路 l_1 在距回路 l_2 为 R 处产生的磁场对载流回路 l_2 的作用力。我们令这个磁场为

$$\boldsymbol{B}_{12} = \frac{\mu_0}{4\pi}\oint_{l_1}\frac{I_1\ \mathrm{d}\boldsymbol{l}_1 \times \boldsymbol{e}_R}{R^2} \tag{3-43}$$

式中，$\boldsymbol{B}_{12}$ 称为载流回路 l_1 在电流元 $I_2\ \mathrm{d}\boldsymbol{l}_2$ 所在处产生的磁感应强度，单位为 T(特斯拉)。应该说明的是，载流回路 l_1 产生的磁感应强度 $\boldsymbol{B}_{12}$ 与是否存在电流元 $I_2\ \mathrm{d}\boldsymbol{l}_2$ 无关，因而可将 $\boldsymbol{B}_{12}$ 看做是载流为 I_1 的回路 l_1 在空间一点 $\boldsymbol{r}$ 处产生的磁感应强度。

在直角坐标系中，载流为 I 的回路 l 在空间一点 $\boldsymbol{r}$ 处产生的磁感应强度如图 3-11 所示。

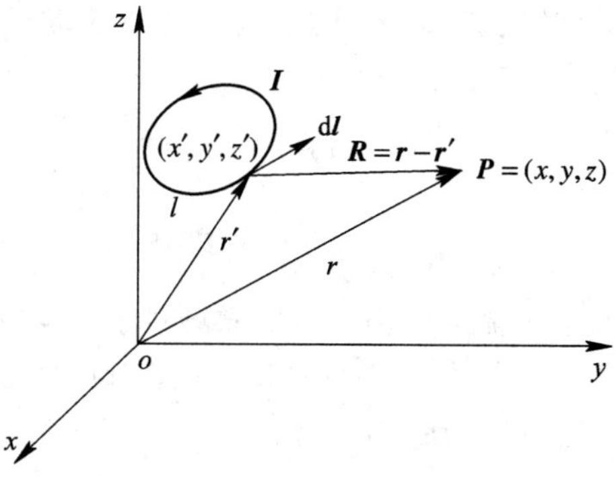

图 3-11　载流回路的磁感应强度示意图

其磁感应强度的表示式为

$$\boldsymbol{B} = \frac{\mu_0 I}{4\pi}\oint_{l}\frac{\mathrm{d}\boldsymbol{l} \times \boldsymbol{e}_R}{R^2} \tag{3-44}$$

称该式为毕奥—萨伐尔定律。式中，$R=r-r'$，通常，用 $\boldsymbol{r}'$ 表示电流元 $I\ \mathrm{d}\boldsymbol{l}$ 所在点的矢径，该点称为源点；用 $\boldsymbol{r}$ 表示讨论点的矢径，该点称为场点。可将式(3-44)用源点和场点的坐标表示为

$$\boldsymbol{B}(\boldsymbol{r}) = \frac{\mu_0 I}{4\pi}\oint_{l}\frac{\mathrm{d}\boldsymbol{l} \times (\boldsymbol{r}-\boldsymbol{r}')}{|\boldsymbol{r}-\boldsymbol{r}'|^3} \tag{3-45}$$

称式(3-44)和式(3-45)为毕奥—萨伐尔定律，它描述了电流和由它产生的磁感应强度间的关系。显然，该式是在极端理想化的线电流模型的基础上归纳出来的定律。事实上，电流总是以体密度 $\boldsymbol{J}(\boldsymbol{r}')$ 的形式分布在某一区域 V 内，一般情况下又不可能将其简化为线电流模型，这时，必须把简化了的线电流元模型 $I\,\mathrm{d}\boldsymbol{l}$ 还原为分布于体积元 $\mathrm{d}V'=\mathrm{d}S\,\mathrm{d}l$ 内的真实体电流分布模型，即

$$I\,\mathrm{d}\boldsymbol{l}=J(\boldsymbol{r}')\mathrm{d}S\,\mathrm{d}\boldsymbol{l}=\boldsymbol{J}(\boldsymbol{r}')\mathrm{d}S\,\mathrm{d}l=\boldsymbol{J}(\boldsymbol{r}')\mathrm{d}V' \tag{3-46}$$

式中，$\mathrm{d}S$ 和 $\mathrm{d}l$ 分别为体积元 $\mathrm{d}V'$ 的横截面积和长度。这样，分布在体积 V 内的、密度为 $\boldsymbol{J}(\boldsymbol{r}')$ 的体分布电流系统在 r 点产生的磁感应强度可写为

$$\boldsymbol{B}(\boldsymbol{r})=\frac{\mu_0}{4\pi}\int_V\frac{\boldsymbol{J}(\boldsymbol{r}')\times(\boldsymbol{r}-\boldsymbol{r}')}{|\boldsymbol{r}-\boldsymbol{r}'|^3}\,\mathrm{d}V' \tag{3-47}$$

式中的积分是对源点坐标 $\boldsymbol{r}'$ 进行的。相应的，分布在面积 S 内的、面电流密度为 $\boldsymbol{J}_S(\boldsymbol{r}')$ 的分布电流系统在 r 点产生的磁感应强度可写为

$$\boldsymbol{B}(\boldsymbol{r})=\frac{\mu_0}{4\pi}\int_S\frac{\boldsymbol{J}_S(\boldsymbol{r}')\times(\boldsymbol{r}-\boldsymbol{r}')}{|\boldsymbol{r}-\boldsymbol{r}'|^3}\,\mathrm{d}S' \tag{3-48}$$

式(3-45)、式(3-47)和式(3-48)分别为已知电流分布(线电流、面电流、体电流)求空间中磁感应强度的计算式。

在提出了磁感应强度的概念之后，置于磁场中的、载流为 I 的线回路 l 受到的磁场(对回路 l 而言是外磁场)力的表达式(3-42)可写为

$$\boldsymbol{F}=\int_l I\,\mathrm{d}\boldsymbol{l}\times\boldsymbol{B} \tag{3-49}$$

回路上的电流元 $I\,\mathrm{d}l$ 所受外磁场的作用力可写为

$$\mathrm{d}\boldsymbol{F}=I\,\mathrm{d}\boldsymbol{l}\times\boldsymbol{B} \tag{3-50}$$

同理，对于分布于 V 内的、体密度为 $\boldsymbol{J}(\boldsymbol{r}')$ 的电流系统和分布于 S 内的、面密度为 $\boldsymbol{J}_S(\boldsymbol{r}')$ 的电流系统，受外磁场作用力的表达式分别为

$$\boldsymbol{F}=\int_V\boldsymbol{J}(\boldsymbol{r}')\times\boldsymbol{B}\,\mathrm{d}V' \tag{3-51}$$

$$\boldsymbol{F}=\int_S\boldsymbol{J}_S(\boldsymbol{r}')\times\boldsymbol{B}\,\mathrm{d}S' \tag{3-52}$$

从物理本质讲，磁场对于电流的作用力就是磁场对于运动电荷的作用力。可以用上式计算各种形状的载流回路在外磁场中受到的力和力矩。对以速度 v 运动的点电荷 q，其在外磁场 B 中受到的作用力表达式写为

$$\boldsymbol{F}=q\boldsymbol{v}\times\boldsymbol{B} \tag{3-53}$$

称该力为洛仑兹力。虽然式(3-53)是针对导体中的运动电荷而推导出来的，但却具有普遍性，这是因为，如果把电流元 $I\,\mathrm{d}\boldsymbol{l}=\boldsymbol{J}\,\mathrm{d}V$ 中的 $\boldsymbol{J}$ 理解为运流电流密度 $\boldsymbol{J}=\rho\boldsymbol{v}=nq\boldsymbol{v}$(式中，$\rho=nq$ 为电荷密度，n 为单位体积内带电粒子的个数，q 为一个粒子的带电量，$\boldsymbol{v}$ 为粒子的运动速度)，则

$$\mathrm{d}\boldsymbol{F}=I\,\mathrm{d}\boldsymbol{l}\times\boldsymbol{B}=\boldsymbol{J}\,\mathrm{d}V\times\boldsymbol{B}=(nq\boldsymbol{v})\mathrm{d}V\times\boldsymbol{B}=q\boldsymbol{v}\times\boldsymbol{B}n\,\mathrm{d}V$$

式中，$\mathrm{d}V$ 为体积元，$n\,\mathrm{d}V$ 是体积元内的粒子总个数，显然，单个带电粒子所受的磁场力为

$$\boldsymbol{F}=\frac{\mathrm{d}\boldsymbol{F}}{n\,\mathrm{d}V}=q\boldsymbol{v}\times\boldsymbol{B}$$

上式与式(3-53)的形式完全相同。可见，无论带电粒子是在导体中运动还是在真空中运

动，只要有磁场存在便会受到洛仑兹力作用，洛仑兹力的特点是既垂直于磁感应强度 $\boldsymbol{B}$ 又垂直于粒子的运动速度 $\boldsymbol{v}$，它只作用于运动着的、带电的粒子，且永不对带电粒子做功，或者说，该力只改变粒子的运动速度方向而不改变速度的大小。

如果空间还存在外电场 E，电荷 q 受到的力还要加上电场力。这样，就得到带电量为 q 以速度 $\boldsymbol{v}$ 运动的点电荷在外电磁场(E, B)中受到的电场力和磁场力为

$$\boldsymbol{F} = q(\boldsymbol{E} + \boldsymbol{v} \times \boldsymbol{B}) \tag{3-54}$$

例 3-8　如图 3-12 所示，真空中一半径为 a，通过电流 I 的细圆环.求其轴线上任意一点的磁感应强度 $\boldsymbol{B}$。

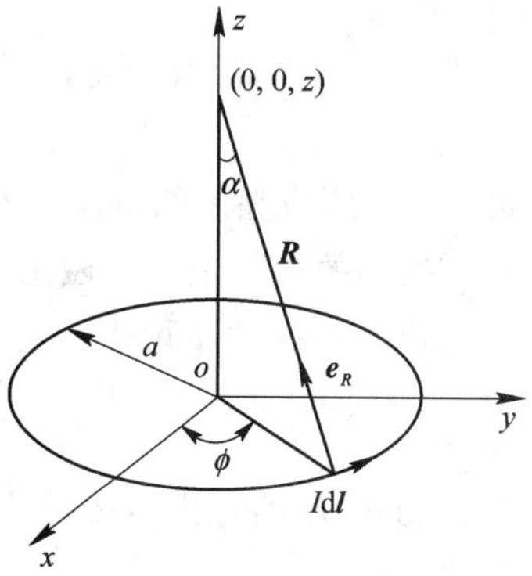

图 3-12　例 3-8 图

解　采用圆柱坐标系，取圆环的轴线为坐标 z 轴，圆环在 $z=0$ 平面，则场点的坐标为(0, 0, z)。由图可知，源点指向场点方向的单位矢及其两点间的距离可分别写为

$$\boldsymbol{e}_R = -\boldsymbol{e}_r \sin\alpha + \boldsymbol{e}_z \cos\alpha$$

$$R = \sqrt{a^2 + z^2}$$

因 $\mathrm{d}\boldsymbol{l} = \boldsymbol{e}_\phi a\ \mathrm{d}\phi$，则有

$$\mathrm{d}\boldsymbol{l} \times \boldsymbol{e}_R = \boldsymbol{e}_z a\ \sin\alpha\ \mathrm{d}\phi + \boldsymbol{e}_r a\ \cos\alpha\ \mathrm{d}\phi$$

这时

$$\boldsymbol{B} = \frac{\mu_0 I}{4\pi} \oint_l \frac{\mathrm{d}\boldsymbol{l} \times \boldsymbol{e}_R}{R^2} = \frac{\mu_0 Ia}{4\pi R^2} \left[\int_0^{2\pi} \boldsymbol{e}_z \sin\alpha\ \mathrm{d}\phi + \int_0^{2\pi} \boldsymbol{e}_r \cos\alpha\ \mathrm{d}\phi\right]$$

显然，对于某一确定的场点(0, 0, z)而言，$\sin\alpha$ 和 $\cos\alpha$ 是常数，由场的对称性可知，磁场没有径向的分量(即 $B_r=0$)。所以上式的计算第二项积分为零。

$$\sin\alpha = \frac{a}{\sqrt{a^2 + z^2}}$$

从而求得圆环轴线上点(0, 0, z)的磁感应强度为

$$\boldsymbol{B} = \boldsymbol{e}_z \frac{\mu_0 Ia^2}{2(a^2 + z^2)^{\frac{3}{2}}} \quad (\mathrm{T})$$

3.5　恒定磁场的基本方程

毕奥—萨伐尔定律是关于恒定磁场的基本定律，以它为基础可推导出恒定磁场的基本方程。

3.5.1　磁通连续性原理

为了求得磁感应强度的散度，将具有体电流分布系统产生的磁感应强度的表达式(3-47)重写如下

$$\boldsymbol{B}(\boldsymbol{r}) = \frac{\mu_0}{4\pi} \int_V \frac{\boldsymbol{J}(\boldsymbol{r}') \times (\boldsymbol{r} - \boldsymbol{r}')}{|\boldsymbol{r} - \boldsymbol{r}'|^3}\ \mathrm{d}V' \tag{3-55}$$

上式右边的被积函数可写为

$$\frac{\boldsymbol{J}(\boldsymbol{r}') \times (\boldsymbol{r} - \boldsymbol{r}')}{|\boldsymbol{r} - \boldsymbol{r}'|^3} = \boldsymbol{J}(\boldsymbol{r}') \times \nabla \frac{-1}{|\boldsymbol{r} - \boldsymbol{r}'|} = \nabla \frac{1}{|\boldsymbol{r} - \boldsymbol{r}'|} \times \boldsymbol{J}(\boldsymbol{r}')$$

由矢量恒等式$\nabla\times(u\boldsymbol{A})=\nabla u\times\boldsymbol{A}+u\nabla\times\boldsymbol{A}$将上式写为

$$\nabla\frac{1}{|\boldsymbol{r}-\boldsymbol{r}'|}\times\boldsymbol{J}(\boldsymbol{r}')=\nabla\times\left(\frac{\boldsymbol{J}(\boldsymbol{r}')}{|\boldsymbol{r}-\boldsymbol{r}'|}\right)-\frac{\nabla\times\boldsymbol{J}(\boldsymbol{r}')}{|\boldsymbol{r}-\boldsymbol{r}'|}=\nabla\times\left(\frac{\boldsymbol{J}(\boldsymbol{r}')}{|\boldsymbol{r}-\boldsymbol{r}'|}\right)$$

式中$\nabla\times\boldsymbol{J}(\boldsymbol{r}')=0$，因为$\nabla$是对场点坐标$r$进行运算的算符，而$\boldsymbol{J}(\boldsymbol{r}')$却只是源点坐标$r'$的函数。将上式代入式(3-55)得

$$\boldsymbol{B}(\boldsymbol{r})=\frac{\mu_0}{4\pi}\int_V\nabla\times\left(\frac{\boldsymbol{J}(\boldsymbol{r}')}{|\boldsymbol{r}-\boldsymbol{r}'|}\right)\mathrm{d}V'=\nabla\times\frac{\mu_0}{4\pi}\int_V\frac{\boldsymbol{J}(\boldsymbol{r}')}{|\boldsymbol{r}-\boldsymbol{r}'|}\mathrm{d}V' \tag{3-56}$$

对式(3-56)两边取散度，并应用矢量恒等式$\nabla\cdot\nabla\times\boldsymbol{A}=0$可得

$$\nabla\cdot\boldsymbol{B}=0 \tag{3-57}$$

可见，磁感应强度的散度为0，它表明磁感应强度B是一个无散度源的场。

磁场的通量定义为磁感应强度穿过曲面S的磁通量(或磁通)，单位为Wb(韦伯)。通过曲面S的磁通量可表示为

$$\Phi=\int_S\boldsymbol{B}\cdot\mathrm{d}\boldsymbol{S} \tag{3-58}$$

对式(3-57)两端进行体积分并利用高斯散度定理，有

$$\oint_S\boldsymbol{B}\cdot\mathrm{d}\boldsymbol{S}=0 \tag{3-59}$$

该式表明，通过任意闭合曲面S的磁通量等于零，这意味着，磁力线是闭合的，磁场是无源场，具有这种特征的场又称为管量场。称式(3-57)为磁通连续性原理的微分形式，而式(3-59)称为磁通连续性原理的积分形式。

3.5.2　安培环路定律

磁通连续性原理表明了磁感应强度的通量和散度特性。那么，磁感应强度的环量和旋度又是怎样呢？为了说明这个问题，对式(3-56)两边取旋度

$$\nabla\times\boldsymbol{B}(r)=\nabla\times\nabla\times\frac{\mu_0}{4\pi}\int_V\frac{\boldsymbol{J}(r')}{|r-r'|}\mathrm{d}V'$$

依据矢量恒等式$\nabla\times\nabla\times\boldsymbol{A}=\nabla(\nabla\cdot\boldsymbol{A})-\nabla^2\boldsymbol{A}$可使上式变为

$$\nabla\times\boldsymbol{B}(r)=\nabla\frac{\mu_0}{4\pi}\int_V\nabla\cdot\frac{\boldsymbol{J}(r')}{|r-r'|}\mathrm{d}V'-\frac{\mu_0}{4\pi}\int_V\boldsymbol{J}(r')\nabla^2\frac{1}{|r-r'|}\mathrm{d}V' \tag{3-60}$$

式中已将算符∇与积分号$\int$进行了交换。将上式右第一项中的被积函数与第二项的被积函数分别改写为

$$\nabla\cdot\frac{\boldsymbol{J}(r')}{|r-r'|}=\boldsymbol{J}(r')\cdot\nabla\frac{1}{|r-r'|}=\boldsymbol{J}(r')\cdot\nabla'\frac{-1}{|r-r'|}$$

$$=-\nabla'\cdot\frac{\boldsymbol{J}(r')}{|r-r'|}+\frac{\nabla'\cdot\boldsymbol{J}(r')}{|r-r'|}=-\nabla'\cdot\frac{\boldsymbol{J}(r')}{|r-r'|}$$

$$\nabla^2\frac{1}{|r-r'|}=-4\pi\delta(r-r')$$

在上面两式的改写过程中已用到了恒等式$\nabla'\frac{-1}{|r-r'|}=\nabla\frac{1}{|r-r'|}$和恒定电流的连续性方程$\nabla'\cdot\boldsymbol{J}(r')=0$，$\nabla'$是对源点坐标$r'$(即对$x'$，$y'$，$z'$)进行运算的算符。将上两式代入式

(3-60)，借助高斯散度定理可使式右第一项积分变为

$$-\int_V \nabla' \cdot \frac{\boldsymbol{J}(r')}{|r-r'|}\,\mathrm{d}V' = -\oint_S \frac{\boldsymbol{J}(r')\cdot \mathrm{d}\boldsymbol{S}'}{|r-r'|} = 0$$

上式等于零的原因是，S 为恒定电流分布区域的边界面，而电流是不可能流出边界面的，即电流密度 J 不可能有沿着界面法向方向的分量，亦即 $\boldsymbol{J}(r')\cdot \mathrm{d}\boldsymbol{S}' = \boldsymbol{J}(r')\cdot n\,\mathrm{d}S' = 0$，$n$ 是边界面 S 外法向的单位矢。综上考虑，式(3-60)变为

$$\nabla \times \boldsymbol{B} = \mu_0 \int_V \boldsymbol{J}(r')\delta(r-r')\mathrm{d}V' = \mu_0 \boldsymbol{J}(r) \tag{3-61}$$

即

$$\nabla \times \boldsymbol{B} = \mu_0 \boldsymbol{J} \tag{3-62}$$

式(3-62)是安培环路定律的微分形式，它说明产生磁场的涡旋源是电流。在已知磁场分布的情况下，可用此式计算该点的电流分布。

将式(3-61)两端在以 l 为周界的任一曲面 S 上积分

$$\int_S \nabla \times \boldsymbol{B}\cdot \mathrm{d}\boldsymbol{S} = \mu_0 \int_S \boldsymbol{J}\cdot \mathrm{d}\boldsymbol{S} = \mu_0 I$$

对上式左端运用斯托科斯定理有

$$\oint_l \boldsymbol{B}\cdot \mathrm{d}l = \mu_0 I \tag{3-63}$$

式中，周界 l 环行的正方向是指与曲面 S 的正法向 n 成右手关系的方向，I 是穿过曲面 s 的电流强度的代数和，方向与周界 l 环行的正方向成右手关系的电流取正值，反之取负值。

如电流是体密度 $\boldsymbol{J}$ 分布，则上式写为

$$\oint_l \boldsymbol{B}\cdot \mathrm{d}\boldsymbol{l} = \mu_0 \int_S \boldsymbol{J}\cdot \mathrm{d}\boldsymbol{S} \tag{3-64}$$

式(3-63)和式(3-64)称为安培环路定律的积分形式，式中的电流是通过以 l 为边界的曲面的净电流。对于对称分布的电流，我们可以用安培环路定律的积分形式，从电流求出磁场。

3.5.3　真空中恒定电场的基本方程

将恒定磁场在真空中遵从的上述基本规律加以总结，便得到恒定磁场在真空中的基本方程，其微分形式和积分形式分别为

$$\begin{cases} \nabla \cdot \boldsymbol{B} = 0 \\ \nabla \times \boldsymbol{B} = \mu_0 \boldsymbol{J} \end{cases} \tag{3-65}$$

$$\begin{cases} \oint_S \boldsymbol{B}\cdot \mathrm{d}\boldsymbol{S} = 0 \\ \oint_l \boldsymbol{B}\cdot \mathrm{d}\boldsymbol{l} = \mu_0 I \end{cases} \tag{3-66}$$

称式(3-65)和式(3-66)中的第一方程为磁通的连续性方程，第二方程为安培环路定律。利用安培环路定律的积分形式可方便地求解具有对称分布的电流系统产生的磁感应强度 $\boldsymbol{B}$。

例 3-9　一个半径为 a 的无限长直导线，载有电流 I，计算该导体内、外的磁感应强度。

解　采用圆柱坐标系，取直导线的轴为坐标 z 轴。由电流的对称性可知，磁感应强度

$\boldsymbol{B}$ 仅是 r 的函数而与 ϕ 和 z 无关，且只有 B_ϕ 分量。取沿半径为 r 的一条磁感应线为闭合积分路径 l，运用安培环路定律，有

$$\oint_l \boldsymbol{B} \cdot \mathrm{d}\boldsymbol{l} = 2\pi r B = \mu_0 \int_S \boldsymbol{J} \cdot \mathrm{d}\boldsymbol{S}$$

在导线内电流均匀分布，导线外电流为零

$$J = \begin{cases} \boldsymbol{e}_z \dfrac{I}{\pi a^2}, & r \leqslant a \\ 0, & r > a \end{cases}$$

当 $r \leqslant a$ 时，包围电流为 Ir^2/a^2，上积分为

$$B 2\pi r = \frac{\mu_0 I r^2}{a^2}$$

$$B = \frac{\mu_0 I r}{2\pi a^2}$$

故

$$\boldsymbol{B} = \boldsymbol{e}_\phi \frac{\mu_0 I r}{2\pi a^2} \quad (r \leqslant a)$$

当 $r > a$ 时，积分回路包围的电流为 I，故有

$$B = \frac{\mu_0 I}{2\pi r}$$

故

$$\boldsymbol{B} = \boldsymbol{e}_\phi \frac{\mu_0 I}{2\pi r} \quad (r > a)$$

3.6 矢 量 磁 位

上节给出了恒定磁场的基本方程，这些方程在阐述恒定磁场的本质和特征方面是很有效的，但在一般情况下用它们直接求解场却往往是困难的和不方便的，为了在一般情况下便于求解，引入辅助位函数，先求解位函数而后通过位函数再求得磁场。在此引入的辅助位函数是矢性函数而不像静电场那样引入的是标量函数，这是由磁场的特性所决定的。

3.6.1 矢量磁位的引入

因为磁场的散度 $\nabla \cdot \boldsymbol{B} = 0$，根据矢量恒等式，一个矢量函数 $\boldsymbol{A}$ 的旋度的散度恒等于零，即 $\nabla \cdot \nabla \times \boldsymbol{A} = 0$，因而 $\boldsymbol{B}$ 可表示为某矢量函数 A 的旋度，即有

$$\boldsymbol{B} = \nabla \times \boldsymbol{A} \tag{3-67}$$

$\boldsymbol{A}$ 称为矢量磁位或简称磁矢位。其单位是 T·m(特斯拉·米)或 Wb/m(韦伯/米)。矢量磁位是一个物理意义不很明确的辅助量。虽如此，磁矢位 $\boldsymbol{A}$ 却是与电流分布密切相关的矢量，而体电流分布系统的磁感应强度式(3-56)为

$$\boldsymbol{B}(\boldsymbol{r}) = \frac{\mu_0}{4\pi} \int_V \nabla \times \left(\frac{\boldsymbol{J}(\boldsymbol{r}')}{|\boldsymbol{r} - \boldsymbol{r}'|} \right) \mathrm{d}V' = \nabla \times \frac{\mu_0}{4\pi} \int_V \frac{\boldsymbol{J}(\boldsymbol{r}')}{|\boldsymbol{r} - \boldsymbol{r}'|} \mathrm{d}V'$$

将上式与式(3－67)比较，得到体电流分布系统的矢量磁位的表示式为

$$A(\boldsymbol{r}) = \frac{\mu_0}{4\pi}\int_V \frac{\boldsymbol{J}(\boldsymbol{r}')}{|\boldsymbol{r}-\boldsymbol{r}'|}\,\mathrm{d}V' \tag{3-68}$$

同理，面电流分布系统和线电流系统的磁矢位可分别写为

$$A(\boldsymbol{r}) = \frac{\mu_0}{4\pi}\int_S \frac{\boldsymbol{J}(\boldsymbol{r}')}{|\boldsymbol{r}-\boldsymbol{r}'|}\,\mathrm{d}S' \tag{3-69}$$

$$A(\boldsymbol{r}) = \frac{\mu_0 I}{4\pi}\int_l \frac{\mathrm{d}\boldsymbol{l}'}{|\boldsymbol{r}-\boldsymbol{r}'|} \tag{3-70}$$

对于磁矢位 $\boldsymbol{A}$ 而言，也有如同电位 ϕ 那样的参考点选择问题，以式(3－68)为例，它只适用于表达电流分布在有限区域并选取无限远点为参考点的磁矢位，而对于分布在无限区域的电流系统，如果仍取无限远点为参考点则势必导致磁矢位为无限大这一没有意义的结果，这时应选取有限远点为参考点，再用式(3－68)分别计算出参考点的磁矢位和讨论点的磁矢位，两点磁矢位之差并取无限区域的极限，便得到讨论点的磁矢位，其值是有限的。

应该说明的是，一个确定的磁场的磁矢位并不是唯一的，事实上，如果 $\boldsymbol{A}$ 是某个确定磁场的磁矢位，则 $\boldsymbol{A}'=\boldsymbol{A}+\nabla\Psi$（$\Psi$ 为任意标量函数）一定也是该磁场的磁矢位，关于这点可利用矢量恒等式 $\nabla\times\nabla\Psi=0$ 给予证明：

$$\nabla\times\boldsymbol{A}' = \nabla\times\boldsymbol{A} + \nabla\times\nabla\Psi = \nabla\times\boldsymbol{A} = \boldsymbol{B}$$

磁矢位 $\boldsymbol{A}$ 与 $\boldsymbol{A}'$ 的上述变换称为规范变换，在规范变换下磁感应强度 $\boldsymbol{B}$ 不变的特性称为规范不变性。由于一个确定磁场的磁矢位 $\boldsymbol{A}$ 并不唯一，因而，由式(3－67)或式(3－68)求得的 $\boldsymbol{A}$ 并非唯一满足需要的磁矢位，依据亥姆霍兹定理，一个矢量场需要由它的旋度和散度共同确定，而在上述讨论中只对 $\boldsymbol{A}$ 的旋度提出了要求（$\nabla\times\boldsymbol{A}=\boldsymbol{B}$）而并未对 $\boldsymbol{A}$ 的散度提出任何约定，意即 $\boldsymbol{A}$ 的散度并没有被限定。为了有一个确定性的磁矢位 $\boldsymbol{A}$，通常的方法是人为地选定 $\boldsymbol{A}$ 的散度。对于恒定磁场而言，通常选取

$$\nabla\cdot\boldsymbol{A} = 0 \tag{3-71}$$

称这种规范为库仑规范。事实上，由式(3－68)求得的 $\boldsymbol{A}$ 虽然是满足要求的，但并不是唯一满足要求的磁矢位。应该说明的是，如果电流分布在有限区域，则由式(3－68)求得的 $\boldsymbol{A}$ 会自行满足 $\nabla\cdot\boldsymbol{A}=0$，而非人为规定 $\nabla\cdot\boldsymbol{A}=0$。这里不作证明。

3.6.2　矢量磁位的微分方程

将矢量磁位 $\boldsymbol{A}$ 的定义式 $\boldsymbol{B}=\nabla\times\boldsymbol{A}$ 代入安培环路定律的微分形式，有

$$\nabla\times\boldsymbol{B} = \nabla\times\nabla\times\boldsymbol{A} = -\nabla\boldsymbol{A}^2 + \nabla(\nabla\cdot\boldsymbol{A}) = -\mu_0\boldsymbol{J}$$

将库仑规范 $\nabla\cdot\boldsymbol{A}=0$ 代入上式，则有

$$\nabla^2\boldsymbol{A} = -\mu_0\boldsymbol{J} \tag{3-72}$$

这就是磁矢位满足的微分方程，称为磁矢位的泊松方程。对无源区（$J=0$），磁矢位满足矢量拉普拉斯方程，即

$$\nabla^2\boldsymbol{A} = 0 \tag{3-73}$$

在直角坐标系中可简写为

$$\nabla^2\boldsymbol{A} = \boldsymbol{e}_x\nabla^2 A_x + \boldsymbol{e}_y\nabla^2 A_y + \boldsymbol{e}_z\nabla^2 A_z$$

从而可将式(3－72)写成如下三个分量方程

$$\begin{cases}\nabla^2 A_x = -\mu_0 J_x \\ \nabla^2 A_y = -\mu_0 J_y \\ \nabla^2 A_z = -\mu_0 J_z\end{cases} \tag{3-74}$$

可知，$\boldsymbol{A}$ 的每一个分量均满足泊松方程。与静电场的泊松方程对比，可以得到磁矢位解为

$$\begin{cases}A_x = \dfrac{\mu_0}{4\pi}\displaystyle\int_V \frac{J_x}{R}\,\mathrm{d}V \\ A_y = \dfrac{\mu_0}{4\pi}\displaystyle\int_V \frac{J_y}{R}\,\mathrm{d}V \\ A_z = \dfrac{\mu_0}{4\pi}\displaystyle\int_V \frac{J_z}{R}\,\mathrm{d}V\end{cases} \tag{3-75}$$

将其写成矢量形式为

$$A(\boldsymbol{r}) = \frac{\mu_0}{4\pi}\int_V \frac{\boldsymbol{J}(\boldsymbol{r}')}{|\boldsymbol{r}-\boldsymbol{r}'|}\,\mathrm{d}V' \tag{3-76}$$

最后应说明的是，在引入了矢量磁位 $\boldsymbol{A}$ 以后，磁通量亦可以用矢量磁位 $\boldsymbol{A}$ 来表示，利用斯托克斯定理可导出由 $\boldsymbol{A}$ 表示的穿过曲面 S 的磁通量为

$$\Phi = \int_S \boldsymbol{B}\cdot\mathrm{d}\boldsymbol{S} = \int_S (\nabla\times\boldsymbol{A})\cdot\mathrm{d}\boldsymbol{S} = \oint_l \boldsymbol{A}\cdot\mathrm{d}\boldsymbol{l} \tag{3-77}$$

例 3-10 求长度为 l 的载流为 I 的直导线的磁矢位。

解 选如图 3-13 所示的圆柱坐标系，设场点的坐标为 (r, ϕ, z) 由式(3-68)知，A 只有 z 分量

$$A_z = \frac{\mu_0 I}{4\pi}\int_{-l/2}^{l/2}\frac{\mathrm{d}z'}{\sqrt{r^2+(z-z')^2}}$$

$$= \frac{\mu_0 I}{4\pi}\ln\frac{\left(\dfrac{l}{2}-z\right)+\sqrt{r^2+\left(\dfrac{l}{2}-z\right)^2}}{-\left(\dfrac{l}{2}+z\right)+\sqrt{r^2+\left(-\dfrac{l}{2}-z\right)^2}}$$

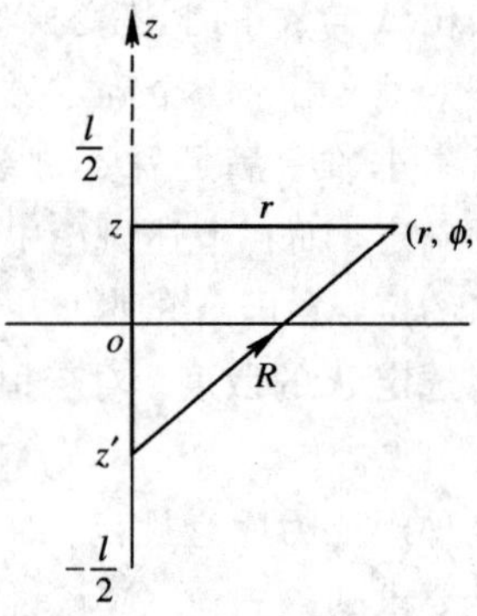

图 3-13 直导线的磁矢位

当 $l \gg z$ 时，上式简化为

$$A_z = \frac{\mu_0 I}{4\pi}\ln\frac{\dfrac{l}{2}+\sqrt{r^2+\left(\dfrac{l}{2}\right)^2}}{-\dfrac{l}{2}+\sqrt{r^2+\left(-\dfrac{l}{2}\right)^2}}$$

该结果适用于描述在导线中点附近所作的与直导线垂直的平面上任何点的矢量磁位。上式中，若再取 $l \gg r$，则进一步简化为

$$A_z = \frac{\mu_0 I}{2\pi}\ln\frac{l}{r}$$

简化过程中用了当 $x \ll 1$ 时，$(1+x)^{\frac{1}{2}} \approx 1+\dfrac{x}{2}$ 的泰勒展开近似值。该结果适用于描述在导线中点附近所作的与直导线垂直的平面上，且距直导线很近的点的情况。

当 $l \to \infty$ 时，空间任意一点 r(不再有条件限制)磁矢位为

$$A_z = \frac{\mu_0 I}{2\pi}\ln\frac{l}{r}$$

显然，磁矢位将趋于无穷大，原因是对于分布在无限区域的电流系统，不能取无限远处作为磁矢位的参考点，而只能任选一有限远点。如选 r_0 点作为磁矢位的参考点，可以得出

$$A_z = \lim_{l\to\infty}\left(\frac{\mu_0 I}{2\pi}\ln\frac{l}{r_0} - \frac{\mu_0 I}{2\pi}\ln\frac{l}{r}\right) = \frac{\mu_0 I}{2\pi}\ln\frac{r_0}{r}$$

根据上式，用圆柱坐标的旋度公式，可求出

$$\boldsymbol{B} = \nabla\times\boldsymbol{A} = -\boldsymbol{e}_\phi\frac{\partial A_z}{\partial r} = \boldsymbol{e}_\phi\frac{\mu_0 I}{2\pi r}$$

3.7 磁偶极子

一个线度很小，形状任意的电流环称为磁偶极子。此处所谓的线度很小是相对于它到观察点的距离而言的，所谓形状任意是指电流环可以是规则的几何形状，也可以是不规则的几何形状，可以是平面环，也可以是三维环。由于电流环在远处产生的磁场在数学形式上与电偶极子产生的电场极为一致，故提出磁偶极子的概念。讨论磁偶极子产生的场有两方面的意义：一方面可使某些特定电流系统的场的求法变得简单且使场分布显得明晰，另一方面可为描述磁介质内的磁场奠定基础。

3.7.1 磁偶极子的场

尺寸很小的小电流环称为磁偶极子。因小电流环在远区产生的磁场酷似电偶极子在远区产生的电场而得名。电流环如图 3-14 所示，图中小电流环的电流为 I，小电流环围成的面积为 S，面积面元的方向 $\boldsymbol{n}$ 与电流的方向成右手螺旋关系。磁偶极子的磁偶极矩用 $\boldsymbol{m}$ 表示，单位为安培·平方米。

小电流环的磁矩定义为

$$\boldsymbol{m} = I\boldsymbol{S} \tag{3-78}$$

与载流导线一样，磁矩在其周围也会产生磁场，为分析简单起见，我们以一个小电流环为例，讨论小电流环在远区域的磁矢位和磁场。

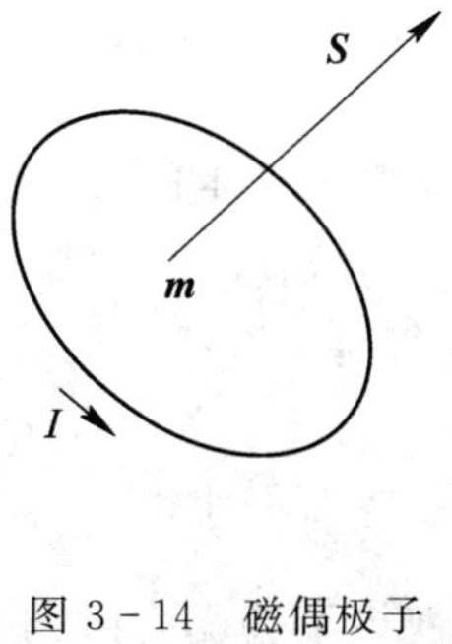

图 3-14　磁偶极子

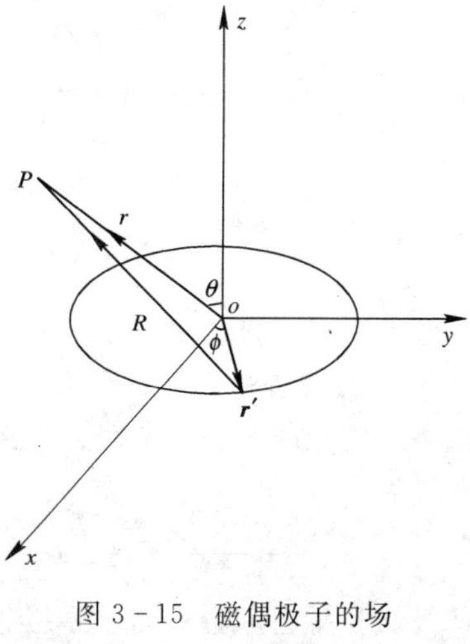

图 3-15　磁偶极子的场

设载流回路位于 xoy 平面，且中心在原点，如图 3-15 所示，如果研究点 P 到坐标 o

点的距离 $r\gg a$（a 为小电流环的半径），则该小电流环就可以看做磁偶极子。因为电流分布关于 z 轴旋转对称，所以磁矢位在球坐标系中只有 A_ϕ 分量，A_ϕ 仅是 r 和 θ 的函数，与 ϕ 无关，所以可将场点选取在 xoz 平面，在此平面，A_ϕ 与直角坐标的 A_y 分量一致，故 $I\ dl_1'$的 y 分量为 $a\,\mathrm{d}\phi\ \cos\phi$ 产生的磁矢位为

$$A_\phi = \frac{\mu_0}{4\pi}\int_0^{2\pi}\frac{Ia\ \cos\phi}{R}\,\mathrm{d}\phi$$

其中

$$R = (r^2+a^2-2\boldsymbol{r}\cdot\boldsymbol{r}')^{1/2} = r\left[1+\left(\frac{a}{r}\right)^2-\frac{2\boldsymbol{r}\cdot\boldsymbol{r}'}{r^2}\right]^{1/2}$$

$$|\boldsymbol{r}'| = a$$

如果 $r\gg a$，则

$$\frac{1}{R}=\frac{1}{r}\left[1+\left(\frac{a}{r}\right)^2-\frac{2\boldsymbol{r}\cdot\boldsymbol{r}'}{r^2}\right]^{-1/2}\approx\frac{1}{r}\left(1-\frac{2\boldsymbol{r}\cdot\boldsymbol{r}'}{r^2}\right)^{-1/2}\approx\frac{1}{r}\left(1+\frac{\boldsymbol{r}\cdot\boldsymbol{r}'}{r^2}\right)$$

由图 3-15 可见

$$\boldsymbol{r} = r(\boldsymbol{e}_x\ \sin\theta+\boldsymbol{e}_z\ \cos\theta)$$

$$\boldsymbol{r}' = a(\boldsymbol{e}_x\ \cos\phi+\boldsymbol{e}_y\ \sin\phi)$$

式中，θ 为 r 与 z 轴的夹角；而 ϕ 为 r' 与 x 轴的夹角，所以

$$\frac{1}{R}\approx\frac{1}{r}\left(1+\frac{a}{r}\sin\theta\ \cos\phi\right)$$

$$A_\phi=\frac{\mu_0}{4\pi}\frac{I\pi a^2}{r^2}\ \sin\theta=\frac{\mu_0 m}{4\pi r^2}\ \sin\theta$$

式中，$m=I\pi a^2$，是圆环回路磁矩的模值。一个载流回路的磁矩是一个矢量，磁矩的方向与环路的法线方向一致，大小等于电流乘以回路面积。上式用磁矩表示为

$$\boldsymbol{A}=\frac{\mu_0}{4\pi}\frac{\boldsymbol{m}\times\boldsymbol{r}}{r^3}\tag{3-79}$$

可看出，对于不同的电流环，只要它们的磁偶极矩相同，则在远处产生的磁矢位便相同。所以磁偶极矩 $\boldsymbol{m}$ 是描述电流环特性的特征量。磁感应强度为

$$\boldsymbol{B}=\nabla\times\boldsymbol{A}=\frac{1}{r^2\ \sin\theta}\begin{vmatrix}\boldsymbol{e}_r & r\boldsymbol{e}_\theta & r\sin\theta\boldsymbol{e}_\phi\\ \dfrac{\partial}{\partial r} & \dfrac{\partial}{\partial\theta} & \dfrac{\partial}{\partial\phi}\\ 0 & 0 & r\sin\theta A_\phi\end{vmatrix}$$

$$=\frac{\mu_0 m}{4\pi r^3}(\boldsymbol{e}_r 2\ \cos\theta+\boldsymbol{e}_\theta\ \sin\theta)\tag{3-80}$$

在远离场源处，比较电偶极子与磁偶极子的场会发现，磁偶极子产生的 **B** 与电偶极子产生的 **E** 有相同的数学表达形式。然而，在物理本质上二者是有差别的，主要表现在磁偶极子与和电偶极子附近的场分布不同，且 **B** 线是闭合的而 **E** 线不是闭合线。

3.7.2 外场中的磁偶极子

磁偶极子自身会产生磁场，反之，置于外磁场中的磁偶极子会受到磁场力和(或)力矩的作用，用类似于推导电偶极子受外电场作用力和力矩的方法，可推导出磁偶极子受外磁

场作用力 $\boldsymbol{F}$ 和力矩 $\boldsymbol{T}$ 的表达式，分别为

$$\boldsymbol{F} = \nabla(\boldsymbol{m} \cdot \boldsymbol{B}) = (\boldsymbol{m} \cdot \nabla)\boldsymbol{B} \tag{3-81}$$

$$\boldsymbol{T} = \boldsymbol{m} \times \boldsymbol{B} \tag{3-82}$$

由以上两式看出，如果外磁场是均匀的，则磁偶极子只会受到力矩作用而不会受到力的作用；如果外加磁场是非均匀的，则磁偶极子将同时受到力和力矩作用。无论是均匀强磁场还是非均匀强磁场都企图使磁偶极矩 $\boldsymbol{m}$ 沿着 $\boldsymbol{B}$ 的方向取向；当磁偶极矩 $\boldsymbol{m}$ 与 $\boldsymbol{B}$ 的方向相同或相反时，所受的力矩为零。但当二者方向相同时，磁偶极子处于低能量的稳定状态，当二者方向相反时，磁偶极子处于高能量的非稳定状态。

3.8　磁介质中的场方程

前面讨论的是真空中的磁场，然而，当磁场所在的空间存在媒质时，媒质将与磁场相互作用，从而对磁场产生影响。在讨论媒质与磁场相互作用时，称媒质为磁介质。磁介质与磁场的相互作用主要表现为磁场使磁介质磁化，而磁化介质自身又会产生磁场叠加在原来的磁场上。

3.8.1　磁介质的磁化

物质的磁性来源于分子中电子绕原子核的旋转运动和电子的自旋，电子的这两种运动所产生的磁效应可用一个电流回路来等效，称这个电流回路的磁矩为电子磁矩，称一个分子中所有电子磁矩的总和为分子的固有磁矩。物质分子的固有磁矩可以不为零也可以为零，称固有磁矩不为零的物质为顺磁物质，称固有磁矩为零的物质为抗磁物质。

外磁场使媒质分子内电子的运动状态发生变化从而导致分子磁矩发生变化的现象称为媒质的磁化，能够被磁化的物质称为磁化媒质(磁化介质或磁介质)。媒质的磁化特性可分为三类：一类是抗磁性，所有物质都具有抗磁性，抗磁性源于外加磁场改变了电子绕原子核作轨道旋转的运动状态，从而产生一个与外加磁场方向相反的附加分子磁矩，这就是抗磁性磁化。称附加的分子磁矩为感应磁矩。抗磁效应通常很弱且随外加磁场的取消而消失；二类是顺磁性物质，对于顺磁性磁介质，即使无外加磁场，该类媒质分子的固有磁矩也不为零，只是由于热运动导致分子固有磁矩混乱排列，因而使媒质在总体上的磁矩为零。但当有外加磁场时，分子的固有磁矩将受到一个试图使它们沿外加磁场取向的力矩，该力矩与热运动的共同作用使固有磁矩部分地沿外加磁场取向，这就是顺磁性磁化。当然，顺磁性媒质同时存在着抗磁性磁化，只是由于顺磁性效应远大于抗磁性效应，故使该类媒质最终呈现出顺磁性；第三类是铁磁性物质，只有铁、钴和镍等少数物质具有铁磁性，在无外加磁场时，该类媒质分子的固有磁矩在不同的极小区域内就有一定程度的一致取向，从而形成不为零的磁畴磁矩，所谓磁畴就是媒质内分子固有磁矩自发一致取向的极小区域。各磁畴内分子的固有磁矩取向虽然是一致的，但各磁畴磁矩的取向却是杂乱的，故无外加磁场时并不对外显示磁性，当有外加磁场时，一方面磁畴会扩大，另一方面各磁畴磁矩会沿外加磁场排列从而产生极强的顺磁效应，这就是铁磁性磁化。

综上所述，一般情况下磁化媒质的每一分子都有沿一定方向取向的分子磁矩 $\boldsymbol{m}=i\boldsymbol{S}$，

而整个媒质可视为在真空中按不同方向排列的众多磁偶极子的集合体，每一磁偶极子都会产生自己的磁场。应该强调，媒质的磁化程度取决于媒质内的总磁场，即外加磁场与磁化媒质产生的磁场之和。为了宏观地定量描述媒质的磁化程度，引入磁化强度 $\boldsymbol{M}$ 的概念，定义为

$$\boldsymbol{M}=\lim_{\Delta V\to 0}\frac{\sum \boldsymbol{m}}{\Delta V} \tag{3-83}$$

式中，ΔV 是点 $\boldsymbol{r}$ 处的体积元。式(3-83)的意义是，媒质中某点 $\boldsymbol{r}$ 处单位体积内分子磁矩 $\boldsymbol{m}$ 的矢量和。磁化强度 $\boldsymbol{M}$ 也称为磁矩密度，单位是 A/m。如果每一分子磁矩 $\boldsymbol{m}$ 的大小和方向都相同，则磁化强度 $\boldsymbol{M}$ 可简写为

$$\boldsymbol{M}=N\boldsymbol{m} \tag{3-84}$$

式中，N 为分子密度。

3.8.2 磁化媒质产生的磁场

在外磁场作用下，媒质磁化后会产生磁矩，这些磁矩会在其周围产生磁场。现在让我们讨论磁矩产生的磁场。如图 3-16 所示，设 P 为磁化介质外任一点，在磁介质内部 $\boldsymbol{r}'$ 处体积元 $\mathrm{d}V'$ 内的等效磁矩 $\mathrm{d}\boldsymbol{m}=\boldsymbol{M}\,\mathrm{d}V'$ 产生的磁矢位为

$$\begin{aligned}\mathrm{d}\boldsymbol{A}&=\frac{\mu_0}{4\pi}\frac{\boldsymbol{M}\times(\boldsymbol{r}-\boldsymbol{r}')}{|\boldsymbol{r}-\boldsymbol{r}'|^3}\,\mathrm{d}V'=-\frac{\mu_0}{4\pi}\boldsymbol{M}\times\nabla\left(\frac{1}{|\boldsymbol{r}-\boldsymbol{r}'|}\right)\mathrm{d}V'\\&=\frac{\mu_0}{4\pi}\boldsymbol{M}\times\nabla'\left(\frac{1}{|\boldsymbol{r}-\boldsymbol{r}'|}\right)\mathrm{d}V'\end{aligned}$$

其中算符 ∇' 表示对带“$\boldsymbol{r}'$”的坐标的运算。总的磁矢位为

$$\boldsymbol{A}(\boldsymbol{r})=\frac{\mu_0}{4\pi}\int_V\boldsymbol{M}\times\nabla'\left(\frac{1}{|\boldsymbol{r}-\boldsymbol{r}'|}\right)\mathrm{d}V' \tag{3-85}$$

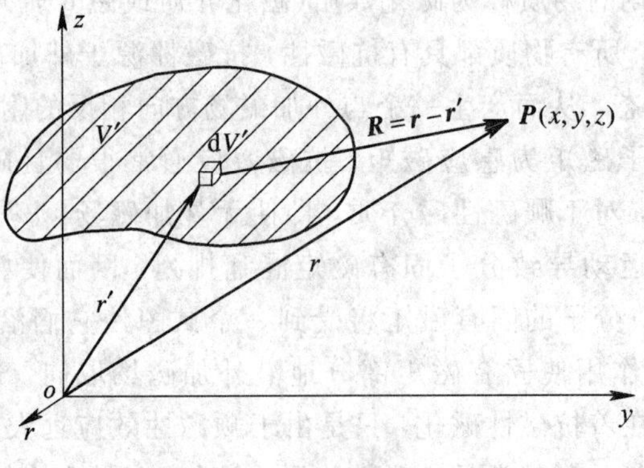

图 3-16 磁化媒质的场

利用矢量恒等式 $\nabla\times u\boldsymbol{A}=(\nabla u)\times\boldsymbol{A}+u(\nabla\times A)$ 将上式的被积函数写为

$$\boldsymbol{M}\times\nabla'\left(\frac{1}{|\boldsymbol{r}-\boldsymbol{r}'|}\right)=\frac{1}{|\boldsymbol{r}-\boldsymbol{r}'|}\nabla'\times\boldsymbol{M}-\nabla'\times\left(\frac{\boldsymbol{M}}{|\boldsymbol{r}-\boldsymbol{r}'|}\right)$$

$$\boldsymbol{A}(\boldsymbol{r})=\frac{\mu_0}{4\pi}\left[\int_V\frac{1}{|\boldsymbol{r}-\boldsymbol{r}'|}\nabla'\times\boldsymbol{M}\,\mathrm{d}V'-\int_V\nabla'\times\frac{\boldsymbol{M}}{|\boldsymbol{r}-\boldsymbol{r}'|}\,\mathrm{d}V'\right] \tag{3-86}$$

再利用矢量恒等式

$$\int_V \nabla\times\boldsymbol{A}\,\mathrm{d}V' = -\oint_S \boldsymbol{A}\times\mathrm{d}\boldsymbol{S}'$$

则式(3-86)可表示为

$$\boldsymbol{A} = \frac{\mu_0}{4\pi}\int_V \frac{\nabla'\times\boldsymbol{M}}{|\boldsymbol{r}-\boldsymbol{r}'|}\,\mathrm{d}V' + \frac{\mu_0}{4\pi}\oint_S \frac{\boldsymbol{M}\times\boldsymbol{n}}{|\boldsymbol{r}-\boldsymbol{r}'|}\,\mathrm{d}S' \tag{3-87}$$

将上式与体、面电流矢位公式比较可见，式(3-87)中第一项的分子部分相当于体电流密度，而第二项分子部分相当于面电流密度。由于式(3-87)是由磁化媒质产生的磁矢位 $\boldsymbol{A}$，故称该电流分别为体磁化电流密度和面磁化电流密度，表达式为

$$\begin{cases}\boldsymbol{J}_m = \nabla\times\boldsymbol{M}\\ \boldsymbol{J}_{mS} = \boldsymbol{M}\times\boldsymbol{n}\end{cases} \tag{3-88}$$

所以，式(3-87)也可以写为

$$\boldsymbol{A}(\boldsymbol{r}) = \frac{\mu_0}{4\pi}\int_V \frac{\boldsymbol{J}_m}{|\boldsymbol{r}-\boldsymbol{r}'|}\,\mathrm{d}V' + \frac{\mu_0}{4\pi}\oint_S \frac{\boldsymbol{J}_{mS}}{|\boldsymbol{r}-\boldsymbol{r}'|}\,\mathrm{d}S' \tag{3-89}$$

对上式取旋度便得磁化媒质产生的磁感应强度的表达式为

$$\boldsymbol{B}(\boldsymbol{r}) = \frac{\mu_0}{4\pi}\int_V \frac{\boldsymbol{J}_m\times(\boldsymbol{r}-\boldsymbol{r}')}{|\boldsymbol{r}-\boldsymbol{r}'|^3}\,\mathrm{d}V' + \frac{\mu_0}{4\pi}\oint_S \frac{\boldsymbol{J}_{mS}\times(\boldsymbol{r}-\boldsymbol{r}')}{|\boldsymbol{r}-\boldsymbol{r}'|^3}\,\mathrm{d}S' \tag{3-90}$$

应该说明的是，式(3-89)和式(3-90)不仅适用于表述磁化媒质外部任一点磁矢位和磁感应强度，而且适用于表述在磁化媒质内部任一点的磁矢位和磁感应强度。

上述讨论结果表明，磁化媒质产生的磁场实际是由分布在真空中的磁化电流产生的，下面简要分析磁化媒质中存在磁化电流的物理本质：媒质被磁化之后，分子磁矩的有序排列使相应的分子电流合成为媒质内部或媒质表面的不为零的宏观电流，由于这种电流是分子周围束缚电子(而不是自由电子)的宏观效应，故称为束缚电流（或磁化电流），以 I_m 表示。为了说明磁化电流的形成本质，讨论如图 3-17 所示的一块磁化媒质。

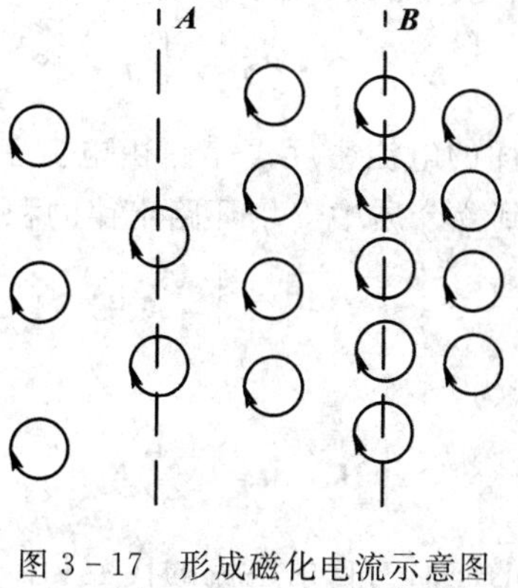

图 3-17　形成磁化电流示意图

磁介质被磁化后，在外磁场的作用下，各分子磁矩指向同一方向，设分子电流在纸面内(分子磁矩垂直于纸面)。不难看出，相邻的两个分子电流的方向总是相反的，因而，如果媒质的磁化是均匀的，那么，图中两条虚线之间那部分的分子电流完全相互抵消，不会有磁化体电流；如果媒质的磁化是非均匀的，那么，图中两条虚线之间那部分的分子电流不能完全相互抵消，从而形成不为零的磁化体电流。另外，无论是均匀磁化还是非均匀磁化，在媒质表面，比如在图 3-17 所示区域的左侧边缘，分子电流会汇聚成方向向上的宏

观面电流，即不为零的磁化面电流。磁化媒质能够产生磁场的本质就在于具有磁化电流，磁化媒质产生的磁场可由处在真空中的磁化电流产生的磁场来等效。在此预先约定，在以后叙述中，电流就是指传导电流和运流电流(有时称之为自由电流)，而磁化电流则特指在磁化媒质内部或表面由分子电流形成的电流。

3.8.3 磁场强度

真空中恒定磁场遵从的基本规律用磁场的基本方程来描述，其中只涉及自由电流。而在磁化媒质中除可能存在自由电流外，还可能存在磁化电流，且式(3-89)表明，磁化电流在产生磁场方面与自由电流有同样的功效，因而，只要在真空中的基本方程式中加入磁化电流的贡献，便自然得到磁介质中磁场遵从的基本规律。

在磁介质中，产生磁感应强度的电流除 $\boldsymbol{J}$ 之外，还应有磁化电流 $\boldsymbol{J}_m$。所以磁感应强度的旋度应为

$$\nabla \times \boldsymbol{B} = \mu_0(\boldsymbol{J} + \boldsymbol{J}_m)$$

代入 $\boldsymbol{J}_m = \nabla \times \boldsymbol{M}$，从而有

$$\nabla \times \boldsymbol{B} = \mu_0(\boldsymbol{J} + \boldsymbol{J}_m) = \mu_0(\boldsymbol{J} + \nabla \times \boldsymbol{M})$$

可得

$$\nabla \times \left(\frac{\boldsymbol{B}}{\mu_0} - \boldsymbol{M}\right) = \boldsymbol{J} \tag{3-91}$$

引入新矢量 $\boldsymbol{H}$，并令

$$\boldsymbol{H} = \frac{B}{\mu_0} - \boldsymbol{M} \tag{3-92}$$

称 $\boldsymbol{H}$ 为磁场强度，单位为 A/m。这时式(3-91)变为

$$\nabla \times \boldsymbol{H} = \boldsymbol{J} \tag{3-93}$$

式(3-93)为磁介质中安培环路定律的微分形式；对 $\nabla \times \boldsymbol{H} = \boldsymbol{J}$ 两边取面积分，有

$$\int_S \nabla \times \boldsymbol{H} \cdot \mathrm{d}\boldsymbol{S} = \int_S \boldsymbol{J} \cdot \mathrm{d}\boldsymbol{S}$$

值得说明的是，上式中通过 S 面的电流密度 $\boldsymbol{J}$ 是自由电流密度，而不是磁化电流密度。对上式应用斯托克斯定理，就得到磁介质中安培环路定律的积分形式为

$$\oint_l \boldsymbol{H} \cdot \mathrm{d}\boldsymbol{l} = \int_S \boldsymbol{J} \cdot \mathrm{d}\boldsymbol{S} \tag{3-94}$$

对于线电流，式(3-94)可表示为

$$\oint_l \boldsymbol{H} \cdot \mathrm{d}\boldsymbol{l} = \sum \boldsymbol{I}$$

式中的电流是通过以 l 为周界的曲面的自由电流的代数和。

磁场强度 $\boldsymbol{H}$ 与磁感应强度 $\boldsymbol{B}$ 的关系为

$$\boldsymbol{H} = \frac{\boldsymbol{B}}{\mu_0} - \boldsymbol{M} \quad 或 \quad \boldsymbol{B} = \mu_0(\boldsymbol{H} + \boldsymbol{M}) \tag{3-95}$$

应该说明的是，对式(3-95)取散度有

$$\nabla \cdot \boldsymbol{H} = -\nabla \cdot \boldsymbol{M}$$

可见，均匀磁化介质中 $\boldsymbol{H}$ 的散度为零，而非均匀磁化介质中 $\boldsymbol{H}$ 的散度不为零，真空中，

$\boldsymbol{M}=0$，因而 $\boldsymbol{B}=\mu_0\boldsymbol{H}$。

3.8.4　磁导率

如前所说，磁介质的磁化强度 $\boldsymbol{M}$ 与它内部的总磁场有关，这种关系称为组成(或本构)关系，由磁介质的固有特性决定。磁介质的类型不同，则 $\boldsymbol{M}$ 与 $\boldsymbol{H}$ 间的关系也不同，有线性与非线性，均匀与非均匀，各向同性与各向异性之分。

对于工程上常使用的各向同性的线性磁介质而言，组成关系为

$$\boldsymbol{M}=\chi_m\boldsymbol{H} \tag{3-96}$$

式中，χ_m是一个无量纲常数，称为磁化率。如果χ_m与磁场强度 $\boldsymbol{H}$ 的大小无关，则说明磁介质是线性的，否则是非线性；如果χ_m与磁场强度 $\boldsymbol{H}$ 方向无关，则说明磁介质是各向同性的，否则是各向异性的；如果χ_m与坐标无关。则说明磁介质是均匀的，否则是非均匀。将式(3-96)代入式(3-95)，有

$$\boldsymbol{B}=\mu_0(\boldsymbol{H}+\boldsymbol{M})=\mu_0(1+\chi_m)\boldsymbol{H}=\mu_r\mu_0\boldsymbol{H}=\mu\boldsymbol{H} \tag{3-97}$$

$$\begin{cases}\mu=\mu_r\mu_0\\ \mu_r=1+\chi_m\end{cases} \tag{3-98}$$

式中，μ 和 μ_r 分别称为磁介质的磁导率和相对磁导率，磁导率的单位为 H/m(亨利/米)，而相对磁导率无量纲。磁介质的组成关系(也称为本构关系)为

$$\boldsymbol{B}=\mu\boldsymbol{H} \tag{3-99}$$

铁磁材料的 B 和 H 的关系是非线性的，并且 B 不是 H 的单值函数，会出现磁滞现象，其磁化率χ_m的变化范围很大，可以达到 10^6 量级。

在后面的讨论中，若不加特殊说明，则涉及到的磁介质均为各向同性的、均匀的线性磁介质。

3.8.5　磁介质中恒定磁场的基本方程

在引入了磁场强度 $\boldsymbol{H}$ 的概念，并得到了它遵从的方程式以及组成关系后，磁感应强度无散度的性质并没有改变，因此参考真空中的磁场方程，很容易写出磁介质中恒定磁场基本方程的微分形式和积分形式为

$$\begin{cases}\nabla\cdot\boldsymbol{B}=0\\ \nabla\times\boldsymbol{H}=\boldsymbol{J}\end{cases} \tag{3-100}$$

$$\begin{cases}\oint_S\boldsymbol{B}\cdot d\boldsymbol{S}=0\\ \oint_l\boldsymbol{H}\cdot d\boldsymbol{l}=\int_S\boldsymbol{J}\cdot d\boldsymbol{S}\end{cases} \tag{3-101}$$

对于各向同性的线性媒质有辅助方程

$$\boldsymbol{B}=\mu\boldsymbol{H} \tag{3-102}$$

由于在磁介质中同样有 $\nabla\cdot\boldsymbol{B}=0$，因而仍可引入磁矢位 $\boldsymbol{A}$，使 $\boldsymbol{B}=\nabla\times\boldsymbol{A}$。在各向同性的、均匀的线性磁介质中，若采用库仑规范条件，则磁矢位 $\boldsymbol{A}$ 遵从的微分方程为

$$\nabla^2 \boldsymbol{A} = -\mu \boldsymbol{J} \tag{3-103}$$

该式为磁介质中磁矢位的泊松方程，与真空中磁矢位 $\boldsymbol{A}$ 遵从的微分方程式相比可知。在有同样的自由电流 $\boldsymbol{J}$ 分布情况下，磁介质中磁矢位 $\boldsymbol{A}$ 和磁感应强度 $\boldsymbol{B}$ 均为真空中的 μ_r 倍。

如在无源区域，磁矢位 $\boldsymbol{A}$ 满足拉普拉斯方程，即

$$\nabla^2 \boldsymbol{A} = 0 \tag{3-104}$$

例 3-11 在 $a \leqslant r \leqslant b$，$0 \leqslant z \leqslant L$ 的圆柱壳内填充磁化强度为 $\boldsymbol{M} = \boldsymbol{e}_\phi \dfrac{c}{r}$（$c$ 为常数）的磁化介质，求该区域内的磁化电流密度 $\boldsymbol{J}_m$ 和表面的磁化电流面密度 $\boldsymbol{J}_{mS}$。

解 依据式(3-88)，磁化媒质中的磁化电流密度

$$\boldsymbol{J}_m = \nabla \times \boldsymbol{M} = \boldsymbol{e}_z \frac{1}{r} \frac{\partial}{\partial r}\left(r \frac{c}{r}\right) = 0$$

可见，媒质为均匀磁化介质。利用 $\boldsymbol{J}_{mS} = \boldsymbol{M} \times \boldsymbol{n}$ 计算磁化面电流密度时，应注意不同表面外法向单位矢 $\boldsymbol{n}$ 的指向不同，且式中的磁化强度 $\boldsymbol{M}$ 在不同的表面有不同的值，因而

在圆柱壳的内侧面：

$$\boldsymbol{J}_{mS}(r=a) = \boldsymbol{M}(r=a) \times (-\boldsymbol{e}_r) = \boldsymbol{e}_z \frac{c}{a};$$

在圆柱壳的外侧面：

$$\boldsymbol{J}_{mS}(r=b) = \boldsymbol{M}(r=b) \times \boldsymbol{e}_r = -\boldsymbol{e}_z \frac{c}{b};$$

在圆柱壳的下底面：

$$\boldsymbol{J}_{mS} = \boldsymbol{M}(z=0) \times (-\boldsymbol{e}_z) = -\boldsymbol{e}_r \frac{c}{r};$$

在圆柱壳的上底面：

$$\boldsymbol{J}_{mS} = \boldsymbol{M}(z=L) \times \boldsymbol{e}_z = \boldsymbol{e}_r \frac{c}{r}。$$

可以看出，磁化电流形成了一个闭合回路：在圆柱壳的上底面沿径向流至 $r=b$ 的外侧面，折转沿 $-z$ 方向流至下底面，再逆着径向流至 $r=a$ 的内侧面，折转沿 $+z$ 方向流至上底面，折转再沿径向流动，依此重复不止。

例 3-12 同轴线的内导体半径为 a，外导体的内半径为 b，外半径为 c，如图 3-18 所示。设内、外导体分别流过反向的电流 I，两导体之间介质的磁导率为 μ，求各区域的 $\boldsymbol{H}$、$\boldsymbol{B}$、$\boldsymbol{M}$，并求磁介质中的磁化电流密度 $\boldsymbol{J}_m$ 以及磁介质表面的磁化电流面密度 $\boldsymbol{J}_{mS}$。

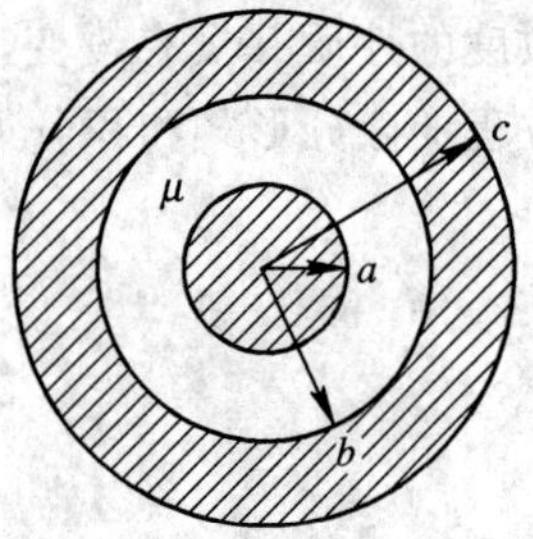

图 3-18 例 3-12 图

解 以后如无特别声明，对良导体(不包括铁磁性物质)一般取其磁导率为 μ_0。因同轴线为无限长，则其磁场沿轴线无变化，该磁场只有 ϕ 分量，且其大小只是 r 的函数。分别在各区域使用介质中的安培环路定律，求出各区域的磁场强度 $\boldsymbol{H}$，然后由 $\boldsymbol{H}$ 求出 $\boldsymbol{B}$ 和 $\boldsymbol{M}$。

当 $r \leqslant a$ 时，电流 I 在导体内均匀分布，且流向 $+z$ 方向。由安培环路定律，考虑这一区域的磁导率为 μ_0，可得

$$\left.\begin{aligned}&\boldsymbol{H}=\boldsymbol{e}_{\phi}\frac{Ir}{2\pi a^2}\\&\boldsymbol{B}=\boldsymbol{e}_{\phi}\frac{\mu_0 Ir}{2\pi a^2}\\&\boldsymbol{M}=0\end{aligned}\right\}\quad(r\leqslant a)$$

当 $a<r\leqslant b$ 时，与积分回路交链的电流为 I，该区域磁导率为 μ，可得

$$\left.\begin{aligned}&\boldsymbol{H}=\boldsymbol{e}_{\phi}\frac{I}{2\pi r}\\&\boldsymbol{B}=\boldsymbol{e}_{\phi}\frac{\mu I}{2\pi r}\\&\boldsymbol{M}=\boldsymbol{e}_{\phi}\frac{\mu-\mu_0}{\mu_0}\frac{I}{2\pi r}\end{aligned}\right\}\quad(a<r\leqslant b)$$

当 $b<r\leqslant c$ 时，考虑到外导体电流均匀分布，可得出与积分回路交链的电流为

$$I'=I-\frac{r^2-b^2}{c^2-b^2}I$$

$$\left.\begin{aligned}&\boldsymbol{H}=\boldsymbol{e}_{\phi}\frac{I}{2\pi r}\frac{c^2-r^2}{c^2-b^2}\\&\boldsymbol{B}=\boldsymbol{e}_{\phi}\frac{\mu_0 I}{2\pi r}\frac{c^2-r^2}{c^2-b^2}\\&\boldsymbol{M}=0\end{aligned}\right\}\quad(b<r\leqslant c)$$

当 $r>c$ 时，这一区域的 $\boldsymbol{B}$、$\boldsymbol{H}$、$\boldsymbol{M}$ 为零。

内外导体间磁介质中的磁化电流密度

$$\boldsymbol{J}_m=\nabla\times\boldsymbol{M}=\boldsymbol{e}_z\frac{1}{r}\frac{\partial}{\partial r}\left(r\frac{\mu-\mu_0}{\mu_0}\frac{I}{2\pi r}\right)=0$$

$r=a$ 和 $r=b$ 面上的磁化面电流密度

$$\boldsymbol{J}_{mS}(r=a)=\boldsymbol{M}(r=a)\times(-\boldsymbol{e}_r)=\boldsymbol{e}_z\frac{\mu-\mu_0}{\mu_0}\frac{I}{2\pi a}$$

$$\boldsymbol{J}_{mS}(r=b)=\boldsymbol{M}(r=b)\times\boldsymbol{e}_r=-\boldsymbol{e}_z\frac{\mu-\mu_0}{\mu_0}\frac{I}{2\pi b}$$

3.9　恒定磁场的边界条件

同静电场和恒定电场一样，磁场在经过磁介质的界面后也会发生突变，假定磁场的边界条件就是描述界面两侧磁场矢量关系的一组方程，边界条件可由磁场基本方程的积分形式导出。

3.9.1　磁感应强度 B 的边界条件

在场论中，凡用闭合面积分表述基本方程的场量，它的边界条件一定以法向分量描述。由式(3-101)知，$\boldsymbol{B}$ 的方程是用闭合面积分表述的，故它的边界条件一定用法向分量 B_n 描述。如图 3-19 所示，在磁介质的分界面上作一很小的圆柱形闭合面，顶面和底面分别位于界面两侧且无限靠近界面，柱面的高度 $h\to 0$。规定界面的法线方向由磁介质 1 指向

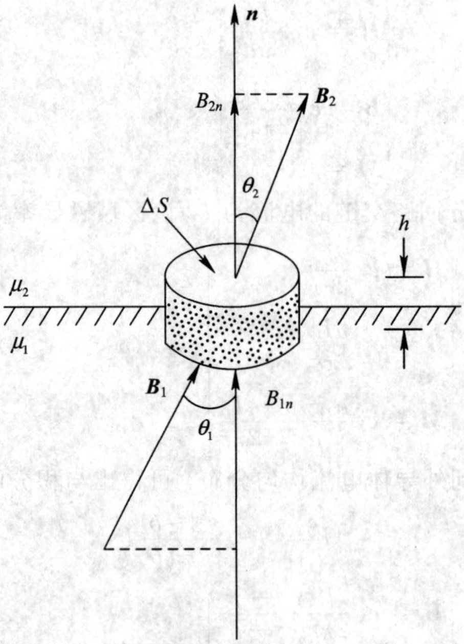

图 3-19　**B** 的边界条件

磁介质 2，以 $\boldsymbol{n}$ 表示法向的单位矢。将磁通的连续性原理式(3-101)中的第二式用于该柱形闭合面，注意到该柱面的顶面和底面的面积 $\Delta S_1=\Delta S_2=\Delta S$ 很小，可认为在两个面上磁感应强度 $\boldsymbol{B}$ 分别为常矢量；又因为柱面的高度 $h\to 0$，因而侧面积趋于零，从而穿过侧面的磁通量可忽略不计，则有

$$\oint_S \boldsymbol{B}\cdot \mathrm{d}\boldsymbol{S}=B_2\cos\theta_2\Delta S-B_1\cos\theta_1\Delta S=B_{2n}\Delta S-B_{1n}\Delta S=0$$

第二个等号后的第二项之所以取负号，是因为圆柱在该底面的外法向与界面的法向 $\boldsymbol{n}$ 的方向相反。从而有

$$B_{2n}=B_{1n} \tag{3-105}$$

写成矢量形式

$$n\cdot(\boldsymbol{B}_2-\boldsymbol{B}_1)=0 \tag{3-106}$$

式(3-105)或式(3-106)便是磁感应强度 $\boldsymbol{B}$ 的边界条件，它表明，在界面上磁感应强度 $\boldsymbol{B}$ 的法向分量是连续的。然而，磁场强度 $\boldsymbol{H}$ 的法向分量却是不连续的，这是因为 $H_n=B_n/\mu$，在 $B_{2n}=B_{1n}$，而 $\mu_1\neq\mu_2$ 时，自然有 $H_{2n}\neq H_{1n}$。

3.9.2　磁场强度 H 的边界条件

在场论中，凡用闭合回路积分表述基本方程的场量，它的边界条件一定以切向分量描述。由式(3-101)知，$\boldsymbol{H}$ 的方程是用闭合回路积分表述的，故它边界条件一定用切向分量描述。如图 3-20 所示，在磁介质的分界面上作一很小的矩形闭合回路 $abcda$，它的两条长边 ab 和 cd 分别位于界面两侧且无限靠近界面，另两条边 bc 和 da 垂直于界面且长度 $h\to 0$。设回路 $abcda$ 围定的面积矢量 $\boldsymbol{S}=S\boldsymbol{b}$，$\boldsymbol{b}$ 为面积矢量方向的单位矢，与回路 $abcda$ 成右手螺旋关系，设流过 S 的传导电流与 $\boldsymbol{b}$ 的方向一致。由于同一点的磁场强度 $\boldsymbol{H}$ 与传导电

流密度 $\boldsymbol{J}$ 总是正交的，所以界面两侧的 H_2 和 H_1 与 S 是共面的。由于所取矩形闭合回路 $abcda$ 的两条长边 ab 和 cd 的长度 Δl 很小，以致可以认为同一条 Δl 的 $\boldsymbol{H}$ 是常矢量，另两条边的长度 $h\to 0$，故 $\boldsymbol{H}$ 在这两条边上的线积分可忽略不计。同时，由于 $S=h\cdot\Delta l$ 很小，故可认为 S 内的电流密度 $\boldsymbol{J}$ 为常矢量。

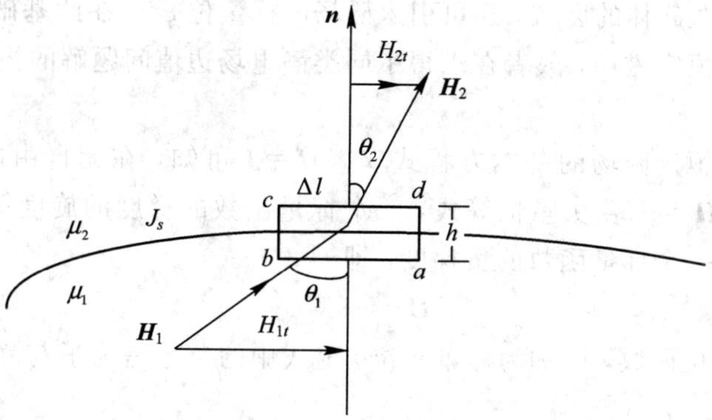

图 3-20　$\boldsymbol{H}$ 的边界条件

将安培环路定律式(3-101)中的第一式用于闭合回路 $abcda$，当 $h\to 0$ 时，有

$$\oint_l \boldsymbol{H}\cdot d\boldsymbol{l}=\int_{\Delta l}\boldsymbol{H}_2\cdot d\boldsymbol{l}+\int_{\Delta l}\boldsymbol{H}_1\cdot d\boldsymbol{l}$$
$$=H_2\sin\theta_2\Delta l-H_1\sin\theta_1\Delta l$$
$$=H_{2t}\Delta l-H_{1t}\Delta l=J_S\Delta l$$

从而得到磁场强度 H 的边界条件是

$$H_{2t}-H_{1t}=J_S \tag{3-107}$$

可将式(3-107)写成矢量形式

$$\boldsymbol{n}\times(\boldsymbol{H}_2-\boldsymbol{H}_1)=\boldsymbol{J}_S \tag{3-108}$$

磁场强度 $\boldsymbol{H}$ 的边界条件表明，当界面上有面电流时，界面上磁场强度的切向分量是不连续的；当界面上无面电流时，界面上磁场强度 $\boldsymbol{H}$ 的切向分量是连续的。显然，无论界面上有无面电流，磁感应强度 $\boldsymbol{B}$ 的切向分量都是不连续的。

3.9.3　H 或 B 在界面两侧的方向关系

磁力线在越过边界面后要发生方向的改变。分析如下：当界面上 $\boldsymbol{J}_S=0$ 时，式(3-107)和式(3-105)可分别写为 $H_2\sin\theta_2=H_1\sin\theta_1$ 和 $B_2\cos\theta_2=B_1\cos\theta_1$，两式相除并注意到 $B_2=\mu_2 H_2$ 和 $B_1=\mu_1 H_1$，则有

$$\frac{\tan\theta_1}{\tan\theta_2}=\frac{\mu_1}{\mu_2} \tag{3-109}$$

这便是在无面电流界面两侧磁场的方向关系，容易看出，在高磁导率 μ_1 介质与低磁导率 μ_2 介质的界面两侧有 $\theta_2\ll\theta_1$，同时有 $B_2\ll B_1$。假如 $\mu_1=1000\mu_0$，$\mu_2=\mu_0$，在这种情况下，当 $\theta_1=87°$时，$\theta_2=1.09°$，$B_2/B_1=0.052$。由此可见，高磁导率介质内部的磁感应强度远大于低磁导率介质内部的磁感应强度。

3.10 标量磁位

对于恒定磁场，不管是否有电流分布，均可引入磁矢量位 $\boldsymbol{A}$，除此之外，对于无电流部分的区域或存在永久磁体的区域，还可引入磁场的标量位 φ_m。在此基础上，可借助于求解静电场的方法求解恒定磁场，或者在求得了同类静电场边值问题解的情况下比拟地写出恒定磁场的解。

根据磁介质中恒定磁场的基本方程式 $\nabla\times\boldsymbol{H}=\boldsymbol{J}$ 可知，在无自由电流（$J=0$）的区域里，磁场强度 $\nabla\times\boldsymbol{H}=0$。由矢量恒等式，一个标量函数的梯度的旋度恒等于零。此时，磁场强度可以表示为一个标量函数的负梯度，即

$$\boldsymbol{H}=-\nabla\varphi_m \tag{3-110}$$

φ_m 称为磁场的标量位函数，简称为标量磁位。上式中的负号是为了与静电场的电位对应而人为加入的。

对于均匀介质，由恒定磁场的基本方程，有

$$\nabla\cdot\boldsymbol{B}=\nabla\cdot(\mu\boldsymbol{H})=\mu\nabla\cdot\boldsymbol{H}=0$$

将式(3-110)代入到上式中，可得磁标位满足拉普拉斯方程，即

$$\nabla^2\varphi_m=0 \tag{3-111}$$

所以用微分方程求磁标位时，同静电位一样，是求拉普拉斯方程的解。磁标位的边界条件可表示为

$$\varphi_{m2}=\varphi_{m1} \tag{3-112}$$

$$\mu_2\frac{\partial\varphi_{m2}}{\partial n}=\mu_1\frac{\partial\varphi_{m1}}{\partial n} \tag{3-113}$$

引入标量磁位后，除能较方便地求解无源区域的磁场外，还为求解永久磁体周围的磁场带来极大方便（永久磁体内无自由电流）。一般情况下，永久磁体的磁导率远大于空气的磁导率，如上节所说，此时，永久磁体的表面是一个（磁标位）等位面，因而可用静电比拟法求解。

对于非均匀介质，在无源区（$J=0$）中有

$$\nabla\cdot\boldsymbol{B}=\mu_0(\nabla\cdot\boldsymbol{H}+\nabla\cdot\boldsymbol{M})=0$$

故

$$\nabla\cdot\boldsymbol{H}=-\nabla\cdot\boldsymbol{M}$$

在引入等效磁荷 ρ_m 的概念后，磁标位满足泊松方程，即

$$\nabla^2\varphi_m=-\rho_m \tag{3-114}$$

式中，$\rho_m=-\nabla\cdot\boldsymbol{M}$。

3.11 电感

在线性磁介质中，任一回路在空间产生的磁场与回路电流成正比，因而穿过任意的固定回路的磁通量 Φ 也与电流成正比。如果回路由细导线绕成 N 匝，则总磁通量是各匝的磁

通之和。称总磁通为磁链，用 ψ 表示。对于密绕线圈，可以近似认为各匝的磁通相等，从而有 $\psi=N\Phi$。

3.11.1　自感

一个回路的自感定义为：穿过这个电流回路为周界的曲面的磁链 ψ 与回路电流 I 之比，用 L 表示，即

$$L=\frac{\psi}{I} \tag{3-115}$$

自感也称为自感系数，自感的单位是 H(亨利)。自感的大小取决于回路的尺寸、形状以及周围介质的磁导率。

3.11.2　互感

互感是互感系数的简称，有两个回路及两个以上回路才涉及到互感，如图 3-21 所示的两个回路。

回路 l_1 与回路 l_2 之间的互感定义为：由载电流 I_1 的回路 l_1 产生磁场、穿过以回路 l_2 为周界的曲面 S_2 的磁链 ψ_{12} 与电流 I_1 之比，用 M_{12} 表示为

$$M_{12}=\frac{\psi_{12}}{I_1} \tag{3-116}$$

互感的单位与自感相同。同样，我们可以用载流回路 l_2 的磁场在回路 l_1 上产生的磁链 ψ_{21} 与电流 I_2 的比来定义 l_2 与 l_1 之间的互感 M_{21}，即

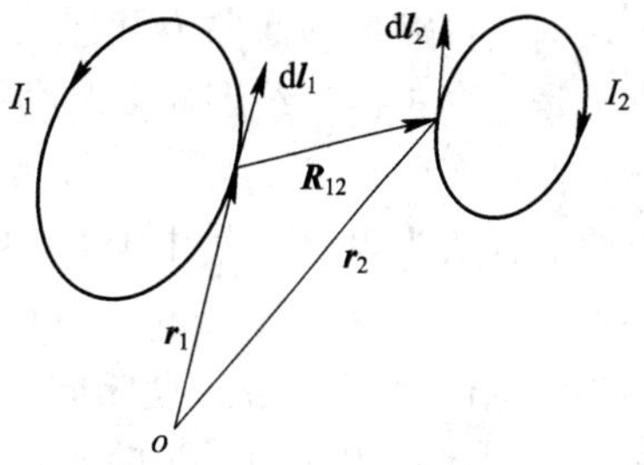

图 3-21　两回路间的互感

$$M_{21}=\frac{\psi_{21}}{I_2}$$

导体系统的互感的大小取决于回路的尺寸、形状以及介质的磁导率和回路的匝数。

3.11.3　电感的计算方法

从上面的讨论可知，电感是回路系统自身几何参数的函数，这里所说的计算方法是指用回路系统自身的几何参数来表征电感的方法。首先讨论如图 3-21 所示的回路系统互感的计算。设两个回路均为一匝，且周围媒质的磁导率为 μ_0。当回路 l_1 中的电流为 I_1 时，穿过回路 l_2 的磁链为

$$\psi_{12}=\Phi_{12}=\oint_{l_2}\boldsymbol{A}_{12}\cdot \mathrm{d}\boldsymbol{l}_2 \tag{3-117}$$

式中，$\boldsymbol{A}_{12}$ 为电流 I_1 在 l_2 上一点的磁矢位，即

$$\boldsymbol{A}_{12}=\frac{\mu_0 I_1}{4\pi}\oint_{l_1}\frac{\mathrm{d}\boldsymbol{l}_1}{|\boldsymbol{r}_2-\boldsymbol{r}_1|}$$

将其代入式(3-117)，有

$$\psi_{12}=\frac{\mu_0 I_1}{4\pi}\oint_{l_2}\oint_{l_1}\frac{\mathrm{d}\boldsymbol{l}_1\cdot \mathrm{d}\boldsymbol{l}_2}{|\boldsymbol{r}_2-\boldsymbol{r}_1|}$$

故而得 l_1 与 l_2 之间的互感为

$$M_{12} = \frac{\psi_{12}}{I_1} = \frac{\mu_0}{4\pi} \oint_{l_2} \oint_{l_1} \frac{\mathrm{d}\boldsymbol{l}_1 \cdot \mathrm{d}\boldsymbol{l}_2}{|\boldsymbol{r}_2 - \boldsymbol{r}_1|} \tag{3-118}$$

同理得 l_2 与 l_1 之间的互感为

$$M_{21} = \frac{\psi_{21}}{I_2} = \frac{\mu_0}{4\pi} \oint_{l_1} \oint_{l_2} \frac{\mathrm{d}\boldsymbol{l}_2 \cdot \mathrm{d}\boldsymbol{l}_1}{|\boldsymbol{r}_1 - \boldsymbol{r}_2|}$$

比较上两式可知

$$M_{12} = M_{21} = M \tag{3-119}$$

可见，互感具有互易性，因而通常说两回路间的互感 M，而不必说明是回路 l_1 与回路 l_2 间的还是回路 l_2 与回路 l_1 间的互感。称式(3-118)为诺伊曼(Neumann)公式。互感 M 可为正值，也可为负值。当由电流 I_1 产生的穿过回路 l_2 的磁力线的方向与 l_2 的环向成右手螺旋关系时，穿过回路 l_2 的磁链(磁通)为正.这时的 M 为正值；反之，M 为负值。

实际上，诺伊曼公式(3-118)不仅适用于计算两回路间的互感 M，同样适用于计算单一回路的自感 L。思路是将式(3-118)中的回路 l_1 和回路 l_2 重新理解：如图 3-22 所示是一个单匝导线回路，无论导线粗细，其横截面尺寸都要按照实际的不为零处理，取实际回路的中心轴线为回路 l_1 且认为电流 I_1 集中于 l_1，再取实际回路的内缘为回路 l_2；图中的 $\boldsymbol{R}_{12}$ 就是式(3-118)中的 $\boldsymbol{r}_2 - \boldsymbol{r}_1$，从而把求一个实际的单一回路的自感问题归结为求上述所规定的回路 l_1 和回路 l_2 间的互感问题。

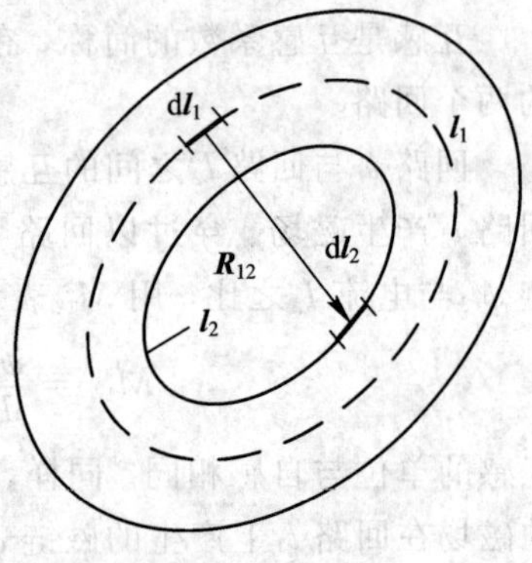

图 3-22　用诺伊曼公式计算外自感

例 3-13　求空气中无限长平行双导线单位长度的外自感。如图 3-23 所示，导线的截面半径为 a，两导线中心距离为 d。

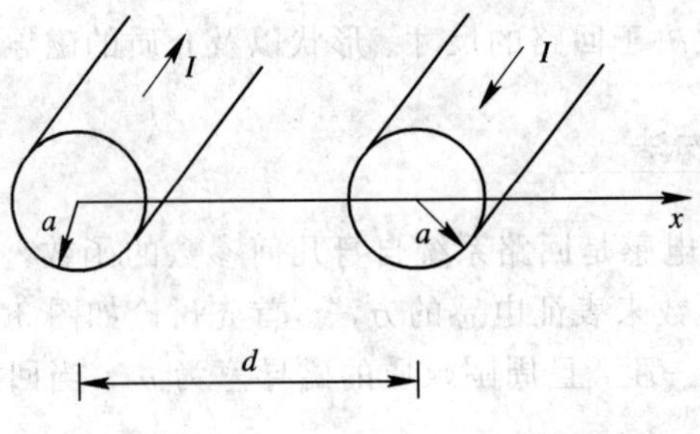

图 3-23　平行双导线

解　设导线中电流为 I，由安培环路定律可得两导线之间轴线所在的平面上的磁感应强度为

$$\boldsymbol{B} = \frac{\mu_0 I}{2\pi x} + \frac{\mu_0 I}{2\pi(d-x)}$$

磁场的方向与导线回路平面垂直。单位长度上的外磁链为

$$\psi = \int_a^{d-a} \boldsymbol{B}\ \mathrm{d}x = \frac{\mu_0 I}{\pi} \ln \frac{d-a}{a}$$

所以单位长度的外自感为

$$L=\frac{\mu_0}{\pi}\ln\frac{d-a}{a}\quad (\text{H/m})$$

例 3-14　求如图 3-24 所示之半径为 a，磁导率为 μ 的无限长直导线单位长度上的内自感 L_{in}。

解　导线的内自感 L_{in} 是导线的内磁链与导线的总电流之比。通过导线内部半径 $r(r<a)$ 的横截面的电流 $I_r=\frac{I}{\pi a^2}\pi r^2=\frac{r^2}{a^2}I$，因而导线内一点的磁感应强度为

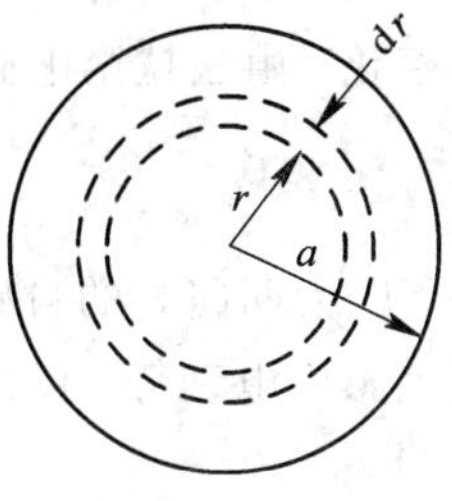

图 3-24　例 3-14 图

$$\boldsymbol{B}_{in}=\boldsymbol{e}_\phi\frac{\mu I r}{2\pi a^2}$$

相应的穿过导体中宽度为 dr，长度为 1 的面元 dS 的磁通为

$$\mathrm{d}\psi_{in}=\boldsymbol{B}_{in}\cdot\mathrm{d}\boldsymbol{S}=\boldsymbol{B}_{in}\cdot\mathrm{d}\boldsymbol{r}$$

应该注意的是，穿过 dS 的磁力线并没有与总电流 I 交链而仅与部分电流 I_r 交链，但在自感的定义式中，电流是指总电流 I。另一方面，在磁链 ψ 与磁通 Φ 的关系式 $\psi=N\Phi$ 中，匝数 N 的本质就是磁力线与总电流 I 交链的次数，因而，这意味着在本题中匝数 $N=\frac{I_r}{I}=\frac{r^2}{a^2}$（$N<1$），所以与 d$\Phi_{in}$ 相应的磁链为

$$\mathrm{d}\Psi_{in}=N\,\mathrm{d}\Phi_{in}=\frac{\mu I r^3}{2\pi a^4}\,\mathrm{d}r$$

在导体内，穿过宽度为 a，长度为 1 的平面的磁链为

$$\psi_{in}=\int_0^a\frac{\mu I r^3}{2\pi a^4}\,\mathrm{d}r=\frac{\mu I}{8\pi}$$

因而单位长度上的内自感为

$$L_{in}=\frac{\psi_{in}}{I}=\frac{\mu}{8\pi}\quad (\text{H/m})$$

3.12　恒定磁场的能量

运动电荷和载流导线在磁场中要受到磁场的作用力，在磁场的作用下载流导线可能移动而做功，说明磁场中储存着能量。这些能量是载流回路建立电流的过程中外电源所做的功。对恒定磁场，磁场能量仅与产生该磁场的电流的终值有关，而与电流的建立过程无关。

3.12.1　恒定电流系统的磁场能

首先讨论两个恒定电流回路系统的磁场能。设在真空中有两个细导线回路 l_1 和 l_2，在 $t=0$ 时刻，两个回路中的电流均为零，之后经过中间值 i_1 和 i_2 逐渐而连续地增加到最终值 I_1 和 I_2，相应的，中间各点的磁场也由零逐渐而连续地增加到最终值。显然，回路中电流的建立是外电源做功的结果，根据能量守恒定律，外电源所做的功等于恒定磁场所蕴涵的能量。由于恒定磁场的能量与建立恒定电流的中间过程无关，因而可选取两步完成建立过

程：第一步先建立回路 l_1 中的电流 i_1，在 i_1 由零增至最终值 I_1 的过程中，回路 l_2 中的电流 i_2 始终保持为零；第二步再建立回路 l_2 中的电流 i_2，在 i_2 由零增至最终值 I_2 的过程中，回路 i_1 中的电流始终保持为 I_1。

首先分析建立 I_1 时外电源做的功。如图 3-25 所示，当回路 l_1 中的电流 i_1 在 dt 时间内有一增量 di_1 时，空间各点的磁场也有相应增加，从而使穿过回路 l_1 和 l_2 的磁链 ψ_{11} 和 ψ_{12} 都发生变化。由法拉第电磁感应定律，ψ_{11} 的变化导致在 l_1 中产生感应电动势为

$$\varepsilon_{11} = -\frac{\mathrm{d}\psi_{11}}{\mathrm{d}t} = -L_1\frac{\mathrm{d}i_1}{\mathrm{d}t} \tag{3-120}$$

式中，L_1 为回路 l_1 的自感。ε_{11} 将阻止 i_1 增加，要使 i_1 增加，必须在 l_1 中外加电压 $U_1 = -\varepsilon_{11}$ 来抵消感应电动势，以维持 l_1 中在 dt 时间内有一增量 di_1，这样在 dt 时间内外电源向 l_1 做的功为

$$\mathrm{d}W_{11} = U_1 i_1\,\mathrm{d}t = L_1\frac{\mathrm{d}i_1}{\mathrm{d}t}i_1\,\mathrm{d}t = L_1 i_1\,\mathrm{d}i_1 \tag{3-121}$$

可知，回路 l_1 中的电流 i_1 由零增至最终值 I_1 的过程中外电源向 l_1 做的功为

$$W_{11} = \int \mathrm{d}W_{11} = \int_0^{I_1} L_1 i_1\,\mathrm{d}i_1 = \frac{1}{2}L_1 I_1^2 \tag{3-122}$$

另一方面，当 l_1 在 dt 时间内有一增量 di_1 时，将引起 ψ_{12} 的变化，从而在回路 l_2 中产生互感电动势

$$\varepsilon_{12} = -\frac{\mathrm{d}\psi_{12}}{\mathrm{d}t} = -M\frac{\mathrm{d}i_1}{\mathrm{d}t} \tag{3-123}$$

ε_{12} 在 l_2 中将产生一个感应电流试图改变 i_2 为零的状态，为使 i_2 始终为零，必须在 l_2 中外加电压 $U_2 = -\varepsilon_{12}$ 来抵消感应电动势。在 dt 时间内外电源向 l_2 做的功因 i_2 始终为零而等于零，即

$$\mathrm{d}W_{12} = U_2 i_2\,\mathrm{d}t = 0 \tag{3-124}$$

可知，回路 l_1 中的电流 i_1 由零增至最终值 I_1 的过程中外电源向 l_2 做的功为

$$W_{12} = 0$$

因而在完成第一步的过程中外电流所做的功为

$$W_1 = W_{11} + W_{12} = \frac{1}{2}L_1 I_1^2 \tag{3-125}$$

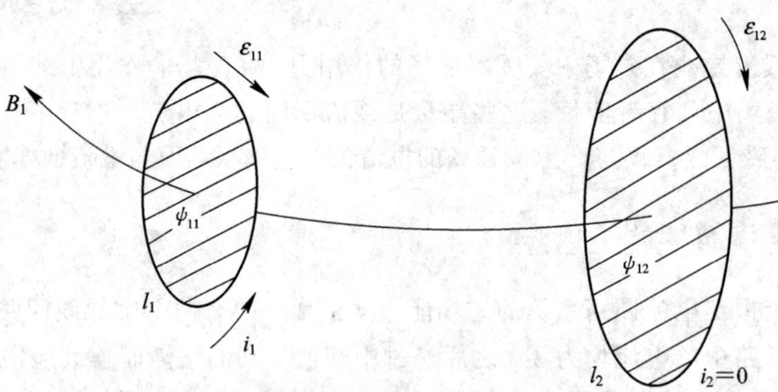

图 3-25　建立 I_1 时外电源做的功

现在完成第二步，即建立回路 l_2 中的电流 i_2，在 i_2 由零增至最终值 I_2 的过程中，回路

l_1中的电流始终保持为I_1，如图 3-26 所示。在i_2增加的过程中产生两个结果：结果之一在l_2中产生自感电动势ε_{22}，企图阻止i_2的增加，而要消除ε_{22}的影响，需外加一电压$U_2=-\varepsilon_{22}$的电源，采用在回路l_1中建立I_1的同样分析方法，可知外电源对回路l_2做的功为

$$W_{22}=\int_0^{I_1} L_2 i_2 \, di_2=\frac{1}{2}L_2 I_2^2 \tag{3-126}$$

式中，L_2为回路l_2的自感。结果之二是，在i_2由零增至最终值I_2的过程中，在l_1中产生互感电动势ε_{21}，企图改变已建立好的I_1，要消除ε_{21}的影响而保持I_1不变，需对l_1加$U_{21}=-\varepsilon_{21}$的电压，在 dt 时间内外电源向l_1做的功为

$$dW_{21}=U_{21}I_1 \, dt=\frac{d\psi_{21}}{dt}I_1 \, dt=MI_1 \, di_2 \tag{3-127}$$

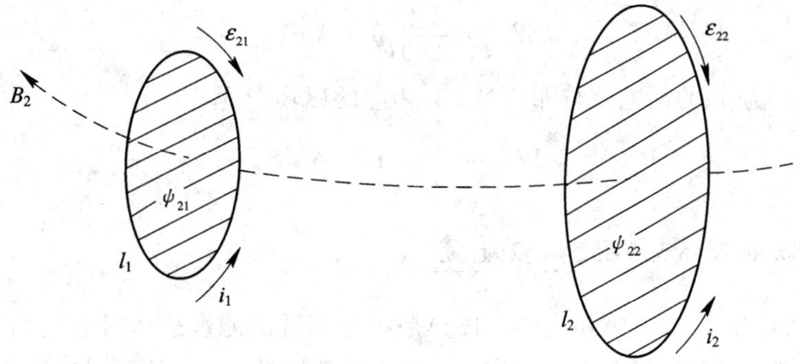

图 3-26　建立I_2时外电源做的功

在整个过程中，电源向l_1做的功为

$$W_{21}=\int dW_{21}=\int_0^{I_2} MI_1 \, di_2=MI_1 I_2 \tag{3-128}$$

因而在完成第二步的过程中外电流所做的功为

$$W_2=\frac{1}{2}L_2 I_2^2+MI_1 I_2 \tag{3-129}$$

综上所述，在回路l_1和回路l_2中建立起I_1和I_2的全过程中，外电源做的功是第一步和第二步做功之和。根据能量守恒定律，外电源所做的功转变为恒定电流回路系统的磁场能，因而系统的磁场能为

$$W_m=W_1+W_2=\frac{1}{2}L_1 I_1^2+\frac{1}{2}L_2 I_2^2+MI_1 I_2 \tag{3-130}$$

系统的磁场能还有如下的表述形式

$$\begin{aligned} W_m &= \frac{1}{2}(L_1 I_1+M_{21}I_2)I_1+\frac{1}{2}(M_{12}I_1+L_2 I_2)I_2 \\ &= \frac{1}{2}(\psi_{11}+\psi_{21})I_1+\frac{1}{2}(\psi_{12}+\psi_{22})I_2 \\ &= \frac{1}{2}\psi_1 I_1+\frac{1}{2}\psi_2 I_2 \\ &= \frac{1}{2}\sum_{i=1}^{2} I_i\psi_i \end{aligned} \tag{3-131}$$

推广到 N 个电流回路系统，其磁能为

$$W_m = \frac{1}{2}\sum_{i=1}^{N}\psi_i I_i \tag{3-132}$$

若用磁矢位表示磁链，则

$$\psi_i = \oint_{l_i} \boldsymbol{A}_i \cdot \mathrm{d}\boldsymbol{l}_i$$

式中 $\boldsymbol{A}_i$ 是各电流在回路 l_i 上一点产生的磁矢位之和。这时，式(3-130)变为

$$W_m = \frac{1}{2}\sum_{i=1}^{N}\oint_{l_i} \boldsymbol{A}_i \cdot I_i\,\mathrm{d}\boldsymbol{l}_i \tag{3-133}$$

对于体电流分布，式中的 $I\,\mathrm{d}\boldsymbol{l}=\boldsymbol{J}\,\mathrm{d}V$，$\boldsymbol{J}$ 为体电流密度，$\mathrm{d}V$ 是体电流分布区域内的体积元，从而有

$$W_m = \frac{1}{2}\int_V \boldsymbol{J}\cdot\boldsymbol{A}\,\mathrm{d}V \tag{3-134}$$

同样对于有密度为 $\boldsymbol{J}_S$ 的面电流分布区域 S，相应的磁场能为

$$W_m = \frac{1}{2}\int_S \boldsymbol{J}_S\cdot\boldsymbol{A}\,\mathrm{d}S \tag{3-135}$$

3.12.2 用场量表示的恒定磁场能量

式(3-132)、式(3-134)和式(3-135)是将电流看做能量载体时磁能的表达式。但人们更习惯用场量表示磁场的能量，事实上，磁能的载体是磁场，故而引入磁能密度的概念。

将 $\nabla\times\boldsymbol{H}=\boldsymbol{J}$ 代入式(3-134)，式中的体积是在有电流分布的区域 V 内进行的，但在 V 以外的区域里 $J=0$，这部分体积分的数值是零，故可将积分区域扩展至全空间 V_∞，从而有

$$W_m = \frac{1}{2}\int_{V_\infty} \boldsymbol{A}\cdot(\nabla\times\boldsymbol{H})\,\mathrm{d}V \tag{3-136}$$

应用矢量恒等式 $\nabla\cdot(\boldsymbol{A}\times\boldsymbol{H})=\boldsymbol{H}\cdot(\nabla\times\boldsymbol{A})-\boldsymbol{A}\cdot(\nabla\times\boldsymbol{H})$，又考虑到在恒定磁场中 $\nabla\times\boldsymbol{A}=\boldsymbol{B}$，代入式(3-136)得

$$\begin{aligned} W_m &= \frac{1}{2}\int_{V_\infty} \boldsymbol{A}\cdot(\nabla\times\boldsymbol{H})\,\mathrm{d}V = \frac{1}{2}\int_{V_\infty}[\boldsymbol{H}\cdot(\nabla\times\boldsymbol{A})-\nabla\cdot(\boldsymbol{A}\times\boldsymbol{H})]\,\mathrm{d}V \\ &= \frac{1}{2}\int_{V_\infty}\boldsymbol{H}\cdot\boldsymbol{B}\,\mathrm{d}V - \frac{1}{2}\oint_{S_\infty}(\boldsymbol{A}\times\boldsymbol{H})\cdot\mathrm{d}\boldsymbol{S} \end{aligned} \tag{3-137}$$

上式中 S_∞ 是围成 V_∞ 的面。对于上式的面积分，由于 $H\propto r^{-2}$，$A\propto r^{-1}$，面积 $S\propto r^2$，所以式(3-137)的面积分在 $r\to\infty$ 时为零，上式变为

$$W_m = \frac{1}{2}\int_V \boldsymbol{H}\cdot\boldsymbol{B}\,\mathrm{d}V \tag{3-138}$$

这便是用场量表示的恒定磁场能量。值得注意的是，这里的积分范围是全部有磁场存在的空间。从数学形式易知，被积函数的物理意义是单位体积内储存的磁能，称为磁能密度，以 w_m 表示，写为

$$w_m = \frac{1}{2}\boldsymbol{B}\cdot\boldsymbol{H} \tag{3-139}$$

单位是 $\mathrm{J/m^3}$。

参照式(3-122)可知，单一电流回路磁能的表达式为 $W_m=\frac{1}{2}LI^2$，因而，一旦用式(3-138)求得系统的磁能，则该回路的自感可由下式求出：

$$L=\frac{2W_m}{I^2}=\frac{1}{I^2}\int_V \boldsymbol{H}\cdot\boldsymbol{B}\,\mathrm{d}V \tag{3-140}$$

例 3-15　无限长同轴内导体半径为 a，外导体的内、外半径分别为 b 和 c，内外导体间媒质的磁导率为 μ_0，又若内、外导体均匀且流有方向相反的电流 I，求单位长同轴线内储存的磁能，并求单位长同轴线上的自感。

解　分区计算磁能。在 $r\leqslant a$ 区域，参照例 3-12 知磁感应强度

$$\boldsymbol{B}=\frac{\mu_0 Ir}{2\pi a^2}\boldsymbol{e}_\phi$$

因而单位长度的磁场能量为

$$W_{m1}=\frac{1}{2}\int_V \boldsymbol{B}\cdot\boldsymbol{H}\,\mathrm{d}V=\frac{1}{2\mu_0}\int_0^a\left(\frac{\mu_0 Ir}{2\pi a^2}\right)^2 2\pi r\,\mathrm{d}r=\frac{\mu_0 I^2}{16\pi}$$

在 $a<r\leqslant b$ 区域

$$\boldsymbol{B}=\frac{\mu_0 I}{2\pi r}\boldsymbol{e}_\phi$$

单位长度的磁场能量为

$$W_{m2}=\frac{1}{2}\int_V \boldsymbol{B}\cdot\boldsymbol{H}\,\mathrm{d}V=\frac{1}{2\mu_0}\int_a^b\left(\frac{\mu_0 I}{2\pi r}\right)^2 2\pi r\,\mathrm{d}r=\frac{\mu_0 I^2}{4\pi}\ln\frac{b}{a}$$

在 $b\leqslant r\leqslant c$ 区域，即在外导体中

$$\boldsymbol{B}=\frac{\mu_0 I}{2\pi r}\left(\frac{c^2-r^2}{c^2-b^2}\right)\boldsymbol{e}_\phi$$

单位长度的磁场能量为

$$W_{m3}=\frac{1}{2}\int \boldsymbol{B}\cdot\boldsymbol{H}\,\mathrm{d}V=\frac{\mu_0 I^2}{4\pi(c^2-b^2)^2}\left[c^4\ln\frac{c}{b}-\frac{1}{4}(3c^2-b^2)(c^2-b^2)\right]$$

在 $r>c$ 区域

$$\boldsymbol{B}=0,\quad W_{m4}=0$$

因此，该同轴线单位长度内储存的磁能为

$$\begin{aligned}W_m&=W_{m1}+W_{m2}+W_{m3}\\&=\frac{\mu_0 I^2}{2}\left\{\frac{1}{8\pi}+\frac{1}{2\pi}\ln\frac{b}{a}+\frac{1}{2\pi(c^2-b^2)^2}\left[c^4\ln\frac{c}{b}-\frac{1}{4}(3c^2-b^2)(c^2-b^2)\right]\right\}\end{aligned}$$

所以，单位长度的自感为

$$L=\frac{2W_m}{I^2}=\mu_0\left\{\frac{1}{8\pi}+\frac{1}{2\pi}\ln\frac{b}{a}+\frac{1}{2\pi(c^2-b^2)^2}\left[c^4\ln\frac{c}{b}-\frac{1}{4}(3c^2-b^2)(c^2-b^2)\right]\right\}$$

3.13　磁　场　力

一般情况下，通电回路在磁场中受的力，可以用安培定律来计算，但运用该定律求解具体问题时往往会遇到积分上的困难，为此，提出一种通过磁场能量计算磁场力的方法，即虚位移法，在某些情况下，这种方法显得更为方便。

虚位移法的基本思想：假设某一个电流回路在磁场力 $\boldsymbol{F}$ 的作用下发生了一个虚位移 $\mathrm{d}\boldsymbol{r}$，这时电路的互感发生变化，磁场的能量也发生变化 $\mathrm{d}W_m$，根据能量守恒定律，即

$$\mathrm{d}W_b = \mathrm{d}W_m + \boldsymbol{F}\cdot\mathrm{d}\boldsymbol{r} \tag{3-141}$$

当然，受力回路的位移 $\mathrm{d}\boldsymbol{r}$ 可在保持回路电流 I 不变的情况下发生，也可在保持回路磁链 ψ 不变的情况下发生。下面就这两种情况分别导出磁场力的表达式。

3.13.1　电流不变情况下的磁场力

在电流不变的情况下外电源做功的本质在于：当系统在 $\mathrm{d}t$ 时间内有一位移 $\mathrm{d}\boldsymbol{r}$ 时，将会使回路的位置或大小发生变化，从而使穿过回路的磁链有一变化 $\mathrm{d}\psi$，进而在回路中产生感应电动势 $\varepsilon=-\mathrm{d}\psi/\mathrm{d}t$，该电动势企图改变回路中原有的电流 I，为维持电流不变，必须让外电源的电压 $U=-\varepsilon$，这样，外电源在 $\mathrm{d}t$ 时间内做的功为

$$\mathrm{d}W_b = IU\,\mathrm{d}t = I\frac{\mathrm{d}\psi}{\mathrm{d}t}\,\mathrm{d}t = I\,\mathrm{d}\psi \tag{3-142}$$

参照式(3-130)，系统的磁能 $W_m=\frac{1}{2}I\psi$，因而磁能的增量可写为

$$\mathrm{d}W_m = \mathrm{d}\left(\frac{1}{2}I\psi\right) = \frac{1}{2}I\,\mathrm{d}\psi + \frac{1}{2}\psi\,\mathrm{d}I = \frac{1}{2}I\,\mathrm{d}\psi \tag{3-143}$$

式中已用到了电流不变，即 $\mathrm{d}I=0$ 这一条件。将式(3-142)和式(3-143)代入式(3-141)，有

$$I\,\mathrm{d}\psi = \boldsymbol{F}\cdot\mathrm{d}\boldsymbol{r} + \frac{1}{2}I\,\mathrm{d}\psi \tag{3-144}$$

在电流不变的条件下，依据式(3-143)，可将式(3-144)写为 $\mathrm{d}W_b=F\,\mathrm{d}r+\mathrm{d}W_m$，从而知在此条件下磁场力的表达式为

$$F_r = \left(\frac{\partial W_m}{\partial r}\right)_I \tag{3-145}$$

式中，下标 I 表示求偏导时电流不变。相应的矢量形式为

$$\boldsymbol{F} = \nabla W_m\big|_I \tag{3-146}$$

显然，对于两个线电流回路而言，如果回路自身大小不变而只是它们的相对位置发生变化，则利用式(3-126)，式(3-146)变为

$$\boldsymbol{F} = I_1 I_2 \nabla M \tag{3-147}$$

3.13.2　磁链不变情况下的磁场力

在磁链不变的情况下便不会在回路中产生感应电动势，因而无须外电源对回路做功，即

$$\mathrm{d}W_b = 0 \tag{3-148}$$

但伴随位移 $\mathrm{d}\boldsymbol{r}$ 引起磁能有一增量，形式为

$$\mathrm{d}W_m = \mathrm{d}\left(\frac{1}{2}I\psi\right) = \frac{1}{2}I\,\mathrm{d}\psi + \frac{1}{2}\psi\,\mathrm{d}I = \frac{1}{2}\psi\,\mathrm{d}I \tag{3-149}$$

式中已用到了磁链不变，即 $\mathrm{d}\psi=0$ 这一条件。将式(3-148)和式(3-149)代入式(3-141)，有

$$0 = \mathrm{d}W_m + \boldsymbol{F} \cdot \mathrm{d}\boldsymbol{r}$$

从而知在磁链不变的条件下磁场力的表达式为

$$F_r = -\left(\frac{\partial W_m}{\partial r}\right)_\psi \tag{3-150}$$

式中，下标 ψ 表示求偏导时磁链不变。相应的矢量形式为

$$\boldsymbol{F} = -(\nabla W_m)_\psi \tag{3-151}$$

式(3-146)～式(3-147)和式(3-150)是在两种不同假设条件下得到的磁场力的表达式。应该说明的是，对于同一个电流系统而言，用两种方法计算出的磁场力是确定的和唯一的。

例 3-16　设两导体平面的长为 l，宽为 b，间隔为 d，上、下面分别有方向相反的面电流 J_{S0}（如图 3-27 所示）。设 $b \gg d$，$l \gg d$，求上面一片导体板面电流所受的力。

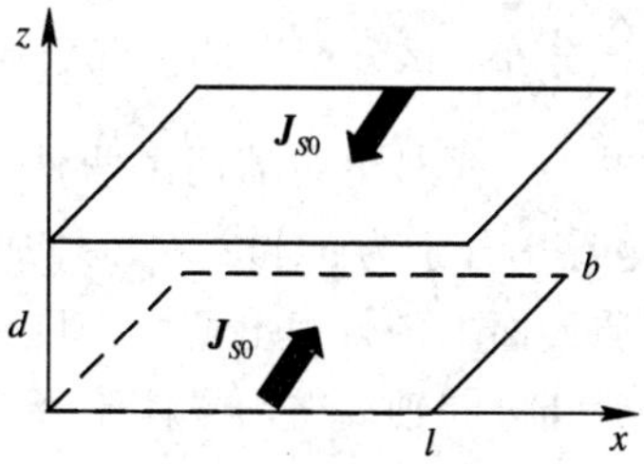

图 3-27　例 3-16 图

解　考虑到间隔远小于其尺寸，故可以看成无限大面电流。由安培回路定律可以求出两导体板之间磁场为 $\boldsymbol{B} = \boldsymbol{e}_x \mu_0 J_{S0}$，导体外磁场为零。当用虚位移法计算上面的导体板受力时，假设两板间隔为一变量 z。磁场能为

$$W_m = \frac{1}{2}BHV = \frac{1}{2}\mu_0 J_{S0}^2 lbz$$

假定上导体板位移时，电流不变，则

$$\boldsymbol{F} = \boldsymbol{e}_z \frac{\partial W_m}{\partial z} = \boldsymbol{e}_z \frac{1}{2}\mu_0 J_{S0}^2 lb$$

例 3-17　将一横截面积为 S、磁导率为 μ 的磁介质圆柱插入一个横截面相等、单位长度缠绕 n 匝、通电流为 I 的长密绕螺线管，求螺线管对磁介质圆柱的作用力。

解　设磁介质圆柱沿螺线管轴线有一位移 $\mathrm{d}z$，则引起系统磁能相应的变化为

$$\mathrm{d}W_m = \Delta w_m \, \mathrm{d}V = \frac{1}{2}(\mu - \mu_0)H^2 \cdot S \, \mathrm{d}z$$

设磁能变化的过程中电流不变。由于单位长度缠绕 n 匝、通电流为 I，因而长密绕螺线管内的磁场强度为

$$H = nI$$

故系统磁能的变化可写为

$$\mathrm{d}W_m = \frac{1}{2}(\mu - \mu_0)n^2 I^2 S \, \mathrm{d}z$$

因而螺线管对磁介质圆柱的作用力为

$$F_z = \left(\frac{\mathrm{d}W_m}{\mathrm{d}z}\right)_I = \frac{1}{2}(\mu - \mu_0)n^2 I^2 S$$

现在分析力的方向：当磁介质为顺磁物质，磁导率 $\mu > \mu_0$ 时，则 $F_z > 0$，为吸引力，当磁介质为抗磁物质，磁导率 $\mu < \mu_0$ 时，则 $F_z < 0$，为排斥力；吸引力和排斥力的方向均沿螺线管的轴线。

习 题

3-1 一个半径为 a 的球内均匀分布着总量为 q 的电荷，若其以角速度 ω 绕一直径匀速旋转，求球内的电流密度。

3-2 一电容器的两极是同心的导体球面，半径分别为 a 和 $b(b>a)$，导体的电导率为 σ_0，两极间填充媒质的电导率为 σ，$(\sigma_0\gg\sigma)$，若两极接在端电压为 U 的电源上，试求媒质内一点处单位体积的损耗功率，媒质的损耗总功率，并求媒质的电阻。

3-3 在介电常数为 ε，电导率为 σ 的线性、各向同性的非均匀媒质中有密度为 J 的恒定电流分布，试证明在此情况下媒质中有密度为 $\rho=\boldsymbol{J}\cdot\nabla\left(\dfrac{\varepsilon}{\sigma}\right)$的体电荷分布。

3-4 平板电容器间由两种媒质完全填充，厚度分别为 d_1 和 d_2，介电常数分别为 ε_1 和 ε_2，电导率分别为 σ_1 和 σ_2，当外加电压 V_0 时，求媒质内任意一点的电场强度、电流密度和两媒质界面上的自由电荷面密度。

3-5 同轴线的内导体半径为 a、外导体的内半径为 c，其间由两种媒质完全填充，媒质界面是半径为 b 的、轴线与同轴线的轴线重合的圆柱面，介电常数分别为 $\varepsilon_1(a<r<b)$ 和 $\varepsilon_2(b<r<c)$，电导率分别为 $\sigma_1(a<r<b)$ 和 $\sigma_2(b<r<c)$，若将同轴线的内、外导体接在端电压为 U 的电源上，试求两媒质界面上的自由面电荷密度。

3-6 一个半径为 0.4 m 的导体球作为电极深埋地下，土壤的电导率为 0.6 S/m，略去地面的影响，求电极的接地电阻。

3-7 在电导率为 σ 的媒质中有两个半径分别为 a 和 b，球心距为 $d(d\gg a+b)$，电导率为 $\sigma_0\gg\sigma$ 的良导体小球，求两小球间的电阻。

3-8 高度为 h，内、外半径分别为 a、b 的圆柱面之间的填充电导率为 σ 的媒质，试证明内、外圆柱面间的电阻为 $R=\dfrac{\ln\dfrac{b}{a}}{2\pi\sigma h}$。

3-9 试证明当有恒定电流穿过两种导电媒质的界面，而界面上无面电荷堆积(即 $\rho_S=0$)的条件是两种导电媒质介电常数之比等于电导率之比。

3-10 在介电常数为 ε，电导率为 σ(均与坐标有关)的非均匀、线性媒质中有恒定电流分布，证明媒质中的自由电荷密度为 $\rho=\boldsymbol{E}\cdot\left(\nabla\varepsilon-\dfrac{\varepsilon}{\sigma}\nabla\sigma\right)$，式中 $\boldsymbol{E}$ 为电场强度。

3-11 一个边长为 a 的正 n 边形线圈中通过的电流为 I，试证此线圈中心的磁感应强度为 $\boldsymbol{B}=\dfrac{\mu_0 nI}{2\pi a}\tan\dfrac{\pi}{n}$。

3-12 求载流为 I，半径为 a 的圆环导线中心的磁感应强度。

3-13 一个载流 I_1 的长直导线和一个载流 I_2 的圆环(半径为 a)在同一平面内，圆心与导线的距离是 d。证明两电流之间的相互作用力为 $F=\mu_0 I_1 I_2\left(\dfrac{d}{\sqrt{d^2-a^2}}-1\right)$。

3-14 内、外半径分别为 a、b 的无限长空心圆柱壳内有均匀分布的轴向电流 I，求柱内、外的磁感应强度。

3-15　两个半径都为 a 的无限长圆柱体，轴间距为 d，$d<2a$（如题 3-15 图所示）。除两柱重叠部分 R 外，柱间有大小相等、方向相反的轴向电流，密度为 $\boldsymbol{J}$，求区域 R 内的 $\boldsymbol{B}$。

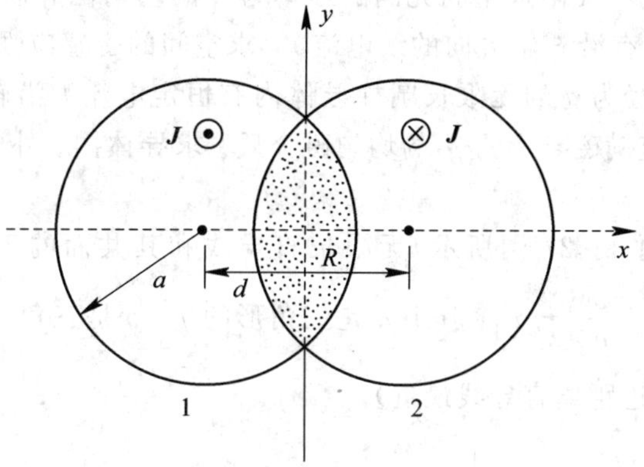

题 3-15 图

3-16　证明磁矢位 $\boldsymbol{A}_1=\boldsymbol{e}_x\cos y+\boldsymbol{e}_y\sin x$ 和 $\boldsymbol{A}_2=\boldsymbol{e}_y(\sin x+x\sin y)$ 对应相同的磁场 $\boldsymbol{B}$，并证明 $\boldsymbol{A}_1$、$\boldsymbol{A}_2$ 来自同一电流分布。它们是否均满足矢量泊松方程。

3-17　半径为 a 的长圆柱面上有密度为 J_{S0} 的面电流，电流方向分别为：(1) 电流沿圆周方向；(2) 电流沿轴线方向。分别求两种情形下柱内、外的 $\boldsymbol{B}$。

3-18　一对无限长平行导线，相距 $2a$，线上载有大小相等、方向相反的电流 I，求磁矢位 $\boldsymbol{A}$，并求 $\boldsymbol{B}$（如题 3-18 图所示）。

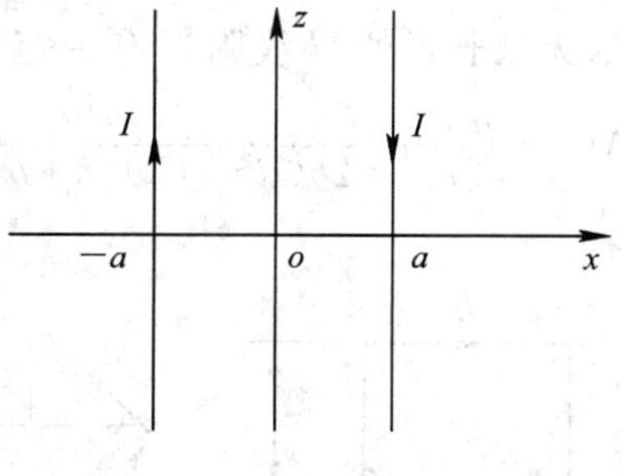

题 3-18 图

3-19　由无限长载流直导线产生的 $\boldsymbol{B}$ 求磁矢位 $\boldsymbol{A}$（用 $\int_S \boldsymbol{B}\cdot d\boldsymbol{S}=\oint_C \boldsymbol{A}\cdot d\boldsymbol{l}$，并取 $r=r_0$ 处为磁矢位的参考点）。并验证 $\nabla\times\boldsymbol{A}=\boldsymbol{B}$。

3-20　证明位于 xoy 平面内、半径为 a、圆心在坐标原点的圆电流环（电流为 I）在 z 轴上任一点的标量磁位为 $\varphi_m=\dfrac{I}{2}\left[1-\dfrac{z}{\sqrt{a^2+z^2}}\right]$。

3-21　一个长为 L、半径为 a 的磁介质圆柱体沿轴向方向均匀磁化（磁化强度为 $\boldsymbol{M}_0$），求它的磁矩 $\boldsymbol{m}$ 及 $r\gg l$ 处的磁矢位 $\boldsymbol{A}$ 和磁感应强度 $\boldsymbol{B}$。若 $L=10$ cm，$a=2$ cm，$M_0=2$ A/m，求出磁矩的值。

3-22　一球心在坐标原点，半径为 a 的磁化介质球的磁化强度为 $\boldsymbol{M}=\boldsymbol{e}_z M_0\dfrac{z^2}{a^2}$（$M_0$ 为常数），求介质球的磁化电流体密度和面密度。

3-23　证明相对磁导率为 μ_r 磁介质内的磁化电流是传导电流的 (μ_r-1) 倍。

3-24　已知内、外半径分别为 a、b 的无限长铁质圆柱壳（磁导率为 μ），沿轴向有恒定的传导电流 I，求磁感应强度和磁化电流密度。

3-25　设 $x<0$ 的半无限大空间充满磁导率为 μ 的均匀磁介质，在 $x>0$ 的半无限大空间为空气。在界面上有沿 z 轴方向的线电流 I，求空间的磁感应强度和磁化电流分布。

3-26　已知在半径为 a 的无限长圆柱导体内有恒定电流 I 沿轴向均匀分布。设导体的磁导率为 μ_1，其外充满磁导率为 μ_2 的均匀磁介质。求导体内、外的磁场强度、磁感应强度、磁化电流分布。

3-27　试证（如题 3-27 图所示）无限长直导线和其共面的正三角形之间的互感为 $M=\frac{\mu_0}{\pi\sqrt{3}}\left[(a+b)\ln\left(1+\frac{a}{b}\right)-a\right]$。其中 a 是三角形的高，b 是三角形平行于长直导线的边至直导线的距离（且该边距离直导线最近）。

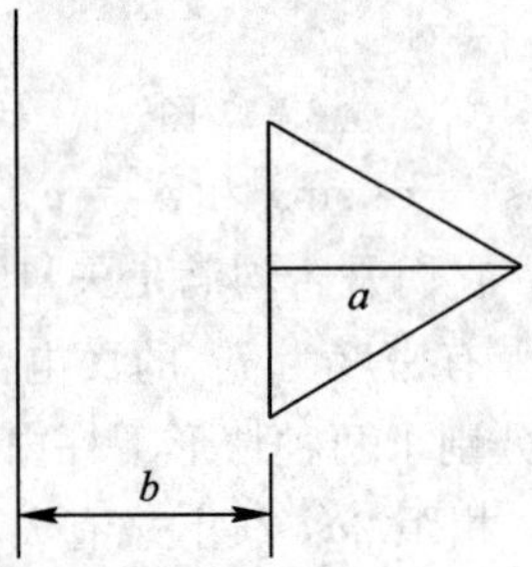

题 3-27 图

3-28　如题 3-28 图所示无限长的直导线附近有一矩形回路（二者不共面，如图所示），试证它们之间的互感为 $M=-\frac{\mu_0 a}{2\pi}\ln\frac{R}{[2b(R^2-C^2)^{1/2}+b^2+R^2]^{1/2}}$。

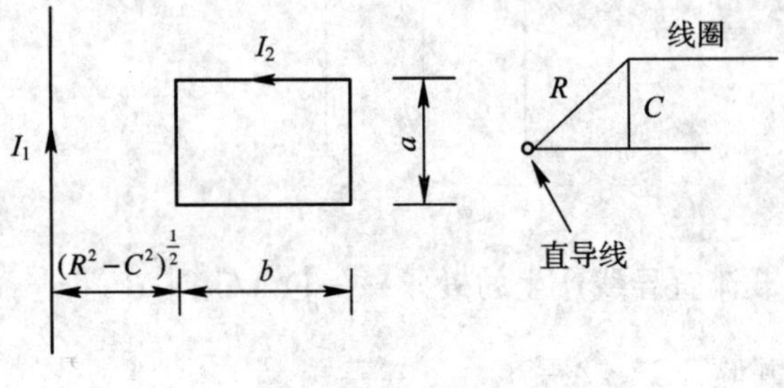

题 3-28 图

3-29　内导体的半径为 a，外导体的内半径为 b 的空气填充的同轴线，通过的电流为 I。计算同轴线单位长度内的磁能，并由此求单位长度的自感。（设外导体壳的厚度很薄，因而其储存的能量可以忽略不计）。

3-30　两根半径为 a，距离为 d 的无限长平行细导线（$a\ll d$），通有大小相等、方向相反的电流 I。试求二导线的相互作用力。

第4章 静态场的解

☞在前几章中，我们看到当电荷或电流分布已知时，可以通过积分来计算电场或磁场。但实际上，我们通常要处理两种类型的静态场问题。一种是已知场源(电荷分布、电流分布)直接计算空间各点的场强或位函数，这类问题叫做分布型问题。对于分布型问题，不仅源函数(电荷或电流)在体积内的分布是给定的，且源函数在待求解体积的边界面上的分布也是给定的。另一种是已知空间某给定区域内的场源分布和该区域边界面上的位函数(或其法向导数)，求场内位函数的分布，这类问题叫做边值型问题。

求解边值型问题空间电场、磁场的分布可以化为求解给定边界条件下位函数的拉普拉斯方程或泊松方程，即求解边值问题。

我们知道，静电场的电位满足标量泊松方程$\nabla^2\varphi=-\rho/\varepsilon$，恒定电流场的电位或者无源的静电场电位满足标量拉普拉斯方程$\nabla^2\varphi=0$，恒定磁场的磁矢位满足矢量泊松方程$\nabla^2\boldsymbol{A}=-\mu\boldsymbol{J}$。

拉普拉斯方程和泊松方程都是二阶偏微分方程，可以用解析法、数值计算法、实验模拟和图解法等求解。本章介绍解析法中的一些常用方法。对数值方法中的有限差分法也作简单介绍。

4.1 边值问题的分类

本章以静电场的求解为例说明静态场的求解方法。静电场的计算通常是求场内任一点的电位。一旦电位确定，电场强度和其他物理量都可由电位求得。在无界空间，如果已知分布电荷的体密度，可以通过积分公式计算任意点的电位。但计算有限区域的电位时，必须使用所讨论区域边界上电位的指定值(称为边值)来确定积分常数。此外，当场域中有不同介质时，还要用到电位在边界上的边界条件。这些用来决定常数的条件，通常称为边界条件。我们把通过微分方程及相关边界条件描述的问题，称为边值问题。

实际上，边界条件(即边值)除了给定电位在边界上的值以外，也可以是电位在边界上的方向导数。根据不同形式的边界条件，边值问题通常分为三类：

第一类边值问题，也叫狄利克雷(Dirichlet)问题：给定整个边界上的位函数值；即

$$\varphi\big|_S=f(\boldsymbol{r})$$

第二类边值问题，也叫诺伊曼(Neumann)问题：给定边界上每一点位函数的法向导数

$$\left.\frac{\partial\varphi}{\partial n}\right|_S=g(\boldsymbol{r})$$

第三类边值问题，也叫罗宾斯(Robins)问题，属于混合型问题：给定边界上电位和电位法向导数的线性组合，即在边界面 S 上，

$$\alpha\varphi+\beta\frac{\partial\varphi}{\partial n}=F(\boldsymbol{r})$$

也可以是给定一部分边界上的电位值，同时给定另一部分边界上的电位法向导数。

给定导体上的总电量也属于第二类边值问题。

在分析时变场时，除了要知道边界条件，还必须知道一个过程的起始状态。如果定解时，不需要起始状态，仅仅用到边界上的函数值或函数的偏导数，就叫做边值问题。也就是我们前面谈到的静态场的拉普拉斯方程或者泊松方程的边值问题。如果定解时，不需要边界条件，仅仅用到起始状态物理量的分布，就叫做初值问题。初值问题也叫做柯西(Cauchy)问题。

在实际问题中，常常会碰到到自然边界条件。比如当电荷分布在有限区域而电磁场延伸到无穷远处时，无穷远处的电位应该趋于零，并且以一定的形式趋于零。写成数学表达式为

$$\lim_{R\to\infty}R\varphi=A$$

其中的常数 A 与距离无关，与上述有限区域的电荷及其分布有关。常数 A 也可以是零，比如我们前面分析过的电偶极子的电位就是这种情形。关于这个公式的推导过程，我们在电磁波的辐射章节中介绍。自然边界条件的物理含义与电荷守恒定律有关，也与电磁场的能量守恒有关。简单地说，自然边界条件的含义是，有限体积内的电荷总量不能为无穷大。自然边界条件要求，电位在无穷源处必须以 R^{-a}(a 不小于 1)的方式趋于零。比如，我们前面推导静电场和恒定磁场的能量密度公式时，就假定分布在有限区域的静止电荷或者恒定电流，其在无穷远处产生的场要趋于零，并且以特定的形式趋于零。

4.2 唯一性定理和电位叠加原理

边值问题的求解就是偏微分方程的求解。对于偏微分方程，通常和常微分方程相似，要考虑其解的存在性、唯一性和稳定性。这里仅对静电边值问题的唯一性加以讨论。

4.2.1 格林公式

格林公式是场论中的一个重要公式，可以由散度定理导出。散度定理可以表示为

$$\int_V\nabla\cdot\boldsymbol{F}\,\mathrm{d}V=\oint_S\boldsymbol{F}\cdot\mathrm{d}\boldsymbol{S}\tag{4-1}$$

在上式中，令 $F=\varphi\nabla\psi$，则

$$\nabla\cdot\boldsymbol{F}=\nabla\cdot(\varphi\nabla\psi)=\varphi\nabla^2\psi+\nabla\varphi\cdot\nabla\psi\tag{4-2}$$

$$\int_V\nabla\cdot\boldsymbol{F}\,\mathrm{d}V=\int_V(\varphi\nabla^2\psi+\nabla\varphi\cdot\nabla\psi)\,\mathrm{d}V=\oint_S(\varphi\nabla\psi)\cdot\mathrm{d}\boldsymbol{S}=\oint_S\varphi\frac{\partial\psi}{\partial n}\,\mathrm{d}S$$

即

$$\int_V(\varphi\nabla^2\psi+\nabla\varphi\cdot\nabla\psi)\mathrm{d}V=\oint_S\varphi\frac{\partial\psi}{\partial n}\,\mathrm{d}S\tag{4-3}$$

这就是格林第一恒等式。n 是面元的外法向，即闭合面的外法向。

把式(4-2)中的 φ 和 ψ 交换，得

$$\int_V (\psi\nabla^2\varphi + \nabla\psi\cdot\nabla\varphi)\,\mathrm{d}V = \oint_S \psi\frac{\partial\varphi}{\partial n}\,\mathrm{d}S \tag{4-4}$$

把式(4-3)和式(4-4)相减，得

$$\int_V (\varphi\nabla^2\psi - \psi\nabla^2\varphi)\,\mathrm{d}V = \oint_S \left(\varphi\frac{\partial\psi}{\partial n} - \psi\frac{\partial\varphi}{\partial n}\right)\mathrm{d}S \tag{4-5}$$

这个公式称为格林第二恒等式。

4.2.2 唯一性定理

边值型问题的唯一性定理十分重要，它表明，对任意的静电场，当空间各点的电荷分布与整个边界上的边界条件已知时，空间各部分的场就唯一地确定了。我们以泊松方程的第一类边值问题为例，对唯一性定理加以证明。我们用反证法证明。假设特定的边值问题有两个解，然后证明两者恒等。

设在区域 V 内， φ_1 和 φ_2 满足泊松方程，即

$$\nabla^2\varphi_1 = -\frac{\rho(\boldsymbol{r})}{\varepsilon}$$

$$\nabla^2\varphi_2 = -\frac{\rho(\boldsymbol{r})}{\varepsilon}$$

在 V 的边界 S 上，φ_1 和 φ_2 满足同样的边界条件，即

$$\varphi_1\big|_S = f(\boldsymbol{r})$$

$$\varphi_2\big|_S = f(\boldsymbol{r})$$

令 $\varphi=\varphi_1-\varphi_2$，则在 V 内，$\nabla^2\varphi=0$，在边界面 S 上，$\varphi|_S=0$。在格林第一恒等式中，令 $\psi=\varphi$，则

$$\int_V (\varphi\nabla^2\varphi + \nabla\varphi\cdot\nabla\varphi)\,\mathrm{d}V = \oint_S \varphi\frac{\partial\varphi}{\partial n}\,\mathrm{d}S$$

由于 $\nabla^2\varphi=0$，考虑到在 S 上，$\varphi=0$，因而上式右边为零，因而有

$$\int_V |\nabla\varphi|^2\,\mathrm{d}V = 0$$

由于对任意函数 φ，$|\nabla\varphi|^2\geqslant 0$，所以得 $\nabla\varphi=0$，于是 φ 只能是常数，再使用边界面上 $\varphi=0$ 及其电位的连续性条件，可知在整个区域内 $\varphi=0$，即 $\varphi_1\equiv\varphi_2$。

关于第二、三类边值问题，唯一性定理的证明和第一类边值问题类似。附带指出，对于第二类边值问题，所得的电场是唯一的，电位可以相差一个常数。

唯一性定理对某些解边值问题的方法特别重要。有时可以通过猜测确定问题的解，只要此解满足拉普拉斯方程以及边界条件，由唯一性定理可知，这个解就是所求的唯一解。

4.2.3 拉普拉斯方程解的叠加原理

拉普拉斯方程解的叠加原理是拉普拉斯方程的另一个重要特性。叠加原理是由拉普拉斯方程的线性特性导致的必然结论。假设 φ_1 和 φ_2 均是拉普拉斯方程的解，则由这两个解的

线性组合 $C_1\varphi_1+C_2\varphi_2$ 也是拉普拉斯方程的解。依次类推，若 φ_1、φ_2、…、φ_n 都满足拉普拉斯方程，则这些解的线性组合也必定是拉普拉斯方程的解。这就是拉普拉斯方程解的叠加原理。

4.3 镜 像 法

镜像法是解静电边值问题的一种特殊方法。它主要用来求分布在导体附近的电荷(点电荷、线电荷)产生的场。如在实际工程中，地面附近水平架设的双线传输线的电位、电场计算问题。当传输线离地面距离较小时，要考虑地面的影响，地面可以看做为一个无穷大的导体平面。由于传输线上所带的电荷靠近导体平面，导体表面会出现感应电荷。此时地面上方的电场由原电荷和感应电荷共同产生。

镜像法是应用唯一性定理的典型范例。下面通过例题说明镜像法。

4.3.1 平面镜像法

例 4-1 求置于无限大接地平面导体上方，距导体面为 h 处的点电荷 q 的电位。

解 如图 4-1 所示，设 $z=0$ 为导体面，点电荷 q 位于$(0, 0, h)$处，待求的是 $z>0$ 中的电位。我们可以把上半空间的电位看做两部分之和，即 $\varphi=\varphi_q+\varphi_s$，其中 φ_q、φ_s 分别表示点电荷和导体面上的感应电荷产生的电位。我们不知道感应面电荷的分布，因其分布与空间电场有关，但我们知道，在上半空间仅有点电荷 q，电位 φ_s 满足拉普拉斯方程；导体表面由所有电荷产生的总电位为零；且在无穷远处，总电位趋于零，即

当 $z>0$，$\nabla^2\varphi_s=0$；

当 $z=0$，$\varphi=0$；

当 $z\to\infty$，$|x|\to\infty$，$|y|\to\infty$ 时，$\varphi\to 0$。

我们考虑图 4-1(b)所示的电荷分布，容易求得这一组电荷分布的电位是

$$\varphi=\frac{1}{4\pi\varepsilon_0}\left(\frac{q}{R_+}-\frac{q}{R_-}\right) \tag{4-6}$$

其中：$R_+=[x^2+y^2+(z-h)^2]^{\frac{1}{2}}$，$R_-=[x^2+y^2+(z+h)^2]^{\frac{1}{2}}$。

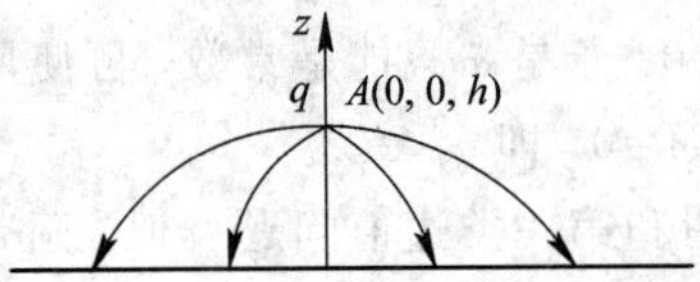

(a) 原问题

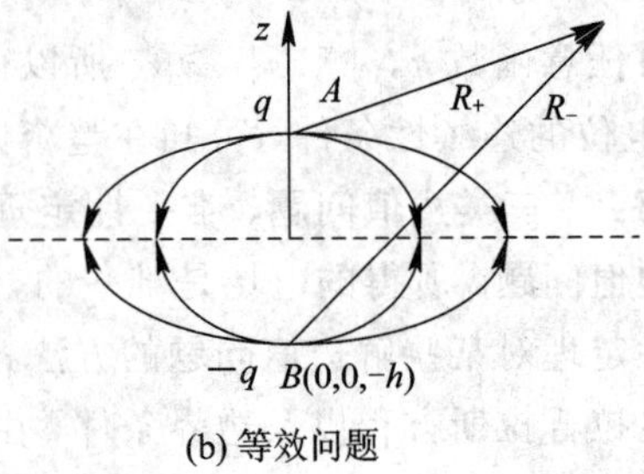

(b) 等效问题

图 4-1 平面镜像法

比较图 4-1(a)和(b)后，可以看出，在 $z>0$ 的区域，二者电荷分布相同，即在 $A(0, 0, h)$点有一个点电荷 q，在区域的边界上有相同的边界条件(即在 $z=0$ 的平面上电

位为零，在半径趋于无穷大的半球面上电位为零）。根据边值型问题的唯一性定理，可知二者在上半空间电位分布相同。也就是说，可以用图 4-1(b)中点的电荷 $-q$ 等效图 4-1(a)中的感应面电荷。我们把图 4-1(b)叫做图 4-1(a)所示问题的等效镜像问题。位于 $B(0,0,-h)$ 的点电荷 $-q$ 是原电荷 q 的镜像电荷。注意，在下半空间，图 4-1(a)和(b)电荷分布不同，因而不能用式(4-6)表示原问题 $z<0$ 处的电位。由公式(4-6)可得 $z>0$ 区域的电场为

$$E_x = \frac{qx}{4\pi\varepsilon_0}\left(\frac{1}{R_+^3} - \frac{1}{R_-^3}\right)$$

$$E_y = \frac{qy}{4\pi\varepsilon_0}\left(\frac{1}{R_+^3} - \frac{1}{R_-^3}\right)$$

$$E_z = \frac{q}{4\pi\varepsilon_0}\left(\frac{z-h}{R_+^3} - \frac{z+h}{R_-^3}\right)$$

由 $D_n = \rho_S$ 可得导体表面的面电荷密度为

$$\rho_S = \varepsilon_0 E_z = -\frac{qh}{2\pi(x^2+y^2+h^2)^{3/2}}$$

导体表面总的感应电荷为

$$q_{in} = \int \rho_S\, \mathrm{d}S = -\frac{qh}{2\pi}\int_{-\infty}^{\infty}\int_{-\infty}^{\infty}\frac{\mathrm{d}x\,\mathrm{d}y}{(x^2+y^2+h^2)^{3/2}} = -q$$

如果导体平面不是无限大，而是像图 4-2(a)所示相互正交的两个无限大接地平面，我们同样可以运用镜像法，此时需要用图 4-2(b)所示的三个镜像电荷。用这些镜像电荷代替导体面上的感应面电荷以后，观察图 4-2(a)和图 4-2(b)，可以看到在待求区域内(原电荷所在的区域)，两问题的电荷分布不变，电位边值相同。实际上夹角为 $\pi/n(n=1, 2, 3, \cdots)$ 的两个导体板都可以用有限个镜像电荷来等效原问题。如果夹角不满足上述关系，不能直接用镜像法求解，一般要要借助其他方法，先把区域变换为满足上述条件的角形区域，才能用镜像法求解。

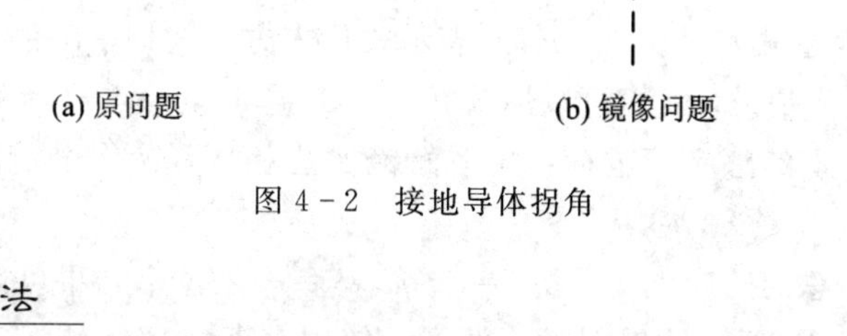

(a) 原问题 (b) 镜像问题

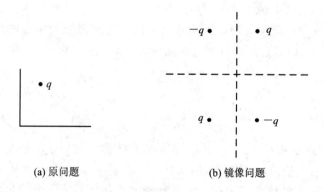

图 4-2 接地导体拐角

4.3.2 球面镜像法

我们通过具体例题讨论球面镜像问题。

例 4-2 如图 4-3(a)所示，一个半径为 a 的接地导体球，这个导体球外有一个点电

荷 q 位于距离球心 d 处，求球外任一点的电位。

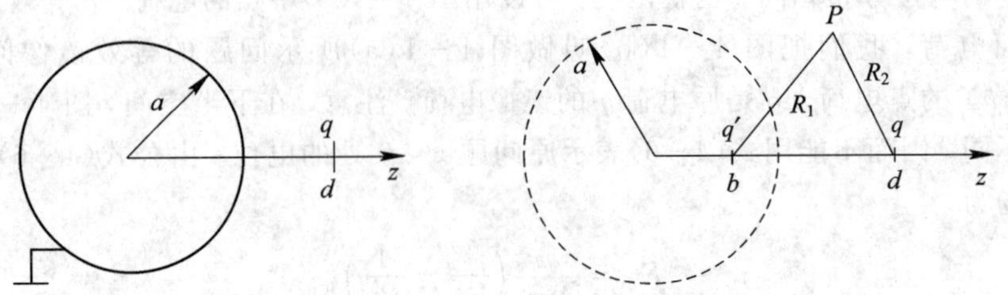

(a) 原问题　　(b) 等效问题

图 4-3　球面镜像法

解　我们先试探用一个镜像电荷 q' 等效球面上的感应面电荷在球外区域产生的电位和电场。从对称性考虑，镜像电荷 q' 应置于球心与电荷 q 的连线上，设 q' 离球心距离是 b ($b<a$)，这样，在球外任一点的电位是由电荷 q 与镜像电荷 q' 产生电位的叠加，即

$$\varphi = \frac{q}{4\pi\varepsilon_0 R_1} + \frac{q'}{4\pi\varepsilon_0 R_2} \tag{4-7}$$

当计算球面上一点的电位时，有

$$\frac{q}{4\pi\varepsilon_0 R_{10}} + \frac{q'}{4\pi\varepsilon_0 R_{20}} = 0 \tag{4-8}$$

式中 R_{10}、R_{20} 分别是从 q、q' 到球面上点 P_0 的距离。在上式中 q' 和 b 是待求量，取球面上的点分别位于离原电荷最远、最近处，可以得到确定 q'、b 的两个方程。

注意到镜像电荷应该位于球内，即 $b<a$，考虑到这个限制条件，解上述方程，得出

$$\left.\begin{aligned} q' &= -\frac{a}{d}q \\ b &= \frac{a^2}{d} \end{aligned}\right\} \tag{4-9}$$

我们可以验证，当取这样的镜像点电荷时，对球面上的任一的 P_0，式(4-8)恒成立。事实上，当观察点选择在导体球面上时，从球外正电荷处到球面上给定点的距离 R_{10} 和球内负电荷到球面的距离 R_{20} 的表达式可以通过余弦定理计算出来，即

$$R_{10} = \sqrt{a^2 + d^2 - 2ad\ \cos\theta}$$

$$R_{20} = \sqrt{a^2 + b^2 - 2ab\ \cos\theta} = \sqrt{a^2 + \left(\frac{a^2}{d}\right)^2 - 2a\left(\frac{a^2}{d}\right)\cos\theta} = \frac{a}{d}R_{10}$$

把距离 R_{10} 和 R_{20} 的表达式及其镜像电荷的表示式代入方程式(4-8)的左边，可以验证，球面上的电位为零。也就是说，我们可以用公式(4-9)确定镜像点电荷的大小和位置，用此点电荷代替导体球面上的感应面电荷，与平面镜像法相比，镜像电荷仍然与原电荷异号，但数值不等。

可以算出球面上总的感应电荷是 $q_{in} = -qa/d = q'$。这个结果可以通过先计算导体球面上的感应电荷密度，然后积分来计算，也可以使用高斯定理，作一个包围导体球面并且紧靠导体球面外侧的高斯面来确定。

如果导体球不接地且不带电，可用镜像法和叠加原理求球外的电位。此时球面必须是

等位面，且导体球上的总感应电荷为零。计算时应使用两个等效电荷，一个 q'，其位置和大小由式(4-9)确定，另一个是 q''，其值是 $q''=-q'$，它的位置位于球心。

如果导体球不接地，并且带电荷 Q，则 q' 位置和大小同上，q'' 的位置也在原点，但此时其电量为 $q''=Q-q'$，即 $q''=Q+qa/d$。

例 4-3　空气中有两个半径相同(均等于 a)的导体球相切，试用球面镜像法求这个孤立导体系统的电容。

解　如图 4-4 所示，设无穷远处的电位是零，导体面的电位为常数。以下我们用球面镜像法来确定导体所带的总电荷。先在两导体球的球心处各放相同的点电荷 q，并且 $q=4\pi\varepsilon_0 aV_0$。此时，如果我们仅仅考虑右侧球心 B 处的单个电荷 q 在右面的球面上产生的电位，则可知右面球面是等位面，但考虑到左面的电荷 q 对右面导体球面的影响，要维持其表面是一个等位面，必须在右侧导体球的内部再加上一个 q_1，它是左侧 q 在右面导体球上的镜像电荷，其位置与大小由镜像法确定。设其位于 B_1 处，则

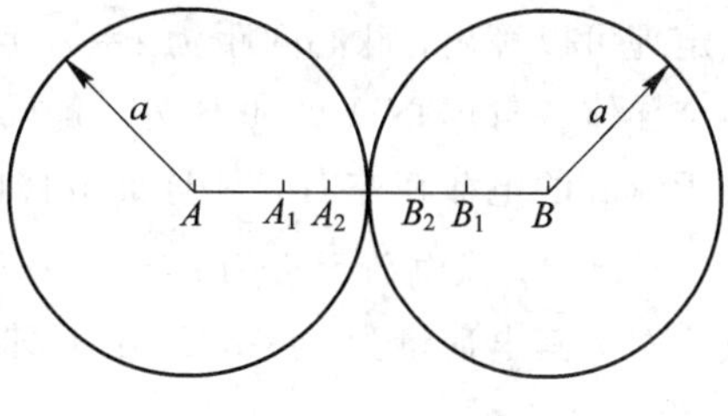

图 4-4　导体电容

$$BB_1=\frac{a^2}{AB}=\frac{a^2}{2a}=\frac{a}{2}$$

$$q_1=-\frac{a}{2a}q=-\frac{1}{2}q$$

右侧的 q 在左面的导体球面也有一个镜像电荷，大小也是 q_1，位于 A_1 处。由问题本身的对称性可知，左面的电荷总是与右侧分布对称。以下仅分析右侧的。左面的 q_1 在右导体球上也有成像，这个镜像电荷记作 q_2，位于 B_2 处。

$$BB_2=\frac{a^2}{BA_1}=\frac{a^2}{a/2+a}=\frac{2a}{3}$$

$$q_2=-\frac{a}{BA_1}q_1=\frac{1}{3}q$$

依次类推，有

$$q_3=-\frac{1}{4}q,\quad q_4=\frac{1}{5}q$$

因而，导体系统的总电荷是

$$Q=2(q+q_1+q_2+\cdots)=2q\left(1-\frac{1}{2}+\frac{1}{3}-\frac{1}{4}+\cdots\right)=2q\ln 2$$

导体面的电位是

$$V_0=\frac{q}{4\pi\varepsilon_0 a}$$

所以，这个孤立导体的电容是

$$C=8\pi\varepsilon_0 a\ln 2$$

同样如果导体形状是两个球形的电极，或者是由两个部分导体球组成的单个导体，也可以采用球面镜像法求解。比如本章的习题中，两个半径不同并且相交成直角的孤立导体就可以用球面镜像法求解。对于两个半径相同彼此夹角呈 60°的孤立导体或者是 45°、36°等，都可以采用球面镜像法求解。

例 4-4　若一个导体是由两个半径相同(均等于 a)的部分导体球组成，两个球面相交的夹角呈 60°，如图 4-5 所示，试证明这个旋转对称孤立导体的电容为

$$C = 4\pi\varepsilon_0 a\left(\frac{5}{2}-\frac{2}{\sqrt{3}}\right)$$

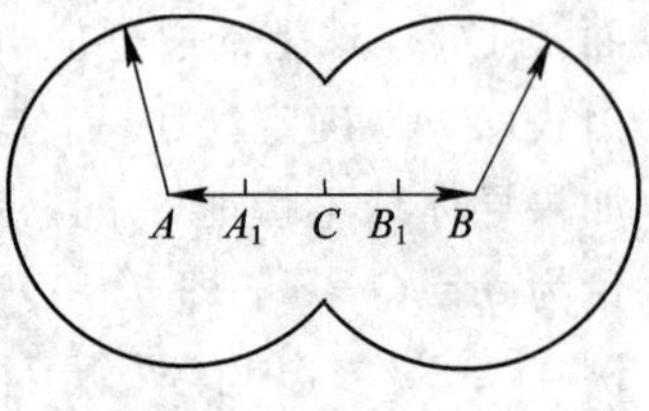

图 4-5　旋转对称孤立导体

证明　考虑到当两个球面夹角为 60°时，我们用余弦定理可以算出，球心间距为 $c=\sqrt{3}a$。设这个导体表面的电位为 1 V，仿照上例，首先在两个导体各自球心 A 处和 B 处，各放一个等量同号的点电荷 q，并且 $q=4\pi\varepsilon_0 a$。其次考虑位于球心的电荷在左右导体球面成像的像电荷大小及其位置，像电荷离各自球心的距离为 $BB_1=a/\sqrt{3}$，像电荷大小为 $q_1=-q/\sqrt{3}$。而 q_1 在导体球面成像的像电荷位于两个球心的中点 C 处，其电荷量为 $q_2=q/2$。最后求得整个导体内部带电量为

$$Q = 2q+2q_1+q_2 = 4\pi\varepsilon_0 a\left(\frac{5}{2}-\frac{2}{\sqrt{3}}\right)$$

由于导体表面电位为 1 V，就得到电容为

$$C = 4\pi\varepsilon_0 a\left(\frac{5}{2}-\frac{2}{\sqrt{3}}\right)$$

4.3.3　圆柱面镜像法

在讨论圆柱面的镜像问题之前，先分析线电荷的平面镜像问题。这一结果可用于导体柱的镜像问题。

例 4-5　线密度为 ρ 的无限长线电荷平行置于接地无限大导体平面，二者相距 d，如图 4-6(a)所示，求电位及等位面方程。

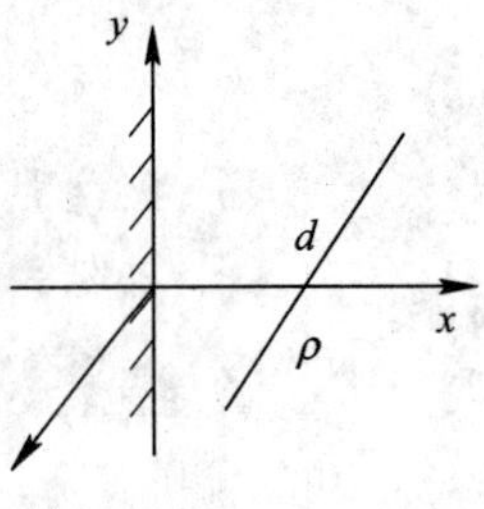

(a) 导体平面与线电荷

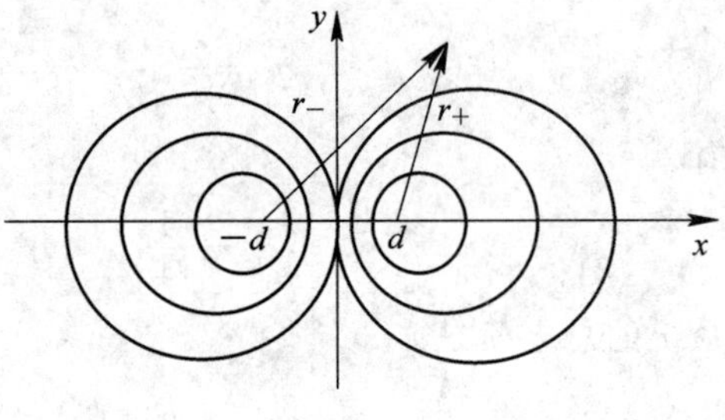

(b) 等位线

图 4-6　例 4-5 图

解　仿照点电荷的平面镜像法，可知线电荷的镜像电荷为 $-\rho_l$，位于原电荷的对应点。选取图 4-6(b)所示的坐标系，以原点为电位参考点，得出线电荷 ρ_l 电位为

$$\varphi_+ = \frac{\rho_l}{2\pi\varepsilon_0}\ln\frac{r_0}{r_+} \tag{4-10}$$

同理得镜像电荷 $-\rho_l$ 的电位为

$$\varphi_- = -\frac{\rho_l}{2\pi\varepsilon_0}\ln\frac{r_0}{r_-} \tag{4-11}$$

任一点(x, y)的总电位

$$\varphi = \varphi_{+} + \varphi_{-} = \frac{\rho_l}{2\pi\varepsilon_0}\ln\frac{r_-}{r_+}$$

用直角坐标表示为

$$\varphi(x, y) = \frac{\rho_l}{4\pi\varepsilon_0}\ln\frac{(x+d)^2+y^2}{(x-d)^2+y^2} \tag{4-12}$$

上式表示图 4-6(b)二平行线电荷的电位，其右半空间($x>0$)就是图 4-6(a)的电位。以下讨论式(4-12)所示电位在 xoy 平面的等位线方程及图形。等位线方程为

$$\frac{(x+d)^2+y^2}{(x-d)^2+y^2} = m^2 \tag{4-13}$$

式中 m 是常数(写成平方仅为了方便)。上式可化为

$$\left(x-\frac{m^2+1}{m^2-1}d\right)^2 + y^2 = \left(\frac{2md}{m^2-1}\right)^2 \tag{4-14}$$

这个方程表示一族圆，圆心在(x_0, y_0)，半径是 R_0，其中

$$R_0 = \frac{2md}{|m^2-1|},\quad x_0 = \frac{m^2+1}{m^2-1}d,\quad y_0 = 0 \tag{4-15}$$

每一个给定的 $m(m>0)$值，对应一个等位圆，此圆的电位是

$$\varphi = \frac{\rho_l}{2\pi\varepsilon_0}\ln m \tag{4-16}$$

图 4-6(b)画出了不同 m 值的等位圆，右半空间($x>0$)对应 $m>1$，电位为正；左半空间($x<0$)对应 $m<1$，电位为负；y 轴对应 $m=1$，电位为零。$m=0$ 对应点$(-d, 0)$，$m=\infty$ 对应点$(d, 0)$。这一结果能计算与无限长圆柱导体有关的静电问题。

例 4-6 两平行圆柱形导体的半径都为 a，导体轴线之间的距离是 $2b$，求导体单位长的电容(如图 4-7 所示)。

解 设两个导体圆柱单位长带电分别为 ρ_l、$-\rho_l$，利用柱面镜像法，将导体柱面上的电荷用线电荷代替，线电荷相距原点均为 d，两个导体面的电位分别为 V_1、V_2，依式(4-15)，有

$$\frac{2md}{m^2-1} = a$$

$$\frac{m^2+1}{m^2-1}d = b$$

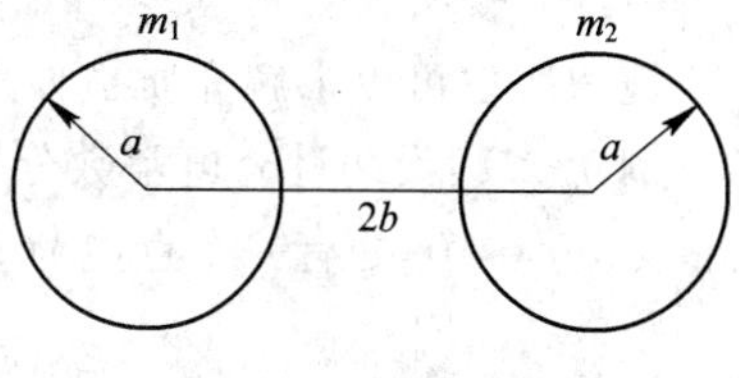

图 4-7 平行双导线

解之得

$$m_{1,2} = \frac{b \pm \sqrt{b^2-a^2}}{a}$$

上式中的正负号分别对应第一、第二个圆柱体。由式(4-16)有

$$U = V_1 - V_2 = \frac{\rho_l}{2\pi\varepsilon_0}(\ln m_1 - \ln m_2) = \frac{\rho_l}{2\pi\varepsilon_0}\ln\frac{b+\sqrt{b^2-a^2}}{b-\sqrt{b^2-a^2}}$$

$$= \frac{\rho_l}{\pi\varepsilon_0}\ln\frac{b+\sqrt{b^2-a^2}}{a}$$

两个圆柱之间单位长的电容为

$$C=\frac{\rho_l}{U}=\frac{\pi\varepsilon_0}{\ln\left(\dfrac{b+\sqrt{b^2-a^2}}{a}\right)}=\frac{\pi\varepsilon_0}{\operatorname{arch}\dfrac{b}{a}} \tag{4-17}$$

当 $b\gg a$ 时，

$$C\approx\frac{\pi\varepsilon_0}{\ln\dfrac{2b}{a}} \tag{4-18}$$

对于半径为 a、b 的相互平行的两个无穷长导体圆柱，它们轴线间的距离为 c，且 $c>a+b$，也可以采用电轴法求单位长度的电容。对图 4-8 所示的非对称传输线而言，需要先求出放置在大圆柱内部的线电荷的位置 $\frac{2md}{m^2-1}=a$，$\frac{m^2+1}{m^2-1}d=x_1$。同理可以求出放置在左侧小圆柱内部的电荷位置。(具体求法，不再详述，读者按照前面介绍的电轴法要点自己推导)。单位长度电容为

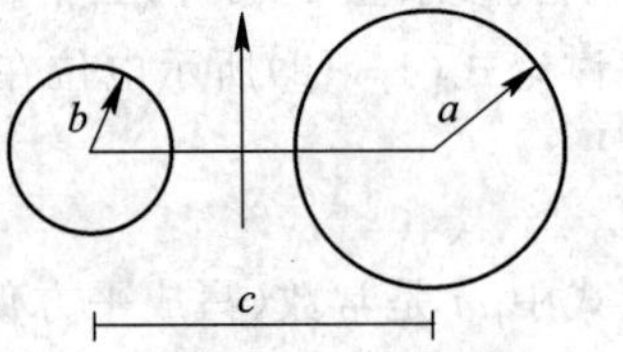

图 4-8　非对称传输线

$$C=\frac{2\pi\varepsilon_0}{\ln\dfrac{(d+h_1-a)(d+h_2-b)}{(d-h_1+a)(d-h_2+b)}}$$

其中 a、b 是导体圆柱的各自半径。$2d$ 是电轴之间的距离，h_1 和 h_2 分别是从导体圆柱的各自中心到零电位面的距离，即

$$d=\left[\left(c^2+a^2-\frac{b^2}{2c}\right)^2-a^2\right]^{1/2}$$

$$h_1=\frac{c^2+a^2-b^2}{2c},\quad h_2=\frac{c^2+b^2-a^2}{2c}$$

当半径较小的导体圆柱被半径较大的导体圆柱包含时，也能够依照电轴法分析，比如偏心的电缆单位长度电容，就属于这种情形。

4.3.4　介质平面镜像法

镜像法也可以求解介质边界附近的电位。

例 4-7　设两种介电常数分别为 ε_1、ε_2 的介质填充于 $x<0$ 和 $x>0$ 的半空间，在介质 2 中点$(d, 0, 0)$处有一个点电荷 q，如图 4-9(a)所示，试求空间各点的电位。

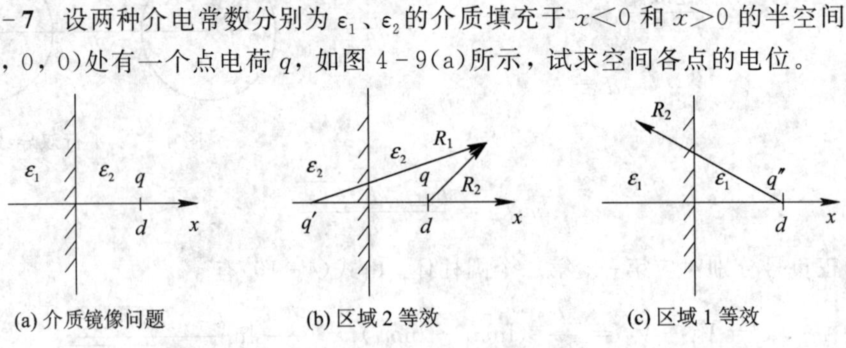

图 4-9　例 4-7 用图

解　这个问题的右半空间有一个点电荷，左半空间没有电荷，在界面上存在束缚面电荷(即极化面电荷)。我们用镜像法求解，把原问题分为 $x<0$ 和 $x>0$ 两个区域。求右半空间的电位时，假设全空间填充介电常数为 ε_2 的介质，在原电荷 q 的对称点$(-d, 0, 0)$放一

镜像电荷 q'，用它代替界面上的束缚电荷见图 4-9(b)；在求左半空间电位时，假设全空间填充介电常数为 ε_1 的介质，原电荷不存在，而在原电荷所在点放一个电荷 q''，用它代替原电荷和界面上束缚电荷的共同影响，其实这时的极化电荷等效于 $q''-q$(见图 4-9(c))。

这样右半空间任一点的电位为

$$\varphi_2 = \frac{1}{4\pi\varepsilon_2}\left(\frac{q}{R_2}+\frac{q'}{R_1}\right) \tag{4-19}$$

左半空间任一点的电位为

$$\varphi_1 = \frac{1}{4\pi\varepsilon_1}\frac{q''}{R_2} \tag{4-20}$$

在界面 $x=0$ 上，电位应该满足边界条件，即

$$\varphi_1 = \varphi_2$$

$$\varepsilon_1\frac{\partial\varphi_1}{\partial x} = \varepsilon_2\frac{\partial\varphi_2}{\partial x}$$

将电位表示式(4-19)和式(4-20)代入以上的边界条件，得

$$\left.\begin{aligned} q-q' &= q'' \\ \frac{q+q'}{\varepsilon_2} &= \frac{q''}{\varepsilon_1} \end{aligned}\right\}$$

解之得

$$\left.\begin{aligned} q' &= \frac{\varepsilon_2-\varepsilon_1}{\varepsilon_2+\varepsilon_1}q \\ q'' &= \frac{2\varepsilon_1}{\varepsilon_2+\varepsilon_1} \end{aligned}\right\} \tag{4-21}$$

最后，将上式代入式(4-19)和式(4-20)可得出各区的电位。

例 4-8 设两种磁导率分别为 μ_1、μ_2 的介质填充于 $x<0$ 和 $x>0$ 的半空间，在介质 2 中点$(b, 0, 0)$处有一个无限长载流直导线，导线与分界面彼此平行，电流为 I，且电流方向与 z 轴正向一致，如图 4-10(a)所示，试求空间各处的磁场。

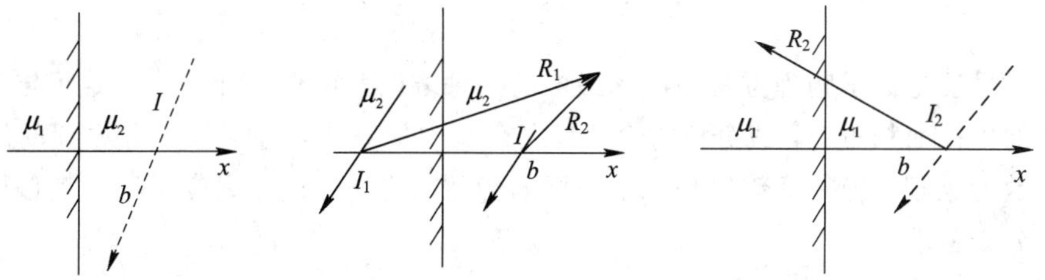

(a) 介质镜像问题　　(b) 区域 2 等效　　(c) 区域 1 等效

图 4-10 例 4-8 用图

解 用镜像法求解，把原问题分为 $x<0$ 和 $x>0$ 两个区域。求右半空间的磁场时，设全空间填充磁导率为 μ_2 的介质，在原电流的对称点$(-d, 0, 0)$放镜像电流 I_1，用来代替界面上的极化电流(见图 4-10(b))；在求左半空间磁场时，假设全空间填充磁导率为 μ_1 的介质，而在原电流所在处放一个电流 I_2，用它代替原来的电流和界面上的极化电流(见图 4-10(c))。分别用 $\boldsymbol{H}_2$ 和 $\boldsymbol{H}_1$ 表示右半空间和左半空间的磁场强度(当然，也可以先计算磁

场的矢量位 A)。

$$\boldsymbol{H}_2 = \frac{I}{2\pi R_2}\boldsymbol{e}_{\varphi 2} + \frac{I_1}{2\pi R_1}\boldsymbol{e}_{\varphi 1}$$

$$\boldsymbol{H}_1 = \frac{I_2}{2\pi R_2}\boldsymbol{e}_{\varphi 2}$$

其中的单位矢量 $\boldsymbol{e}_{\varphi 1}$ 和 $\boldsymbol{e}_{\varphi 2}$ 分别是电流 I_1 和 I 为轴线的圆周方向。即 $\boldsymbol{e}_{\varphi 1}=\boldsymbol{e}_z\times\boldsymbol{e}_{R1}$，$\boldsymbol{e}_{\varphi 2}=\boldsymbol{e}_z\times\boldsymbol{e}_{R2}$。因此，我们有

$$\boldsymbol{H}_2 = \frac{I}{2\pi R_2^2}\boldsymbol{e}_z\times\boldsymbol{R}_2 + \frac{I_1}{2\pi R_1^2}\boldsymbol{e}_z\times\boldsymbol{R}_1$$

$$\boldsymbol{H}_1 = \frac{I_2}{2\pi R_2^2}\boldsymbol{e}_z\times\boldsymbol{R}_2$$

其中 $\boldsymbol{R}_2=\boldsymbol{e}_x(x-b)+\boldsymbol{e}_y y$，$\boldsymbol{R}_1=\boldsymbol{e}_x(x+b)+\boldsymbol{e}_y y$。把这两个矢径代入上述磁场表达式，注意在界面上它们的长度相同。采用边界上磁场强度的切向连续，也就是 $\boldsymbol{H}_2$ 和 $\boldsymbol{H}_1$ 的 y 分量连续；磁感应强度的法向分量连续，就是 $\mu_2\boldsymbol{H}_2$ 和 $\mu_1\boldsymbol{H}_1$ 的 x 分量连续。因而有

$$I - I_1 = I_2$$

$$\mu_2 I + \mu_2 I_1 = \mu_1 I_2$$

解上述方程组，得

$$I_1 = \frac{\mu_1-\mu_2}{\mu_1+\mu_2},\quad I_2 = \frac{2\mu_2}{\mu_1+\mu_2}$$

最后，把求出的电流代入以上的磁场表达式，就得到两种磁介质中的磁场。

从以上的实例可以看出，采用镜像法求解静态场的边值问题时，必须将原问题分为不同的区域求解。对各个区域，用镜像电荷代替界面上的面电荷。镜像电荷应放在待解区域以外。总之，镜像法是一种等效方法，这一方法的关键是找出镜像电荷的大小和位置。镜像法是应用唯一性定理的典型例证。

4.4 分离变量法

分离变量法是数学物理方法中应用最广的一种方法，它要求所给的边界面与一个适当的坐标系的坐标面相重合，或分段重合。其次在此坐标系中，待求偏微分方程的解可表示成三个函数的乘积，每一函数仅是一个坐标的函数。这样通过分离变量法就把偏微分方程化为常微分方程求解。

4.4.1 直角坐标中的分离变量法

在直角坐标中，拉普拉斯方程为

$$\frac{\partial^2\varphi}{\partial x^2}+\frac{\partial^2\varphi}{\partial y^2}+\frac{\partial^2\varphi}{\partial z^2}=0 \tag{4-22}$$

设 φ 可以表示为三个函数的乘积，即

$$\varphi(x,\ y,\ z) = X(x)Y(y)Z(z) \tag{4-23}$$

其中 X 只是 x 的函数，同时 Y 只是 y 的函数，Z 只是 z 的函数。将上式代入式(4-22)，得

$$YZ\frac{\mathrm{d}^2X}{\mathrm{d}x^2}+XZ\frac{\mathrm{d}^2Y}{\mathrm{d}y^2}+XY\frac{\mathrm{d}^2Z}{\mathrm{d}z^2}=0$$

然后，上式各项同除以 XYZ，得

$$\frac{X''}{X}+\frac{Y''}{Y}+\frac{Z''}{Z}=0 \tag{4-24}$$

以上方程的第一项只是 x 的函数，第二项只是 y 的函数，第三项只是 z 的函数，要这一方程对任一组 (x, y, z) 成立，这三项必须分别为常数，即

$$\frac{X''}{X}=\alpha^2 \tag{4-25}$$

$$\frac{Y''}{Y}=\beta^2 \tag{4-26}$$

$$\frac{Z''}{Z}=\gamma^2 \tag{4-27}$$

这样，就将偏微分方程化为三个常微分方程，α、β、γ 是分离常数，也是待定常数，与边界条件有关。它们可以是实数，也可以是虚数，它们各自的平方是实数，且依方程(4-24)应有

$$\alpha^2+\beta^2+\gamma^2=0 \tag{4-28}$$

以上三个常微分方程式(4-25)、式(4-26)和式(4-27)解的形式与边界条件有关(即与常数 α、β 和 γ 有关)。这里以公式(4-25)为例说明 X 的形式与 α 的关系。

当 $\alpha^2=0$ 时，则

$$X(x)=a_0x+b_0 \tag{4-29}$$

当 $\alpha^2<0$ 时，令 $\alpha=\mathrm{j}k_x$，(k_x为正实数)，则

$$X(x)=a_1\sin k_xx+a_2\cos k_xx \tag{4-30}$$

或

$$X(x)=b_1\mathrm{e}^{-\mathrm{j}k_xx}+b_2\mathrm{e}^{\mathrm{j}k_xx} \tag{4-31}$$

当 $\alpha^2>0$ 时，令 $\alpha=k_x$，则

$$X(x)=c_1\,\mathrm{sh}k_xx+c_2\,\mathrm{ch}k_xx \tag{4-32}$$

或

$$X(x)=d_1\mathrm{e}^{-k_xx}+d_2\mathrm{e}^{k_xx} \tag{4-33}$$

以上的 a、b、c 和 d 称为待定常数，由边界条件决定。$Y(y)$和 $Z(z)$的解同 $X(x)$类似。

在用分离变量法求解静态场的边值型问题时，常需要根据边界条件来确定分离常数是实数、虚数或零。分离常数也叫做本征值。若在某一个方向(如 x 方向)的边界条件是周期的，则该坐标的分离常数(k_x)必是实数，其解要选三角函数；若在某一个方向的边界条件是非周期的，则该方向的解要选双曲函数或者指数函数，在有限区域选双曲函数，无限区域选指数衰减函数；若位函数与某一坐标无关，则沿该方向的分离常数为零，其解为常数。这些函数习惯上叫做基本解，也叫做本征函数。下面通过例题说明分离变量法的应用。

例 4-9 横截面如图 4-11 所示的导体长槽，上方有一块与槽相互绝缘的导体盖板，截面尺寸为 $a\times b$，槽体的电位为零，盖板的电位为 V_0，求此区域内的电位。

解 本题的电位与 z 无关，只是 x、y 的函数，即 $\varphi=\varphi(x, y)$。

在区域 $0<x<a$，$0<y<b$ 内，

$$\nabla^2\varphi = 0 \tag{4-34}$$

边界条件为

① $x=0$，$\varphi(0, y)=0$；

② $x=a$，$\varphi(a, y)=0$；

③ $y=0$，$\varphi(x, 0)=0$；

④ $y=b$，$\varphi(x, b)=V_0$。

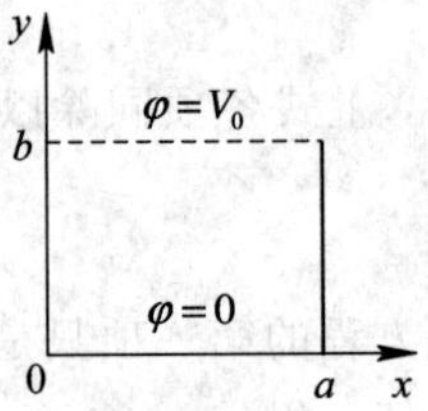

图 4-11 矩形截面导体槽

设满足式(4-34)的解为

$$\varphi(x, y) = X(x)Y(y)$$

则 $X(x)$、$Y(y)$由方程式(4-25)和式(4-26)确定，且 $\alpha^2+\beta^2=0$。先由边界条件决定分离常数 α，即决定 $X(x)$的形式。边界条件①和②要求电位在 $x=0$、$x=a$ 处为零，从式(4-30)～式(4-33)可见，$X(x)$的合理形式是三角函数(即 $\alpha^2<0$)，则

$$X(x) = a_1 \sin k_x x + a_2 \cos k_x x$$

将边界条件①代入上式，得 $a_2=0$，再将条件②代入，得

$$\sin k_x a = 0$$

即 $k_x a=n\pi$，我们把其记作 $k_n= n\pi/a$，($n=1, 2, 3, \cdots$)，这样得到 $X(x)=a_1 \sin(n\pi x/a)$，由于 $\alpha^2+\beta^2=0$，所以得到 $Y(y)$的形式为指数函数或双曲函数，即

$$Y(y) = c_1 \operatorname{sh} k_n y + c_2 \operatorname{ch} k_n y$$

考虑到条件③，有 $c_2=0$，$Y(y)=c_1 \operatorname{sh}(n\pi y/a)$，这样我们就得到基本乘积解 $X(x)Y(y)$，记作

$$\varphi_n = X_n(x)Y_n(y) = C_n \sin\frac{n\pi x}{a} \operatorname{sh}\frac{n\pi y}{a} \tag{4-35}$$

上式满足拉普拉斯方程式(4-34)和边界条件①、②、③，其中 C_n是待定常数($C_n=a_1c_1$)，为了满足条件④，取不同的 n 值对应的 φ_n并叠加，即

$$\varphi(x, y) = \sum_{n=1}^{\infty}\varphi_n = \sum_{n=1}^{\infty}C_n \sin\frac{n\pi x}{a} \operatorname{sh}\frac{n\pi y}{a} \tag{4-36}$$

由条件④，有 $\varphi(x, b)=V_0$，即

$$V_0 = \sum_{n=1}^{\infty}C_n \operatorname{sh}\frac{n\pi b}{a} \sin\frac{n\pi x}{a} = \sum_{n=1}^{\infty}B_n \sin\frac{n\pi x}{a} \tag{4-37}$$

其中

$$B_n = C_n \operatorname{sh}\frac{n\pi b}{a}$$

要从式(4-37)解出 B_n，需要使用三角函数的正交归一性，即

$$\int_0^a \sin\frac{n\pi x}{a} \sin\frac{m\pi x}{a}\,\mathrm{d}x = \begin{cases}\dfrac{a}{2} & n = m\\ 0 & n \neq m\end{cases} \tag{4-38}$$

将式(4-37)左右两边同乘以 $\sin(m\pi x/a)$，并在区间$(0, a)$积分，得

$$\int_0^a V_0 \sin\frac{m\pi x}{a}\,\mathrm{d}x = \int_0^a B_n \sin\frac{n\pi x}{a} \sin\frac{m\pi x}{a}\,\mathrm{d}x$$

使用公式(4-38)，有

$$\int_0^a V_0 \sin\frac{n\pi x}{a}\,dx = \int_0^a B_n \sin^2\frac{n\pi x}{a}\,dx = \frac{B_n a}{2}$$

因而

$$B_n = \frac{2V_0}{a}\int_0^a \sin\frac{n\pi x}{a}\,dx = \frac{2V_0}{n\pi}(1-\cos n\pi)$$

$$B_n = \begin{cases} 0 & n=2,\ 4,\ 6,\ \cdots \\ \dfrac{4V_0}{n\pi} & n=1,\ 3,\ 5,\ \cdots \end{cases} \tag{4-39}$$

所以当 $n=1,\ 3,\ 5,\ \cdots$时，

$$C_n = \frac{4V_0}{n\pi\ \mathrm{sh}\dfrac{n\pi b}{a}}$$

当 $n=2,\ 4,\ 6,\ \cdots$时，

$$C_n = 0$$

这样得到待求区域的电位为

$$\varphi(x,\ y) = \frac{4V_0}{\pi}\sum_{m=1}^{\infty}\frac{\mathrm{sh}\left[(2m-1)\dfrac{\pi y}{a}\right]}{(2m-1)\ \mathrm{sh}\left[(2m-1)\dfrac{\pi b}{a}\right]}\sin\left[(2m-1)\frac{\pi x}{a}\right] \tag{4-40}$$

例 4-10　如图 4-12 所示，两块半无限大平行导体板的电位为零，与之垂直的底面电位为 $\varphi(x,\ 0)$，求此半无限槽中的电位(在 $x=a$，$y=0$ 处有一个很薄的绝缘层)，其中

$$\varphi(x,\ 0) = \frac{V_0 x}{a}$$

解　这和前题类似，是一个二维拉普拉斯方程边值问题，$\varphi=\varphi(x,\ y)$，边界条件是

① $\varphi(0,\ y)=0$；

② $\varphi(a,\ y)=0$；

③ $\varphi(x,\ \infty)=0$；

④ $\varphi(x,\ 0)=\dfrac{V_0 x}{a}$。

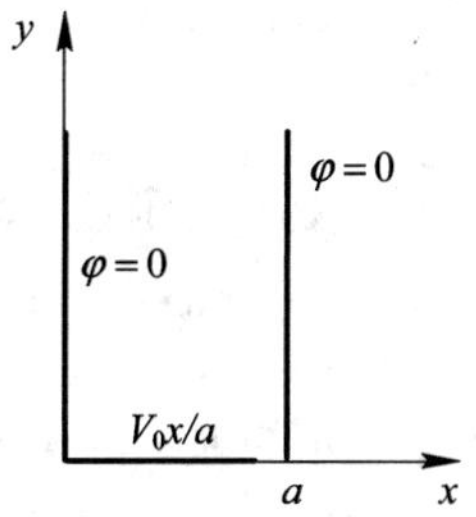

图 4-12　无限长槽的电位

从条件①和②知，基本解 $X_n=\sin(n\pi x/a)$，而基本解 $Y_n(y)$只能取指数函数或双曲函数，但考虑到条件③，有 $Y_n=e^{-n\pi y/a}$，至此我们使用了条件①、②、③，为满足条件④，取级数

$$\varphi(x,\ y) = \sum_{n=1}^{\infty} C_n e^{-n\pi y/a}\sin\frac{n\pi x}{a} \tag{4-41}$$

代入条件④，得

$$\sum_{n=1}^{\infty} C_n \sin\frac{n\pi x}{a} = \frac{V_0 x}{a}$$

运用正弦函数的正交归一性，得

$$\frac{C_n a}{2} = \int_0^a \frac{V_0 x}{a}\sin\frac{n\pi x}{a}\,dx$$

化简得

$$C_n = \frac{2V_0}{n\pi}(-\cos n\pi) = \frac{2V_0}{n\pi}(-1)^{n+1} \tag{4-42}$$

将式(4-42)代入式(4-41)即可得到待求电位为

$$\varphi(x, y) = \sum_{n=1}^{\infty} \frac{2V_0}{n\pi}(-1)^{n+1} e^{-n\pi y/a} \sin\frac{n\pi x}{a}$$

从以上两例看出，用分离变量法解题时，应注意用一部分边界条件确定基本解的形式(即分离常数取实数还是虚数，以及分离常数的值)，用剩余的一部分边界条件确定待定系数 C_n。

4.4.2 圆柱坐标中的分离变量法

电位的拉普拉斯方程在圆柱坐标中(为了不与电荷体密度混淆，取坐标 (r, ϕ, z))表示为

$$\frac{1}{r}\frac{\partial}{\partial r}\left(r\frac{\partial\varphi}{\partial r}\right) + \frac{1}{r^2}\frac{\partial^2\varphi}{\partial\phi^2} + \frac{\partial^2\varphi}{\partial z^2} = 0 \tag{4-43}$$

对于这个方程，仅分析电位与坐标变量 z 无关的情况。对于电位与三个坐标变量有关的情形，可参阅有关数理方程或者特殊函数方面的参考书。

当电位与坐标变量 z 无关时，上式第三项为零，此时电位 $\varphi(r, \phi)$ 满足二维拉普拉斯方程：

$$r\frac{\partial}{\partial r}\left(r\frac{\partial\varphi}{\partial r}\right) + \frac{\partial^2\varphi}{\partial\phi^2} = 0 \tag{4-44}$$

运用分离变量法求解，令满足上述方程的电位为

$$\varphi = R(r)\Phi(\phi) \tag{4-45}$$

其中 R 只是 r 的函数，Φ 只是 ϕ 的函数. 将上式代入式(4-44)，并且用 $R\Phi$ 除等式两边，得

$$\frac{r}{R}\frac{\mathrm{d}}{\mathrm{d}r}\left(r\frac{\mathrm{d}R}{\mathrm{d}r}\right) + \frac{1}{\Phi}\frac{\mathrm{d}^2\Phi}{\mathrm{d}\phi^2} = 0$$

上式第一项只是 r 的函数，第二项只是 ϕ 的函数。要其对任意点成立必须每一项都是常数。令第一项等于 n^2，于是导出下面两个常微分方程

$$r^2\frac{\mathrm{d}^2R}{\mathrm{d}r^2} + r\frac{\mathrm{d}R}{\mathrm{d}r} - n^2R = 0 \tag{4-46}$$

$$\frac{\mathrm{d}^2\Phi}{\mathrm{d}\phi^2} + n^2\Phi = 0 \tag{4-47}$$

当 $n\neq 0$ 时，上面两方程的解为

$$R = ar^n + br^{-n} \tag{4-48}$$

$$\Phi = c\cdot\cos n\phi + d\cdot\sin n\phi \tag{4-49}$$

其中 a、b、c、d 都是待定常数。通常对圆形区域的问题，ϕ 的变化范围为 $0\sim 2\pi$，且有 $\Phi(\phi)=\Phi(\phi+2m\pi)$，所以 n 必须是整数。为满足边界条件，要将式(4-48)和式(4-49)的基本解叠加，构成一般解(也称通解)为

$$\varphi(r, \phi) = \sum_{n=1}^{\infty} r^n(A_n\cos n\phi + B_n\sin n\phi) + \sum_{n=1}^{\infty} r^{-n}(C_n\cos n\phi + D_n\sin n\phi) \tag{4-50}$$

当 $n=0$ 时，方程式(4-46)和式(4-47)的解为

$$\Phi_0(\phi) = A_0\phi + B_0 \tag{4-51}$$

$$R_0(r) = C_0 \ln r + D_0 \tag{4-52}$$

由此构成一个基本乘积解 $\varphi_0=\Phi_0 R_0$，对于一般问题，通解(4-50)应再加上 φ_0，但是如果讨论的是一个圆形区域内部(或外部)的问题，依据解的物理意义可以知道 φ_0 为零(或者为一个常数)，如果是一个圆环区域的问题，系数 $A_0=0$、$B_0=1$。以下通过例题熟悉圆柱坐标系分离变量法的应用。

例 4-11 将半径为 a 的无限长导体圆柱置于真空中的均匀电场 E_0 中，柱轴与 E_0 垂直，求任意点的电位。

解 令圆柱的轴线与 z 轴重合，E_0 的方向与 x 方向一致，如图 4-13 所示。由于导体柱是一个等位体，不妨令其为零，即在柱内($r<a$)，$\varphi_1=0$，柱外电位 φ_2 满足拉普拉斯方程，φ_2 的形式就是圆柱坐标系拉普拉斯方程的通解，以下由边界条件确定待定系数。本例的边界条件是：

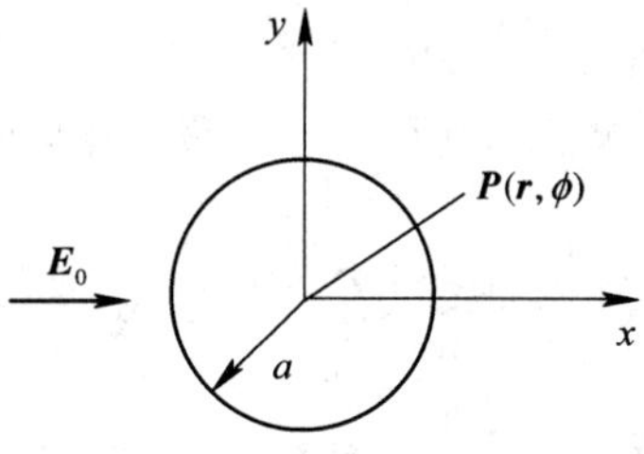

图 4-13 均匀场中导体柱

① $r\to\infty$，柱外电场 $E_2\to E_0 a_x$，这样 $\varphi_2\to -E_0 x$，即 $\varphi_2\to -E_0 r\cos\phi$；

② $r=a$，导体柱内外电位连续，即 $\varphi_2=0$。

除此之外，由电位的对称性可知，在通解中只取余弦项，于是

$$r>a,\quad \varphi_2=\sum_{n=1}^{\infty}(A_n r^n + C_n r^{-n})\cos n\phi$$

由条件①可知，$A_1=-E_0$，$A_n=0\ (n>1)$。这样

$$\varphi_2=-E_0 r\cos\phi+\sum_{n=1}^{\infty}C_n r^{-n}\cos n\phi$$

由条件②，有

$$-E_0 a\cos\phi+\sum_{n=1}^{\infty}C_n a^{-n}\cos n\phi=0$$

因这一表达式对任意的 ϕ 成立，所以

$$C_1=E_0 a^2,\quad C_n=0\quad (n>1)$$

于是

$$\varphi_2=E_0\left(-r+\frac{a^2}{r}\right)\cos\phi$$

其等位线与电力线分布如图 4-14 所示。

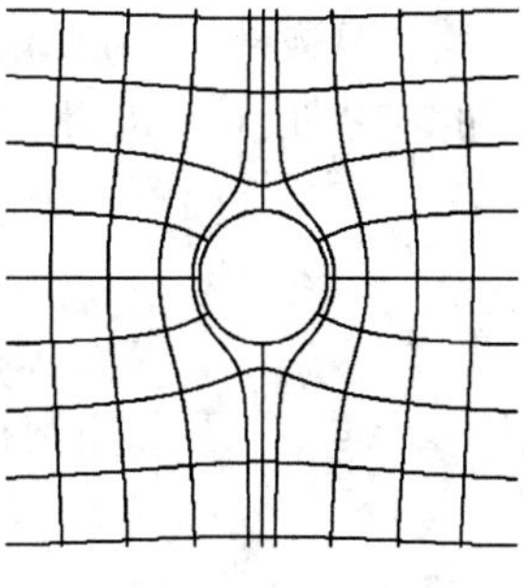
图 4-14 柱外的电力线和等位线

我们在这里是采用正余弦函数系的完备性确定展开系数的，当然也可以使用正余弦函数系的正交归一性来确定展开系数。

例 4-12 若电场强度为 E_0 的均匀静电场中放入一个半径为 a 的电介质圆柱，柱的轴线与电场互相垂直，介质柱的介电常数为 ε，柱外为真空，如图 4-15 所示，求柱内外的电场。

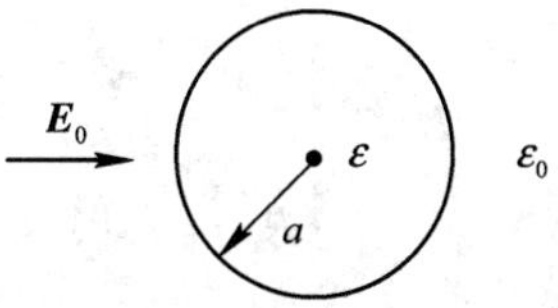

图 4-15 均匀场中介质柱

解 设柱内电位 φ_1，柱外电位 φ_2，取坐标原点为电位

参考点，且外电场的方向沿 x 轴正向。这时边界条件如下：

① $r\to\infty$，$\varphi_2=-E_0 r\cos\phi$；

② $r=0$，$\varphi_1=0$；

③ $r=a$，$\varphi_1=\varphi_2$；

④ $r=a$，$\varepsilon\dfrac{\partial\varphi_1}{\partial r}=\varepsilon_0\dfrac{\partial\varphi_2}{\partial r}$。

于是，柱内、外电位的通解为

$$\varphi_1(r,\phi)=\sum_{n=1}^{\infty}r^n(A_n\cos n\phi+B_n\sin n\phi)+\sum_{n=1}^{\infty}r^{-n}(C_n\cos n\phi+D_n\sin n\phi)$$

$$\varphi_2(r,\phi)=\sum_{n=1}^{\infty}r^n(A_n'\cos n\phi+B_n'\sin n\phi)+\sum_{n=1}^{\infty}r^{-n}(C_n'\cos n\phi+D_n'\sin n\phi)$$

考虑本题的外加电场、极化面电荷均关于 x 轴对称，柱内、外电位解中只有余弦项，即

$$B_n=D_n=B_n'=D_n'=0\quad(n\geqslant 1)$$

由条件②，有 $C_n=0$，$(n\geqslant 1)$，又由条件①，得：$A_1'=-E_0$，$A_n'=0$，$(n\geqslant 2)$，于是，

$$\varphi_1(r,\phi)=\sum_{n=1}^{\infty}r^nA_n\cos n\phi$$

$$\varphi_2(r,\phi)=-E_0 r\cos\phi+\sum_{n=1}^{\infty}C_n'r^{-n}\cos n\phi$$

由条件③和④，得

$$\begin{cases}\displaystyle\sum_{n=1}^{\infty}A_na^n\cos n\phi=-E_0 a\cos n\phi+\sum_{n=1}^{\infty}C_n'a^{-n}\cos n\phi\\ \displaystyle\varepsilon\sum_{n=1}^{\infty}nA_na^{n-1}\cos n\phi=-\varepsilon_0E_0\cos\phi-\varepsilon_0\sum_{n=1}^{\infty}nC_n'a^{-n-1}\cos n\phi\end{cases}$$

比较左右两边各个余弦函数 $\cos n\phi$ 的系数，并且考虑余弦函数系的完备性(也就是正余弦展开的唯一性)，可以得出

$$A_1=-\frac{2E_0}{\varepsilon_r+1},\quad C_1'=E_0a^2\frac{\varepsilon_r-1}{\varepsilon_r+1}$$

$$A_n=0,\quad C_n'=0\qquad(n\geqslant 2)$$

其中，$\varepsilon_r=\varepsilon/\varepsilon_0$，是介质圆柱的相对介电常数，于是得柱内外的电位为

$$\varphi_1=-\frac{2}{\varepsilon_r+1}E_0r\cos\phi$$

$$\varphi_2=-\left(1-\frac{\varepsilon_r-1}{\varepsilon_r+1}\frac{a^2}{r^2}\right)r\cos\phi$$

由此得电场为

$$\boldsymbol{E}_1=\frac{2}{\varepsilon_r+1}E_0(\boldsymbol{e}_r\cos\phi-\boldsymbol{e}_\phi\sin\phi)=\boldsymbol{e}_x\frac{2}{\varepsilon_r+1}E_0$$

$$\boldsymbol{E}_2=\boldsymbol{e}_r\left(1+\frac{\varepsilon_r-1}{\varepsilon_r+1}\frac{a^2}{r^2}\right)E_0\cos\phi+\boldsymbol{e}_\phi\left(-1+\frac{\varepsilon_r-1}{\varepsilon_r+1}\frac{a^2}{r^2}\right)E_0\sin\phi$$

圆柱内的场是一个均匀场，且比外加均匀场小，柱外的场同电偶极子的场。

例 4-13 在一个半径为 a 的圆柱面上，给定其电位分布

$$\varphi=\begin{cases}V_0 & 0<\phi<\pi\\ 0, & -\pi<\phi<0\end{cases}$$

求圆柱内的电位分布。

解 本题的电位也是与坐标 z 无关。除了圆柱面上的已知电位以外，根据问题本身的物理含义，可以得出，圆柱外部的电位在无穷远处应该趋于零，圆柱内部的电位在圆柱中轴线上应该为有限值。依据这一点，可以判断在圆柱外通解中的正幂项的系数为零，在圆柱内部，通解中的负幂项的系数同样为零。

于是，柱内电位的通解为

$$\varphi_1(r,\ \phi)=A_0+\sum_{n=1}^{\infty}r^n(A_n\cos n\phi+B_n\sin n\phi)$$

通解中的待定系数可以由界面的电位来确定，即

$$\varphi_1(a,\ \phi)=A_0+\sum_{n=1}^{\infty}a^n(A_n\cos n\phi+B_n\sin n\phi)=\begin{cases}V_0, & 0<\phi<\pi\\ 0, & -\pi<\phi<0\end{cases}$$

由傅立叶级数的有关知识可得出

$$A_0=\frac{1}{2\pi}\int_{-\pi}^{\pi}\varphi(a,\ \phi)\mathrm{d}\phi=\frac{V_0}{2}$$

$$a^nA_n=\frac{1}{\pi}\int_{-\pi}^{\pi}\varphi(a,\ \phi)\cos n\phi\ \mathrm{d}\phi$$

$$A_n=\frac{a^{-n}}{\pi}\int_0^{\pi}V_0\cos n\phi\ \mathrm{d}\phi=0,\quad(n\geqslant 1)$$

$$a^nB_n=\frac{1}{\pi}\int_{-\pi}^{\pi}\varphi(a,\ \phi)\sin n\phi\ \mathrm{d}\phi$$

$$B_n=\frac{a^{-n}}{\pi}\int_0^{\pi}V_0\sin n\phi\ \mathrm{d}\phi=\frac{a^{-n}V_0}{n\pi}[1-(-1)^n]$$

即

$$B_n=\frac{2a^{-n}V_0}{n\pi},\quad(n=1,\ 3,\ 5\cdots)$$

将这些系数代入上面的通解，得到圆柱内部的电位为

$$\varphi(r,\ \phi)=\frac{V_0}{2}+\frac{2V_0}{\pi}\sum_{n=1,\ 3\cdots}^{\infty}\frac{1}{n}\left(\frac{r}{a}\right)^n\sin n\phi$$

4.4.3 球坐标中的分离变量法

在求解具有球面边界的边值问题时，采用球坐标较方便。球坐标$(r,\ \theta,\ \phi)$中拉普拉斯方程为

$$\frac{1}{r^2}\frac{\partial}{\partial r}\left(r^2\frac{\partial\varphi}{\partial r}\right)+\frac{1}{r^2\sin\theta}\frac{\partial}{\partial\theta}\left(\sin\theta\frac{\partial\varphi}{\partial\theta}\right)+\frac{1}{r^2\sin^2\theta}\frac{\partial^2\varphi}{\partial\phi^2}=0\qquad(4-53)$$

这里只讨论轴对称场(也就是旋转对称情形)，即电位 φ 与坐标 ϕ 无关的场。此时拉普拉斯方程为

$$\frac{1}{r^2}\frac{\partial}{\partial r}\left(r^2\frac{\partial\varphi}{\partial r}\right)+\frac{1}{r^2\sin\theta}\frac{\partial}{\partial\theta}\left(\sin\theta\frac{\partial\varphi}{\partial\theta}\right)=0\qquad(4-54)$$

令 $\varphi=R(r)\Theta(\theta)$，将其代入式(4-54)，并用 $r^2/(R\Theta)$乘该式的两边，得

$$\frac{1}{R}\frac{\mathrm{d}}{\mathrm{d}r}\left(r^2\frac{\mathrm{d}R}{\mathrm{d}r}\right)+\frac{1}{\Theta\sin\theta}\frac{\mathrm{d}}{\mathrm{d}\theta}\left(\sin\theta\frac{\mathrm{d}\Theta}{\mathrm{d}\theta}\right)=0$$

上式的第一项只是 r 的函数，第二项只是 θ 的函数，要其对空间任意点成立，必须每一项为常数。令第一项等于 k，于是有

$$\frac{1}{R}\frac{\mathrm{d}}{\mathrm{d}r}\left(r^2\frac{\mathrm{d}R}{\mathrm{d}r}\right)=k \tag{4-55}$$

$$\frac{1}{\Theta\sin\theta}\frac{\mathrm{d}}{\mathrm{d}\theta}\left(\sin\theta\frac{\mathrm{d}\Theta}{\mathrm{d}\theta}\right)=-k \tag{4-56}$$

为了把式(4-56)化成标准形式，令

$$x=\cos\theta \tag{4-57}$$

代换后原方程变为

$$\frac{\mathrm{d}}{\mathrm{d}x}\left[(1-x^2)\frac{\mathrm{d}\Theta}{\mathrm{d}x}\right]+k\Theta=0 \tag{4-58}$$

方程(4-58)称为勒让德方程，它的解具有幂级数形式，且在 $-1<x<1$ 收敛。如果选择 $k=n(n+1)$，其中 n 为正整数，则解的收敛域扩展为 $-1\leqslant x\leqslant 1$。当 $k=n(n+1)$ 时，勒让德方程的解为 n 阶勒让德多项式 $P_n(x)$ 为

$$P_n(x)=\frac{1}{2^n n!}\frac{\mathrm{d}^n}{\mathrm{d}x^n}[(x^2-1)^n] \tag{4-59}$$

前几个勒让德多项式是

$$\left.\begin{aligned}P_0(\cos\theta)&=1\\P_1(\cos\theta)&=\cos\theta\\P_2(\cos\theta)&=\frac{1}{2}(3\cos^2\theta-1)\\P_3(\cos\theta)&=\frac{1}{2}(5\cos^3\theta-3\cos\theta)\end{aligned}\right\} \tag{4-60}$$

勒让德多项式也是正交函数系，正交关系为

$$\int_{-1}^{1}P_m(x)P_n(x)\mathrm{d}x=\int_0^{\pi}P_m(\cos\theta)P_n(\cos\theta)\sin\theta\,\mathrm{d}\theta=\frac{2}{2n+1}\delta_{mn} \tag{4-61}$$

将 $k=n(n+1)$ 代入 $R(r)$ 的方程(4-55)，解之得

$$R_n(r)=A_n r^n+B_n r^{-n-1} \tag{4-62}$$

其中 A_n、B_n 是待定系数。取不同的 n 值对应的基本解叠加，得到球坐标系中二维拉普拉斯方程的通解为

$$\varphi(r,\theta)=\sum_{n=0}^{\infty}(A_n r^n+B_n r^{-n-1})P_n(\cos\theta) \tag{4-63}$$

例 4-14 假设真空中在半径为 a 的球面上有面密度为 $\sigma_0\cos\theta$ 的表面电荷，其中 σ_0 是常数，求任意点的电位。

解 本题除了面电荷外，球内和球外再无电荷分布，虽然可以用静电场中的积分公式计算各点的电位，但使用分离变量法更方便。设球内、球外的电位分别是 φ_1、φ_2，由题意知道，在无穷远处电位为零；在球心处电位为有限值，所以可以取球内、球外电位形式如下：

$$\varphi_1(r,\theta)=\sum_{n=0}^{\infty}A_n r^n P_n(\cos\theta) \tag{4-64}$$

$$\varphi_2(r,\theta)=\sum_{n=0}^{\infty}B_n r^{-n-1}P_n(\cos\theta) \tag{4-65}$$

球面上的边界条件为

① $r=a$，$\varphi_1=\varphi_2$；

② $r=a$，$-\varepsilon_0\left(\frac{\partial\varphi_2}{\partial r}-\frac{\partial\varphi_1}{\partial r}\right)=\rho_S=\sigma_0\cos\theta$

将式(4-63)和式(4-64)代入边界条件，得

$$\sum_{n=0}^{\infty}A_n a^n P_n(\cos\theta)=\sum_{n=0}^{\infty}B_n a^{-n-1}P_n(\cos\theta) \tag{4-66}$$

$$\sum_{n=0}^{\infty}nA_n a^{n-1}P_n(\cos\theta)+\sum_{n=0}^{\infty}(n+1)B_n a^{-n-2}P_n(\cos\theta)=\frac{\sigma_0\cos\theta}{\varepsilon_0} \tag{4-67}$$

比较式(4-66)两边，得到

$$B_n=A_n a^{2n+1} \tag{4-68}$$

将式(4-68)代入式(4-67)，整理以后变为

$$\sum_{n=0}^{\infty}(2n+1)A_n a^{n-1}P_n(\cos\theta)=\frac{\sigma_0\cos\theta}{\varepsilon_0}$$

使用勒让德多项式展开的唯一性，即将区间[−1，1]内的函数可以唯一的用勒让德多项式展开，并考虑 $P_1(\cos\theta)=\cos\theta$，得

$$A_1=\frac{\sigma_0}{3\varepsilon_0},\quad A_n=0\quad(n\neq1)$$

于是我们得到

$$\varphi_1=\frac{\sigma_0}{3\varepsilon_0}r\cos\theta\qquad(r\leqslant a)$$

$$\varphi_2=\frac{\sigma_0}{3\varepsilon_0}\frac{a^3}{r^2}\cos\theta\qquad(r\geqslant a)$$

4.5 复变函数法

复变函数法可用于求解复杂边界的二维边值问题，且在一般条件下，它的解具有比较简单的形式，并能方便地计算电容。

4.5.1 复电位

如果复变函数 $w(z)=u(x,y)+\mathrm{j}v(x,y)$ 是解析函数，则可知它的实部和虚部之间满足柯希-黎曼条件

$$\frac{\partial u}{\partial x}=\frac{\partial v}{\partial y},\quad\frac{\partial v}{\partial x}=-\frac{\partial u}{\partial y} \tag{4-69}$$

利用柯希-黎曼条件，可以证明解析函数的实部和虚部都满足二维拉普拉斯方程

$$\frac{\partial^2 u}{\partial x^2}+\frac{\partial^2 u}{\partial y^2}=0 \tag{4-70}$$

$$\frac{\partial^2 v}{\partial x^2}+\frac{\partial^2 v}{\partial y^2}=0 \tag{4-71}$$

由于在无源区，二维静电场的电位满足拉普拉斯方程，可见二维静电场的电位可以用解析函数的实部或虚部表示。

我们又知道，对解析函数 $w(z)=u(x, y)+\mathrm{j}v(x, y)$，曲线族 $u(x, y)=C_1$ 和曲线族 $v(x, y)=C_2$ 处处相互正交，这个性质可以用下面的公式来表示：

$$\nabla u \cdot \nabla v = 0$$

也就是说，任意一个解析函数的实部 u 和虚部 v 均满足二维拉普拉斯方程，并且 u 和 v 的等值线相互垂直。

由于二维静电问题的等位线和电力线互相垂直，因而如果用虚部 $v(x, y)$ 表示电位，则实部的等值线 $u(x, y)=C_1$ 就表示电通量线（亦是电力线），此时称这个实部为通量函数，称解析函数 $w(z)$ 为复电位。同理，如果用实部 $u(x, y)$ 表示电位，则虚部 $v(x, y)$ 加上一个负号，即用 $-v(x, y)$ 表示通量函数，称解析函数 $w(z)$ 为复电位。

4.5.2 用复电位解二维边值问题

我们先说明通量函数的含意。如前所述，当取某一解析函数的虚部表示二维电场的电位时，有

$$E_x = -\frac{\partial v}{\partial x}, \quad E_y = -\frac{\partial v}{\partial y}$$

我们考虑一个以 xoy 平面上任意的一条曲线 l 为底，在 z 方向单位长的曲面，计算通过这一曲面的电通量

$$E = a_x E_x + a_y E_y$$

$$\mathrm{d}S = \mathrm{d}l \times a_z = (a_x\,\mathrm{d}x + a_y\,\mathrm{d}y) \times a_z = a_x\,\mathrm{d}y - a_y\,\mathrm{d}x$$

$$\int \boldsymbol{E} \cdot \mathrm{d}\boldsymbol{S} = \int (E_x\,\mathrm{d}y - E_y\,\mathrm{d}x) = \int \left(-\frac{\partial v}{\partial x}\,\mathrm{d}y + \frac{\partial v}{\partial y}\,\mathrm{d}x\right) = \int \left(\frac{\partial u}{\partial y}\,\mathrm{d}y + \frac{\partial u}{\partial x}\,\mathrm{d}x\right) = \int \mathrm{d}u$$

显然，如果在 xoy 平面上指定 A 点作为计算通量的起点，则 B 点的通量函数是指在 AB 间的一条曲线 l 和 z 方向单位长度构成的一个曲面上的电通量（如图 4－16 所示）。若此图中 φ_1、φ_2 两条等位线是电容器的两个极板表面（极板在 z 方向无限长），则正极板单位长电荷是 $\varepsilon_0(\psi_B-\psi_A)$，这样得到单位长电容为（如图 4－17 所示）

$$C = \varepsilon_0 \frac{\psi_B - \psi_A}{\varphi_2 - \varphi_1} \tag{4-72}$$

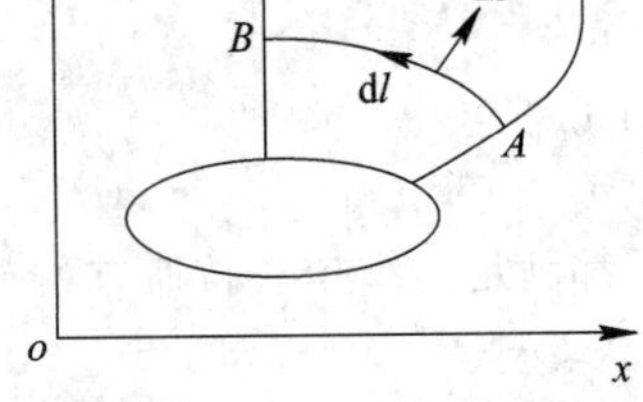

图 4－16 电通量函数

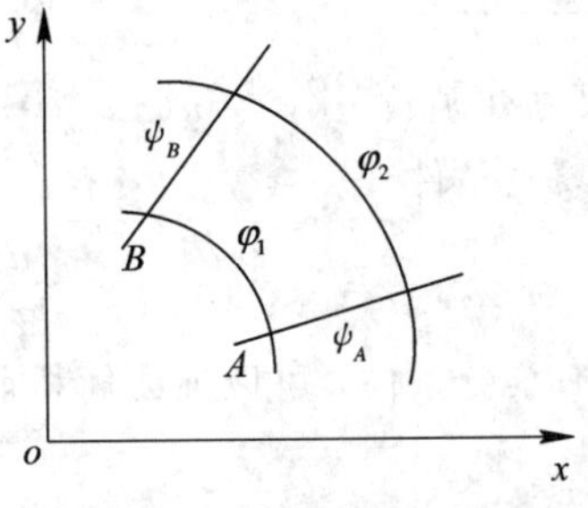

图 4－17 电容的计算

综上所述，用复变函数法解二维边值问题的关键是要找一个解析函数，若其虚部表示

电位函数，则其实部表示通量函数，即

$$w(x, y) = \psi(x, y) + j\varphi(x, y) \tag{4-73}$$

同理，也可以用实部表示电位函数，此时虚部是通量函数的相反值(原因请读者思考)，即

$$w(x, y) = \varphi(x, y) - j\psi(x, y) \tag{4-74}$$

在一般情况下，寻求相应的复电位函数并没有固定的方法，而且极为困难。所以通常采取相反的途径，就是先研究一些常用解析函数的实部和虚部的等值线分布。对于实际的边界形状，从以上函数中找出其实部(或虚部)的等值线与边界相重合的函数，再根据已知的边界条件确定该解析函数中的待定常数。对于一些形状较复杂的边界，常常需要两次或多次变换。

例 4-15 分析解析函数 $w=A\ln z$ 所表示的场(A 为实常数)。

解 用极坐标(r, ϕ)表示 z，则

$$w = A\ln(re^{j\phi}) = A\ln r + Aj\phi = u + jv$$

实部 u 的等值线是圆心在原点的圆，虚部的等值线是幅角 ϕ 为常数的射线，如图 4-18 所示。如果用实部 u 表示电位，虚部 v 表示电通量函数，那么，对数函数可以表示同轴线的场，也可以表示无限长带电导线的场。对线电荷密度为 ρ_l 的无限长均匀线电荷，其穿过半径为 r，沿 z 方向单位长度的圆柱面的电通量是

$$\Delta v = A\Delta\phi = A \cdot (2\pi - 0) = 2\pi A = \frac{\rho_l}{\varepsilon_0}$$

$$A = \frac{\rho_l}{2\pi\varepsilon_0}$$

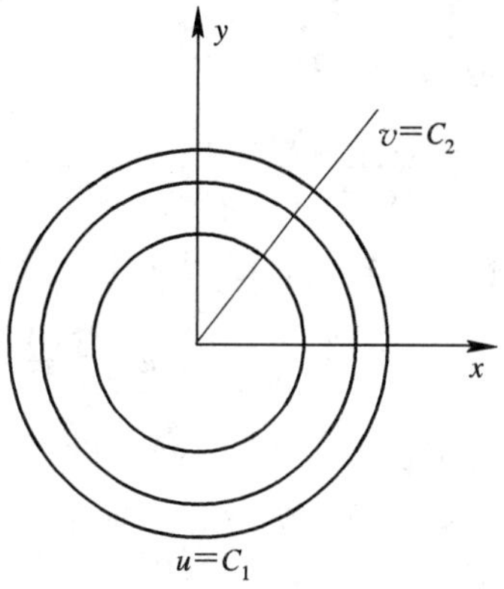

图 4-18 对数变换

于是，得到复电位是

$$\xi(z) = \frac{\rho_l}{2\pi\varepsilon_0}\ln z = \frac{\rho_l}{2\pi\varepsilon_0}\ln r + j\frac{\rho_l}{2\pi\varepsilon_0}\theta$$

如果用虚部表示电位，它可以表示夹角为 α 的两个半无限大导体板的电场。

在实际计算时，因 u 和 v 都是无量纲的量，故应乘以适当的标度常数，又为了便于确定电位参考点，还要在对数函数中加上另一常数，即

$$w = A\ln z + B \tag{4-75}$$

例 4-16 分析解析函数

$$w(z) = A\ln\frac{z+d}{z-d} \tag{4-76}$$

所表示的场，并用此求半径为 a 的导体圆柱与无限大导体板(导体圆柱与平板平行，轴线距导体平面的距离为 b)之间单位长的电容(如图 4-19 所示)。

解 将 $z=x+jy$ 代入式(4-74)，将函数 w 实部与虚部分别写成 x、y 的函数，有

$$u(x, y) = A\frac{1}{2}\ln\frac{(x+d)^2+y^2}{(x-d)^2+y^2} \tag{4-77}$$

$$v(x, y) = A\left(\arctan\frac{y}{x+d} - \arctan\frac{y}{x-d}\right) \tag{4-78}$$

当用实部 u 表示电位时，等位线分布同例 4-5，所以它可以表示两个平行的等量异号线电荷产生的场，也可以表示一个线电荷和无限大接地导体板之间的场，同样也可以表示一个导体圆柱与导体板之间的场。下面用此解析函数法计算导体圆柱与导体板之间的电容，同例 4-5，可以从已知的 a 和 b 求出 d 的值。

$$d = (b^2 - a^2)^{1/2} \tag{4-79}$$

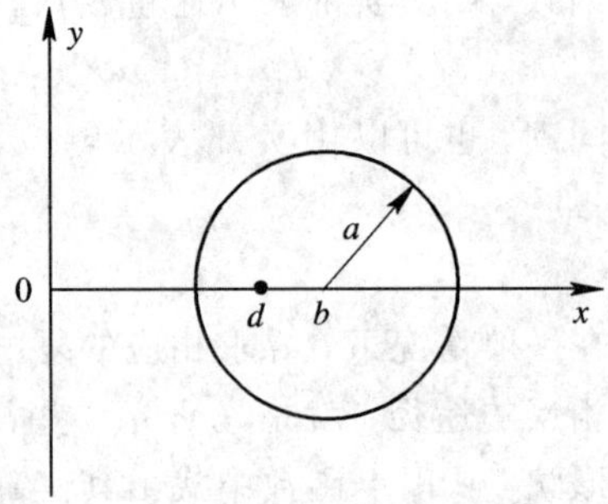

图 4-19　导体圆柱与平板

导体平面($x=0$)的电位为零，为了求导体圆柱的表面电位，将式(4-79)代入式(4-77)，并注意导体圆柱面的方程是

$$(x-b)^2 + y^2 = a^2$$

即

$$x^2 + y^2 = a^2 - b^2 + 2bx = 2bx - d^2$$

于是有

$$\frac{(x+d)^2 + y^2}{(x-d)^2 + y^2} = \frac{x^2 + y^2 + d^2 + 2dx}{x^2 + y^2 + d^2 - 2dx} = \frac{2bx + 2dx}{2bx - 2dx} = \frac{b+d}{b-d} = \frac{b + \sqrt{b^2 - a^2}}{b - \sqrt{b^2 - a^2}}$$

这样就得到带正电的导体电位为

$$\varphi_2 = \frac{A}{2} \ln \frac{b + \sqrt{b^2 - a^2}}{b - \sqrt{b^2 - a^2}} = A \ln \frac{b + \sqrt{b^2 - a^2}}{a}$$

用式(4-78)，计算出点 $x=0$、$y=+\infty$ 处通量函数值为 πA。同理点 $x=0$、$y=-\infty$ 处的通量函数值为 $-\pi A$。通量值的差为 $2\pi A$。从式(4-72)，得导体板与导体圆柱单位长电容为

$$C = \frac{2\pi\varepsilon_0}{\ln \dfrac{b + \sqrt{b^2 - a^2}}{a}}$$

这一结论和例 4-5 是一致的(为何有一个系数 2，请读者自行思考)

4.5.3　保角变换

当 $w=f(z)$ 变换为单值函数时，对于 z 平面上的一个点 z_0，在 w 平面就有一点 w_0 与之对应；z 平面上的一条曲线 C，w 平面上就有一条曲线 C' 与之对应；同样，在 z 平面上的一个图形 D，也在 w 平面有一个图形 D' 与之对应，这种关系称为映射，或称为变换，如图 4-20 所示，在变换中，尽管图形的形状要产生变化，但是相应的两条曲线之间的夹角却保持不变，所以变换 $w=f(z)$ 也叫做保角变换。为了证明保角性，设 z 平面的 z_0 点上，沿曲线 C_1 有一个增量 dz_1，沿曲线 C_2 有一个增量 dz_2，相应的在 w 平面 w_0 点，沿曲线 C_1' 有增量 dw_1，沿曲线 C_2' 有增量 dw_2，于是

$$dw_1 = f'(z_0)dz_1, \quad dw_2 = f'(z_0)dz_2$$

当 $f'(z_0)$ 不等于零时，它们之间的幅角关系是

$$\arg dw_1 = \arg dz_1 + \arg f'(z_0)$$

$$\arg dw_2 = \arg dz_2 + \arg f'(z_0)$$

以上二式相减得

$$\arg dw_1 - \arg dw_2 = \arg dz_1 - \arg dz_2$$

即 $\theta' = \theta$。

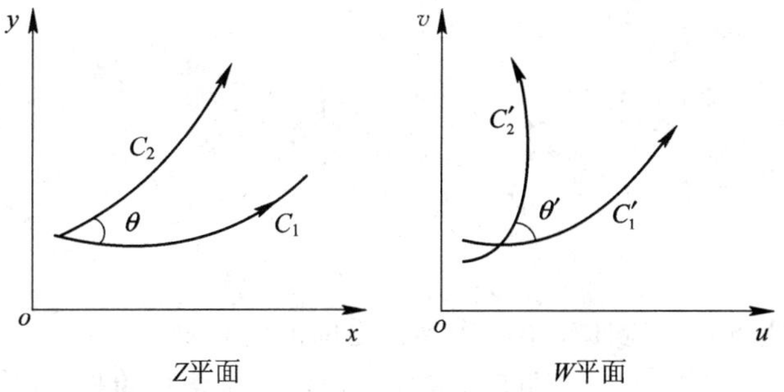

图 4-20 保角变换

这样就证明了保角性。在变换前后，图形的形状要产生旋转和伸缩，但是两条曲线之间的夹角保持不变。使用保角变换法求解静态场问题的关键是选择适当的变换函数，将 z 平面上比较复杂的边界变换成 w 平面上较易求解的边界。使用中应该注意以下几点：

(1) 如果变换以前势函数满足拉普拉斯方程，则在变换以后势函数也满足拉普拉斯方程；如果变换以前势函数满足泊松方程，则

$$\frac{\partial^2 \varphi}{\partial x^2} + \frac{\partial^2 \varphi}{\partial y^2} = -\frac{\rho}{\varepsilon}$$

在变换以后，势函数满足以下的泊松方程：

$$\frac{\partial^2 \varphi}{\partial u^2} + \frac{\partial^2 \varphi}{\partial v^2} = -\frac{\rho'}{\varepsilon}$$

上式中，$\rho'(u, v) = |f'(z)|^{-2}\rho(x, y)$，这表明，二维平面场的电荷密度经过变换以后要发生变化，但是电荷总量不变，其理由是

$$\int_S \rho'(u, v)\, du\, dv = \int_S |f'(z)|^{-2}\rho(x, y)\left|\frac{\partial(u, v)}{\partial(x, y)}\, dx\, dy\right|$$

而

$$\frac{\partial(u, v)}{\partial(x, y)} = \frac{\partial u}{\partial x}\frac{\partial v}{\partial y} - \frac{\partial u}{\partial y}\frac{\partial v}{\partial x} = \left(\frac{\partial u}{\partial x}\right)^2 + \left(\frac{\partial u}{\partial y}\right)^2 = |f'(z)|^2$$

所以，

$$\int_S \rho'(u, v)\, du\, dv = \int_S \rho(x, y)\,|dx\, dy|$$

(2) 在变换前后，z 平面和 w 平面对应的电场强度要发生变化，它们之间的关系为

$$\boldsymbol{E}(x, y) = |f'(z)|\boldsymbol{E}(u, v)$$

这是因为，从 z 平面变换到 w 平面时，线元要伸长 $|f'(z)|$ 倍，相应的电场强度要减小 $|f'(z)|$。

(3) 变换前后，两导体之间的电容量不变。在这里的电容量是指单位长度的电容。因为变换前后两个导体之间的电位差不变，二导体面上的电场和电荷密度发生了变化，但是，导体上的电荷总量不变。如取 C_1 为 z 平面上的导体表面，C_1' 为变换以后 w 平面上的导体表面，则沿轴线方向单位长度的 C_1 上的总电荷是

$$Q = \int_{C_1} \varepsilon E_n(z)\ \mathrm{d}C_1$$

则沿轴线方向单位长度的 C_1' 上的总电荷是

$$Q' = \int_{C_1} \varepsilon E_n(w)\ \mathrm{d}C_1$$

因为

$$E_n(z) = \left|\frac{\mathrm{d}w}{\mathrm{d}z}\right| E_n(w)$$

$$\mathrm{d}C_1 = \left|\frac{\mathrm{d}w}{\mathrm{d}z}\right|^{-1} \mathrm{d}C_1'$$

所以有 $Q=Q'$。

可以使用这个性质方便地计算出两个导体之间的电容量。

例 4-17　两个共焦椭圆柱面导体组成的电容器，其外柱的长、短半轴分别是 a_2、b_2，内柱的长、短半轴分别是 a_1，b_1，如图 4-21 所示，变换后的区域如图 4-22 所示，求单位长度的电容。

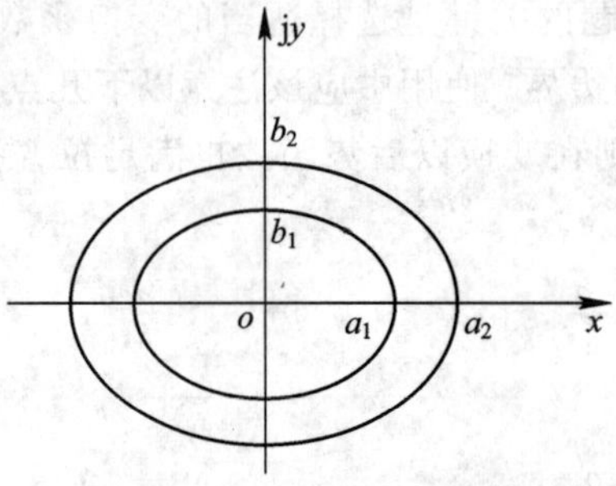

图 4-21　椭圆区域变换

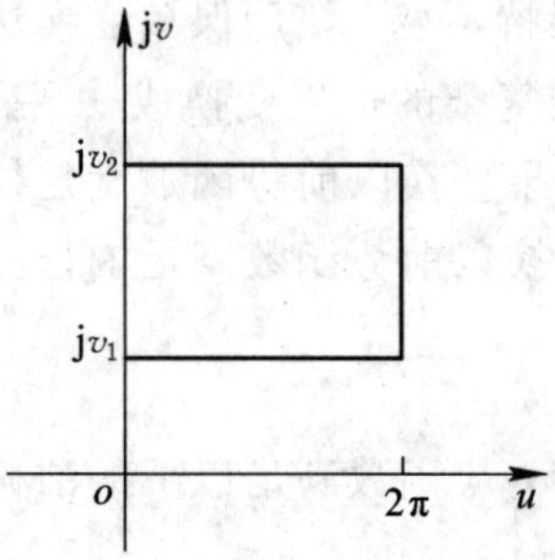

图 4-22　变换后的区域

解　先分析反余弦变换 $w=\arccos(z/k)$所能表示的场(k 为常数，为了简便起见，取其为实常数)。

$$x + \mathrm{j}y = k\cos(u + \mathrm{j}v) = k\cos u\ \mathrm{ch}v - \mathrm{j}k\sin u\ \mathrm{sh}v$$

即

$$x = k\cos u\ \mathrm{ch}v$$

$$y = -k\sin u\ \mathrm{sh}v$$

所以

$$\frac{x^2}{k^2\ \mathrm{ch}^2 v} + \frac{y^2}{k^2\ \mathrm{sh}^2 v} = 1$$

$$\frac{x^2}{k^2\ \cos^2 u} - \frac{y^2}{k^2\ \sin^2 u} = 1$$

可见，$v=$常数表示一族共焦点的椭圆，焦点在($\pm k$, 0)，$u=$常数表示一族与椭圆族正交的共焦点双曲线。如图 4-23 所示(图中是 $k=1$ 的情形)，它可以将 z 平面上的椭圆或双曲线边界变换到 w 平面的直线边界(包括蜕变为一段线段的椭圆，蜕变为一条射线的双曲线)。椭圆的长半轴为 $k\ \mathrm{ch}v$，短半轴为 $k\ \mathrm{sh}v$。对于本题，选取 v 表示电势函数。则在 z 平面的两个椭圆导体之间的区域变换到 w 平面的矩形区域 $0<u<2\pi$，$v_1<v<v_2$，其中

$$a_1 = k\ \mathrm{ch}v_1,\quad a_2 = k\ \mathrm{ch}v_2$$

$$k = \sqrt{a_2^2 - b_2^2} = \sqrt{a_1^2 - b_1^2}$$

单位长度电容为

$$C = \varepsilon_0 \frac{u_2 - u_1}{v_2 - v_1}$$

注意到

$$\operatorname{arcch} x = \ln(x + \sqrt{x^2 - 1})$$

可求出此椭圆电容器单位长度的电容为

$$C = \frac{2\pi\varepsilon_0}{\ln \dfrac{a_2 + b_2}{a_1 + b_1}}$$

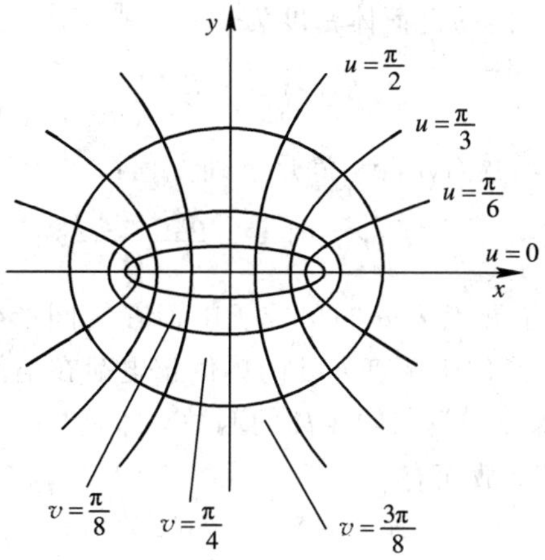

图 4-23　余弦变换

4.6　格林函数法

格林函数法是数学物理方法中的基本方法之一，可以用于求解静态场中的拉普拉斯方程、泊松方程以及时变场中的亥姆霍兹方程。格林函数是指单位点源的位函数。格林函数法的要点是先求出与待解问题具有相同边界形状的格林函数。知道格林函数后，通过积分就可以得到具有任意分布源的解。对于静电问题而言，就是说，可以从单位点电荷(对于二维问题是单位线电荷，一维问题是单位面电荷)在特定边界下产生的位函数，通过积分求得同一边界的任意分布电荷产生的电位。本节以静电场的边值问题为例，说明格林函数法在求解泊松方程中的应用。

4.6.1　静电边值问题的格林函数法表示式

1. 三维狄拉克 δ 函数

我们在电路分析、数理方程等课程中学过，δ 函数可以用来描述单位强度的激励源。在物理学工程实际问题中，常用三维 δ 函数来表示质点的质量体密度、点电荷的电荷体密度等问题。其定义如下

$$\delta(\boldsymbol{r}-\boldsymbol{r}')=\begin{cases}0, & \boldsymbol{r}\neq\boldsymbol{r}'\\ \infty, & \boldsymbol{r}=\boldsymbol{r}'\end{cases}$$

$$\int_V\delta(\boldsymbol{r}-\boldsymbol{r}')\,\mathrm{d}V'=\begin{cases}0, & \boldsymbol{r}' 在 V 外\\ 1, & \boldsymbol{r}' 在 V 内\end{cases}$$

$$\int_V f(\boldsymbol{r})\delta(\boldsymbol{r}-\boldsymbol{r}')\mathrm{d}V'=\begin{cases}0, & \boldsymbol{r}' 在 V 外\\ f(\boldsymbol{r}'), & \boldsymbol{r}' 在 V 内\end{cases}$$

在直角坐标中，三维 δ 函数就是三个一位 δ 函数的乘积，即

$$\delta(\boldsymbol{r}-\boldsymbol{r}')=\delta(x-x')\delta(y-y')\delta(z-z')$$

2. 电位的格林函数形式解

假定已知某给定区域 V 内的电荷体密度为 $\rho(r)$，则待求电位 $\varphi(r)$ 满足泊松方程：

$$\nabla^2\varphi(\boldsymbol{r})=-\frac{\rho(\boldsymbol{r})}{\varepsilon} \tag{4-80}$$

与方程(4－80)相应的格林函数 $G(\boldsymbol{r},\boldsymbol{r}')$ 满足下列方程：

$$\nabla^2 G(\boldsymbol{r},\boldsymbol{r}')=-\frac{\delta(\boldsymbol{r}-\boldsymbol{r}')}{\varepsilon} \tag{4-81}$$

方程(4－81)实际上就是位于源点 $\boldsymbol{r}'$ 处的单位正电荷在空间产生的电位所满足的方程，也就是说，格林函数 $G(r, r')$ 是位于源点 r' 处的单位正电荷在空间 r 处产生的电位。很显然，格林函数 $G(r, r')$ 仅仅是源点与场点间距离的函数，即是 $|r-r'|$ 的函数。我们将源点和场点互换，其间的距离不变，故而有

$$G(r, r')=G(r', r)$$

上式称为格林函数的对称性，也就是电磁场的互易性。

将式(4－80)左右乘以 φ，式(4－81)左右乘以 G，二者相减再积分，得

$$\int_V(G\nabla^2\varphi-\varphi\nabla^2 G)\,\mathrm{d}V=-\int_V\frac{\rho G}{\varepsilon}\,\mathrm{d}V+\int_V\varphi(\boldsymbol{r})\,\frac{\delta(\boldsymbol{r}-\boldsymbol{r}')}{\varepsilon}\,\mathrm{d}V$$

使用格林第二恒等式，得

$$\oint_S\left(G\frac{\partial\varphi}{\partial n}-\varphi\frac{\partial G}{\partial n}\right)\mathrm{d}S=-\int_V\frac{\rho G}{\varepsilon}\,\mathrm{d}V+\int_V\varphi(\boldsymbol{r})\,\frac{\delta(\boldsymbol{r}-\boldsymbol{r}')}{\varepsilon}\,\mathrm{d}V \tag{4-82}$$

当源点在区域 V 内时，有

$$\int_V\varphi(\boldsymbol{r})\delta(\boldsymbol{r}-\boldsymbol{r}')\,\mathrm{d}V=\varphi(\boldsymbol{r}')$$

因而，式(4－82)可以改写为

$$\varphi(\boldsymbol{r}')=\int_V\rho(\boldsymbol{r})G(\boldsymbol{r},\boldsymbol{r}')\,\mathrm{d}V+\varepsilon\oint_S\left(G\frac{\partial\varphi(\boldsymbol{r})}{\partial n}-\varphi(\boldsymbol{r})\frac{\partial G(\boldsymbol{r},\boldsymbol{r}')}{\partial n}\right)\mathrm{d}S$$

将上式的源点和场点互换，并且利用格林函数的对称性，得

$$\varphi(\boldsymbol{r})=\int_V\rho(\boldsymbol{r}')G(\boldsymbol{r},\boldsymbol{r}')\,\mathrm{d}V'+\varepsilon\oint_S\left(G\frac{\partial\varphi(\boldsymbol{r}')}{\partial n'}-\varphi(\boldsymbol{r}')\frac{\partial G(\boldsymbol{r},\boldsymbol{r}')}{\partial n'}\right)\mathrm{d}S' \tag{4-83}$$

此式就是有限区域 V 内任意一点电位的格林函数表示式。它表明，一旦体积 V 中的电荷分布 ρ 以及有限体积 V 的边界面 S 上的边界条件 $\varphi(r')$ 和 $\partial\varphi/\partial n'$ 为已知，V 内任意一点的电位即可以通过积分算出。此表达式的含义是：体积分项表示体电荷密度对电位的贡献；第一个面积分表示边界面上的感应面电荷对电位的贡献；至于第二个面积分是边界面上的电

偶层产生的电位。电偶层是电偶极子的一维类似物，是指两个相互平行、间距很小且各自带有等量异号面电荷的带电薄层。在电偶层内外两侧，电位有一个突变。生物细胞的内外两侧普遍存在一个电位差，这个电位差就是由细胞膜上的电偶层产生的。通常在静止状态下，细胞呈现外正内负的电位差，比如神经细胞大约是 70 mV，骨骼肌细胞为 90 mV，平滑肌细胞为 55 mV，红细胞为 10 mV。心电图、脑电图的机理就是通过观测各种器官在静止状态及受激状态下，各种细胞电位的空间及时间变化来进行诊断的。

在式(4-83)中的格林函数是给定边界形状下一般边值问题的格林函数。为了简化计算，我们可以对格林函数附加边界条件。与静电边值问题一致，格林函数的边界条件也分为三类：

(1) 第一类格林函数。与第一类静电边值问题相应的是第一类格林函数，用 G_1 表示。它在体积 V 内和 S 上满足的方程如下：

$$\nabla^2 G_1(\boldsymbol{r},\ \boldsymbol{r}') = -\frac{\delta(\boldsymbol{r}-\boldsymbol{r}')}{\varepsilon} \tag{4-84a}$$

$$G_1\big|_S = 0 \tag{4-84b}$$

即第一类格林函数 G_1 表示在边界面 S 上满足齐次边界条件。将式(4-84b)代入式(4-83)，得出第一类静电边值问题的解为

$$\varphi(\boldsymbol{r}) = \int_V \rho(\boldsymbol{r}')G_1(\boldsymbol{r},\ \boldsymbol{r}')\ \mathrm{d}V' - \varepsilon\oint_S \varphi(\boldsymbol{r}')\ \frac{\partial G_1(\boldsymbol{r},\ \boldsymbol{r}')}{\partial n'}\ \mathrm{d}S' \tag{4-85}$$

(2) 第二类格林函数。与第二类静电边值问题相应的是第二类格林函数，用 G_2 表示。为了简单，我们先选取它在体积 V 内和 S 上满足的方程如下：

$$\nabla^2 G_2(\boldsymbol{r},\ \boldsymbol{r}') = -\frac{\delta(\boldsymbol{r}-\boldsymbol{r}')}{\varepsilon} \tag{4-86a}$$

$$\frac{\partial G_2}{\partial n}\bigg|_S = 0 \tag{4-86b}$$

公式(4-86a)和式(4-86b)仅仅具有形式上简洁的特点，对于大多数问题，并不能用于计算。其原因是，假定了边界面上格林函数的法向导数为零，就意味着整个边界面上的每一点的面电荷密度都为零。但是在求解区域内部，由于加了一个总电量为 1 库仑的点电荷，依照电荷守恒定律，整个边界面上的感应电荷总量应该是 -1 库仑。这个矛盾可以通过修改第二类边值情形下的格林函数定义来解决。一般是修改格林函数微分方程(4-86a)，或者修改格林函数边界条件(4-86b)。比如采用第一种方法时，第二类边值的格林函数采用如下定义：

$$\nabla^2 G_2(\boldsymbol{r},\ \boldsymbol{r}') = -\frac{\delta(\boldsymbol{r}-\boldsymbol{r}') - 1/V}{\varepsilon} \tag{4-87a}$$

$$\frac{\partial G_2}{\partial n}\bigg|_S = 0 \tag{4-87b}$$

式中，V 是求解区域的体积，n 是区域边界的外法向。在此条件下，第二类静电边值问题的解为

$$\varphi(\boldsymbol{r}) = \int_V \rho(\boldsymbol{r}')G_2(\boldsymbol{r},\ \boldsymbol{r}')\ \mathrm{d}V' + \varepsilon\oint_S G_2\ \frac{\partial \varphi(\boldsymbol{r}')}{\partial n'}\ \mathrm{d}S' + \varphi_0 \tag{4-87c}$$

式中 φ_0 是区域内电位的平均值，即

$$\varphi_0 = \frac{1}{V}\int_V \varphi(\boldsymbol{r}')\,\mathrm{d}V'$$

若采用第二种方法时，保留方程(4-86a)不变，而修改格林函数边界条件时，格林函数定义为

$$\nabla^2 G_2(\boldsymbol{r},\boldsymbol{r}') = -\frac{\delta(\boldsymbol{r}-\boldsymbol{r}')}{\varepsilon} \tag{4-87d}$$

$$\left.\frac{\partial G_2}{\partial n}\right|_S = -\frac{1}{S\varepsilon} \tag{4-87e}$$

式中，S 是待求解区域的总面积。在这种情况下，待求电位同样用公式(4-87)计算，仅仅把上述公式中的 φ_0 理解为区域边界面 S 上的电位平均值，即其计算公式为

$$\varphi_{01} = \frac{1}{S}\oint_S \varphi(\boldsymbol{r}')\,\mathrm{d}S' \tag{4-87f}$$

应该注意，在上述两种电位表达式中的常数项 φ_0 仅仅具有形式上的意义，不论是面积平均值还是体积平均值，并不影响计算结果。这是因为单纯的第二类边值问题，电位的解并不是唯一的，不同的解之间可以相差一个常数。对于第二类边值问题，关心的仅仅是电场强度。当然，如果涉及的问题是半无界空间以及类似问题时，原来的定义公式保持不变。此时，区域的体积和面积都是无穷大。前面讲到的两种选取方法，其物理意义是，除了在激励点(也就是源点 $\boldsymbol{r}'$)都要加上单位正电荷外，第一种处理方法等于在待求解区域再加上按体积均匀分布的单位负电荷；而第二种方法是在边界面上加上按面积均匀分布的单位负电荷。就是因为第二类边值问题，位函数解不是唯一的，使得格林函数的求解变化多，选择更灵活。理论上说选择方案有无穷多种。比如可以在体积内加上二分之一个单位负电荷，然后在边界上加上二分之一个单位负电荷；再比如，在边界面的一部分上加上均匀分布的单位负电荷，在其余边界面上不加电荷。当然，对于初学者，只要掌握格林函数法的要点就行。

(3) 第三类格林函数。对于第三类静电边值问题，使用第三类格林函数较为方便。第三类静电边值问题的电位方程也由方程(4-80)确定，其边界条件由下式确定：

$$\left.\left(\alpha\varphi + \beta\frac{\partial\varphi}{\partial n}\right)\right|_S = f \tag{4-88}$$

其中，α、β 为已知常数，$f(r)$ 为已知函数。与第三类边值问题相应的第三类格林函数 G_3 所满足的方程及边界条件如下

$$\nabla^2 G_3(\boldsymbol{r},\boldsymbol{r}') = -\frac{\delta(\boldsymbol{r}-\boldsymbol{r}')}{\varepsilon} \tag{4-89a}$$

$$\left.\left(\alpha G_3 + \beta\frac{\partial G_3}{\partial n}\right)\right|_S = 0 \tag{4-89b}$$

将式(4-89b)代入式(4-83)，其可以简化为

$$\varphi(\boldsymbol{r}) = \int_V \rho(\boldsymbol{r}')G_3(\boldsymbol{r},\boldsymbol{r}')\,\mathrm{d}V' + \oint_S \varepsilon\,\frac{f(\boldsymbol{r}')G_3(\boldsymbol{r},\boldsymbol{r}')}{\alpha}\,\mathrm{d}S' \tag{4-90}$$

从以上推导过程可看出，格林函数解法其实质是把泊松方程的求解转化为特定边界条件下点源激励时位函数的求解问题。点源激励下的位函数就是格林函数。格林函数所满足的方程及边界条件都比同类型的泊松方程要简单。这里仅仅以第三类格林函数为例比较一下。先看方程式(4-80)和式(4-89a)，尽管二者都是非齐次方程，它们的左边一样，而式

(4-89a)的右边明显简单，是一个点源激励。再比较边界条件式(4-88)和式(4-89b)，可以看出，式(4-88)是一个非齐次边界条件，而式(4-89b)是一个齐次边界条件。至于第一类、第二类边值问题，其格林函数也具有同样的特点。简而言之，格林函数法就是将非齐次边界条件下泊松方程的求解问题，简化为齐次边界条件下点源激励的泊松方程的求解，也就是格林函数的求解问题。而各类型的格林函数的计算，要通过其他方法求得。原则上讲，前面提到的求解拉普拉斯方程的所有方法都可以用来求解格林函数。比如分离变量法、保角变换法、镜像法、积分变换法及本征函数展开法等。还可以通过解格林函数方程直接求解格林函数。另外，在工程应用问题中，经常会遇到一个复杂边界，但是在各次测量和计算时通常是激励源的位置改变，或者激励源的空间分布改变，而边界形状不变，此时，常常借助于数值计算方法，求解出这个边界下的数值格林函数。比如电磁探矿问题就是如此。附带指出，我们把带有1库仑的点电荷称为单位点源。而有的参考书规定1库仑的 ε 倍为单位点源，也有规定1库仑的 $4\pi\varepsilon$ 倍为单位点源。

另外，若我们讨论的是拉普拉斯方程的求解问题，仅需要取式(4-85)、式(4-87)和式(4-90)中的电荷体密度为零即可。

4.6.2 简单边界的格林函数

以下我们给出一些简单边界形状下第一类静电边值问题的格林函数(为了书写简便，略去下标，用 G 表示)。

(1) 无界空间的格林函数。我们可以用格林函数所满足的偏微分方程以及边界条件，通过求解来得出格林函数。也可以由格林函数的物理含义来求解。在此使用后一种方法计算。计算无界空间的格林函数，就是计算无界空间中位于 r' 处的单位点电荷，在以无穷远为电位参考点时空间 r 处的电位。这一电位为

$$\varphi(\boldsymbol{r}) = \frac{1}{4\pi\varepsilon R} = \frac{1}{4\pi\varepsilon|\boldsymbol{r}-\boldsymbol{r}'|} \tag{4-91}$$

因此，无界空间的格林函数为

$$G(\boldsymbol{r}, \boldsymbol{r}') = \frac{1}{4\pi\varepsilon R} = \frac{1}{4\pi\varepsilon|\boldsymbol{r}-\boldsymbol{r}'|} \tag{4-92}$$

由公式(4-92)确定的是三维无界空间的格林函数。对于二维无界空间，其格林函数可以通过计算位于源点(x', y')处的线密度为1的单位无限长线电荷在空间(x, y)处的电位来确定。由静电场一章的知识可知，二维无界空间的格林函数为

$$G(\boldsymbol{r}, \boldsymbol{r}') = \frac{-1}{2\pi\varepsilon}\ln R + C \tag{4-93}$$

式中，$R=\sqrt{(x-x')^2+(y-y')^2}$，$C$ 是常数，取决于电位参考点的选取。

(2) 上半空间的格林函数。计算上半空间($z>0$)的格林函数，就是求位于上半空间 r' 处的单位点电荷，以 $z=0$ 平面为电位零点时，在上半空间任意一点 r 处的电位。这个电位可以用平面镜像法求得，因而，上半空间的格林函数为

$$G(\boldsymbol{r}, \boldsymbol{r}') = \frac{1}{4\pi\varepsilon}\left(\frac{1}{R_1} - \frac{1}{R_2}\right) \tag{4-94}$$

式中

$$R_1=[(x-x')^2+(y-y')^2+(z-z')^2]^{\frac{1}{2}}$$

$$R_2=[(x-x')^2+(y-y')^2+(z+z')^2]^{\frac{1}{2}}$$

同理可得出二维半空间($y>0$)的格林函数。也使用镜像法可以比较容易地算出，位于(x', y')处的单位线电荷，在以 $y=0$ 为电位参考点时在(x, y)处的电位。因而，二维半空间($y>0$)的格林函数为

$$G(\boldsymbol{r}, \boldsymbol{r}')=\frac{1}{2\pi\varepsilon}\ln\frac{R_2}{R_1} \tag{4-95}$$

式中

$$R_1=[(x-x')^2+(y-y')^2]^{\frac{1}{2}}, R_2=[(x-x')^2+(y+y')^2]^{\frac{1}{2}}$$

(3) 球内、外空间的格林函数。我们可以由球面镜像法，求出球心在坐标原点，半径为 a 的球外空间的格林函数为

$$G(\boldsymbol{r}, \boldsymbol{r}')=\frac{1}{4\pi\varepsilon}\left(\frac{1}{R_1}-\frac{a}{r'R_2}\right) \tag{4-96}$$

式中各量如图 4-24 所示，a 是球的半径，$r=|\boldsymbol{r}|$，$r'=|\boldsymbol{r}'|$，R_1是 r'到场点 r 的距离，R_2是 r'的镜像点 r''到场点 r 的距离。

$$R_1=[r^2+r'^2-2rr'\cos\gamma]^{\frac{1}{2}}, R_2=[r^2+r''^2-2rr''\cos\gamma]^{\frac{1}{2}}, r''=\frac{a^2}{r'}$$

$$\cos\gamma=\cos\theta\cos\theta'+\sin\theta\sin\theta'\cos(\varphi-\varphi')$$

同理，可以计算出球内空间的格林函数为

$$G(\boldsymbol{r}, \boldsymbol{r}')=\frac{1}{4\pi\varepsilon}\left(\frac{1}{R_1}-\frac{a}{r'R_2}\right) \tag{4-97}$$

式中各量如图 4-25 所示。

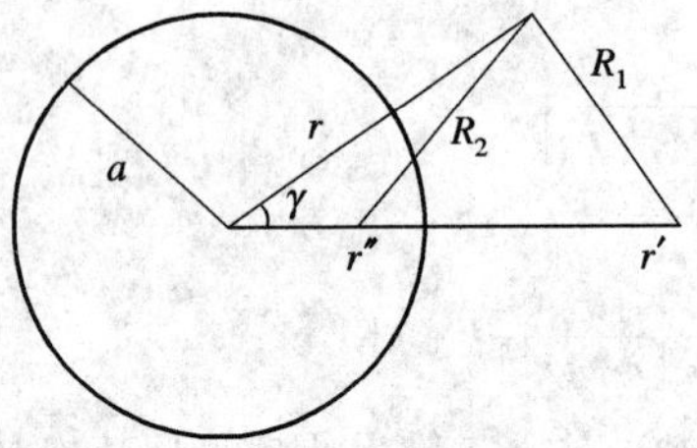

图 4-24 球外格林函数

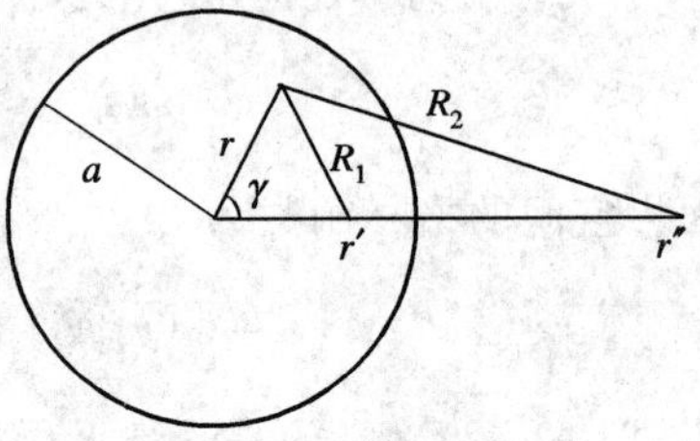

图 4-25 球内格林函数

(4) 第二类边值的格林函数。球内问题第二类边值问题的格林函数为

$$G_2(\boldsymbol{r}, \boldsymbol{r}')=\frac{1}{4\pi\varepsilon}\left(\frac{1}{R_1}+\frac{a}{r'R_2}\right)+\frac{1}{4\pi\varepsilon a}\ln\frac{2a^2}{a^2+r'R_2-rr'\cos\gamma} \tag{4-98a}$$

式中的变量及符号与图 4-25 一致。可以看出第二类边值的格林函数同第二类静电边值问题一样，但是正电荷的像电荷是正电荷，而不是负电荷。至于第三项的对数函数，实际上是在边界上加上电偶层。还要指出，这个公式是采用修改格林函数的边界条件，即采用公式(4-87d)和式(4-87e)作为格林函数的定义。而不是修改体积内部格林函数定义得到的。可以证明，在球面上格林函数(当 $r=a$ 时)满足$\partial G_2/\partial r=-1/(4\pi a^2\varepsilon)$。这个公式的推导比较繁琐，我们把推导过程略去。如果要求第二类格林函数在球面上的法向导数为零，则应该在球内加上总量为一个单位的正电荷，即采用公式(4-87a)和式(4-87b)作为格林

函数的定义，此时，格林函数为

$$G_2(\boldsymbol{r},\boldsymbol{r}')=\frac{1}{4\pi\varepsilon}\left(\frac{1}{R_1}+\frac{a}{r'R_2}\right)+\frac{r^2-a^2}{8\pi\varepsilon a^3}+\frac{1}{4\pi\varepsilon a}\ln\frac{2a^2}{a^2+r'R_2-rr'\cos\gamma} \tag{4-98b}$$

另外，在分析电磁探矿及生物组织的电阻抗成像问题时，常常选取下述公式表示的球内第二类边值问题的格林函数：

$$G_2(\boldsymbol{r},\boldsymbol{r}')=\frac{1}{4\pi\varepsilon}\left(\frac{1}{R_1}+\frac{a}{r'R_2}\right)+\frac{r-a}{4\pi\varepsilon a^2}+\frac{1}{4\pi\varepsilon a}\ln\frac{2a^2}{a^2+r'R_2-rr'\cos\gamma} \tag{4-98c}$$

这个公式的含义是，格林函数在球面边界上的法向导数为零，在球内附加单位负电荷。但不同于公式(4-98b)，单位负电荷以密度 $\rho=-1/(2\pi a^2 r)$ 的形式球对称地加在球内部。此种情形下，原来的球体内部电位平均值修改为加权平均值，即附加的电位用下列公式计算：

$$\varphi_0=\frac{1}{2\pi a^2}\int_V\frac{\varphi(r')}{r'}\,\mathrm{d}V' \tag{4-98d}$$

半无界空间($z>0$)的格林函数为

$$G_2(\boldsymbol{r},\boldsymbol{r}')=\frac{1}{4\pi\varepsilon}\left(\frac{1}{R_1}+\frac{1}{R_2}\right) \tag{4-99}$$

式中

$$R_1=[(x-x')^2+(y-y')^2+(z-z')^2]^{\frac{1}{2}}$$
$$R_2=[(x-x')^2+(y-y')^2+(z+z')^2]^{\frac{1}{2}}$$

在这种情况下，由于涉及的区域体积和面积都是无穷大，因而格林函数方程及其边界条件都不做修改。

4.6.3 格林函数的应用

由方程(4-85)计算第一类静电边值问题的解时，先要知道待解区域的第一类格林函数 G，然后求出 G 在边界面上的法向导数 $\frac{\partial G}{\partial n'}$ 的值，再代入式(4-85)，积分后得到区域内的电位值。

例 4-18 已知无限大导体平板由两个相互绝缘的半无限大部分组成，右半部的电位为 V_0，左半部的电位为零(如图 4-26 所示)，求上半空间的电位。

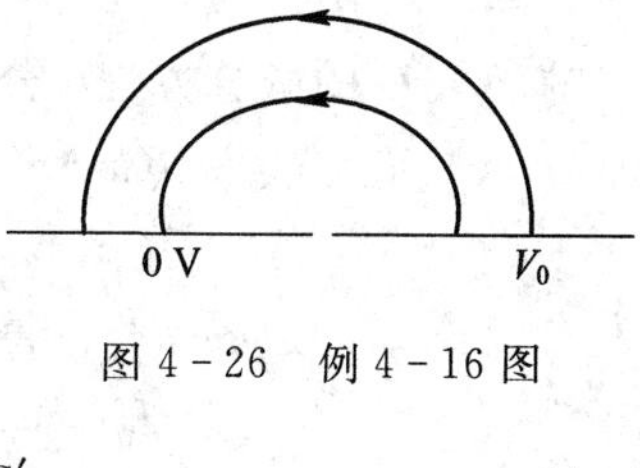

图 4-26 例 4-16 图

解 此题是拉普拉斯方程的第一类边值问题，即体电荷为零，公式(4-85)可简化为

$$\varphi=-\varepsilon\oint_S\varphi(\boldsymbol{r}')\frac{\partial G(\boldsymbol{r},\boldsymbol{r}')}{\partial n'}\,\mathrm{d}S' \tag{4-100}$$

由式(4-95)，二维半无界空间的格林函数为

$$\begin{aligned}G(\boldsymbol{r},\boldsymbol{r}')&=\frac{1}{2\pi\varepsilon}\ln\frac{R_2}{R_1}\\&=\frac{1}{4\pi\varepsilon}\{\ln[(x-x')^2+(y+y')^2]-\ln[(x-x')^2+(y-y')^2]\}\end{aligned}$$

其中，

$$R_1=[(x-x')^2+(y-y')^2]^{\frac{1}{2}},R_2=[(x-x')^2+(y+y')^2]^{\frac{1}{2}}$$

应注意，公式(4-85)中的面积分在二维问题时要转化为线积分，且n'是界面的外法向。于是有

$$\frac{\partial G}{\partial n'}=-\frac{\partial G}{\partial y'}=\frac{-1}{4\pi\varepsilon}\left[\frac{2(y+y')}{(x-x')^2+(y+y')^2}-\frac{-2(y-y')}{(x-x')^2+(y-y')^2}\right]$$

$$\left.\frac{\partial G}{\partial n'}\right|_S=\frac{-1}{\pi\varepsilon}\frac{y}{(x-x')^2+y^2}$$

代入式(4-98)，得

$$\varphi(\boldsymbol{r})=\frac{V_0}{\pi}\int_0^{\infty}\frac{y}{y^2+(x-x')^2}\,\mathrm{d}x'=\frac{V_0}{\pi}\left(\frac{\pi}{2}+\arctan\frac{x}{y}\right)$$

这一结果，与用复变函数法得到的结果相一致。

例 4-19 一个间距为d的平板电容器，极板间的体电荷密度是ρ_0(ρ_0为常数)，上、下板的电位分别是V_0和0，求格林函数。

解 选取如图 4-27 所示的坐标系，电位仅仅是坐标x的函数$\varphi(x)$。可以知道$\varphi(x)$满足的微分方程及其边界条件如下：

$$\frac{\mathrm{d}^2\varphi(x)}{\mathrm{d}x^2}=-\frac{\rho_0}{\varepsilon_0},\quad(0<x<d)$$

$$\varphi(0)=V_0,\quad\varphi(d)=0$$

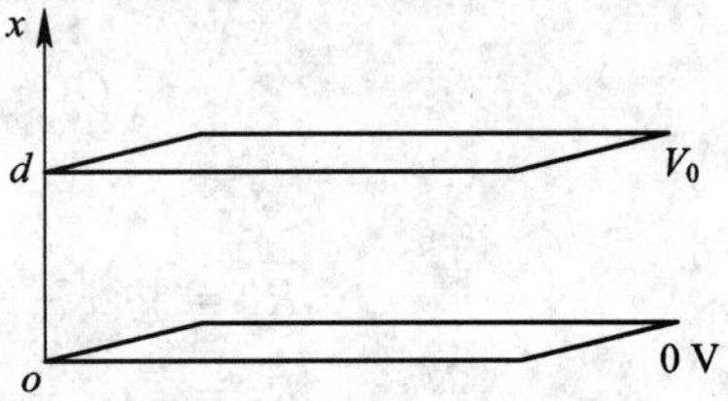

图 4-27 平板电容器

以上方程使用直接积分法可方便地求解。但是为了说明格林函数法的计算步骤，这里用格林函数法求解。先写出和上述方程相应的格林函数满足的微分方程及其边界条件(使用格林函数是单位点源在齐次边界条件下的位函数这一性质，一维点源就是面源，即一维δ函数)如下：

$$\frac{\mathrm{d}^2G(x,x')}{\mathrm{d}x^2}=-\frac{\delta(x-x')}{\varepsilon_0},\quad(0<x<d)\tag{4-101}$$

$$G(0,x')=0,\quad(0<x'<d)$$

$$G(d,x')=0,\quad(0<x'<d)$$

对于格林函数G的微分方程，分$x<x'$和$x>x'$两部分积分后，得：

$$G(x,x')=Ax+B,\quad(0\leqslant x<x'<d)$$

$$G(x,x')=Cx+D,\quad(0<x'<x\leqslant d)$$

代入左右极板G的边界条件，得$B=0$，$D=-Cd$，即

$$G(x,x')=Ax,\quad(0\leqslant x<x'<d)$$

$$G(x,x')=-C(d-x),\quad(0<x'<x\leqslant d)$$

上式中还有两个待定常数要确定。可以使用G在$x=x'$连续(因为，此时格林函数表示很大的带电薄层产生的电位，因而连续)，得

$$Cx'=C(x'-d)$$

另外，对方程(4-99)左右两边从$x=x'-\alpha$到$x=x'+\alpha$积分，积分完成以后再取α趋于零的极限(注意，带电薄层产生的电场在其左右两侧不连续)，得

$$\left.\frac{\mathrm{d}G}{\mathrm{d}x}\right|_{x=x'+}-\left.\frac{\mathrm{d}G}{\mathrm{d}x}\right|_{x=x'-}=-\frac{1}{\varepsilon_0}$$

即

$$C-A=-\frac{1}{\varepsilon_0}$$

解 C_1 和 C_3 的联立方程，得

$$A=\frac{d-x'}{\varepsilon_0 d},\quad C=-\frac{x'}{\varepsilon_0 d}$$

最后得到格林函数为

$$G(x,\ x')=\begin{cases}\dfrac{d-x'}{\varepsilon_0 d}x, & (0\leqslant x\leqslant x')\\[2ex] \dfrac{d-x}{\varepsilon_0 d}x', & (d\geqslant x\geqslant x')\end{cases}$$

对于此题，一维的格林函数通解为

$$\varphi(x)=\int_a^b\rho(x')G(x,\ x')\ \mathrm{d}x'+\varepsilon_0\left[G(x,\ x')\frac{\partial\varphi(x')}{\partial x'}-\varphi(x')\frac{\partial G(x,\ x')}{\partial x'}\right]\Bigg|_{x'=a}^{x'=b}$$

一般而言，格林函数是一个分段表达式，积分时应该注意。同时要注意，边界条件 $\varphi(0)=0$，$\varphi(d)=V_0$，$G(x,\ x')$ 在 x' 位于边界上时也均为零。格林函数对于变量 x' 的导数，要先求导数，再取变量 x' 趋于边界点的极限。最后得到这个问题的解为

$$\varphi(x)=\frac{\rho_0}{2\varepsilon_0}x(d-x)+\frac{V_0 x}{d}$$

例 4－20 已知一个半径为 a 的圆柱形区域内体电荷密度为零，界面上的电位为

$$\varphi(a,\ \phi)=\varphi(\phi)$$

用格林函数法求圆柱内部的电位 $\varphi(r,\ \phi)$。

解 使用镜像法及格林函数的性质，可以得出半径为 a 的圆柱内部静电问题的格林函数为

$$G(\boldsymbol{r},\ \boldsymbol{r}')=\frac{1}{2\pi\varepsilon}\ln\frac{R_2 r'}{R_1 a}$$

式中各量如图 4－28 所示，$r=|\boldsymbol{r}|$，$r'=|\boldsymbol{r}'|$，R_1 是 r' 到场点 r 的距离，R_2 是 r' 的镜像点 r'' 到场点 r 的距离。

$$R_1=[r^2+r'^2-2rr'\cos\gamma]^{\frac{1}{2}}$$

$$R_2=[r^2+r''^2-2rr''\cos\gamma]^{\frac{1}{2}}$$

$$r''=\frac{a^2}{r},\quad \psi=\phi-\phi'$$

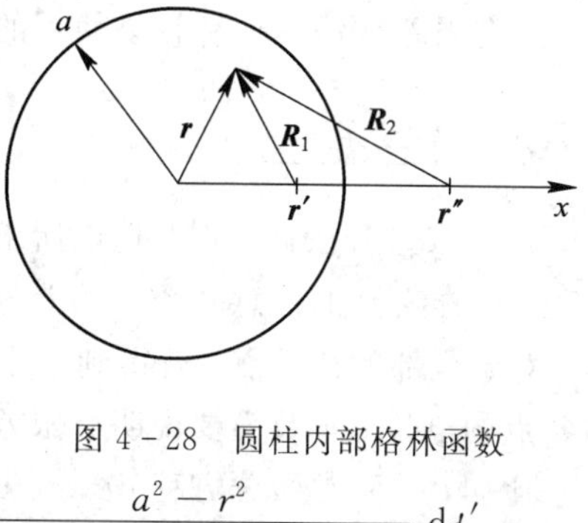

图 4－28 圆柱内部格林函数

计算出界面上的 $\partial\varphi/\partial n'$，有

$$\varphi=-\varepsilon\oint_S\varphi(\boldsymbol{r}')\frac{\partial G(\boldsymbol{r},\ \boldsymbol{r}')}{\partial n'}\ \mathrm{d}S'=\frac{1}{2\pi}\int_0^{2\pi}\varphi(\phi')\frac{a^2-r^2}{a^2+r^2-2ar\cos(\phi-\phi')}\ \mathrm{d}\phi'$$

对于圆柱面上电位的具体形式，代入上式，积分后可求出圆柱内任意点的电位，即使对于不能得出解析解的情形，也可通过数值积分得出电位分布的数值解。

例 4－21 如果上题的圆柱面上的电位为 $\varphi(a,\ \phi)=U_0\cos\phi$，求柱内的电位。

解
$$\varphi(\boldsymbol{r})=\frac{U_0}{2\pi}\int_0^{2\pi}\cos\phi'\frac{a^2-r^2}{a^2+r^2-2ar\cos(\phi-\phi')}\,\mathrm{d}\phi' \tag{4-102}$$

先证明恒等式

$$\frac{1-k^2}{1-2k\cos\gamma+k^2}=1+2\sum_{n=1}^{\infty}k^n\cos n\gamma\quad(|k|<1)$$

证明过程如下，

$$\begin{aligned}\frac{1}{2}+\sum_{n=1}^{\infty}k^n\cos n\gamma&=\frac{1}{2}+\frac{1}{2}\sum_{n=1}^{\infty}k^n[\mathrm{e}^{\mathrm{j}n\gamma}+\mathrm{e}^{-\mathrm{j}n\gamma}]\\&=\frac{1}{2}+\frac{1}{2}\sum_{n=1}^{\infty}(k\mathrm{e}^{\mathrm{j}\gamma})^n+\frac{1}{2}\sum_{n=1}^{\infty}(k\mathrm{e}^{-\mathrm{j}\gamma})^n\\&=\frac{1}{2}+\frac{1}{2}\frac{k\mathrm{e}^{\mathrm{j}\gamma}}{1-k\mathrm{e}^{\mathrm{j}\gamma}}+\frac{1}{2}\frac{k\mathrm{e}^{-\mathrm{j}\gamma}}{1-k\mathrm{e}^{-\mathrm{j}\gamma}}\\&=\frac{1}{2}+\frac{1}{2}\frac{k\cos\gamma+\mathrm{j}k\sin\gamma}{1-k\cos\gamma-\mathrm{j}k\sin\gamma}+\frac{1}{2}\frac{k\cos\gamma-\mathrm{j}k\sin\gamma}{1-k\cos\gamma+\mathrm{j}k\sin\gamma}\\&=\frac{1}{2}\left[1+\frac{2k\cos\gamma-2k^2}{1-2k\cos\gamma+k^2}\right]\\&=\frac{1}{2}\frac{1-k^2}{1-2k\cos\gamma+k^2}\end{aligned}$$

令 $k=\dfrac{r}{a}$，我们可以得

$$\varphi(\boldsymbol{r})=\frac{U_0}{2\pi}\int_0^{2\pi}\cos\phi'\left[1+2\sum_{n=1}^{\infty}\left(\frac{r}{a}\right)^n\cos n(\phi-\phi')\right]\mathrm{d}\phi'=U_0\frac{r}{a}\cos\phi$$

4.7 有限差分法

前几节讨论了求解拉普拉斯方程的解析法，在大多实际问题中往往边界形状复杂，很难用解析法求解，为此需使用数值计算法。目前已发展了许多有效的求解边值问题的数值方法。有限差分法是一种较易使用的数值方法。

4.7.1 差分原理

用有限差分法计算时，选取所求区域有限个离散点，用差分方程代替各个点的偏微分方程。这样得到的任意一个点的差分方程是将该点的电位与其周围几个点相联系的代数方程。对于全部的待求点，就得到一个线性方程组。求解此线性方程组，即可求出待求区域内各点的电位。本节简要说明有限差分法的基本原理。

比如，一阶常微分方程 $\mathrm{d}u(x)/\mathrm{d}x+Au(x)=0$，边界条件是 $x=0$ 处 $u(0)=1$，其中 A 为常数，我们用差商近似地代替导数，差分步长选取为 h，则有

$$\frac{u(x+h)-u(x)}{h}+Au(x)\approx 0$$

考虑到 $x=0$ 的边界条件，就有

$$u(h)=1-Ah,\ u(2h)=(1-Ah)^2,\ \cdots,\ u(nh)=(1-Ah)^n$$

如果要计算 $x=1$ 处的函数值，选取 $h=1/n$，$u(1)=(1-A/n)^n$，再取 n 趋于无穷大的极限就得到原来微分方程的精确解，即 $u(1)=e^{-A}$。以下我们介绍求解拉普拉斯方程的差分原理。

在 xoy 平面把所求解区域划分为若干相同的小正方形格子，每个格子的边长都为 h，如图 4-29 所示。假设某顶点 o 上的电位是 φ_0，周围四个顶点的电位分别为 φ_1、φ_2、φ_3 和 φ_4。将这几个点电位用泰勒级数展开，就有

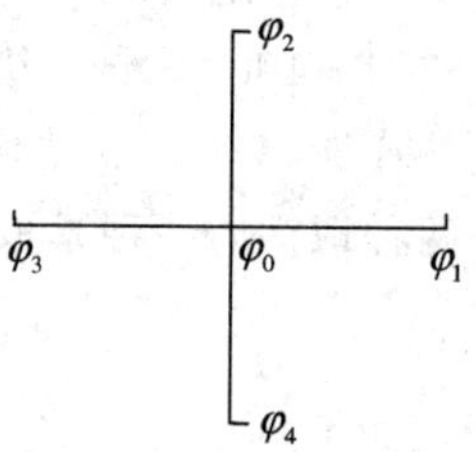

图 4-29 差分原理

$$\varphi_1=\varphi_0+\left(\frac{\partial\varphi}{\partial x}\right)_0 h+\frac{1}{2!}\left(\frac{\partial^2\varphi}{\partial x^2}\right)_0 h^2+\frac{1}{3!}\left(\frac{\partial^3\varphi}{\partial x^3}\right)_0 h^3+\cdots \tag{4-103}$$

$$\varphi_3=\varphi_0-\left(\frac{\partial\varphi}{\partial x}\right)_0 h+\frac{1}{2!}\left(\frac{\partial^2\varphi}{\partial x^2}\right)_0 h^2-\frac{1}{3!}\left(\frac{\partial^3\varphi}{\partial x^3}\right)_0 h^3+\cdots \tag{4-104}$$

当 h 很小时，忽略四阶以上的高次项，得

$$\varphi_1+\varphi_3=2\varphi_0+h^2\left(\frac{\partial^2\varphi}{\partial x^2}\right)_0 \tag{4-105}$$

同理，我们有

$$\varphi_2+\varphi_4=2\varphi_0+h^2\left(\frac{\partial^2\varphi}{\partial y^2}\right)_0 \tag{4-106}$$

将式(4-103)与式(4-104)相加，并考虑 $\frac{\partial^2\varphi}{\partial x^2}+\frac{\partial^2\varphi}{\partial y^2}=0$，得

$$\varphi_0=\frac{\varphi_1+\varphi_2+\varphi_3+\varphi_4}{4} \tag{4-107}$$

上式表明任一点的电位等于它周围四个点电位的平均值。当计算的区域存在电荷分布时也可以采用有限差分求解，只不过公式(4-15)中要做适当的修改。愿意进一步探讨的读者，可以参阅电磁场数值分析的教材或者计算方法的教材。显然，当 h 越小计算越精确。如果待求 N 个点的电位，就需解含有 N 个方程的线性方程组。若点的数目较多，用迭代法较为方便。

4.7.2 差分方程的数值解法

如前所述，平面区域内有多少个节点，就能得到多少个差分方程。当这些节点数目较大时，使用迭代法求解差分方程组比较方便。

1. 简单迭代法

用迭代法解二维电位分布时，将包含边界在内的节点均以双下标(i, j)表示，i、j 分别表示沿 x 、y 方向的标号，次序是 x 方向从左到右，y 方向从下到上，如图 4-30 所示。我们用上标 n 表示某点电位的第 n 次的迭代值。由式(4-104)得出点(i, j)第 $n+1$ 次电位的计算公式为

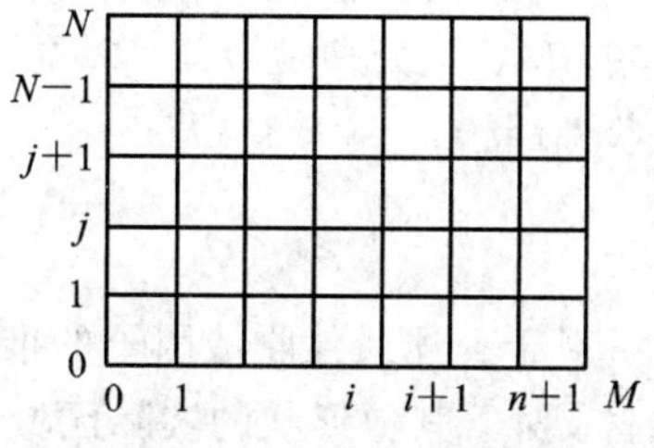

图 4-30 网络部分

$$\varphi_{i,j}^{n+1} = \frac{1}{4}(\varphi_{i+1,j}^{n} + \varphi_{i,j+1}^{n} + \varphi_{i-1,j}^{n} + \varphi_{i,j-1}^{n}) \tag{4-108}$$

上式也叫简单迭代法，它的收敛速度较慢。

计算时，先任意指定各个节点的电位值，作为零级近似(注意电位在某无源区域的极大、极小值总是出现在边界上，理由请读者自行思考)，将零级近似值及其边界上的电位值代入式(4-108)求出一级近似值，再由一级近似值求出二级近似值，依此类推，直到连续两次迭代所得电位的差值在允许范围内时结束迭代。对于相邻两次迭代解之间的误差，通常有两种取法，一种是取最大绝对误差$\max\limits_{i,j}|\varphi_{i,j}^{k} - \varphi_{i,j}^{k-1}|$，另一种是取算术平均误差

$$\frac{1}{N}\sum_{i,j}|\varphi_{i,j}^{k} - \varphi_{i,j}^{k-1}|$$

其中 N 是节点总数。

2. 塞德尔(Seidel)迭代法

通常为节约计算时间，对简单迭代法要进行改进，每当算出一个节点的高一次的近似值时，就立即用它参与其他节点的差分方程迭代，这种迭代法叫做塞德尔(Seidel)迭代法：

$$\varphi_{i,j}^{n+1} = \frac{\varphi_{i+1,j}^{n} + \varphi_{i,j+1}^{n} + \varphi_{i-1,j}^{n+1} + \varphi_{i,j-1}^{n+1}}{4} \tag{4-109}$$

此式也称为异步迭代法。由于更新值的提前使用，异步迭代法比简单迭代法收敛速度加快一倍左右，存储量也小。

3. 超松弛迭代法

为了加快收敛速度，常采用超松弛迭代法。计算时，将某点的新老电位值之差乘以一个因子 α 以后，再加到该点的老电位值上，作为这一点的新电位值 $\varphi_{i,j}^{n+1}$。超松弛迭代法的表达式为

$$\varphi_{i,j}^{n+1} = \varphi_{ij}^{n} + \frac{\alpha}{4}\cdot(\varphi_{i+1,j}^{n} + \varphi_{i,j+1}^{n} + \varphi_{i-1,j}^{n+1} + \varphi_{i,j-1}^{n+1} - 4\varphi_{ij}^{n}) \tag{4-110}$$

式中 α 称为松弛因子，其值介于 1～2 之间。当其值为 1 时，超松弛迭代法就蜕变为塞德尔(Seidel)迭代法。

因子 α 的选取一般只能依经验进行。但是对矩形区域，可以由如下公式计算最佳松弛因子 α_0：

$$\alpha_0 = \frac{2}{1 + \sqrt{1 - [\cos(\pi/M) + \cos(\pi/N)]^2/4}}$$

当 M、N 都大于 15 时，也可以采用较为简单的下列公式估计最佳松弛因子

$$\alpha_0 = 2 - \pi\sqrt{\frac{2}{M^2} + \frac{2}{N^2}} \tag{4-111}$$

其中，M、N 分别是沿 x、y 两个方向的分段点数。对于正方形区域，采用下列公式计算最佳收敛因子：

$$\alpha_0 = \frac{2}{1 + \sin(\pi/M)}$$

对于上述最佳收敛因子的推导过程，比较繁琐，读者可以参阅任何一本《计算方法》的教材。对于其他形状的实际区域，最佳收敛因子的表达式很复杂。在实际计算中，往往应用其近似值。通常采用以下几种方法处理。一是将区域等效为近似的矩形区域，再依照上

式计算 α_0；二是编制可以自动选择收敛因子的计算程序，在起始迭代时取收敛因子为1.5，然后依迭代过程收敛速度的快慢使计算机按程序自动修正收敛因子；第三种方法是，起始迭代取收敛因子为1，以后逐渐增大，并注意观察迭代过程的收敛速度，当速度减小时，停止增加收敛因子的值，而在以后的迭代中，用最后一个收敛因子的值作为最佳值。

例4-22 设如图4-31所示的正方形截面的长导体槽，顶板与两侧绝缘，顶板的电位为100V，其余的电位为零。求槽内各点的电位。

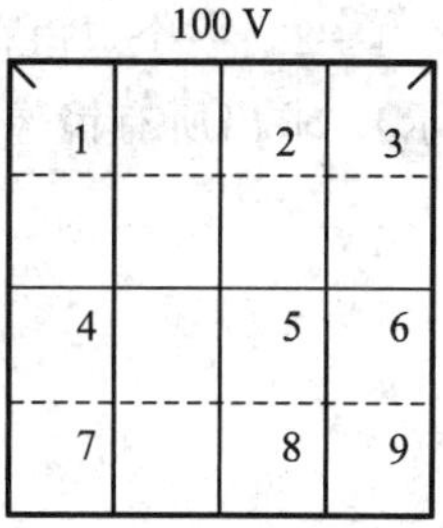

图4-31 例4-22图

解 将待求的区域分为16个边长为 h 的正方形网格，含9个内点，16个边界点。得出差分方程组为

$$\varphi_1 = 0.25\times(\varphi_2+\varphi_4+100)$$

$$\varphi_2 = 0.25\times(\varphi_1+\varphi_3+\varphi_5+100)$$

$$\varphi_3 = 0.25\times(\varphi_2+\varphi_6+100)$$

$$\varphi_4 = 0.25\times(\varphi_1+\varphi_5+\varphi_7)$$

[redacted]这个线性方程组，得到

$$\varphi_1=\varphi_3=\frac{1200}{28}\approx 42.8751\ \text{V}$$

$$\varphi_2=\frac{1475}{28}\approx 52.6876\ \text{V}$$

$$\varphi_4=\varphi_6=\frac{525}{28}=18.75\ \text{V}$$

$$\varphi_5=\frac{700}{28}=25\ \text{V}$$

$$\varphi_7=\varphi_9=\frac{50}{28}\approx 7.1429\ \text{V}$$

[redacted] $=\frac{275}{28}\approx 9.8214\ \text{V}$

[redacted]组的精确解，但并不是待求各点电位的精确值，这是因[redacted]似。表4-1给出异步迭代法结果。

[redacted]-1 异步迭代法

[redacted]	[redacted]	[redacted]	[redacted]	φ_4	φ_5	φ_6	φ_7	φ_8	φ_9
0 [redacted]	[redacted]	[redacted]	[redacted]	0	0	0	0	0	0
1	[redacted]	[redacted]	[redacted]81	6.25	9.38	10.55	1.56	2.73	3.32
…	…	[redacted]	…						
8	42.73	52.56	42.79	18.63	24.88	18.63	7.08	9.76	7.11
9	42.79	52.62	42.83	18.69	24.94	18.69	7.11	9.79	7.13
比照1	42.875	52.688	42.875	18.75	25	18.75	7.149	9.821	7.149
比照2	43.187	53.975	43.187	18.234	25	18.234	6.797	9.556	6.813

习　题

4-1　一个点电荷 Q 与无穷大导体平面相距为 d，如果把它移动到无穷远处，需要做多少功?

4-2　一个点电荷 Q 放在接地的导体拐角附近，两个导体面彼此垂直，(如题 4-2 图所示)，求出所有镜像电荷的位置和大小。当 $a=b$ 时，求电荷 Q 受导体面上感应电荷的作用力。

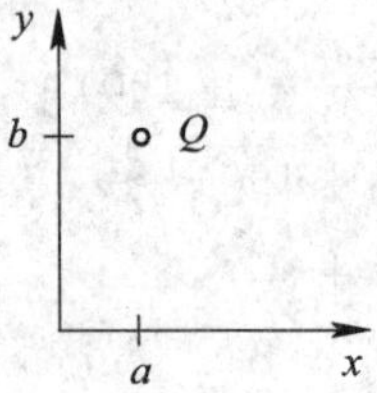

题 4-2 图

4-3　证明：一个点电荷 q 和一个带有电荷 Q 的半径为 R 的导体球之间的作用[redacted]

$$F=\frac{q}{4\pi\varepsilon_0}\left(\frac{Q+Rq/D}{D^2}-\frac{DRq}{(D^2-R^2)^2}\right)$$

其中 D 是 q 到球心的距离($D>R$)。

4-4　两个点电荷 $+Q$ 和 $-Q$ 位于一个半径为 a 的接地导体球的[redacted]别距离球心为 D 和 $-D$。

(1) 证明：镜像电荷构成一电偶集中，位于球心，偶极矩为 2[redacted]

(2) 令 Q 和 D 分别趋于无穷，同时保持 Q/D^2 不变，计算[redacted]

4-5　接地无限大导体平板上有一个半径为 a 的半球[redacted]点电荷 q(如题 4-5 图所示)，求导体上方的电位。

4-6　设在 $x<0$ 的区域内介质为空气，在 $x>0$[redacted]质，在介质中点 $(d, 0, 0)$ 处有一个无限长均匀带电的[redacted]和分界面彼此平行，如题 4-6 图所示，试求空间各[redacted]荷的密度。

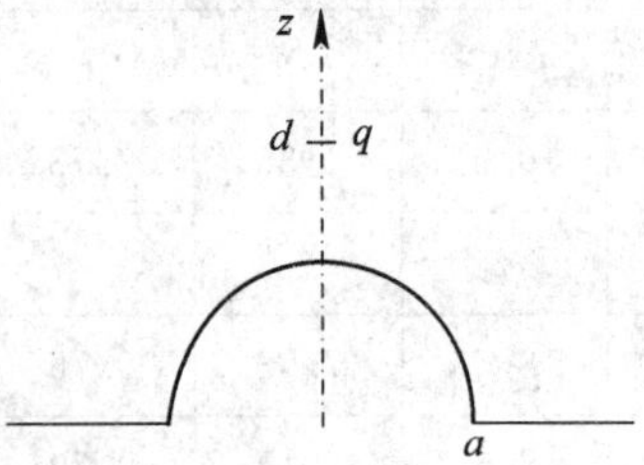

题 4-5 图

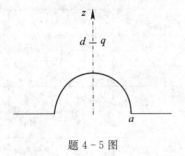

题 4-6 图

4-7　若某个导体的形状是由两个彼此相互正交的部分球面组成，如题 4-7 图所示，两个球体的半径分别为 a 和 b(即球心的间距为 c，且满足 $c^2=a^2+b^2$)，用球面镜像法求这个孤立导体的电容。

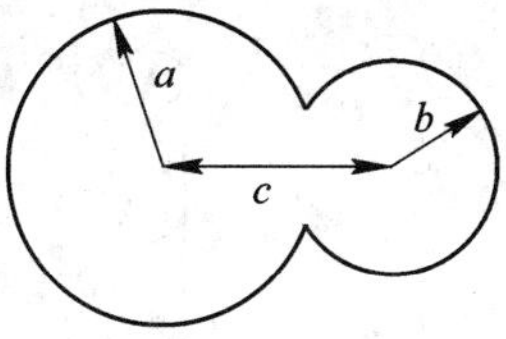

题 4-7 图

4-8 设一个半径为 a 的导体球上所带电荷为 Q，在球外距离球心 d 处有一个点电荷 q，证明当 $\frac{Q}{q}=\frac{a^3(2d^2-a^2)}{d(d^2-a^2)}$ 时，电荷 q 所受电场力为零。

4-9 若一个导体是由两个半径相同(均等于 a)的部分导体球组成，两个球面的相交的夹角呈 60°，试求这个孤立导体的电容。

4-10 设接地导体板位于 $x=0$ 处，在 $x>0$、$y>0$ 的区域填充介电常数为 ε_1 的介质，在 $x>0$、$y<0$ 的区域填充介电常数为 ε_2 的介质。在媒质 1 中，有一个点电荷位于 $x=a$、$y=b$ 处，如题 4-10 图所示，求空间各个区域的电位。

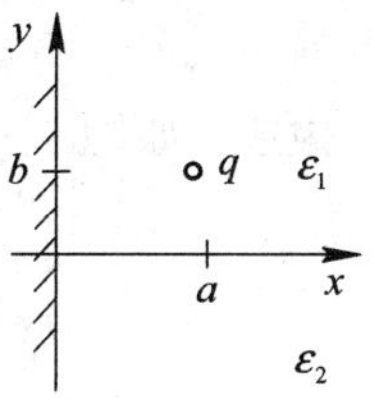

题 4-10 图

4-11 某长方形区域内无电荷分布(如题 4-11 所示)，电位边值为 $x=a$，$\varphi=0$；$x=0$，$\partial\varphi/\partial x=0$；$Y=0$，$\varphi=0$；$y=b$，$\varphi(x, b)=20\cos(\pi x/2a)+10\cos(5\pi x/2a)$。求电位。

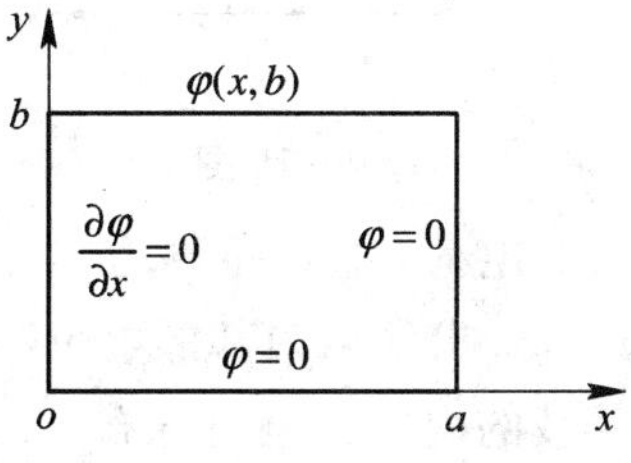

题 4-11 图

4-12 求截面为矩形的无限长区域($0<x<a$，$0<y<b$)的电位，其四壁的电位为

$$\varphi(x, 0)=\varphi(x, b)=0$$

$$\varphi(0, y)=0$$

$$\varphi(a, y)=\begin{cases}\dfrac{V_0 y}{b} & 0<y\leqslant\dfrac{b}{2}\\ V_0\left(1-\dfrac{y}{b}\right) & \dfrac{b}{2}<y<b\end{cases}$$

4-13 一个截面如题 4-11 图所示的长槽，向 y 方向无限延伸，如题 4-13 图所示。两侧的电位是零，槽内 $y\to\infty$ 、$\varphi\to 0$。底部的电位为：$\varphi(x, 0)=V_0$。求槽内的电位。

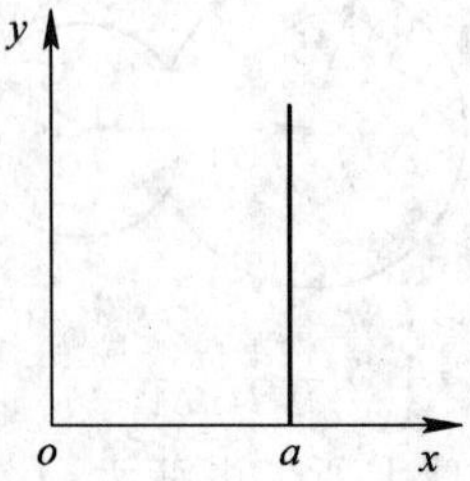

题 4 - 13 图

4 - 14　若上题的底部的电位分别为：

(1) $\varphi(x, 0)=V_0 \sin\dfrac{3\pi x}{a}$；

(2) $\varphi(x, 0)=V_0 \sin^3\dfrac{\pi x}{a}$；

(3) $\varphi(x, 0)=V_0 \sin\dfrac{\pi x}{a}\cos\dfrac{\pi x}{a}$。

重新求这三种情形下槽内的电位。

4 - 15　一个矩形导体槽由两部分构成，如题 4 - 15 图所示，两个导体板的电位分别是 V_0 和 0，求槽内的电位。

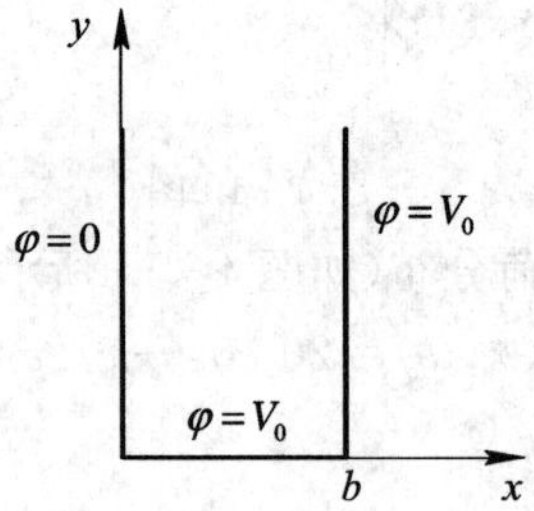

题 4 - 15 图

4 - 16　若正方形区域内部没有电荷，边界条件为① $x=0$、$\varphi=0$；② $x=a$、$\varphi=10y/a$；③ $y=0$、$\varphi=0$；④ $y=a$、$\varphi=10x/a$，求区域内部的电位和电场。

4 - 17　若等腰直角三角形区域的内部无电荷分布，其电位边值为 $x=0$、$\varphi=0$；$y=0$、$\varphi=0$；$x+y=a$、$\varphi=V_0(ax-x^2)/a^2$。证明其电位为 $\varphi=V_0xy/a^2$。

4 - 18　若长方体区域(长方体的三个边长分别为 a、b 和 c)的边界由导体板组成，顶面上的导体板和区域的导体板相互绝缘，顶板电位为 100 V，其余导体板均接地。设区域内没有电荷。求区域内部的电位。

4 - 19　空间某区域的电荷密度以 $\rho=\rho_0\cos\pi x\cos2\pi y\sin4\pi z$ 的形式周期性地分布，求电位和电场强度(设介质的介电特性和空气一致，电位参考点自行选取)。

4 - 20　将一个半径为 a 的无限长导体管平分成两半，两部分之间互相绝缘，上半($0<\phi<\pi$)接电压 V_0，下半($\pi<\phi<2\pi$)电位为零，求管内的电位。

4 - 21　一个半径为 a 的介质球，均匀极化，极化强度为 $\boldsymbol{P}$，证明：

(1) 球内的电场强度是均匀的，且等于 $-\boldsymbol{P}/(3\varepsilon_0)$；

(2) 球外的电场与一个位于球心的电偶极子 $\boldsymbol{p}$ 产生的电场一致，且 $\boldsymbol{p}=\boldsymbol{P}V$，$V$ 是球体的体积，即 $V=4\pi a^3/3$。

4-22 半径为 a 的接地导体球，在球外距离球心 b 处，有一个点电荷 q，用分离变量法求电位分布。

4-23 半径为 a 的无穷长圆柱面上，有密度为 $\rho_S=\rho_{S0}\cos\phi$ 的面电荷，求圆柱面内、外的电位。

4-24 将一个半径为 a 的导体球置于均匀电场 E_0 中，求球外的电位、电场。

4-25 将半径为 a、介电常数为 ε 的无限长介质圆柱放置于均匀电场 E_0 中，设 E_0 沿 x 方向，柱的轴沿 z 方向，柱外为空气。求任意点的电位、电场。

4-26 在均匀电场中，放置一个半径为 a 的介质球，若电场的方向沿 z 轴，求介质球内外的电位、电场(介质球的介电常数为 ε，球外为空气)。

4-27 已知球面($r=a$)上的电位为 $\varphi=V_0\cos\theta$，求球外的电位。

4-28 求无限长矩形区域 $0<x<a$，$0<y<b$ 第一类边值问题的格林函数(即矩形槽的四周电位为零，槽内有一与槽平行的单位线源，求槽内电位)。

4-29 推导无限长圆柱区域内(半径为 a)第一类边值问题的格林函数。

4-30 两个无限大导体平板间距离为 d，其间有体密度为 $\rho=\rho_0 x/d$ 的电荷，极板的电位如题 4-30 图所示，用格林函数法求极板之间的电位。

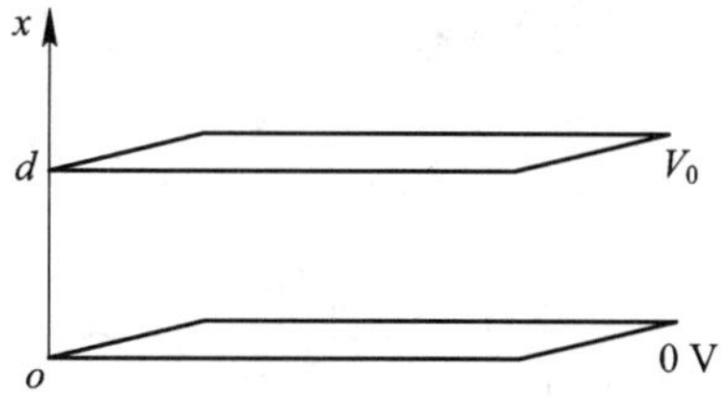

题 4-30 图

4-31 对于上题，把左右两边的导体板，换为电介质板，分别求满足下列条件的格林函数。此时格林函数方程为 $\mathrm{d}^2G(x,x')/\mathrm{d}x^2=-\delta(x-x')$。几种情形的边界条件为：

① $x=0$，$G=0$；$x=a$，$\dfrac{\mathrm{d}G}{\mathrm{d}x}=0$；

② $x=0$，$\dfrac{\mathrm{d}G}{\mathrm{d}x}=0$；$x=a$，$G=0$；

③ $x=0$，$\dfrac{\mathrm{d}G}{\mathrm{d}x}=0$；$x=a$，$2G+\dfrac{\mathrm{d}G}{\mathrm{d}x}=0$。

(提示，不一定非要直接求解格林函数微分方程，可以采用格林函数的物理意义，用静电场的概念求解)

4-32 对一维电位方程的第二类边值问题($0\leqslant x\leqslant 1$)，选取如下的格林函数方程及其边界条件，求格林函数。

① $\dfrac{\mathrm{d}^2G(x,x')}{\mathrm{d}x^2}=-\delta(x-x')$；$x=0$，$\dfrac{\mathrm{d}G}{\mathrm{d}x}=0$；$x=1$，$\dfrac{\mathrm{d}G}{\mathrm{d}x}=-1$；

② $\dfrac{\mathrm{d}^2G(x,x')}{\mathrm{d}x^2}=-\dfrac{\delta(x-x')}{\varepsilon}$；$x=0$，$\dfrac{\mathrm{d}G}{\mathrm{d}x}=\dfrac{1}{2}$；$x=1$，$\dfrac{\mathrm{d}G}{\mathrm{d}x}=-\dfrac{1}{2}$。

4-33　设第二类边值问题的格林函数满足下列方程及其边界条件：

$$\frac{d^2G(x,\ x')}{dx^2}=-[\delta(x-x')-1];\ x=0,\ \frac{dG}{dx}=0;\ x=1,\ \frac{dG}{dx}=0$$

证明格林函数为 $G(x,\ x')=\begin{cases}-x'+\dfrac{x^2}{2}+C & 0\leqslant x\leqslant x'\\ -x+\dfrac{x^2}{2}+C & x'\leqslant x\leqslant 1\end{cases}$，其中 C 是任意常数。

4-34　若厚度为 L 的无穷大带电平板，其电荷密度为 $\rho=\rho_0\left(\dfrac{x}{L}-\dfrac{x^3}{L^3}\right)$，带电板的界面分别与 $x=0$ 和 $x=L$ 重合，求电场强度。如果选取 $x=0$ 处为电位参考点，求电位。

4-35　分析复变函数 $w=z^2$ 能够表示的静电场。

4-36　分析复变函数 $w=\arccos z$ 能够表示哪些情形的静电场。

4-37　证明复变换函数 $w=\sin z$，把 z 平面上宽度为 π 的半无穷长区域变换为 w 平面的上半平面。

4-38　若厚度为零的半无限大接地导体板位于 xoy 平面上(设导体板在 $x>0$ 区域)，在导体板附近有一个无穷长均匀带电直导线(其电荷线密度 ρ_l 是一个常数)，且导线方向和导体板彼此平行，导线的位置在 $x=-1$、$y=0$ 处，(如题 4-38 图所示)，求空间各点的电位。

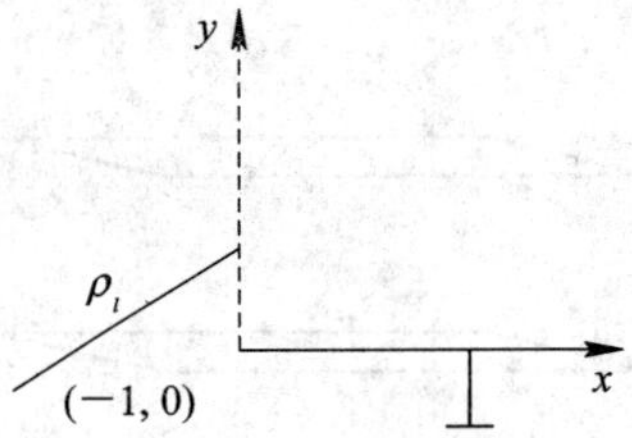

题 4-38 图

4-39　用有限差分法求题 4-39 图所示区域($a=14$ cm，$b=10$ cm)中各个节点的电位。(要求：沿着长边分为 14 段，短边分为 10 段，编写计算程序，控制收敛的误差自定)

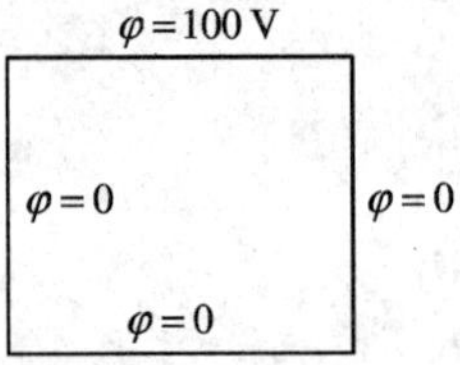

题 4-39 图

4-40　若平板电容器的极板间距为 a，一个极板位于 $x=0$ 处，且这个极板接地；另一个极板位于 $x=a$ 处，该极板电位为 10 V。极板之间的电荷密度为 $\rho=\varepsilon_0\left(\dfrac{x}{a}-\dfrac{x^2}{a^2}\right)$。采用一维有限差分法求解电位。把极板间距 N 等分(比如取 $N=4$ 或者 $N=10$)，推导此时一维泊松方程的差分方程，然后手工计算或者编写程序计算。

4-41 在如题 4-41 图所示的等腰直角三角形二维区域，无电荷分布，边值为：$x=y$，$\varphi=0$；$x=-y$；$\varphi=0$、$\varphi=10(1-y^2)$。用有限元法或者有限差分法求电位。

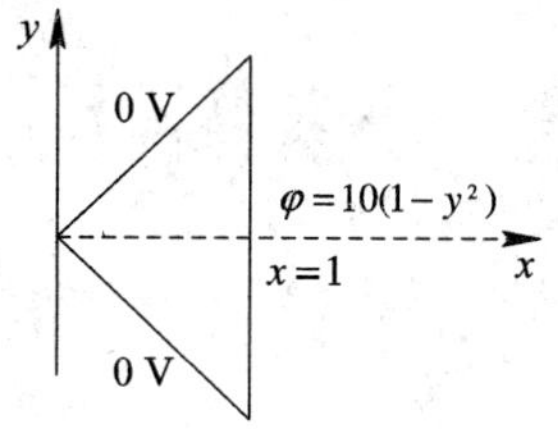

题 4-41 图

4-42 在坐标原点有一个偶极矩为 $\boldsymbol{e}_z p$，计算 $r>b$ 的区域的电场能量。

4-43 在半径等于 a 的圆柱面上，分布着面电荷，面密度为 $\rho_S=A\cos\phi+B\sin2\phi$，其中的 A 和 B 是常数，求柱面内外的电位分布。

第5章 时变电磁场

☞在前四章中，我们讨论了静态场的基本特性及运动规律，由于静态场的电场、恒定电场和磁场均不随时间变化，它们是可以独立存在的，因而可以将它们分开来研究。而在交变场中，由于产生场的电荷、电流均是时间的函数，因此由它们激发的电场和磁场均为空间位置和时间的函数。又由于交变的电场与磁场相互激发、相互依存，电场与磁场不能独立地存在，因此不能将它们分开讨论。

本章我们首先介绍法拉第电磁感应定律、位移电流和全电流连续性原理，引入反映宏观电磁现象与规律的麦克斯韦方程组和洛仑兹力公式。然后介绍讨论时变电磁场的边界条件，分析讨论电磁场在给定区域的能量传递关系和相关的能量密度，介绍正弦电磁场及其波动方程。并介绍为了简化计算而引入时变场的位函数。

5.1 法拉第电磁感应定律

静态电场和磁场的场源分别是静止的电荷和恒定电流(等速运动的电荷)。它们是相互独立的，二者的基本方程之间并无联系，然而，随时间变化的电场和磁场是相互联系的。1831 年英国科学家法拉第(M. Faraday)最早发现了时变电场和磁场间的这一深刻联系，即时变电磁场产生时变电场。如果在磁场中有由导线构成的闭合回路 l，当穿过由 l 所限定的曲面 S 的磁通发生变化时，回路中就要产生感应电动势，从而引起感应电流。法拉第定律给出了感应电动势与磁通时变率之间的正比关系。感应电动势的实际方向可由楞次(H. E. Lenz，俄国)定律说明：感应电动势在导电回路中引起的感应电流的方向是使它所产生的磁场阻止回路中磁通的变化。法拉第定律和楞次定律的结合就是法拉第电磁感应定律，其数学表达式为

$$\mathscr{E}=-\frac{\mathrm{d}\Phi}{\mathrm{d}t}=-\frac{\mathrm{d}}{\mathrm{d}t}\int_S \boldsymbol{B}\cdot\mathrm{d}\boldsymbol{S} \qquad (5-1)$$

其中，$\mathscr{E}$ 为感应电动势，Φ 为穿过曲面 S 与 l 铰链的磁通，磁通 Φ 的正方向与感应电动势 $\mathscr{E}$ 的正方向成右手螺旋关系，如图 5－1 所示。此外，当回路线圈不止一匝时，式(5－1)中的 Φ 是所谓全磁通(亦称磁链 ψ)。例如一个 N 匝线圈，可以把它看成是由 N 个一匝线圈串联而成的，其感应电动势为

$$\mathscr{E}=-\frac{\mathrm{d}\Phi}{\mathrm{d}t}=-\frac{\mathrm{d}}{\mathrm{d}t}\left(\sum_{i=1}^{N}\Phi_i\right) \qquad (5-2)$$

如果定义非保守感应场 $\boldsymbol{E}_{ind}$ 沿闭合路径 l 的积分为 l 中的感应电动势，那么式(5-1)可改写为

$$\oint_L \boldsymbol{E}_{ind}\cdot \mathrm{d}\boldsymbol{l}=-\frac{\mathrm{d}\Phi}{\mathrm{d}t} \tag{5-3}$$

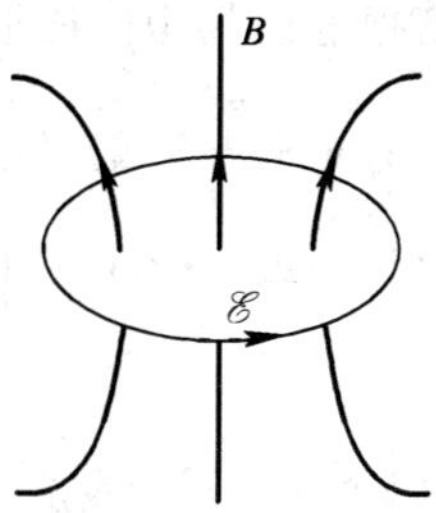

图 5-1　法拉第电磁感应定律

如果空间同时还存在由静止电荷产生的保守电场 $\boldsymbol{E}_c$，则总电场 $\boldsymbol{E}$ 为两者之和，即 $\boldsymbol{E}=\boldsymbol{E}_c+\boldsymbol{E}_{ind}$。但是，

$$\oint_L \boldsymbol{E}\cdot \mathrm{d}\boldsymbol{l}=\oint_L \boldsymbol{E}_c\cdot \mathrm{d}\boldsymbol{l}+\oint_L \boldsymbol{E}_{ind}\cdot \mathrm{d}\boldsymbol{l}=\oint_L \boldsymbol{E}_{ind}\cdot \mathrm{d}\boldsymbol{l}$$

所以式(5-3)也可改写为

$$\oint_l \boldsymbol{E}\cdot \mathrm{d}\boldsymbol{l}=-\frac{\mathrm{d}\Phi}{\mathrm{d}t}=-\frac{\mathrm{d}}{\mathrm{d}t}\int_S \boldsymbol{B}\cdot \mathrm{d}\boldsymbol{S} \tag{5-4}$$

由于式(5-4)中没有限定回路本身的特性，所以可将式(5-4)中的 l 看成是任意的闭合路径，而不一定是导电回路。式(5-4)为推广了的法拉第电磁感应定律，它是用场量表示的法拉第电磁感应定律的积分形式，适用于所有情况。引起与闭合回路铰链的磁通发生变化的原因可以是磁感应强度 $\boldsymbol{B}$ 随时间的变化，也可以是闭合回路 l 自身的运动(大小、形状、位置的变化)。

首先考虑静止回路中的感应电动势。所谓静止回路是指回路相对应磁场没有机械运动，只是磁场随时间变化，于是式(5-4)变为

$$\oint_L \boldsymbol{E}\cdot \mathrm{d}\boldsymbol{l}=-\frac{\mathrm{d}}{\mathrm{d}t}\int_S \boldsymbol{B}\cdot \mathrm{d}\boldsymbol{S}=-\int_S \frac{\partial \boldsymbol{B}}{\partial t}\cdot \mathrm{d}\boldsymbol{S} \tag{5-5}$$

利用矢量斯托克斯定理，上式可写为

$$\int_S (\nabla\times\boldsymbol{E})\cdot \mathrm{d}\boldsymbol{S}=-\int_S \frac{\partial \boldsymbol{B}}{\partial t}\cdot \mathrm{d}\boldsymbol{S} \tag{5-6}$$

上式对任意面积均成立，所以

$$\nabla\times\boldsymbol{E}=-\frac{\partial \boldsymbol{B}}{\partial t} \tag{5-7}$$

式(5-7)是法拉第电磁感应定律的微分形式，它表明随时间变化的磁场将激发电场。时变电场是一有旋场，随时间变化的磁场是该时变电场的源。通常称该电场为感应电场，以区别于由静止电荷产生的库仑场。感应电场是漩涡场；而库仑场是无旋场即保守场。

接着考察运动系统的感应电动势。不失一般性，设回路相对磁场有机械运动，磁感应强度也随时间变化。设回路 l 以速度 v 在 Δt 时间内从 l_a 的位置移动到 l_b 的位置，此过程中扫过的体积 V 的侧面积是 S_c，如图 5-2 所示，穿过该回路的磁通量的变化率为

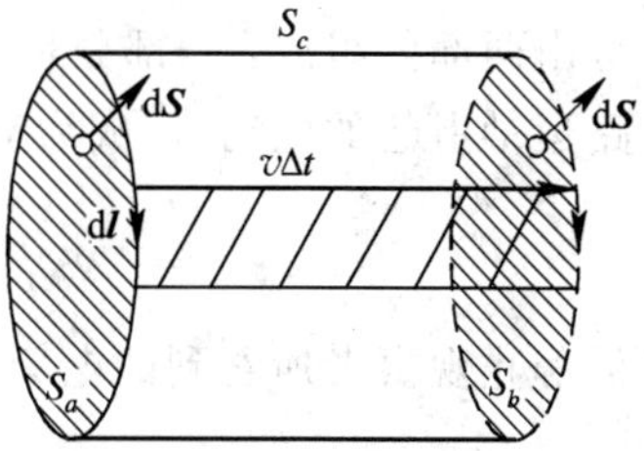

图 5-2　磁场中的运动回路

$$\begin{aligned}\frac{\mathrm{d}\Phi}{\mathrm{d}t}&=\lim_{\Delta t\to 0}\frac{\Delta\Phi}{\Delta t}\\&=\lim_{\Delta t\to 0}\frac{1}{\Delta t}\left[\int_{S_b}\boldsymbol{B}(t+\Delta t)\cdot \mathrm{d}\boldsymbol{S}+\int_{S_a}\boldsymbol{B}(t)\cdot \mathrm{d}\boldsymbol{S}\right]\end{aligned} \tag{5-8}$$

式中 $\boldsymbol{B}(t+\Delta t)$ 是在时间 $t+\Delta t$ 时刻由 l_b 围住的曲面 S_b 上的磁感应强度，$\boldsymbol{B}(t)$ 是在时刻 t 由 l_a 围住的曲面 S_a 上的磁感应强度。

若把静磁场中的磁通连续性原理$\oint_S \boldsymbol{B}\cdot\mathrm{d}\boldsymbol{S}$推广到时变场，那么在时刻$t+\Delta t$通过封闭面$S=S_a+S_b+S_c$的磁通量为零，因此

$$\oint_S \boldsymbol{B}(t+\Delta t)\cdot\mathrm{d}\boldsymbol{S}=\int_{S_b}\boldsymbol{B}(t+\Delta t)\cdot\mathrm{d}\boldsymbol{S}-\int_{S_a}\boldsymbol{B}(t+\Delta t)\cdot\mathrm{d}\boldsymbol{S}+\int_{S_c}\boldsymbol{B}(t+\Delta t)\cdot\mathrm{d}\boldsymbol{S}=0 \tag{5-9}$$

将$\boldsymbol{B}(t+\Delta t)$展开成泰勒级数，有

$$\boldsymbol{B}(t+\Delta t)=\boldsymbol{B}(t)+\frac{\partial\boldsymbol{B}}{\partial t}\Delta t+\cdots \tag{5-10}$$

从而

$$\left.\begin{aligned}\int_{S_a}\boldsymbol{B}(t+\Delta t)\cdot\mathrm{d}\boldsymbol{S}&=\int_{S_a}\boldsymbol{B}(t)\cdot\mathrm{d}\boldsymbol{S}+\Delta t\int_{S_a}\frac{\partial\boldsymbol{B}}{\partial t}\cdot\mathrm{d}\boldsymbol{S}+\cdots\\\int_{S_c}\boldsymbol{B}(t+\Delta t)\cdot\mathrm{d}\boldsymbol{S}&=\int_{S_c}\boldsymbol{B}(t)\cdot\mathrm{d}\boldsymbol{S}+\Delta t\int_{S_c}\frac{\partial\boldsymbol{B}}{\partial t}\cdot\mathrm{d}\boldsymbol{S}+\cdots\end{aligned}\right\} \tag{5-11}$$

由于侧面积S_c上的面积元$\mathrm{d}\boldsymbol{S}=\mathrm{d}\boldsymbol{l}\times\boldsymbol{v}\Delta t$，当$\Delta t\to 0$时，

$$\begin{aligned}\int_{S_c}\boldsymbol{B}(t+\Delta t)\cdot\mathrm{d}\boldsymbol{S}&=\Delta t\int_{L_a}\boldsymbol{B}(t)\cdot(\mathrm{d}\boldsymbol{l}\times\boldsymbol{v})+\Delta t^2\int_{La}\frac{\partial\boldsymbol{B}}{\partial t}\cdot(\mathrm{d}\boldsymbol{l}\times\boldsymbol{v})+\cdots\\&=-\Delta t\int_{L_a}(\boldsymbol{B}\times\boldsymbol{v})\cdot\mathrm{d}\boldsymbol{l}+\Delta t^2\int_{L_a}\frac{\partial\boldsymbol{B}}{\partial t}\cdot(\mathrm{d}\boldsymbol{l}\times\boldsymbol{v})+\cdots\end{aligned} \tag{5-12}$$

将式(5-12)、式(5-11)代入式(5-9)求得

$$\int_{S_b}\boldsymbol{B}(t+\Delta t)\cdot\mathrm{d}\boldsymbol{S}-\int_{S_a}\boldsymbol{B}(t)\cdot\mathrm{d}\boldsymbol{S}=\Delta t\left[\int_{S_a}\frac{\partial\boldsymbol{B}}{\partial t}\cdot\mathrm{d}\boldsymbol{S}+\int_{L_a}(\boldsymbol{B}\times\boldsymbol{v})\cdot\mathrm{d}\boldsymbol{l}\right]+\Delta t\text{ 的高次项} \tag{5-13}$$

因此，l由l_a的位置运动到l_b的位置时，穿过该回路的磁通量的时变率为

$$\frac{\mathrm{d}\Phi}{\mathrm{d}t}=\int_S\frac{\partial\boldsymbol{B}}{\partial t}\cdot\mathrm{d}\boldsymbol{S}+\oint_L(\boldsymbol{B}\times\boldsymbol{v})\cdot\mathrm{d}\boldsymbol{l}=\int_S\frac{\partial\boldsymbol{B}}{\partial t}\cdot\mathrm{d}\boldsymbol{S}+\int_S\nabla\times(\boldsymbol{B}\times\boldsymbol{v})\cdot\mathrm{d}\boldsymbol{S}$$

这样运动回路中的感应电动势可表示为

$$\varepsilon=-\frac{\mathrm{d}\Phi}{\mathrm{d}t}=\oint_L\boldsymbol{E}''\cdot\mathrm{d}\boldsymbol{l}=-\int_S\frac{\partial\boldsymbol{B}}{\partial t}\cdot\mathrm{d}\boldsymbol{S}+\oint_L(\boldsymbol{v}\times\boldsymbol{B})\cdot\mathrm{d}\boldsymbol{l} \tag{5-14}$$

式(5-14)中$\boldsymbol{E}'$是和回路一起运动的观察者所看到的场。此式表明运动回路中的感应电动势由两部分组成，一部分是由时变磁场引起的电动势(称为感生电动势)；另一部分是由回路运动引起的电动势(成为动生电动势)。式(5-14)可改写为

$$\oint_L(\boldsymbol{E}'-\boldsymbol{v}\times\boldsymbol{B})\cdot\mathrm{d}\boldsymbol{l}=-\int_S\frac{\partial\boldsymbol{B}}{\partial t}\cdot\mathrm{d}\boldsymbol{S} \tag{5-15}$$

设静止观察者所看到的电场强度为$\boldsymbol{E}$，那么$\boldsymbol{E}=\boldsymbol{E}'-\boldsymbol{v}\times\boldsymbol{B}$。因此，运动回路中

$$\oint_l\boldsymbol{E}\cdot\mathrm{d}\boldsymbol{l}=-\oint_S\frac{\partial\boldsymbol{B}}{\partial t}\cdot\mathrm{d}\boldsymbol{S} \tag{5-16}$$

或

$$\nabla\times\boldsymbol{E}=-\frac{\partial\boldsymbol{B}}{\partial t} \tag{5-17}$$

式(5-16)和式(5-17)分别是法拉第电磁感应定律的积分形式和微分形式。至此我们已经

知道电场的源有两种：静止电荷与时变磁场。

5.2 位移电流

法拉第电磁感应定律表明：时变磁场能激发电场。那么，时变电场能不能激发磁场呢？回答是肯定的。法拉第在1843年用实验证实的电荷守恒定律在任何时刻都成立，电荷守恒定律的数学描述就是电流连续性方程，即

$$\oint_S \boldsymbol{J} \cdot \mathrm{d}\boldsymbol{S} = -\frac{\mathrm{d}Q}{\mathrm{d}t} \tag{5-18}$$

式中 $\boldsymbol{J}$ 是电流体密度，它的方向就是它所在点上的正电荷流动的方向，它的大小就是在垂直于电流流动方向的单位面积上每单位时间内通过的电荷量(单位是 $\mathrm{A/m^2}$)。因此，式(5-18)表明，每单位时间内流出包围体积 $\boldsymbol{V}$ 的闭合面 $\boldsymbol{S}$ 的电荷量等于 $\boldsymbol{S}$ 面内每单位时间所减少的电荷量 $-\frac{\mathrm{d}Q}{\mathrm{d}t}$。利用散度定理(也称为高斯公式)，即

$$\int_V \nabla \cdot \boldsymbol{A}\, \mathrm{d}V = \oint_S \boldsymbol{A} \cdot \mathrm{d}\boldsymbol{S}$$

将式(5-18)用体积分表示，对静止体积有

$$\oint_S \boldsymbol{J} \cdot \mathrm{d}\boldsymbol{S} = \int_V \nabla \cdot \boldsymbol{J}\, \mathrm{d}V = -\frac{\partial}{\partial t}\int_V \rho\, \mathrm{d}V = -\int_V \frac{\partial \rho}{\partial t}\, \mathrm{d}V$$

上式对任意体积 $\boldsymbol{V}$ 均成立，故有

$$\nabla \cdot \boldsymbol{J} = -\frac{\partial \rho}{\partial t} \tag{5-19}$$

式(5-19)是电流连续性方程的微分形式。

静态场中的安培环路定律之积分形式和微分形式为

$$\oint_l \boldsymbol{H} \cdot \mathrm{d}\boldsymbol{l} = \int_S \boldsymbol{J} \cdot \mathrm{d}\boldsymbol{S} \tag{5-20a}$$

和

$$\nabla \times \boldsymbol{H} = \boldsymbol{J} \tag{5-20b}$$

此外，对于任意矢量 $\boldsymbol{A}$，其旋度的散度恒为零，即

$$\nabla \cdot (\nabla \times \boldsymbol{A}) = 0$$

因此，对式(5-20b)两边取散度后得

$$\nabla \cdot (\nabla \times \boldsymbol{H}) = 0 = \nabla \cdot \boldsymbol{J} \tag{5-21}$$

比较式(5-19)和式(5-21)的右边等式可见，前者和后者相矛盾。麦克斯韦首先注意到了这一矛盾，于1862年提出位移电流概念，并认为位移电流和电荷恒速运动形式的电流以同一方式激发磁场。也就是把 $\frac{\partial \rho}{\partial t}$ 加到式(5-21)的右边等式中，以使式(5-21)与式(5-19)相容

$$\nabla \cdot (\nabla \times \boldsymbol{H}) = 0 = \nabla \cdot \boldsymbol{J} + \frac{\partial \rho}{\partial t}$$

在承认

$$\oint_S \boldsymbol{D} \cdot d\boldsymbol{S} = Q = \int_V \rho \, dV, \quad \nabla \cdot \boldsymbol{D} = \rho$$

也适用于时变场的前提下，则有

$$\nabla \cdot (\nabla \times \boldsymbol{H}) = \nabla \cdot \boldsymbol{J} + \frac{\partial}{\partial t}(\nabla \cdot \boldsymbol{D}) = \nabla \cdot \left(\boldsymbol{J} + \frac{\partial \boldsymbol{D}}{\partial t}\right)$$

由上式可得

$$\nabla \times \boldsymbol{H} = \boldsymbol{J} + \frac{\partial \boldsymbol{D}}{\partial t} \tag{5-22}$$

式(5-22)与式(5-20b)的不同是引入了因子$\frac{\partial \boldsymbol{D}}{\partial t}$，它的量纲是$(C/m^2)/s$，即此因子具有电流密度的量纲，故称之为位移电流密度，以符号$\boldsymbol{J}_d$表示，即

$$\boldsymbol{J}_d = \frac{\partial \boldsymbol{D}}{\partial t} \tag{5-23}$$

由于

$$\boldsymbol{D} = \varepsilon_0 \boldsymbol{E} + \boldsymbol{P}$$

所以位移电流

$$\frac{\partial \boldsymbol{D}}{\partial t} = \varepsilon_0 \frac{\partial \boldsymbol{D}}{\partial t} + \frac{\partial \boldsymbol{P}}{\partial t} \tag{5-24}$$

式(5-24)说明，在一般介质中位移电流由两部分组成，一部分是由电场随时间的变化引起的，它在真空中同样存在，它并不代表任何形式的电荷运动，只是在产生磁效应方面和一般意义下的电流等效。另一部分是由于极化强度的变化所引起的，被称为极化电流，它代表束缚于原子中的电荷运动。

式(5-22)的重要意义在于，除传导电流外，时变电场也激发磁场，它成为安培一麦克斯韦全电流定律(推广的安培环路定理)。对式(5-22)应用斯托克斯定律，便得到积分形式

$$\oint_l \boldsymbol{H} \cdot d\boldsymbol{l} = \int_S \left(\boldsymbol{J} + \frac{\partial \boldsymbol{D}}{\partial t}\right) \cdot d\boldsymbol{S} \tag{5-25}$$

它表明，磁场强度沿任意闭合路径所包围曲面上的全电流。

位移电流的引入加大了电流的概念。平常所说的电流是电荷做有规则运动形成的。在导体中，它就是自由电子的定向运动形成的传导电流。设导电介质的电导率为σ(S/m)，其传导电流密度就是$\boldsymbol{J}_c = \sigma \boldsymbol{E}$；在真空或气体中，带电粒子的定向运动也形成电流，称为运流电流。设电荷运动速度为v，其运流电流密度为$\boldsymbol{J}_v = \rho \boldsymbol{v}$。位移电流并不代表电荷的运动，这与传导电流及运流电流不同。传导电流、运流电流和位移电流之和称为全电流，即

$$\boldsymbol{J}_t = \boldsymbol{J}_c + \boldsymbol{J}_v + \boldsymbol{J}_d \tag{5-26}$$

可见式(5-22)中的$\boldsymbol{J}$应包括$\boldsymbol{J}_c$和$\boldsymbol{J}_v$。但是，$\boldsymbol{J}_c$和$\boldsymbol{J}_v$分别存在于不同介质中。对于固态导电介质($\sigma \neq 0$)，此时只有传导电流，没有运流电流，所以$J = J_c$，$J_v = 0$。对式(5-22)取散度知

$$\nabla \cdot (\boldsymbol{J}_c + \boldsymbol{J}_v + \boldsymbol{J}_d) = 0$$

因而，对任意封闭曲面S有

$$\oint_S (\boldsymbol{J}_c + \boldsymbol{J}_v + \boldsymbol{J}_d) \cdot d\boldsymbol{S} = \int_V \nabla \cdot (\boldsymbol{J}_c + \boldsymbol{J}_v + \boldsymbol{J}_d) dV = 0$$

即

$$\boldsymbol{I}_c + \boldsymbol{I}_v + \boldsymbol{I}_d = 0 \tag{5-27}$$

式(5-27)表明：穿过任意封闭面的各类电流之和恒为零，这就是全电流连续性原理。将其应用于只有传导电流的回路中，可知节点处传导电流的代数和为零(流出的电流取正号，流入的电流取负号)。这就是基尔霍夫电流定律：$\sum \boldsymbol{I}=0$。

例 5-1 计算铜中的位移电流密度和传导电流密度的比值。设铜中的电场为 $\boldsymbol{E}_0\sin\omega t$，铜的电导率 $\sigma=5.8\times107$ S/m，$\varepsilon=\varepsilon_0$。

解 铜中的传导电流大小为

$$\boldsymbol{J}_c=\sigma\boldsymbol{E}=\sigma\boldsymbol{E}_0\sin\omega t$$

铜中的位移电流大小为

$$\boldsymbol{J}_d=\frac{\partial\boldsymbol{D}}{\partial t}=\varepsilon\frac{\partial\boldsymbol{E}}{\partial t}=\varepsilon\boldsymbol{E}_0\cos\omega t$$

因此，铜中的位移电流密度与传导电流密度的振幅比值为

$$\frac{J_d}{J_c}=\left|\frac{\boldsymbol{J}_d}{\boldsymbol{J}_c}\right|=\frac{\omega\varepsilon_0}{\sigma}=\frac{2\pi f\dfrac{1}{36\pi}\times10^{-9}}{5.8\times10^{7}}=9.6\times10^{-19}$$

例 5-2 证明通过任意封闭曲面的传导电流和位移电流的总量为零。

解 根据麦克斯韦方程

$$\nabla\times\boldsymbol{H}=\boldsymbol{J}+\frac{\partial\boldsymbol{D}}{\partial t}$$

可知，通过任意封闭曲面的传导电流和位移电流为

$$\oint_S\left(\boldsymbol{J}_c+\frac{\partial\boldsymbol{D}}{\partial t}\right)\cdot\mathrm{d}\boldsymbol{S}=\oint_S(\nabla\times\boldsymbol{H})\cdot\mathrm{d}\boldsymbol{S}$$

上式右边应用散度定理可以写成

$$\oint_S(\nabla\times\boldsymbol{H})\cdot\mathrm{d}\boldsymbol{S}=\int_V\nabla\cdot(\nabla\times\boldsymbol{H})\,\mathrm{d}V=0$$

而左边的面积分为

$$\oint_S\left(\boldsymbol{J}_c+\frac{\partial\boldsymbol{D}}{\partial t}\right)\cdot\mathrm{d}\boldsymbol{S}=\boldsymbol{I}_c+\boldsymbol{I}_d=\boldsymbol{I}$$

故通过任意闭曲面的传导电流和位移电流的总量为零。

例 5-3 在坐标原点附近区域内，传导电流密度为 $\boldsymbol{J}=\boldsymbol{a}_r10r^{-1.5}$ A/m^2。求：

(1) 通过半径 $r=1$ mm 的球面的电流值；

(2) 在 $r=1$ mm 的球面上电荷密度的增加率；

(3) 在 $r=1$ mm 的球内总电荷的增加率。

解 (1) 根据电流密度的定义有

$$\begin{aligned}\boldsymbol{I}&=\oint_S\boldsymbol{J}\cdot\mathrm{d}\boldsymbol{S}=\int_0^{2\pi}\int_0^{\pi}10r^{-1.5}\cdot r^2\sin\theta\,\mathrm{d}\theta\,\mathrm{d}\varphi\Big|_{r=1\text{ mm}}\\&=40\pi r^{0.5}\Big|_{r=1\text{ mm}}=3.9738\text{ A}\end{aligned}$$

(2) 因为

$$\nabla\cdot\boldsymbol{J}=\frac{1}{r^2}\frac{\mathrm{d}}{\mathrm{d}r}(r^2\cdot10r^{-1.5})=5r^{-2.5}$$

由电流连续性方程(5-19)，得到

$$\left.\frac{\partial\rho}{\partial t}\right|_{r=1\text{ mm}} = -\nabla\cdot\boldsymbol{J}\big|_{r=1\text{ mm}} = -1.58\times10^{8}\,(\text{A/m}^2)$$

(3) 在 $r=1$ mm 的球内总电荷的增加率为

$$\frac{\mathrm{d}Q}{\mathrm{d}t} = -I = -3.97\text{ A}$$

例 5-4 在无源的自由空间中，已知磁场强度

$$\boldsymbol{H} = \boldsymbol{e}_y 2.63\times10^{-5}\cos(3\times10^{9}t-10z)\ (\text{A/m})$$

求位移电流密度 $\boldsymbol{J}_d$。

解 无源的自由空间中 $\boldsymbol{J}=0$，式(5-22)变为

$$\nabla\times\boldsymbol{H} = \frac{\partial\boldsymbol{D}}{\partial t}$$

所以，得

$$\boldsymbol{J}_d = \frac{\partial\boldsymbol{D}}{\partial t} = \nabla\times\boldsymbol{H} = \begin{vmatrix} \boldsymbol{e}_x & \boldsymbol{e}_y & \boldsymbol{e}_z \\ \dfrac{\partial}{\partial x} & \dfrac{\partial}{\partial y} & \dfrac{\partial}{\partial z} \\ 0 & \boldsymbol{H}_y & 0 \end{vmatrix}$$

$$= -\boldsymbol{e}_x\frac{\partial\boldsymbol{H}_y}{\partial_z} = -\boldsymbol{e}_x 2.63\times10^{-4}\sin(3\times10^{9}t-10z)\ (\text{A/m}^2)$$

5.3 麦克斯韦方程组

麦克斯韦方程组是在对宏观电磁现象的实验规律进行分析总结的基础上，经过对概念的扩充和对定理的推广而得到的，它解释了电场和磁场之间，以及电磁场与电荷、电流之间的相互关系，是一切宏观电磁现象所遵循的普遍规律，有着深刻而丰富的物理含义，是电磁运动规律最简洁的数学描述，所以，麦克斯韦方程组是电磁场的基本方程，它在电磁学中的地位等同于力学中的牛顿定律，是分析研究电磁问题的基本出发点。

5.3.1 麦克斯韦方程组的微积分形式

依据前两节的分析结果，现在可以写出描述宏观电磁场现象基本特性的一组微分方程及其名称如下：

$$\nabla\times\boldsymbol{H} = \boldsymbol{J} + \frac{\partial\boldsymbol{D}}{\partial t} \quad \text{(全电流定律)} \tag{5-28a}$$

$$\nabla\times\boldsymbol{E} = -\frac{\partial\boldsymbol{B}}{\partial t} \quad \text{(推广的法拉第电磁感应定律)} \tag{5-28b}$$

$$\nabla\cdot\boldsymbol{B} = 0 \quad \text{(磁通连续性原理)} \tag{5-28c}$$

$$\nabla\cdot\boldsymbol{D} = \rho \quad \text{(高斯定理)} \tag{5-28d}$$

称上述四式的联立为麦克斯韦方程组的微分形式。它们建立在库仑、安培、法拉第所提供的实验事实和麦克斯韦假设的位移电流概念的基础上，也把任何时刻在空间任一点上的电场和磁场的时空关系与同一时空点的场源联系在一起。方程组(5-28)所对应的积分形式是

$$\oint_l \boldsymbol{H} \cdot \mathrm{d}\boldsymbol{l} = \int_S \left(\boldsymbol{J} + \frac{\partial \boldsymbol{D}}{\partial t}\right) \cdot \mathrm{d}\boldsymbol{S} \tag{5-29a}$$

$$\oint_l \boldsymbol{E} \cdot \mathrm{d}\boldsymbol{l} = -\int_S \frac{\partial \boldsymbol{B}}{\partial t} \cdot \mathrm{d}\boldsymbol{S} \tag{5-29b}$$

$$\oint_S \boldsymbol{B} \cdot \mathrm{d}\boldsymbol{S} = 0 \tag{5-29c}$$

$$\oint_S \boldsymbol{D} \cdot \mathrm{d}\boldsymbol{S} = \int_V \rho \mathrm{d}V \tag{5-29d}$$

它是麦克斯韦方程组的积分形式。从麦克斯韦方程组可见：

(1) 麦克斯韦方程组(5-28a)或(5-29a)是修正后的安培环路定律，表明电流和时变电场能激发磁场；麦克斯韦方程组(5-28b)或(5-29b)是推广的法拉第电磁感应定律，表明时变磁场产生电场这一重要事实。这两个方程是麦克斯韦方程的核心，说明时变电场和时变磁场互相激发，并可以脱离场源而独立存在形成电磁波。麦克斯韦导出了电磁场的波动方程，波动方程表明电磁波的传播速度与已测出的光速是一样的。进而推断，光也是一种电磁波，并预言可能存在与可见光不同的其他电磁波。这一著名预见在1887年为德国物理学家赫兹的实验所证实，并导致马可尼在1895年和波波夫在1896年成功地进行了无线电报传送实验，从而开创了人类应用无线电波的新纪元。

(2) 麦克斯韦方程(5-28c)或(5-29c)表示磁通的连续性，即磁力线既没有起点也没有终点。从物理意义上说，意味着空间不存在自由磁荷，或者严格地说在人类研究所达到的区域中至今还没有发现自由磁荷。麦克斯韦方程(5-28d)或(5-29d)是电场的高斯定律，对时变电荷与静止电荷都成立。它表明电场是有源的场。

(3) 时变场中电场的散度和旋度都不为零，所以电力线起始于正电荷终止于负电荷；而磁场的散度恒为零，旋度不为零，所以磁力线是与电流交链的闭合曲线，并且磁力线与电力线两者还互相交链。但是，在远离场源的无源区域中，电场和磁场的散度都为零，这时电力线和磁力线将自行闭合、相互交链，在空间形成电磁波。

(4) 在一般情况下，时变电磁场的场矢量和源既是空间坐标的函数又是时间的函数。若场矢量不随时间变化(不是时间的函数)，那么式(5-28)、式(5-29)退化为静态场方程。

(5) 在线性媒质中，麦克斯韦方程组是线性方程组，可以用叠加原理。

应该指出，麦克斯韦方程组中的四个方程并不都是独立的。例如对式(5-28b)两边取散度，则有

$$\nabla \cdot (\nabla \times \boldsymbol{E}) = \nabla \cdot \left(-\frac{\partial \boldsymbol{B}}{\partial t}\right)$$

由于上式左边恒等于零，所以得

$$\frac{\partial}{\partial t}(\nabla \cdot \boldsymbol{B}) = 0$$

如果我们假设过去或将来某一时刻，$\nabla \cdot \boldsymbol{B}$ 在空间每一点上都为零，则 $\nabla \cdot \boldsymbol{B}$ 在任何时刻处处为零，所以有

$$\nabla \cdot \boldsymbol{B} = 0$$

即式(5-28c)。因此，在麦克斯韦方程组中只有三个独立的方程：(5-28a)、(5-28b)、(5-28d)。同理，如果将方程(5-28a)两边取散度，带入方程(5-28d)，那么可以得到

$$\nabla \cdot \boldsymbol{J} = -\frac{\partial \rho}{\partial t}$$

这就是电流连续性方程，由此可见电流连续性方程包含在麦克斯韦方程组中，并且可以认为麦克斯韦方程组中两个旋度方程(5-28a)、(5-28b)以及电流连续性方程是一组独立方程。进一步分析可以看出，三个独立方程由两个旋度方程和一个散度方程组成，其中旋度方程是矢量方程，而每一个矢量方程可以等价为三个标量方程，再加上一个标量的散度方程，则共有七个独立的标量方程。

5.3.2　麦克斯韦方程的辅助方程——本构关系

在麦克斯韦方程组(5-28a)～(5-28d)中，没有限定 $\boldsymbol{E}$、$\boldsymbol{D}$、$\boldsymbol{B}$ 和 $\boldsymbol{H}$ 之间的关系，称为非限定形式。但是，麦克斯韦方程组中有 $\boldsymbol{E}$、$\boldsymbol{D}$、$\boldsymbol{B}$、$\boldsymbol{H}$、$\boldsymbol{J}$ 五个矢量和一个标量 ρ，每个矢量各有三个分量，也就是说总共有十六个标量，而独立的标量方程只有七个。因此，仅由方程(5-28a)～(5-28d)还不能完全确定四个场矢量 $\boldsymbol{E}$、$\boldsymbol{D}$、$\boldsymbol{B}$ 和 $\boldsymbol{H}$，还需要知道 $\boldsymbol{E}$、$\boldsymbol{D}$、$\boldsymbol{B}$ 和 $\boldsymbol{H}$ 之间的关系。为求解这一组方程，则必须另外提供九个独立的标量方程，这九个标量方程就是描述电磁媒质与场矢量之间关系的本构关系。它们作为辅助方程与麦克斯韦方程一起构成一组自洽的方程。

一般而言，表征媒质宏观电磁特性的本构关系为

$$\left.\begin{aligned} \boldsymbol{D} &= \varepsilon_0 \boldsymbol{E} + \boldsymbol{P} \\ \boldsymbol{B} &= \mu_0 (\boldsymbol{H} + \boldsymbol{M}) \\ \boldsymbol{J} &= \sigma \boldsymbol{E} \end{aligned}\right\} \tag{5-30}$$

对于各向同性的线性媒质，式(5-30)可以写为

$$\left.\begin{aligned} \boldsymbol{D} &= \varepsilon \boldsymbol{E} \\ \boldsymbol{B} &= \mu \boldsymbol{H} \\ \boldsymbol{J} &= \sigma \boldsymbol{E} \end{aligned}\right\} \tag{5-31}$$

式中 ε、μ、σ 是描述媒质宏观电磁特性的一组参数，分别成为媒质的介电常数、磁导率和电导率。在真空(或空气)中，$\varepsilon=\varepsilon_0$、$\mu=\mu_0$、$\sigma=0$。$\sigma=0$ 的媒质称为介质，$\sigma\to\infty$ 的媒质称为理想导体，σ 介于两者之间的媒质统称为导电媒质。有关线性、各向同性、均匀、色散媒质的定义如下：若媒质参数与场强的大小无关，称为线性(Linear)媒质；若媒质参数与场强方向无关，称为各向同性媒质；若媒质参数与位置无关称为均匀媒质；若媒质参数与场强频率无关，称为非色散媒质，否则称为色散媒质。通常，线性、均匀、各向同性的媒质你为简单媒质。

5.3.3　洛仑兹力

电荷(运动或静止)激发电磁场，电磁场反过来对电荷有作用力。当空间同时存在电场和磁场时，以恒速 v 运动的点电荷 q 所受的力为

$$\boldsymbol{F} = q(\boldsymbol{E} + \boldsymbol{v} \times \boldsymbol{B}) \tag{5-32}$$

如果电荷是连续分布的，其密度为 ρ，则电荷系统所受的电磁场力密度为

$$\boldsymbol{f} = \rho(\boldsymbol{E} + \boldsymbol{v} \times \boldsymbol{B}) = \rho \boldsymbol{E} + \boldsymbol{J} \times \boldsymbol{B}$$

上式称为洛仑兹力公式。近代物理学实验证实了洛仑兹力公式对任意运动速度的带电粒子都是适应的。麦克斯韦方程组和洛仑兹力公式正确反映了电磁场的运动规律以及场与带电物质的相互作用规律，构成了经典电磁理论的基础。

例 5-5　已知在无源的自由空间中，

$$\boldsymbol{E} = \boldsymbol{e}_x E_0 \cos(\omega t - \beta z)$$

其中 E_0、β 为常数。求 $\boldsymbol{H}$。

解　所谓无源，就是所研究区域内没有场源电流和电荷，即 $\boldsymbol{J}=0$、$\rho=0$。将上式带入麦克斯韦方程式(5-28b)可得

$$\nabla \times \boldsymbol{E} = \begin{vmatrix} \boldsymbol{e}_x & \boldsymbol{e}_y & \boldsymbol{e}_z \\ \dfrac{\partial}{\partial x} & \dfrac{\partial}{\partial y} & \dfrac{\partial}{\partial z} \\ \boldsymbol{E}_x & 0 & 0 \end{vmatrix} = -\mu_0 \frac{\partial \boldsymbol{H}}{\partial t}$$

$$\boldsymbol{e}_y E_0 \beta \sin(\omega t - \beta z) = -\mu_0 \frac{\partial}{\partial t}(\boldsymbol{e}_x \boldsymbol{H}_x + \boldsymbol{e}_y \boldsymbol{H}_y + \boldsymbol{e}_z \boldsymbol{H}_z)$$

由上式可以写出：

$$H_x = 0,\ H_z = 0$$

$$-\mu_0 \frac{\partial H_y}{\partial t} = E_0 \beta \sin(\omega t - \beta z)$$

$$H_y = \frac{E_0 \beta}{\mu_0 \omega} \cos(\omega t - \beta z)$$

$$\boldsymbol{H} = \boldsymbol{e}_y \frac{E_0 \beta}{\mu_0 \omega} \cos(\omega t - \beta z)$$

5.4　时变电磁场的边界条件

麦克斯韦方程的微分形式只适用于媒质特性连续变化的区域，但实际问题所涉及的场域中却往往有几种不同的媒质。在媒质的分界面上，媒质的电磁特性不连续，从而导致分界面上有束缚面电荷、面电流以及自由面电荷、面电流的存在。在这些面电荷、面电流的影响下，场矢量越过分界面时可能不连续，这时必须用边界条件来确定分界面上电磁场的特性。边界条件正是描述场矢量越过分界面时变化规律的一组场方程，它是将麦克斯韦方程的积分形式应用于媒质的分界面，且让方程中各种积分区域无限缩小并趋近于分界面上一个点时，所得方程的极限形式。

取媒质分界面的任一横截面，如图 5-3 所示。设 $\boldsymbol{n}$ 是分界面上任一点处的法向单位矢

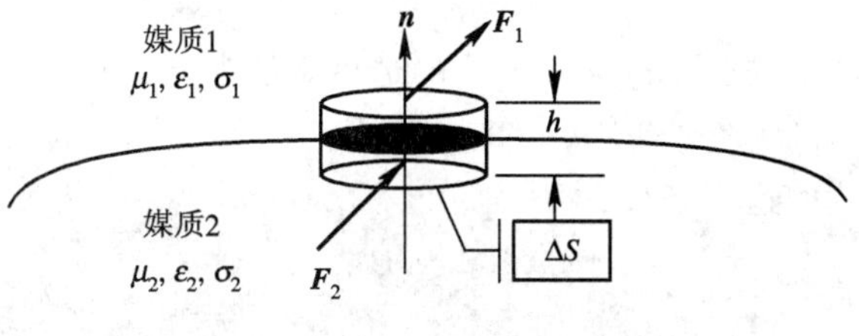

图 5-3　法向分量边界条件

量；$\boldsymbol{F}$ 表示该点的某一场矢量(例如 $\boldsymbol{D}$、$\boldsymbol{B}\cdots$)，它可以分解为沿 $\boldsymbol{n}$ 方向和垂直 $\boldsymbol{n}$ 方向的两个分量。因为矢量恒等式

$$\boldsymbol{n}\times(\boldsymbol{n}\times\boldsymbol{F})=\boldsymbol{n}(\boldsymbol{n}\cdot\boldsymbol{F})-\boldsymbol{F}(\boldsymbol{n}\cdot\boldsymbol{n})$$

所以

$$\boldsymbol{F}=\boldsymbol{n}(\boldsymbol{n}\cdot\boldsymbol{F})-\boldsymbol{n}\times(\boldsymbol{n}\times\boldsymbol{F})$$

上式第一项沿 $\boldsymbol{n}$ 方向，称为法向分量；第二项垂直于 $\boldsymbol{n}$ 方向，切于分界面，称为切向分量。下面分别讨论场矢量的法向分量和切向分量越过分界面时的变化规律。

5.4.1　一般情况

法向分量的边界条件可由麦克斯韦方程(5-29c)、(5-29d)导出。参看图 5-3，设 $\boldsymbol{n}$ 自媒质 1 指向媒质 2。在分界面上取一很小的、截面为 ΔS、高为 h 的扁圆柱体封闭面，圆柱体上下底面分别位于分界面两侧且紧靠分界面($h\to0$)。将式(5-29d)用于此圆柱体，计算穿出圆柱体表面的电通量，并考虑到 ΔS 很小以致可以认为底面上的电位移矢量是均匀的，分别以 $\boldsymbol{D}_1$、$\boldsymbol{D}_2$ 表示媒质 1 及媒质 2 中圆柱体底面上的电位移矢量，因为 $h\to0$ 而电位移矢量是有限值，所以圆柱体侧面上的积分趋于零，从而得

$$\oint_S\boldsymbol{D}\cdot\mathrm{d}\boldsymbol{S}=\boldsymbol{D}_2\cdot\Delta S\boldsymbol{n}+\boldsymbol{D}_1\cdot(-\Delta S\boldsymbol{n})=\boldsymbol{n}\cdot(\boldsymbol{D}_2-\boldsymbol{D}_1)\Delta S$$

如果分界面的薄层内有自由电荷，则圆柱面内包围的总电荷为

$$Q=\int_V\rho\,\mathrm{d}V=\lim_{h\to0}\rho h\,\Delta S=\rho_S\,\Delta S$$

由上面两式，得电位移矢量的法向分量边界条件的矢量形式为

$$\boldsymbol{n}\cdot(\boldsymbol{D}_1-\boldsymbol{D}_2)=\rho_S \tag{5-33a}$$

或者有如下的标量形式：

$$D_{1n}-D_{2n}=\rho_S \tag{5-33b}$$

若分界面上没有自由面电荷，则有

$$D_{1n}=D_{2n} \tag{5-34}$$

由于 $\boldsymbol{D}=\varepsilon\boldsymbol{E}$，因此

$$\varepsilon_1E_{1n}=\varepsilon_2E_{2n} \tag{5-35}$$

综上可见，如果分界面上有自由面电荷，那么电位移矢量 $\boldsymbol{D}$ 的法向分量 D_n 越过分界面时不连续，有一等于面电荷密度 ρ_S 的突变。如 $\rho_S=0$，则法向分量 D_n 连续；但是，分界面两侧的电场强度矢量的法向分量 E_n 不连续。

同理将式 $\oint_S\boldsymbol{B}\cdot\mathrm{d}\boldsymbol{S}=0$ 用于图 5-3 的圆柱体，计算穿过圆柱体封闭面的磁通量，可以得到磁感应强度矢量的法向分量的矢量形式的边界条件为

$$\boldsymbol{n}\cdot(\boldsymbol{B}_1-\boldsymbol{B}_2)=0 \tag{5-36a}$$

或者有如下的标量形式的边界条件：

$$B_{1n}=B_{2n} \tag{5-36b}$$

由于 $\boldsymbol{B}=\mu\boldsymbol{H}$，因此

$$\mu_1H_{1n}=\mu_2H_{2n} \tag{5-37}$$

由上式可见，越过分界面时磁感应强度矢量的法向分量 $\boldsymbol{B}_n$ 连续，磁场强度矢量的法向分量 $\boldsymbol{H}_n$ 不连续。

切向分量的边界条件可由麦克斯韦方程(5-29a)、(5-29b)导出。取相邻媒质的任一截面，如图5-4所示。在分界面上取一无限小的矩阵回路，其带宽为 Δl，上下两底分别位于分界面两侧并且均紧切于分界面，侧边长度 $h \to 0$。设 $\boldsymbol{n}$(由媒质1指向媒质2)、$\boldsymbol{l}$ 分别是 Δl 重点处分界面的法向单位矢量和切向单位矢量，$\boldsymbol{b}$ 是垂直于 $\boldsymbol{n}$ 且与矩形回路成右手螺旋关系的单位矢量，三者的关系为

$$\boldsymbol{l} = \boldsymbol{b} \times \boldsymbol{n} \tag{5-38}$$

将麦克斯韦方程

$$\oint_l \boldsymbol{H} \cdot \mathrm{d}\boldsymbol{l} = \int_S \left(\boldsymbol{J} + \frac{\partial \boldsymbol{D}}{\partial t}\right) \cdot \mathrm{d}\boldsymbol{S}$$

用于图5-4所示的矩形回路。因 $h \to 0$，如分界面处磁场强度 $\boldsymbol{H}$ 有限，则 $\boldsymbol{H}$ 在回路侧边上的积分可以不计；同时因 Δl 很小，所以

$$\begin{aligned}\oint_l \boldsymbol{H} \cdot \mathrm{d}\boldsymbol{l} &= \boldsymbol{H}_1 \cdot \Delta l\boldsymbol{l} + \boldsymbol{H}_2 \cdot (-\Delta l\boldsymbol{l}) \\ &= \boldsymbol{l} \cdot (\boldsymbol{H}_1 - \boldsymbol{H}_2)\Delta l \\ &= \boldsymbol{b} \times \boldsymbol{n} \cdot (\boldsymbol{H}_1 - \boldsymbol{H}_2)\Delta l \\ &= \boldsymbol{b} \cdot \boldsymbol{n} \times (\boldsymbol{H}_1 - \boldsymbol{H}_2)\Delta l\end{aligned}$$

上式中 $\boldsymbol{H}_1$、$\boldsymbol{H}_2$ 分别表示媒质1和媒质2中的磁场强度矢量，并且使用了式(5-37)。因为 $\partial D/\partial t$ 有限，而 $h \to 0$，所以

$$\int_S \frac{\partial \boldsymbol{D}}{\partial t} \cdot \mathrm{d}\boldsymbol{S} = \lim_{h \to 0} \frac{\partial \boldsymbol{D}}{\partial t} \cdot \boldsymbol{b}h\ \Delta l = 0$$

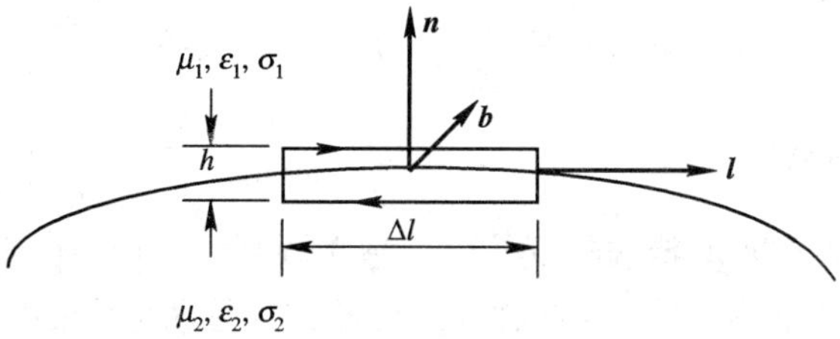

图5-4 切向分量边界条件

如果分界面的薄层内有自由电流，则在回路所围的面积上

$$\int_S \boldsymbol{J} \cdot \mathrm{d}\boldsymbol{S} = \lim_{h \to 0} \boldsymbol{J} \cdot \boldsymbol{b}h\ \Delta l = \boldsymbol{J}_S \cdot \boldsymbol{b}\Delta l$$

综合以上三式得

$$\boldsymbol{b} \cdot \boldsymbol{n} \times (\boldsymbol{H}_1 - \boldsymbol{H}_2) = \boldsymbol{J}_S \cdot \boldsymbol{b}$$

$\boldsymbol{b}$ 是任意单位矢量，且 $\boldsymbol{n} \times \boldsymbol{H}$ 与 $\boldsymbol{J}_S$ 共面(均切于分界面)，所以

$$\boldsymbol{n} \times (\boldsymbol{H}_1 - \boldsymbol{H}_2) = \boldsymbol{J}_S \tag{5-39a}$$

依据式(5-32)，上式可以写成

$$[\boldsymbol{n} \times (\boldsymbol{H}_1 - \boldsymbol{H}_2)] \times \boldsymbol{n} = \boldsymbol{J}_S \times \boldsymbol{n}$$

与式(5-38a)相应的标量形式为

$$H_{2t} - H_{1t} = J_S \tag{5-39b}$$

如果分界面处没有自由面电流，那么

$$H_{2t} = H_{1t}$$

由上式可以获得

$$\frac{B_{1t}}{\mu_1} = \frac{B_{2t}}{\mu_2}$$

综上可见：若分界面处有自由面电流分布，那么越过分界面时，磁场强度的切向分量不连续；当无面电流时强度的切向分量连续，但是磁感应强度的切向分量不连续。

同理将麦克斯韦方程(5-29b)用于图5-4，可得电场强度的切向分量的边界条件的矢量形式和标量形式如下

$$\boldsymbol{n} \times (\boldsymbol{E}_1 - \boldsymbol{E}_2) = 0 \tag{5-40a}$$

$$E_{1t} = E_{2t} \tag{5-40b}$$

式(5-40b)可写为

$$\frac{D_{1t}}{\varepsilon_1} = \frac{D_{2t}}{\varepsilon_2}$$

由上可见：电场强度的切向分量越过分界面时连续；电位移的切向分量越过分界面时不连续。

必须指出，分界面上的边界条件不是独立的。可以证明，在时变场条件下，只要电场和磁场强度的切向分量边界条件满足式(5-39a)和(5-40a)，那么磁感应强度和电位移的法向分量边界条件(5-36a)和(5-32a)必然成立。上面列出的一般形式的时变电磁场边界条件中，自由面电流密度和自由面电荷密度满足电流连续性方程

$$\nabla_t \cdot \boldsymbol{J}_S = -\frac{\partial \rho_S}{\partial t} \tag{5-41}$$

式中∇_t表示对分界面平行的二维坐标变量求散度。

5.4.2 两种特殊情况

下面我们讨论两种重要的特殊情况：两种理想媒质，即理想介质和理想导体的边界。理想介质是指无损耗的简单媒质。在两种理想介质的分界面上没有自由面电流和自由面电荷存在，即$\boldsymbol{J}_S=0$，$\rho_S=0$。从而得相应的边界条件如下：

$$\boldsymbol{n} \times (\boldsymbol{H}_1 - \boldsymbol{H}_2) = 0$$

$$\boldsymbol{n} \times (\boldsymbol{E}_1 - \boldsymbol{E}_2) = 0$$

$$\boldsymbol{n} \cdot (\boldsymbol{B}_1 - \boldsymbol{B}_2) = 0$$

$$\boldsymbol{n} \cdot (\boldsymbol{D}_1 - \boldsymbol{D}_2) = 0$$

它们相应的标量形式为

$$H_{1t} - H_{2t} = 0$$

$$E_{1t} - E_{2t} = 0$$

$$B_{1n} - B_{2n} = 0$$

$$D_{1n} - D_{2n} = 0$$

理想导体是指$\sigma \to \infty$，所以在理想导体内部不存在电场。此外，在时变条件下，理想导

体内部也不存在磁场。即所有场量为零。设 $\boldsymbol{n}$ 是理想导体的外法向矢量，$\boldsymbol{E}$、$\boldsymbol{H}$、$\boldsymbol{D}$、$\boldsymbol{B}$ 为理想导体外部的电磁场，那么理想导体表面的边界条件为

$$\boldsymbol{n}\times\boldsymbol{H}=\boldsymbol{J}_S$$
$$\boldsymbol{n}\times\boldsymbol{E}=0$$
$$\boldsymbol{n}\cdot\boldsymbol{B}=0$$
$$\boldsymbol{n}\cdot\boldsymbol{D}=\rho_S$$

由此可见，电力线垂直于理想导体表面；磁力线平行于理想导体表面。

例 5-6 设 $z=0$ 的平面为空气与理想导体的分界面，$z<0$ 一侧为理想导体，分界面处的磁场强度为

$$\boldsymbol{H}(x,\ y,\ 0,\ t)=\boldsymbol{e}_x H_0\ \sin ax\ \cos(\omega t-ay)$$

试求理想导体表面上的电流分布、电荷分布以及分界面处的电场强度。

解 根据理想导体分界面上的边界条件，可求得理想导体表面上的电流分布

$$\begin{aligned}\boldsymbol{J}_S=\boldsymbol{n}\times\boldsymbol{H}&=\boldsymbol{e}_z\times\boldsymbol{e}_x H_0\ \sin ax\ \cos(\omega t-ay)\\&=\boldsymbol{e}_y H_0\ \sin ax\ \cos(\omega t-ay)\end{aligned}$$

由分界面上的电流连续性方程(5-40)有

$$-\frac{\partial\rho_S}{\partial t}=\frac{\partial}{\partial y}[H_0\ \sin ax\ \cos(\omega t-ay)]=aH_0\ \sin ax\ \sin(\omega t-ay)$$

$$\rho_S=\frac{aH_0}{\omega}\ \sin ax\ \cos(\omega t-ay)+c(x,\ y)$$

假设 $t=0$ 时，$\rho_S=0$，由边界条件以及 $\boldsymbol{n}\cdot\boldsymbol{D}=\rho_S$ 的方向可得

$$\boldsymbol{D}(x,\ y,\ 0,\ t)=\boldsymbol{e}_z\frac{aH_0}{\omega}\ \sin ax\ \cos(\omega t-ay)$$

$$\boldsymbol{E}(x,\ y,\ 0,\ t)=\boldsymbol{e}_z\frac{aH_0}{\omega}\ \sin ax\ \cos(\omega t-ay)$$

例 5-7 证明在无初值的时谐场条件下，法向分量的边界条件已含于切向分量的边界条件之中，即只有两个切向分量的边界条件是独立的。因此，在解电磁场边值问题时只需代入两个切向分量的边界条件就可以解决问题。

解 在分界面两侧的媒质中

$$\nabla\times\boldsymbol{E}_1=-\frac{\partial\boldsymbol{B}_1}{\partial t},\qquad\nabla\times\boldsymbol{E}_2=-\frac{\partial\boldsymbol{B}_2}{\partial t}$$

将矢性微分算符和场矢量都分解为切向分量和法向分量，即令

$$\boldsymbol{E}=\boldsymbol{E}_t+\boldsymbol{E}_n,\qquad\nabla=\nabla_t+\nabla_n$$

于是有

$$(\nabla_t+\nabla_n)\times(\boldsymbol{E}_t+\boldsymbol{E}_n)=-\frac{\partial}{\partial t}(\boldsymbol{B}_t+\boldsymbol{B}_n)$$

$$(\nabla_t\times\boldsymbol{E}_t)_n+(\nabla_t\times\boldsymbol{E}_n)_t+(\nabla_n\times\boldsymbol{E}_t)_t+(\nabla_n\times\boldsymbol{E}_n)=-\frac{\partial\boldsymbol{B}_n}{\partial t}-\frac{\partial\boldsymbol{B}_t}{\partial t}$$

由上式可见，

$$\nabla_t\times\boldsymbol{E}_t=-\frac{\partial\boldsymbol{B}_n}{\partial t},\qquad\nabla_n\times\boldsymbol{E}_n=0,\qquad\nabla_n\times\boldsymbol{E}_t+\nabla_t\times\boldsymbol{E}_n=-\frac{\partial\boldsymbol{B}_t}{\partial t}$$

对于媒质 1 和媒质 2 有

$$\nabla_t \times \boldsymbol{E}_{1t} = -\frac{\partial \boldsymbol{B}_{1n}}{\partial t}, \quad \nabla_t \times \boldsymbol{E}_{2t} = -\frac{\partial \boldsymbol{B}_{2n}}{\partial t}$$

上面两式相减得

$$\nabla_t \times (\boldsymbol{E}_{1t} - \boldsymbol{E}_{2t}) = -\frac{\partial}{\partial t}(\boldsymbol{B}_{1n} - \boldsymbol{B}_{2n})$$

代入切向分量的边界条件为

$$\boldsymbol{n} \times (\boldsymbol{E}_1 - \boldsymbol{E}_2) = 0$$

即

$$\boldsymbol{E}_{1t} = \boldsymbol{E}_{2t}$$

有

$$\frac{\partial}{\partial t}(\boldsymbol{B}_{1n} - \boldsymbol{B}_{2n}) = \frac{\partial}{\partial t}[\boldsymbol{n} \cdot (\boldsymbol{B}_1 - \boldsymbol{B}_2)] = 0$$

从而有

$$\boldsymbol{n} \cdot (\boldsymbol{B}_1 - \boldsymbol{B}_2) = C(\text{常数})$$

如果 $t=0$ 时的初值 $\boldsymbol{B}_1$、$\boldsymbol{B}_2$ 都为零，那么 $C=0$，故

$$\boldsymbol{n} \cdot (\boldsymbol{B}_1 - \boldsymbol{B}_2) = 0$$

即

$$\boldsymbol{B}_{1n} = \boldsymbol{B}_{2n}$$

同理，将式

$$\nabla \times \boldsymbol{H} = \boldsymbol{J} + \frac{\partial \boldsymbol{D}}{\partial t}$$

中的场量和矢性微分算符分解成切向分量和法向分量，并且展开取其中的法向分量，有

$$\nabla_t \times \boldsymbol{H}_t = \frac{\partial \boldsymbol{D}_n}{\partial t} + \boldsymbol{J}_n$$

此式对分界面两侧的媒质区域都成立，故有

$$\nabla_t \times \boldsymbol{H}_{1t} = \frac{\partial \boldsymbol{D}_{1n}}{\partial t} + \boldsymbol{J}_{1n}, \quad \nabla_t \times \boldsymbol{H}_{2t} = \frac{\partial \boldsymbol{D}_{2n}}{\partial t} + \boldsymbol{J}_{2n}$$

将两式相减并用

$$\boldsymbol{H}_{1t} = (\boldsymbol{n} \times \boldsymbol{H}_t) \times \boldsymbol{n}, \quad \boldsymbol{H}_{2t} = (\boldsymbol{n} \times \boldsymbol{H}_t) \times \boldsymbol{n}$$

代入，得

$$\nabla_t \times [\boldsymbol{n} \times (\boldsymbol{H}_1 - \boldsymbol{H}_2) \times \boldsymbol{n}] = \frac{\partial}{\partial t}(\boldsymbol{D}_{1n} - \boldsymbol{D}_{2n}) + (\boldsymbol{J}_{1n} - \boldsymbol{J}_{2n})$$

再将切向分量的边界条件

$$\boldsymbol{n} \times (\boldsymbol{H}_1 - \boldsymbol{H}_2) = \boldsymbol{J}_S$$

代入，得

$$\nabla_t \times (\boldsymbol{J}_S \times \boldsymbol{n}) = \frac{\partial}{\partial t}(\boldsymbol{D}_{1n} - \boldsymbol{D}_{2n}) + (\boldsymbol{J}_{1n} - \boldsymbol{J}_{2n})$$

即

$$\boldsymbol{J}_S(\nabla_t \cdot \boldsymbol{n}) - \boldsymbol{n}(\nabla_t \cdot \boldsymbol{J}_S) - \boldsymbol{n}(\boldsymbol{J}_1 - \boldsymbol{J}_2) = \boldsymbol{n}\frac{\partial}{\partial t}(\boldsymbol{D}_1 - \boldsymbol{D}_2)$$

考虑到

$$\nabla_t \cdot \boldsymbol{n} = 0,\ \nabla_t \cdot \boldsymbol{J}_S + (\boldsymbol{J}_{1n} - \boldsymbol{J}_{2n}) = -\frac{\partial \rho_S}{\partial t} \quad \text{(分界面处的电流连续性方程)}$$

因此有

$$\boldsymbol{n}\frac{\partial \rho_S}{\partial t} = \boldsymbol{n}\frac{\partial}{\partial t}[\boldsymbol{n}\cdot(\boldsymbol{D}_1 - \boldsymbol{D}_2)],\ \frac{\partial}{\partial t}[\boldsymbol{n}\cdot(\boldsymbol{D}_1 - \boldsymbol{D}_2) - \rho_S] = 0$$

如果 $t=0$ 时的初值为 $\boldsymbol{D}_1=0$、$\boldsymbol{D}_2=0$、$\rho_S=0$，那么 $\boldsymbol{n}\cdot(\boldsymbol{D}_1-\boldsymbol{D}_2)=\rho_S$成立。

例 5-8 设区域Ⅰ($z<0$)的媒质参数 $\varepsilon_{r1}=1$、$\mu_{r1}=1$、$\sigma_1=0$；区域Ⅱ($z>0$)的媒质参数 $\varepsilon_{r2}=5$、$\mu_{r2}=20$、$\sigma_2=0$。区域Ⅰ中的电场强度为

$$\boldsymbol{E}_1 = \boldsymbol{e}_x[60\cos(15\times10^8 t - 5z) + 20\cos(15\times10^8 t + 5z)]\ \text{(V/m)}$$

区域Ⅱ中的电场强度为

$$\boldsymbol{E}_2 = \boldsymbol{e}_x A\cdot\cos(15\times10^8 t - 5z)\ \text{(V/m)}$$

试求：

(1) 常数 A；

(2) 磁场强度 $\boldsymbol{H}_1$ 和 $\boldsymbol{H}_2$；

(3) 证明在 $z=0$ 处 $\boldsymbol{H}_1$ 和 $\boldsymbol{H}_2$ 满足边界条件。

解：(1) 在无耗媒质的分界面 $z=0$ 处，有

$$\begin{aligned}\boldsymbol{E}_1 &= \boldsymbol{e}_x[60\cdot\cos(15\times10^8 t) + 20\cdot\cos(15\times10^8 t)]\\ &= \boldsymbol{e}_x 80\cdot\cos(15\times10^8 t)\\ \boldsymbol{E}_2 &= \boldsymbol{e}_x A\cdot\cos(15\times10^8 t)\end{aligned}$$

由于 $\boldsymbol{E}_1$ 和 $\boldsymbol{E}_2$ 恰好为切向电场，根据边界条件式(5-39b)，得

$$A = 80\quad \text{V/m}$$

(2) 根据麦克斯韦方程

$$\nabla\times\boldsymbol{E}_1 = -\mu_1\frac{\partial \boldsymbol{H}_1}{\partial t}$$

有

$$\begin{aligned}\frac{\partial \boldsymbol{H}_1}{\partial t} &= -\frac{1}{\mu_1}\nabla\times\boldsymbol{E}_1 = +\boldsymbol{e}_y\frac{1}{\mu_1}\frac{\partial E_1}{\partial t}\\ &= -\boldsymbol{e}_y\frac{1}{\mu_1}[300\cdot\sin(15\times10^8 t - 5z) - 100\cdot\sin(15\times10^8 t + 5z)]\end{aligned}$$

所以

$$\boldsymbol{H}_1 = \boldsymbol{e}_y[0.1592\cdot\cos(15\times10^8 t - 5z) - 0.0531\cdot\cos(15\times10^8 t + 5z)]\ \text{(A/m)}$$

同理，可得

$$\boldsymbol{H}_2 = \boldsymbol{e}_y[0.1061\cdot\cos(15\times10^8 t - 50z)]\ \text{(A/m)}$$

(3) 将 $z=0$ 代入(2)中得

$$\begin{aligned}\boldsymbol{H}_1 &= \boldsymbol{e}_y[0.106\cos(15\times10^8 t)]\\ \boldsymbol{H}_2 &= \boldsymbol{e}_y[0.106\cos(15\times10^8 t)]\end{aligned}$$

这里 $\boldsymbol{H}_1$ 和 $\boldsymbol{H}_2$ 正好是分界面上的切向分量，两者相等。由于分界面上 $\boldsymbol{J}_S=0$，故 $\boldsymbol{H}_1$ 和 $\boldsymbol{H}_2$ 满足边界条件。

5.5 时变电磁场的能量与能流

电磁场是一种具有能量的物质。例如，人们日常生活中使用的微波炉正是利用微波所携带的能量给食品加热的。赫兹的辐射实验证明了电磁场是能量的携带者。由于时变电场、磁场都要随时间变化，空间各点的电场能量、磁场能量也要随时间变化，所以，电磁能量按一定的分布形式储存于空间，并随着电磁场的运动变化在空间传输，形成电磁能流。表达时变电磁场中能量守恒与转换关系的定理称为坡印廷定理(Poynting theorem)，该定理由英国物理学家坡印廷(John H. Poynting)在 1884 年最初提出的，它可由麦克斯韦方程直接导出。

假设电磁场存在于有耗的导电媒质中，媒质的电导率为 σ，电场会在此有耗导电媒质中引起传导电流 $\boldsymbol{J}=\sigma\boldsymbol{E}$。根据焦耳定律，在体积 V 内由于传导电流引起的功率损耗是

$$P=\int_V \boldsymbol{J}\cdot\boldsymbol{E}\,\mathrm{d}V \tag{5-42}$$

这部分功率表示转化为焦耳热能的那部分能量损失，由能量守恒定律可知，这时体积 V 内的电磁能量必有一相应的减少，或者体积 V 内有相应的外部能量补充以达到能量平衡。为了定量描述这一能量平衡的关系，将进行如下推导：由麦克斯韦方程(5－28a)知

$$\boldsymbol{J}=\nabla\times\boldsymbol{H}-\frac{\partial\boldsymbol{D}}{\partial t}$$

代入式(5－41)得

$$\int_V \boldsymbol{J}\cdot\boldsymbol{E}\,\mathrm{d}V=\int_V\left[\boldsymbol{E}\cdot(\nabla\times\boldsymbol{H})-\boldsymbol{E}\cdot\frac{\partial\boldsymbol{D}}{\partial t}\right]\mathrm{d}V \tag{5-43}$$

利用矢量恒等式

$$\nabla\cdot(\boldsymbol{E}\times\boldsymbol{H})=\boldsymbol{H}\cdot(\nabla\times\boldsymbol{E})-\boldsymbol{E}\cdot(\nabla\times\boldsymbol{H})$$

及麦克斯韦方程式(5－28b)，得

$$\boldsymbol{E}\cdot(\nabla\times\boldsymbol{H})=\boldsymbol{H}\cdot(\nabla\times\boldsymbol{E})-\nabla\cdot(\boldsymbol{E}\times\boldsymbol{H})=\boldsymbol{H}\cdot\left(-\frac{\partial\boldsymbol{B}}{\partial t}\right)-\nabla\cdot(\boldsymbol{E}\times\boldsymbol{H})$$

将上式代入式(5－43)得

$$\int_V \boldsymbol{J}\cdot\boldsymbol{E}\,\mathrm{d}V=-\int_V\left[\boldsymbol{H}\cdot\frac{\partial\boldsymbol{B}}{\partial t}+\boldsymbol{E}\cdot\frac{\partial\boldsymbol{D}}{\partial t}+\nabla\cdot(\boldsymbol{E}\times\boldsymbol{H})\right]\mathrm{d}V$$

利用散度定理，上式可改写为

$$-\oint_S(\boldsymbol{E}\times\boldsymbol{H})\cdot\mathrm{d}\boldsymbol{S}=\int_V\left(\boldsymbol{H}\cdot\frac{\partial\boldsymbol{B}}{\partial t}+\boldsymbol{E}\cdot\frac{\partial\boldsymbol{D}}{\partial t}+\boldsymbol{J}\cdot\boldsymbol{E}\right)\mathrm{d}V \tag{5-44}$$

这就是适合一般媒质的坡印廷定理。

利用矢量函数求导公式

$$\frac{\partial}{\partial t}(\boldsymbol{A}\cdot\boldsymbol{B})=\frac{\partial\boldsymbol{A}}{\partial t}\cdot\boldsymbol{B}+\boldsymbol{A}\cdot\frac{\partial\boldsymbol{B}}{\partial t},\qquad\frac{\partial}{\partial t}(\boldsymbol{A}\cdot\boldsymbol{A})=2\boldsymbol{A}\cdot\frac{\partial\boldsymbol{A}}{\partial t}$$

对于 $\boldsymbol{D}=\varepsilon\boldsymbol{E}$、$\boldsymbol{B}=\mu\boldsymbol{H}$、$\boldsymbol{J}=\sigma\boldsymbol{E}$ 的各向同性的线性媒质有

$$\boldsymbol{H}\cdot\frac{\partial\boldsymbol{B}}{\partial t}=\mu\boldsymbol{H}\cdot\frac{\partial\boldsymbol{H}}{\partial t}=\frac{\mu}{2}\frac{\partial}{\partial t}(\boldsymbol{H}\cdot\boldsymbol{H})=\frac{\partial}{\partial t}\left(\frac{1}{2}\boldsymbol{B}\cdot\boldsymbol{H}\right)$$

同理

$$\boldsymbol{E}\cdot\frac{\partial \boldsymbol{D}}{\partial t}=\frac{\partial}{\partial t}\left(\frac{1}{2}\boldsymbol{D}\cdot\boldsymbol{E}\right)$$

将它们代入式(5-44)，并设体积V的边界条件不随时间变化，则以上各式中对时间的求导和对空间的积分运算顺序可交换。所以，对于各向同性的线性媒质，坡印廷定理表示如下：

$$\begin{aligned}-\oint_S(\boldsymbol{E}\times\boldsymbol{H})\cdot \mathrm{d}\boldsymbol{S}&=\int_V\left[\frac{\partial}{\partial t}\left(\frac{1}{2}\boldsymbol{B}\cdot\boldsymbol{H}\right)+\frac{\partial}{\partial t}\left(\frac{1}{2}\boldsymbol{D}\cdot\boldsymbol{H}\right)+\boldsymbol{J}\cdot\boldsymbol{E}\right]\mathrm{d}V\\&=\frac{\partial}{\partial t}\int_V\left(\frac{1}{2}\boldsymbol{B}\cdot\boldsymbol{H}+\frac{1}{2}\boldsymbol{D}\cdot\boldsymbol{E}\right)\mathrm{d}V+\int_V\boldsymbol{J}\cdot\boldsymbol{E}\,\mathrm{d}V\end{aligned}\tag{5-45}$$

为了说明式(5-45)的物理意义，我们首先假设储存在时变电磁场中的电磁能量密度的表示形式和静态场的相同，即$w=w_e+w_m$。其中，$w_e=\frac{1}{2}(\boldsymbol{D}\cdot\boldsymbol{E})$为电场能量密度，$w_m=\frac{1}{2}(\boldsymbol{B}\cdot\boldsymbol{H})$为磁场能量密度，它们的单位都是$\mathrm{J/m^3}$。另外，引入一个新矢量

$$\boldsymbol{S}=\boldsymbol{E}\times\boldsymbol{H}\tag{5-46}$$

称为坡印廷矢量，单位是$\mathrm{W/m^2}$。据此，坡印廷定理可以写成

$$-\oint_S\boldsymbol{S}\cdot\mathrm{d}\boldsymbol{S}=\frac{\partial}{\partial t}\int_V(w_e+w_m)\,\mathrm{d}V+\int_V\boldsymbol{J}\cdot\boldsymbol{E}\,\mathrm{d}V\tag{5-47}$$

上式右边第一项表示体积V中电磁能量随时间的增加率，第二项表示体积V中的热损耗功率(单位时间内以热能形式损耗在体积V中的能量)。根据能量守恒定理，上式左边一项$-\oint_S\boldsymbol{S}\cdot\mathrm{d}\boldsymbol{S}=-\oint_S(\boldsymbol{E}\times\boldsymbol{H})\cdot\mathrm{d}\boldsymbol{S}$必定代表单位时间内穿过体积$V$的表面$S$流入体积$V$的电磁能量。因此，面积分$\oint_S\boldsymbol{S}\cdot\mathrm{d}\boldsymbol{S}=\oint_S(\boldsymbol{E}\times\boldsymbol{H})\cdot\mathrm{d}\boldsymbol{S}$表示单位时间内流出包围体积$V$的表面$S$的总电磁能量。由此可见，坡印廷矢量$S=\boldsymbol{E}\times\boldsymbol{H}$可解释为通过$S$面上单位面积的电磁功率。在空间任一点上，坡印廷矢量的方向表示该点功率流的方向，其数值表示通过与能量流动方向垂直的单位面积的功率，所以，也称坡印廷矢量为电磁功率流密度或能流密度。

应该指出，认为坡印廷矢量代表电磁功率流密度的推断并不严格，虽然坡印廷定理肯定了$\oint_S\boldsymbol{S}\cdot\mathrm{d}\boldsymbol{S}$具有确定的意义(流出封闭面的总能流)，然而这并不等于说在电磁场内的一点$\boldsymbol{S}=\boldsymbol{E}\times\boldsymbol{H}$就一定代表从该点有电磁能量流出，因为在坡印廷定理中，真正表示空间任一点能量密度变化的是$\nabla\cdot\boldsymbol{S}$而不是坡印廷矢量本身。

在静电场和静磁场情况下，由于电流为零以及$\frac{\partial}{\partial t}\left(\frac{1}{2}\boldsymbol{E}\cdot\boldsymbol{D}+\frac{1}{2}\boldsymbol{B}\cdot\boldsymbol{H}\right)=0$，所以坡印廷定理只剩一项$\oint_S(\boldsymbol{E}\times\boldsymbol{H})\cdot\mathrm{d}\boldsymbol{S}=0$。由坡印廷定理可知，此式表示在场中任何一点，单位时间流出包围体积V表面的总能量为零，即没有电磁能量流动。由此可见，在静电场和静磁场情况下，$\boldsymbol{S}=\boldsymbol{E}\times\boldsymbol{H}$并不代表电磁功率流密度。

在恒定电流的电场和磁场情况下，$\frac{\partial}{\partial t}\left(\frac{1}{2}\boldsymbol{E}\cdot\boldsymbol{D}+\frac{1}{2}\boldsymbol{B}\cdot\boldsymbol{H}\right)=0$，所以由坡印廷定理可知，$\int_V\boldsymbol{J}\cdot\boldsymbol{E}\,\mathrm{d}V=-\oint_S(\boldsymbol{E}\times\boldsymbol{H})\cdot\mathrm{d}\boldsymbol{S}$。因此，在恒定电流场中，$\boldsymbol{S}=\boldsymbol{E}\times\boldsymbol{H}$可以代表通过单位

面积的电磁功率流。它说明，在无源区域中，通过 S 面流入 V 内的电磁功率等于 V 内的损耗功率。

在时变电磁场中，$\boldsymbol{S}=\boldsymbol{E}\times\boldsymbol{H}$ 代表瞬时功率流密度，它通过任意截面积的面积分 $P=\int_S(\boldsymbol{E}\times\boldsymbol{H})\cdot \mathrm{d}\boldsymbol{S}$ 代表瞬时功率。

利用坡印廷定理可以解释许多电磁现象，下面举例说明。

例 5-9 试求一段半径为 b，电导率为 σ，载有直流电流 I 的长直导线表面的坡印廷矢量，并验证坡印廷定理。

解 如图 5-5 所示，一段长度为 l 的长直导线，其轴线与圆柱坐标系的 z 轴重合，直流电流均匀分布在导线的横截面上，于是有

$$\boldsymbol{J}=\boldsymbol{e}_z\frac{1}{\pi b^2},\quad \boldsymbol{E}=\frac{\boldsymbol{J}}{\sigma}=\boldsymbol{e}_z\frac{I}{\pi b^2\sigma}$$

在导线表面

$$\boldsymbol{H}=\boldsymbol{e}_\phi\frac{I}{2\pi b}$$

因此，导线表面上的坡印廷矢量

$$\boldsymbol{S}=\boldsymbol{E}\times\boldsymbol{H}=-\boldsymbol{e}_r\frac{I^2}{2\sigma\pi^2b^3}$$

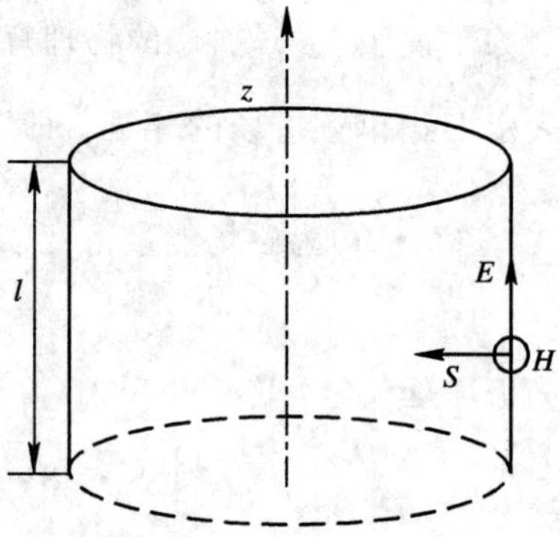

图 5-5 坡印廷定理验证

它的方向处处指向导线的表面。将坡印廷矢量沿导线段表面积分，有

$$-\oint_S\boldsymbol{S}\cdot\mathrm{d}\boldsymbol{S}=-\oint_S\boldsymbol{S}\cdot\boldsymbol{e}_r\mathrm{d}\boldsymbol{S}=\left(\frac{I^2}{2\sigma\pi^2b^3}\right)2\pi bl=I^2\left(\frac{l}{\sigma\pi b^2}\right)=I^2R$$

式中 R 为导线段的电阻。上式表明：从导线表面流入的电磁能流等于导线内部焦耳热损耗功率，这符合坡印廷定理。

例 5-10 一同轴线的内导体半径为 a，外导体半径为 b，内外导体间为空气，内外导体均为理想导体，载有直流电流 I，内外导体间的电压为 U。求同轴线的传输功率和能流密度矢量。

解 分别根据高斯定理和安培环路定律，可以求出同轴线内外导体间的电场和磁场为

$$\boldsymbol{E}=\frac{U}{r\ln\dfrac{b}{a}}\boldsymbol{e}_r,\quad \boldsymbol{H}=\frac{I}{2\pi r}\boldsymbol{e}_\phi\quad(a<r<b)$$

内外导体间任意横截面上的能流密度为

$$\boldsymbol{S}=\boldsymbol{E}\times\boldsymbol{H}=\frac{UI}{2\pi r^2\ln\dfrac{b}{a}}\boldsymbol{e}_z$$

上式说明电磁能量沿 z 轴方向流动，由电源向负载传输。通过同轴线内外导体间任一横截面的功率为

$$P=\int_{S'}\boldsymbol{S}\cdot\mathrm{d}\boldsymbol{S}'=\int_a^b\frac{UI}{2\pi r^2\ln\dfrac{b}{a}}\cdot 2\pi r\,\mathrm{d}r=UI$$

这一结果与电路理论中熟知的结果一致。然而，这个结果是在不包括导体本身在内的横截

面上积分得到的，它说明功率全部是从内外导体之间的空间通过的，导体本身并不传输能量，导体的作用只是引导电磁能量，这一点只能用电磁场的观点来解释而电路理论是无能为力的。

5.6 正弦电磁场

在时变电磁场中的能量和场源是空间和时间的函数，然而前面讨论的时变电磁场对随时间如何变化却未加任何限制，因而适用于任何时间变化规律。但是，有一种特殊情况在工程技术中会经常遇到，这就是本节要讨论的正弦电磁场。正弦电磁场也称为时谐电磁场，是指任意点的场矢量的每一坐标分量随时间以相同的频率作正弦变化。之所以要讨论正弦电磁场，是因为当场源是单频正弦时间函数时，由于麦克斯韦方程组是线性偏微分方程组，所以场源所激励的场强矢量的各个分量在稳态的条件下，仍是同频率的正弦时间函数，据此建立的时变电磁场在描述中可得到显著地简化；根据傅立叶变换理论，任何周期性的或非周期性的时变电磁场都可分解成许多不同频率的正弦电磁场的叠加或积分；在工程技术中激励源多为正弦激励，因此，研究正弦电磁场是研究一切时变电磁场的基础。

5.6.1 正弦电磁场的复数表示法

时变电磁场的任一坐标分量随时间作正弦变化时，其振幅和初相也都是空间坐标的函数。以电场强度为例，在直角坐标系中可表示为

$$\boldsymbol{E}(x,y,z,t)=\boldsymbol{e}_xE_x(x,y,z,t)+\boldsymbol{e}_yE_y(x,y,z,t)+\boldsymbol{e}_zE_z(x,y,z,t)$$

式中，电场强度的各个坐标分量为

$$E_x(x,y,z,t)=E_{xm}(x,y,z)\cos[\omega t+\phi_x(x,y,z)]$$
$$E_y(x,y,z,t)=E_{ym}(x,y,z)\cos[\omega t+\phi_y(x,y,z)]$$
$$E_z(x,y,z,t)=E_{zm}(x,y,z)\cos[\omega t+\phi_z(x,y,z)]$$

上式中 E_{xm}、E_{ym}、E_{zm} 分别为各坐标分量的振幅值；ϕ_x、ϕ_y、ϕ_z 分别为各坐标分量的初相位；ω 是角频率。

与电路理论中的分析相似，利用复数或相量来描述正弦电磁场场量，可使数学运算简化，即对时间变量 t 进行降阶(把微积分方程变为代数方程)减元(消去各项的共同时间因子 $e^{j\omega t}$)。例如，

$$\begin{aligned}\boldsymbol{E}_x(x,y,z,t)&=\mathrm{Re}[E_{xm}(x,y,z)e^{j[\omega t+\phi_x(x,y,z)]}]\\&=\mathrm{Re}[E_{xm}e^{j\phi_x}e^{j\omega t}]\\&=\mathrm{Re}[\dot{E}_{xm}e^{j\omega t}]\end{aligned}\tag{5-48}$$

式中，$\dot{E}_{xm}=E_{xm}e^{j\phi_x}$ 称为复振幅，它仅是空间坐标的函数，与时间 t 完全无关。因为它包含场量的初相位，故也称为相量。E_x 为实数，而 $\dot{E}_{xm}$ 是复数，但是只要将其乘以因子 $e^{j\omega t}$ 并且取其实部便可得到前者，这样

$$E_x(x,y,z,t)\leftrightarrow\dot{E}_{xm}(x,y,z)=E_{xm}(x,y,z)e^{j\phi_x(x,y,z)}\tag{5-49}$$

因此，我们也把 $\dot{E}_{xm}=E_{xm}e^{j\phi_x}$ 称为 $E_x(x,y,z,t)=E_{xm}(x,y,z)\cos[\omega t+\phi_x(x,y,z)]$ 的复数形式。按照式(5-47)，给定函数

$$E_x(x, y, z, t) = E_{xm}(x, y, z)\cos[\omega t + \phi_x(x, y, z)]$$

有唯一的复数振幅 $\dot{E}_{xm} = E_{xm}\mathrm{e}^{\mathrm{j}\phi_x}$ 与之对应；反之亦然。

由于

$$\frac{\partial E_x(x, y, z, t)}{\partial t} = -E_{xm}(x, y, z)\omega \cdot \sin[\omega t + \phi_x(x, y, z)] = \mathrm{Re}[\mathrm{j}\omega \dot{E}_{xm}\mathrm{e}^{\mathrm{j}\omega t}]$$

所以，采用复数表示时，正弦量对时间 t 的偏导数等价于该正弦量的复数形式乘以 $\mathrm{j}\omega$，即

$$\frac{\partial E_x(x, y, z, t)}{\partial t} \leftrightarrow \mathrm{j}\omega \dot{E}_{xm}(x, y, z)$$

同理，电场强度矢量也可用复数表示为

$$\begin{aligned}\boldsymbol{E}(x, y, z, t) &= \mathrm{Re}[(\boldsymbol{e}_x E_{xm}\mathrm{e}^{\mathrm{j}\phi_x} + \boldsymbol{e}_y E_{ym}\mathrm{e}^{\mathrm{j}\phi_y} + \boldsymbol{e}_z E_{zm}\mathrm{e}^{\mathrm{j}\phi_z})\mathrm{e}^{\mathrm{j}\omega t}] \\ &= \mathrm{Re}[(\boldsymbol{e}_x \dot{E}_{xm} + \boldsymbol{e}_y \dot{E}_{ym} + \boldsymbol{e}_z \dot{E}_{zm})\mathrm{e}^{\mathrm{j}\omega t}] = \mathrm{Re}[\dot{\boldsymbol{E}}\mathrm{e}^{\mathrm{j}\omega t}] \end{aligned} \quad (5-50)$$

式中 $\dot{\boldsymbol{E}} = \boldsymbol{e}_x \dot{E}_{xm} + \boldsymbol{e}_y \dot{E}_{ym} + \boldsymbol{e}_z \dot{E}_{zm}$ 称为电场强度的复振幅矢量或复矢量，它只是空间坐标的函数，与时间 t 无关。这样我们就把时间 t 和空间 x、y、z 的四维 (x, y, z, t) 矢量函数简化成了空间 (x, y, z) 的三维函数，即

$$\boldsymbol{E}(x, y, z, t) \leftrightarrow \dot{\boldsymbol{E}}(x, y, z) = \boldsymbol{e}_x \dot{E}_{xm} + \boldsymbol{e}_y \dot{E}_{ym} + \boldsymbol{e}_z \dot{E}_{zm}$$

若要得出瞬时值，只要将其复振幅矢量乘以 $\mathrm{e}^{\mathrm{j}\omega t}$ 并取实部，便得到其相应的瞬时值：

$$\boldsymbol{E}(x, y, z, t) = \mathrm{Re}[\dot{E}(x, y, z)\mathrm{e}^{\mathrm{j}\omega t}]$$

例 5-11 将下列用复数形式表示的场矢量变换成瞬时值，或作相反的变换。

(1) $\dot{\boldsymbol{E}} = \boldsymbol{e}_x \dot{E}_0$；

(2) $\dot{\boldsymbol{E}} = \boldsymbol{e}_x \mathrm{j} E_0 \mathrm{e}^{-\mathrm{j}kz}$；

(3) $\boldsymbol{E} = \boldsymbol{e}_x E_0 \cos(\omega t - kz) + \boldsymbol{e}_y 2E_0 \sin(\omega t - kz)$。

解 (1) $\boldsymbol{E}(x, y, z, t) = \mathrm{Re}[\boldsymbol{e}_x E_0 \mathrm{e}^{\mathrm{j}\phi_x}\mathrm{e}^{\mathrm{j}\omega t}] = \boldsymbol{e}_x E_0 \cos(\omega t + \phi_x)$

(2) $\boldsymbol{E}(x, y, z, t) = \mathrm{Re}[\boldsymbol{e}_x E_0 \mathrm{e}^{\mathrm{j}\left(\frac{\pi}{2} - kz\right)}\mathrm{e}^{\mathrm{j}\omega t}] = \boldsymbol{e}_x E_0 \cos\left(\omega t - kz + \dfrac{\pi}{2}\right)$

(3) $\boldsymbol{E}(x, y, z, t) = \mathrm{Re}[\boldsymbol{e}_x E_0 \mathrm{e}^{\mathrm{j}(\omega t - kz)} - \boldsymbol{e}_y 2E_0 \mathrm{e}^{\mathrm{j}\left(\omega t - kz + \frac{\pi}{2}\right)}]$

$\dot{\boldsymbol{E}}(x, y, z) = (\boldsymbol{e}_x - \boldsymbol{e}_y 2\mathrm{j})E_0 \mathrm{e}^{-\mathrm{j}kz}$

例 5-12 将下列场矢量的复数形式写为瞬时值形式。

(1) $\boldsymbol{E} = \boldsymbol{e}_z E_0 \sin(k_x x) \cdot \sin(k_y y) \cdot \mathrm{e}^{-\mathrm{j}k_z z}$；

(2) $\boldsymbol{E} = \boldsymbol{e}_x \mathrm{j}2E_0 \sin\theta \cdot \cos(k_x \cos\theta) \cdot \mathrm{e}^{-\mathrm{j}k_z \sin\theta}$。

解 (1) 根据式(5-47)，可得瞬时值形式为

$$\begin{aligned}\boldsymbol{E} &= \mathrm{Re}[\boldsymbol{e}_z E_0 \sin(k_x x) \cdot \sin(k_y y) \cdot \mathrm{e}^{-\mathrm{j}k_z z} \cdot \mathrm{e}^{\mathrm{j}\omega t}] \\ &= \boldsymbol{e}_z E_0 \sin(k_x x) \cdot \sin(k_y y) \cdot \cos(\omega t - k_z z)\end{aligned}$$

(2) 瞬时值形式：

$$\begin{aligned}\boldsymbol{E} &= \mathrm{Re}[\boldsymbol{e}_x 2E_0 \sin\theta \cdot \cos(k_x \cos\theta)\mathrm{e}^{-\mathrm{j}k_z \sin\theta}\mathrm{e}^{\mathrm{j}\frac{\pi}{2}} \cdot \mathrm{e}^{\mathrm{j}\omega t}] \\ &= \boldsymbol{e}_x 2E_0 \sin\theta \cdot \cos(k_x \cos\theta) \cdot \cos\left(\omega t + \frac{\pi}{2} - k_z \sin\theta\right) \\ &= -\boldsymbol{e}_x 2E_0 \sin\theta \cdot \cos(k_x \cos\theta) \cdot \sin(\omega t - k_z \sin\theta)\end{aligned}$$

5.6.2 麦克斯韦方程的复数形式

在复数运算中，对复数的微分和积分运算是分别对其实部和虚部进行的，并不改变其

实部和虚部的性质，故

$$L(\mathrm{Re}\dot{a}) = \mathrm{Re}(L\dot{a})$$

式中 L 为实线性算子，例如 $\frac{\partial}{\partial t}$、$\nabla$、$\int$、…、$\mathrm{d}t$ 等。因此

$$\nabla \times \boldsymbol{H}(r, t) = \boldsymbol{J}(r, t) + \frac{\partial \boldsymbol{D}(r, t)}{\partial t}$$

$$\nabla \times \mathrm{Re}[\dot{\boldsymbol{H}}(r)\mathrm{e}^{\mathrm{j}\omega t}] = \mathrm{Re}[\dot{\boldsymbol{J}}(r)\mathrm{e}^{\mathrm{j}\omega t}] + \frac{\partial}{\partial t}\mathrm{Re}[\dot{\boldsymbol{D}}(r)\mathrm{e}^{\mathrm{j}\omega t}]$$

考虑到复数运算有

$$\mathrm{Re}[\nabla \times \dot{\boldsymbol{H}}\mathrm{e}^{\mathrm{j}\omega t}] = \mathrm{Re}[\dot{\boldsymbol{J}}\mathrm{e}^{\mathrm{j}\omega t}] + \mathrm{Re}[\mathrm{j}\omega\dot{\boldsymbol{D}}\mathrm{e}^{\mathrm{j}\omega t}]$$

$$\mathrm{Re}[\nabla \times \dot{\boldsymbol{H}}\mathrm{e}^{\mathrm{j}\omega t} - \dot{\boldsymbol{J}}\mathrm{e}^{\mathrm{j}\omega t} - \mathrm{j}\omega\dot{\boldsymbol{D}}\mathrm{e}^{\mathrm{j}\omega t}] = 0$$

$$\mathrm{Re}[(\nabla \times \dot{\boldsymbol{H}} - \dot{\boldsymbol{J}} - \mathrm{j}\omega\dot{\boldsymbol{D}})\mathrm{e}^{\mathrm{j}\omega t}] = 0$$

故对 t 任意时，

$$\nabla \times \dot{\boldsymbol{H}} = \dot{\boldsymbol{J}} + \mathrm{j}\omega\dot{\boldsymbol{D}} \tag{5-51a}$$

同理，可得式(5－28b)～式(5－28d)对应的复数形式为

$$\nabla \times \dot{\boldsymbol{E}} = -\mathrm{j}\omega\dot{\boldsymbol{B}} \tag{5-51b}$$

$$\nabla \times \dot{\boldsymbol{B}} = 0 \tag{5-51c}$$

$$\nabla \times \dot{\boldsymbol{D}} = \dot{\rho} \tag{5-51d}$$

以及电流连续性方程的复数形式为

$$\nabla \times \dot{\boldsymbol{J}} = -\mathrm{j}\omega\dot{\rho} \tag{5-52}$$

显然为了把用瞬时值表示的麦克斯韦方程的微分形式写成复数形式，只要把场量和场源的瞬时值换成对应复数形式；再把微分形式方程中的 $\partial/\partial t$ 换成 $\mathrm{j}\omega$ 即可。不难看出，当用复数形式表示后，麦克斯韦方程中的场量和场源由四维 (x, y, z, t) 函数变成了三维 (x, y, z) 函数，变量的维数减少了一个，且偏微分方程变成了代数方程，使问题更便于求解。

麦克斯韦方程的积分形式、各向同性线性媒质的本构方程和边界条件对应的复数表示留给读者推导。为了以后书写方便，表示复量字母上的打点符号“·”均省去。

5.6.3　复坡印廷矢量

坡印廷矢量 $\boldsymbol{S}(t) = \boldsymbol{E}(t) \times \boldsymbol{H}(t)$ 表示瞬时电磁功率流密度，它没有指定电场强度和磁场强度随时间变化的方式。对于正弦电磁场，电场强度和磁场强度的每一坐标分量都随时间作简谐变化，这时，每一点的瞬时电磁功率流密度的时间平均值更具有实际意义，下面讨论这个问题。

对正弦电磁场，当场矢量用复数表示时则有

$$\boldsymbol{E}(t) = \mathrm{Re}[\boldsymbol{E}\mathrm{e}^{\mathrm{j}\omega t}] = \frac{1}{2}[\boldsymbol{E}\mathrm{e}^{\mathrm{j}\omega t} + \boldsymbol{E}^* \cdot \mathrm{e}^{-\mathrm{j}\omega t}]$$

$$\boldsymbol{H}(t) = \mathrm{Re}[\boldsymbol{H}\mathrm{e}^{\mathrm{j}\omega t}] = \frac{1}{2}[\boldsymbol{H}\mathrm{e}^{\mathrm{j}\omega t} + \boldsymbol{H}^* \cdot \mathrm{e}^{-\mathrm{j}\omega t}]$$

从而坡印廷矢量瞬时值可写为

$$\begin{aligned}\boldsymbol{S}(t)&=\boldsymbol{E}(t)\times\boldsymbol{H}(t)=\frac{1}{2}[\boldsymbol{E}\cdot\mathrm{e}^{\mathrm{j}\omega t}+\boldsymbol{E}^{*}\mathrm{e}^{-\mathrm{j}\omega t}]\times\frac{1}{2}[\boldsymbol{H}\cdot\mathrm{e}^{\mathrm{j}\omega t}+\boldsymbol{H}^{*}\mathrm{e}^{-\mathrm{j}\omega t}]\\&=\frac{1}{2}\cdot\frac{1}{2}[\boldsymbol{E}\times\boldsymbol{H}^{*}+\boldsymbol{E}^{*}\times\boldsymbol{H}]+\frac{1}{2}\cdot\frac{1}{2}[\boldsymbol{E}\times\boldsymbol{H}\cdot\mathrm{e}^{\mathrm{j}2\omega t}+\boldsymbol{E}^{*}\times\boldsymbol{H}^{*}\mathrm{e}^{-\mathrm{j}2\omega t}]\\&=\frac{1}{2}\mathrm{Re}[\boldsymbol{E}\times\boldsymbol{H}^{*}]+\frac{1}{2}\mathrm{Re}[\boldsymbol{E}\times\boldsymbol{H}\cdot\mathrm{e}^{\mathrm{j}2\omega t}]\end{aligned}$$

它在一个周期 $T=2\pi/\omega$ 内的平均值为

$$\boldsymbol{S}_{\mathrm{av}}=\frac{1}{T}\int_{0}^{T}\boldsymbol{S}(t)\mathrm{d}t=\mathrm{Re}\left[\frac{1}{2}\boldsymbol{E}\cdot\boldsymbol{H}^{*}\right]=\mathrm{Re}[\boldsymbol{S}(r)]$$

式中

$$\boldsymbol{S}(r)=\frac{1}{2}\boldsymbol{E}\times\boldsymbol{H}^{*}\tag{5-53}$$

$\boldsymbol{S}(r)$ 称为复坡印廷矢量，它与时间 t 无关，表示复功率流密度，其实部为平均功率流密度(有功功率流密度)，虚部为无功功率流密度。特别需要注意的是式中的电场强度和磁场强度是复振幅值而不是有效值；$\boldsymbol{E}^{*}$、$\boldsymbol{H}^{*}$ 是 $\boldsymbol{E}$、$\boldsymbol{H}$ 的共轭复数，$\boldsymbol{S}_{\mathrm{av}}$ 称为平均能流密度矢量或平均坡印廷矢量。

类似地可得到电场能量密度、磁场能量密度和导电损耗功率密度的表示式：

$$w_{e}(t)=\frac{1}{2}\boldsymbol{D}(t)\cdot\boldsymbol{E}(t)=\frac{1}{4}\mathrm{Re}[\boldsymbol{E}\cdot\boldsymbol{D}^{*}]+\frac{1}{4}\mathrm{Re}[\boldsymbol{E}\cdot\boldsymbol{D}\mathrm{e}^{-\mathrm{j}2\omega t}]\tag{5-54}$$

$$w_{m}(t)=\frac{1}{2}\boldsymbol{B}(t)\cdot\boldsymbol{H}(t)=\frac{1}{4}\mathrm{Re}[\boldsymbol{B}\cdot\boldsymbol{H}^{*}]+\frac{1}{4}\mathrm{Re}[\boldsymbol{B}\cdot\boldsymbol{H}\mathrm{e}^{\mathrm{j}2\omega t}]\tag{5-55}$$

$$p(t)=\boldsymbol{J}(t)\cdot\boldsymbol{E}(t)=\frac{1}{2}\mathrm{Re}[\boldsymbol{J}\cdot\boldsymbol{E}^{*}]+\frac{1}{2}\mathrm{Re}[\boldsymbol{J}\cdot\boldsymbol{E}\mathrm{e}^{-\mathrm{j}2\omega t}]\tag{5-56}$$

上面各式中，右边第一项是各对应量的时间平均值，它们都仅是空间坐标的函数。单位体积电场和磁场储能、导电损耗功率密度在一周期 T 内的时间平均值为

$$w_{e}^{\mathrm{av}}=\frac{1}{4}\mathrm{Re}[\boldsymbol{E}\cdot\boldsymbol{D}^{*}],\ w_{m}^{\mathrm{av}}=\frac{1}{4}\mathrm{Re}[\boldsymbol{B}\cdot\boldsymbol{H}^{*}],\ p^{\mathrm{av}}=\frac{1}{2}\mathrm{Re}[\boldsymbol{J}\cdot\boldsymbol{E}^{*}]$$

5.6.4 复介电常数与复磁导率

媒质在电磁场作用下呈现三种状态：极化、磁化和传导，它们可用一组宏观电磁参数表征，即介电常数、磁导率和电导率。在静态场中这些参数都是实常数；而在时变电磁场作用下，反映媒质电磁特性的宏观参数与场的时间变化有关，对正弦电磁场即与频率有关。研究表明：一般情况下(特别在高频场作用下)，描述媒质色散特性的宏观参数为复数，其实部和虚部都是频率的函数，且虚部总是大于零的正数，即

$$\varepsilon_{c}=\varepsilon'(\omega)-\mathrm{j}\varepsilon''(\omega),\ \mu_{c}=\mu'(\omega)-\mathrm{j}\mu''(\omega),\ \sigma_{c}=\sigma'(\omega)-\mathrm{j}\sigma''(\omega)$$

其中 ε_{c}、μ_{c} 分别称为复介电常数和复磁导率；必须指出，金属导体的电导率在直流到红外线的整个频率范围内均可看做实数，且与频率无关。这些复数宏观电磁参数表明，同一介质在不同频率的场作用下，可以呈现不同的介质特性。

为了说明复介电常数的虚部反映介质的极化损耗，我们考虑电介质单位体积极化功率损耗的时间平均值为

$$p=\frac{1}{2}\mathrm{Re}[\boldsymbol{J}\cdot\boldsymbol{E}^*]=\frac{1}{2}\mathrm{Re}[\mathrm{j}\omega(\varepsilon'-\mathrm{j}\varepsilon'')\boldsymbol{E}\cdot\boldsymbol{E}^*]$$
$$=\frac{1}{2}\mathrm{Re}[\omega\varepsilon''E_m^2+\mathrm{j}\omega\varepsilon'E_m^2]=\frac{1}{2}\omega\varepsilon''E_m^2$$

其中 $\boldsymbol{E}_m$ 为振幅值，由上可见单位体积的极化损耗功率与 $\varepsilon''(\omega)$ 成正比；同样 $\mu''(\omega)$ 反映介质的磁化损耗，且与磁化损耗功率成正比。

复介电常数和复磁导率的幅角称为损耗角，分别用 δ_ε 和 δ_μ 表示。且把

$$\tan\delta_\varepsilon=\frac{\varepsilon''}{\varepsilon'},\quad \tan\delta_\mu=\frac{\mu''}{\mu'}$$

称为损耗角正切。由给定频率上的损耗角正切的大小可以说明介质在该频率上的损耗大小。

对于具有复介电常数的导电介质，考虑到传导电流 $\boldsymbol{J}=\sigma\boldsymbol{E}$，式(5－28a)变为

$$\nabla\times\boldsymbol{H}=\sigma\boldsymbol{E}+\mathrm{j}\omega(\varepsilon'-\mathrm{j}\varepsilon'')\boldsymbol{E}=(\sigma+\omega\varepsilon'')\boldsymbol{E}+\mathrm{j}\omega\varepsilon'\boldsymbol{E}$$
$$=\mathrm{j}\omega\left[\varepsilon'-\mathrm{j}\left(\varepsilon''+\frac{\sigma}{\omega}\right)\right]\boldsymbol{E}=\mathrm{j}\omega\varepsilon_c\boldsymbol{E} \tag{5-57}$$

上式表明，导电媒质中的传导电流和位移电流可以用一个等效的位移电流代替；导电媒质的电导率和介电常数的总效应可用一个等效复介电常数表示，即

$$\varepsilon_c=\varepsilon'-\mathrm{j}\left(\varepsilon''+\frac{\sigma}{\omega}\right) \tag{5-58}$$

式(5－58)表明 ε'' 与 σ/ω 的损耗作用等效，且 σ/ω 代表介质的导电损耗。引入等效复介电常数的概念后，电导率变成等效复介电常数的虚数部分，因此可以把导体也视为一种等效的有耗电介质。引入复介电常数和复磁导率后，有耗介质和理想介质中的麦克斯韦方程组在形式上就完全相同了，因此可以采用同一种方法分析有耗介质和理想介质中的电磁波特性，只须用 ε_r 和 μ_c 分别代替理想介质情况下的 ε 和 μ。

5.6.5 复坡印廷定理

下面我们来研究场量用复数表示坡印廷定理的表示式——复坡印廷定理。利用矢量恒等式

$$\nabla\cdot(\boldsymbol{A}\times\boldsymbol{B})=\boldsymbol{B}\cdot(\nabla\times\boldsymbol{A})-\boldsymbol{A}\cdot(\nabla\times\boldsymbol{B})$$

可知

$$\nabla\cdot\left(\frac{1}{2}\boldsymbol{E}\times\boldsymbol{H}^*\right)=\frac{1}{2}\boldsymbol{H}^*\cdot(\nabla\times\boldsymbol{E})-\frac{1}{2}\boldsymbol{E}\cdot(\nabla\times\boldsymbol{H}^*)$$

将式(5－50a)和式(5－50b)代入上式得

$$\nabla\cdot\left(\frac{1}{2}\boldsymbol{E}\times\boldsymbol{H}^*\right)=\frac{1}{2}\boldsymbol{H}^*\cdot(-\mathrm{j}\omega\boldsymbol{B})-\frac{1}{2}\boldsymbol{E}\cdot(\boldsymbol{J}^*-\mathrm{j}\omega\boldsymbol{D}^*)$$

整理上式有

$$-\nabla\cdot\left(\frac{1}{2}\boldsymbol{E}\times\boldsymbol{H}^*\right)=\frac{1}{2}\boldsymbol{E}\cdot\boldsymbol{J}^*+\mathrm{j}2\omega\left(\frac{1}{4}\boldsymbol{B}\cdot\boldsymbol{H}^*-\frac{1}{4}\boldsymbol{E}\cdot\boldsymbol{D}^*\right)$$

这个公式表示了作为点函数的功率密度关系。对其两端取体积分，并应用散度定理得

$$-\oint_S\left(\frac{1}{2}\boldsymbol{E}\times\boldsymbol{H}^*\right)\cdot\mathrm{d}\boldsymbol{S}=\mathrm{j}2\omega\int_V\left(\frac{1}{4}\boldsymbol{B}\cdot\boldsymbol{H}^*-\frac{1}{4}\boldsymbol{E}\cdot\boldsymbol{D}^*\right)\mathrm{d}V+\frac{1}{2}\int_V\boldsymbol{E}\cdot\boldsymbol{J}^*\,\mathrm{d}V \tag{5-59}$$

这就是用复矢量表示的坡印廷定理，称为复坡印廷定理。

设宏观电磁参数 σ 为实数，磁导率和介电常数为复数，则有

$$\frac{1}{2}\boldsymbol{E}\cdot\boldsymbol{J}^* = \frac{1}{2}\sigma E^2$$

$$\frac{j\omega}{2}\boldsymbol{B}\cdot\boldsymbol{H}^* = \frac{j\omega}{2}(\mu'-j\mu'')\boldsymbol{H}\cdot\boldsymbol{H}^* = \frac{1}{2}\omega\mu''H^2 + \frac{1}{2}j\omega\mu'H^2$$

$$-\frac{j\omega}{2}\boldsymbol{E}\cdot\boldsymbol{D}^* = -\frac{j\omega}{2}(\varepsilon'+j\varepsilon'')\boldsymbol{E}^*\cdot\boldsymbol{E} = \frac{1}{2}\omega\mu''E^2 - \frac{1}{2}j\omega\varepsilon'E^2$$

将以上各式代入式(5-59)，得

$$\begin{aligned}
&-\oint_S\left(\frac{1}{2}\boldsymbol{E}\times\boldsymbol{H}^*\right)\cdot d\boldsymbol{S}\\
&=\int_V\left(\frac{1}{2}\sigma E^2+\frac{1}{2}\omega\varepsilon''E^2+\frac{1}{2}\omega\mu''H^2\right)dV + j2\omega\int_V\left(\frac{1}{4}\mu'H^2-\frac{1}{4}\varepsilon'E^2\right)dV\\
&=\int_V(p_c^{av}+p_e^{av}+p_m^{av})dV + j2\omega\int_V(w_m^{av}-w_e^{av})dV
\end{aligned} \tag{5-60}$$

式中，p_c^{av}、p_e^{av}、p_m^{av} 分别是单位体积内的导电损耗功率、极化损耗功率和磁化损耗功率的时间平均值；w_e^{av} 和 w_m^{av} 分别是电场和磁场能量密度的时间平均值。

例 5-13　已知无源($\rho=0$, $\boldsymbol{J}=0$)的自由空间中，时变电磁场的电场强度复矢量为

$$\boldsymbol{E}(z) = \boldsymbol{e}_y E_0 e^{-jkz} \quad (\text{V/m})$$

式中，k、E_0 为常数。求：

(1) 磁场强度复矢量；

(2) 坡印廷矢量的瞬时值；

(3) 平均坡印廷矢量。

解　(1) 由 $\nabla\times\boldsymbol{E}=-j\omega\mu_0\boldsymbol{H}$ 得

$$\boldsymbol{H}(z) = -\frac{1}{j\omega\mu_0}\nabla\times\boldsymbol{E}(z) = -\frac{1}{j\omega\mu_0}\boldsymbol{e}_z\frac{\partial}{\partial z}\times(\boldsymbol{e}_yE_0e^{-jkz}) = -\boldsymbol{e}_x\frac{kE_0}{\omega\mu_0}e^{-jkz}$$

(2) 电场、磁场的瞬时值为

$$\boldsymbol{E}(z,t) = \text{Re}[\boldsymbol{E}(z)e^{j\omega t}] = \boldsymbol{e}_yE_0\cos(\omega t-kz)$$

$$\boldsymbol{H}(z,t) = \text{Re}[\boldsymbol{H}(z)e^{j\omega t}] = -\boldsymbol{e}_x\frac{kE_0}{\omega\mu_0}\cos(\omega t-kz)$$

所以，坡印廷矢量的瞬时值为

$$\boldsymbol{S}(z,t) = \boldsymbol{E}(z,t)\times\boldsymbol{H}(z,t) = \boldsymbol{e}_z\frac{kE_0^2}{\omega\mu_0}\cos^2(\omega t-kz)$$

(3) 平均坡印廷矢量为

$$\begin{aligned}
\boldsymbol{S}_{av} &= \frac{1}{2}\text{Re}[\boldsymbol{E}(z)\times\boldsymbol{H}^*(z)] = \frac{1}{2}\text{Re}\left[\boldsymbol{e}_yE_0e^{-jkz}\times\left(-\boldsymbol{e}_x\frac{kE_0}{\omega\mu_0}e^{-jkz}\right)^*\right]\\
&= \frac{1}{2}\text{Re}\left[\boldsymbol{e}_z\frac{kE_0^2}{\omega\mu_0}\right] = \boldsymbol{e}_z\frac{1}{2}\frac{kE_0^2}{\omega\mu_0}
\end{aligned}$$

5.6.6　时变电磁场的唯一性定理

当我们用麦克斯韦方程组求解某一具体电磁场问题时，首先要明确的一个问题是：我

们所得到的解是否唯一？在什么条件下所得到的解是唯一的？这就是时变电磁场的唯一性定理要回答的问题。

时变电磁场解的唯一性定理表述如下：对于 $t>0$ 的所有时刻，由曲面 S 所围成的闭合区域 V 内的电磁场是由 V 内的电磁场 $\boldsymbol{E}$、$\boldsymbol{H}$ 在 $t=0$ 时刻的初始值，以及 $t\geqslant 0$ 时刻边界面 S 上的切向电场或者切向磁场所唯一确定。

证明时变电磁场的唯一性定理的方法，同静态场的唯一性定理的证明方法一样，仍采用反证法，即设两组解 $\boldsymbol{E}_1$、$\boldsymbol{H}_1$ 和 $\boldsymbol{E}_2$、$\boldsymbol{H}_2$ 都是体积 V 中满足麦克斯韦方程组和边界条件的解，在 $t=0$ 时刻它们在 V 内所有点上都相等，但 $t>0$ 的所有时刻它们不相等。设介质是线性介质，则麦克斯韦方程组也是线性的。根据麦克斯韦方程组的线性性质，这两组解的差 $\Delta\boldsymbol{E}=\boldsymbol{E}_2-\boldsymbol{E}_1$、$\Delta\boldsymbol{H}=\boldsymbol{H}_2-\boldsymbol{H}_1$ 也必定是麦克斯韦方程组的解。对于这组差值解，应用坡印廷定理有

$$-\oint_S(\Delta\boldsymbol{E}\times\Delta\boldsymbol{H})\cdot\boldsymbol{n}\,\mathrm{d}S=\frac{\partial}{\partial t}\int_V\left(\frac{1}{2}\varepsilon\mid\Delta\boldsymbol{E}\mid^2+\frac{1}{2}\mu\mid\Delta\boldsymbol{H}\mid^2\right)\mathrm{d}V+\int_V\sigma\mid\Delta\boldsymbol{E}\mid^2\mathrm{d}V$$

因为在边界面 S 上，电场的切向分量或者磁场的切向分量已经给定，所以电场 $\Delta\boldsymbol{E}$ 的切向分量或者磁场 $\Delta\boldsymbol{H}$ 的切向分量必为零，这就是说

$$\boldsymbol{n}\cdot\Delta\boldsymbol{E}=0\quad\text{或者}\quad\boldsymbol{n}\cdot\Delta\boldsymbol{H}=0$$

故必有

$$\boldsymbol{n}\cdot(\Delta\boldsymbol{E}\times\Delta\boldsymbol{H})=\Delta\boldsymbol{H}\cdot(\boldsymbol{n}\times\Delta\boldsymbol{E})=\Delta\boldsymbol{E}\cdot(\Delta\boldsymbol{H}\times\boldsymbol{n})=0$$

所以 $\Delta\boldsymbol{E}\times\Delta\boldsymbol{H}$ 在边界面 S 上的法向分量为零，即应用坡印廷定理所得表示式左端的积分为零。因此

$$\frac{\partial}{\partial t}\int_V\left(\frac{1}{2}\varepsilon\mid\Delta\boldsymbol{E}\mid^2+\frac{1}{2}\mu\mid\Delta\boldsymbol{H}\mid^2\right)\mathrm{d}V=-\int_V\sigma\mid\Delta\boldsymbol{E}\mid^2\mathrm{d}V$$

上式的右端总是小于或等于零，而左端代表能量的积分在 $t>0$ 的所有时刻只能大于或等于零。这样上面的等式要成立，只能是等式两边都为零，也就是差值解 $\Delta\boldsymbol{E}=\boldsymbol{E}_2-\boldsymbol{E}_1$，$\Delta\boldsymbol{H}=\boldsymbol{H}_2-\boldsymbol{H}_1$ 在 $t\geqslant 0$ 时刻恒为零，这意味着区域 V 内的电磁场 $\boldsymbol{E}$、$\boldsymbol{H}$ 只有唯一的一组解，即不可能有两组不同的解，定理得证。

必须注意，时变电磁场唯一性定理的条件，只是给定电场 $\boldsymbol{E}$ 或者场强 $\boldsymbol{H}$ 在边界面上的切向分量。这就是说，对于一个被闭合面 S 包围的区域 V，如果闭合面 S 上电场 E 的切向分量给定；或者闭合面 S 上磁场 H 的切向分量给定；或者闭合面 S 上一部分区域给定电场 $\boldsymbol{E}$ 的切向分量，其余区域给定磁场 $\boldsymbol{H}$ 的切向分量，那么在区域 V 内的电磁场 $\boldsymbol{E}$、$\boldsymbol{H}$ 是唯一确定的。另一方面，为了能由麦克斯韦方程组解出时变电磁场，一般需要同时应用边界面上的电场 $\boldsymbol{E}$ 切向分量和磁场 $\boldsymbol{H}$ 切向分量边界条件。因此，对于时变电磁场，只要满足边界条件就必能保证解的唯一性。

5.7 波动方程

电磁波的存在是麦克斯韦方程组的一个重要结果。1865 年，麦克斯韦从它的方程组出发推导出了波动方程，并得到了电磁波速度的一般表达式，由此预言电磁波的存在及电磁波与光波的同一性。1887 年赫兹用实验方法产生和检测了电磁波。下面我们从麦克斯韦方

程导出波动方程。

考虑媒质均匀、线性、各向同性的无源区域($\boldsymbol{J}=0$，$\rho=0$)且$\sigma=0$的情况，这时麦克斯韦方程变为

$$\nabla\times\boldsymbol{H}=\varepsilon\frac{\partial\boldsymbol{E}}{\partial t} \tag{5-61a}$$

$$\nabla\times\boldsymbol{E}=-\mu\frac{\partial\boldsymbol{H}}{\partial t} \tag{5-61b}$$

$$\nabla\cdot\boldsymbol{H}=0 \tag{5-61c}$$

$$\nabla\cdot\boldsymbol{E}=0 \tag{5-61d}$$

对式(5-61b)两边取旋度，并利用矢量恒等式

$$\nabla\times\nabla\times\boldsymbol{E}=\nabla(\nabla\cdot\boldsymbol{E})-\nabla^2\boldsymbol{E}$$

得

$$\nabla\times\nabla\times\boldsymbol{E}=-\mu\nabla\times\frac{\partial\boldsymbol{H}}{\partial t}$$

$$\nabla(\nabla\cdot\boldsymbol{E})-\nabla^2\boldsymbol{E}=-\mu\frac{\partial}{\partial t}(\nabla\times\boldsymbol{H})$$

将式(5-61a)和式(5-61d)代入上式，得

$$\nabla^2\boldsymbol{E}-\mu\frac{\partial}{\partial t}\left(\varepsilon\frac{\partial\boldsymbol{E}}{\partial t}\right)=0$$

整理后有

$$\nabla^2\boldsymbol{E}-\mu\varepsilon\frac{\partial^2\boldsymbol{E}}{\partial t^2}=0 \tag{5-62}$$

类似地，可推导出

$$\nabla^2\boldsymbol{H}-\mu\varepsilon\frac{\partial^2\boldsymbol{H}}{\partial t^2}=0 \tag{5-63}$$

式(5-62)和式(5-63)是$\boldsymbol{E}$和$\boldsymbol{H}$满足的无源空间的瞬时值矢量齐次波动方程。其中∇^2为矢量拉普拉斯算符。无源、无耗区域中$\boldsymbol{E}$或$\boldsymbol{H}$可以通过式(5-62)或式(5-63)得到。求解这类矢量方程有两种方法，一种是直接寻找满足该矢量方程的解；另一种是设法将矢量方程分解为标量方程，通过求解标量方程来得到矢量函数的解。例如，在直角坐标系中，由E的矢量波动方程可以得到三个标量波动方程：

$$\frac{\partial^2 E_x}{\partial x^2}+\frac{\partial^2 E_x}{\partial y^2}+\frac{\partial^2 E_x}{\partial z^2}-\mu\varepsilon\frac{\partial^2 E_x}{\partial t^2}=0$$

$$\frac{\partial^2 E_y}{\partial x^2}+\frac{\partial^2 E_y}{\partial y^2}+\frac{\partial^2 E_y}{\partial z^2}-\mu\varepsilon\frac{\partial^2 E_y}{\partial t^2}=0$$

$$\frac{\partial^2 E_z}{\partial x^2}+\frac{\partial^2 E_z}{\partial y^2}+\frac{\partial^2 E_z}{\partial z^2}-\mu\varepsilon\frac{\partial^2 E_z}{\partial t^2}=0$$

但要注意，只有在直角坐标系中才能得到每个方程中只含有一个未知函数的三个标量波动方程。在其他正交曲线坐标系中，矢量波动方程分解得到的三个标量波动方程都具有复杂的形式。

对于正弦电磁场，可由复数形式的麦克斯韦方程导出复数形式的波动方程为

$$\nabla^2\boldsymbol{E}+k^2\boldsymbol{E}=0 \tag{5-64}$$

$$\nabla^2 \boldsymbol{H} + k^2 \boldsymbol{H} = 0 \tag{5-65}$$

式中

$$k = \omega \sqrt{\mu\varepsilon} \tag{5-66}$$

式(5-64)和式(5-65)分别是 $\boldsymbol{E}$ 和 $\boldsymbol{H}$ 满足的无源、无耗空间的复矢量波动方程，又称为矢量齐次亥姆霍兹方程。必须指出，式(5-64)和式(5-65)的解还需要满足散度为零的条件，即必须满足

$$\nabla \cdot \boldsymbol{E} = 0, \quad \nabla \cdot \boldsymbol{H} = 0$$

如果介质是有耗的，即介电常数和磁导率是复数，则 k 也相应地变为复数 $k_c = \omega\sqrt{\mu_c\varepsilon_c}$；对于导电介质，采用式(5-58)中的等效复介电常数 $\varepsilon'' = \sigma/\omega$ 代替式(5-66)中的 ε，波动方程形式不变。

波动方程的解表示时变电磁场将以波动形式传播，构成电磁波。波动方程在自由空间的解是一个沿某一特定方向以光速传播的电磁波。研究电磁波的传播问题都可以归结为在给定边界条件和初始条件下求波动方程的解。

例 5-14 在无源区求均匀导电媒质中电场强度和磁场强度满足的波动方程。

解 考虑到各向同性、线性、均匀的导电媒质和无源区域，由麦克斯韦方程有

$$\nabla \times \nabla \times \boldsymbol{E} = \nabla \times \left(-\mu \frac{\partial \boldsymbol{H}}{\partial t}\right)$$

利用矢量恒等式，并且代入式(5-28a)和式(5-28d)，得

$$\nabla(\nabla \cdot \boldsymbol{E}) - \nabla^2 \boldsymbol{E} = -\mu \frac{\partial}{\partial t}(\nabla \times \boldsymbol{H})$$

$$\nabla(\nabla \cdot \boldsymbol{E}) - \nabla^2 \boldsymbol{E} = -\mu \frac{\partial}{\partial t}\left(\sigma \boldsymbol{E} + \varepsilon \frac{\partial \boldsymbol{E}}{\partial t}\right)$$

所以，电场强度 $\boldsymbol{E}$ 满足的波动方程为

$$\nabla^2 \boldsymbol{E} - \mu\varepsilon \frac{\partial^2 \boldsymbol{E}}{\partial t^2} - \mu\sigma \frac{\partial \boldsymbol{E}}{\partial t} = 0$$

同理，可得磁场强度 $\boldsymbol{H}$ 满足的波动方程为

$$\nabla^2 \boldsymbol{E} - \mu\varepsilon \frac{\partial^2 \boldsymbol{H}}{\partial t^2} - \mu\sigma \frac{\partial \boldsymbol{H}}{\partial t} = 0$$

5.8 时变电磁场中的位函数

电磁理论所研究的问题中，有一类问题是根据所给定的场源，求它所产生的电磁场。此时应从麦克斯韦方程组出发。当外加场源不为零时，麦克斯韦方程组的一般形式为式(5-28a)～式(5-28d)，如果将式(5-28a)两边取旋度后，再将式(5-28b)和式(5-28c)代入其相关项可得

$$\nabla^2 \boldsymbol{H} - \mu\varepsilon \frac{\partial^2 \boldsymbol{H}}{\partial t^2} = -\nabla \times \boldsymbol{J} \tag{5-67}$$

用类似的方法也可获得

$$\nabla^2 \boldsymbol{E} - \mu\varepsilon \frac{\partial^2 \boldsymbol{E}}{\partial t^2} = \mu \frac{\partial \boldsymbol{J}}{\partial t} + \frac{\nabla \rho}{\varepsilon} \tag{5-68}$$

方程式(5－67)和(5－68)称为有源区域的非齐次矢量波动方程。由于外加场源都以复杂形式出现在方程中，所以根据区域中源的分布，直接求解这两个非齐次矢量波动方程是相当困难的。为了使分析得以简化，可以如同静态场那样引入位函数。

因为$\nabla\cdot\boldsymbol{B}=0$，根据矢量恒等式$\nabla\cdot(\nabla\times\boldsymbol{A})=0$，可以令

$$\boldsymbol{B}=\nabla\times\boldsymbol{A} \tag{5-69}$$

代入式(5－28b)得

$$\nabla\times\boldsymbol{E}=-\frac{\partial}{\partial t}(\nabla\times\boldsymbol{A})$$

即

$$\nabla\times\left(\boldsymbol{E}+\frac{\partial\boldsymbol{A}}{\partial t}\right)=0$$

根据矢量恒等式$\nabla\times(\nabla\varphi)=0$，可以令

$$\boldsymbol{E}+\frac{\partial\boldsymbol{A}}{\partial t}=-\nabla\varphi \tag{5-70}$$

则

$$\boldsymbol{E}=-\nabla\varphi-\frac{\partial\boldsymbol{A}}{\partial t}$$

式中$\boldsymbol{A}$称为矢量位，单位为Wb/m(韦伯/米)，φ称为标量位，单位是V(伏)。如果$\boldsymbol{A}$和φ已知，则可由式(5－69)和式(5－70)确定$\boldsymbol{B}$和$\boldsymbol{E}$。但是，满足这两式的$\boldsymbol{A}$和φ并不是唯一的。例如，我们取另一组位函数

$$\varphi'=\varphi-\frac{\partial\boldsymbol{\Psi}}{\partial t},\quad \boldsymbol{A}'=\boldsymbol{A}+\nabla\boldsymbol{\Psi}$$

则有

$$\nabla\times\boldsymbol{A}'=\boldsymbol{B},\quad -\nabla\varphi'-\frac{\partial\boldsymbol{A}'}{\partial t}=\boldsymbol{E}$$

根据亥姆霍兹定理，要唯一地确定$\boldsymbol{A}$和φ，还需要知道$\boldsymbol{A}$的散度值。我们可以任意地规定$\boldsymbol{A}$的散度值，从而得到一组确定的$\boldsymbol{A}$和φ的解，再代入式(5－68)和式(5－70)后得到电场$\boldsymbol{E}$和磁场$\boldsymbol{H}$均满足的麦克斯韦方程。

下面推导时变电磁场中，矢量位$\boldsymbol{A}$和标量位φ在均匀介质中满足的波动方程。把式(5－69)和式(5－70)代入式(5－28d)和式(5－28a)，得

$$\nabla\cdot\boldsymbol{E}=\nabla\cdot\left(-\nabla\varphi-\frac{\partial\boldsymbol{A}}{\partial t}\right)=\frac{\rho}{\varepsilon}$$

$$\nabla^2\varphi+\frac{\partial}{\partial t}(\nabla\cdot\boldsymbol{A})=-\frac{\rho}{\varepsilon} \tag{5-71}$$

及

$$\nabla\times\boldsymbol{H}=\frac{1}{\mu}\nabla\times(\nabla\times\boldsymbol{A})=\boldsymbol{J}+\varepsilon\frac{\partial\boldsymbol{E}}{\partial t}=\boldsymbol{J}+\varepsilon\frac{\partial}{\partial t}\left(-\nabla\varphi-\frac{\partial\boldsymbol{A}}{\partial t}\right)$$

整理后有

$$\nabla^2\boldsymbol{A}-\mu\varepsilon\frac{\partial^2\boldsymbol{A}}{\partial t^2}=-\mu\boldsymbol{J}+\nabla\left(\nabla\cdot\boldsymbol{A}+\mu\varepsilon\frac{\partial\varphi}{\partial t}\right) \tag{5-72}$$

于是得到了用位函数表示的两个方程，即式(5－71)和式(5－72)，但是这两个方程都包含有$\boldsymbol{A}$和φ，是联立方程。如果适当地选择$\nabla\cdot\boldsymbol{A}$的值，就可以使这两个方程进一步简化为

分别只含有一个位函数的方程。为此选择

$$\nabla \cdot \boldsymbol{A} = -\mu\varepsilon \frac{\partial \varphi}{\partial t} \tag{5-73}$$

式(5－72)称为洛仑兹条件或洛仑兹规范。可以证明洛仑兹条件符合电流连续性方程。将其代入式(5－71)和(5－72)就得到

$$\nabla^2 \varphi - \mu\varepsilon \frac{\partial^2 \varphi}{\partial t^2} = -\frac{\rho}{\varepsilon} \tag{5-74}$$

$$\nabla^2 \boldsymbol{A} - \mu\varepsilon \frac{\partial^2 \boldsymbol{A}}{\partial t} = -\mu \boldsymbol{J} \tag{5-75}$$

这两个彼此相似而独立的线性二阶微分方程在数学形式上称为达朗贝尔方程，且式(5－74)和(5－75)分别显示 $\boldsymbol{A}$ 的源是 $\boldsymbol{J}$，而 φ 的源是 ρ。洛仑兹条件是人为地采用的散度值。如果不采用洛仑兹条件而采用另外的 $\nabla \cdot \boldsymbol{A}$ 的值，得到的 $\boldsymbol{A}$ 和 φ 的方程将不同于式(5－74)和式(5－75)，并得到另一组 $\boldsymbol{A}$ 和 φ 的解，但最后得到的 $\boldsymbol{B}$ 和 $\boldsymbol{E}$ 是相同的。

对于正弦电磁场，上面的公式可以用复数表示为

$$\boldsymbol{B} = \nabla \times \boldsymbol{A} \tag{5-76}$$

$$\boldsymbol{E} = -\nabla \varphi - \mathrm{j}\omega \boldsymbol{A} \tag{5-77}$$

洛仑兹条件变为

$$\nabla \cdot \boldsymbol{A} = -\mathrm{j}\omega\mu\varepsilon\varphi \tag{5-78}$$

$\boldsymbol{A}$ 和 φ 的方程变为

$$\nabla^2 \boldsymbol{A} + k^2 \boldsymbol{A} = -\mu \boldsymbol{J} \tag{5-79}$$

$$\nabla^2 \varphi + k^2 \varphi = -\frac{\rho}{\varepsilon} \tag{5-80}$$

其中 $k^2 = \omega^2 \mu\varepsilon$。由此可见，采用位函数使原来求解电磁场量 $\boldsymbol{B}$ 和 $\boldsymbol{E}$ 的六个标量分量变为求解 $\boldsymbol{A}$ 和 φ 的四个标量分量。而且，因为标量位 φ 可以由洛仑兹条件求得：

$$\varphi = \frac{\nabla \cdot \boldsymbol{A}}{-\mathrm{j}\omega\mu\varepsilon} \tag{5-81}$$

这样只需求解 $\boldsymbol{A}$ 的三个标量分量，使场量的计算大为简化。而在无源区域中，还可以进一步简化。

最后要指出，描述电磁场的位函数不仅限于这一种，还有其他一些辅助位函数，不同的位函数都与相应的物理模型有关，请读者参阅其他文献。

习　题

5－1　单极发电机为一个在均匀磁场 $\boldsymbol{B}$ 中绕轴旋转的金属圆盘，圆盘的半径为 a，角速度为 ω，圆盘与磁场垂直，求感应电动势。

5－2　一个电荷 Q，以恒定速度 $\boldsymbol{v}(\boldsymbol{v} \ll c)$ 沿半径为 a 的圆形平面 S 的轴线向此平面移动，当两者相距为 d 时，求通过 S 的位移电流。

5－3　假设电场是正弦变化的，海水的电导率为 4 S/m，$\varepsilon_r = 81$，求当 $f = 1$ MHz 时，确定位移电流与传导电流模的比值。

5－4　一圆柱形电容器，内导体半径为 a，外导体内半径为 b，长度为 l，电极间介质

的介电常数为 ε。当外加低频电压 $u=U_m\sin\omega t$ 时，求介质中的位移电流密度及穿过半径为 $r(a<r<b)$ 的圆柱面的位移电流。证明此位移电流等于电容器引线中的传导电流。

5-5　已知空气媒质的无源区域中，电场强度 $\boldsymbol{E}=\boldsymbol{e}_x 100\mathrm{e}^{-\alpha z}\cos(\omega t-\beta z)$，其中 α、β 为常数，求磁场强度。

5-6　证明麦克斯韦方程组包含了电荷守恒定律。

5-7　证明媒质分界面上没有自由面电荷和自由面电流（$\rho_S=0$，$\boldsymbol{J}_S=0$）时，分界面上只有两个切向分量的边界条件是独立的，法向分量的边界条件已经包含在切向分量的边界条件中。

5-8　在两导体平板（$z=0$ 和 $z=d$）之间的空气中传输的电磁波，其电场强度矢量为

$$\boldsymbol{E}=\boldsymbol{e}_y E_0\sin\left(\frac{\pi}{d}z\right)\cos(\omega t-k_x x)$$

其中 k_x 为常数。试求：

（1）磁场强度矢量 $\boldsymbol{H}$；

（2）两导体表面上的面电流密度 $\boldsymbol{J}_S$。

5-9　假设真空中的磁感应强度为

$$\boldsymbol{B}=\boldsymbol{e}_y 10^{-2}\cos(6\pi\times10^8 t)\cos(2\pi z)\,T$$

试求位移电流密度。

5-10　在理想导电壁（$\sigma=\infty$）限定的区域（$0\leqslant x\leqslant a$）内存在一个如下的电磁场：

$$\boldsymbol{E}_y=H_0\mu\omega\frac{a}{\pi}\sin\left(\frac{\pi x}{a}\right)\sin(kz-\omega t)$$

$$\boldsymbol{H}_x=H_0 k\frac{a}{\pi}\sin\left(\frac{\pi x}{a}\right)\sin(kz-\omega t)$$

$$\boldsymbol{H}_z=H_0\cos\left(\frac{\pi x}{a}\right)\cos(kz-\omega t)$$

这个电磁场满足的边界条件如何？导电壁上的电流密度的值如何？

5-11　一段由理想导体构成的同轴线，内导体半径为 a，外导体半径为 b，长度为 L，同轴线两端用理想导体板短路。已知在 $a\leqslant r\leqslant b$、$0\leqslant z\leqslant L$ 区域内的电磁场为

$$\boldsymbol{E}=\boldsymbol{e}_r\frac{A}{r}\sin kz,\quad \boldsymbol{H}=\boldsymbol{e}_\theta\frac{B}{r}\cos kz$$

（1）确定 A、B 之间的关系；

（2）确定 k；

（3）求 $r=a$ 及 $r=b$ 面上的 ρ_S、$\boldsymbol{J}_S$。

5-12　一根半径为 a 的长直圆柱导体上通过直流电流 I。假设导体的电导率 σ 为有限值，求导体表面附近的坡印廷矢量，计算长度为 L 的导体所损耗的功率。

5-13　将下列场矢量的瞬时值与复数值相互表示：

（1）$\boldsymbol{E}(t)=\boldsymbol{e}_y E_{ym}\cos(\omega t-kx+a)+\boldsymbol{e}_z E_{zm}\sin(\omega t-kx+a)$；

（2）$\boldsymbol{H}(t)=\boldsymbol{e}_x H_0 k\left(\frac{a}{\pi}\right)\sin\left(\frac{\pi x}{a}\right)\sin(kz-\omega t)+\boldsymbol{e}_z H_0\cos\left(\frac{\pi x}{a}\right)\cos(kz-\omega t)$；

（3）$E_{zm}=E_0\sin(k_x x)\sin(k_y y)\mathrm{e}^{-\mathrm{j}k_z z}$；

（4）$E_{xm}=2\mathrm{j}E_0\sin\theta\cos(k_x\cos\theta)\mathrm{e}^{-\mathrm{j}kz\sin\theta}$。

5-14 一振幅为 50 V/m、频率为 1 GHz 的电场存在于相对介电常数为 2.5、损耗角正切为 0.001 的有耗电介质中，求每立方米介质中消耗的平均功率。

5-15 已知无源、自由空间中的电场强度矢量 $\boldsymbol{E}=\boldsymbol{e}_y E_m \sin(\omega t-kz)$：

(1) 由麦克斯韦方程求磁场强度 $\boldsymbol{H}$；

(2) 证明 ω/k 等于光速；

(3) 求坡印廷矢量的时间平均值。

5-16 已知真空中电场强度

$$\boldsymbol{E}(t)=\boldsymbol{e}_x E_0 \cos k_0(z-ct)+\boldsymbol{e}_y E_0 \sin k_0(z-ct)$$

式中 $k_0=\dfrac{2\pi}{\lambda_0}=\dfrac{\omega}{c}$。试求：

(1) 磁场强度和坡印廷矢量的瞬时值；

(2) 对于给定的 z 值(例如 $z=0$)，试确定 $\boldsymbol{E}$ 随时间变化的轨迹；

(3) 磁场能量密度、电场能量密度和坡印廷矢量的时间平均值；

5-17 设真空中同时存在两个正弦电磁场，其电场强度分别为

$$\boldsymbol{E}_1=\boldsymbol{e}_x E_{10}\mathrm{e}^{-\mathrm{j}k_1 z}, \quad \boldsymbol{E}_2=\boldsymbol{e}_y E_{20}\mathrm{e}^{-\mathrm{j}k_2 z}$$

试证明总的平均功率流密度等于两个正弦电磁场的平均功率流密度之和。

5-18 证明真空中无源区域的麦克斯韦方程组、坡印廷矢量、能量密度在下列变换情况

$$\boldsymbol{E}'=\boldsymbol{E}\cos\theta+c\boldsymbol{B}\sin\theta, \quad \boldsymbol{B}'=-\frac{\boldsymbol{E}}{c}\sin\theta+\boldsymbol{B}\cos\theta$$

下不变。其中 $c=\dfrac{1}{\sqrt{\mu_0\varepsilon_0}}$，$\theta$ 为任意的恒定角度。

5-19 证明均匀、线性、各向同性的导电介质中，无源区域的正弦电磁场满足波动方程：

$$\nabla^2\boldsymbol{E}-\mathrm{j}\omega\mu\sigma\boldsymbol{E}+\omega^2\mu\varepsilon\boldsymbol{E}=0$$

$$\nabla^2\boldsymbol{H}-\mathrm{j}\omega\mu\sigma\boldsymbol{H}+\omega^2\mu\varepsilon\boldsymbol{H}=0$$

5-20 证明有源区域内电场强度矢量 $\boldsymbol{E}$ 和磁场强度矢量 $\boldsymbol{H}$ 满足有源波动方程：

$$\nabla^2\boldsymbol{E}-\mu\varepsilon\frac{\partial^2\boldsymbol{E}}{\partial t^2}=\frac{1}{\varepsilon}\nabla\rho+\mu\frac{\partial\boldsymbol{J}}{\partial t}$$

$$\nabla^2\boldsymbol{H}-\mu\varepsilon\frac{\partial^2\boldsymbol{H}}{\partial t^2}=-\nabla\times\boldsymbol{J}$$

5-21 在麦克斯韦方程中，若忽略$\dfrac{\partial\boldsymbol{D}}{\partial t}$或$\dfrac{\partial\boldsymbol{B}}{\partial t}$，证明磁矢位和标量电位满足泊松方程：

$$\nabla^2\boldsymbol{A}=-\mu\boldsymbol{J}, \quad \nabla^2\varphi=-\frac{\rho}{\varepsilon}$$

5-22 证明洛仑兹条件和电流连续方程是等效的。

5-23 试证在下列变换

$$\boldsymbol{E}'=\boldsymbol{E}\cos\theta+c\boldsymbol{B}\sin\theta, \quad \boldsymbol{B}'=-\frac{\boldsymbol{E}}{c}\sin\theta+\boldsymbol{B}\cos\theta$$

中，总能量密度$\dfrac{1}{2}\varepsilon_0 E^2+\dfrac{1}{2}\mu_0 H^2$ 也具有不变性。其中 $c=\dfrac{1}{\sqrt{\mu_0\varepsilon_0}}$，$\theta$ 为任意的恒定角度。

第 6 章　均匀平面电磁波

☞在前一章，我们已由麦克斯韦方程组，导出了电场与磁场的波动方程，空间区域任一点的电磁波的电场和磁场可以通过求解波动方程而得到。电磁波是一种波动现象，在电磁波传播的过程中，对应任一时刻 t，空间电磁场中具有相同相位的点构成的面称为电磁波的等相位面，也叫做波阵面。电磁波根据其空间等相位面的形状分为：平面、柱面和球面波。波阵面为球面的波称为球面电磁波，太阳发出的光就是球面波。而均匀平面波指的是波阵面为平面，且等相位面上各点的场强大小相等、方向相同的电磁波。确切地说，理想的平面电磁波是很难实现的，因为只有无限大的波源才能激励出这样的波。但是，如果场点离波源足够远的话，那么空间曲面的很小一部分就相当接近平面。例如，在地球上接收到的太阳光就完全可以看成平面波；在远离发射天线的接收点附近的电磁波，可以近似地看成平面电磁波。实际上任何复杂形态的电磁波均可以用均匀平面波的叠加而获得，由此可见，研究均匀平面波的性质和传播规律是讨论任意电磁波传播规律的基础。

本章介绍波动方程的均匀平面电磁波的解，讨论充满单一媒质的无限大区域中的均匀平面电磁波的特性和传播规律。

6.1　无耗媒质中的平面电磁波

介电常数 ε 和磁导率 μ 为常数，电导率 $\sigma=0$ 的介质称为理想介质。理想介质就是无电磁能量损耗、无色散、均匀而又各向同性的线性媒质，故理想介质也称为无耗媒质。除了真空之外，任何物质都不能严格地满足上述要求，但是某些低损耗、弱色散的物质可以近似地看做理想介质。

6.1.1　无耗媒质中波动方程的解

设在无界空间内充满均匀一致的各向同性的理想介质，由于在该区域既没有电流，也没有电荷，因而满足第 5 章中已推导出的理想介质中电场与磁场的波动方程为

$$\nabla^2 \boldsymbol{E} - \frac{1}{v^2}\frac{\partial^2 \boldsymbol{E}}{\partial t^2} = 0 \tag{6-1}$$

$$\nabla^2 \boldsymbol{H} - \frac{1}{v^2}\frac{\partial^2 \boldsymbol{H}}{\partial t^2} = 0 \tag{6-2}$$

式中，$v=\dfrac{1}{\sqrt{\mu\varepsilon}}$。

在直角坐标系中，假设均匀平面电磁波沿 z 轴方向传播，如图 6-1 所示，则因场矢量在与 z 轴垂直的 xy 平面内无变化，故有

$$\frac{\partial \boldsymbol{E}}{\partial x}=\frac{\partial \boldsymbol{E}}{\partial y}=0, \quad \frac{\partial \boldsymbol{H}}{\partial x}=\frac{\partial \boldsymbol{H}}{\partial y}=0 \tag{6-3}$$

因为均匀平面波的电场强度 $\boldsymbol{E}$ 和磁场强度 $\boldsymbol{H}$ 只是直角坐标 z 和时间 t 的函数，且空间无外加场源，所以由 $\nabla \cdot \boldsymbol{E}(z, t)=0$，得

$$\frac{\partial E_x(z, t)}{\partial x}+\frac{\partial E_y(z, t)}{\partial y}+\frac{\partial E_z(z, t)}{\partial z}=0 \tag{6-4}$$

故而 $E_z(z, t)=c(t)$。当 $t=0$ 时，$E_z(z, t)|_{t=0}=0$，那么 $c(t)=0$，则 $E_z(z, t)=0$。电场可表示为

$$\boldsymbol{E}=\boldsymbol{e}_x E_x(z, t)+\boldsymbol{e}_y E_y(z, t) \tag{6-5}$$

同例磁场为

$$\boldsymbol{H}=\boldsymbol{e}_x H_x(z, t)+\boldsymbol{e}_y H_y(z, t) \tag{6-6}$$

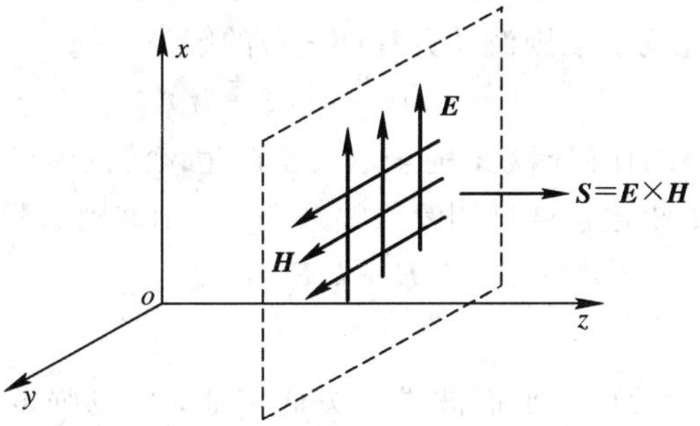

图 6-1　均匀平面电磁波的传播

对于波动方程(6-1)的求解，由于该矢量方程在直角坐标系中对应于三个形式相同的标量波动方程，因此可以分别求出 $E_x(z, t)$和 $E_y(z, t)$，然后使用叠加原理就能得到所有的电场。而相应的磁场强度 $\boldsymbol{H}$ 则可以由麦克斯韦方程得出。

在这里，我们先求电场强度 $\boldsymbol{E}$，为了简单起见，选取直角坐标系，假设电磁波的电场 $\boldsymbol{E}$ 沿 x 轴方向，即电场只有 $E_x(z, t)$分量($E_y=E_z=0$)，平面电磁波沿 z 轴方向传播。如图 6-1 所示，则因场矢量在 xy 平面内无变化。所以矢量波动方程式(6-1)变为标量波动方程

$$\frac{\partial^2 E_x(z, t)}{\partial z^2}-\frac{1}{v^2}\frac{\partial^2 E_x(z, t)}{\partial t^2}=0 \tag{6-7}$$

方程的通解为

$$E_x(z, t)=f_1(z-vt)+f_2(z+vt) \tag{6-8}$$

式中，$f_1(z-vt)$和 $f_2(z+vt)$是以$(z-vt)$和$(z+vt)$为变量的任意函数。可以证明 $f_1(z-vt)$和 $f_2(z+vt)$是式(6-7)的两个特解。

现在让我们来说明特解 $E_x(z, t)=f_1(z-vt)$的意义。在某特定时刻 $t=t_1$，$f_1(z-vt_1)$ 是 z 的函数，如图 6-2(a)所示。当 t_1 增至 t_2时，相应的 $f_1(z-vt_2)$仍是 z 的函数，如图 6-2(b)所示，其形状与图 6-2(a)相同，但向右移动了 $v(t_2-t_1)$的距离，这表明 $f_1(z-vt)$是一个以速度 v 向$+z$ 方向传播的波。不难理解，$E_x=f_2(z+vt)$表示一个以速度 v 向$-z$ 方向

传播的波。这两种波均是行波。

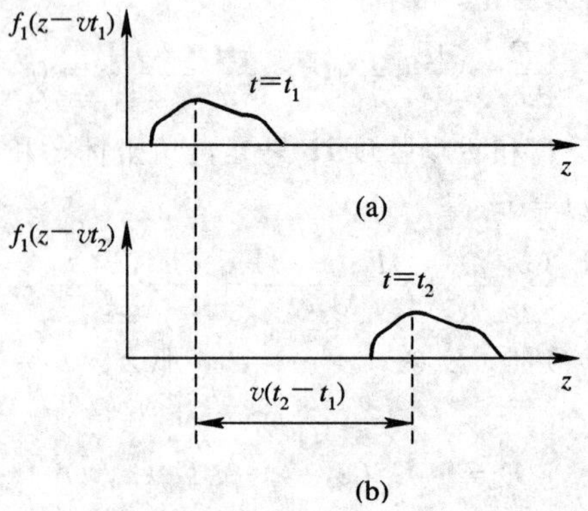

图 6-2　向 $+z$ 方向传播的波

在无界媒质中，只有单一方向行进的波。如果假设均匀平面电磁波沿 $+z$ 方向传播，且电场强度只有 $E_x(z, t)$ 分量，则波动方程(6-7)的解为

$$E_x(z, t) = f(z - vt) \tag{6-9}$$

$f_1(z-vt)$可以是$(z-vt)$的任何函数，完全取决于产生该波的激励方式。

对于正弦电磁场，如果电场强度用复振幅来表示，则波动方程式(6-1)可写为

$$\nabla^2 \boldsymbol{E} + k^2 \boldsymbol{E} = 0 \tag{6-10}$$

式中，$k=\omega\sqrt{\mu\varepsilon}$。

在直角坐标系中，假设均匀平面波沿 z 方向传播，电场强度只有 x 方向的坐标分量 $E_x(z)$，则波动方程(6-10)可以写为

$$\frac{\mathrm{d}^2 E_x(z)}{\mathrm{d}z^2} + k^2 E_x(z) = 0 \tag{6-11}$$

式(6-11)的解为

$$E_x(z) = E_0^+ \mathrm{e}^{-\mathrm{j}kz} + E_0^- \mathrm{e}^{+\mathrm{j}kz} \tag{6-12}$$

特解 $E_0^+ \mathrm{e}^{-\mathrm{j}kz}$ 表示向 $+z$ 方向传播的入射波，$E_0^- \mathrm{e}^{+\mathrm{j}kz}$ 表示向 $-z$ 方向传播的反射波。在这里我们仅讨论向 $+z$ 方向传播的入射波 $E_0^+ \mathrm{e}^{-\mathrm{j}kz}$。其中 $E_0^+ = E_m \mathrm{e}^{\mathrm{j}\phi_0}$，$E_m$ 为电场的振幅，ϕ_0 为电场的初相位，并将 E_0^+ 用 E_0 代替。所以均匀平面波的电场强度为

$$\boldsymbol{E} = \boldsymbol{e}_x E_x = \boldsymbol{e}_x E_0 \mathrm{e}^{-\mathrm{j}kz} \tag{6-13}$$

由麦克斯韦方程 $\nabla\times\boldsymbol{E} = -\mathrm{j}\omega\mu\boldsymbol{H}$，可得到均匀平面波的磁场强度的复振幅矢量为

$$\boldsymbol{H} = \boldsymbol{e}_y H_y = \boldsymbol{e}_y \frac{E_0}{\eta} \mathrm{e}^{-\mathrm{j}kz} = \boldsymbol{e}_y H_0 \mathrm{e}^{-\mathrm{j}kz} \tag{6-14}$$

式中，H_0 为磁场的振幅，即

$$H_0 = \frac{E_0}{\eta}$$

$$\eta = \frac{E_0}{H_0} = \frac{\omega\mu}{k} = \sqrt{\frac{\mu}{\varepsilon}} \tag{6-15}$$

η 仅与媒质的电磁参数有关，因此被称为媒质的波阻抗(或本征阻抗)，单位为 Ω(欧姆)。在真空中的波阻抗为

$$\eta_0 = \sqrt{\frac{\mu_0}{\varepsilon_0}} = 120\,\pi \approx 377\ \Omega$$

相应的电场与磁场强度瞬时值表达式为

$$\boldsymbol{E}(z,\ t) = \mathrm{Re}[\boldsymbol{e}_x E_0 \mathrm{e}^{\mathrm{j}(\omega t - kz)}] = \boldsymbol{e}_x E_m \cos(\omega t - kz + \phi_0) \tag{6-16}$$

$$\boldsymbol{H}(z,\ t) = \mathrm{Re}\left[\boldsymbol{e}_y \frac{E_0}{\eta} \mathrm{e}^{\mathrm{j}(\omega t - kz)}\right] = \boldsymbol{e}_y \frac{E_m}{\eta} \cos(\omega t - kz + \phi_0)$$

$$= \boldsymbol{e}_y H_m \cos(\omega t - kz + \phi_0) \tag{6-17}$$

6.1.2　均匀平面波的传播特性

由式(6－16)和式(6－17)可知，无耗媒质中的平面电磁波电场和磁场在空间上相互垂直，在时间上是同相的，二者的振幅之间有固定的比值，此比值取决于媒质的介电常数和磁导率。我们分别来讨论波的相关参数。

1. 相位

相位由三部分组成：ωt 称为时间相位，kz 称为空间相位，ϕ_0 为 $t=0$、$z=0$ 时的初相位。电磁波的电场和磁场随 z 做正弦波动，但随着时间的增加，电磁波的等相位面以一定速度向前推进，这样的电磁波称为行波。

2. 相速

相速就是电磁波在媒质中传播的速度，由于它是电磁波的等相位面行进的速度，所以又称为相速，以 v_p 表示。由式(6－16)可见，均匀平面电磁波的等相位面方程为

$$\omega t - kz + \phi = \text{常数} \tag{6-18}$$

根据相速的定义和等相位面方程可得

$$v_p = \frac{\mathrm{d}z}{\mathrm{d}t} = \frac{\omega}{k} = \frac{1}{\sqrt{\mu\varepsilon}}\quad (\mathrm{m/s}) \tag{6-19}$$

在真空中，均匀平面电磁波传播的相速等于光速，即 $v_p = c = 3\times10^8$ m/s。

3. 波长与相移常数

平面波在一个周期 T 以相速 v_p 在空间向传播方向行进的距离称为波长，用 λ 表示。相应的相位变化了 2π。则有

$$\lambda = v_p T = v_p \frac{1}{f} \tag{6-20}$$

$$v_p = \lambda f \tag{6-21}$$

上式中的 f 为电磁波的频率，而

$$k = \omega\sqrt{\mu\varepsilon} = \frac{\omega}{v_p} = \frac{2\pi f}{\lambda f} = \frac{2\pi}{\lambda}\quad (\mathrm{rad/m}) \tag{6-22}$$

k 称为电磁波的相位常数，单位为(rad/m)，它表示波向传播方向行进单位距离的相位的变化量。k 也称为波数，因为空间相位变化 2π 相当于一个全波，k 表示 2π 长度内所具有的全波数目。

4. 能流与能速

复坡印廷矢量为

$$\boldsymbol{S}=\frac{1}{2}\boldsymbol{E}\times\boldsymbol{H}^{*}=\frac{1}{2}\boldsymbol{e}_{x}E_{0}\mathrm{e}^{-\mathrm{j}kz}\times\boldsymbol{e}_{y}\frac{E_{0}^{*}}{\eta}\mathrm{e}^{\mathrm{j}kz}=\boldsymbol{e}_{z}\frac{E_{m}^{2}}{2\eta}\tag{6-23}$$

而坡印廷矢量的平均值为

$$\boldsymbol{S}_{\mathrm{av}}=\mathrm{Re}[\boldsymbol{S}]=\boldsymbol{e}_{z}\frac{E_{m}^{2}}{2\eta}\quad(\mathrm{W/m^{2}})\tag{6-24}$$

平均坡印廷矢量 $\boldsymbol{S}_{\mathrm{av}}$ 为常数，表明在与传播方向垂直的所有平面上，每单位面积通过的平均功率都相同，电磁波在传播过程中没有能量损失。因此理想媒质中的均匀平面电磁波是等振幅波。

电场能量密度和磁场能量密度的瞬时值为

$$w_{e}(t)=\frac{1}{2}\boldsymbol{D}\cdot\boldsymbol{E}=\frac{1}{2}\varepsilon E_{m}^{2}\cos^{2}(\omega t-kz+\phi_{0})\tag{6-25}$$

$$\begin{aligned}w_{m}(t)&=\frac{1}{2}\boldsymbol{B}\cdot\boldsymbol{H}=\frac{1}{2}\mu H_{m}^{2}\cos^{2}(\omega t-kz+\phi_{0})\\&=\frac{1}{2}\mu\cdot\frac{E_{m}^{2}}{\mu/\varepsilon}\cdot\cos^{2}(\omega t-kz+\phi_{0})\\&=w_{e}(t)\end{aligned}\tag{6-26}$$

可见，任一时刻电场能量密度和磁场能量密度相等，各为总电磁能量的一半。电磁能量的时间平均值为

$$w_{e}^{\mathrm{av}}=\frac{1}{4}\varepsilon E_{m}^{2}\tag{6-27}$$

$$w_{m}^{\mathrm{av}}=\frac{1}{4}\mu H_{m}^{2}\tag{6-28}$$

总平均能量为

$$w_{\mathrm{av}}=w_{e}^{\mathrm{av}}+w_{m}^{\mathrm{av}}=\frac{1}{2}\varepsilon E_{m}^{2}\tag{6-29}$$

电磁波的传播实际上是电磁能量的流动。电磁波的电磁能量传播速度简称能速，用 v_{e} 表示，定义为

$$v_{e}=\frac{|\boldsymbol{S}_{\mathrm{av}}|}{w_{\mathrm{av}}}\tag{6-30}$$

其方向为电磁能量流动的方向。均匀平面电磁波的能量传播速度为

$$v_{e}=\boldsymbol{e}_{z}\frac{E_{m}^{2}/2\eta}{\varepsilon E_{m}^{2}/2}=\boldsymbol{e}_{z}\frac{1}{\sqrt{\mu\varepsilon}}=v_{p}\tag{6-31}$$

上式表明均匀平面电磁波的能量传播速度等于其相速。

综上所述：可见无耗媒质中的均匀平面波具有以下特点：

(1) 在电磁波传播的方向上，电场强度与磁场强度的分量恒为 0。如将传播方向看做纵向的话，则无纵向场量，电场和磁场只存在于与纵向方向垂直的横向面上，所以这种电磁波叫做横电磁波(即 TEM 波)。

(2) 电场强度与磁场强度在空间总是互相垂直，而且都与传播方向垂直，$\boldsymbol{E}$、$\boldsymbol{H}$ 和 $\boldsymbol{S}$ 三者方向成右手螺旋关系。

(3) 电场强度与磁场强度在时间上保持同相，振幅之比为波阻抗 η。

(4) 电磁波为行波，在无耗媒质中无衰减的传播，传播过程无能量损失。

均匀平面电磁波传播如图 6-3 所示。

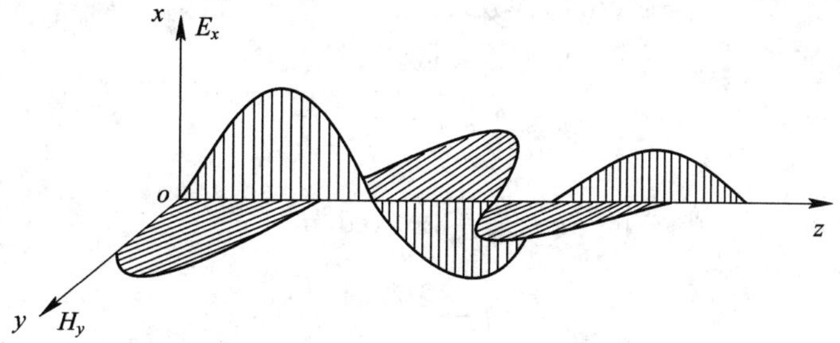

图 6-3　无耗媒质中的均匀平面电磁波

上述无耗媒质中的 TEM 波，讲述了只有一个横向场量 E_x 的情况。实际上，如电磁波向 z 方向传播的话，在与 z 垂直的横向面上，经常会有两个横向场量 E_x 和 E_y，磁场同样也有两个横向场量 H_x 和 H_y。具有两个横向场量的波的传播特性与前面讲的一个横向场量的波的传播特性完全相同。

例 6-1　电磁波在真空中传播，其电场强度矢量的复数表达式为

$$\boldsymbol{E} = (\boldsymbol{e}_x - \mathrm{j}\boldsymbol{e}_y)10^{-4}\ \mathrm{e}^{-\mathrm{j}20\pi z}\quad (\mathrm{V/m})$$

试求：

(1) 工作频率 f；

(2) 磁场强度矢量的复数表达式；

(3) 坡印廷矢量的瞬时值和时间平均值。

解　(1) 电场强度矢量的复数表达式为

$$\boldsymbol{E} = (\boldsymbol{e}_x - \mathrm{j}\boldsymbol{e}_y)10^{-4}\ \mathrm{e}^{-\mathrm{j}20\pi z}\quad (\mathrm{V/m})$$

所以有

$$k = 20\pi,\ v = \frac{1}{\sqrt{\mu_0\varepsilon_0}} = 3\times10^8,\quad k = \frac{2\pi}{\lambda},\quad \lambda f = v,\quad f = \frac{v}{\lambda} = 3\times10^9\ \mathrm{Hz}$$

电场强度的瞬时值为

$$\boldsymbol{E} = 10^{-4}[\boldsymbol{e}_x\cos(\omega t - kz) + \boldsymbol{e}_y\sin(\omega t - kz)]$$

(2) 磁场强度复矢量由 $\nabla\times\boldsymbol{E} = -\mathrm{j}\omega\mu\boldsymbol{H}$ 有：

$$\boldsymbol{H} = \mathrm{j}\,\frac{1}{\omega\mu_0}\nabla\times\boldsymbol{E} = \frac{1}{\eta_0}(\boldsymbol{e}_y + \mathrm{j}\boldsymbol{e}_x)10^{-4}\ \mathrm{e}^{-\mathrm{j}20\pi z}$$

$$\eta_0 = \sqrt{\frac{\mu_0}{\varepsilon_0}} = 120\pi$$

磁场强度的瞬时值为

$$\boldsymbol{H}(z,\ t) = \mathrm{Re}[\boldsymbol{H}(z)\mathrm{e}^{\mathrm{j}\omega t}] = \frac{10^{-4}}{\eta_0}[\boldsymbol{e}_y\cos(\omega t - kz) - \boldsymbol{e}_x\sin(\omega t - kz)]$$

(3) 坡印廷矢量的瞬时值和时间平均值为

$$\boldsymbol{S}(z,\ t) = \boldsymbol{E}(z,\ t)\times\boldsymbol{H}(z,\ t) = \frac{10^{-8}}{\eta_0}[\boldsymbol{e}_z\cos^2(\omega t - kz) - \boldsymbol{e}_z\sin^2(\omega t - kz)]$$

$$\boldsymbol{S}_{\mathrm{av}} = \mathrm{Re}\left[\frac{1}{2}\boldsymbol{E}(z)\times\boldsymbol{H}^*(z)\right] = \frac{10^{-8}}{\eta_0}\boldsymbol{e}_z\quad (\mathrm{W/m^2})$$

例 6-2 已知空气中均匀平面波的电场 $\boldsymbol{E}=\boldsymbol{e}_y 20\cos(9\pi\times10^8 t+kz)$ V/m，求：

(1) 波的频率、波长、波数(相移常数)；

(2) 磁场强度的复矢量和平均坡印廷矢量。

解 (1)

$$f=\frac{\omega}{2\pi}=4.5\times10^8\ \text{Hz}$$

$$k=\frac{\omega}{c}=3\pi\ (\text{rad/m})$$

$$\lambda=\frac{c}{f}=\frac{3\times10^8}{4.5\times10^8}=\frac{2}{3}\ (\text{m})$$

(2)

$$\boldsymbol{E}=\boldsymbol{e}_y 20\mathrm{e}^{jkz}$$

$$\boldsymbol{H}=\mathrm{j}\frac{1}{\omega\mu_0}\nabla\times\boldsymbol{E}=\boldsymbol{e}_x 20\frac{1}{\eta_0}\mathrm{e}^{jkz}\ (\text{A/m})$$

$$\boldsymbol{S}_{\text{av}}=\frac{1}{2}\text{Re}(\boldsymbol{E}\times\boldsymbol{H})=-\boldsymbol{e}_z\frac{5}{6\pi}\ (\text{W/m}^2)$$

可见该波是向 $-z$ 方向传播的平面波。

6.1.3 向任意方向传播的均匀平面波

在直角坐标系中，在充满单一无耗媒质无界空间中，设均匀平面波沿 $+z$ 方向传播，电场强度只有 x 方向的坐标分量 $E_x(z)$，那么正弦均匀平面电磁波的复振幅表示为

$$\boldsymbol{E}=\boldsymbol{e}_x E_0\mathrm{e}^{-\mathrm{j}kz}=\boldsymbol{E}_0\mathrm{e}^{-\mathrm{j}kz}$$

式中，$\boldsymbol{E}_0$ 为常矢量，即有 $\nabla\cdot\boldsymbol{E}_0=0$，$\nabla\times\boldsymbol{E}_0=0$。

利用矢量恒等式 $\nabla\times(\psi\boldsymbol{A})=\psi\nabla\times\boldsymbol{A}+\nabla\psi\times\boldsymbol{A}$ 和 $\nabla\cdot(\psi\boldsymbol{A})=\psi\nabla\cdot\boldsymbol{A}+\nabla\psi\cdot\boldsymbol{A}$，将上式代入麦克斯韦方程 $\nabla\times\boldsymbol{E}=-\mathrm{j}\omega\mu\boldsymbol{H}$，则可以得到

$$\begin{aligned}\boldsymbol{H}&=\frac{\mathrm{j}}{\omega\mu}\nabla\times(\boldsymbol{E}_0\mathrm{e}^{-\mathrm{j}kz})=\frac{\mathrm{j}}{\omega\mu}(\mathrm{e}^{-\mathrm{j}kz}\nabla\times\boldsymbol{E}_0+\nabla\mathrm{e}^{-\mathrm{j}kz}\times\boldsymbol{E}_0)\\&=\frac{\mathrm{j}}{\omega\mu}[\mathrm{e}^{-\mathrm{j}kz}(-\mathrm{j}k)\boldsymbol{e}_z\times\boldsymbol{E}_0]=\frac{\mathrm{j}}{\omega\mu}(-\mathrm{j}k)\boldsymbol{e}_z\times\boldsymbol{E}_0\mathrm{e}^{-\mathrm{j}kz}\\&=\frac{k}{\omega\mu}\boldsymbol{e}_z\times\boldsymbol{E}=\frac{1}{\eta}\boldsymbol{e}_z\times\boldsymbol{E}\end{aligned}$$

$$\nabla\cdot(\boldsymbol{E}_0\mathrm{e}^{-\mathrm{j}kz})=\mathrm{e}^{-\mathrm{j}kz}\nabla\cdot\boldsymbol{E}_0+\nabla\mathrm{e}^{-\mathrm{j}kz}\cdot\boldsymbol{E}_0=(-\mathrm{j}k)\boldsymbol{e}_z\cdot\boldsymbol{E}_0\mathrm{e}^{-\mathrm{j}kz}=0$$

可知

$$\boldsymbol{e}_z\cdot\boldsymbol{E}_0=0$$

故有

$$\begin{bmatrix}\boldsymbol{E}=\boldsymbol{E}_0\mathrm{e}^{-\mathrm{j}kz}\\\boldsymbol{H}=\dfrac{1}{\eta}\boldsymbol{e}_z\times\boldsymbol{E}\\\boldsymbol{e}_z\cdot\boldsymbol{E}_0=0\end{bmatrix}\tag{6-32}$$

上式表明，如已知向 z 方向传播的均匀平面波的电场，利用式(6-32)求磁场强度十分方便。

同样，如已知向 z 方向传播的均匀平面波的磁场强度 $\boldsymbol{H}$，则可以利用下式求电场：

$$\begin{cases} \boldsymbol{H} = \boldsymbol{H}_0 \mathrm{e}^{-\mathrm{j}kz} \\ \boldsymbol{E} = -\eta \boldsymbol{e}_z \times \boldsymbol{H} \\ \boldsymbol{e}_z \cdot \boldsymbol{H}_0 = 0 \end{cases} \tag{6-33}$$

现在用式(6－32)来推导向任意方向传播的均匀平面波的相关公式。对于式(6－32)，如果开始时选择直角坐标系 $ox'y'z'$，那么，正弦均匀平面电磁波的复场量可以表示为

$$\begin{cases} \boldsymbol{E} = \boldsymbol{E}_0 \mathrm{e}^{-\mathrm{j}kz'} \\ \boldsymbol{H} = \dfrac{1}{\eta} \boldsymbol{e}_z' \times \boldsymbol{E} \\ \boldsymbol{e}_z' \cdot \boldsymbol{E}_0 = 0 \end{cases} \tag{6-34}$$

这是沿 $\boldsymbol{e}_z'$ 方向传播的波。将直角坐标系 $ox'y'z'$ 任意旋转后得到新的直角坐标系 $oxyz$，如图6－4 所示。

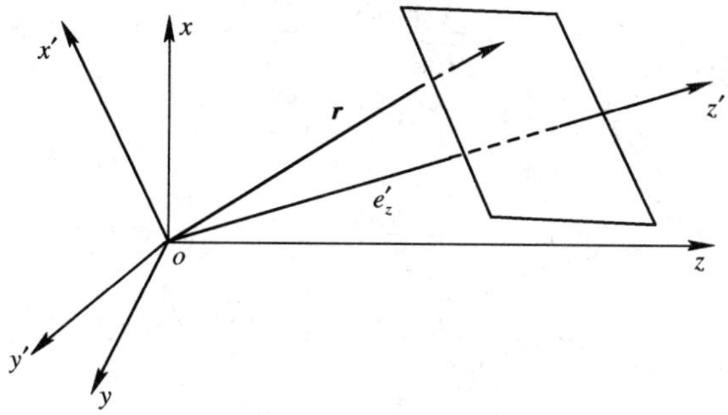

图 6－4　向 $\boldsymbol{k}$ 方向传播的均匀平面电磁波

在直角坐标系 $oxyz$ 中，式(6－34)就是沿任意方向 $\boldsymbol{e}_z'$ 传播的均匀平面电磁波。如果以 $\boldsymbol{r}$ 表示等相位面 z'＝常数上任一点的矢径，则有 $z'=\boldsymbol{r}\cdot\boldsymbol{e}_z'$。在直角坐标系 $oxyz$ 中有

$$\boldsymbol{r} = \boldsymbol{e}_x x + \boldsymbol{e}_y y + \boldsymbol{e}_z z$$

$$\boldsymbol{e}_z' = \boldsymbol{e}_x \cos\alpha + \boldsymbol{e}_y \cos\beta + \boldsymbol{e}_z \cos\gamma$$

式中 $\cos\alpha$、$\cos\beta$、$\cos\gamma$ 是 $\boldsymbol{e}_z'$ 在直角坐标系 $oxyz$ 中的方向余弦。而式(6－34)中的相位因子为

$$\begin{aligned} kz' &= k\boldsymbol{e}_z' \cdot \boldsymbol{r} = (\boldsymbol{e}_x \cos\alpha + \boldsymbol{e}_y \cos\beta + \boldsymbol{e}_z \cos\gamma) k \cdot \boldsymbol{r} \\ &= \boldsymbol{k} \cdot \boldsymbol{r} = k_x x + k_y y + k_z z \end{aligned} \tag{6-35}$$

其中，

$$\boldsymbol{k} = k\boldsymbol{e}_z' = k\boldsymbol{e}_k = \boldsymbol{e}_x k_x + \boldsymbol{e}_y k_y + \boldsymbol{e}_z k_z$$

在这里，矢量 $\boldsymbol{k}$ 被称为波矢量，其方向是波的传播方向，$\boldsymbol{k}$ 方向的单位矢量用 $\boldsymbol{e}_k$ 表示，$\boldsymbol{k}$ 的模是波数。然而，坐标系旋转时，矢量 $\boldsymbol{E}_0$ 并未改变，只是在不同坐标系中其分量不同而已。故而，如已知任意方向的电场，则有

$$\begin{cases} \boldsymbol{E} = \boldsymbol{E}_0 \mathrm{e}^{-\mathrm{j}\boldsymbol{k}\cdot\boldsymbol{r}} \\ \boldsymbol{H} = \dfrac{1}{\eta} \boldsymbol{e}_k \times \boldsymbol{E} \\ \boldsymbol{e}_k \cdot \boldsymbol{E}_0 = 0 \end{cases} \tag{6-36}$$

类似地，如已知均匀平面电磁波的磁场，则有

$$\begin{bmatrix} \boldsymbol{H} = \boldsymbol{H}_0 e^{-j\boldsymbol{k}\cdot\boldsymbol{r}} \\ \boldsymbol{E} = -\eta \boldsymbol{e}_k \times \boldsymbol{H} \\ \boldsymbol{e}_k \cdot \boldsymbol{H}_0 = 0 \end{bmatrix} \tag{6-37}$$

例 6-3 已知无界理想媒质($\varepsilon=9\varepsilon_0$, $\mu=\mu_0$, $\sigma=0$)中正弦均匀平面电磁波的频率$f=10^8$ Hz，电场强度为

$$\boldsymbol{E} = \boldsymbol{e}_x 4e^{-jkz} + \boldsymbol{e}_y 3e^{-jkz+j\frac{\pi}{3}} \quad (\text{V/m})$$

试求：

(1) 均匀平面电磁波的相速度 v_p、波长 λ、相移常数 k 和波阻抗 η；

(2) 电场强度和磁场强度的瞬时值表达式；

(3) 坡印廷矢量的平均值 $\boldsymbol{S}_{av}$。

解 (1)

$$v_p = \frac{1}{\sqrt{\mu\varepsilon}} = \frac{c}{\sqrt{\mu_r\varepsilon_r}} = \frac{3\times10^8}{\sqrt{9}} = 10^8 \quad \text{m/s}$$

$$\lambda = \frac{v_p}{f} = 1 \text{ m}$$

$$k = \omega\sqrt{\mu\varepsilon} = \frac{\omega}{v_p} = 2\pi \quad (\text{rad/m})$$

$$\eta = \sqrt{\frac{\mu}{\varepsilon}} = \eta_0\sqrt{\frac{\mu_r}{\varepsilon_r}} = 120\pi\sqrt{\frac{1}{9}} = 40\pi \quad (\Omega)$$

(2)
$$\boldsymbol{H} = \frac{1}{\eta}\boldsymbol{e}_z\times\boldsymbol{E} = \frac{1}{\eta}(4\boldsymbol{e}_y e^{-jkz} - \boldsymbol{e}_x 3e^{-jkz+j\frac{\pi}{3}}) \quad (\text{A/m})$$

电场强度和磁场强度的瞬时值为

$$\begin{aligned}\boldsymbol{E}(t) &= \text{Re}[\boldsymbol{E}\cdot e^{j\omega t}] \\ &= \boldsymbol{e}_x 4\cos(2\pi\times10^8 t - 2\pi z) + \boldsymbol{e}_y 3\cos\left(2\pi\times10^8 t - 2\pi z + \frac{\pi}{3}\right) \quad (\text{V/m})\end{aligned}$$

$$\begin{aligned}\boldsymbol{H}(t) &= \text{Re}[\boldsymbol{H}\cdot e^{j\omega t}] \\ &= -\boldsymbol{e}_x \frac{3}{40\pi}\cos\left(2\pi\times10^8 t - 2\pi z + \frac{\pi}{3}\right) + \boldsymbol{e}_y\frac{1}{10\pi}\cos(2\pi\times10^8 t - 2\pi z) \quad (\text{V/m})\end{aligned}$$

(3) 复坡印廷矢量：

$$\begin{aligned}\boldsymbol{S} &= \frac{1}{2}\boldsymbol{E}\times\boldsymbol{H}^* = \frac{1}{2}[\boldsymbol{e}_x 4e^{-jkz} + \boldsymbol{e}_y 3e^{-j\left(kz-\frac{\pi}{3}\right)}]\times\left[-\boldsymbol{e}_x\frac{3}{40\pi}e^{j\left(kz-\frac{\pi}{3}\right)} + \boldsymbol{e}_y\frac{1}{10\pi}e^{jkz}\right] \\ &= \boldsymbol{e}_z\frac{5}{16\pi} \quad (\text{W/m}^2)\end{aligned}$$

坡印廷矢量的时间平均值为

$$\boldsymbol{S}_{av} = \text{Re}[\boldsymbol{S}] = \boldsymbol{e}_z\frac{5}{16\pi} \quad (\text{W/m}^2)$$

例 6-4 假设真空中一平面波的磁场强度矢量为

$$\boldsymbol{H} = 10^{-4}(\boldsymbol{e}_x + \boldsymbol{e}_y + H_{z0}\boldsymbol{e}_z)\cos[\omega t + 3x - y - z)] \text{ (A/m)}$$

求：(1) 波的传播方向；

(2) 波的波长与频率；

(3) 磁场强度 z 分量的振幅 H_{z0}；

(4) 电场强度。

解　(1) 由磁场强度矢量的表示式。因为

$$\omega t - \boldsymbol{k} \cdot \boldsymbol{r} = \omega t + 3x - y - z$$

所以

$$\boldsymbol{k} = -3\boldsymbol{e}_x + \boldsymbol{e}_y + \boldsymbol{e}_z$$

$$k = \sqrt{11} \quad (\text{rad/m})$$

传播方向矢量

$$\boldsymbol{e}_k = \frac{\boldsymbol{k}}{k} = \frac{1}{\sqrt{11}}(-3\boldsymbol{e}_x + \boldsymbol{e}_y + \boldsymbol{e}_z)$$

(2)
$$\lambda = \frac{2\pi}{k} = \frac{2\pi}{\sqrt{11}}\ (\text{m}), \quad f = \frac{c}{\lambda} = \frac{3\sqrt{11}}{2\pi} \times 10^8\ (\text{Hz})$$

(3) 磁场强度 z 分量的振幅 H_{z0}。由于

$$\boldsymbol{e}_k \cdot \boldsymbol{H}_0 = 0$$

$$\boldsymbol{e}_k \cdot \boldsymbol{H}_0 = [-3\boldsymbol{e}_x + \boldsymbol{e}_y + \boldsymbol{e}_z] \cdot [\boldsymbol{e}_x + 2\boldsymbol{e}_y + H_{z0}\boldsymbol{e}_z] = 0$$

得
$$H_{z0} = 1$$

(4) 电场强度

$$\begin{aligned}\boldsymbol{E} &= -\eta_0 \boldsymbol{e}_k \times \boldsymbol{H} \\ &= -\frac{\eta_0}{\sqrt{11}}(-3\boldsymbol{e}_x + \boldsymbol{e}_y + \boldsymbol{e}_z) \times 10^{-4}(\boldsymbol{e}_x + 2\boldsymbol{e}_y + \boldsymbol{e}_z)\cos(\omega t + 3x - y - z) \\ &= -\frac{\eta_0}{\sqrt{11}}10^{-4}(\boldsymbol{e}_x - 4\boldsymbol{e}_y + 7\boldsymbol{e}_z) \times \cos(\omega t + 3x - y - z)\ (\text{V/m})\end{aligned}$$

6.2　导电媒质中的平面电磁波

6.2.1　有耗媒质中的波动方程及复介电常数

有耗媒质是电导率不为零($\sigma \neq 0$)的导电媒质，为了使有耗媒质中的均匀平面波的求解简单起见，这里将有耗媒质引起的导体损耗用等效的复介电常数体现，使有耗媒质中的波动方程与无耗媒质中的波动方程具有相同的形式。在第 5 章中引入了复介电常数、复磁导率和等效复介电常数的概念，以表征介质的极化、磁化和导电损耗。本节主要讨论平面电磁波在导电媒质中的导电损耗。设导电媒质电导率 $\sigma \neq 0$，ε、μ 为实常数，对于正弦波，则无源、无界的导电媒质中麦克斯韦方程组为

$$\nabla \times \boldsymbol{H} = \sigma \boldsymbol{E} + \mathrm{j}\omega\varepsilon \boldsymbol{E} \tag{6-38}$$

$$\nabla \times \boldsymbol{E} = -\mathrm{j}\omega\mu \boldsymbol{H} \tag{6-39}$$

$$\nabla \cdot \boldsymbol{H} = 0 \tag{6-40}$$

$$\nabla \cdot \boldsymbol{E} = 0 \tag{6-41}$$

由式(6-38)有

$$\nabla \times \boldsymbol{H} = \mathrm{j}\omega\left(\varepsilon - \mathrm{j}\,\frac{\sigma}{\omega}\right)\boldsymbol{E} = \mathrm{j}\omega\varepsilon_c\boldsymbol{E} \tag{6-42}$$

其中

$$\varepsilon_c = \varepsilon - \mathrm{j}\,\frac{\sigma}{\omega} = \varepsilon\left(1 - \mathrm{j}\,\frac{\sigma}{\omega\varepsilon}\right) \tag{6-43}$$

式中，ε_c是复数，称为导电媒质的复介电常数，它是一个等效的复数介电常数。ε_c的实部与前面讲述的理想介质的 ε 具有相同的物理含义，而虚部是一个具有电磁能量损耗的电参量。引入等效复介电常数后，导电媒质中的麦克斯韦方程组和无耗媒质中的麦克斯韦方程组具有完全相同的形式。所以有耗媒质中的波动方程与无耗媒质中的波动方程在形式上相同，即

$$\nabla^2\boldsymbol{E} + \gamma^2\boldsymbol{E} = 0 \tag{6-44}$$

$$\nabla^2\boldsymbol{H} + \gamma^2\boldsymbol{H} = 0 \tag{6-45}$$

式中，$\gamma^2 = \omega^2\mu\varepsilon_c$。$\gamma$ 是复数与无耗媒质中的 k 不同，可见有耗媒质中的波动方程与无耗媒质中的波动方程相比，两者不同的只是将其中的实常数 ε 换成等效复介电常数 ε_c。

复介电常数可以写为

$$\varepsilon_c = \varepsilon - \mathrm{j}\,\frac{\sigma}{\omega} = |\varepsilon_c|\,\boldsymbol{e}^{-\mathrm{j}\delta_e} \tag{6-46}$$

$|\varepsilon_c|$是ε_c的模，δ_e是导电媒质的损耗角，其正切值为

$$\tan\delta_e = \frac{\sigma}{\omega\varepsilon} \tag{6-47}$$

实际上，损耗角正切相当于导电媒质中的传导电流与位移电流之比，即

$$\tan\delta_e = \frac{|J_c|}{|J_D|} = \frac{|\sigma E|}{|\mathrm{j}\omega\varepsilon E|} = \frac{\sigma}{\omega\varepsilon} \tag{6-48}$$

如$\frac{\sigma}{\omega\varepsilon} \ll 1$，即传导电流远小于位移电流，则认为该媒质为电介质。$\frac{\sigma}{\omega\varepsilon} \gg 1$，即传导电流远大于位移电流，则认为该媒质为导电媒质。

由此可见，物质材料的导电性能不仅与 σ 和 ε 有关，而且还与电磁场的角频率 ω 有关，所以在交变场，同一种物质材料在某一频率时可能是电介质，而在另一频率时完全可能变成很好的导体。

实际应用中，一般由$\frac{\sigma}{\omega\varepsilon}$将媒质分为三类：

$\frac{\sigma}{\omega\varepsilon} < 0.01$，媒质为电介质；

$0.01 \leqslant \frac{\sigma}{\omega\varepsilon} < 100$，媒质为半导体或不良导体；

$\frac{\sigma}{\omega\varepsilon} \geqslant 100$，媒质为良导体。

6.2.2　有耗媒质中的均匀平面波的传播特性

在直角坐标系中，对于沿 $+z$ 方向传播的均匀平面电磁波，如果假定电场强度只有 E_x 分量，那么电场强度的波动方程式(6-44)的解为

$$\boldsymbol{E} = \boldsymbol{e}_x E_0 \mathrm{e}^{-\mathrm{j}\gamma z} \tag{6-49}$$

因 γ 为复数，故令 $\gamma=\beta-\mathrm{j}\alpha$，将它代入式(6-49)得电场的复矢量为

$$\boldsymbol{E} = \boldsymbol{e}_x E_0 \mathrm{e}^{-\mathrm{j}(\beta-\mathrm{j}\alpha)z} = \boldsymbol{e}_x E_0 \mathrm{e}^{-\alpha z} \cdot \mathrm{e}^{-\mathrm{j}\beta z} \tag{6-50}$$

因 $E_0=E_m\,\mathrm{e}^{\mathrm{j}\varphi_0}$，所以电场强度的瞬时值可以表示为

$$\boldsymbol{E}(z,\ t) = \boldsymbol{e}_x E_m\,\mathrm{e}^{-\alpha z}\cos(\omega t - \beta z + \varphi_0) \tag{6-51}$$

其中，E_m、φ_0 分别表示电场强度的振幅值和初相角。

由式(6-50)和式(6-51)可见，电场强度的振幅以指数 $\mathrm{e}^{-\alpha z}$ 随 z 的增大而减小，表明 α 是每单位距离衰减程度的常数，称为电磁波的衰减常数。单位是 Np/m(奈培/米)；而 β 是相移因子，β 表示波行进单位距离相位的变化量，称为相位常数，单位是 rad/m(弧度/米)。$\gamma=\beta-\mathrm{j}\alpha$ 称为传播常数。

因为 $\gamma^2=\omega^2\mu\varepsilon_c$，$(\beta-\mathrm{j}\alpha)^2=\omega^2\mu\left[\varepsilon-\mathrm{j}\dfrac{\sigma}{\omega}\right]$，故有

$$\beta^2 - \alpha^2 - \mathrm{j}2\alpha\beta = \omega^2\mu\varepsilon - \mathrm{j}\omega\mu\sigma$$

即有

$$\beta^2 - \alpha^2 = \omega^2\mu\varepsilon$$
$$2\alpha\beta = \omega\mu\sigma$$

由以上方程解得

$$\alpha = \omega\sqrt{\frac{\mu\varepsilon}{2}\left[\sqrt{1+\left(\frac{\sigma}{\omega\varepsilon}\right)^2} - 1\right]} \tag{6-52}$$

$$\beta = \omega\sqrt{\frac{\mu\varepsilon}{2}\left[\sqrt{1+\left(\frac{\sigma}{\omega\varepsilon}\right)^2} + 1\right]} \tag{6-53}$$

有耗媒质的波阻抗为复数

$$\eta_c = \sqrt{\frac{\mu}{\varepsilon - \mathrm{j}\dfrac{\sigma}{\omega}}} = \sqrt{\frac{\mu}{\varepsilon}}\left(1-\mathrm{j}\frac{\sigma}{\omega\varepsilon}\right)^{-\frac{1}{2}} = |\,\eta_c\,|\,\mathrm{e}^{\mathrm{j}\theta} \tag{6-54}$$

式中

$$|\,\eta_c\,| = \sqrt{\frac{\mu}{\varepsilon}}\left[1+\left(\frac{\sigma}{\omega\varepsilon}\right)^2\right]^{-\frac{1}{4}} < \sqrt{\frac{\mu}{\varepsilon}} \tag{6-55}$$

$$\theta = \frac{1}{2}\arctan\frac{\sigma}{\omega\varepsilon} = 0 \sim \frac{\pi}{4} \tag{6-56}$$

不难看出，导电媒质的波阻抗是一个复数，其模小于理想介质的波阻抗，幅角在 $0\sim\pi/4$ 之间变化，具有感性相角。这意味着电场强度和磁场强度在空间上虽然仍互相垂直，但在时间上有相位差，二者不再同相，电场强度相位超前磁场强度相位。

磁场强度可写为

$$\boldsymbol{H} = \boldsymbol{e}_y \frac{E_0}{\eta_c}\mathrm{e}^{-\gamma z} = \boldsymbol{e}_y \frac{E_0}{\eta_c}\mathrm{e}^{-\alpha z}\mathrm{e}^{-\mathrm{j}\beta z} = \boldsymbol{e}_y \frac{E_0}{|\,\eta_c\,|}\mathrm{e}^{-\alpha z}\mathrm{e}^{-\mathrm{j}\beta z}\mathrm{e}^{-\mathrm{j}\theta} \tag{6-57}$$

其瞬时值为

$$\boldsymbol{H}(z,\ t) = \boldsymbol{e}_y \frac{E_m}{|\,\eta_c\,|}\mathrm{e}^{-\alpha z}\cos(\omega t - \beta z + \varphi_0 - \theta) \tag{6-58}$$

磁场强度的相位比电场强度的相位滞后 θ，其振幅也随 z 的增加按指数函数 $\mathrm{e}^{-\alpha z}$ 衰减。

导电媒质中均匀平面电磁波的相速为

$$v_p = \frac{\mathrm{d}z}{\mathrm{d}t} = \frac{\omega}{\beta} = \frac{1}{\sqrt{\mu\varepsilon}}\left[\frac{2}{\sqrt{1+\left(\frac{\sigma}{\omega\varepsilon}\right)^2}+1}\right]^{\frac{1}{2}} < \frac{1}{\sqrt{\mu\varepsilon}} \tag{6-59}$$

而波长

$$\lambda = \frac{2\pi}{\beta} = \frac{v_p}{f}$$

由此可见，均匀平面电磁波在导电媒质中传播时，波的相速比相同介电常数和磁导率的理想介质中的波速要慢，且 α 愈大，相速愈慢、波长愈短。此外，相速和波长还随频率而变化，频率低，则相速慢。这样，携带信号的电磁波的不同频率分量将以不同的相速传播，经过一段距离后，它们的相位关系将发生变化，从而导致信号失真，这种现象称为色散。所以导电媒质又称为色散媒质。

导电媒质中的坡印廷矢量的瞬时值、时间平均值和复坡印廷矢量分别为

$$\begin{aligned}\boldsymbol{S}(z,t) &= \boldsymbol{E}(z,t)\times\boldsymbol{H}(z,t)\\ &= \boldsymbol{e}_z\frac{1}{2}\frac{E_m^2}{|\eta_c|}\mathrm{e}^{-2\alpha z}[\cos\theta+\cos(2\omega t-2\beta z+2\varphi_0-\theta)]\end{aligned} \tag{6-60}$$

$$\boldsymbol{S}_{\mathrm{av}} = \boldsymbol{e}_z\frac{1}{2}\frac{E_m^2}{|\eta_c|}\mathrm{e}^{-2\alpha z}\cos\theta \tag{6-61}$$

$$\boldsymbol{S}(\boldsymbol{r}) = \frac{1}{2}\boldsymbol{E}\times\boldsymbol{H}^* = \boldsymbol{e}_z\frac{E_m^2}{|\eta_c|}\mathrm{e}^{-2\alpha z}\mathrm{e}^{\mathrm{j}\theta} \tag{6-62}$$

导电媒质中平均电能密度和平均磁能密度分别为

$$w_e^{\mathrm{av}} = \frac{1}{4}\varepsilon|\boldsymbol{E}|^2 = \frac{1}{4}\varepsilon E_m^2\mathrm{e}^{-2\alpha z} \tag{6-63}$$

$$w_m^{\mathrm{av}} = \frac{1}{4}\mu|\boldsymbol{H}|^2 = \frac{1}{4}\mu\frac{E_m^2}{|\eta_c|^2}\mathrm{e}^{-2\alpha z} = \frac{1}{4}\varepsilon E_m^2\mathrm{e}^{-2\alpha z}\sqrt{1+\left(\frac{\sigma}{\omega\varepsilon}\right)^2} \tag{6-64}$$

不难看出，在导电媒质中，平均磁能密度大于平均电能密度。总的平均能量密度为

$$\begin{aligned}w_{\mathrm{av}} &= w_e^{\mathrm{av}} + w_m^{\mathrm{av}} = \frac{1}{4}\varepsilon E_m^2\mathrm{e}^{-2\alpha z} + \frac{1}{4}\varepsilon E_m^2\mathrm{e}^{-2\alpha z}\sqrt{1+\left(\frac{\sigma}{\omega\varepsilon}\right)^2}\\ &= \frac{1}{4}\varepsilon E_m^2\mathrm{e}^{-2\alpha z}\left[1+\sqrt{1+\left(\frac{\sigma}{\omega\varepsilon}\right)^2}\right]\end{aligned} \tag{6-65}$$

能量传播速度为

$$v_e = \frac{|\boldsymbol{S}_{\mathrm{av}}|}{w_{\mathrm{av}}} = \frac{1}{\sqrt{\mu\varepsilon}}\left[\frac{2}{1+\sqrt{1+\left(\frac{\sigma}{\omega\varepsilon}\right)^2}}\right]^{1/2} = v_p \tag{6-66}$$

可见，导电媒质中均匀平面电磁波的能速与相速相等。

综上所述可见有耗媒质中的均匀平面波具有以下特点：

(1) 有耗媒质中的均匀平面波仍为无纵向场量的横电磁波，即 TEM 波。

(2) 电场强度与磁场强度在空间总是互相垂直，而且都与传播方向垂直，**E**、**H** 和 **S** 三者方向成右手螺旋关系。

(3) 电场强度与磁场强度的振幅均以指数 $e^{-\alpha z}$ 随 z 的增大而衰减，振幅之比为波阻抗 η。

(4) 电场强度与磁场强度在空间不同相，磁场强度的相位比电场强度的相位滞后了 θ。

(5) 有耗媒质是色散媒质，不同频率的电磁波在该媒质中其相速不同，波长也不一样。

有耗媒质中的均匀平面电磁波传播如图 6-5 所示。

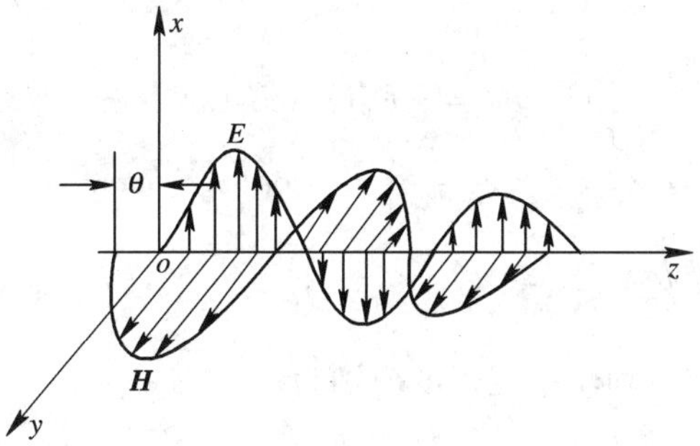

图 6-5　导电媒质中平面电磁波的电磁场

6.2.3　良导体中均匀平面波的传播特性

在静态场，我们将电导率 $\sigma=10^7\sim10^8$ S/m 的导体称为良导体，而在时变场如 $\frac{\sigma}{\omega\varepsilon}\geqslant100$，则将该导电媒质称为良导体。良导体中的均匀平面电磁波的波动方程及其电磁场的表示式在形式上与导电媒质中的波动方程及其电磁场表示式完全一样，只不过，良导体中的电磁波能量损耗更大。这里对几个电参量进行讨论。

由(6-43)式知：

$$\varepsilon_c=\varepsilon-\mathrm{j}\frac{\sigma}{\omega}=\varepsilon\left[1-\mathrm{j}\frac{\sigma}{\omega\varepsilon}\right]$$

因 $\frac{\sigma}{\omega\varepsilon}\geqslant100$，它远大于 1，所以上式可近似为

$$\varepsilon_c=\varepsilon\left[1-\mathrm{j}\frac{\sigma}{\omega\varepsilon}\right]\approx-\mathrm{j}\frac{\sigma}{\omega}\tag{6-67}$$

而传播常数

$$\gamma=\omega\sqrt{\mu\varepsilon_c}=\sqrt{-\mathrm{j}\omega\mu\sigma}=\beta-\mathrm{j}\alpha\tag{6-68}$$

对等式(6-68)两边平方，可解出 β 和 α

$$\beta=\alpha=\sqrt{\frac{\omega\mu\sigma}{2}}\tag{6-69}$$

可见，在良导体中相移常数 β 和衰减系数 α 在量值上相等。

$$\beta=\frac{2\pi}{\lambda}$$

波阻抗为

$$\eta_c=\sqrt{\frac{\mu}{-\mathrm{j}\frac{\sigma}{\omega}}}=\sqrt{\frac{\mathrm{j}\omega\mu}{\sigma}}=\sqrt{\frac{\omega\mu}{\sigma}}e^{\mathrm{j}\frac{\pi}{4}}\tag{6-70}$$

在直角坐标系中，对于沿$+z$方向传播的均匀平面电磁波，如果假定电场强度只有E_x分量，其电磁场为

$$\boldsymbol{E}=\boldsymbol{e}_x E_0 \mathrm{e}^{-\mathrm{j}(\beta-\mathrm{j}\alpha)z}=\boldsymbol{e}_x E_0 \mathrm{e}^{-\alpha z}\cdot \mathrm{e}^{-\mathrm{j}\beta z} \tag{6-71}$$

$$\boldsymbol{H}=\boldsymbol{e}_y \frac{E_0}{\eta_c}\mathrm{e}^{-\alpha z}\mathrm{e}^{-\mathrm{j}\beta z}=\boldsymbol{e}_y \frac{E_0}{|\eta_c|}\mathrm{e}^{-\alpha z}\mathrm{e}^{-\mathrm{j}\beta z}\mathrm{e}^{-\mathrm{j}\frac{\pi}{4}} \tag{6-72}$$

瞬时场为

$$\boldsymbol{E}(z,\ t)=\boldsymbol{e}_x E_0 \mathrm{e}^{-\alpha z}\cos(\omega t-\beta z) \tag{6-73}$$

$$\boldsymbol{H}(z,\ t)=\boldsymbol{e}_y \frac{E_0}{|\eta_c|}\mathrm{e}^{-\alpha z}\cos\left(\omega t-\beta z-\frac{\pi}{4}\right) \tag{6-74}$$

在上式中，$\beta=\alpha$，$|\eta_c|=\sqrt{\dfrac{\omega\mu}{\sigma}}$。

复功率流密度矢量和平均功率流密度分别为

$$\boldsymbol{S}=\frac{1}{2}\boldsymbol{E}\times\boldsymbol{H}^{*}=\boldsymbol{e}_z\frac{1}{2}E_0^2\mathrm{e}^{-2\alpha z}\sqrt{\frac{\sigma}{2\omega\mu}}(1+\mathrm{j}) \tag{6-75}$$

$$\boldsymbol{S}_{\mathrm{av}}=\mathrm{Re}[\boldsymbol{S}]=\boldsymbol{e}_z\frac{1}{2}E_0^2\mathrm{e}^{-2\alpha z}\sqrt{\frac{\sigma}{2\omega\mu}} \tag{6-76}$$

在$z=0$处平均功率流密度为

$$\boldsymbol{S}_{\mathrm{av}}=\boldsymbol{e}_z\frac{1}{2}E_0^2\sqrt{\frac{\sigma}{2\omega\mu}} \tag{6-77}$$

由式(6-73)～(6-76)可见，电场与磁场强度的振幅均以指数$\mathrm{e}^{-\alpha z}$随z的增大而衰减，能量按指数$\mathrm{e}^{-2\alpha z}$随z的增大衰减得更快。随着频率的提高、衰减系数α的增大，电磁波衰减得越迅速，所以说高频电磁波只集结在良导体表面的薄层内，这种现象称为趋肤效应。

关于电磁波入射到良导体面的趋肤效应、穿透深度及表面阻抗等将在第7章讨论。

例6-5 海水的电磁参数$\varepsilon_r=81$、$\mu_r=1$、$\sigma=4$(S/m)，一频率为3 kHz和30 MHz的平面电磁波在紧贴海平面下侧处的电场强度为1 V/m。求电磁波向海水中传输时：

(1) 电场强度衰减为1(μV/m)处的深度，应选择哪个频率进行潜水艇的水下通信？

(2) 频率3 kHz的电磁波从海平面下侧向海水中传播的平均功率流密度。

解 (1) 当$f=3$ kHz时，因为$\dfrac{\sigma}{\omega\varepsilon}=\dfrac{4\times36\pi\times10^9}{2\pi\times3\times10^3\times81}>100$，所以海水对依此频率传播的电磁波呈现为良导体，故

$$\alpha=\sqrt{\frac{\omega\mu\varepsilon}{2}}=\sqrt{\frac{2\pi\times3\times10^3\times4\pi\times10^{-7}\times4}{2}}=0.218$$

$$l=\frac{1}{\alpha}\ln\frac{|E_0|}{|E|}=\frac{1}{\alpha}\ln10^6=\frac{13.8}{\alpha}=63.3\ \mathrm{m}$$

当$f=30$ MHz时，因为$\dfrac{\sigma}{\omega\varepsilon}=\dfrac{4\times36\pi\times10^9}{2\pi\times3\times10^3\times81}=30<100$，所以海水对此频率传播的电磁波呈现为不良导体，故

$$\alpha=\omega\sqrt{\frac{\mu\varepsilon}{2}\left(\sqrt{1+\left(\frac{\sigma}{\omega\varepsilon}\right)^2}-1\right)}=2\pi\times3\times10^6\sqrt{\frac{4\pi\times10^{-7}\times80}{2\times36\pi\times10^9}\times29}=21.4$$

$$l=\frac{13.8}{\alpha}=0.645\ \mathrm{m}$$

由此可见，选 30 MHz 的电磁波衰减较大，应采用 3 kHz 的电磁波为水下通信频率。

(2) 平均功率流密度为

$$|\boldsymbol{S}_{\mathrm{av}}|_{z=0}=\frac{1}{2}E_0^2\sqrt{\frac{\sigma}{2\omega\mu}}=\frac{\sigma}{4\alpha}E_0^2=\frac{4}{4\times 0.218}\approx 4.6\ \mathrm{W/m^2}$$

例 6-6　证明均匀平面电磁波在良导体中传播时，波行进一个波长场强的衰减约为 −55 dB。

证明　因为良导体满足条件$\frac{\sigma}{\omega\varepsilon}\geqslant 100$，而$\beta=\alpha=\sqrt{\frac{\omega\mu\sigma}{2}}$，设均匀平面电磁波的电场强度的复矢量为

$$\boldsymbol{E}=\boldsymbol{E}_0\mathrm{e}^{-\alpha z}\mathrm{e}^{-\mathrm{j}\beta z}$$

那么 $z=\lambda$ 处的电场强度振幅与 $z=0$ 处的电场强度振幅比为

$$\frac{|\boldsymbol{E}|}{|\boldsymbol{E}_0|}=\mathrm{e}^{-\alpha\lambda}=\mathrm{e}^{-\beta\frac{2\pi}{\beta}}=\mathrm{e}^{-2\pi}$$

即

$$20\ \lg\left|\frac{\boldsymbol{E}}{\boldsymbol{E}_0}\right|_{z=\lambda}=20\ \lg\mathrm{e}^{-2\pi}=-54.575\ \mathrm{dB}$$

例 6-7　已知海水的电磁参量 $\sigma=51$ S/m、$\mu_r=1$、$\varepsilon_r=81$，作为良导体欲使 90%以上的电磁能量(紧靠海水表面下部)进入 1 m 以下的深度，电磁波的频率应如何选择。

解　对于所给海水，当其视为良导体时，其中传播的均匀平面电磁波为

$$\boldsymbol{E}=\boldsymbol{e}_xE_0\mathrm{e}^{-(1+\mathrm{j})\alpha z},\quad \boldsymbol{H}=\boldsymbol{e}_y\frac{E_0}{\eta_c}\mathrm{e}^{-(1+\mathrm{j})\alpha z}$$

式中良导体海水的波阻抗为

$$\eta_c=\sqrt{\frac{\omega\mu}{2\sigma}}(1+\mathrm{j})=\sqrt{\frac{\omega\mu}{2\sigma}}\mathrm{e}^{\mathrm{j}\frac{\pi}{4}}$$

因此沿 $+z$ 方向进入海水的平均电磁功率流密度为

$$\boldsymbol{S}_{\mathrm{av}}=\mathrm{Re}[\boldsymbol{S}]=\mathrm{Re}\left[\boldsymbol{e}_z\frac{1}{2}E_0^2\mathrm{e}^{-2\alpha z}\sqrt{\frac{\sigma}{2\omega\mu}}(1+\mathrm{j})\right]=\boldsymbol{e}_z\frac{1}{2}E_0^2\mathrm{e}^{-2\alpha z}\sqrt{\frac{\sigma}{2\omega\mu}}$$

故海水表面下部 $z=l$ 处的平均电磁功率流密度与海水表面下部 $z=0$ 处的平均电磁功率流密度之比为

$$\frac{\boldsymbol{S}_{\mathrm{av}}|_{z=l}}{\boldsymbol{S}_{\mathrm{av}}|_{z=0}}=\mathrm{e}^{-2\alpha l}$$

依题意

$$\frac{\boldsymbol{S}_{\mathrm{av}}|_{z=l}}{\boldsymbol{S}_{\mathrm{av}}|_{z=0}}=\mathrm{e}^{-2\alpha}=0.9$$

考虑到良导体中衰减常数与相移常数为：

$$\alpha=\beta=\sqrt{\frac{\omega\mu\sigma}{2}}$$

从而有

$$f<\frac{1}{\pi\mu\sigma}\left(\frac{\ln 0.9}{-2l}\right)^2\bigg|_{l=1}=\frac{1}{\pi\cdot 4\pi\times 10^{-7}\cdot 51}\left(\frac{\ln 0.9}{-2\times 1}\right)^2=13.78\ \mathrm{Hz}$$

6.3 电磁波的极化

无界媒质中的均匀平面电磁波是 TEM 波。TEM 波的电场强度矢量和磁场强度矢量均在垂直于传播方向的平面内。因为电场强度、磁场强度和传播方向三者之间的关系是确定的，所以只要指出电场强度振动状态随时间的变化方式，就可知道磁场强度振动状态随时间的变化方式。所以一般用电场强度矢量 $\boldsymbol{E}$ 的矢端在空间固定点上随时间的变化所描绘的轨迹来表示电磁波的极化。因此，所谓极化是在一个波阵面上，空间任一固定点上电磁波的电场强度矢量的空间取向随时间变化的方式。在直角坐标系中，如电场强度矢量只有 E_x 分量，在垂直传播方向的波阵面上，电场强度矢量随时间变化的矢端轨迹就是一条直线，这种波称为线极化波；但如在垂直传播方向有 x 方向的分量 E_x 和 y 方向的分量 E_y 两个分量，就一般情况而言，这两个场量的振幅未必相等，相位也不一定相同，对这样的均匀平面电磁波的的极化可分为直线极化、圆极化和椭圆极化三种方式。

6.3.1 直线极化

设在直角坐标系中，均匀平面电磁波向 z 方向传播，电场有 x 方向的分量 E_x 和 y 方向的分量 E_y 两个分量，即

$$E_x = E_{xm}\cos(\omega t - kz + \phi_x) \tag{6-78}$$

$$E_y = E_{ym}\cos(\omega t - kz + \phi_y) \tag{6-79}$$

在空间任取一固定点 $z=0$ 的波阵面上，则式(6-78)和式(6-79)变为

$$E_x = E_{xm}\cos(\omega t + \phi_x)$$

$$E_y = E_{ym}\cos(\omega t + \phi_y)$$

我们将 E_y 称为垂直分量，将 E_x 称为水平分量。

直线极化波就是电场的水平分量 E_x 与垂直分量 E_y 相位相同或相位差为 π 的波。为了讨论方便，取 $\phi_x=\phi_y=\phi_0$。

合成电磁波的电场强度矢量的模为

$$E = \sqrt{E_x^2 + E_y^2} = \sqrt{E_{xm}^2 + E_{ym}^2}\cos(\omega t + \phi_0) \tag{6-80}$$

合成电磁波的电场强度矢量与 x 轴正向夹角 α 的正切为

$$\tan\alpha = \frac{E_y}{E_x} = \frac{E_{ym}}{E_{xm}} = \text{常数} \tag{6-81}$$

它表明矢量 $\boldsymbol{E}$ 与 x 轴正向夹角 α 保持不变，如图 6-6(a)所示。合成电磁波的电场强度矢量的模随时间作正弦变化，其矢端轨迹是一条直线，故称为直线极化。

同样的方法可以证明，当 $\phi_x-\phi_y=\pi$ 时，合成电磁波的电场强度矢量与 x 轴正向夹角 α 的正切为

$$\tan\alpha = \frac{E_y}{E_x} = -\frac{E_{ym}}{E_{xm}} = \text{常数} \tag{6-82}$$

此时合成平面电磁波的电场强度矢量 $\boldsymbol{E}$ 的矢端轨迹是位于二、四象限的一条直线，故也称为直线极化，如图 6-6(b)所示。

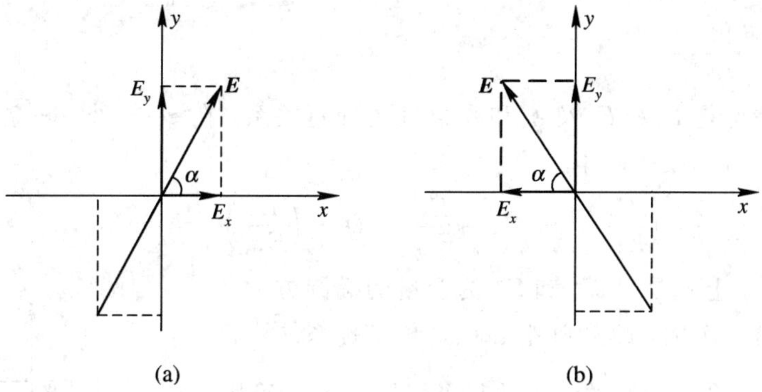

图 6-6　直线极化波

6.3.2　圆极化

圆极化波是电场的水平分量 E_x 与垂直分量 E_y 振幅相同，相位差为 $\frac{\pi}{2}$ 或 $\frac{3\pi}{2}$ 的波。

设 $E_{xm}=E_{ym}=E_m$，$\phi_x-\phi_y=\pm\frac{\pi}{2}$，那么式(6-78)和式(6-79)变为

$$E_x = E_m \cos(\omega t + \phi_x)$$

$$E_y = E_m \cos\left(\omega t + \phi_x \mp \frac{\pi}{2}\right) = \pm E_m \sin(\omega t + \phi_x)$$

消去 t 得

$$\left(\frac{E_x}{E_m}\right)^2 + \left(\frac{E_y}{E_m}\right)^2 = 1$$

该式是一个圆方程。合成电磁波的电场强度矢量 $\boldsymbol{E}$ 的模和幅角分别为

$$E = \sqrt{E_x^2 + E_y^2} = E_m \tag{6-83}$$

$$\alpha = \arctan\left[\frac{\pm \sin(\omega t + \phi_x)}{\cos(\omega t + \phi_x)}\right] = \pm(\omega t + \phi_x) \tag{6-84}$$

可见合成电磁波的电场强度的大小是常数，而其方向与 x 轴正向夹角 α 将随时间变化，因此合成电场强度矢量的矢端随时间 t 变化的轨迹是一个圆，故称为圆极化。

如果 $\alpha=+(\omega t+\phi_x)$，则矢量 $\boldsymbol{E}$ 将以角频率 ω 在 xoy 平面上逆时针方向旋转。

如果 $\alpha=-(\omega t+\phi_x)$，则矢量 $\boldsymbol{E}$ 将以角频率 ω 在 xoy 平面上顺逆时针方向旋转。

在工程上，经常将圆极化波分为左旋圆极化波和右旋圆极化波，规定如下：

电场强度矢量 $\boldsymbol{E}$ 矢端的旋转方向与波的传播方向符合右手螺旋关系的称为右旋圆极化波；而电场强度矢量 $\boldsymbol{E}$ 矢端的旋转方向与波的传播方向符合左手螺旋关系的称为左旋圆极化波；如图 6-7 所示。

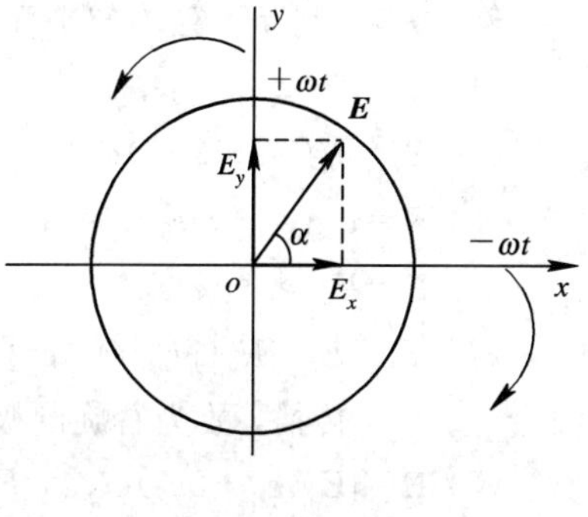

图 6-7　圆极化波

6.3.3 椭圆极化

更一般的情况是 E_x 和 E_y 及 ϕ_x 和 ϕ_y 之间为任意关系。在 $z=0$ 处，联立解式(6-78)和式(6-79)并消去式中的 t，得

$$\left(\frac{E_x}{E_{xm}}\right)^2 - 2\frac{E_x}{E_{xm}}\frac{E_y}{E_{ym}}\cos\phi + \left(\frac{E_y}{E_{ym}}\right)^2 = \sin^2\phi \tag{6-85}$$

式中 $\phi=\phi_x-\phi_y$。上式是以 E_x 和 E_y 为变量的椭圆方程。因为方程中不含一次项，故椭圆中心在直角坐标系原点。当 $\phi=\phi_x-\phi_y=\pm\dfrac{\pi}{2}$ 时椭圆的长短轴与坐标轴一致，而当 $\phi=\phi_x-\phi_y\neq\pm\dfrac{\pi}{2}$ 时，则不一致，如图 6-8 所示。由图可见，在空间固定点上，合成电场强度矢量 $\boldsymbol{E}$ 随时间变化不断改变其大小和方向，其矢端轨迹为椭圆，故称为椭圆极化。显然，直线极化和圆极化可看做是椭圆极化的特例。椭圆极化波也有左旋和右旋之分。由于矢量 $\boldsymbol{E}$ 和 x 轴正向的夹角 α 为

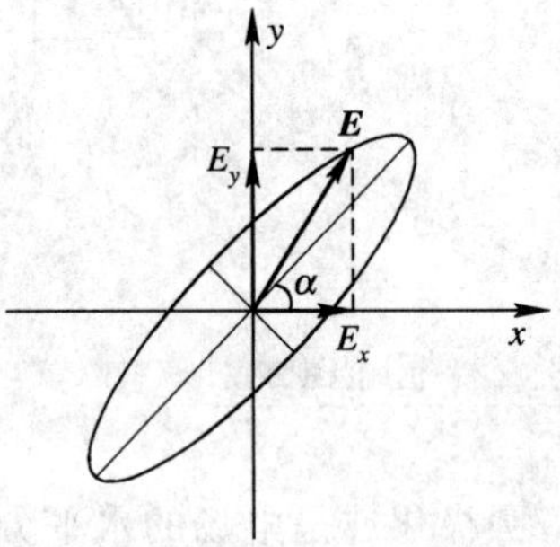

图 6-8 椭圆极化

$$\alpha = \arctan\frac{E_{ym}\cos(\omega t+\phi_y)}{E_{xm}\cos(\omega t+\phi_x)} \tag{6-86}$$

因而，矢量 $\boldsymbol{E}$ 的旋转角速度为

$$\frac{\mathrm{d}\alpha}{\mathrm{d}t} = \frac{E_{xm}E_{ym}\omega\ \sin(\phi_x-\phi_y)}{E_{xm}^2\cos^2(\omega t+\phi_x)+E_{ym}^2\cos^2(\omega t+\phi_y)}$$

可见，当 $0<\phi_x-\phi_y<\pi$ 时，$\dfrac{\mathrm{d}\alpha}{\mathrm{d}t}>0$，为右旋椭圆极化；反之，当 $-\pi<\phi_x-\phi_y<0$ 时，$\dfrac{\mathrm{d}\alpha}{\mathrm{d}t}<0$，为左旋椭圆极化。也可以更简单地表示为：当电场的垂直分量 E_y 滞后水平分量 E_x 一个 ϕ 角时，为右旋椭圆极化；而当电场的垂直分量 E_y 超前水平分量 E_x 一个 ϕ 角时，为左旋椭圆极化。

由上面的讨论可知，平面电磁波可以是直线极化波、圆极化波或椭圆极化波。无论何种极化波，都可以用两个极化方向相互垂直的直线极化波叠加而成，反之亦然。

例 6-8 判断下列均匀平面电磁波的极化状态：

(1) $\boldsymbol{E}=E_0(-\boldsymbol{e}_x+\mathrm{j}\boldsymbol{e}_y)\mathrm{e}^{-\mathrm{j}kz}$；

(2) $\boldsymbol{E}=E_0(\mathrm{j}\boldsymbol{e}_x-2\mathrm{j}\boldsymbol{e}_y)\mathrm{e}^{-\mathrm{j}kz}$；

(3) $\boldsymbol{E}=E_0(\boldsymbol{e}_x+3\mathrm{j}\boldsymbol{e}_y)\mathrm{e}^{-\mathrm{j}kz}$；

(4) $\boldsymbol{E}=E_0(\boldsymbol{e}_x+\mathrm{j}\boldsymbol{e}_y)\mathrm{e}^{\mathrm{j}kz}$。

解 (1) $\boldsymbol{E}=\mathrm{j}E_0(\mathrm{j}\boldsymbol{e}_x+\boldsymbol{e}_y)\mathrm{e}^{-\mathrm{j}kz}$，$E_x$ 和 E_y 振幅相等，且 E_x 相位超前 E_y 相位 $\pi/2$，电磁波沿 $+z$ 方向传播，故为右旋圆极化波。

(2) $\boldsymbol{E}=\mathrm{j}E_0(\boldsymbol{e}_x-2\boldsymbol{e}_y)\mathrm{e}^{-\mathrm{j}kz}$，$E_x$ 和 E_y 相位差为 π，故为直线极化波。

(3) $E_{ym}\neq E_{xm}$，E_y 相位超前 E_x 相位 $\pi/2$，电磁波沿 $+z$ 方向传播，故为左旋椭圆极化波。

(4) E_x 和 E_y 振幅相等，E_y 相位超前 E_x 相位 $\pi/2$，电磁波沿 $-z$ 方向传播，故为右旋圆极化波。

例 6-9　证明任一线极化波总可以分解为两个振幅相等旋向相反的圆极化波。

解　假设直线极化波沿 $+z$ 方向传播。不失一般性，取 x 轴平行于电场强度矢量 $\boldsymbol{E}$，则

$$\begin{aligned}\boldsymbol{E}(z) &= \boldsymbol{e}_x E_0 \mathrm{e}^{-\mathrm{j}kz} = \boldsymbol{e}_x E_0 \mathrm{e}^{-\mathrm{j}kz} + \frac{1}{2}\mathrm{j}\boldsymbol{e}_y E_0 \mathrm{e}^{-\mathrm{j}kz} - \frac{1}{2}\mathrm{j}\boldsymbol{e}_y E_0 \mathrm{e}^{-\mathrm{j}kz} \\ &= \frac{E_0}{2}(\boldsymbol{e}_x + \mathrm{j}\boldsymbol{e}_y)\mathrm{e}^{-\mathrm{j}kz} + \frac{E_0}{2}(\boldsymbol{e}_x - \mathrm{j}\boldsymbol{e}_y)\mathrm{e}^{-\mathrm{j}kz}\end{aligned}$$

上式右边第一项为一左旋圆极化波，第二项为一右旋圆极化波，而且两者振幅相等，均为 $E_0/2$。

例 6-10　证明椭圆极化波 $\boldsymbol{E}=(\boldsymbol{e}_x E_1 + \mathrm{j}\boldsymbol{e}_y E_2)\mathrm{e}^{-\mathrm{j}kz}$ 可以分解为振幅不等、旋向相反的两个圆极化波。

证明　令

$$\boldsymbol{E} = (\boldsymbol{e}_x E_1 + \mathrm{j}\boldsymbol{e}_y E_2)\mathrm{e}^{-\mathrm{j}kz} = (\boldsymbol{e}_x + \mathrm{j}\boldsymbol{e}_y)E'\mathrm{e}^{-\mathrm{j}kz} + (\boldsymbol{e}_x - \mathrm{j}\boldsymbol{e}_y)E''\mathrm{e}^{-\mathrm{j}kz}$$

比较可见

$$E_1 = E' + E'', \quad E_2 = E' - E''$$

解上式得

$$E' = \frac{E_1 + E_2}{2}, \quad E'' = \frac{E_1 - E_2}{2}$$

$$\begin{aligned}\boldsymbol{E} &= (\boldsymbol{e}_x E_1 + \mathrm{j}\boldsymbol{e}_y E_2)\mathrm{e}^{-\mathrm{j}kz} \\ &= (\boldsymbol{e}_x + \mathrm{j}\boldsymbol{e}_y)\left[\frac{E_1 + E_2}{2}\right]\mathrm{e}^{-\mathrm{j}kz} + (\boldsymbol{e}_x - \mathrm{j}\boldsymbol{e}_y)\left[\frac{E_1 - E_2}{2}\right]\boldsymbol{e}^{-\mathrm{j}kz} \\ &= \boldsymbol{E}_- + \boldsymbol{E}_+\end{aligned}$$

其中

$$\boldsymbol{E}_- = (\boldsymbol{e}_x + \mathrm{j}\boldsymbol{e}_y)\left[\frac{E_1 + E_2}{2}\right]\mathrm{e}^{-\mathrm{j}kz}$$

$$\boldsymbol{E}_+ = (\boldsymbol{e}_x - \mathrm{j}\boldsymbol{e}_y)\left[\frac{E_1 - E_2}{2}\right]\mathrm{e}^{-\mathrm{j}kz}$$

$\boldsymbol{E}_-$ 表示左旋圆极化波；$\boldsymbol{E}_+$ 表示右旋圆极化波。

6.4　电磁波的相速和群速

色散的名称来源于光学。当一束阳光射在三棱镜上时，在三棱镜的另一边就可以看到红、橙、黄、绿、蓝、靛、紫七色光散开的图像。这就是光谱段电磁波的色散现象，这是由不同频率的光在同一媒质中具有不同的折射率，即具有不同的相速度所致。媒质的色散是指媒质的电参量与频率有关，而波的色散是指波的相速与频率有关。

我们知道，相速是电磁波沿某一参考方向上等相位面的推进速度，如均匀平面波的电场为

$$E_x = E_m \cos(\omega t - \beta z)$$

恒定相位点为

$$\omega t - \beta z = 常数$$

相速为

$$v_p = \frac{dz}{dt} = \frac{\omega}{\beta} \tag{6-87}$$

可以看到，相速可以与频率有关，亦可与频率无关，完全取决于相移常数。对于在无界理想介质传播的平面波，$\beta=\omega\sqrt{\mu\varepsilon}$、$v_p=\frac{1}{\sqrt{\mu\varepsilon}}$，因此相速度 v_p 与频率 ω 无关，这种理想媒质是非色散媒质。反之，如相速度 v_p 与频率 ω 有关，即相速度 v_p 随频率 ω 变化，则这种媒质称为色散媒质。当电磁波为高频波时，介电常数 ε 是频率 ω 的函数，相移常数 β 为 ω 的复杂函数，在这种情况下 v_p 与频率 ω 有关，媒质成为色散媒质。显然，导电媒质是色散媒质，其 β 也是 ω 的复杂函数，v_p 与频率 ω 有关。

前几节讨论了以 $\cos(\omega t-\beta z)$ 表示其相位变化的均匀平面电磁波，这种在时间、空间上无限延伸的单一频率的电磁波称为单色波。一个单一频率的正弦电磁波不能传递任何信息。实际工程中的电磁波在时间和空间上是有限的，它由不同频率的正弦波（谐波）叠加而成，称为非单色波。非单色波在传播过程中，由于各谐波分量的相速度不同而使其相对相位关系发生变化，从而引起波形（信号）的畸变。实际上，能够携带信息的都是具有一定带宽的被调制非单色波，因此，调制波传播的速度才是信号传递的速度。在色散媒质中，不同频率的单色波各以不同的相速传播，因此要确定一个信号在色散系统中的传播速度就非常困难。所以这里需要引入“群速”的概念。

现在讨论较简单的情况：假定色散媒质中同时存在着两个电场强度方向相同、振幅相同、频率不同，向 z 方向传播的正弦线极化电磁波，它们的角频率分别为 $\omega+\Delta\omega$ 和 $\omega-\Delta\omega$，相应的相位常数分别为 $\beta+\Delta\beta$ 和 $\beta-\Delta\beta$。且有 $\Delta\omega\ll\omega$，$\Delta\beta\ll\beta$，因 $\beta(\omega)$ 是连续函数，故当 $\Delta\omega\to 0$ 时，有 $\Delta\beta\to 0$。

电场强度 x 分量表达式为

$$E_1 = E_m \cos[(\omega+\Delta\omega)t-(\beta+\Delta\beta)z]$$

$$E_2 = E_m \cos[(\omega-\Delta\omega)t-(\beta-\Delta\beta)z]$$

合成电磁波的场强表达式为

$$E(t) = E_1 + E_2 = 2E_m \cos(\Delta\omega t - \Delta\beta z)\cos(\omega t - \beta z) \tag{6-88}$$

可见，合成波的振幅是受调制的，上式是调制系数 $M=100\%$ 的双边带调制波。式中有两个余弦因子，表示有拍频存在，一个慢变化叠加在一个快变化之上。将上式写成复数形式则有

$$E(t) = 2E_m \cos(\Delta\omega t - \Delta\beta z)e^{j(\omega t-\beta z)} \tag{6-89}$$

式(6-89)可以看成是角频率为 ω，振幅按 $\cos(\Delta\omega t-\Delta\beta z)$ 缓慢变化的向 z 方向传播的行波。图 6-9 表示在固定时刻，合成波随 z 坐标的分布（这里 $f=1$ MHz，$\Delta f=100$ kHz，$E_m=1$ V/m），可见这是按一定周期排列的波群。随着时间的推移，波群沿 z 方向运动。合成波的振幅随时间按余弦变化，因而是一调幅波，调制的频率为 $\Delta\omega$，这个按余弦变化的调制波称为包络波（图中的虚线）。群速 v_g 的定义是包络上某一恒定相位点推进的速度。已知

包络波为 $2E_m\cos(\Delta\omega t-\Delta\beta z)$，如令其相位为常数：

$$\Delta\omega t-\Delta\beta z=\text{常数}$$

可得

$$v_g=\frac{\mathrm{d}z}{\mathrm{d}t}=\frac{\Delta\omega}{\Delta\beta}$$

当 $\Delta\omega\to0$ 时，上式可写为

$$v_g=\frac{\mathrm{d}\omega}{\mathrm{d}\beta}\ (\mathrm{m/s}) \tag{6-90}$$

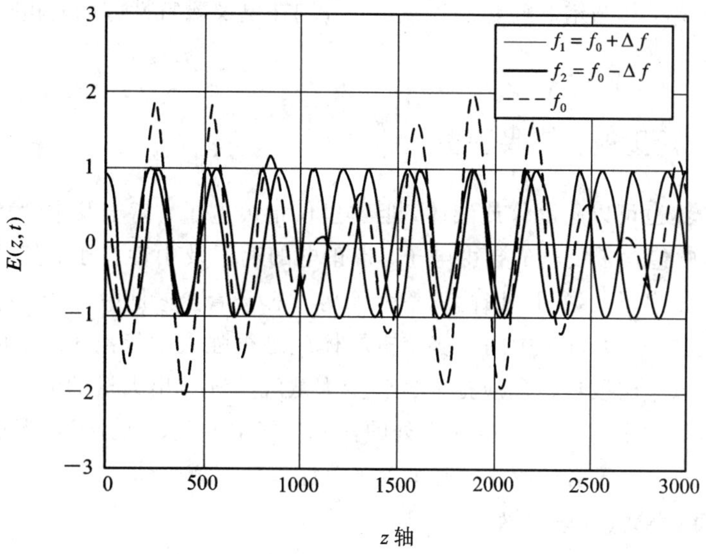

图 6-9　相速与群速

由于群速是波的包络上一个点的传播速度，因而只有当包络形状不随波的传播而变化时，群速才有意义，这是因为当信号频谱很宽时信号包络在传播过程中会发生大的畸变。因此，只是对窄频带信号而言，群速才有意义。

由群速和相速的定义知

$$v_g=\frac{\mathrm{d}\omega}{\mathrm{d}\beta}=\frac{\mathrm{d}(v_p\beta)}{\mathrm{d}\beta}=v_p+\beta\frac{\mathrm{d}v_p}{\mathrm{d}\beta}=v_p+\frac{\omega}{v_p}\frac{\mathrm{d}v_p}{\mathrm{d}\omega}v_g$$

从而得

$$v_g=\frac{v_p}{\left(1-\dfrac{\omega}{v_p}\dfrac{\mathrm{d}v_p}{\mathrm{d}\omega}\right)} \tag{6-91}$$

可见，只有当 $\dfrac{\mathrm{d}v_p}{\mathrm{d}\omega}=0$ 时，才有群速等于相速 $v_g=v_p$，这便是无色散的情况。而当 $\dfrac{\mathrm{d}v_p}{\mathrm{d}\omega}\neq0$，即相速是频率的函数时，$v_g\neq v_p$。

当 $\dfrac{\mathrm{d}v_p}{\mathrm{d}\omega}<0$ 时，$v_g<v_p$，这类色散称为正常色散；

当 $\dfrac{\mathrm{d}v_p}{\mathrm{d}\omega}>0$ 时，$v_g>v_p$，这类色散称为非正常色散。

导体的色散就是非正常色散。这里“非正常”一词并没有特别的含义，只是表示它与正常色散的类型不同而已。

6.5 各向异性媒质中的平面电磁波

前面我们讨论了在各向同性媒质中电磁波的传播特性，本节将讨论在各向异性媒质中电磁波的传播特性。各向异性媒质是指其电磁特性与外加场方向有关的媒质。例如，有外加恒定磁场的等离子体与饱和磁化的铁氧体，分别在电及磁特性方面对电磁波呈现出各向异性。

6.5.1 等离子体中的平面电磁波

虽然等离子体也可以是固体或液体，但这里仅指由电子、离子及中性离子组成的游离气体，等离子体中包含带负电的自由电子、带正电的离子及中性粒子。其基本特征之一是电子的数目等于正离子的数目，因此就整个等离子态来看，它是中性的。等离子态是物质存在的基本形式之一。大自然中的许多宇宙星体就是很强大的等离子体。例如，太阳是由氢的等离子体组成，这里热核反应把氢气转变为氦气并释放出大量的能量，太阳紫外线和宇宙射线电离地球上空约 60～2000 km 处的稀薄空气中的氮、氧分子而形成的电离层，就是等离子体；此外火箭喷射的废气、流星遗迹等也都是等离子体。

1. 等离子体的等效介电常数

分析等离子体中电磁波传播问题的方法是把等离子体等效地看成介质，首先确定其等效介电常数，然后分析电磁波在其中的传播规律。

当一正弦电磁波在等离子体中传播时，电磁波的电磁场将对带电粒子产生作用力。等离子体中的电子和离子在电场作用下形成运流电流。这一运流电流将决定等效介质的介电常数的大小。由于一般离子的质量远大于电子(例如氮原子的质量就比电子大 25800 倍)，因此，运流电流主要是由电子运动引起的，而离子的缓慢运动可以忽略。为简单起见，分析时只考虑电子的运动，忽略正离子的运动，也忽略电子与正离子和中性粒子之间的碰撞。设等离子体单位体积中的电子数目为 N，电子在外电场作用下运动的平均速度为 v，电子电量为 $e=1.602\times10^{-19}$(C)，则运流电流密度为

$$\boldsymbol{J}=-Nev \tag{6-92}$$

由麦克斯韦第一方程有

$$\nabla\times\boldsymbol{H}=\boldsymbol{J}+\mathrm{j}\omega\varepsilon_0\boldsymbol{E} \tag{6-93}$$

如果把等离子体中的运流电流的作用等效为介电常数，则式(6-93)的右端可以表示为

$$\boldsymbol{J}+\mathrm{j}\omega\varepsilon_0\boldsymbol{E}=-Ne\boldsymbol{v}+\mathrm{j}\omega\varepsilon_0\boldsymbol{E}=\mathrm{j}\omega\|\boldsymbol{\varepsilon}\|\cdot\boldsymbol{E} \tag{6-94}$$

式中 $\|\boldsymbol{\varepsilon}\|$ 是一张量，表示等离子体的等效介电常数。

设在电磁波传播方向上(+z 方向)有纵向恒定磁场 $\boldsymbol{B}_0=\boldsymbol{e}_zB_0$，并忽略高频电磁场的磁感应强度 $\boldsymbol{B}$ 的作用(因在一般情况下，恒定磁场，例如地磁场，远大于高频磁感应强度，即

$|\boldsymbol{B}_0|\gg|\boldsymbol{B}|$)，则在电磁波的电磁场和外加恒定磁场的共同作用下，电子的运动方程为

$$m\frac{\mathrm{d}v}{\mathrm{d}t}=-e[\boldsymbol{E}+\boldsymbol{v}\times\boldsymbol{B}_0] \tag{6-95}$$

式中 m 是电子的质量。

对于时谐场，考虑到时间因子 $\mathrm{e}^{\mathrm{j}\omega t}$，式(6-95)可写为三个标量式

$$\mathrm{j}\omega v_x=-\frac{e}{m}E_x-\omega_c v_y \tag{6-96}$$

$$\mathrm{j}\omega v_y=-\frac{e}{m}E_y+\omega_c v_x \tag{6-97}$$

$$\mathrm{j}\omega v_z=-\frac{e}{m}E_z \tag{6-98}$$

式中 $\omega_c=\frac{e}{m}B_0$，称为回旋频率。从式(6-96)～式(6-98)解得

$$v_x=\frac{e}{m}\frac{-\mathrm{j}\omega E_x+\omega_c E_y}{\omega_c^{\ 2}-\omega^2} \tag{6-99}$$

$$v_y=\frac{e}{m}\frac{-\mathrm{j}\omega E_y-\omega_c E_x}{\omega_c^{\ 2}-\omega^2} \tag{6-100}$$

$$v_z=\frac{-eE_z}{\mathrm{j}\omega m} \tag{6-101}$$

可见，当 $\omega\to\omega_c$ 时，v_x 和 v_y 均趋向无限大。显然，这将导致电子与周围中性分子或离子的碰撞次数加大，从而使电磁波受到很大的损耗。

将式(6-94)写成分量形式，并代入式(6-99)～式(6-101)，就可以求出 $\|\boldsymbol{\varepsilon}\|$ 的全部分量

$$-Ne(\boldsymbol{e}_x v_x+\boldsymbol{e}_y v_y+\boldsymbol{e}_z v_z)+\mathrm{j}\omega\varepsilon_0(\boldsymbol{e}_x v_x+\boldsymbol{e}_y v_y+\boldsymbol{e}_z v_z)=\mathrm{j}\omega\begin{bmatrix}\varepsilon_{11} & \varepsilon_{12} & \varepsilon_{13}\\ \varepsilon_{21} & \varepsilon_{22} & \varepsilon_{23}\\ \varepsilon_{31} & \varepsilon_{32} & \varepsilon_{33}\end{bmatrix}\begin{bmatrix}E_x\\ E_y\\ E_z\end{bmatrix}$$

则 x 分量为

$$-Nev_x+\mathrm{j}\omega E_x=\mathrm{j}\omega(\varepsilon_{11}E_x+\varepsilon_{12}E_y+\varepsilon_{13}E_z)$$

将式(6-99)中的 v_x 代入得

$$-Ne\cdot\frac{e}{m}{}_x\frac{-\mathrm{j}\omega E_x+\omega_c E_y}{\omega_c^{\ 2}-\omega^2}+\mathrm{j}\omega\varepsilon_0 E_x=\mathrm{j}\omega(\varepsilon_{11}E_x+\varepsilon_{12}E_y+\varepsilon_{13}E_z)$$

令上式两边 E_x、E_y、E_z 的系数相等得

$$\varepsilon_{11}=\varepsilon_0\left[1+\frac{\omega_p}{\omega_c^{\ 2}-\omega^2}\right] \tag{6-102}$$

$$\varepsilon_{12}=\frac{\mathrm{j}\omega_p^{\ 2}\left(\frac{\omega_c}{\omega}\right)\varepsilon_0}{\omega_c^{\ 2}-\omega^2} \tag{6-103}$$

$$\varepsilon_{13}=0 \tag{6-104}$$

$$\omega_p^{\ 2}=\frac{Ne^2}{m\varepsilon_0} \tag{6-105}$$

ω_p 称为等离子体的频率。

同理，可由其他两个分量(y 分量和 z 分量)导出

$$\begin{aligned}\varepsilon_{21} &= -\varepsilon_{12},\ \varepsilon_{22} = \varepsilon_{11},\ \varepsilon_{23} = 0 \\ \varepsilon_{31} &= \varepsilon_{32} = 0,\ \varepsilon_{33} = \varepsilon_0\left[1-\frac{\omega_p^{\ 2}}{\omega^2}\right]\end{aligned} \tag{6-106}$$

故等离子体的等效介电常数为

$$\|\boldsymbol{\varepsilon}\| = \begin{bmatrix}\varepsilon_{11} & \varepsilon_{12} & 0 \\ \varepsilon_{21} & \varepsilon_{22} & 0 \\ 0 & 0 & \varepsilon_{33}\end{bmatrix} \tag{6-107}$$

可见，当磁场不存在时，$B_0=0$、$\omega_c=0$，式(6-107)中对角线上各项相同，对角线外各项为零，此时等效介电常数为一标量，可见外磁场是介电常数变为张量的原因。

因此等离子体(外加恒定磁场的等离子体)的特性可以用下列本构关系表示：

$$\boldsymbol{D} = \|\boldsymbol{\varepsilon}\|\cdot\boldsymbol{E},\quad \boldsymbol{B} = \mu_0\boldsymbol{H}$$

即其磁特性与真空相同，而电特性由张量介电常数 $\|\boldsymbol{\varepsilon}\|$ 决定，$\|\boldsymbol{\varepsilon}\|$ 与频率有关，因而磁化等离子体是色散媒质。

2. 等离子体中的平面电磁波

现在我们来讨论等离子体中平面电磁波的传播问题。这里，仅讨论 TEM 波的情况，且在均匀平面电磁波的传播方向($+z$ 方向)有外加恒定磁场 $\boldsymbol{B}=\boldsymbol{e}_zB_0$。

仿照以前的方法，由麦克斯韦方程

$$\nabla\times\boldsymbol{H} = \mathrm{j}\omega\|\boldsymbol{\varepsilon}\|\cdot\boldsymbol{E}$$

$$\nabla\times\boldsymbol{E} = -\mathrm{j}\omega\mu_0\boldsymbol{H}$$

消去 $\boldsymbol{H}$，可得到电场强度矢量 $\boldsymbol{E}$ 的波动方程为

$$\nabla^2\boldsymbol{E} + \omega^2\mu_0\|\boldsymbol{\varepsilon}\|\cdot\boldsymbol{E} = 0$$

上式对应的矩阵形式为

$$\frac{\partial^2}{\partial z^2}\begin{bmatrix}E_x \\ E_y \\ E_z\end{bmatrix} + \omega^2\mu_0\begin{bmatrix}\varepsilon_{11} & \varepsilon_{12} & 0 \\ \varepsilon_{21} & \varepsilon_{22} & 0 \\ 0 & 0 & \varepsilon_{33}\end{bmatrix}\begin{bmatrix}E_x \\ E_y \\ E_z\end{bmatrix} = 0 \tag{6-108}$$

设电场强度矢量只有 E_x 分量，即 $\boldsymbol{E}=\boldsymbol{e}_xE_x$(线极化波)，将这一线极化波代入波动方程并且展开得

$$\frac{\partial^2E_x}{\partial z^2} + \omega^2\mu_0\varepsilon_{11}E_x = 0 \tag{6-109}$$

$$0 + \omega^2\mu_0\varepsilon_{21}E_x = 0 \tag{6-110}$$

欲使式(6-110)成立，应有 $\varepsilon_{21}=0$ 或 $E_x=0$，但 $\varepsilon_{21}\neq0$，所以只有一种可能就是 $E_x=0$。这说明在等离子体内没有直线极化波的解，故 $\boldsymbol{E}=\boldsymbol{e}_xE_x$ 的假设不能成立。对于圆极化波是否有解呢？这里以右旋圆极化波为例进行讨论。设右旋圆极化波的电场为

$$\boldsymbol{E}_+ = E_+(\boldsymbol{e}_x - \mathrm{j}\boldsymbol{e}_y)\mathrm{e}^{-\gamma z}$$

将该电场代入式(6-108)有

$$\frac{\partial^2}{\partial z^2}\begin{bmatrix} E_+ \mathrm{e}^{-\gamma z} \\ -\mathrm{j}E_+ \mathrm{e}^{-\gamma z} \\ 0 \end{bmatrix} + \omega^2 \mu_0 \begin{bmatrix} \varepsilon_{11} & \varepsilon_{12} & 0 \\ \varepsilon_{21} & \varepsilon_{22} & 0 \\ 0 & 0 & \varepsilon_{33} \end{bmatrix} \begin{bmatrix} E_+ \mathrm{e}^{-\gamma z} \\ -\mathrm{j}E_+ \mathrm{e}^{-\gamma z} \\ 0 \end{bmatrix} = 0$$

它的 x 分量为

$$\gamma^2 E_+ \mathrm{e}^{-\gamma z} + \omega^2 \mu_0 (\varepsilon_{11} - \mathrm{j}\varepsilon_{12}) E_+ \mathrm{e}^{-\gamma z} = 0$$

利用式(6-103)～式(6-105)可解出

$$(\gamma_+)^2 = -\omega^2 \mu_0 (\varepsilon_{11} - \mathrm{j}\varepsilon_{12}) = -\omega^2 \mu_0 \varepsilon_0 \left(1 + \frac{\omega_p{}^2/\omega}{\omega_c - \omega}\right)$$

故有

$$\gamma_+ = \mathrm{j}\omega\sqrt{\mu_0(\varepsilon_{11} - \mathrm{j}\varepsilon_{12})} = \mathrm{j}\omega\sqrt{\mu_0\varepsilon_0}\left(1 + \frac{\omega_p{}^2/\omega}{\omega_c - \omega}\right)^{\frac{1}{2}} \tag{6-111}$$

式中 γ_+ 表示右旋圆极化波的传播常数，由于它是一个纯虚数，可见右旋圆极化波的解是成立的，右旋圆极化波是可以存在于磁化等离子体中的。

同理，假设左旋圆极化波的电场为

$$\boldsymbol{E}_- = E_-(\boldsymbol{e}_x + \mathrm{j}\boldsymbol{e}_y)\boldsymbol{e}^{-\gamma z}$$

可求得

$$\gamma_- = \mathrm{j}\omega\sqrt{\mu_0(\varepsilon_{11} + \mathrm{j}\varepsilon_{12})} = \mathrm{j}\omega\sqrt{\mu_0\varepsilon_0}\left(1 - \frac{\omega_p{}^2/\omega}{\omega_c - \omega}\right)^{\frac{1}{2}} \tag{6-112}$$

左旋圆极化波的解也是成立的，左旋圆极化波也可以存在于磁化等离子体内。

从式(6-111)和式(6-112)可以看出两个圆极化波的相速不一样。为了与前面的符号一致，这里让 $\gamma_+ = \mathrm{j}\beta_+$，$\gamma_- = \mathrm{j}\beta_-$，$\beta_+$ 和 β_- 分别表示右旋圆极化波和左旋圆极化波的相位常数。

一个线极化波可以分解为两个等幅的向反方向旋转的圆极化波。在各向同性媒质中这两个圆极化波的电场矢量以相同的角速度旋转。但在各向异性媒质中，由于右旋圆极化波和左旋圆极化波的相速不同，在传播一段距离后，合成波的极化面(合成波的 $\boldsymbol{E}$ 和传播方向所构成的平面)已不是原来的方向，如图 6-10 所示，即合成波的极化面在磁化等离子体内以传播方向为轴不断旋转，这种现象被称为法拉第旋转效应。现说明此现象并求出旋转角。

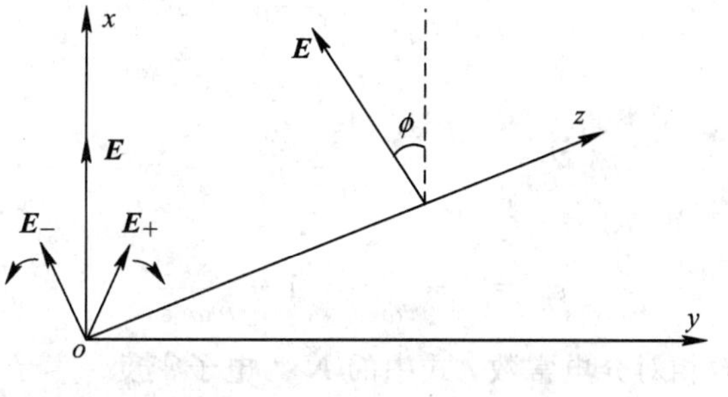

图 6-10　法拉第极化旋转现象

设 $z=0$ 点，电场强度矢量为

$$\boldsymbol{E} = \boldsymbol{e}_x E_0 \mathrm{e}^{\mathrm{j}\omega t} \tag{6-113}$$

即电场强度矢量沿 x 轴的方向。该直线极化波可以分解成频率、振幅相同，而旋转方向相反的两个圆极化波，即

$$\boldsymbol{E}=(\boldsymbol{e}_x+\mathrm{j}\boldsymbol{e}_y)\frac{E_0}{2}\mathrm{e}^{\mathrm{j}\omega t}+(\boldsymbol{e}_x-\mathrm{j}\boldsymbol{e}_y)\frac{E_0}{2}\mathrm{e}^{\mathrm{j}\omega t}=\boldsymbol{E}_-+\boldsymbol{E}_+$$

式中右旋圆极化波和左旋圆极化波的相位常数分别为 β_+ 和 β_-。t 时刻在离原点为 l 处电场强度矢量可以表示为

$$\begin{aligned}\boldsymbol{E}\Big|_{z=l}&=(\boldsymbol{E}_-+\boldsymbol{E}_+)\big|_{z=l}\\&=\left[(\boldsymbol{e}_x+\mathrm{j}\boldsymbol{e}_y)\frac{E_0}{2}\mathrm{e}^{\mathrm{j}(\omega t-\beta_-z)}+(\boldsymbol{e}_x-\mathrm{j}\boldsymbol{e}_y)\frac{E_0}{2}\mathrm{e}^{\mathrm{j}(\omega t-\beta_+z)}\right]\Bigg|_{z=l}\\&=(\boldsymbol{e}_x+\mathrm{j}\boldsymbol{e}_y)\frac{E_0}{2}\mathrm{e}^{\mathrm{j}(\omega t-\beta_-l)}+(\boldsymbol{e}_x-\mathrm{j}\boldsymbol{e}_y)\frac{E_0}{2}\mathrm{e}^{\mathrm{j}(\omega t-\beta_+l)}\\&=E_0\mathrm{e}^{\mathrm{j}\left(\omega t-\frac{\beta_-+\beta_+}{2}l\right)}\left(\boldsymbol{e}_x\cos\frac{\beta_--\beta_+}{2}+\boldsymbol{e}_y\sin\frac{\beta_--\beta_+}{2}l\right)\end{aligned}\tag{6-114}$$

比较式(6-113)和式(6-114)可见，$\boldsymbol{E}\big|_{z=0}$ 和 $\boldsymbol{E}\big|_{z=l}$ 均为线极化波，但是 $\boldsymbol{E}\big|_{z=l}$ 比 $\boldsymbol{E}\big|_{z=0}$ 在相位上滞后 $\frac{\beta_-+\beta_+}{2}l$，这时的极化方向与 x 轴夹角的正切为

$$\tan\varphi=\frac{E_y}{E_x}\bigg|_{z=l}=\tan\frac{\beta_--\beta_+}{2}l\tag{6-115}$$

上式表明，在电磁波传播方向上，$z=l$ 与 $z=0$ 处比较，极化面旋转了一个角度 φ。

由式(6-114)和式(6-115)可知，当 $\omega>\omega_c$ 时，$\beta_->\beta_+$，则 $\varphi>0$，若沿传播方向看去，极化面顺时针方向旋转了一个角度 φ；当 $\omega<\omega_c$ 时，$\beta_-<\beta_+$，则 $\varphi<0$，若沿传播方向看去，极化面逆时针方向旋转角度 φ。

值得注意的是法拉第旋转具有非互易特性。如果电磁波自某处(比如 $z=l$)返回 $z=0$，极化面并不回到 $\varphi=0$ 的位置，而是继续沿着原来旋转的方向旋转，极化方向与 x 轴的夹角变为 2φ。这正如一个圆极化波，比如右旋圆极化波遇到界面反射后，变成左旋圆极化波，但其电场强度矢量在空间的旋转方向依然不变一样。

最后指出，当外加恒定磁场不存在时，即 $B_0=0$，回旋频率 $\omega_c=0$，这时等离子体的等效介电常数是标量。右旋圆极化波和左旋圆极化波在等离子体中以同速度传播，合成波为直线极化波，没有法拉第效应，此时

$$\gamma_+=\gamma_-=\mathrm{j}\omega\sqrt{\mu_0\varepsilon_0}\left(1+\frac{\omega_p^2}{\omega^2}\right)^{\frac{1}{2}}$$

电磁波的相移常数为

$$\beta_+=\beta_-=\omega\sqrt{\mu_0\varepsilon_0}\left(1-\frac{\omega_p{}^2}{\omega^2}\right)^{\frac{1}{2}}\tag{6-116}$$

$$\varepsilon_{er}=1-\frac{\omega_p{}^2}{\omega^2}=1-\frac{Ne^2}{m\omega^2\varepsilon_0}\tag{6-117}$$

ε_{er} 称为等离子体的等效相对介电常数，式中的 N 为电子密度。

另外，由式(6-116)可见：

(1) 当 $\omega<\omega_p$ 时，相位常数 β 为虚数，此种频率的电磁波不能在等离子体中传播。

(2) 当 $\omega>\omega_p$ 时，相位常数 β 为实数，此种频率的电磁波能够在等离子体中传播。

相速为

$$v_p = \frac{\omega}{\beta} = \frac{c}{\left(1 - \frac{\omega_p{}^2}{\omega^2}\right)^{\frac{1}{2}}} > c$$

可见其相速大于光速。

一般而言，当线极化电磁波由各向同性的媒质进入磁化等离子体后，折射波分裂成沿同一方向传播，但相速度不同的两个圆极化波，这种现象称为双折射。

6.5.2　铁氧体中的平面电磁波

铁氧体是铁和其他一种或多种金属元素的复合氧化物，是一种特殊的铁磁材料。铁氧体具有极高的磁导率和较小的电导率，它的相对介电常数在 2～25 之间，而相对磁导率可高达数千。由于其电导率较小，高频电磁波进入其中时损耗极小。这与金属铁磁性材料完全不同，因它们的穿透深度很小，以至于电磁波不能在其中传播。而铁氧体则完全不同，由于高频电磁波在其中损耗极小，所以铁氧体在微波技术中有着十分广泛的应用。

与其他物质一样，在铁氧体中原子核周围的电子也有公转和自转运动，公转和自转运动都会产生磁矩，公转产生的磁矩因电子各循不同方向旋转而相互抵消。对于一般物质自旋产生的磁矩也是相互抵消的，但对于铁磁物质并非如此，而是在许多极小区域内相互平行，自行磁化形成磁畴。在没有外磁场的情况下，这些磁畴的磁矩相互抵消，故铁氧体不显磁性。但当有外磁场作用时，每一磁畴的方向都会转动，其方向与外磁场的方向接近平行，从而产生极强的磁性。

在恒定磁场作用下，铁氧体呈现各向异性，有类似于等离子体的特性。等离子体的各向异性来自于其中的自由电子对射频电场的响应，其等效介电常数是张量；而铁氧体的各向异性则来自于其中的束缚电子对射频磁场的响应，其磁导率也为张量。

现在讨论铁氧体在外磁场作用下所受到的影响。为了简单起见，先讨论一个电子在自转运动中所受到的影响。

电子自转时相当于有沿其反自转方向的电流流动，因而产生磁矩 $\boldsymbol{p}_m$。若令电子动量矩为 $\boldsymbol{J}$，则它们之间的关系为

$$\boldsymbol{p}_m = -\frac{e}{m}\boldsymbol{J} = -\gamma\boldsymbol{J} \qquad (6-118)$$

式中 e 为电子电荷的绝对值，m 为电子质量，$\gamma = \frac{e}{m}$ 称为迴磁比。由式(6－118)可看出，$\boldsymbol{p}_m$ 与 $\boldsymbol{J}$ 方向相反，如图 6－11 所示。

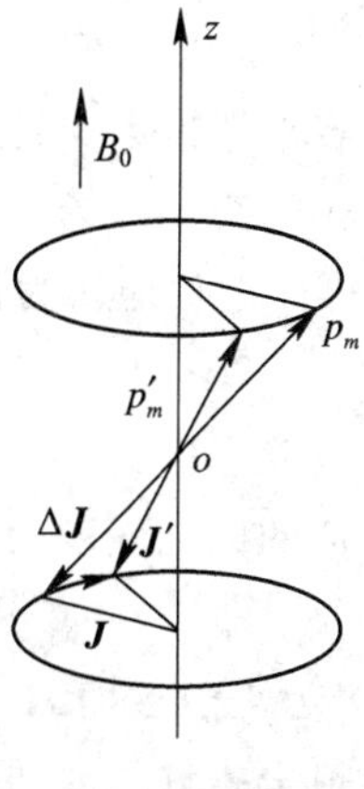

图 6－11　外磁场作用下电子的运动示意图

在外磁场 $\boldsymbol{B}_0$ 内放一个自转的电子，但磁矩 $\boldsymbol{p}_m$ 与 $\boldsymbol{B}_0$ 不在同一方向时，设二者之间的夹角为 θ，则外磁场对电子所施力矩将使电子围绕 $\boldsymbol{B}_0$ 方向以某一角速度 ω_c 作运动。已知外磁场对系统所产生的转矩为

$$\boldsymbol{T} = \boldsymbol{p}_m \times \boldsymbol{B}_0 \tag{6-119}$$

又因为转矩应等于动量矩的时变率

$$\boldsymbol{T} = \frac{\mathrm{d}\boldsymbol{J}}{\mathrm{d}t} \tag{6-120}$$

由图 6-11 假设在极短时间 Δt 内角动量由 $\boldsymbol{J}$ 变到 $\boldsymbol{J}'$，则运动角为 $\omega_c \Delta t$，角动量的变化量为

$$\Delta J = (J \sin\theta)(\omega_c \Delta t)$$

角动量的时变率为

$$\frac{\mathrm{d}\boldsymbol{J}}{\mathrm{d}t} = \omega_c \boldsymbol{J} \sin\theta \tag{6-121}$$

令式(6-119)等于式(6-121)，可得

$$\omega_c = \left|\frac{\boldsymbol{p}_m}{\boldsymbol{J}}\right| \boldsymbol{B}_0$$

ω_c称为拉摩运动频率。

以式(6-118)代入，可得

$$\omega_c = \frac{e}{m}\boldsymbol{B}_0 = \gamma \boldsymbol{B}_0 \tag{6-122}$$

如无损耗，这一运动将永远进行下去。由于实际上有能量损耗，导致运动很快停顿，电子的自转轴最后与外磁场平行。

由式(6-118)～式(6-120)有

$$\frac{\mathrm{d}\boldsymbol{p}_m}{\mathrm{d}t} = -\gamma \frac{\mathrm{d}\boldsymbol{J}}{\mathrm{d}t} = -\gamma \boldsymbol{p}_m \times \boldsymbol{B}_0 \tag{6-123}$$

如果每单位体积内有 N 个电子，则每单位体积的磁矩为 $\boldsymbol{M}=N\boldsymbol{p}_m$，相应与式(6-123)有，

$$\frac{\mathrm{d}\boldsymbol{M}}{\mathrm{d}t} = -\gamma \boldsymbol{M} \times \boldsymbol{B}_0 = -\gamma\mu_0 \boldsymbol{M} \times \boldsymbol{H}_0 \tag{6-124}$$

式(6-124)称为兰道方程。

现在让我们再进一步讨论铁氧体除受外磁场作用之外，其内还有电磁波通过的情况。

假定外加恒定磁场为 $\boldsymbol{H}_0=\boldsymbol{e}_z H_0$，且使铁氧体在给定温度下磁化已达饱和；若在其内施加微小的交变磁场，该交变磁场远小于外加恒定磁场，铁氧体没有损耗。在这些假设前提下，可以近似地认为铁氧体的特性是线性的，如交变磁场为 $\boldsymbol{h}=\boldsymbol{e}_x h_x+\boldsymbol{e}_y h_y+\boldsymbol{e}_z h_z$，则总磁场为

$$\boldsymbol{H} = \boldsymbol{h} + \boldsymbol{H}_0 = \boldsymbol{e}_x h_x + \boldsymbol{e}_y h_y + \boldsymbol{e}_z(h_z + \boldsymbol{H}_0) \tag{6-125}$$

相应的磁化强度为

$$\boldsymbol{M} = \boldsymbol{m} + \boldsymbol{M}_0 = \boldsymbol{e}_x m_x + \boldsymbol{e}_y m_y + \boldsymbol{e}_z(m_z + \boldsymbol{M}_0) \tag{6-126}$$

式中 $\boldsymbol{M}_0$ 为恒定磁场 $\boldsymbol{H}_0$ 所产生的磁化强度，$\boldsymbol{m}$ 为交变磁场 $\boldsymbol{h}$ 所产生的磁化强度。

在恒定磁场与交变磁场的共同作用下，应以式(6-125)和式(6-126)的 $\boldsymbol{M}$ 和 $\boldsymbol{H}$ 代替式(6-124)的 $\boldsymbol{M}$ 和 $\boldsymbol{H}_0$。展开式考虑到 h_x、h_y、h_z 均远小于 $\boldsymbol{H}_0$，而 m_x、m_y、m_z 均远小于 $\boldsymbol{M}_0$，两个小量相乘的各项可忽略不计，可得

$$\left.\begin{aligned} j\omega m_x &= -\gamma\mu_0[m_y H_0 - M_0 h_x] \\ j\omega m_y &= -\gamma\mu_0[-m_x H_0 + M_0 h_x] \\ j\omega m_z &= 0 \end{aligned}\right\} \tag{6-127}$$

联立解得

$$\left.\begin{aligned} \boldsymbol{m}_x &= \frac{(\mu_0{}^2\gamma^2 M_0 H_0)h_x + (j\omega\mu_0\gamma M_0)h_y}{\mu_0{}^2\gamma^2 H_0{}^2 - \omega^2} \\ \boldsymbol{m}_y &= \frac{(\mu_0{}^2\gamma^2 M_0 H_0)h_y - (j\omega\mu_0\gamma M_0)h_x}{\mu_0{}^2\gamma^2 H_0{}^2 - \omega^2} \\ \boldsymbol{m}_z &= 0 \end{aligned}\right\} \tag{6-128}$$

已知

$$\omega_c = \mu_0\gamma H_0 = \frac{e}{m}B_0 \tag{6-129}$$

令

$$\omega_m = \mu_0\gamma M_0 = \frac{e}{m}\mu_0 B_0 \tag{6-130}$$

则式(6－128)可写成

$$\left.\begin{aligned} m_x &= \frac{\omega_c\omega_m}{\omega_c{}^2 - \omega^2}h_x + j\frac{\omega\omega_m}{\omega_c{}^2 - \omega^2}h_y \\ m_y &= \frac{\omega_c\omega_m}{\omega_c{}^2 - \omega^2}h_x - j\frac{\omega\omega_m}{\omega_c{}^2 - \omega^2}h_x \\ m_z &= 0 \end{aligned}\right\} \tag{6-131}$$

如果用 $\boldsymbol{b}$ 表示交变磁场 $\boldsymbol{h}$ 所对应的磁感强度，则

$$\boldsymbol{b} = \mu_0(\boldsymbol{h} + \boldsymbol{m}) = \|\mu\| \cdot \boldsymbol{h} \tag{6-132}$$

式中 $\|\mu\|$ 为张量磁导率，由式(6－131)和式(6－132)解得

$$\|\boldsymbol{\mu}\| = \begin{bmatrix} \mu_{11} & \mu_{12} & 0 \\ \mu_{21} & \mu_{22} & 0 \\ 0 & 0 & \mu_{33} \end{bmatrix} \tag{6-133}$$

代入相应波动方程可解得

$$\left.\begin{aligned} \mu_{11} &= \mu_{22} = \mu_0\left(1 + \frac{\omega_c\omega_m}{\omega_c{}^2 - \omega^2}\right) \\ \mu_{12} &= -\mu_{21} = j\mu_0\frac{\omega_c\omega_m}{\omega_c{}^2 - \omega^2} \\ \mu_{33} &= \mu_0 \end{aligned}\right\} \tag{6-134}$$

由上式可以看出，铁氧体的磁导率为一张量，当 $\omega_m = 0$ 时，即无外加恒定磁场时，它变为标量。

电磁波在铁氧体中的传播仍可由麦克斯韦方程来描述

$$\left.\begin{aligned} \nabla \times \boldsymbol{H} &= j\omega\varepsilon\boldsymbol{E} \\ \nabla \times \boldsymbol{E} &= -j\omega\|\boldsymbol{\mu}\|\boldsymbol{H} \end{aligned}\right\} \tag{6-135}$$

对式(6－135)的第一个方程两边取旋度并代入第二个方程，就得到磁场的波动方程为

$$\nabla^2 \boldsymbol{H} + \omega^2 \varepsilon \| \mu \| \boldsymbol{H} = 0 \tag{6-136}$$

对于平面波，将上式可写为各个分量为

$$\frac{\partial^2}{\partial z^2}\begin{bmatrix} H_x \\ H_y \\ H_z \end{bmatrix} + \omega^2 \varepsilon \begin{bmatrix} \mu_{11} & \mu_{12} & 0 \\ \mu_{21} & \mu_{22} & 0 \\ 0 & 0 & \mu_{33} \end{bmatrix}\begin{bmatrix} H_x \\ H_y \\ H_z \end{bmatrix} = 0 \tag{6-137}$$

这里仍以圆极化波为例，平面波沿 z 方向的变化因子为 $e^{-\gamma z}$，右旋和左旋的磁场强度分别为

$$\left.\begin{aligned} \boldsymbol{H}_+ &= H_+(\boldsymbol{e}_x - \mathrm{j}\boldsymbol{e}_y) \\ \boldsymbol{H}_- &= H_-(\boldsymbol{e}_x + \mathrm{j}\boldsymbol{e}_y) \end{aligned}\right\} \tag{6-138}$$

将上式代入式(6-137)，并应用式(6-134)可得圆极化波的传播常数为

$$\left.\begin{aligned} \gamma_+ &= \mathrm{j}\omega\sqrt{\varepsilon(\mu_{11} - \mathrm{j}\mu_{12})} = \mathrm{j}\omega\sqrt{\mu_0\varepsilon}\left(1 + \frac{\omega_m}{\omega_c - \omega}\right)^{\frac{1}{2}} \\ \gamma_- &= \mathrm{j}\omega\sqrt{\varepsilon(\mu_{11} + \mathrm{j}\mu_{12})} = \mathrm{j}\omega\sqrt{\mu_0\varepsilon}\left(1 + \frac{\omega_m}{\omega_c + \omega}\right)^{\frac{1}{2}} \end{aligned}\right\} \tag{6-139}$$

由式(6-139)可见，当电磁波在铁氧体中传播时，将出现右旋和左旋两个圆极化波，而这两个波的相速不同，使合成波的极化面不断旋转，从而产生法拉第效应。

值得注意的是，当不加外磁场($B_0=0$)时，$\omega_c=\omega_m=0$，这时两个圆极化波的相速相同，合成波为直线波，没有法拉第效应。

习　题

6-1　无耗媒质中一均匀平面电磁波的电场强度瞬时值为

$$\boldsymbol{E}(t) = \boldsymbol{e}_x 5\cos 2\pi(10^8 t - z) \quad (\mathrm{V/m})$$

(1) 求媒质中平面波的波长；

(2) 已知媒质 $\mu=\mu_0$，求媒质的 ε_r；

(3) 写出磁场强度矢量的瞬时值表达式。

6-2　电磁波在真空中传播，其电场强度矢量的复振幅表示式为

$$\boldsymbol{E} = (\boldsymbol{e}_x - \mathrm{j}\boldsymbol{e}_y)10^{-4}e^{-\mathrm{j}20\pi z} \quad (\mathrm{V/m})$$

求：(1) 工作频率 f；

(2) 磁场强度矢量的复振幅表达式；

(3) 坡印廷矢量的瞬时值和时间平均值。

6-3　真空中有一均匀平面电磁波，已知它的电场强度复矢量为

$$\boldsymbol{E} = \boldsymbol{e}_x 4\cos(6\pi\times 10^8 t - 2\pi z) + \boldsymbol{e}_y 3\cos\left(6\pi\times 10^8 t - 2\pi z - \frac{\pi}{3}\right) \ (\mathrm{V/m})$$

求平面波的磁场强度和平均坡印廷矢量。

6-4　理想介质中，有一均匀平面电磁波沿 z 方向传播，其角频率为 $\omega=2\pi\times 10^9$ (rad/m)，当 $t=0$ 时，在 $z=0$ 处，电场强度的振幅 $E_0=2$ (mV/m)，介质的 $\varepsilon_r=4$、$\mu_r=1$。

求当 $t=1\ \mu$s 时，在 $z=62$ m 处的电场强度矢量、磁场强度矢量、平均坡印廷矢量。

6-5　已知空气中一均匀平面电磁波的磁场强度复矢量为

$$\boldsymbol{H} = (-\boldsymbol{e}_x A + \boldsymbol{e}_y 2\sqrt{6} + \boldsymbol{e}_z 4)\mathrm{e}^{-\mathrm{j}\pi(4x+3z)} \quad (\mu\mathrm{A/m})$$

求：(1) 波长、传播方向单位矢量、传播方向与 z 轴的夹角；

(2) 常数 A；

(3) 电场强度复矢量。

6-6　设无界理想媒质中，有电场强度复矢量振幅为

$$\boldsymbol{E}_1 = \boldsymbol{e}_z E_{01}\mathrm{e}^{-\mathrm{j}kz},\ \boldsymbol{E}_2 = \boldsymbol{e}_z E_{02}\mathrm{e}^{-\mathrm{j}kz}$$

证明：(1) $\boldsymbol{E}_1$、$\boldsymbol{E}_2$ 是否满足 $\nabla^2\boldsymbol{E}+k^2\boldsymbol{E}=0$?

(2) 由 $\boldsymbol{E}_1$、$\boldsymbol{E}_2$ 求磁场强度复矢量，并说明 $\boldsymbol{E}_1$、$\boldsymbol{E}_2$ 是否表示电磁波？

6-7　理想媒质中平面波的电场强度矢量为

$$\boldsymbol{E} = \boldsymbol{e}_z 100\cos(2\pi\times10^6 t - 2\pi\times10^2 z) \quad (\mu\mathrm{V/m})$$

求：(1) 磁感应强度；

(2) 如果媒质的 $\mu_r=1$，求 ε_r。

6-8　假设真空中一均匀平面电磁波的电场强度复矢量

$$\boldsymbol{E} = 3(\boldsymbol{e}_x - \sqrt{2}\boldsymbol{e}_y)\mathrm{e}^{-\mathrm{j}\frac{\pi}{6}(2x+\sqrt{2}y-\sqrt{3}z)} \quad (\mathrm{V/m})$$

求：(1) 电场强度的振幅、波矢量和波长；

(2) 电场强度矢量和磁场强度矢量的瞬时表达式。

6-9　在自由空间中，某均匀平面波的波长为 12 cm，当该波进入到某无损耗媒质时，其波长变为 8 cm，且已知此时的 $|\boldsymbol{E}|=50$ V/m，$|\boldsymbol{H}|=0.1$ A/m。求平面波的频率及无耗媒质的 μ_r、ε_r。

6-10　频率为 540 kHz 的广播信号通过一导电媒质，$\varepsilon_r=2.1$、$\mu_r=1$、$\sigma/\omega\varepsilon=0.2$。求：(1) 衰减常数和相移常数；

(2) 相速度和波长；

(3) 波阻抗。

6-11　均匀平面波的磁场强度 $\boldsymbol{H}$ 的振幅为 $(1/3\pi)$ A/m，以相位常数 $\beta=30$ rad/m 在空气中沿 $-\boldsymbol{e}_z$ 方向传播，当 $t=0$ 和 $z=0$ 时，若 H 取向为 $-\boldsymbol{e}_y$。试写出 $\boldsymbol{H}$、$\boldsymbol{E}$ 的表达式，并求出频率和波长。

6-12　已知空气中均匀平面电磁波的的电场强度的复振幅为

$$\boldsymbol{E} = 5(\boldsymbol{e}_x + \sqrt{3}\boldsymbol{e}_z)\mathrm{e}^{\mathrm{j}(Ax-6z)} \quad \mathrm{V/m}$$

求：(1) 常数 A；

(2) 波的角频率 ω；磁场强度 $\boldsymbol{E}$ 的瞬时值。

6-13　在导电媒质中，如存在自由电荷，其密度将随时间按指数规律衰减 $\rho=\rho_0\mathrm{e}^{-\frac{\sigma}{\varepsilon}t}$。

求：(1) 确定良导体中 t 等于周期 T 时，电荷密度与初始值之比；

(2) 在什么频率上，铜不能再看做是良导体。

6-14　证明椭圆极化波 $\boldsymbol{E}=(\boldsymbol{e}_x E_1+\mathrm{j}\boldsymbol{e}_y E_2)\mathrm{e}^{-\mathrm{j}kz}$ 可以分解成两个不等幅的、旋向相反的圆极化波。

6-15　已知平面波的电场强度

$$\boldsymbol{E} = [\boldsymbol{e}_x(2+\mathrm{j}3) + \boldsymbol{e}_y 4 + \boldsymbol{e}_z 3]\mathrm{e}^{\mathrm{j}(1.8y-2.4z)} \quad (\mathrm{V/m})$$

试确定其传播方向和极化状态；该电磁波是否是横电磁波？

6-16 假设真空中一平面电磁波的波矢量

$$\boldsymbol{k}=\frac{\pi}{2\sqrt{2}}(\boldsymbol{e}_x+\boldsymbol{e}_y)\quad(\text{rad/m})$$

其电场强度的振幅 $E_m=3\sqrt{3}$(V/m)，极化于 z 轴方向。求电场强度和磁场强度的瞬时值表达式。

6-17 真空中沿 z 方向传播的均匀平面电磁波的电场强度复矢量 $\boldsymbol{E}=\boldsymbol{E}_0\mathrm{e}^{-\mathrm{j}kz}$，式中 $\boldsymbol{E}_0=\boldsymbol{E}_r+\mathrm{j}\boldsymbol{E}_i$，且 $E_r=2E_i=b$，b 为实常数。又 $\boldsymbol{E}_r$ 在 x 方向，$\boldsymbol{E}_i$ 与 x 轴正方向的夹角为 60°。试求：电场强度和磁场强度的瞬时值，并说明波的极化。

6-18 证明任意一圆极化波的坡印廷矢量瞬时值是个常数。

6-19 真空中一平面电磁波的电场强度矢量为

$$\boldsymbol{E}=\sqrt{2}(\boldsymbol{e}_x+\mathrm{j}\boldsymbol{e}_y)\mathrm{e}^{-\mathrm{j}\frac{\pi}{2}z}\quad(\text{V/m})$$

求：(1) 写出对应的磁场强度矢量。

(2) 此电磁波是何种极化？旋向如何？

6-20 判断下列平面电磁波的极化方式，并指出其旋向。

(1) $\boldsymbol{E}=\boldsymbol{e}_xE_0\sin(\omega t-kz)+\boldsymbol{e}_yE_0\cos(\omega t-kz)$；

(2) $\boldsymbol{E}=\boldsymbol{e}_xE_0\sin(\omega t-kz)+\boldsymbol{e}_y2E_0\sin(\omega t-kz)$；

(3) $\boldsymbol{E}=\boldsymbol{e}_xE_0\sin\left(\omega t-kz+\frac{\pi}{4}\right)+\boldsymbol{e}_yE_0\cos\left(\omega t-kz-\frac{\pi}{4}\right)$；

(4) $\boldsymbol{E}=\boldsymbol{e}_xE_0\sin\left(\omega t-kz-\frac{\pi}{4}\right)+\boldsymbol{e}_yE_0\cos(\omega t-kz)$。

6-21 证明两个传播方向及频率相同的圆极化波叠加时，若它们的旋向相同，则合成波仍是同一旋向的圆极化波；若它们的旋向相反，则合成波是椭圆极化波，其旋向与振幅大的圆极化波相同。

6-22 相速、群速和能速之间有什么关系？群速存在的条件是什么？

6-23 在某种无界导电媒质中传播的均匀平面波的电场表示式为

$$\boldsymbol{E}(z)=\boldsymbol{e}_x4\mathrm{e}^{-0.2z}\mathrm{e}^{\mathrm{j}0.2z}+\boldsymbol{e}_y4\mathrm{e}^{-0.2z}\mathrm{e}^{\mathrm{j}0.2z}\mathrm{e}^{\mathrm{j}\pi/2}$$

试判别波的极化状态。

6-24 已知在 z 方向加有恒定磁场的等离子体，其介电常数张量为

$$\|\boldsymbol{\varepsilon}\|=\begin{bmatrix}\varepsilon_1 & \mathrm{j}\varepsilon_2 & 0\\ -\mathrm{j}\varepsilon_2 & \varepsilon_1 & 0\\ 0 & 0 & \varepsilon_3\end{bmatrix}$$

假设等离子体中有电场强度为 $\boldsymbol{E}=\boldsymbol{e}_xE_0\mathrm{e}^{\mathrm{j}\beta x}$，试确定相移常数 β，并求其磁场强度。

6-25 若设电离层的平均电子浓度为 $N=6\times10^{20}/\mathrm{m}^3$，如果忽略地磁的影响并不计正离子的运动和粒子的碰撞。

求：(1) 当频率 $f=10$ MHz 平面波在其中传播时的相移常数；

(2) 平面波的相速。

第 7 章　电磁波的反射和折射

☞前一章讨论了充满单一均匀媒质的无界空间中的均匀平面波。本章将研究空间存在几种不同均匀媒质时平面波的传播特性。这里我们仅考虑媒质交界面为无限大平面的特殊界面。事实上，当电磁波由一种媒质传向另一种媒质时，将会遇到媒质的不连续面，即媒质的分界面，电磁波在界面处将发生反射和折射(透射)现象。入射到媒质分界面上的电磁波(入射波)将分为两部分：一部分能量被界面反射回原媒质中成为反射波，另一部分能量则透过界面进入另一媒质而成为折射波(透射波)。很显然，入射波、反射波和透射波在界面处必须满足电磁场的边界条件。研究在不同媒质时的电磁波传播，就是要找出满足给定媒质分界面上边界条件的电磁场分布，可见，边界条件仍是处理这类问题的基础。

本章首先研究均匀平面波在不同媒质界面处的反射和折射规律，从而得到反射定律和折射定律。然后分别讨论平面波由一种媒质以不同角度射向另一种媒质时，各媒质中电磁波的传播特性。

7.1　平面波在不同媒质界面上的反射和折射

设两种半无限大界面为 $z=0$ 平面，如图 7 - 1 所示。两种媒质电参数分别为 μ_1、ε_1 和 μ_2、ε_2。现有一平面电磁波由媒质 1 入射到界面上的 A 点，在该点产生反射波和折射波，A 点到坐标原点的位置矢量 $\boldsymbol{r}_A$。反射波和折射波是否可以表示为平面波，要根据它们是否能满足界面上边界条件而定。下面会看到，对无限大平面分界面的情况，它们能够满足边界条件，根据唯一性定理，这种假设是正确的。

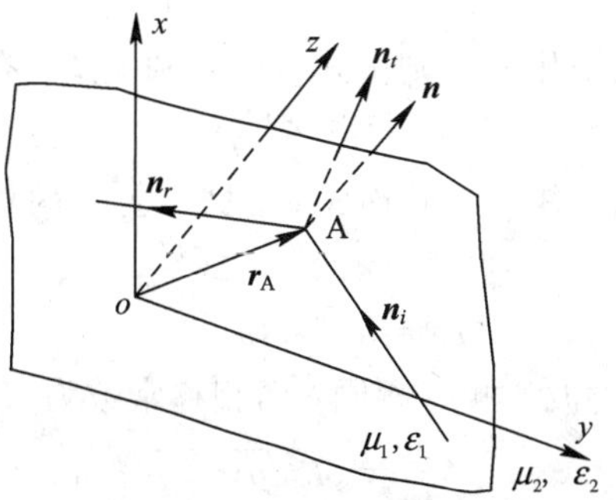

图 7 - 1　平面波在媒质界面上的反射和折射

设入射波、反射波和折射波各场量下标分别以 i、r 和 t 表示，则电磁波的各电场可分别表示为：

$$\left.\begin{aligned}\boldsymbol{E}_i &= \boldsymbol{E}_{io}\,\mathrm{e}^{\mathrm{j}(\omega_i t-\boldsymbol{k}_i\cdot\boldsymbol{r})}\\ \boldsymbol{E}_r &= \boldsymbol{E}_{ro}\,\mathrm{e}^{\mathrm{j}(\omega_r t-\boldsymbol{k}_r\cdot\boldsymbol{r})}\\ \boldsymbol{E}_t &= \boldsymbol{E}_{to}\,\mathrm{e}^{\mathrm{j}(\omega_t t-\boldsymbol{k}_t\cdot\boldsymbol{r})}\end{aligned}\right\} \tag{7-1}$$

式中，ω_i、ω_r 和 ω_t 分别表示入射波、反射波和折射波的角频率，t 为时间，三种波的波矢量分别为

$$\left.\begin{aligned}\boldsymbol{k}_i &= k_i\boldsymbol{n}_i = \boldsymbol{n}_i\omega_i\sqrt{\mu_1\varepsilon_1}\\ \boldsymbol{k}_r &= k_r\boldsymbol{n}_r = \boldsymbol{n}_r\omega_r\sqrt{\mu_1\varepsilon_1}\\ \boldsymbol{k}_t &= k_t\boldsymbol{n}_t = \boldsymbol{n}_t\omega_t\sqrt{\mu_2\varepsilon_2}\end{aligned}\right\} \tag{7-2}$$

而媒质 1 中的总电场和总磁场分别为 E_1 和 H_1，媒质 2 中的总电场和总磁场分别为 E_2 和 H_2，因而各场量可写为

$$\left.\begin{aligned}\boldsymbol{E}_1 &= \boldsymbol{E}_i + \boldsymbol{E}_r\\ \boldsymbol{H}_1 &= \boldsymbol{H}_i + \boldsymbol{H}_r\\ \boldsymbol{E}_2 &= \boldsymbol{E}_t\\ \boldsymbol{H}_2 &= \boldsymbol{H}_t\end{aligned}\right\} \tag{7-3}$$

两媒质中的电场和磁场在媒质分界面必须满足的边界条件为

$$\left.\begin{aligned}\boldsymbol{n}\times(\boldsymbol{H}_2-\boldsymbol{H}_1) &= 0\\ \boldsymbol{n}\times(\boldsymbol{E}_2-\boldsymbol{E}_1) &= 0\end{aligned}\right\} \tag{7-4}$$

即电场和磁场在界面处的切向分量必须连续。

我们要讨论的问题就是在已知入射波及各媒质参数的情况下，求出反射波和折射波，进而讨论两种媒质中的电磁场分布。为此首先要确定反射波、折射波与入射波及媒质特性间的关系。

7.1.1　反射定律和折射定律

如图 7-1 所示，在两媒质的边界($z=0$)面上，电场强度 $\boldsymbol{E}$ 应满足其切向分量连续的边界条件，即

$$E_{it}\big|_{Z=0} + E_{rt}\big|_{Z=0} = E_{tt}\big|_{Z=0}$$

如将界面上任一点 A 的矢径记作 $\boldsymbol{r}_{\mathrm{A}}$，则由式(7-1)和上式，有

$$E_{iot}\,\mathrm{e}^{\mathrm{j}(\omega_i t-\boldsymbol{k}_i\cdot\boldsymbol{r}_{\mathrm{A}})} + E_{rot}\,\mathrm{e}^{\mathrm{j}(\omega_r t-\boldsymbol{k}_r\cdot\boldsymbol{r}_{\mathrm{A}})} = E_{tot}\,\mathrm{e}^{\mathrm{j}(\omega_t t-\boldsymbol{k}_t\cdot\boldsymbol{r}_{\mathrm{A}})} \tag{7-5}$$

要使上式对界面上任一点 $\boldsymbol{r}_{\mathrm{A}}$ 和任意时间均成立，式中各项的相位因子必须相等。而 t 和 $\boldsymbol{r}_{\mathrm{A}}$ 又是两个独立变量，因此有

$$\omega_i = \omega_r = \omega_t = \omega \tag{7-6}$$

可见，反射波和折射波与入射波的频率相同，而相移常数为

$$\left.\begin{aligned}k_i &= k_r = \omega\sqrt{\mu_1\varepsilon_1} = k_1\\ k_t &= \omega\sqrt{\mu_2\varepsilon_2} = k_2\end{aligned}\right\} \tag{7-7}$$

另外

$$\boldsymbol{k}_i \cdot \boldsymbol{r}_A = \boldsymbol{k}_r \cdot \boldsymbol{r}_A = \boldsymbol{k}_t \cdot \boldsymbol{r}_A \tag{7-8}$$

为了从上式求得入射波、反射波和折射波传播矢量间的关系，应用矢量恒等式

$$\boldsymbol{A} \times (\boldsymbol{B} \times \boldsymbol{C}) = (\boldsymbol{A} \cdot \boldsymbol{C})\boldsymbol{B} - (\boldsymbol{A} \cdot \boldsymbol{B})\boldsymbol{C}$$

故有

$$\boldsymbol{n} \times (\boldsymbol{n} \times \boldsymbol{r}_A) = (\boldsymbol{n} \cdot \boldsymbol{r}_A)\boldsymbol{n} - \boldsymbol{r}_A$$

式中，$\boldsymbol{n}$ 为界面的法向单位矢量，而 $\boldsymbol{r}_A$ 在 $z=0$ 面上，故有 $\boldsymbol{n} \cdot \boldsymbol{r}_A = 0$，所以

$$\boldsymbol{r}_A = -\boldsymbol{n} \times (\boldsymbol{n} \times \boldsymbol{r}_A)$$

将上式代入式(7-8)，并由矢量恒等式 $\boldsymbol{A} \cdot (\boldsymbol{B} \times \boldsymbol{C}) = \boldsymbol{C} \cdot (\boldsymbol{A} \times \boldsymbol{B})$ 得

$$\begin{aligned} \boldsymbol{k}_i \cdot \boldsymbol{n} \times (\boldsymbol{n} \times \boldsymbol{r}_A) &= (\boldsymbol{k}_i \times \boldsymbol{n}) \cdot (\boldsymbol{n} \times \boldsymbol{r}_A) \\ &= (\boldsymbol{k}_r \times \boldsymbol{n}) \cdot (\boldsymbol{n} \times \boldsymbol{r}_A) = (\boldsymbol{k}_t \times \boldsymbol{n}) \cdot (\boldsymbol{n} \times \boldsymbol{r}_A) \end{aligned}$$

式中，$\boldsymbol{k}_i \times \boldsymbol{n}$、$\boldsymbol{k}_r \times \boldsymbol{n}$ 和 $\boldsymbol{k}_t \times \boldsymbol{n}$ 均垂直于 n，均在 $z=0$ 平面上，$\boldsymbol{n} \times \boldsymbol{r}_A$ 是 $z=0$ 平面上的任意矢量，故上式成立的条件是

$$\boldsymbol{k}_i \times \boldsymbol{n} = \boldsymbol{k}_r \times \boldsymbol{n} = \boldsymbol{k}_t \times \boldsymbol{n} \tag{7-9}$$

由式(7-9)可得出很有意义的结论。我们把入射波的波矢量 $\boldsymbol{k}_i$ 与 $\boldsymbol{n}$ 构成的平面称为入射面，则 $\boldsymbol{k}_r$ 和 $\boldsymbol{k}_t$ 均在入射面内，如图 7-2 所示，这是因为 $\boldsymbol{k}_r$ 和 $\boldsymbol{n}$ 及 $\boldsymbol{k}_i$ 和 $\boldsymbol{n}$ 决定的平面的法线与入射面的法线平行，即 $\boldsymbol{k}_i$、$\boldsymbol{k}_r$、$\boldsymbol{k}_t$ 与 $\boldsymbol{n}$ 共面。入射波的波矢量 $\boldsymbol{k}_i$ 与平面法线 $\boldsymbol{n}$ 之间的夹角 θ_i 称为入射角，反射波的波矢量 $\boldsymbol{k}_r$、折射波的波矢量 $\boldsymbol{k}_t$ 与 $\boldsymbol{n}$ 之间的夹角 θ_r 和 θ_t 分别称为反射角和折射角。

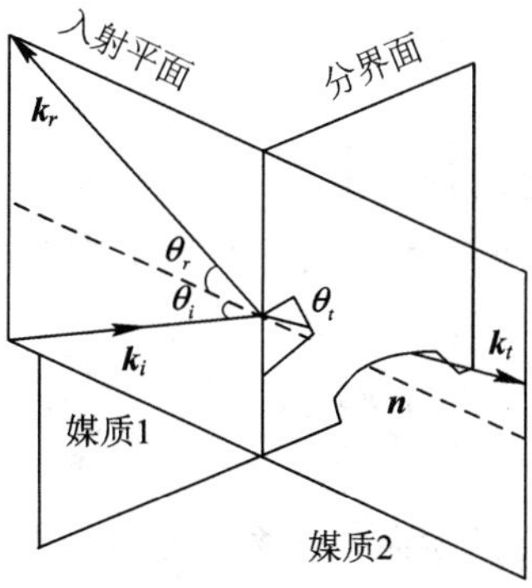

图 7-2　说明 $\boldsymbol{k}_i$、$\boldsymbol{k}_r$、$\boldsymbol{k}_t$ 和 n 共面用图

由图 7-2 和式(7-8)并考虑到式(7-7)可得

$$\left.\begin{aligned} \boldsymbol{k}_i \cdot \boldsymbol{n} &= k_1 \cos\theta_i \\ -\boldsymbol{k}_r \cdot \boldsymbol{n} &= k_1 \cos\theta_r \\ \boldsymbol{k}_t \cdot \boldsymbol{n} &= k_2 \cos\theta_t \end{aligned}\right\} \tag{7-10}$$

又由式(7-7)和式(7-9)得

$$k_1 \sin\theta_i = k_1 \sin\theta_r = k_2 \sin\theta_t$$

由

$$k_1 \sin\theta_i = k_1 \sin\theta_r$$

得

$$\theta_i = \theta_r \tag{7-11}$$

可见反射角 θ_r 等于入射角 θ_i，且 $\boldsymbol{k}_i$、$\boldsymbol{k}_r$ 在同一平面内，式(7-11)称为反射定律。

由 $k_1\sin\theta_i = k_2\sin\theta_t$ 及 $n=\dfrac{c}{v_p}=\sqrt{\varepsilon_r\mu_r}$，可得

$$\frac{\sin\theta_t}{\sin\theta_i} = \frac{k_1}{k_2} = \frac{\sqrt{\mu_1\varepsilon_1}}{\sqrt{\mu_2\varepsilon_2}} = \frac{n_1}{n_2} \tag{7-12}$$

式(7-12)称为斯奈尔折射定律。n_1 和 n_2 分别表示两种媒质的折射率。对于非磁性媒质，$\mu_r=1$，故有 $n=\dfrac{c}{v_p}=\sqrt{\varepsilon_r}$，$v_p$ 为电磁波在媒质中的相速度，c 为电磁波在真空中的传播速度。折射定律表明，折射角和入射角在同一入射平面内，且其正弦之比等于两媒质中的折射率之比，即比值与相应介质的介电常数的平方根成正比。

值得说明的是，上述结果是假定媒质 1、2 均在理想介质的条件下得到的，但它们同样适用于导电媒质，只不过是要用复介电常数代替上述的介电常数。因而折射率 n_1 和 n_2，传播常数 k_1 和 k_2 均变为复数。应该指出，当入射角确定后，可由折射定律决定折射角。而均匀平面波的入射角为在 $0\leqslant\theta_i<\dfrac{\pi}{2}$ 内取值的实数角。当 n_1 和 n_2 任一个为复数或均为复数时，将无实数角 θ_t 满足折射定律，此时 θ_t 应表示为复角。即使 n_1、n_2 均为实数，由式(7-12)可知，当 $n_1>n_2$，且 $\sin\theta_i>\dfrac{n_2}{n_1}$ 时，θ_t 也变成复角。关于这种复折射角，将在本章后面部分进行讨论。

7.1.2 菲涅尔公式

一个具有任意极化方向入射的均匀平面波，总可将其分解为平行极化波和垂直极化波。所谓平行极化波是指入射波的电场矢量 $\boldsymbol{E}$ 在入射面内或与入射面平行，而垂直极化波则是指入射波的电场矢量 $\boldsymbol{E}$ 与入射面垂直的情形。现在分别研究在平行极化波入射和垂直极化波入射时，入射波、反射波和折射波振幅间的关系。

1. 垂直极化波入射

取直角坐标系，选取介质交界面为坐标系的原点，入射面与 xz 平面重合，如图 7-3

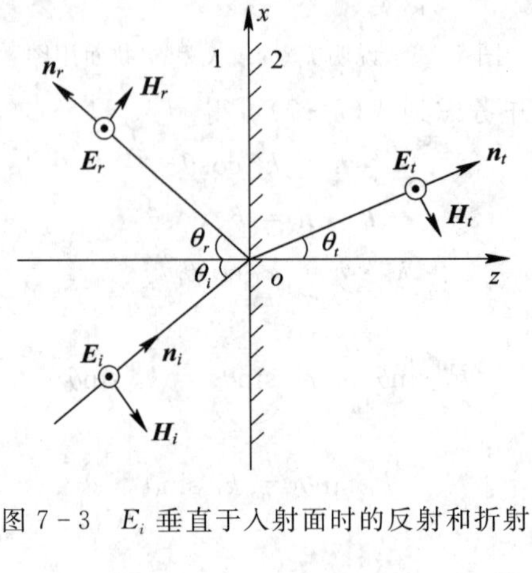

图 7-3 E_i 垂直于入射面时的反射和折射

所示。入射角、反射角和折射角分别为 θ_i、θ_r 和 θ_t，则入射线、反射线和折射线的方向分别为 $\boldsymbol{n}_i$、$\boldsymbol{n}_r$ 和 $\boldsymbol{n}_t$，它们均在 xz 平面内。由于是垂直极化波，则入射波的 $\boldsymbol{E}_i$ 垂直于入射波，故 $\boldsymbol{E}_i$ 只有垂直于界面的 y 分量。在 $z=0$ 的界面上，电场强度和磁场强度的切向分量必须满足其连续的边界条件，因而反射波和折射波电场也只有垂直于界面的 y 分量。而磁场方向应满足关系式 $\boldsymbol{E}\times\boldsymbol{H}=\boldsymbol{S}$，因而有 x 和 z 方向的两个分量，其中仅 x 分量平行于界面，故分界面上的电磁波的边界条件应为

$$\left.\begin{aligned} E_{ioy}+E_{roy}&=E_{toy}\\ H_{iox}+H_{rox}&=H_{tox}\end{aligned}\right\}\tag{7-13}$$

对于均匀平面波 $H_0=\dfrac{E_0}{\eta}$，上式中的 $H_{iox}=-H_{io}\cos\theta_i$，$H_{rox}=H_{ro}\cos\theta_r$，$H_{tox}=-H_{to}\cos\theta_t$，所以式(7-13)又可以写为

$$\left.\begin{aligned} E_{io}+E_{ro}&=E_{to}\\ \frac{-E_{io}}{\eta_1}\cos\theta_i+\frac{E_{ro}}{\eta_1}\cos\theta_r&=-\frac{E_{to}}{\eta_2}\cos\theta_t\end{aligned}\right\}\tag{7-14}$$

联立求解式(7-14)，并考虑反射定律 $\theta_i=\theta_r$。可得垂直极化波的反射系数 $\Gamma_\perp$ 和透射系数 $T_\perp$ 为

$$\Gamma_\perp=\frac{E_{ro}}{E_{io}}=\frac{\eta_2\cos\theta_i-\eta_1\cos\theta_t}{\eta_2\cos\theta_i+\eta_1\cos\theta_t}\tag{7-15}$$

$$T_\perp=\frac{E_{to}}{E_{io}}=\frac{2\eta_2\cos\theta_i}{\eta_2\cos\theta_i+\eta_1\cos\theta_t}\tag{7-16}$$

$\Gamma_\perp$ 和 $T_\perp$ 分别为当 $\boldsymbol{E}_i$ 垂直于入射面时，在 $z=0$ 处反射波电场和折射波电场与入射波电场振幅之比，其 η_1 和 η_2 分别为媒质 1 和媒质 2 的波阻抗。

对于非磁性介质，因为 $\eta_1=\sqrt{\dfrac{\mu_0}{\varepsilon_1}}$，$\eta_2=\sqrt{\dfrac{\mu_0}{\varepsilon_2}}$，并应用折射定律，则反射系数和透射系数可写为

$$\Gamma_\perp=\frac{E_{ro}}{E_{io}}=\frac{\sqrt{\varepsilon_1}\cos\theta_i-\sqrt{\varepsilon_2}\cos\theta_t}{\sqrt{\varepsilon_1}\cos\theta_i+\sqrt{\varepsilon_2}\cos\theta_t}=\frac{\cos\theta_i-\sqrt{\dfrac{\varepsilon_2}{\varepsilon_1}-\sin^2\theta_i}}{\cos\theta_i+\sqrt{\dfrac{\varepsilon_2}{\varepsilon_1}-\sin^2\theta_i}}\tag{7-17}$$

$$T_\perp=\frac{E_{to}}{E_{io}}=\frac{2\sqrt{\varepsilon_1}\cos\theta_i}{\sqrt{\varepsilon_1}\cos\theta_i+\sqrt{\varepsilon_2}\cos\theta_t}=\frac{2\cos\theta_i}{\cos\theta_i+\sqrt{\dfrac{\varepsilon_2}{\varepsilon_1}-\sin^2\theta_i}}\tag{7-18}$$

上面两式还可以分别表示为

$$\Gamma_\perp=-\frac{\sin(\theta_i-\theta_t)}{\sin(\theta_i+\theta_t)}\tag{7-19}$$

$$T_\perp=\frac{2\sin\theta_i\sin\theta_t}{\sin(\theta_i+\theta_t)}\tag{7-20}$$

由此可见，透射系数 $T_\perp$ 总是正值，这说明透射波的电场强度与入射波的电场强度相位相同，而反射系数 $\Gamma_\perp$ 亦可正可负。当它是负值时，反射波与入射波的电场强度相位相反，这相当于“损失”了半个波长，故称为半波损失。

2. 平行极化波入射

取坐标如图 7-4 所示，$\boldsymbol{n}_i$、$\boldsymbol{n}_r$、$\boldsymbol{n}_t$和$\boldsymbol{E}_i$、$\boldsymbol{E}_r$、$\boldsymbol{E}_t$均在入射面内。

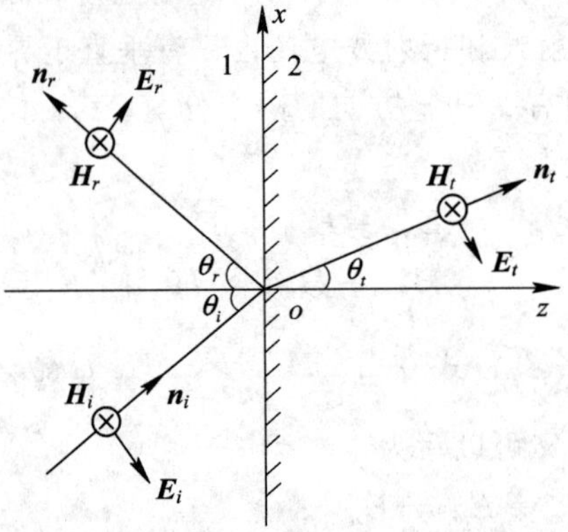

图 7-4　E_i平行于入射面时的反射和折射

设直角坐标 y 轴的正方向垂直纸面向外，$\boldsymbol{H}_i$只有 y 分量，则 $\boldsymbol{H}_i$的正方向为负 y 方向，同样，$\boldsymbol{H}_r$和$\boldsymbol{H}_t$也只有方向为负 y 方向的 y 分量。此时界面处的电磁场切向分量为 E_{ox}和 H_{oy}，由切向边界条件 $H_{1t}=H_{2t}$、$E_{1t}=E_{2t}$有

$$E_{iox}+E_{rox}=E_{tox}, \quad H_{ioy}+H_{roy}=H_{toy}$$

即

$$\left.\begin{aligned} &E_{io}\cos\theta_i-E_{ro}\cos\theta_r=E_{to}\cos\theta_t \\ &\frac{E_{io}}{\eta_1}+\frac{E_{ro}}{\eta_1}=\frac{E_{to}}{\eta_2} \end{aligned}\right\} \tag{7-21}$$

因 $\theta_i=\theta_r$，上式可写为

$$\left.\begin{aligned} &E_{io}-E_{ro}=E_{to}\frac{\cos\theta_t}{\cos\theta_i} \\ &E_{io}+E_{ro}=\frac{\eta_1}{\eta_2}E_{to} \end{aligned}\right\} \tag{7-22}$$

两边同除以 E_{io}，则有

$$\left.\begin{aligned} &1-\frac{E_{ro}}{E_{io}}=\frac{E_{to}}{E_{io}}\frac{\cos\theta_t}{\cos\theta_i} \\ &1+\frac{E_{ro}}{E_{io}}=\frac{\eta_1}{\eta_2}\frac{E_{to}}{E_{io}} \end{aligned}\right\} \tag{7-23}$$

求解式(7-23)可得平行极化波的反射系数 $\Gamma_{/\!/}$ 和透射系数 $T_{/\!/}$ 为

$$\Gamma_{/\!/}=\frac{E_{ro}}{E_{io}}=\frac{\eta_1\cos\theta_i-\eta_2\cos\theta_t}{\eta_1\cos\theta_i+\eta_2\cos\theta_t} \tag{7-24}$$

$$T_{/\!/}=\frac{E_{to}}{E_{io}}=\frac{2\eta_2\cos\theta_i}{\eta_1\cos\theta_i+\eta_2\cos\theta_t} \tag{7-25}$$

对于非磁性介质，$\mu_1\approx\mu_2\approx\mu_0$，$\eta_1=\sqrt{\frac{\mu_0}{\varepsilon_1}}$，$\eta_2=\sqrt{\frac{\mu_0}{\varepsilon_2}}$，则反射系数和透射系数可写成

$$\Gamma_{/\!/} = \frac{\sqrt{\varepsilon_2}\cos\theta_i - \sqrt{\varepsilon_1}\cos\theta_t}{\sqrt{\varepsilon_2}\cos\theta_i + \sqrt{\varepsilon_1}\cos\theta_t} = \frac{\dfrac{\varepsilon_2}{\varepsilon_1}\cos\theta_i - \sqrt{\dfrac{\varepsilon_2}{\varepsilon_1} - \sin^2\theta_i}}{\dfrac{\varepsilon_2}{\varepsilon_1}\cos\theta_i + \sqrt{\dfrac{\varepsilon_2}{\varepsilon_1} - \sin^2\theta_i}} \tag{7-26}$$

$$T_{/\!/} = \frac{2\sqrt{\varepsilon_1}\cos\theta_i}{\sqrt{\varepsilon_2}\cos\theta_i + \sqrt{\varepsilon_1}\cos\theta_t} = \frac{2\sqrt{\dfrac{\varepsilon_2}{\varepsilon_1}}\cos\theta_i}{\dfrac{\varepsilon_2}{\varepsilon_1}\cos\theta_i + \sqrt{\dfrac{\varepsilon_2}{\varepsilon_1} - \sin^2\theta_i}} \tag{7-27}$$

上面两式由折射定律还可以分别表示为

$$\Gamma_{/\!/} = \frac{\tan(\theta_i - \theta_t)}{\tan(\theta_i + \theta_t)} \tag{7-28}$$

$$T_{/\!/} = \frac{2\cos\theta_i \sin\theta_t}{\sin(\theta_i + \theta_t)\cos(\theta_i - \theta_t)} \tag{7-29}$$

由此可见，透射系数 $T_{/\!/}$ 总是正值，即无论是平行极化波还是垂直极化波入射，透射波与入射波的电场强度总是同相位；而反射系数 $\Gamma_{/\!/}$ 可正可负，也存在有半波损失。式(7-15)～式(7-20)和式(7-24)～式(7-29)为菲涅尔公式。它们在麦克斯韦电磁理论建立以前的 1823 年已由菲涅尔根据光的弹性理论首先推导出来，并由光学的实验事实所证实。现在又以电磁场理论重新求得，这充分证明了光的电磁理论的正确性。菲涅尔公式表明了反射波、透射波与入射波的电场强度的振幅和相位关系，并且在平行极化与垂直极化入射两种情况下，反射系数和透射系数并不相同，它们和极化方向有关。

上面讨论了入射波、反射波和折射波在界面处的方向关系及振幅关系，那么入射波、反射波和折射波功率间的关系又怎样？为了讨论这个问题，需引入功率反射系数 Γ_p 和功率透射系数 T_p。

$$\left.\begin{aligned} \Gamma_p &= \left.\frac{|\boldsymbol{S}_r^{av}\cdot\boldsymbol{n}|}{\boldsymbol{S}_i^{av}\cdot\boldsymbol{n}}\right|_{z=0} \\ T_p &= \left.\frac{|\boldsymbol{S}_t^{av}\cdot\boldsymbol{n}|}{\boldsymbol{S}_i^{av}\cdot\boldsymbol{n}}\right|_{z=0} \end{aligned}\right\} \tag{7-30}$$

式中，$\boldsymbol{n}$ 为界面法向单位矢，$\boldsymbol{S}_i^{av}$、$\boldsymbol{S}_r^{av}$ 和 $\boldsymbol{S}_t^{av}$ 分别为入射波、反射波和折射波的平均功率流密度。在图 7-4 中，$\boldsymbol{n}=\boldsymbol{e}_z$，将 $\boldsymbol{S}_i^{av}$、$\boldsymbol{S}_r^{av}$ 和 $\boldsymbol{S}_t^{av}$ 代入式(7-30)可得

$$\left.\begin{aligned} \Gamma_p &= |\Gamma|^2 \\ T_p &= \frac{\eta_1\cos\theta_t}{\eta_2\cos\theta_i}|T|^2 \end{aligned}\right\} \tag{7-31}$$

上式对平行极化波和垂直极化波均成立。若将 $\Gamma_\perp$、$T_\perp$ 和 $\Gamma_{/\!/}$、$T_{/\!/}$ 代入，可得

$$\Gamma_p + T_p = 1$$

表明在界面上，入射、反射、透射波和平均功率密度满足能量守恒关系。

有时我们用与界面平行的电场分量(常称为横向分量)来定义反射系数和透射系数，并定义一横向波阻抗，则相关公式可以表示成统一的形式。而且和传输线理论中的有关公式有相同的形式。

设用 Γ_h、T_h 和 Z 分别表示用横向场分量定义的反射系数、透射系数和横向波阻抗，则对于入射波 $\boldsymbol{E}_i$ 垂直于入射面时，由图 7-3 有

$$\left.\begin{aligned}\Gamma_{h\perp} &= \frac{E_{roy}}{E_{ioy}} = \frac{E_{ro}}{E_{io}} = \Gamma_{\perp} \\ T_{h\perp} &= \frac{E_{toy}}{E_{ioy}} = \frac{E_{to}}{E_{io}} = T_{\perp}\end{aligned}\right\} \tag{7-32}$$

而横向波阻抗为

$$\left.\begin{aligned}Z_1 &= \frac{E_{iy}}{-H_{ix}} = \frac{E_{ry}}{H_{rx}} = \frac{E_i}{H_i\cos\theta_i} = \frac{E_r}{H_r\cos\theta_i} = \frac{\eta_1}{\cos\theta_i} \\ Z_2 &= \frac{E_{ty}}{-H_{tx}} = \frac{E_t}{H_t\cos\theta_t} = \frac{\eta_2}{\cos\theta_t}\end{aligned}\right\} \tag{7-33}$$

式中 η_1 和 η_2 分别为媒质 1 和媒质 2 中的波阻抗，而 Z_1 和 Z_2 分别为当 $\boldsymbol{E}_i$ 垂直于入射面时(即垂直极化波入射)，媒质 1 和媒质 2 中的横向波阻抗。

由式(7-15)、式(7-16)和式(7-33)得

$$\left.\begin{aligned}\Gamma_{h\perp} &= \frac{Z_2-Z_1}{Z_2+Z_1} \\ T_{h\perp} &= \frac{2Z_2}{Z_2+Z_1}\end{aligned}\right\} \tag{7-34}$$

显然

$$1+\Gamma_{h\perp} = T_{h\perp} \tag{7-35}$$

对于平行极化波入射(即 $\boldsymbol{E}_i$ 平行于入射面)，如图 7-4 所示，有

$$\left.\begin{aligned}\Gamma_{h/\!/} &= \frac{E_{rox}}{E_{iox}} = -\frac{E_{ro}\cos\theta_i}{E_{io}\cos\theta_i} = -\frac{E_{ro}}{E_{io}} = -\Gamma_{/\!/} \\ T_{h/\!/} &= \frac{E_{tox}}{E_{iox}} = \frac{E_{to}\cos\theta_t}{E_{io}\cos\theta_i} = \frac{\cos\theta_t}{\cos\theta_i}T_{/\!/}\end{aligned}\right\} \tag{7-36}$$

$$\left.\begin{aligned}Z_1 &= \frac{E_{ix}}{H_{iy}} = \frac{E_{rx}}{-H_{ry}} = \eta_1\cos\theta_i \\ Z_2 &= \frac{E_{tx}}{H_{ty}} = \eta_2\cos\theta_t\end{aligned}\right\} \tag{7-37}$$

由上两式并代入 $\Gamma_{/\!/}$ 和 $T_{/\!/}$ 可得

$$\left.\begin{aligned}\Gamma_{h/\!/} &= \frac{Z_2-Z_1}{Z_2+Z_1} \\ T_{h/\!/} &= \frac{2Z_2}{Z_2+Z_1}\end{aligned}\right\} \tag{7-38}$$

$$1+\Gamma_{h/\!/} = T_{h/\!/} \tag{7-39}$$

可见，式(7-35)和式(7-39)的形式完全相同。在传输线理论中，两段半无限长特性阻抗不同的传输线接头处，就有形如式(7-35)的电压(电场)反射系数和传输关系。这是因为就垂直于界面传播的波而言，与传输线上的情况是类似的。

如果入射波是在任意方向极化的，可将其分为上述两个分量，分别求出对应于两个分量的反射波和透射波，然后用矢量叠加求得合成波的反射波和透射波。

7.2　平面波向导电媒质界面上的垂直入射

当一平面电磁波由理想介质(μ_1，ε_1)垂直入射到导电媒质(μ_2，ε_2，σ)界面时，由于入射

角 $\theta_i=0$，由反射定律和折射定律知，反射角 θ_r 和折射角 θ_t 也等于零，即反射波和透射波也是垂直于界面传播。为了讨论问题方便，设反射波和透射波的电场均与入射波电场方向相同，即 $\boldsymbol{E}_i$、$\boldsymbol{E}_t$ 和 $\boldsymbol{E}_r$ 的正方向均沿直角坐标的 x 方向，而磁场强度 $\boldsymbol{H}_i$、$\boldsymbol{H}_r$ 和 $\boldsymbol{H}_t$ 均垂直于 xz 平面，但此时入射面是不确定的，这意味着反、折射系数和 E_i 在 xy 面上的取向无关。而由式(7-15)和式(7-24)可见，当 $\theta_i=\theta_r=\theta_t=0$ 时，$\Gamma_\perp=-\Gamma_{/\!/}$，相差一负号，这是由于当 $\theta_i=0$ 时，(如图 7-3 所示和图 7-4 所示) $E_{i\perp}$ 与 $E_{r\perp}$ 指向相同，而 $\boldsymbol{E}_{i/\!/}$ 与 $\boldsymbol{E}_{r/\!/}$ 指向相反，故正负号取决于正方向上的规定。

对于图 7-5 所示的正入射情况，由于 $\boldsymbol{E}_i$、$\boldsymbol{E}_t$ 和 $\boldsymbol{E}_r$ 的正方向相同，此时的反射系数和折射系数可由式(7-15)、式(7-16)得

$$\Gamma=\Gamma_h=\frac{\tilde{\eta}_2-\eta_1}{\tilde{\eta}_2+\eta_1} \tag{7-40}$$

$$T=T_h=\frac{2\tilde{\eta}_2}{\tilde{\eta}_2+\eta_1} \tag{7-41}$$

式中，

$$\eta_1=\sqrt{\frac{\mu_0}{\varepsilon_1}},\ \tilde{\eta}_2=\sqrt{\frac{\mu_0}{\tilde{\varepsilon}_2}};\ \tilde{\varepsilon}_2=\varepsilon_0\left(\varepsilon_r-\mathrm{j}\frac{\sigma}{\omega\varepsilon_0}\right)$$

由式(7-40)和式(7-41)可见

$$1+\Gamma=T \tag{7-42}$$

由图 7-5 及式(7-40)和式(7-41)可得

$$\begin{aligned}\boldsymbol{E}_{io}&=\boldsymbol{e}_xE_{io}\\ \boldsymbol{E}_{ro}&=\boldsymbol{e}_xE_{ro}=e_x\Gamma E_{io}\\ \boldsymbol{E}_{to}&=\boldsymbol{e}_xTE_{io}\\ \boldsymbol{n}_i&=\boldsymbol{n}_t=\boldsymbol{e}_z;\ \boldsymbol{n}_r=-\boldsymbol{e}_z\end{aligned}$$

将以上各式代入式(7-1)～式(7-3)，就能得到入射波、反射波和折射波电场表示式，故媒质 1 中的总场量 $\boldsymbol{E}_1$、$\boldsymbol{H}_1$ 与媒质 2 中的总场量 $\boldsymbol{E}_2$、$\boldsymbol{H}_2$ 为

$$\left.\begin{aligned}\boldsymbol{E}_1&=\boldsymbol{E}_i+\boldsymbol{E}_r=\boldsymbol{e}_xE_{io}(\mathrm{e}^{-\mathrm{j}k_1z}+\Gamma\mathrm{e}^{\mathrm{j}k_1z})\\ \boldsymbol{H}_1&=\boldsymbol{e}_yH_i-\boldsymbol{e}_yH_r=\boldsymbol{e}_y\frac{E_{io}}{\eta_1}(\mathrm{e}^{-\mathrm{j}k_1z}-\Gamma\mathrm{e}^{\mathrm{j}k_1z})=\boldsymbol{e}_yH_{io}(\mathrm{e}^{-\mathrm{j}k_1z}-\Gamma\mathrm{e}^{\mathrm{j}k_1z})\end{aligned}\right\} \tag{7-43}$$

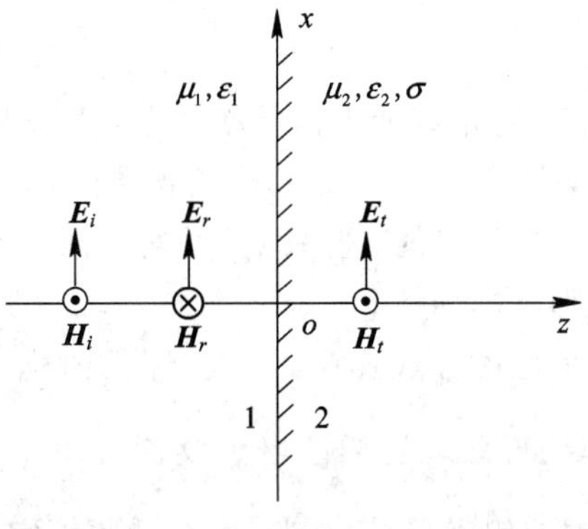

图 7-5　向导电媒质界面上垂直入射

$$\left.\begin{aligned}\boldsymbol{E}_2 &= \boldsymbol{e}_x T E_{io} \mathrm{e}^{-\mathrm{j}k_2 z} = \boldsymbol{e}_x E_{to} \mathrm{e}^{-\alpha z} \mathrm{e}^{-\mathrm{j}\beta z} \\ \boldsymbol{H}_2 &= \boldsymbol{e}_y \frac{T E_{io}}{\tilde{\eta}_2} \mathrm{e}^{-\mathrm{j}k_2 z} = \boldsymbol{e}_y H_{to} \boldsymbol{e}^{-\alpha z} \boldsymbol{e}^{-\mathrm{j}\beta z}\end{aligned}\right\} \tag{7-44}$$

式中导电媒质中的波矢量 $k_2=\beta-\mathrm{j}\alpha$，其中 β 为相移常数，α 为衰减常数。导电媒质中的波是按 $\mathrm{e}^{-\alpha z}$ 的指数衰减。下面讨论媒质 2 为良导体和理想导体的情况。

7.2.1　媒质 2 为良导体

当媒质 2 为良导体时，其媒质 1 和媒质 2 中的电场和磁场仍由式(7-43)和式(7-44)表示，所不同的只是式中的 α 和 β 应由良导体中相应的公式表示。下面我们将讨论几个实际问题。

1. 穿透深度和趋肤效应

在导电媒质中沿 z 方向传播的电磁波，由于能量损耗而使场量(电场强度、磁场强度及电流密度等)都按 $\mathrm{e}^{-\alpha z}$ 指数规律衰减，且随着电导率与磁导率的增加以及频率的升高衰减得越快。因此，导电媒质表面处的场量最大，愈深入内部，场量愈小。我们把电磁波的场量趋于导电媒质表面的现象称为趋肤效应。由于趋肤效应使得导体传导电流的截面减小，因而增加了导体的电阻，减小了内自感。利用良导体内部的电磁场基本为零的原理可对电子设备进行屏蔽，应用高频电磁波的趋肤效应可对金属表面进行硬化热处理。

当电磁波到达导电媒质表面时，无论入射角如何，透射进入导电媒质中的电磁波基本上沿其表面的法线方向传播，且按 $\mathrm{e}^{-\alpha z}$ 的指数规律衰减。进入导电媒质的电磁波场量的值衰减至表面值的 $1/\mathrm{e}=0.368$ 深度，称为趋肤深度或穿透深度，以 δ 表示。由

$$\mathrm{e}^{-\alpha z} = \mathrm{e}^{-\alpha\delta} = \mathrm{e}^{-1} = 36.8\%$$

可得导电媒质的穿透深度为

$$\delta = \frac{1}{\alpha} = \frac{1}{\omega\sqrt{\dfrac{\varepsilon\mu}{2}\left[\sqrt{1+\left(\dfrac{\sigma}{\omega\varepsilon}\right)^2}-1\right]}} \tag{7-45}$$

对于良导体，因$\dfrac{\sigma}{\omega\varepsilon}\gg 1$，$\alpha=\sqrt{\dfrac{\omega\mu\sigma}{2}}$，故 δ 为

$$\delta = \frac{1}{\alpha} = \sqrt{\frac{2}{\omega\mu\sigma}} = \frac{1}{\sqrt{\pi f\mu\sigma}} \tag{7-46}$$

可见，电磁波的频率越高，导电媒质的磁导率和电导率 σ 越大，穿透深度越小。显然理想导体的趋肤深度为零。应该注意，在 $z>\delta$ 的导电媒质内，场量并不为零。另外，上述的趋肤深度 δ 的公式是以平面边界导出的，但只要导体表面的曲率半径比 δ 大得多，趋肤深度的概念就可以应用于这些形状的导体。

前面已讲过良导体可以做电磁屏蔽装置，只要屏蔽层的厚度接近良导体内电磁波的波长 $\lambda=\dfrac{2\pi}{\beta}\approx\dfrac{2\pi}{\alpha}=2\pi\delta$，就可以使屏蔽装置内的电子设备与外部设备之间具有良好的电磁屏蔽作用。在高频下，可以用铜或铝做屏蔽材料，而在低频下宜用铁磁材料，否则屏蔽层就太厚了。

2. 良导体的功率损耗

假设良导体的厚度远大于穿透深度，(一般这是符合实际情况的)，透入的电磁功率将全部被导体吸收并转变为热量。我们把单位面积导体(厚度为 0～∞)吸收的功率用 P_L 表示，即

$$P_L = S_t^{av} = TS_i^{av} \tag{7-47}$$

而功率透射系数 T_p 为

$$T_p = 1 - \Gamma_p = 1 - |\Gamma|^2 \tag{7-48}$$

设媒体 1 为空气，则 $\eta_1 \to \eta_0$，良导体的波阻抗为 $\tilde{\eta}_2 \to \tilde{\eta}$，则有

$$\Gamma = \frac{\tilde{\eta} - \eta_0}{\tilde{\eta} + \eta_0} = \frac{\dfrac{\tilde{\eta}}{\eta_0} - 1}{\dfrac{\tilde{\eta}}{\eta_0} + 1}$$

因为，

$$\eta_0 = \sqrt{\frac{\mu_0}{\varepsilon_0}},\ \tilde{\eta} = \sqrt{\frac{\omega\mu_0}{2\sigma}}(1+\mathrm{j})$$

则

$$\left|\frac{\tilde{\eta}}{\eta_0}\right| = \sqrt{\frac{\omega\mu_0\varepsilon_0}{\mu_0\sigma}} = \sqrt{\frac{\omega\varepsilon_0}{\sigma}} \ll 1$$

故可将 $\left(\dfrac{\tilde{\eta}}{\eta_0}+1\right)^{-1}$ 用二项式展开，取其前两项，得

$$\Gamma \approx -1 + 2\frac{\tilde{\eta}}{\eta_0} = \left[-1 + \sqrt{\frac{2\omega\varepsilon_0}{\sigma}} + \mathrm{j}\sqrt{\frac{2\omega\varepsilon_0}{\sigma}}\right] \tag{7-49}$$

由前式 $1+\Gamma=T$ 可将透射系数写为

$$T = 1 + \Gamma = (1+\mathrm{j})\sqrt{\frac{2\omega\varepsilon_0}{\sigma}} \tag{7-50}$$

于是

$$\left.\begin{aligned} \Gamma_p &= |\Gamma|^2 \approx 1 - 4\sqrt{\frac{\omega\varepsilon_0}{2\sigma}} \\ T_p &= 1 - \Gamma_p \approx 4\sqrt{\frac{\omega\varepsilon_0}{2\sigma}} \end{aligned}\right\} \tag{7-51}$$

将式(7-51)代入式(7-47)，且利用入射电磁波的磁场表示 $\boldsymbol{S}_i^{av}$，得损耗功率为

$$\begin{aligned} P_L &= \frac{1}{2}\eta_0 |H_{io}|^2 \cdot T \\ &\approx \frac{1}{2}|H_{io}|^2 \sqrt{\frac{\mu_0}{\varepsilon_0}}\left[4\sqrt{\frac{\omega\varepsilon_0}{2\sigma}}\right] \\ &= \frac{1}{2}|2H_{io}|^2 \sqrt{\frac{\omega\mu_0}{2\sigma}} \\ &= \frac{1}{2}|2H_{io}|^2 \frac{\alpha}{\sigma} \end{aligned} \tag{7-52}$$

3. 表面阻抗

因为良导体中的电流密度集中于导体表面，则与能量损耗有关的波阻抗可看成表面阻抗。现在我们来求其表面阻抗，如图 7-6 所示。

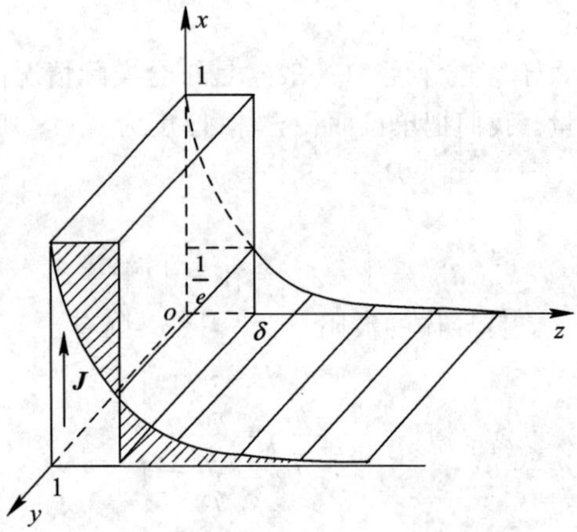

图 7-6 良导体的表面电阻和表面电抗

由式(7-49)可知，良导体的反射系数 $\Gamma\approx-1$。在 $z=0$ 的边界上，磁场的切向分量连续。即由式(7-43)和式(7-44)有

$$H_{1t}=H_{1o},\quad H_{2t}=H_{to}$$

故

$$\left.\begin{aligned}H_{to}&=H_{1o}=H_{io}(1-\Gamma)\approx 2H_{io}\\E_{to}&=H_{to}\tilde{\eta}=2H_{io}\tilde{\eta}\end{aligned}\right\}\tag{7-53}$$

代入式(7-44)，可得导体中电磁场的近似表示式为

$$\left.\begin{aligned}\boldsymbol{E}_2&\approx\boldsymbol{e}_x 2H_{io}\tilde{\eta}\mathrm{e}^{-\alpha z}\mathrm{e}^{-\mathrm{j}\beta z}\\\boldsymbol{H}_2&\approx\boldsymbol{e}_y 2H_{io}\mathrm{e}^{-\alpha z}\mathrm{e}^{-\mathrm{j}\beta z}\end{aligned}\right\}\tag{7-54}$$

导体中的电流密度为

$$\boldsymbol{J}=\sigma\boldsymbol{E}_t\approx\boldsymbol{e}_x 2\sigma H_{io}\tilde{\eta}\mathrm{e}^{-\alpha z}\mathrm{e}^{-\mathrm{j}\beta z}=\boldsymbol{e}_x J_o\mathrm{e}^{-\alpha z}\mathrm{e}^{-\mathrm{j}\beta z}\tag{7-55}$$

式中 $J_0=2\sigma H_{io}\tilde{\eta}$ 为良导体表面处($z=0$ 处)的电流密度，因此，它在 y 方向单位宽度而沿 z 方向为 0～∞的截面上的总电流为

$$I=\int_S\boldsymbol{J}\cdot\mathrm{d}\boldsymbol{S}=\int_0^\infty J\,\mathrm{d}z=\frac{2\sigma H_{io}\tilde{\eta}}{\alpha+\mathrm{j}\beta}=2H_{io}\tag{7-56}$$

在导体表面，沿 x 方向单位长度上的电压为

$$U=E_{to}=2H_{io}\tilde{\eta}$$

则表面阻抗定义为电压与电流之比，而 $\tilde{\eta}=(1+\mathrm{j})\sqrt{\dfrac{\omega\mu_0}{2\sigma}}$，即有

$$\begin{aligned}Z_s&=\frac{U}{I}=\frac{2H_{io}\tilde{\eta}}{2H_{io}}=\tilde{\eta}=R_s+\mathrm{j}X_s\\&=(1+\mathrm{j})\frac{\alpha}{\sigma}=(1+\mathrm{j})\frac{1}{\sigma\delta}\end{aligned}\tag{7-57}$$

其中

$$R_s=X_s=\frac{\alpha}{\sigma}=\sqrt{\frac{\pi f\mu_0}{\sigma}}\tag{7-58}$$

R_s 和 X_s 分别称为表面电阻和表面电抗，且二者数值相等。由上式可见，表面电阻和表面电抗是每平方米表面积，厚度为趋肤深度 δ 的良导体所呈现的电阻和电抗，如图 7-6 所示。

良导体的趋肤深度 δ 和表面电阻 R_s 是非常小的。

由式(7-56)、式(7-58)及式(7-52)可得单位面积导体损耗的功率为

$$P_L = \frac{1}{2}|I|^2 R_s \tag{7-59}$$

在理想导体内，因 $\boldsymbol{J}$ 为零，故只有面电流。由边界条件可得，电流密度 J_S 等于表面处的磁场即 $J_S = H_0$。由式(7-49)知，当 $\sigma \to \infty$ 即为理想导体，$\Gamma = -1$ 时，因而有 $J_S = H_0 = 2H_i$。而由式(7-56)，$I \approx 2H_{io}$，所以 I 近似等于将导体视作理想导体时的面电流密度，即 $I \approx J_S$。所以一般在计算良导体的功率损耗时，往往可以将良导体当作理想导体求出电磁场。由磁场和理想导体表面的边界条件求出面电流，再由式(7-59)来计算导体损耗。这种近似的求解方法称为微扰法。这种处理在许多情况下，特别是在导体处场分布较为复杂的情况下，将会大大地简化计算。

例 7-1　试分别计算直径为 2 mm 的铜导线和铁导线在 1 MHz 频率下的穿透深度与表面电阻。已知铜的参量 $\sigma = 5.8 \times 10^7$ S/m，$\varepsilon_r = \mu_r = 1$；铁的参量为 $\sigma = 10^7$ S/m，$\varepsilon_r = 1$，$\mu_r = 10^3$。

解　对于圆柱形导体，只要其半径 $a \gg \delta$，则可以近似地应用导体表面为平面时的趋肤深度公式。对于铜导线，其趋肤深度和单位长度的表面电阻分别为

$$\delta = \frac{1}{\sqrt{\pi f \mu_0 \sigma}} = (\pi \times 10^6 \times 4\pi \times 10^{-7} \times 5.8 \times 10^7)^{-\frac{1}{2}}$$

$$\approx 6.6 \times 10^{-5}\ \text{m} = 0.066\ \text{mm} \ll a$$

$$R_{so} = \frac{1}{2\pi a \sigma \delta} = \frac{R_s}{2\pi a} = \frac{1}{2\pi a}\sqrt{\frac{\pi f \mu_0}{\sigma}} = \frac{1}{2a}\sqrt{\frac{f\mu_0}{\pi\sigma}}$$

$$= \frac{1}{2 \times 10^{-3}}\left(\frac{10^6 \times 4\pi \times 10^{-7}}{\pi \times 5.8 \times 10^7}\right)^{\frac{1}{2}} = 0.042\ \Omega$$

对于铁导线，同理可得

$$\delta = \frac{1}{\sqrt{\pi f \mu \sigma}} = (\pi \times 10^6 \times 10^3 \times 4\pi \times 10^{-7} \times 10^7)^{-\frac{1}{2}}$$

$$\approx 5 \times 10^{-6}\ \text{m} \approx 0.005\ \text{mm} \ll a$$

$$R_{so} = \frac{1}{2a}\sqrt{\frac{f\mu}{\pi\sigma}} = \frac{1}{2 \times 10^{-3}}\left(\frac{10^6 \times 10^3 \times 4\pi \times 10^{-7}}{\pi \times 10^7}\right)^{\frac{1}{2}} = 3.16\ \Omega$$

可见，在同等条件下，铁的穿透深度比铜要小得多，而单位长导线的表面电阻却大得多，故在低频下的电磁屏蔽装置宜用铁磁材料，而传导交变电流尤其是高频电流时需要用铜导线。

7.2.2　媒质 2 为理想导体

由上节讨论已知，当平面电磁波射向良导体时，绝大部分电磁能量经良导体表面反射而形成反射波，透入良导体的能量很小，穿透深度很小。在实际的相关分析计算时，为了分析方便，常将良导体当作理想导体处理，即认为电导率 $\sigma = \infty$，而 $\tilde{\eta}_2 = 0$，则有

$$\left.\begin{aligned}\delta &= \sqrt{\frac{1}{\pi f\sigma\mu}} = 0 \\ \Gamma &= \frac{\tilde{\eta}_2 - \eta_1}{\tilde{\eta}_2 + \eta_1}\Big|_{\tilde{\eta}_2=0} = -1 \\ T &= \frac{2\tilde{\eta}_2}{\tilde{\eta}_2 + \eta_1}\Big|_{\tilde{\eta}_2=0} = 0 \\ \Gamma_p &= 1 - 4\sqrt{\frac{\omega\varepsilon_0}{2\sigma}} = 1 \\ T_p &= 4\sqrt{\frac{\omega\varepsilon_0}{2\sigma}} = 0\end{aligned}\right\} \tag{7-60}$$

可见，电磁波的能量不可能透入理想导体内，透射波为零，能量全被反射回媒质 1。在这种情况下，我们只要考虑媒质 1 中的波。

在媒质 1 中，由式(7-43)考虑到反射系数 $\Gamma=-1$，则媒质 1 中的合成电场和磁场为(略去下标 1)

$$\left.\begin{aligned}\boldsymbol{E} &= \boldsymbol{e}_x E_{io}(e^{-jkz} - e^{jkz}) = -\boldsymbol{e}_x j2E_{io}\sin(kz) \\ \boldsymbol{H} &= \boldsymbol{e}_y 2\frac{E_{io}}{\eta}\cos(kz) = \boldsymbol{e}_y 2H_{io}\cos(kz)\end{aligned}\right\} \tag{7-61}$$

其瞬时值(设 E_{io} 的幅角为零)为

$$\left.\begin{aligned}\boldsymbol{E} &= \boldsymbol{e}_x 2E_{im}\sin(kz)\sin\omega t \\ \boldsymbol{H} &= \boldsymbol{e}_y 2\frac{E_{im}}{\eta}\cos(kz)\cos\omega t\end{aligned}\right\} \tag{7-62}$$

由此可见，此时的电场和磁场不再是行波，它们均为驻波，由上式画出 **E** 和 **H** 在不同时刻随 z 的变化关系，如图 7-7 所示。

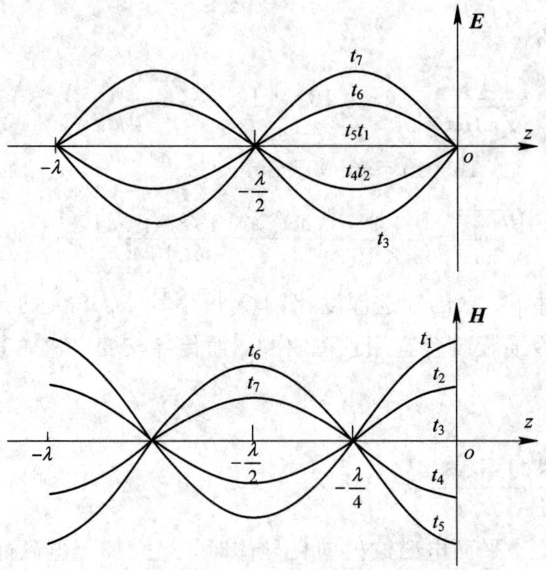

图 7-7 不同时刻电磁驻波的场分布

该图是取固定时间 $t=0$，$\frac{T}{8}$、$\frac{T}{4}$、…，$\frac{7T}{8}$，T 间隔为$\frac{T}{8}$的八个时刻作出的。由图可见，空间各点的电场 $\boldsymbol{E}$ 的大小和指向均随时间变化(作简谐振动)，但波形不随时间而移动，即在不同时刻，电场沿 z 方向分布是幅度不同的正弦波，在空间具有最大场量和最小场量的固定点。

在 $z=-(2n+1)\frac{\lambda}{4}$，($n=0$，1，2，…)各点处，电场幅值最大，这是一系列的平面，称为电场的波腹平面。在 $z=-n\frac{\lambda}{2}$，($n=0$，1，2，…)各点处，电场恒为 0，这些平面称为电场的波节平面。

磁场分布与电场类似，也是驻波分布，但它与电场的驻波错开 $\lambda/4$，在电场的波腹点，磁场为波节点(即磁场为 0)，在电场的零点，磁场为波腹点。

我们看到，由入射波和反射波相加后得到的合成电场和合成磁场在空间互相垂直，振幅相差 η_1 倍，但形成了驻波，驻波相位差为$\frac{\pi}{2}$。驻波与行波的性质不同，它不传播能量，即电磁场的波形不随时间的推移而移动，不同时刻是幅度不同的正弦波。

综上所述，电磁波无论垂直还是斜入射到理想导体表面时，都将发生全反射。在微波技术中，电磁波在波导中的传输就是它的应用实例。

现在研究电磁驻波的能量和能流，由式(7-62)可求出电磁驻波的坡印廷矢量的瞬时值为

$$\begin{aligned}\boldsymbol{S}=\boldsymbol{E}\times\boldsymbol{H}&=\boldsymbol{e}_z\frac{4E_{im}^2}{\eta}\sin(kz)\sin\omega t\cos(kz)\cos\omega t\\&=\boldsymbol{e}_z\frac{E_{im}^2}{\eta}\sin(2kz)\sin2\omega t\end{aligned}\tag{7-63}$$

由上式可见，每隔$\frac{\lambda}{4}$，S 的符号，即能量流动的方向要改变一次，由式(7-61)可求得能流密度的平均值为

$$\boldsymbol{S}_{\mathrm{av}}=\frac{1}{2}\mathrm{Re}(\boldsymbol{E}\times\boldsymbol{H}^*)=0$$

而电、磁能量密度的瞬时值分别为

$$\left.\begin{aligned}w_e&=2\varepsilon E_{im}^2\sin^2(kz)\sin^2\omega t\\w_m&=2\varepsilon E_{im}^2\cos^2(kz)\cos^2\omega t\end{aligned}\right\}\tag{7-64}$$

由式(7-64)画出的 w_e 和 w_m 在不同时刻沿 z 的分布如图 7-8 所示，图中箭头表示能量密度方向。由图可见，电能密度 w_e 和磁能密度 w_m 在时间和空间上分别相差$\frac{T}{4}$和$\frac{\lambda}{4}$。如果沿 z 方向在 $z=-\frac{\lambda}{2}$到 $z=0$ 间取单位截面的柱体，其中的总电、磁能分别为

$$\left.\begin{aligned}W_e&=\int_{-\frac{\lambda}{2}}^{0}w_e\,\mathrm{d}z=\frac{\varepsilon E_{im}^2}{2}\lambda\sin^2\omega t\\W_m&=\int_{-\frac{\lambda}{2}}^{0}w_m\,\mathrm{d}z=\frac{\varepsilon E_{im}^2}{2}\lambda\cos^2\omega t\end{aligned}\right\}\tag{7-65}$$

总能量为

$$W = W_e + W_m = \frac{\lambda \varepsilon E_{im}^2}{2} = \frac{\lambda \mu H_{im}^2}{2} \tag{7-66}$$

可见，柱体内总电磁能为常数，且有

$$W = W_{e\max} = W_{m\max} \tag{7-67}$$

而由式(7-65)可看出，当 $t=0$ 时，$W_e=0$，$W_m=W_{m\max}$场能全部储存在磁场中，当 $t=\frac{T}{4}$，$W_m=0$，$W_e=W_{e\max}$场能全部储存在电场中。在 $0\sim\frac{T}{4}$的时间内，磁能逐渐转换为电能，而在$\frac{T}{4}\sim\frac{T}{2}$的时间内，电能逐渐转换为磁能。由于电场与磁场的波节平面相距$\frac{\lambda}{4}$，而穿过波节平面的能流恒为零，所以电磁能之间的转换只限于在两个波节之间的空间范围内进行，如图 7-8 所示。这种电能、磁能之间周期性地转换，与低频电子电路中的 LC 谐振回路中的能量关系一样，故可认为形成电磁驻波就形成了电磁振荡。

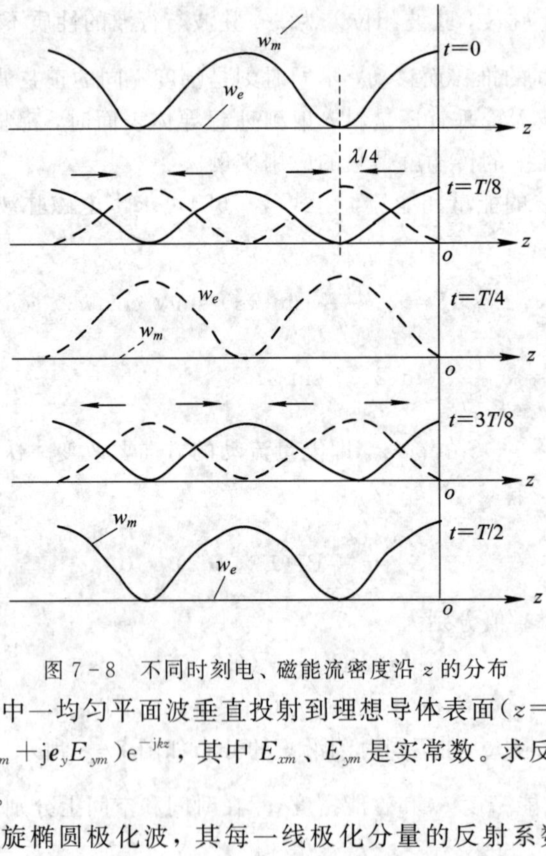

图 7-8　不同时刻电、磁能流密度沿 z 的分布

例 7-2　在空气中一均匀平面波垂直投射到理想导体表面($z=0$ 的面)。已知空气中的电场强度 $\boldsymbol{E}=(\boldsymbol{e}_x E_{xm}+\mathrm{j}\boldsymbol{e}_y E_{ym})\mathrm{e}^{-\mathrm{j}kz}$，其中 E_{xm}、E_{ym} 是实常数。求反射波的极化状态及导体表面的面电流密度。

解　入射波是左旋椭圆极化波，其每一线极化分量的反射系数均为-1，所以反射波为

$$\boldsymbol{E}_r = -(\boldsymbol{e}_x E_{xm} + \mathrm{j}\boldsymbol{e}_y E_{ym})\mathrm{e}^{\mathrm{j}kz}$$

这是一右旋椭圆极化波。旋间的改变是由于反射波的传播方向与入射波相反。

理想导体表面的面电流密度为

$$\boldsymbol{J}_S = \boldsymbol{n} \times \boldsymbol{H} = -\boldsymbol{e}_z \times \boldsymbol{H}\big|_{z=0}$$

其中 $\boldsymbol{H}$ 是导体表面处入、反射波之和，即

$$\boldsymbol{H}=\boldsymbol{H}_{io}+\boldsymbol{H}_{ro}=\frac{1}{\eta_0}[\boldsymbol{e}_z\times\boldsymbol{E}_{io}+(-\boldsymbol{e}_z)\times\boldsymbol{E}_{ro}]=2\frac{1}{\eta_0}(\boldsymbol{e}_yE_{xm}-\mathrm{j}\boldsymbol{e}_xE_{ym})$$

于是

$$\boldsymbol{J}_S=2\frac{1}{\eta_0}(\boldsymbol{e}_xE_{xm}+\mathrm{j}\boldsymbol{e}_yE_{ym})$$

瞬时值为

$$\boldsymbol{J}_S=2\frac{1}{\eta_0}(\boldsymbol{e}_xE_{xm}\cos\omega t-\boldsymbol{e}_yE_{ym}\sin\omega t)\qquad(\mathrm{A/m})$$

7.3　平面波向理想介质界面上的垂直入射

7.3.1　介质为两层理想介质

仍取坐标如图 7 - 5 所示。因媒质 1、2 为理想介质，η_1 和 η_2 均为实数。又因为是垂直入射，即有 $\theta_i=\theta_r=\theta_t=0$，所以由式(7 - 15)和式(7 - 16)可得，电磁波垂直入射到两理想介质界面时的反射系数和透射系数为

$$\left.\begin{aligned}\Gamma&=\frac{\eta_2-\eta_1}{\eta_2+\eta_1}\\T&=\frac{2\eta_2}{\eta_2+\eta_1}\end{aligned}\right\}\tag{7-68}$$

在这里因为衰减系数 $\alpha=0$，则 $k_2=\omega\sqrt{\mu_2\varepsilon_2}=\beta_2=\beta$，$\eta_2=\sqrt{\dfrac{\mu_2}{\varepsilon_2}}$，则由 7.2 节的式(7 - 43)和式(7 - 44)可得两种媒质中各场量的表达式为

$$\left.\begin{aligned}\boldsymbol{E}_1&=\boldsymbol{e}_xE_{io}(\mathrm{e}^{-\mathrm{j}k_1z}+\Gamma\mathrm{e}^{\mathrm{j}k_1z})\\\boldsymbol{H}_1&=\boldsymbol{e}_y\frac{E_{io}}{\eta_1}(\mathrm{e}^{-\mathrm{j}k_1z}-\Gamma\mathrm{e}^{\mathrm{j}k_1z})\end{aligned}\right\}\tag{7-69}$$

$$\left.\begin{aligned}\boldsymbol{E}_2&=\boldsymbol{e}_xTE_{io}\mathrm{e}^{-\mathrm{j}k_2z}=\boldsymbol{e}_xE_{to}\mathrm{e}^{-\mathrm{j}\beta z}\\\boldsymbol{H}_2&=\boldsymbol{e}_y\frac{TE_{io}}{\eta_2}\mathrm{e}^{-\mathrm{j}k_2z}=\boldsymbol{e}_yH_{to}\mathrm{e}^{-\mathrm{j}\beta z}\end{aligned}\right\}\tag{7-70}$$

由式(7 - 70)可知，媒质 2 中的波为无衰减的行波。行波的传播特性已在第 6 章讨论过，没必要再来分析讨论，现在讨论介质 1 中的波的特性。由式(7 - 69)知，如设 $E_{io}=E_{im}$ 为实数即初相角为 0，那么

$$\Gamma=|\Gamma|\mathrm{e}^{\mathrm{j}\theta}(\eta_2>\eta_1,\quad\theta=0;\quad\eta_2<\eta_1,\theta=\pi)$$

则式(7 - 69)可改写为

$$\boldsymbol{E}_1=\boldsymbol{e}_xE_{io}(1+\Gamma\mathrm{e}^{\mathrm{j}2k_1z})\mathrm{e}^{-\mathrm{j}k_1z}=\boldsymbol{e}_xE_{(z)}\mathrm{e}^{-\mathrm{j}(k_1z-\phi_e)}\tag{7-71}$$

式中

$$E_{(z)}=E_{im}[1+|\Gamma|^2+2|\Gamma|\cos(2k_1z+\theta)]^{\frac{1}{2}}\tag{7-72}$$

$$\phi_e=\arctan\frac{|\Gamma|\sin(2k_1z+\theta)}{1+|\Gamma|\cos(2k_1z+\theta)}\tag{7-73}$$

同理

$$\boldsymbol{H}_1 = \boldsymbol{e}_y \frac{E_{io}}{\eta_1}(1-\Gamma e^{j2k_1 z})e^{-jk_1 z} = \boldsymbol{e}_y H(z) e^{-j(k_1 z-\phi_m)} \tag{7-74}$$

式中

$$H(z) = \frac{E_{im}}{\eta_1}\left[1+|\Gamma|^2-2|\Gamma|\cos(2k_1 z+\theta)\right]^{\frac{1}{2}} \tag{7-75}$$

$$\phi_m = \arctan\frac{-|\Gamma|\sin(2k_1 z+\theta)}{1+|\Gamma|\cos(2k_1 z+\theta)} \tag{7-76}$$

式(7-71)和式(7-74)中仍有因子 $e^{-j(k_1 z-\phi)}$，可见它们仍具有行波特性。但其幅值随 z 作周期变化。

当 $\eta_2>\eta_1$ 时，Γ 实数，$\theta=0$，由式(7-72)和式(7-75)知

$$z=-\frac{n\pi}{k_1}=-n\frac{\lambda}{2} \qquad n=0, 1, 2, 3, \cdots \tag{7-77}$$

处电场强度 $\boldsymbol{E}$ 的振幅具有最大值，磁场强度 $\boldsymbol{H}$ 的振幅具有最小值，即

$$\left.\begin{aligned} E_{\max} &= E_{im}(1+|\Gamma|) \\ H_{\min} &= \frac{E_{im}}{\eta_1}(1-|\Gamma|) \end{aligned}\right\} \tag{7-78}$$

而在

$$z=-(2n+1)\frac{\lambda}{4} \tag{7-79}$$

处有

$$\left.\begin{aligned} E_{\min} &= E_{im}(1-|\Gamma|) \\ H_{\max} &= \frac{E_{im}}{\eta_1}(1+|\Gamma|) \end{aligned}\right\} \tag{7-80}$$

由此可见，电磁场 $\boldsymbol{E}$ 和 $\boldsymbol{H}$ 振幅的最大值和最小值分布在空间固定位置上，即有固定的波腹点和波节点，这也正是驻波的特点，但波节点位置场强并不为零。我们将这种波称为行驻波。

媒质 1 中的行驻波如图 7-9(a)所示，在界面($z=0$)处，E 为最大值(即波腹)。

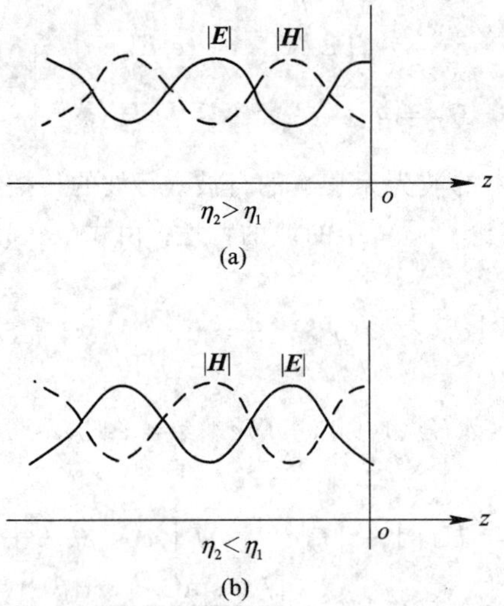

图 7-9 行驻波振幅

当 $\eta_2<\eta_1$ 时，$\Gamma=|\Gamma|e^{j\pi}$，则 $\boldsymbol{E}$ 和 $\boldsymbol{H}$ 的波腹点、波节点的位置与 $\eta_2>\eta_1$ 时相反。媒质 1 中的行驻波如图 7-9(b)所示，在界面($z=0$)处 $\boldsymbol{E}$ 为波节点，$\boldsymbol{H}$ 为波腹点。

另外由式(7-78)和式(7-80)得

$$\frac{E_{\max}}{H_{\max}}=\frac{E_{\min}}{H_{\min}}=\eta_1 \tag{7-81}$$

$$\frac{E_{\max}}{E_{\min}}=\frac{H_{\max}}{H_{\min}}=\frac{1+|\Gamma|}{1-|\Gamma|}=\rho \tag{7-82}$$

$$\frac{1}{\rho}=\frac{E_{\min}}{E_{\max}}=\frac{1-|\Gamma|}{1+|\Gamma|} \tag{7-83}$$

ρ 称为驻波系数(或驻波比)，其定义为在传输线上波腹点的场量($E_{\max}$ 或 $H_{\max}$)与相邻波节点的场量($E_{\min}$ 或 $H_{\min}$)的振幅之比。由于反射系数 $0\leqslant|\Gamma|\leqslant1$，故 $1\leqslant\rho\leqslant\infty$。而驻波系数的倒数$\left(\frac{1}{\rho}\right)$称为行波系数。

媒质 1 中沿 z 方向通过单位面积的功率的时间平均值为

$$\boldsymbol{S}_1^{\text{av}}=\frac{1}{2}\text{Re}|(\boldsymbol{E}_1\times\boldsymbol{H}_1^*)|=\boldsymbol{e}_z\frac{1}{2}\frac{|E_{io}|^2}{\eta_1}(1-|\Gamma|^2) \tag{7-84}$$

式中第一项和第二项分别为入射波和反射波的平均能流密度。透入媒质 2 中的透射波的平均能流密度为

$$\boldsymbol{S}_2^{\text{av}}=\boldsymbol{e}_z\frac{1}{2}\frac{|E_{to}|^2}{\eta_2}=\boldsymbol{e}_z\frac{1}{2}\frac{|T|^2|E_{io}|^2}{\eta_2}=\frac{\eta_1}{\eta_2}|T|^2\boldsymbol{S}_i^{\text{av}}=T_p\boldsymbol{S}_i^{\text{av}} \tag{7-85}$$

其中 T_p 为功率透射系数，由式(7-68)有

$$1-|\Gamma|^2=\frac{\eta_1}{\eta_2}|T|^2$$

而

$$\Gamma_p+T_p=1 \tag{7-86}$$

例 7-3　设有两种无耗非磁性媒质，一均匀平面波自媒质 1 垂直投射到其两媒质交界平面。如果

(1) 反射波电场振幅为入射波电场振幅的$\frac{1}{3}$；

(2) 反射波的功率通量密度为入射波功率通量密度的$\frac{1}{3}$；

(3) 媒质 1 中合成电场的最小值为最大值的$\frac{1}{3}$，且界面处为电场波节。

试分别确定 n_1/n_2，(n_1 和 n_2 分别为媒质 1 和媒质 2 的折射率)

解　由已知条件可求出反射系数

$$\Gamma=\frac{\eta_2-\eta_1}{\eta_2+\eta_1}$$

对于无耗非磁性介质，因为 $\mu_1=\mu_2=\mu_0$，所以 $\eta_1=\sqrt{\frac{\mu_0}{\varepsilon_1}}$，$\eta_2=\sqrt{\frac{\mu_0}{\varepsilon_2}}$，将 η_1 和 η_2 代入上式有

$$\Gamma=\frac{\sqrt{\varepsilon_1}-\sqrt{\varepsilon_2}}{\sqrt{\varepsilon_1}+\sqrt{\varepsilon_2}}=\frac{n_1-n_2}{n_1+n_2}$$

$n=\sqrt{\varepsilon}$是媒质的折射率，故

$$\Gamma=\frac{n_1-n_2}{n_1+n_2}=\frac{\frac{n_1}{n_2}-1}{\frac{n_1}{n_2}+1}$$

于是

$$\frac{n_1}{n_2}=\frac{1+\Gamma}{1-\Gamma}$$

(1) 这时 $\Gamma=\pm\frac{1}{3}$，正或负对应于 $n_1>n_2$ 或者 $n_1<n_2$，将 Γ 代入上式得

$$\frac{n_1}{n_2}=2 \quad 或 \quad \frac{n_1}{n_2}=\frac{1}{2}$$

(2) 因 $\Gamma_p=\Gamma^2=\frac{1}{3}$，所以 $\Gamma=\pm\frac{1}{\sqrt{3}}$，代入上式得

$$\frac{n_1}{n_2}=4.464 \quad 或 \quad \frac{n_1}{n_2}=0.268$$

(3) 由式(7-82)可知，驻波比 ρ 为

$$\rho=\frac{E_{\max}}{E_{\min}}=\frac{1-|\Gamma|}{1+|\Gamma|}=3$$

可求出

$$|\Gamma|=\frac{1}{2}$$

因界面处为电场波节，$\Gamma<0$，则有

$$\frac{n_1}{n_2}=\frac{1}{3}$$

例 7-4 已知空气中的均匀平面波的电场和磁场分量分别在 x，y 方向，波沿 z 方向垂直入射到无耗非磁性媒质表面。界面处，入射波磁场 $\boldsymbol{H}_{io}=\boldsymbol{e}_y$(A/m)，而反射波磁场 $\boldsymbol{H}_{ro}=\boldsymbol{e}_y0.243$(A/m)。求 Γ、T、ε_{r2} 及 H_{to}。

解 在界面处

$$\Gamma=-\frac{H_{ro}}{H_{io}}=0.243=-\frac{1-\sqrt{\varepsilon_{r2}}}{1+\sqrt{\varepsilon_{r2}}}$$

由此得

$$\sqrt{\varepsilon_{r2}}=1.642$$
$$\varepsilon_{r2}\approx 2.7$$
$$T=1+\Gamma=0.757$$

由边界条件得

$$H_{to}=H_{io}+H_{ro}=1.243\ (\text{A/m})$$

7.3.2 向多层介质的垂直入射

现讨论有多层无耗媒质(界面为相互平行的平面)时，垂直入射的平面波的反射与透射问题。

设有三种介质形成两无限大平行的界面，如图 7-10 所示，媒质 1、2 的界面为 $z=0$ 的平面，而媒质 2 和 3 的界面为 $z=d$ 的平面。当一均匀平面波由媒质 1 垂直入射时，由于有两个界面，入射波在第一界面上一部分被反射回媒质 1 中，另一部分透入媒质 2。透射到媒质 2 中的平面波在 $z=d$ 的第二界面一部分被反射，而向媒质 1 传播，另一部分则透射入媒质 3。经第二界面反射向第一媒质传播的波在界面 1 处又要有一部分反射向第二界面，而另一部分透射入媒质 1，这样形成无限次的反射和透射。如将媒质 1 中的所有的反射波叠加起来，便可求出总的反射波及在界面 1 上的反射系数。但在这里，我们不用波的这一系列反射来考虑多层介质的反射问题，而是用各媒质中向正负 z 方向传播的总波来讨论。为了方便，仍将向正、负 z 方向传播的波分别称为入射波与反射波。

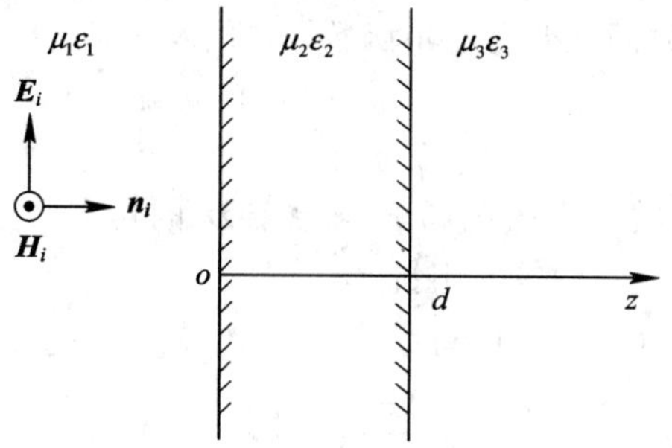

图 7-10　向多层介质垂直入射

设媒质 1 中的入射波电场为

$$\boldsymbol{E}_i^{[1]} = \boldsymbol{e}_x E_{io}^{[1]} \mathrm{e}^{-\mathrm{j}k_1 z}$$

媒质 1 中总反射波电场强度可写为

$$\boldsymbol{E}_r^{[1]} = \boldsymbol{e}_x \left[\sum_{j=1}^{\infty} E_{rjo}^{[1]} \right] \mathrm{e}^{\mathrm{j}k_1 z} = \boldsymbol{e}_x E_{ro}^{[1]} \mathrm{e}^{\mathrm{j}k_1 z}$$

式中 $E_{ro}^{[1]} = \sum_{j=1}^{\infty} E_{rjo}^{[1]}$ 表示由界面 1 反射的和由媒质 2 中反向透入媒质 1 的无限多个波的电场振幅叠加而成的总反射波电场振幅值。对磁场和媒质 2 中的场亦可类似地写出。

媒质 1，2 中的合成波电磁场为

$$\left.\begin{aligned} \boldsymbol{E}_1 &= \boldsymbol{e}_x E_{io}^{[1]} [\mathrm{e}^{-\mathrm{j}k_1 z} + \Gamma_1 \mathrm{e}^{\mathrm{j}k_1 z}] \\ \boldsymbol{H}_1 &= \boldsymbol{e}_y \frac{E_{io}^{[1]}}{\eta_1} [\mathrm{e}^{-\mathrm{j}k_1 z} - \Gamma_1 \mathrm{e}^{\mathrm{j}k_1 z}] \end{aligned}\right\} \tag{7-87}$$

式中，Γ_1 为待求值，是 $z=0$ 界面处的反射系数

$$\left.\begin{aligned} \boldsymbol{E}_2 &= \boldsymbol{e}_x E_{io}^{[2]} [\mathrm{e}^{-\mathrm{j}k_2 (z-d)} + \Gamma_2 \mathrm{e}^{\mathrm{j}k_2 (z-d)}] \\ \boldsymbol{H}_2 &= \boldsymbol{e}_y \frac{E_{io}^{[2]}}{\eta_2} [\mathrm{e}^{-\mathrm{j}k_2 (z-d)} - \Gamma_2 \mathrm{e}^{\mathrm{j}k_2 (z-d)}] \end{aligned}\right\} \tag{7-88}$$

式中，$E_{io}^{[2]}$ 为媒质 2 中沿 z 方向传播的波的总振幅，Γ_2 为界面 $z=d$ 处的反射系数。平面波垂直入射时在界面处的反射系数为

$$\Gamma_2 = \frac{\eta_3 - \eta_2}{\eta_3 + \eta_2} \tag{7-89}$$

由边界条件，在 $z=0$ 的界面处，电场和磁场的切向分量连续，由式(7-87)和式

(7-88)，在 $z=0$ 处应有：$E_{1x}=E_{2x}$、$H_{1y}=H_{2y}$，即

$$E_{io}^{[1]}(1+\Gamma_1)=E_{io}^{[2]}(e^{jk_2d}+\Gamma_2e^{-jk_2d})$$

$$\frac{E_{io}^{[1]}}{\eta_1}(1-\Gamma_1)=\frac{E_{io}^{[2]}}{\eta_2}(e^{jk_2d}-\Gamma_2e^{-jk_2d})$$

两式相除得

$$\eta_1\frac{1+\Gamma_1}{1-\Gamma_1}=\eta_2\frac{e^{jk_2d}+\Gamma_2e^{-jk_2d}}{e^{jk_2d}-\Gamma_2e^{-jk_2d}} \tag{7-90}$$

令

$$Z_p=\eta_2\frac{e^{jk_2d}+\Gamma_2e^{-jk_2d}}{e^{jk_2d}-\Gamma_2e^{-jk_2d}}$$

用欧拉公式将上式中的指数函数变为三角函数，并代入式(7-89)，得

$$Z_p=\eta_2\frac{\eta_3+j\eta_2\tan k_2d}{\eta_2+j\eta_3\tan k_2d} \tag{7-91}$$

Z_p为在 $z=0$ 的界面处，媒质 2 中的电场 $\boldsymbol{E}$ 与磁场 $\boldsymbol{H}$ 的切向分量之比。具有阻抗的量纲。故将 Z_p称为界面 1 处媒质 2 中的等效阻抗。

引入等效阻抗后，则式(7-90)可写成

$$\eta_1\frac{1+\Gamma_1}{1-\Gamma_1}=Z_p$$

于是

$$\Gamma_1=\frac{Z_p-\eta_1}{Z_p+\eta_1} \tag{7-92}$$

由上式可见，若已知媒质参数，媒质 2 的厚度以及波的频率，即可由式(7-91)求出 Z_p，再代入式(7-92)即可求得界面 1 处的反射系数 Γ_1，从而确定界面 1 处的反射情况。由于上述讨论仅考虑的是理想介质，故媒质 1 中入射功率与反射功率之差，就是透入第三层媒质的功率。因此如果适当选取媒质 2 的厚度 d 和参数 η_2，使 $Z_p=\eta_1$，便可消除从界面 1 处的反射，使能量全部进入媒质 3 中。

如果媒质多于三层，亦可仿此处理。首先写出最后一个界面上的反射系数，由它求出前一界面处的等效阻抗和反射系数。如此继续下去，直至求得第一界面处媒质 1 中的反射系数 Γ_1。则媒质 1 中入射功率与反射功率之差，就是透入最后一层媒质的功率。

例 7-5 半无限大理想导体表面涂有 $\mu_r=1$、$\varepsilon_r=4$，厚度 $d=0.6$ cm 的介质层。介质层外为空气，如图 7-11 所示。一频率 $f=10^{10}$ Hz，电场振幅为 1 V/m 的平面波自空气中向介质层表面垂直入射。

求：(1) 空气中总电场和磁场的瞬时值；

(2) 确定空气中距介质层表面最近的电场波节的位置。

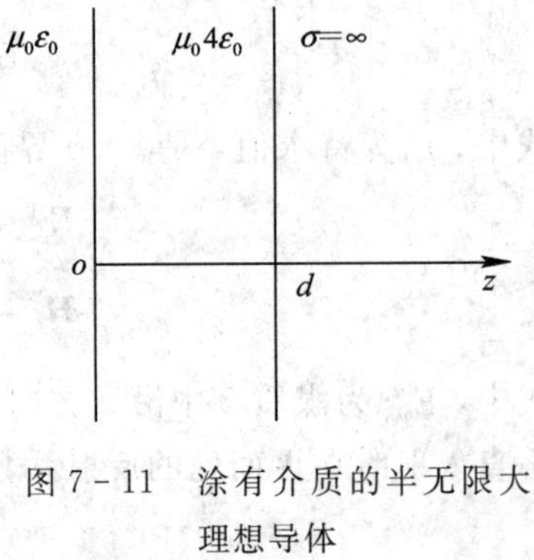

图 7-11 涂有介质的半无限大理想导体

解 (1) 在图 7-11 所示的坐标系中，设电场在 x 方向，则在空气中

$$\boldsymbol{E}_1=\boldsymbol{e}_x[e^{-jk_1z}+\Gamma e^{jk_1z}]$$

$$\boldsymbol{H}_1=\boldsymbol{e}_y\frac{1}{\eta_0}[\mathrm{e}^{-\mathrm{j}k_1z}-\Gamma\mathrm{e}^{\mathrm{j}k_1z}]$$

因为 Γ 为

$$\Gamma=\frac{Z_p-\eta_0}{Z_p+\eta_0}$$

由式(7-91)可知

$$Z_p=\eta_2\frac{\eta_3+\mathrm{j}\eta_2\tan k_2d}{\eta_2+\mathrm{j}\eta_3\tan k_2d}$$

对于理想导体 $\eta_3=0$，故有

$$Z_p=\mathrm{j}\eta_2\tan k_2d$$

代入已知数值得

$$\Gamma=\mathrm{e}^{\mathrm{j}1.22\pi},\quad |\Gamma|=1$$

于是

$$\begin{aligned}\boldsymbol{E}_1&=\boldsymbol{e}_x(\mathrm{e}^{-\mathrm{j}k_1z}+\mathrm{e}^{\mathrm{j}k_1z}\mathrm{e}^{\mathrm{j}1.22\pi})\\&=\boldsymbol{e}_x\mathrm{e}^{\mathrm{j}0.61\pi}[\mathrm{e}^{-\mathrm{j}(k_1z+\mathrm{j}0.61\pi)}+\mathrm{e}^{\mathrm{j}(k_1z+\mathrm{j}0.61\pi)}]\\&=\boldsymbol{e}_x2\cos(k_1z+0.61\pi)\mathrm{e}^{\mathrm{j}0.61\pi}\end{aligned}$$

瞬时值

$$\boldsymbol{E}_1=\boldsymbol{e}_x2\cos(k_1z+0.61\pi)\cos(\omega t+0.61\pi)\quad(\mathrm{V/m})$$

同理

$$\boldsymbol{H}_1=\boldsymbol{e}_x5.31\times10^{-3}\sin(k_1z+0.61\pi)\sin(\omega t+0.61\pi)\quad(\mathrm{A/m})$$

(2) 空气中的场为驻波分布，在界面 $z=0$ 处 Γ 不等于1，所以该点并不是电场波节，设 $z=-l$ 处是离界面最近的波节，则有

$$-k_1l+0.61\pi=\frac{\pi}{2}$$

所以

$$l=\frac{(0.61-0.5)\pi}{k_1}=0.165\quad(\mathrm{cm})$$

例7-6　设有三层介质，其分界面均为无限大的平面，介质的波阻抗分别为 η_1、η_2 和 η_3，介质2的厚度为 d。当平面波由媒质1垂直射向界面时，入射波的能量全部进入介质3，试决定 d 和 η_2。

解　取坐标系如图7-10所示，要求能量全部透入介质3，即要求 $\Gamma_1=0$ 或 $Z_p=\eta_1$，此时，式(7-91)可写成

$$\eta_2(\eta_3\cos k_2d+\mathrm{j}\eta_2\sin k_2d)=\eta_1(\eta_2\cos k_2d+\mathrm{j}\eta_3\sin k_2d)$$

于是有

$$\eta_3\cos k_2d=\eta_1\cos k_2d\cdots\tag{1}$$

$$\eta_2^2\sin k_2d=\eta_1\eta_3\sin k_2d\cdots\tag{2}$$

要使上式(1)成立，必有

$$\eta_3=\eta_1\quad 或\quad \cos k_2d=0$$

即

$$d = (2n+1)\frac{\lambda_2}{4}, \quad n = 1, 2, 3, \cdots$$

同理，要使上式(2)成立，应有

$$\eta_2^2 = \eta_1\eta_3 \quad 或 \quad \sin k_2 d = 0$$

即

$$d = n\frac{\lambda_2}{2}, \quad n = 1, 2, 3, \cdots$$

因此，要使式(1)和式(2)同时满足，可有三种选择：

(1) $\eta_3 = \eta_1$、$\eta_2^2 = \eta_1\eta_3$，这样将导致 $\eta_1 = \eta_2 = \eta_3$，即三层介质参量相同，无论 d 如何都不会产生反射，但与原题不相符。

(2) $\eta_3 = \eta_1$、$d = n\frac{\lambda_2}{2}$，$(n=1, 2, 3, \cdots)$，在这种情况下，η_2 无论为何值均可使 $\Gamma_1 = 0$，但要求介质 1 与介质 3 相同，也与原题意不符。

(3) $\eta_2 = \sqrt{\eta_1\eta_3}$、$d = (2n+1)\frac{\lambda_2}{4}$，$(n=1, 2, 3, \cdots)$，可见，这种情况与题意符合。

7.4　平面波向理想导体界面上的斜入射

对于理想导体，因其电导率 $\sigma = \infty$，波阻抗 $\eta = 0$，当均匀平面波斜入射到理想导体表面时，由菲涅尔公式知，无论对平行极化波还是对垂直极化波均有透射系数 $T = 0$，即无透射波。入射到理想导体上的均匀平面波将全被反射。故我们只需研究讨论反射波的特性。

7.4.1　垂直极化波向理想导体面的斜入射

介质与理想导体的界面如图 7-12 所示，电场矢量与入射面垂直，即为垂直极化波入射。设入射波的电场 $\boldsymbol{E}_{io}$ 和入射角 θ_i 已知，在所取的直角坐标系中，由于 $\boldsymbol{E}_{io}$ 垂直于入射面，因此 $\boldsymbol{E}_{io} = \boldsymbol{e}_y E_{io}$；入射面为 XZ 平面，则入射波的方向为 $\boldsymbol{n}_i = \boldsymbol{e}_x \sin\theta_i + \boldsymbol{e}_z \cos\theta_i$，故入射波的电磁场量为

$$\left.\begin{aligned} \boldsymbol{E}_i &= \boldsymbol{E}_{io}\mathrm{e}^{-\mathrm{j}k\boldsymbol{n}_i\cdot\boldsymbol{r}} = \boldsymbol{e}_y E_{io}\mathrm{e}^{-\mathrm{j}k(x\sin\theta_i + z\cos\theta_i)} = \boldsymbol{e}_y E_{iy} \\ \boldsymbol{H}_i &= \frac{1}{\eta}\boldsymbol{n}_i \times \boldsymbol{E}_i \\ &= \frac{E_{io}}{\eta}(-\boldsymbol{e}_x\cos\theta_i + \boldsymbol{e}_z\sin\theta_i)\mathrm{e}^{-\mathrm{j}k(x\sin\theta_i + z\cos\theta_i)} \\ &= \boldsymbol{e}_x H_{ix} + \boldsymbol{e}_z H_{iz} \end{aligned}\right\} \tag{7-93}$$

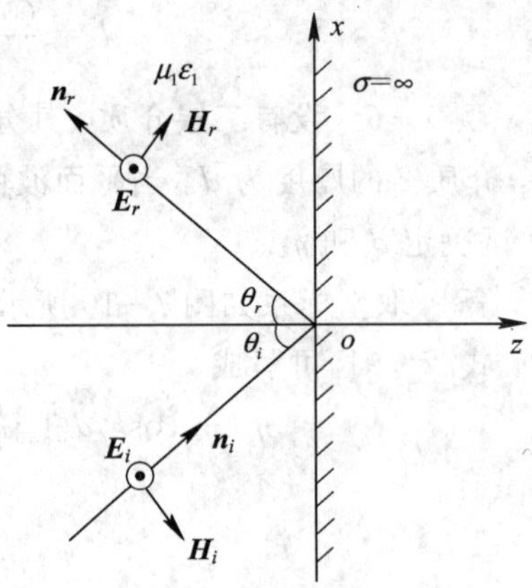

图 7-12　向理想导体界面斜入射

由图 7-12 可知，并考虑到 $\boldsymbol{n}_i$ 与 $\boldsymbol{n}_r$ 共面，且 $\theta_i = \theta_r$，故反射波传播方向单位矢量 $\boldsymbol{n}_r = \boldsymbol{e}_x \sin\theta_i - \boldsymbol{e}_z \cos\theta_i$；对于垂直极化波 $\Gamma_\perp = -1$，所以，$E_{ro} = E_{io}\Gamma_\perp = -E_{io}$，故可求得反射波的电磁场量为

$$\left.\begin{aligned} \boldsymbol{E}_r &= E_{ro}\mathrm{e}^{-\mathrm{j}k\boldsymbol{n}_r\cdot\boldsymbol{r}} = -\boldsymbol{e}_y E_{io}\mathrm{e}^{-\mathrm{j}k(x\sin\theta_i - z\cos\theta_i)} = \boldsymbol{e}_y E_{ry} \\ \boldsymbol{H}_r &= \frac{1}{\eta}\boldsymbol{n}_r \times \boldsymbol{E}_r \\ &= -(\boldsymbol{e}_x\cos\theta_i + \boldsymbol{e}_z\sin\theta_i)\frac{E_{io}}{\eta}\mathrm{e}^{-\mathrm{j}k(x\sin\theta_i - z\cos\theta_i)} \\ &= \boldsymbol{e}_x H_{rx} + \boldsymbol{e}_z H_{rz} \end{aligned}\right\} \tag{7-94}$$

介质 1 中合成的场量为

$$\left.\begin{aligned} \boldsymbol{E} &= \boldsymbol{E}_i + \boldsymbol{E}_r \\ &= \boldsymbol{e}_y E_{io}\left[\mathrm{e}^{-\mathrm{j}kz\cos\theta_i} - \mathrm{e}^{\mathrm{j}kz\cos\theta_i}\right]\mathrm{e}^{-\mathrm{j}(k\sin\theta_i)x} \\ &= -\boldsymbol{e}_y 2\mathrm{j}E_{io}\sin[(k\cos\theta_i)z]\mathrm{e}^{-\mathrm{j}(k\sin\theta_i)x} \\ \boldsymbol{H} &= \boldsymbol{H}_i + \boldsymbol{H}_r \\ &= -\frac{2E_{io}}{\eta}\{\boldsymbol{e}_x\cos\theta_i\cos[(k\cos\theta_i)z] \\ &\quad + \boldsymbol{e}_z\mathrm{j}\sin\theta_i\sin[(k\cos\theta_i)z]\}\mathrm{e}^{-\mathrm{j}(k\sin\theta_i)x} \end{aligned}\right\} \tag{7-95}$$

现在我们讨论媒质 1 中合成波的特性：

(1) 在介质中波沿 z 方向的驻波分布，由式(7－95)可知：当$(k\cos\theta_i)z=-n\pi(n=0,1,2,\cdots)$，即

$$z = -\frac{n\pi}{k\cos\theta_i} = -\frac{n\lambda}{2\cos\theta_i} = -\frac{n\lambda_z}{2} \tag{7-96}$$

$$\lambda_z = \frac{\lambda}{\cos\theta_i}$$

时，$E_y=H_z=0$，即在距界面为$\frac{\lambda_z}{2}$的整数倍处为电场与 H_z 的波节平面，但磁场分量 H_x 在该处为波腹平面，当

$$(k\cos\theta_i)z = -(2n+1)\frac{\pi}{2} \quad (n=0,1,2,\cdots)$$

即

$$z = -(2n+1)\frac{\lambda_z}{4} \tag{7-97}$$

时，$H_x=0$，即距界面为$\frac{\lambda_z}{4}$的奇数倍处为 H_x 的波节平面，而 E_y 和 H_z 在该处为波腹平面。

(2) 该波不是均匀平面波，也不是横电磁波。在介质中波的电场和磁场表示式中均有 $\mathrm{e}^{-\mathrm{j}(k\sin\theta_i)x}$ 因子，故合成场又是沿 x 方向传播的行波。波的等相位面随 x 向前移动，如波传播的方向 x 为纵向，则与传播方向垂直的横向面为 yz 平面。由式(7－95)可知，因在纵向有磁场的分量 H_x，故这种波不是我们前面讨论的横电磁波(TEM 波)，而将这种波叫做纵磁波(H 波)。由于无纵向的电场，电场仅有与传播方向垂直的横向场量，故也将这种波叫做横电波(TE 波)。

(3) 波的相移常数和相速分别为

$$\beta_x = k\sin\theta_i$$

$$v_{px} = \frac{\omega}{\beta_x} = \frac{\omega}{k\sin\theta_i} = \frac{v_p}{\sin\theta_i} \tag{7-98}$$

式中，$v_p=\dfrac{\omega}{k}=\dfrac{1}{\sqrt{\mu\varepsilon}}$，是媒质 1 中均匀平面波的相速，如果媒质 1 为空气，则 $v_p=c$，由于 $\sin\theta_i$ 是一个小于 1 的数值，因此，沿 x 方向波的相速大于光速 c。这可用图 7-13 来证明，观察与入射波波峰相应的一个等相位面，在一个周期 T 内它沿其传播方向前进了一个波长 λ，速度为 $\dfrac{1}{\sqrt{\mu\varepsilon}}$。但此等相位面沿 x 方向掠过的距离为 $\dfrac{\lambda}{\sin\theta_i}=\lambda_x>\lambda$，所以，就 x 方向来看，等相位面移动的速度要快些，其速度为

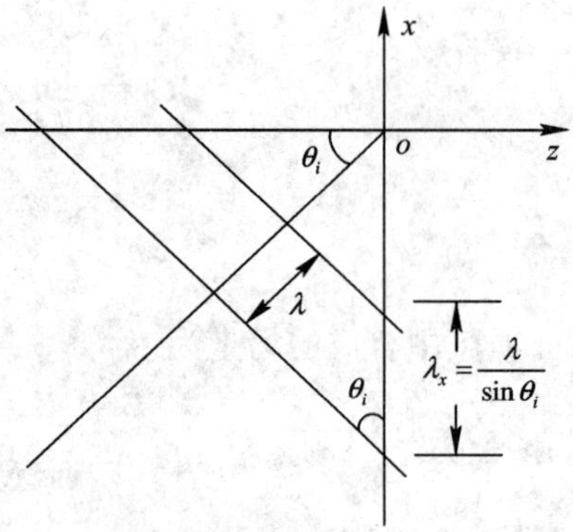

图 7-13 光速与相速

$$v_{px}=\frac{\lambda_x}{T}=f\lambda_x=f\,\frac{\lambda}{\sin\theta_i}=\frac{v_p}{\sin\theta_i}$$

7.4.2 平行极化波向理想导体面的斜入射

介质与理想导体的界面如图 7-14 所示，电场矢量在入射面内，即为平行极化波入射。设入射角为 θ_i，则该入射波的电磁场量为

$$\left.\begin{aligned}\boldsymbol{E}_i&=E_{io}(-\boldsymbol{e}_x\cos\theta_i+\boldsymbol{e}_z\sin\theta_i)\mathrm{e}^{-\mathrm{j}k_1(x\sin\theta_i+z\cos\theta_i)}\\&=\boldsymbol{e}_xE_{ix}+\boldsymbol{e}_zE_{iz}\\\boldsymbol{H}_i&=-\boldsymbol{e}_y\frac{E_{io}}{\eta_1}\mathrm{e}^{-\mathrm{j}k_1(x\sin\theta_i+z\cos\theta_i)}=\boldsymbol{e}_yH_{iy}\end{aligned}\right\}\tag{7-99}$$

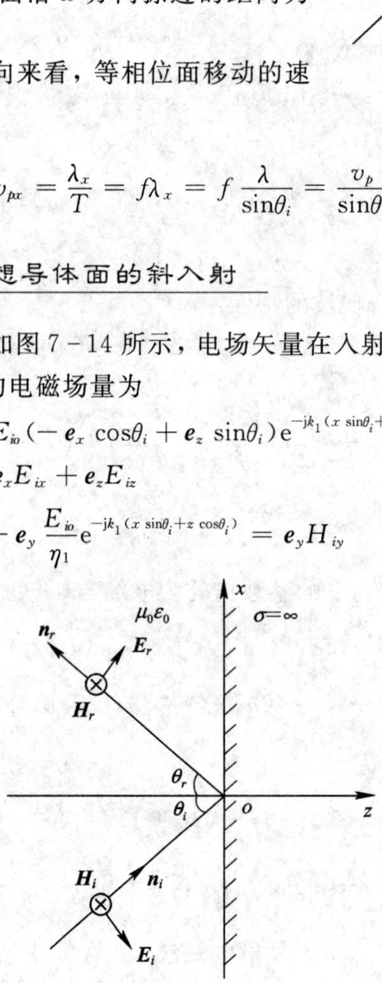

图 7-14 平行极化波向理想导体面的斜入射

运用和 7.4.1 节相同的方法计算，可得此时媒质 1 中的合成波的场为

$$\left.\begin{aligned}\boldsymbol{E}&=2E_{io}\{\boldsymbol{e}_x\mathrm{j}\cos\theta_i\sin[(k\cos\theta_i)z]+\boldsymbol{e}_z\sin\theta_i\cos[(k\cos\theta_i)z]\}\mathrm{e}^{-\mathrm{j}(k\sin\theta_i)x}\\\boldsymbol{H}&=-\boldsymbol{e}_y\frac{2E_{io}}{\eta}\cos[(k\cos\theta_i)z]\mathrm{e}^{-\mathrm{j}(k\sin\theta_i)x}\end{aligned}\right\}\tag{7-100}$$

由电场与磁场表示式可见：介质中的电磁波仍为沿 z 方向的驻波分布，比较式(7-95)与式(7-100)可知，此时电场有向 x 方向传播的分量 E_x，而磁场垂直于传播方向，没有向

x 方向传播的分量，故称这种波为横磁波(TM 波)或纵电波(E 波)。

例 7-7　一均匀平面波由空气入射到理想导体表面($z=0$ 平面)上，已知入射波电场矢量为

$$\boldsymbol{E}_i(x,\ z) = 5(\boldsymbol{e}_x + \sqrt{3}\boldsymbol{e}_z)\mathrm{e}^{\mathrm{j}6(\sqrt{3}x-z)} \quad (\mathrm{V/m})$$

求：(1) 入射波的角频率 ω 和电场振幅值 E_{im}；

(2) 入射波磁场矢量 $\boldsymbol{H}_i$；

(3) 入射角 θ_i；

(4) 反射波电场和磁场矢量 $\boldsymbol{E}_r$、$\boldsymbol{H}_r$；

(5) 合成波电场和磁场矢量 $\boldsymbol{E}_1$、$\boldsymbol{H}_1$。

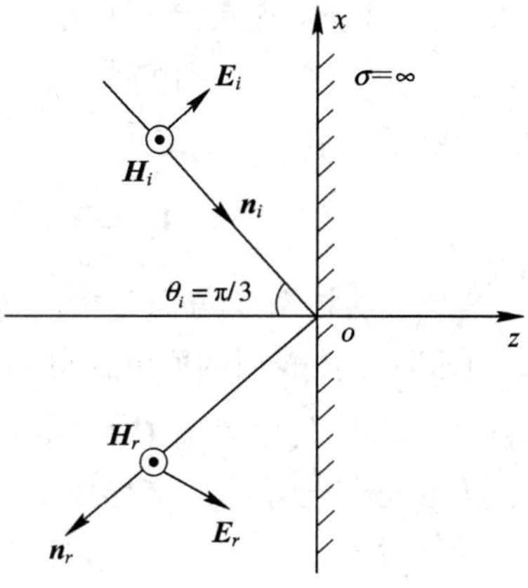

图 7-15　例 7-7 用图

解　据题意，如图 7-15 所示。

因为 $-\mathrm{j}\boldsymbol{k}\cdot\boldsymbol{r}=\mathrm{j}6(\sqrt{3}x-z)$，所以波矢量

$$\boldsymbol{k} = -6\sqrt{3}\boldsymbol{e}_x + 6\boldsymbol{e}_z$$

$$k = \sqrt{k_x^2 + k_z^2} = \sqrt{(6\sqrt{3})^2 + 6^2} = 12$$

入射波传播方向单位矢量为

$$\boldsymbol{n}_i = \frac{\boldsymbol{k}}{k} = -\frac{\sqrt{3}}{2}\boldsymbol{e}_x + \frac{1}{2}\boldsymbol{e}_z$$

(1) 由 $k=\dfrac{\omega}{c}$ 得

$$\omega = ck = 3\times10^8\times12 = 36\times10^8\ \mathrm{rad/s}$$

$$E_{im} = \sqrt{E_{ixm}^2 + E_{izm}^2} = \sqrt{5^2 + (5\sqrt{3})^2} = 10\ (\mathrm{V/m})$$

(2) 入射波的磁场矢量为

$$\boldsymbol{H}_i = \frac{1}{\eta_0}\boldsymbol{n}_i \times \boldsymbol{E}_i = \boldsymbol{e}_y\frac{10}{\eta_0}\mathrm{e}^{\mathrm{j}6(\sqrt{3}x-z)}\ (\mathrm{A/m})$$

(3) 由于界面为 $z=0$ 平面，入射面为 xz 平面，而 $\boldsymbol{E}_i$ 也在 xz 面内，故 $\boldsymbol{E}_i$ 平行于入射面极化。由 $\boldsymbol{n}_i=-\boldsymbol{e}_x\sin\theta_i+\boldsymbol{e}_z\cos\theta_i=-\dfrac{\sqrt{3}}{2}\boldsymbol{e}_x+\dfrac{1}{2}\boldsymbol{e}_z$，故得 $\theta_i=\dfrac{\pi}{3}$。于是可得到如图 7-15 所示的坐标关系。

(4) 由图 7-15 可写出反射波传播方向单位矢量为

$$\boldsymbol{n}_r = -\boldsymbol{e}_x\sin\theta_i - \boldsymbol{e}_z\cos\theta_i$$

反射波电场可表示为

$$\boldsymbol{E}_r = E_{r0}(-\boldsymbol{e}_x\cos\theta_i + \boldsymbol{e}_z\sin\theta_i)\mathrm{e}^{-\mathrm{j}k\boldsymbol{n}_r\cdot\boldsymbol{r}}$$

由 $\cos\theta_i=\dfrac{1}{2}$、$\sin\theta_i=\dfrac{\sqrt{3}}{2}$、$E_{r0}=\Gamma_{/\!/}E_{i0}$ 及 $\Gamma_{/\!/}=1$ 可得

$$\boldsymbol{E}_r(x,\ z) = 5(-\boldsymbol{e}_x + \sqrt{3}\boldsymbol{e}_z)\mathrm{e}^{\mathrm{j}6(\sqrt{3}x+z)}\ (\mathrm{V/m})$$

$$\boldsymbol{H}_r(x,\ z) = \frac{1}{\eta_0}\boldsymbol{n}_r \times \boldsymbol{E}_r = \boldsymbol{e}_y\frac{10}{\eta_0}\mathrm{e}^{\mathrm{j}6(\sqrt{3}x+z)}\ (\mathrm{A/m})$$

(5) 入射波电场与反射波电场叠加，得空气中合成电场为

$$\begin{aligned}\boldsymbol{E}_1 &= \boldsymbol{E}_i + \boldsymbol{E}_r \\ &= \boldsymbol{e}_x 5(\mathrm{e}^{-\mathrm{j}6z} - \mathrm{e}^{\mathrm{j}6z})\mathrm{e}^{\mathrm{j}6\sqrt{3}x} + \boldsymbol{e}_z 5\sqrt{3}(\mathrm{e}^{-\mathrm{j}6z} + \mathrm{e}^{\mathrm{j}6z})\mathrm{e}^{-\mathrm{j}6\sqrt{3}x} \\ &= 10\left[-\boldsymbol{e}_x \mathrm{j}\sin 6z + \boldsymbol{e}_z\sqrt{3}\cos 6z\right]\mathrm{e}^{-\mathrm{j}6\sqrt{3}x}\ (\mathrm{V/m})\end{aligned}$$

同理，空气中合成磁场为

$$\boldsymbol{H}_1 = \boldsymbol{H}_i + \boldsymbol{H}_r = \boldsymbol{e}_y \frac{1}{6\pi}\cos 6z\ \mathrm{e}^{\mathrm{j}6\sqrt{3}x}\ (\mathrm{A/m})$$

可见，合成波为沿负 x 方向传播的行波，且为 TM 波。根据理想导体表面的边界条件 $\boldsymbol{J}_S = \boldsymbol{n}\times\boldsymbol{H}$ 可求得导体表面的面电流分布。这里 $\boldsymbol{n} = -\boldsymbol{e}_z$。

例 7-8 空气中磁场 $\boldsymbol{H} = -\boldsymbol{e}_y \mathrm{e}^{-\mathrm{j}\sqrt{2}\pi(x+z)}$ (A/m)的平面波射向理想导体表面，直角坐标的原点取在空气与导体的交界面上，坐标 y 的正方向垂直纸面向外。求：

(1) 反射波；

(2) 空气中的合成场及导体表面的面电流和面电荷密度的瞬时值。

解 因 $-\mathrm{j}\boldsymbol{k}\cdot\boldsymbol{r} = -\mathrm{j}\sqrt{2}\pi(x+z)$，故有

$$\boldsymbol{k} = \sqrt{2}\pi\boldsymbol{e}_x + \sqrt{2}\pi\boldsymbol{e}_z$$

$$k = |k| = \sqrt{k_x^2 + k_z^2} = \sqrt{2\pi^2 + 2\pi^2} = 2\pi$$

所以

$$\boldsymbol{n}_i = \frac{\boldsymbol{k}}{k} = \frac{\sqrt{2}}{2}(\boldsymbol{e}_x + \boldsymbol{e}_z)$$

入射波电场为

$$\begin{aligned}\boldsymbol{E}_i &= -\eta_0 \boldsymbol{n}_i \times \boldsymbol{H} = \eta_0 \frac{\sqrt{2}}{2}(\boldsymbol{e}_x + \boldsymbol{e}_z)\times\boldsymbol{e}_y \mathrm{e}^{-\mathrm{j}\sqrt{2}\pi(x+z)} \\ &= \frac{\sqrt{2}}{2}\eta_0(-\boldsymbol{e}_x + \boldsymbol{e}_z)\mathrm{e}^{-\mathrm{j}\sqrt{2}\pi(x+z)}\end{aligned}$$

电场 $\boldsymbol{E}_i$ 与入射面(xz)平行，由图 7-14 可知

$$\Gamma_{/\!/} = 1,\ \boldsymbol{n}_r = \frac{\sqrt{2}}{2}(\boldsymbol{e}_x - \boldsymbol{e}_z)$$

$$\boldsymbol{E}_r = E_{r0}(\boldsymbol{e}_x + \boldsymbol{e}_z)\mathrm{e}^{-\mathrm{j}k\boldsymbol{n}_r\cdot\boldsymbol{r}} = E_{r0}(\boldsymbol{e}_x + \boldsymbol{e}_z)\mathrm{e}^{-\mathrm{j}\sqrt{2}\pi(x-z)}\ (\mathrm{V/m})$$

故

$$E_{r0} = E_{i0} = \frac{\sqrt{2}}{2}\eta_0$$

反射波磁场为

$$\begin{aligned}\boldsymbol{H}_r &= \frac{1}{\eta_0}\boldsymbol{n}_r \times \boldsymbol{E}_r \\ &= \frac{1}{\eta_0}\frac{\sqrt{2}}{2}(\boldsymbol{e}_x - \boldsymbol{e}_z)\times\frac{\sqrt{2}}{2}\eta_0(\boldsymbol{e}_x + \boldsymbol{e}_z)\mathrm{e}^{-\mathrm{j}\sqrt{2}\pi(x-z)} \\ &= -\boldsymbol{e}_y \mathrm{e}^{-\mathrm{j}\sqrt{2}\pi(x-z)}\ (\mathrm{A/m})\end{aligned}$$

(2) 空气中的总电磁场为

$$\boldsymbol{E} = \sqrt{2}\eta_0(\boldsymbol{e}_x\,\mathrm{j}\sin\sqrt{2}\pi z + \boldsymbol{e}_z\cos\sqrt{2}\pi z)\mathrm{e}^{-\mathrm{j}\sqrt{2}\pi x}\ (\mathrm{V/m})$$

$$\boldsymbol{H}=-\boldsymbol{e}_y 2\cos\sqrt{2}\pi z \mathrm{e}^{-\mathrm{j}\sqrt{2}\pi x}\ (\mathrm{A/m})$$

电流密度及电荷密度分别为

$$\boldsymbol{J}_S=-\boldsymbol{e}_z\times\boldsymbol{H}\big|_{z=0}$$

$$\rho_S=-\varepsilon_0\boldsymbol{e}_z\cdot\boldsymbol{E}\big|_{z=0}$$

$$\boldsymbol{J}_S=-\boldsymbol{e}_x 2\cos(\omega t-\sqrt{2}\pi x)\ (\mathrm{A/m})$$

$$\rho_S=-\frac{\sqrt{2}}{c}\cos(\omega t-\sqrt{2}\pi x)\ (\mathrm{C/m})$$

7.5　平面波向理想介质界面上的斜入射

当平面波由理想介质入射到另一种理想介质表面时，在已知入射波情况下，可根据反、折射定律和反、折射系数完全决定反射波和透射波。入射波和反射波叠加得第一媒质中的合成波。透入第二媒质中的透射波将沿 $\boldsymbol{n}_t$ 方向无衰减传播，而第一媒质中的合成波在垂直于界面方向为行驻波而在平行于界面方向为行波。当 $\boldsymbol{E}_i$ 垂直于入射面时为 TE 波，$\boldsymbol{E}_i$ 平行于入射面时为 TM 波。

7.5.1　全透射现象

当电磁波由介质 1 入射到介质 2 时，在介质界面上不发生反射，全部能量将透射入介质 2，这种现象为全透射现象。如两种媒质均为非磁性介质。

(1) 对于平行极化波入射由菲涅尔公式

$$\Gamma_{\parallel}=\frac{\sqrt{\varepsilon_2}\cos\theta_i-\sqrt{\varepsilon_1}\cos\theta_t}{\sqrt{\varepsilon_2}\cos\theta_i+\sqrt{\varepsilon_1}\cos\theta_t}=\frac{\dfrac{\varepsilon_2}{\varepsilon_1}\cos\theta_i-\sqrt{\dfrac{\varepsilon_2}{\varepsilon_1}-\sin^2\theta_i}}{\dfrac{\varepsilon_2}{\varepsilon_1}\cos\theta_i+\sqrt{\dfrac{\varepsilon_2}{\varepsilon_1}-\sin^2\theta_i}}$$

当 $\Gamma_{\parallel}=0$ 时，即当 $\sqrt{\varepsilon_2}\cos\theta_i=\sqrt{\varepsilon_1}\cos\theta_t$ 时，将发生全透射，则有

$$\sqrt{\frac{\varepsilon_2}{\varepsilon_1}}\cos\theta_i=\cos\theta_t=\sqrt{1-\sin^2\theta_t}$$

代入折射定律 $\sin\theta_t=\sqrt{\dfrac{\varepsilon_1}{\varepsilon_2}}\sin\theta_i$，得

$$\sqrt{\frac{\varepsilon_2}{\varepsilon_1}}\cos\theta_i=\sqrt{1-\frac{\varepsilon_1}{\varepsilon_2}\sin^2\theta_i}$$

解得

$$\theta_i=\theta_B=\arcsin\sqrt{\frac{\varepsilon_2}{\varepsilon_1+\varepsilon_2}}=\arctan\sqrt{\frac{\varepsilon_2}{\varepsilon_1}}\tag{7-101}$$

可见，当平行极化波以角 θ_B 入射到分界面上时，全部能量透入介质 2 而没有反射。这个特定的入射角 θ_B 称为布儒斯特角。激光技术中的布儒斯特窗就是根据这一原理设计的。

另外由式 $\Gamma_{\parallel}=\dfrac{\tan(\theta_i-\theta_t)}{\tan(\theta_i+\theta_t)}$，当 $\theta_i=\theta_B$ 时，恰好有

$$\theta_B + \theta_t = \frac{\pi}{2} \tag{7-102}$$

图 7-16 示出了不同情况下反射系数随入射角的变化关系。

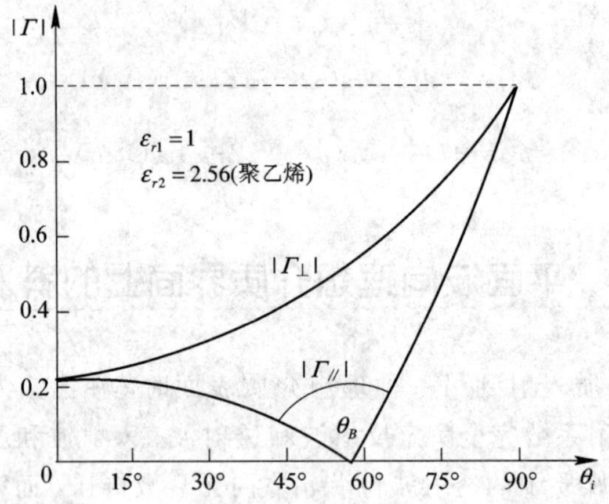

图 7-16　反射系数随入射角的变化关系

(2) 对于垂直极化波入射由菲涅尔公式(7-17)可知

$$\Gamma_\perp = \frac{E_{ro}}{E_{io}} = \frac{\sqrt{\varepsilon_1}\cos\theta_i - \sqrt{\varepsilon_2}\cos\theta_t}{\sqrt{\varepsilon_1}\cos\theta_i + \sqrt{\varepsilon_2}\cos\theta_t} = \frac{\cos\theta_i - \sqrt{\dfrac{\varepsilon_2}{\varepsilon_1} - \sin^2\theta_i}}{\cos\theta_i + \sqrt{\dfrac{\varepsilon_2}{\varepsilon_1} - \sin^2\theta_i}}$$

除非 $\varepsilon_2 = \varepsilon_1$，否则反射系数 $\Gamma_\perp$ 不可能为零，而 ε_2 是不可能等于 ε_1 的，所以对于垂直极化波入射而言，不存在布儒斯特角。

由此可见，对于一个任意极化方向的均匀平面波，当它以角 θ_B 入射到介质分界面上时，反射波中将只剩下垂直极化波分量而没有平行极化波分量。例如，光学中的起偏器就是利用这种极化滤波的作用，故 θ_B 又称为极化角或偏振角。

7.5.2　媒质 1 中的总电磁场

这里以垂直极化波入射为例，如图 7-3 所示，在此坐标系中，将入射波场与反射波场相加，就能求得媒质 1 中的总电磁场。设入射波与反射波传播方向的单位矢为 $\boldsymbol{n}_i$ 和 $\boldsymbol{n}_r$

$$\boldsymbol{n}_i = \boldsymbol{e}_x \sin\theta_i + \boldsymbol{e}_z \cos\theta_i$$

$$\boldsymbol{n}_r = \boldsymbol{e}_x \sin\theta_i - \boldsymbol{e}_z \cos\theta_i$$

设入射波电场强度为

$$\boldsymbol{E}_i = \boldsymbol{e}_y E_{io} \mathrm{e}^{-\mathrm{j}k_1 \boldsymbol{n}_i \cdot \boldsymbol{r}}$$

则由垂直极化波入射的反射系数，可得媒质 1 中的场量为

$$\boldsymbol{E}_1 = \boldsymbol{E}_i + \boldsymbol{E}_r = \boldsymbol{e}_y E_{io}\left[\mathrm{e}^{-\mathrm{j}k_1 z\cos\theta_i} + \Gamma_\perp \mathrm{e}^{\mathrm{j}k_1 z\cos\theta_i}\right]\mathrm{e}^{-\mathrm{j}k_1 x\sin\theta_i} \tag{7-103}$$

$$\begin{aligned}\boldsymbol{H}_1 = &-\boldsymbol{e}_x \frac{E_{io}}{\eta_1}\cos\theta_i\left[\mathrm{e}^{-\mathrm{j}k_1 z\cos\theta_i} - \Gamma_\perp \mathrm{e}^{\mathrm{j}k_1 z\cos\theta_i}\right]\mathrm{e}^{-\mathrm{j}k_1 x\sin\theta_i} \\ &+ \boldsymbol{e}_z \frac{E_{io}}{\eta_1}\sin\theta_i\left[\mathrm{e}^{-\mathrm{j}k_1 z\cos\theta_i} + \Gamma_\perp \mathrm{e}^{\mathrm{j}k_1 z\cos\theta_i}\right]\mathrm{e}^{-\mathrm{j}k_1 x\sin\theta_i}\end{aligned} \tag{7-104}$$

上式中的相位因子 $e^{-j(k_1\sin\theta_i)x}$ 表明，$\boldsymbol{E}_1$、$\boldsymbol{H}_1$ 均是向 x 方向传播的行波。其相移常数

$$k_x = k_1 \sin\theta_i$$

相速为

$$v_{px} = \frac{\omega}{k_x} = \frac{\omega}{k_1 \sin\theta_i} = \frac{\omega}{k \cos\alpha}$$

式中 α 是 $\boldsymbol{n}_i$ 与 X 轴的夹角。沿 z 方向，电磁场的每一分量均是与传播方向相反、幅度不等的两个行波之和，其相移常数

$$k_z = k_1 \cos\theta_i$$

相速为

$$v_{pz} = \frac{\omega}{k_z} = \frac{\omega}{k_1 \cos\theta_i}$$

波长为

$$\lambda_z = \frac{2\pi}{k_1 \cos\theta_i}$$

场沿 z 方向的分布与垂直入射到无耗媒质时类似，为行驻波。另外，由于 $\boldsymbol{E}_1$ 垂直于传播方向，而 $\boldsymbol{H}_1$ 有传播方向的分量 H_x，所以它为沿 x 方向的 TE 波。

而介质 2 中的透射波为

$$\boldsymbol{E}_2 = \boldsymbol{e}_y T_{\perp} E_{io} e^{-jk_2 \boldsymbol{n}_t \cdot \boldsymbol{r}}$$

式中

$$\boldsymbol{n}_t = \boldsymbol{e}_x \sin\theta_t + \boldsymbol{e}_z \cos\theta_t,\ k_2 = \omega\sqrt{\mu_2\varepsilon_2}$$

$$\boldsymbol{H}_2 = \frac{1}{\eta_2}\boldsymbol{n}_t \times \boldsymbol{E}_2$$

可见磁场有 x 和 z 方向的两个场量，介质 2 中的透射波为向 $\boldsymbol{n}_t$ 方向传播的行波，其相速为

$$v_p = \frac{\omega}{k_2} = \frac{1}{\sqrt{\mu_2\varepsilon_2}}$$

对于电场 $\boldsymbol{E}_i$ 平行入射面的电磁波，与前推导类似可以得出媒质 1 中的总电磁场与式(7-104)相似的形式。但波是沿 x 方向的 TM 波。沿 x、z 方向的相移常数、相速、波长等与上述的 TE 波相同。

对于功率反射系数和功率透射系数，可定义为

$$\Gamma_p = \frac{|\boldsymbol{S}_r^{av} \cdot \boldsymbol{n}|}{\boldsymbol{S}_i^{av} \cdot \boldsymbol{n}} \tag{7-105}$$

$$T_p = \frac{|\boldsymbol{S}_t^{av} \cdot \boldsymbol{n}|}{\boldsymbol{S}_i^{av} \cdot \boldsymbol{n}} \tag{7-106}$$

且有

$$\Gamma_p + T_p = 1 \tag{7-107}$$

上式中 Γ_p 和 T_p 分别为功率反射系数与功率透射系数，$\boldsymbol{S}_i^{av}$、$\boldsymbol{S}_r^{av}$ 和 $\boldsymbol{S}_t^{av}$ 分别为入射波，反射波和透射波的平均功率密度。

例 7-9 一均匀平面波由媒质 1 以入射角 $\theta_i=\theta_1$ 投射到无耗媒质 2 的界面，已知入射波 $\boldsymbol{E}_i$ 垂直于入射面，透射角 $\theta_t=\theta_2$，$\Gamma_{\perp}=-\frac{1}{2}$。

求：(1) 求 $T_{\perp}$；

(2) 若上述的电磁波自媒质 2 投射到界面，入射角 $\theta_i'=\theta_2$。求 θ_t'、$T_{\perp}'$、$\Gamma_{\perp}'$；

(3) 在上述两种入射情况下的功率反射系数与功率透射系数是否相等。

解　(1) 由式 $1+\Gamma_{\perp}=T_{\perp}$ 有

$$T_{\perp}=1+\Gamma_{\perp}=\frac{1}{2}$$

(2) 平面波自媒质 1 入射时，有

$$k_1\sin\theta_1=k_2\sin\theta_2$$

若自媒质 2 入射，且 $\theta_i'=\theta_2$，仍由上式联系入射角与透射角，所以有 $\theta_t'=\theta_1$。

自媒质 1 入射时，有

$$\Gamma_{\perp}=\frac{\eta_2\cos\theta_1-\eta_1\cos\theta_2}{\eta_2\cos\theta_1+\eta_1\cos\theta_2}$$

自媒质 2 入射时，入射角和透射角是 θ_1、θ_2；入射、透射区的波阻抗分别为 η_2、η_1，所以

$$\Gamma_{\perp}'=\frac{\eta_1\cos\theta_2-\eta_2\cos\theta_1}{\eta_1\cos\theta_2+\eta_2\cos\theta_1}=-\Gamma_{\perp}=\frac{1}{2}$$

$$T_{\perp}'=1+\Gamma_{\perp}'=\frac{3}{2}$$

可见反向入射时，反射系数只改变符号。

(3) 正、反向入射时反射系数的模相等，由式(7-107)知，两种情况下的功率反射透射系数相等。

7.5.3　全反射

对非磁性介质 $\mu_1=\mu_2=\mu_0$，由折射定律$\frac{\sin\theta_t}{\sin\theta_i}=\sqrt{\frac{\varepsilon_1}{\varepsilon_2}}$，如果介质电常数 $\varepsilon_1>\varepsilon_2$，则有 $\theta_t>\theta_i$，随着入射角的增大，折射角也增大，当入射角 θ_i 增大到某一角度 θ_c 时，$\theta_t=90°$，这时

$$\Gamma_{\parallel}=\frac{\sqrt{\varepsilon_2}\cos\theta_i-\sqrt{\varepsilon_1}\cos\theta_t}{\sqrt{\varepsilon_2}\cos\theta_i+\sqrt{\varepsilon_1}\cos\theta_t}=1$$

$$\Gamma_{\perp}=\frac{\sqrt{\varepsilon_1}\cos\theta_i-\sqrt{\varepsilon_2}\cos\theta_t}{\sqrt{\varepsilon_1}\cos\theta_i+\sqrt{\varepsilon_2}\cos\theta_t}=1$$

这表明，折射波沿分界面掠过，由此可见，当 $\theta_i=\theta_c$ 时，介质 1 中的入射波将被界面完全反射回介质 1 中去。这种现象称为全反射。使折射角 $\theta_t=90°$ 的入射角 θ_c 称为临界角。由折射定律可以求得临界角为

$$\theta_c=\arcsin\sqrt{\frac{\varepsilon_2}{\varepsilon_1}}\tag{7-108}$$

由上式可知，只有当电磁波从光密媒质入射到光疏媒质(从折射率大的媒质入射到折射率小的媒质)时，即 $\varepsilon_1>\varepsilon_2$ 时，临界角 θ_c 才有实数解，从而有可能发生全反射现象。

图 7-17 中的曲线表示临界角 θ_c 和布儒斯特角 θ_B 随 $\varepsilon_1/\varepsilon_2$ 的变化关系。一般情况下，$\theta_c>\theta_B$，只有当 $\varepsilon_1\gg\varepsilon_2$ 时，$\theta_c\approx\theta_B\approx 0$。另外，布儒斯特角 θ_B 并不要求 $\varepsilon_1>\varepsilon_2$ 的限制条件，仅当 $\theta_i=\theta_B$ 时，平行极化时的反射波将消失；而发生全反射时的入射角 $\theta_c\leqslant\theta_i<90°$，并且与

入射波的极化方向无关。

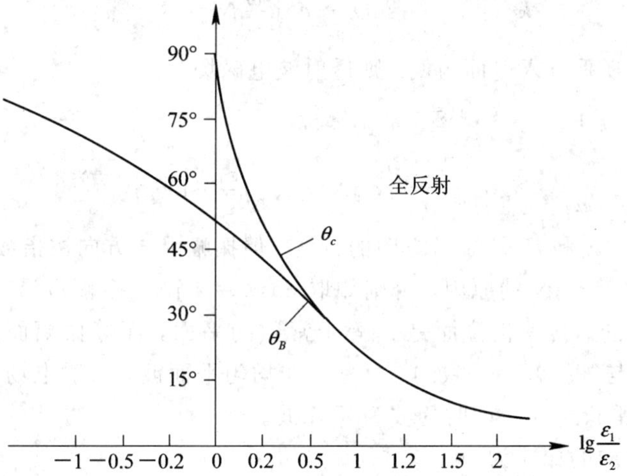

图 7-17　θ_c与θ_B随$\frac{\varepsilon_1}{\varepsilon_2}$的变化关系

当 $\theta_i > \theta_c$时，由折射定律有

$$\sin\theta_t = \sqrt{\frac{\varepsilon_1}{\varepsilon_2}}\ \sin\theta_i > \sqrt{\frac{\varepsilon_1}{\varepsilon_2}}\ \sin\theta_c$$

因为 $\sin\theta_c\sqrt{\frac{\varepsilon_1}{\varepsilon_2}} \geqslant 1$，所以要求 $\sin\theta_t > 1$，显然设有实的折射角能满足上式，θ_t必为复数角 $\tilde{\theta}_t = \theta_{tr} + \mathrm{j}\theta_{ti}$，因 $\sin\tilde{\theta}_t = \sin\theta_{tr}\ \mathrm{ch}\theta_{ti} + \mathrm{j}\ \cos\theta_{tr}\ \mathrm{sh}\theta_{ti}$，当 $\theta_{tr} = \frac{\pi}{2}$时，$\sin\tilde{\theta}_t$ 才为大于 1 的实数，故有

$$\begin{aligned}\cos\tilde{\theta}_t &= \pm\sqrt{1-\sin^2\tilde{\theta}_t} = \pm\sqrt{1-\frac{\varepsilon_1}{\varepsilon_2}\ \sin^2\theta_i} \\ &= \pm\mathrm{j}\sqrt{\frac{\sin^2\theta_i}{\sin^2\theta_c}-1} = \pm\mathrm{j}N\end{aligned} \tag{7-109}$$

由于上式中 $\theta_i > \theta_c$、$\sin\theta_i > \sin\theta_c$，所以 N 为实数，即 $\cos\tilde{\theta}_t$ 为虚数。此时反射系数式(7-15)和式(7-24)为复数，且分子与分母的实部与虚部数值相等，从而可知其$|\Gamma_{\parallel}| = |\Gamma_{\perp}| = 1$。由式(7-16)和式(7-25)可知，其透射系数 $T_{\perp} \neq 0$、$T_{\parallel} \neq 0$，且均为复数。所以媒质 2 中仍有电磁场。事实上，当 $\theta_i > \theta_c$时，因为反射系数 Γ 为复数，$\boldsymbol{E}_i$和$\boldsymbol{E}_r$间有相位差，所以，它们在界面上的切向分量之和不为零，媒质 2 中必定存在 $\boldsymbol{E}$ 和 $\boldsymbol{H}$ 才能满足边界条件。由于 θ_t无实数解，透入媒质 2 中的电磁能量的平均值为零。但透入媒质 2 中的电磁场并不为零。下面我们来讨论媒质 2 中的场的特性。

无论入射波电场 $\boldsymbol{E}$ 垂直还是平行于入射面，透射波 $\boldsymbol{E}_t$和 $\boldsymbol{H}_t$的表示式中均应有因子

$$\mathrm{e}^{-\mathrm{j}\boldsymbol{k}_2\cdot\boldsymbol{r}} = \mathrm{e}^{-\mathrm{j}k_2(x\ \sin\theta_t + z\ \cos\theta_t)}$$

由 $\cos\tilde{\theta}_t = -\mathrm{j}N$ 及 $\sin\tilde{\theta}_t = \frac{v_2}{v_1}\ \sin\theta_i$，得

$$\mathrm{e}^{-\mathrm{j}\boldsymbol{k}_2\cdot\boldsymbol{r}} = \mathrm{e}^{-\mathrm{j}k_2\left[\left(\frac{v_2}{v_1}\sin\theta_i\right)x - \mathrm{j}Nz\right]} = \mathrm{e}^{-\mathrm{j}\left[\left(\frac{\omega}{v_1}\sin\theta_i\right)x - \mathrm{j}\left(\frac{\omega}{v_2}N\right)z\right]} \tag{7-110}$$

所以

$$\boldsymbol{k}_2=\boldsymbol{e}_x\frac{\omega}{v_1}\sin\theta_i-\boldsymbol{e}_z\,\mathrm{j}\,\frac{\omega}{v_2}N=\beta_2-\mathrm{j}\alpha_2$$

$\boldsymbol{k}_2$为复矢量。若以$\boldsymbol{E}_i$垂直入射面为例，则透射波电磁场为

$$\boldsymbol{E}_t=\boldsymbol{e}_yE_{t0}\,\mathrm{e}^{-\frac{\omega}{v_2}Nz}\,\mathrm{e}^{-\mathrm{j}\left(\frac{\omega}{v_1}\sin\theta_i\right)x}$$

$$\boldsymbol{H}_t=\frac{1}{\omega\mu_2}\boldsymbol{k}_2\times\boldsymbol{E}_t=\frac{E_{t0}}{\eta_2}\left(\boldsymbol{e}_x\mathrm{j}N+\boldsymbol{e}_z\sqrt{\frac{\varepsilon_1}{\varepsilon_2}}\sin\theta_i\right)\mathrm{e}^{-\frac{\omega}{v_2}Nz}\,\mathrm{e}^{-\mathrm{j}\left(\frac{\omega}{v_1}\sin\theta_i\right)x}\tag{7-111}$$

由式(7-111)可见，$\boldsymbol{E}_t$和$\boldsymbol{H}_t$是沿x方向的行波，但振幅沿z方向按指数规律衰减，这也就是前面我们取$\cos\tilde{\theta}_t=-\mathrm{j}N$的原因，否则如取$\cos\tilde{\theta}_t=+\mathrm{j}N$，振幅将沿$z$按指数规律增长，这实际上是不可能的。其等相位面是$x$等于常数的平面，而等振幅面是$z$等于常数的平面，这种等相位面与等振幅不一致的波，称为非均匀平面波。入射电场$\boldsymbol{E}_i$垂直于入射面时的波为TE波，$\boldsymbol{E}_i$平行于入射面时的波为TM波。

电磁波沿x方向的相速为

$$v_p=\frac{\omega}{\beta_x}=\frac{\omega}{\frac{\omega}{v_1}\sin\theta_i}=\frac{v_1}{\sin\theta_i}=\frac{v_2}{\sin\theta_t}\tag{7-112}$$

式中，因$\sin\theta_i<1$、$\sin\theta_t>1$，所以$v_1<v_p<v_2=\frac{1}{\sqrt{\mu_2\varepsilon_2}}$。

可见，这种波沿传播方向的相速小于媒质2中均匀平面波的相速，故称为慢波。又因慢波的振幅沿$+z$方向按指数规律衰减，即其场量主要集中在媒质表面附近，故又称为表面波，这说明介质分界面也有可能引导电磁波的传播，电磁波在介质与空气界面上发生全反射，是实现表面波传输的基础。

例如一根圆柱形介质棒，如图7-18所示，如果介质棒内的电磁波以大于临界角的入射角投向圆柱表面，则在介质与空气界面上会发生全反射，因而电磁能量就被约束在棒的附近，并沿轴向传输。这种传输系统称为介质波导，它是一种表面波传输系统。

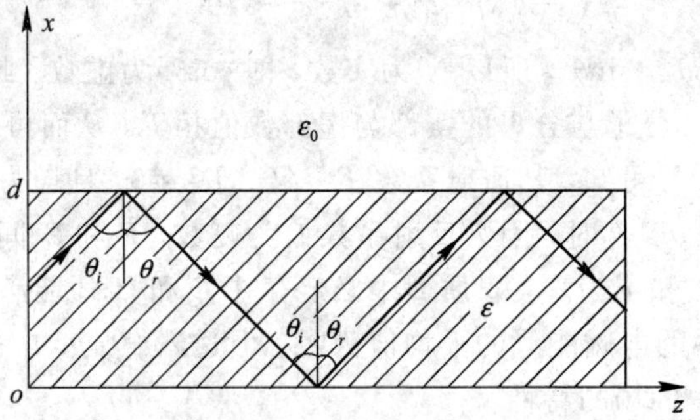

图7-18 利用全反射在介质板内传输电磁波

另外由$\boldsymbol{E}_t$和$\boldsymbol{H}_t$的表示式可以看出，E_y和H_x间有$\frac{\pi}{2}$的相位差，故沿z方向的平均能流密度等于零，如果从媒质1中来看，由于反射波与入射波的相位不同(Γ为复数)，沿z方向的瞬时能流密度不为零。但平均能流密度为零，即无平均功率透过界面进入第二媒质中(这里为空气)。

通过上述讨论，应注意到，因为对于垂直极化波与平行极化波入射的两种情况下的复反射系数的相位不同，如果入射波为圆极化波，或具有垂直和平行于入射面两个分量的线极化波，当发生全反射时($\theta_i=\theta_c$除外)，反射波将是椭圆极化波。

全反射现象有许多应用，电磁波在介质与空气分界面上的全反射是实现表面波传输的物理基础。例如，放在空气中的一块介质板如图 7－18 所示，当介质板内的电磁场在两个分界面上的入射角 $\theta_i>\theta_c=\arcsin\sqrt{\frac{\varepsilon_0}{\varepsilon}}$时，电磁波在界面将发生全反射而被约束在介质板内，并沿$+z$方向传播。在板外场量沿垂直于板面的方向按指数规律迅速衰减，因而没有辐射。电磁波在介质板内的全反射同样适用于圆形介质线。当介质线内的电磁波发生全反射时，可使它沿介质线传输。这种传输电磁波的系统称为介质波导或表面波波导。近年来在光通信中广泛应用的光纤(即光学纤维或光导纤维)也是一种介质波导，亦称为光波导。

全反射在实际应用方面也有其不利的一面。例如，图 7－19 所示的显像管或示波管的荧光屏上，由电子枪射出的电子束打到荧光层上使其发光并向四面八方射出，由于光在玻璃与空气的分界面上发生全反射。只有在锥角 $2\theta_c$ 以内的光才能透射入空气中，其余的光被界面反射回去，从而降低了光的输出。为此，需要在荧光屏上镀一层非常薄的铝反射膜，以提高光的亮度。

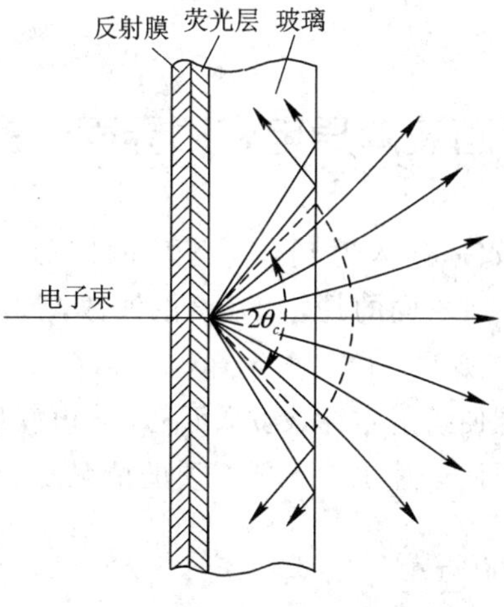

图 7－19　荧光屏内的全反射

例 7－10　一光纤的剖面，如图 7－20 所示。其中光纤的芯线的折射率为 n_1，包层为 n_2，且 $n_1>n_2$，在这里用平面波的反、折射理论来讨论光纤的问题。设光束从折射率为 n_0 的空气中进入光纤，若在芯线与包层的界面上发生全反射，就可使光束按图 7－20 所示的方式沿光纤传播。现给定 n_1 及 n_2，试确定能在光纤中产生全反射的进入角 θ_e。

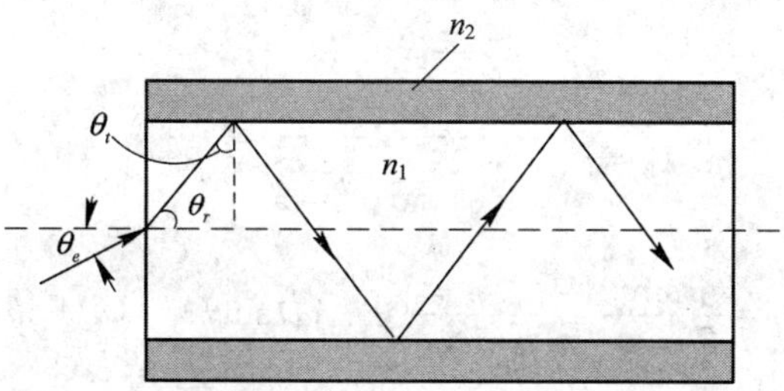

图 7－20　光纤示意图

解 θ_e可由全反射条件及图示的各角度间的关系求出

$$\theta_i = \frac{\pi}{2} - \theta_t \geqslant \theta_c = \arcsin\frac{n_2}{n_1}$$

故有

$$\theta_t \leqslant \frac{\pi}{2} - \theta_c$$

由折射定律，使θ_e与上式相联系

$$\begin{aligned}\sin\theta_e &= \frac{n_1}{n_0}\sin\theta_t \leqslant \frac{n_1}{n_0}\sin\left(\frac{\pi}{2} - \theta_c\right)\\ &= \frac{n_1}{n_0}\cos\theta_c = \frac{n_1}{n_0}\left[1 - \left(\frac{n_2}{n_1}\right)^2\right]^{\frac{1}{2}}\end{aligned}$$

在这里 $n_0=1$

$$\sin\theta_e \leqslant (n_1^2 - n_2^2)^{\frac{1}{2}}$$

如设 $n_1=1.5$、$n_2=1.48$，则有

$$\theta_e \leqslant 12.2°$$

所以在上述条件下，若光束进入角小于12.2°，光束即可被光纤“俘获”，由多重反射而在其中传输。

7.6 平面波向导电媒质界面上的斜入射

本节讨论平面波自无耗媒质斜入射到导电媒质的情形。前面导出的反、折射定律及反、透射系数形式上仍适用。所不同的是，媒质2的波数，波阻抗等均为复数，在下面的讨论中仍设两种媒质都是非磁性媒质。由折射定律，$k_1\sin\theta_i=k_2\sin\theta_t$知，由于$k_2$为复数，透射角$\theta_t$也应为复数，这样才能使折射定律成立，可见，导电媒质的反、折射现象与无耗媒质的反、折射现象相差甚大，因而运算也较无耗媒质的情况复杂。

7.6.1 波在导电媒质中的折射

首先考虑导电媒质中透射波的特性。设入射面为xz平面，其电场为

$$\boldsymbol{E}_t = \boldsymbol{E}_{t0}\mathrm{e}^{-\mathrm{j}k_2\boldsymbol{n}_t\cdot\boldsymbol{r}} = \boldsymbol{E}_{t0}\mathrm{e}^{-\mathrm{j}k_2(x\sin\theta_t + z\cos\theta_t)} \tag{7-113}$$

而折射定律

$$k_1\sin\theta_i = k_2\sin\theta_t$$

式中

$$k_1 = \omega\sqrt{\mu_0\varepsilon_1}$$

$$k_2 = \sqrt{\omega^2\mu_0\varepsilon_2 - \mathrm{j}\omega\mu_0\sigma_2} = \beta - \mathrm{j}\alpha$$

则

$$\sin\theta_t = \frac{k_1\sin\theta_i}{\beta - \mathrm{j}\alpha} = \frac{k_1}{\beta^2 + \alpha^2}(\beta + \mathrm{j}\alpha)\sin\theta_i = (a + \mathrm{j}b)\sin\theta_i \tag{7-114}$$

式中

$$a=\frac{k_1\beta}{\beta^2+\alpha^2},\quad b=\frac{k_1\alpha}{\beta^2+\alpha^2}$$

复角 θ_t 的余弦为

$$\cos\theta_t=(1-\sin^2\theta_t)^{\frac{1}{2}}=[1-(a^2-b^2+2\mathrm{j}ab)\sin^2\theta_i]^{\frac{1}{2}}=\rho\mathrm{e}^{-\mathrm{j}\phi} \tag{7-115}$$

将上式两边平方，整理得

$$\left.\begin{aligned}\rho^2\cos2\phi&=\rho^2(2\cos^2\phi-1)=1-(a^2-b^2)\sin^2\theta_i\\ \rho^2\sin2\phi&=2\rho^2\sin\phi\cos\phi=2ab\sin^2\theta_i\end{aligned}\right\} \tag{7-116}$$

由折射定律及式(7-115)，透射场中的指数因子可表示为

$$\begin{aligned}&-\mathrm{j}(xk_2\sin\theta_t+zk_2\cos\theta_t)\\ &=-\mathrm{j}[xk_1\sin\theta_i+z(\beta-\mathrm{j}\alpha)(\rho\cos\phi-\mathrm{j}\rho\sin\phi)]\\ &=-\mathrm{j}[xk_1\sin\theta_i+z\rho(\beta\cos\phi-\alpha\sin\phi)-\mathrm{j}z\rho(\beta\sin\phi+\alpha\cos\phi)]\end{aligned} \tag{7-117}$$

故透射电场

$$\boldsymbol{E}_t=\boldsymbol{E}_{t0}\mathrm{e}^{-pz}\mathrm{e}^{-\mathrm{j}(xk_1\sin\theta_i+qz)} \tag{7-118}$$

式中

$$\left.\begin{aligned}p&=\rho(\beta\sin\phi+\alpha\cos\phi)\\ q&=\rho(\beta\cos\phi-\alpha\sin\phi)\end{aligned}\right\} \tag{7-119}$$

由式(7-118)可见，透射波的振幅沿垂直于界面的 z 方向按指数规律衰减，等振幅面是 $z=$ 常数。但等相位面由 $(k_1\sin\theta_i)x+qz=$ 常数确定。两者显然不重合，所以透射波是非均匀平面波，类似于全反射时的透射场，若以 $\boldsymbol{n}_t'$ 表示等相位面法向单位矢量，则

$$\boldsymbol{n}_t'=\frac{\nabla[(k_1\sin\theta_i)x+qz]}{|\nabla[(k_1\sin\theta_i)x+qz]|}=\frac{\boldsymbol{e}_xk_1\sin\theta_i+\boldsymbol{e}_zq}{[(k_1\sin\theta_i)^2+q^2]^{\frac{1}{2}}} \tag{7-120}$$

图 7-21 给出了透射波的等相位面与等振幅面。$\boldsymbol{n}_t'$ 与 z 轴的夹角是实折射角。由式(7-120)，有

$$\cos\phi=\frac{q}{[(k_1\sin\theta_i)^2+q^2]^{\frac{1}{2}}} \tag{7-121}$$

$$\sin\phi=\frac{k_1\sin\theta_i}{[(k_1\sin\theta_i)^2+q^2]^{\frac{1}{2}}} \tag{7-122}$$

对实折射角，折射定律可修正为

$$n=\frac{n_2}{n_1}=\frac{\sin\theta_i}{\sin\phi}=\frac{1}{k_1}[(k_1\sin\theta_i)^2+q^2]^{\frac{1}{2}} \tag{7-123}$$

n_2 为实折射率。等相位面传播的速度为

$$v_2=\frac{1}{[(k_1\sin\theta_i)^2+q^2]^{\frac{1}{2}}}=\frac{v_1}{n} \tag{7-124}$$

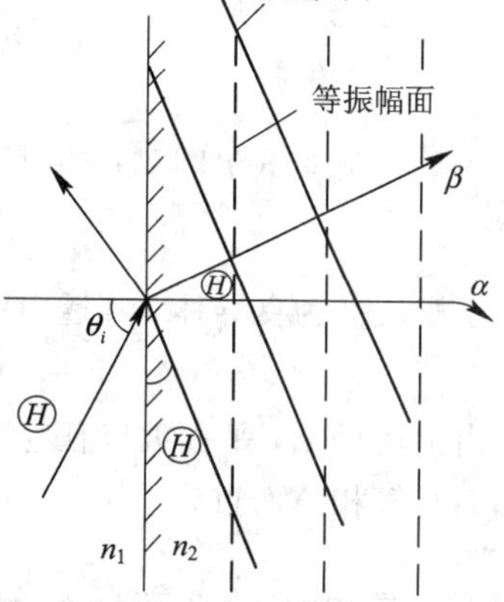

图 7-21 向有耗媒质界面上的斜入射

其中，$v_1=\dfrac{\omega}{k_1}=\dfrac{c}{\sqrt{\varepsilon_{r1}}}$。可见如有全反射时的透射波，相速与 θ_i 有关；透射波也不再是 TEM 波。由上面的分析可以看到，p、q 是描述透射波的主要参量，由式(7-114)、式(7-116)和式(7-119)可得

$$\left.\begin{aligned} p^2 &= \frac{1}{2}\{\alpha^2-\beta^2+k_1^2\sin^2\theta_i+[4\alpha^2\beta^2+(\beta^2-\alpha^2-k_1^2\sin^2\theta_i)^2]^{\frac{1}{2}}\} \\ q^2 &= \frac{1}{2}\{\beta^2-\alpha^2-k_1^2\sin^2\theta_i+[4\alpha^2\beta^2+(\beta^2-\alpha^2-k_1^2\sin^2\theta_i)^2]^{\frac{1}{2}}\} \\ k_1^2n^2 &= \frac{1}{2}\{\alpha^2-\beta^2+k_1^2\sin^2\theta_i+[4\alpha^2\beta^2+(\beta^2-\alpha^2-k_1^2\sin^2\theta_i)^2]^{\frac{1}{2}}\} \end{aligned}\right\} \quad (7-125)$$

对于良导体，因有$\frac{\sigma_2}{\omega\varepsilon_2}\geqslant 1$，此时$\alpha\approx\beta=\sqrt{\frac{\omega\mu_0\sigma_2}{2}}$。式(7-123)可简化，即

$$p^2\approx\frac{\omega^2\mu_0\varepsilon_1}{2}\left\{\sin^2\theta_i+\left[\left(\frac{\sigma_2}{\omega\varepsilon_1}\right)^2+\sin^4\theta_i\right]^{\frac{1}{2}}\right\} \quad (7-126)$$

由于大多数媒质的ε相差不大，所以有$\frac{\sigma_2}{\omega\varepsilon_1}\geqslant 1$，故

$$P\approx q\approx\sqrt{\frac{\omega\mu_0\sigma_2}{2}} \quad (7-127)$$

$$n\approx\sqrt{\frac{\sigma_2}{2\omega\varepsilon_1}} \quad (7-128)$$

同时，式(7-122)也可简化为

$$\sin\phi\approx\sqrt{\frac{2\omega\varepsilon_1}{\sigma_2}}\sin\theta_i \quad (7-129)$$

因为根号中的量远小于1，对任意入射角θ_i均有$\phi\to 0$。例如，一频率$f=10^8$ Hz的平面波，自空气投射到铜的表面，ϕ小于千分之一度。即使对电导率远比金属小的媒质，此结论仍能成立。例如，$f=10^2$ Hz的平面电磁波自空气投射到海水时，$\phi<0.35°$。

$\phi\to 0$这一结果也可以用另一种方法获得。由折射定律

$$\sin\theta_t=\frac{k_1}{k_2}\sin\theta_i=\frac{k_1}{\beta(1-j)}\sin\theta_i$$

其中$\frac{k_1}{\beta}$是一个非常小的量，如对空气与铜，当$f=10^6$ Hz的平面波时，$\frac{k_1}{\beta}\approx 10^{-6}$。所以

$$\sin\theta_t\approx 0,\quad \cos\theta_t\approx 1$$

故对于媒质2为良导体，其透射波电场为

$$\boldsymbol{E}\approx\boldsymbol{E}_{t0}e^{-jk_2z}=\boldsymbol{E}_{t0}e^{-\alpha z}e^{-j\beta z} \quad (7-130)$$

由上述可见，平面波以任意入射角投射到良导体表面时，透射波垂直进入良导体，等振幅面与等相位面重合。

7.6.2 导电媒质表面的反射

为了讨论导电媒质表面反射波的特性，对于非磁性媒质，利用$\eta_1=\sqrt{\frac{\mu_0}{\varepsilon_1}}=\frac{\omega\mu_0}{k_1}$、$\eta_2=\sqrt{\frac{\mu_0}{\varepsilon_2}}=\frac{\omega\mu_0}{k_2}$，则垂直极化波和平行极化波入射的反射系数可以写成

$$\Gamma_\perp=\frac{k_1\cos\theta_i-k_2\cos\theta_t}{k_1\cos\theta_i+k_2\cos\theta_t} \quad (7-131)$$

$$\Gamma_{//} = \frac{k_2 \cos\theta_i - k_1 \cos\theta_t}{k_2 \cos\theta_i + k_1 \cos\theta_t} \tag{7-132}$$

由折射定律

$$k_1 \sin\theta_1 = k_2 \sin\theta_t$$

$$k_2 \cos\theta_t = k_2 \sqrt{1 - \sin^2\theta_t} = k_2 \sqrt{1 - \frac{k_1^2}{k_2^2} \sin^2\theta_i} = \sqrt{k_2^2 - k_1^2 \sin^2\theta_i} \tag{7-133}$$

由式(7-125)，又有

$$\left.\begin{aligned} pq &= \alpha\beta \\ q^2 - p^2 &= \beta^2 - \alpha^2 - k_1^2 \sin^2\theta_i \\ q^2 + p^2 &= [4\alpha^2\beta^2 + (\beta^2 - \alpha^2 - k_1^2 \sin^2\theta_i)^2]^{\frac{1}{2}} \end{aligned}\right\} \tag{7-134}$$

由式(7-133)、式(7-134)，并考虑到 $k_2 = \beta - j\alpha$，则有

$$k_2 \cos\theta_t = \sqrt{q^2 + p^2}\, e^{j\frac{\phi}{2}} \tag{7-135}$$

其中

$$\tan\frac{\phi}{2} = \frac{p}{q}, \quad \cos\frac{\phi}{2} = \frac{q}{\sqrt{q^2 + p^2}}, \quad \sin\frac{\phi}{2} = \frac{p}{\sqrt{q^2 + p^2}} \tag{7-136}$$

将上述结果代入式(7-131)，得 $\boldsymbol{E}_i$ 垂直入射面时的反射系数为

$$\Gamma_{\perp} = \frac{k_1 \cos\theta_i - \sqrt{q^2 + p^2}\, e^{j\frac{\phi}{2}}}{k_1 \cos\theta_i + \sqrt{q^2 + p^2}\, e^{j\frac{\phi}{2}}} = \rho_{\perp} e^{-j\delta_{\perp}} \tag{7-137}$$

其中

$$\left.\begin{aligned} \rho_{\perp}^2 &= \frac{(q - k_1 \cos\theta_i)^2 + p^2}{(q + k_1 \cos\theta_i)^2 + p^2} \\ \tan\delta_{\perp} &= \frac{2k_1 p \cos\theta_i}{k_1^2 \cos\theta_i - (q^2 + p^2)} \end{aligned}\right\} \tag{7-138}$$

当入射波为平行极化波时，即 $\boldsymbol{E}_i$ 平行入射面时

$$\Gamma_{//} = \rho_{//} e^{-j\delta_{//}} \tag{7-139}$$

其中

$$\left.\begin{aligned} \rho_{//}^2 &= \frac{[(\beta^2 - \alpha^2)\cos\theta_i - k_1 q]^2 + [2\alpha\beta \cos\theta_i - k_1 p]^2}{[(\beta^2 - \alpha^2)\cos\theta_i + k_1 q]^2 + [2\alpha\beta \cos\theta_i + k_1 p]^2} \\ \tan\delta_{//} &= \frac{2k_1 p(q^2 + p^2 - k_1^2 \sin\theta_i)\cos\theta_i}{k_1^2 (q^2 + p^2 - (\alpha^2 + \beta^2)^2 \cos^2\theta_i)} \end{aligned}\right\} \tag{7-140}$$

由于 $\boldsymbol{E}_i$ 平行或垂直入射面时反射系数的模与相角均不同，入射波如有垂直和平行入射面的两个分量，反射波一般为椭圆极化波。

由垂直极化波和平行极化波入射的反射系数可见，$\Gamma_{\perp}$ 和 $\Gamma_{//}$ 均为多元函数，可见平面波在导电媒质表面反射的问题是相当复杂的。

对于媒质 2 为良导体的这一特别情形，可进行相应的近似，对良导体，因为

$$\alpha \approx \beta \approx p \approx q \approx \sqrt{\frac{\omega\mu_0\sigma_2}{2}}$$

代入式(7-138)有

$$\left.\begin{aligned}\rho_{\perp}^{2} &= \frac{\left[1-\frac{k_1}{\beta}\cos\theta_i\right]^2+1}{\left[1+\frac{k_1}{\beta}\cos\theta_i\right]^2+1}\\ \tan\delta_{\perp} &= \frac{k_1}{\beta}\frac{2\cos\theta_i}{\left(\frac{k_1}{\beta}\right)^2\cos\theta_i-2}\end{aligned}\right\} \qquad (7-141)$$

由于$\frac{k_1}{\beta}=x\ll 1$，用二项式定理，上式可进一步简化为

$$\left.\begin{aligned}\rho_{\perp}^{2} &\approx 1-2x\cos\theta_i\\ \tan\delta_{\perp} &\approx -2x\cos\theta_i\end{aligned}\right\} \qquad (7-142)$$

对于平行极化波

$$\left.\begin{aligned}\rho_{/\!/}^{2} &\approx \frac{2\cos^2\theta_i-2x\cos\theta_i+x^2}{2\cos^2\theta_i+2x\cos\theta_i+x^2}\\ \tan\delta_{/\!/} &\approx \frac{2x\cos\theta_i}{x^2-\cos^2\theta_i}\end{aligned}\right\} \qquad (7-143)$$

因为对某一入射角 θ_i，$\rho_{/\!/}^2$式中的分子可以很小，所以保留了 x^2项。入射角满足$\sqrt{2}\cos\theta_i=x$时，$\rho_{/\!/}^2$取最小值。这时的入射角类似于无耗媒质中的布儒斯特角，由于 x 很小，此角度将近 90°，$\rho_{\perp}^2$ 实际上可认为与入射角无关而很接近于 1。

习　题

7-1　空气与介质($\mu_r=1$，$\varepsilon_r=4$)的交界面为 $z=0$ 的平面，均匀平面波向界面斜入射，若入射波的传播矢量为：

(1) $\boldsymbol{k}_i=6\boldsymbol{e}_x+8\boldsymbol{e}_z$；

(2) $\boldsymbol{k}_i=-2\boldsymbol{e}_x+2\sqrt{3}\boldsymbol{e}_z$。

分别求其入射角、反射角和折射角。

7-2　试证明，平行极化波入射时，两种理想介质分界面上的反射系数和透射系数可写为

$$\Gamma_{/\!/}=\frac{\tan(\theta_i-\theta_t)}{\tan(\theta_i+\theta_t)},\quad T_{/\!/}=\frac{2\cos\theta_i\sin\theta_t}{\sin(\theta_i+\theta_t)\cos(\theta_i-\theta_t)}$$

7-3　均匀平面波斜入射到 $z=0$ 介质平面上，已知入射波传播方向单位矢，$\boldsymbol{n}_i=-\frac{1}{\sqrt{2}}\boldsymbol{e}_x+\frac{1}{\sqrt{2}}\boldsymbol{e}_z$；求入射角 θ_i和反射波传播方向单位矢 $\boldsymbol{n}_r$。

7-4　真空中一频率为 300 MHz，电场振幅为 1 mV/m 的均匀平面波垂直射向很大的平面厚铜板(铜板的参量为 $\mu=\mu_0$、$\varepsilon=\varepsilon_0$、$\sigma=5.8\times10^7$ S/m)。求

(1) 铜表面处的透射电场和磁场；

(2) 铜表面处的传导电流体密度和穿透密度；

(3) 表面阻抗 Z_s；

(4) 表面上每平方米导体内的功率损耗。

7-5　一均匀平面波从波阻抗为 η 的电介质垂直入射到一个电导率为 σ、磁导率为 μ_0 的导体。设 $\eta=100R_s$，求透入导体内部的功率与入射功率之比。

7-6　空气中，一频率为 1 GHz，电场强度的峰值为 1 V/m 的均匀平面波，垂直入射到一块大铜片上。求铜片上每平方米所吸收的平均功率。

7-7　有一频率 $f=1$ GHz 沿 $\boldsymbol{e}_x$ 方向极化的均匀平面波，由空气垂直入射到理想导体表面，已知入射波电场强度 $\boldsymbol{E}_i$ 的振幅为 4 mV/m。设入射面为 xz 平面：

(1) 求反射波 $\boldsymbol{E}_r$、$\boldsymbol{H}_r$ 的瞬时值；

(2) 求空气中合成波 $\boldsymbol{E}_1$、$\boldsymbol{H}_1$ 的复矢量；

(3) 求距导体面最近的电场 E_1 为零的点的坐标。

7-8　均匀平面波的电场振幅为 $E_i=100\mathrm{e}^{\mathrm{j}0}$ V/m，从空气垂直入射到无损耗的介质平面上(介质的参数 $\mu_2\approx\mu_0$、$\varepsilon_2=4\varepsilon_0$、$\sigma_2=0$)。求反射波和透射波电场的振幅。

7-9　均匀平面波从空气垂直入射到某介质平面时，在空气中形成驻波，设驻波比为 2.7，介质平面上有驻波最小点，求该介质的介电常数。

7-10　均匀平面波由空气向理想介质($\mu_r=1$、$\varepsilon_r\neq1$)垂直入射，在分界面上 $E_0=10$ V/m，$H_0=0.266$ A/m。

(1) 求媒质 2 的 ε_r；

(2) 求 $\boldsymbol{E}_i$、$\boldsymbol{H}_i$、$\boldsymbol{E}_r$、$\boldsymbol{H}_r$、$\boldsymbol{E}_t$、$\boldsymbol{H}_t$ 的复振幅；

(3) 求媒质 1 中的驻波系数 ρ。

7-11　一圆极化波由空气垂直投射到一介质板上，已知入射波电场 $\boldsymbol{E}_i=E_0(\boldsymbol{e}_x-\mathrm{j}\boldsymbol{e}_y)\mathrm{e}^{-\mathrm{j}kz}$，介质板的电磁参量 $\mu=\mu_0$、$\varepsilon=9\varepsilon_0$，求反射波和透射波的电场。并判断波的极化状态。

7-12　电场 $\boldsymbol{E}_i=\boldsymbol{e}_x100\sin(\omega t-kz)+\boldsymbol{e}_y200\cos(\omega t-kz)$ (V/m)的均匀平面波自空气投射到 $z=0$ 处的理想导体表面，求

(1) 空气中的总电场；

(2) 导体表面的电流密度 $\boldsymbol{J}_S$；

(3) 入、反射波的极化状态。

7-13　电场 $\boldsymbol{E}_i=\boldsymbol{e}_x10\cos(3\times10^9t-30\pi z)$ (V/m)的均匀平面波由空气投射到非磁性介质($\mu_r=1$、$\varepsilon_r=4$)，如将介质交界面处选为直角坐标原点(即 $z=0$)。求区域 $z>0$ 中的电场与磁场强度。

7-14　在介电常数分别为 ε_1 与 ε_3 的介质中间放置一块厚度为 d 的介质板，其介电常数为 ε_2，三种介质的磁导率为 μ_0。若均匀平面波从介质 1 中垂直入射到介质板上，试证明当 $\varepsilon_2=\sqrt{\varepsilon_1\varepsilon_3}$，且 $d=\dfrac{\lambda_0}{4\sqrt{\varepsilon_{r2}}}$($\lambda_0$ 为自由空间电磁波的波长)时，没有反射。

7-15　空气中的均匀平面波垂直投射到厚度为 d 的铜片上，铜的 $\mu=\mu_0$，$\dfrac{\sigma}{\omega\varepsilon}\gg1$。求铜片两侧处总电场之比。设仅考虑第二界面的一次反射。

7-16　空气中电场 $\boldsymbol{E}=\boldsymbol{e}_yE_m\mathrm{e}^{-\mathrm{j}10\pi(x+\sqrt{3}z)}$ V/m 的平面波投射到 $\varepsilon_r=1.5$ 的非磁性媒质表面 $z=0$ 处。求反射系数和透射系数。

7-17　一圆极化均匀平面波自空气投射到非磁性媒质表面 $z=0$，入射角 $\theta_i=60°$，入

射面为 xz 面。要求反射波电场在 y 方向，求媒质的介电常数 ε_r。

7-18　电场为 $\boldsymbol{E}_i=\boldsymbol{e}_y\mathrm{e}^{\mathrm{j}(6x+8z)}$ V/m 的均匀平面波由空气斜入射到理想导体表面 $z=0$ 处，求入射角 θ_i、反射波的 $\boldsymbol{E}_r$ 和 $\boldsymbol{H}_r$。

7-19　入射波电场 $\boldsymbol{E}_i$ 平行入射面的平面波斜射到理想导体表面，求媒质 1 中的总电磁场。

7-20　证明当均匀平面波斜入射到某媒质界面时，界面上单位面积上的入射功率平均值等于反射功率和透射功率平均值之和。

7-21　设两种介质的参量 $\varepsilon_1=\varepsilon_2$、$\mu_1\neq\mu_2$。当均匀平面波斜入射到界面上时，试问哪种极化波可以得到全透射？求此时的入射角 θ_i。

7-22　理想介质(μ_0, ε)与空气的分界面为 $z=0$ 平面，一均匀平面波从介质以 45°的入射角斜射到界面上，要使波在界面产生全反射，求 ε 的最小值。

7-23　两种无耗媒质交界面为 $z=0$ 的平面，一垂直极化入射的均匀平面波由媒质 1 以 θ_1 的入射角入射到界面上，此时的透射角为 θ_2，如题 7-23 图所示。

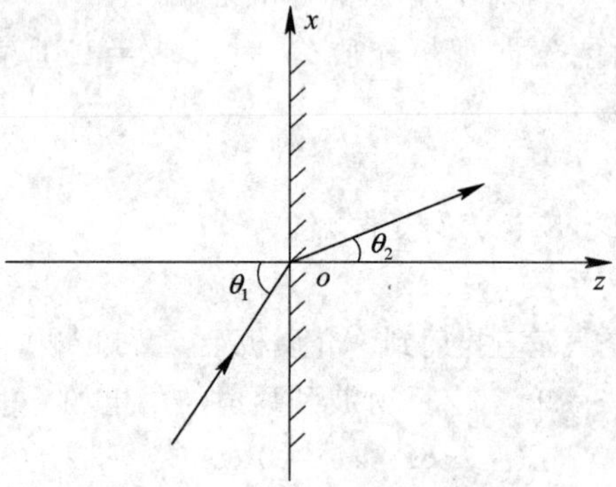

题 7-23 图

(1) 如已知反射系数 $\Gamma=\dfrac{1}{2}$，求透射系数 T；

(2) 如 $\boldsymbol{E}_2$ 垂直于入射面的波由媒质 2 射向界面，其入射角为 θ_2，求透射角 θ_t'，反射系数 Γ' 和透射系数 T'。

7-24　已知全反射时，媒质 2 中的透射场振幅沿垂直界面方向按指数规律衰减。若媒质 1 的折射率 $n_1=1.5$，媒质 2 的折射率为 $n_2=1$，求入射角 $\theta_i=45°$时的透射深度。

7-25　设 $z>0$ 区域中有磁化铁氧体，(磁感应强度 $\boldsymbol{B}_0=\boldsymbol{e}_zB_0$)，$z<0$ 区域为空气、当线极化的均匀平面波的电磁场为 $\boldsymbol{H}_i=\boldsymbol{e}_y\mathrm{e}^{-\mathrm{j}kz}$，$\boldsymbol{E}_i=\eta\boldsymbol{e}_x\mathrm{e}^{-\mathrm{j}kz}$ 垂直投射到铁氧体表面时，求反射波的 $\boldsymbol{E}_r$、$\boldsymbol{H}_r$ 和透射波的 $\boldsymbol{E}_t$、$\boldsymbol{H}_t$。

7-26　有一在空气中传播的圆极化波，其波长极短，传播功率密度 $S_{\mathrm{av}}=1$ W/m^2。现有一玻璃制的正三角柱棱镜，如题 7-26 图所示，如该玻璃棱镜的 $\varepsilon_r=4$、$\sigma=0$，其表面涂电阻薄膜。

(1) 利用该棱镜，从上述圆极化波中取出线极化波的功率，应采用什么办法？

(2) 所得到的线极化波在每平方米上有多大的输出功率？

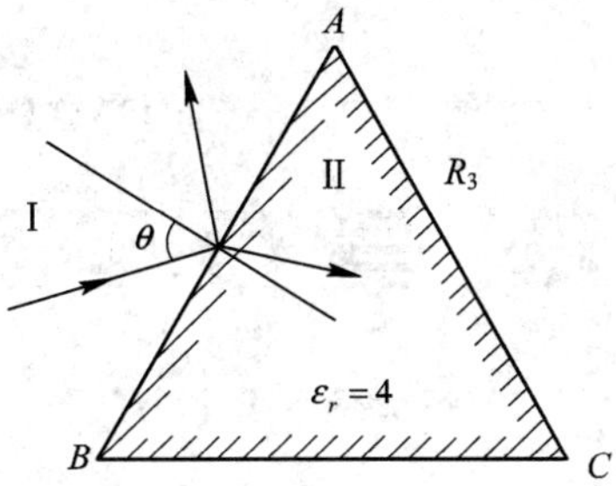

题 7-26 图

7-27 一均匀平面波由空气向理想介质表面($z=0$ 平面)斜入射，已知介质的参量 $\mu=\mu_0$、$\varepsilon=3\varepsilon_0$，入射波的磁场为

$$\boldsymbol{H}_i=(\sqrt{3}\boldsymbol{e}_x-\boldsymbol{e}_y+\boldsymbol{e}_z)\sin(\omega t-Ax-2\sqrt{3}z)\quad(\mathrm{A/m})$$

(1) 求 $\boldsymbol{H}_i$中的常数 ω 和 A；

(2) 求入射波电场 $\boldsymbol{E}_i$的瞬时值；

(3) 求入射角 θ_i；

(4) 求 $\boldsymbol{E}_r$、$\boldsymbol{H}_r$和 $\boldsymbol{E}_t$、$\boldsymbol{H}_t$。

7-28 圆极化均匀平面波，斜入射到两半无限大非磁性媒质的平面界面。若 $\theta_i=\theta_B$，证明反射波和透射波的传播方向相互垂直。

7-29 某光纤的折射率 $n=1.55$，光纤束自空气向其端面入射，并要求能量沿光纤传输，如：

(1) 光纤外面是空气而无包层；

(2) 光纤外有包层物，其折射率为 1.53。

求入射光线与光纤轴线间的最大角度。

7-30 一束平面波在折射率差别很小的两种电介质间的分界面上反射，波由媒质 1 入射，而$\dfrac{n_1}{n_2}=1+a$。

(1) 无论偏振波的 $\boldsymbol{E}$ 矢量在入射平面内还是垂直于入射平面，反射系数都可以近似地表示为

$$\Gamma=\left[\frac{1+a-A}{1+a+A}\right]^{\frac{1}{2}},\qquad A^2=1-2a\tan^2\theta_i$$

(2) 证明：当 $\theta_i=\theta_c$时，$A=0$。

第8章　导行电磁波

☞由第7章的讨论可知，当电磁波斜入射到导体或介质界面时，将形成一个沿界面传播的电磁波，因此导体或介质在一定条件下可以引导电磁波。一般地讲，凡用来沿指定方向无辐射的传送电磁能量的系统称为波导系统。

本章主要讨论柱形规则波导，其中包括横电磁波传输线，由截面为矩形和圆柱形的空心金属管构成的规则波导。

8.1　规则波导传输的基本理论

规则波导是指无限长的均匀直波导，即其横截面几何形状、壁结构和所填充媒质在其轴线方向都不改变的波导。而不规则或非均匀波导是指波导参数沿纵向有变化。规则波导最简单、最重要的形式是无限长，内壁是完全导电的空心金属管或同轴线，其他任何规则的传输线都有与之同样的性质和类似的处理方法。

图8-1是任意形状横截面的均匀波导。当电磁波在波导中传播时，其一般方法是求解满足边界条件的麦氏方程组。如果波导壁是理想导体，波导内为无源空间，并充有介电常数 ε、磁导率 μ 的无耗理想媒质，则波导内电磁场满足波动方程

$$\left.\begin{aligned}\nabla^2\boldsymbol{E}+k^2\boldsymbol{E}=0\\ \nabla^2\boldsymbol{H}+k^2\boldsymbol{H}=0\end{aligned}\right\}\tag{8-1}$$

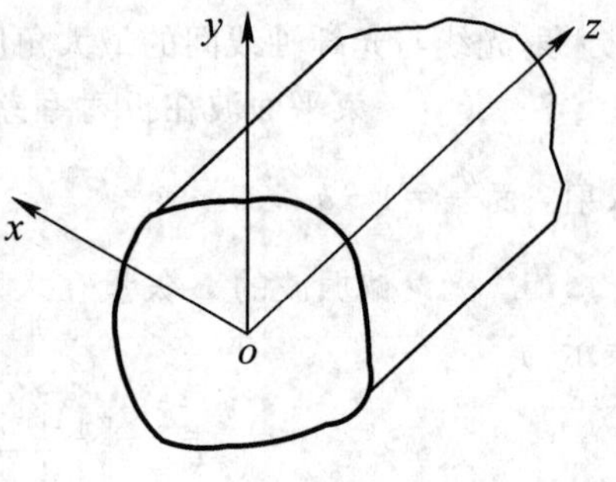

图8-1　任意横截面的均匀波导

式中

$$k=\omega\sqrt{\varepsilon\mu}=\frac{2\pi}{\lambda}$$

是电磁波在无限大相应媒质中传播时的传播常数，又称波数。

式(8-1)表明：要求得波导内的场量，需解六个标量方程，用边界条件确定各有关常数，这是很繁琐的。实际上，$\boldsymbol{E}$、$\boldsymbol{H}$ 各分量间通过麦克斯韦方程相联系，而彼此并非完全独立，因此，求解这类问题常采用纵向场法和赫兹矢量法。

8.1.1　纵向场法

这种方法先求解纵向场(即电磁波传播方向)的波动方程，然后通过横向场与纵向场间

的关系来求得全部场分量的方法。为此，可将场分量分解为横向和纵向两部分，设纵向场的单位矢为 $\boldsymbol{e}_z$，即有

$$\left.\begin{aligned}\boldsymbol{E} &= \boldsymbol{E}_T + E_z\boldsymbol{e}_z \\ \boldsymbol{H} &= \boldsymbol{H}_T + H_z\boldsymbol{e}_z\end{aligned}\right\} \tag{8-2}$$

由矢量运算式

$$\begin{aligned}\boldsymbol{e}_z \times (\nabla \times \boldsymbol{E}) &= \boldsymbol{e}_z \times \left[\left(\nabla_T + \boldsymbol{e}_z \frac{\partial}{\partial z}\right) \times (\boldsymbol{E}_T + \boldsymbol{e}_z E_z)\right] \\ &= \boldsymbol{e}_z \times \left[\nabla_T \times \boldsymbol{E}_T + \nabla_T E_z \times \boldsymbol{e}_z + \boldsymbol{e}_z \times \frac{\boldsymbol{E}_T}{\partial z}\right]\end{aligned} \tag{8-3}$$

式中已考虑到场沿纵向有指数形式解，γ 为传播常数，对无耗媒质 $\gamma=\mathrm{j}\beta$，故在这里，

$$\frac{\partial}{\partial z} = -\gamma$$

将式(8-3)应用于麦克斯韦方程组，得

$$\left.\begin{aligned}\nabla_T E_z + \gamma \boldsymbol{E}_T &= -\mathrm{j}\omega\mu \boldsymbol{e}_z \times \boldsymbol{H}_T \\ \nabla_T H_z + \gamma \boldsymbol{H}_T &= -\mathrm{j}\omega\mu \boldsymbol{e}_z \times \boldsymbol{E}_T\end{aligned}\right\} \tag{8-4}$$

对于电波或横磁波，因 $H_z=0$，由式(8-4)第二式有

$$\left.\begin{aligned}\nabla_T E_z + \gamma \boldsymbol{E}_T &= -\mathrm{j}\omega\mu \boldsymbol{e}_z \times \boldsymbol{H}_T \\ \nabla_T H_z + \gamma \boldsymbol{H}_T &= -\mathrm{j}\omega\mu \boldsymbol{e}_z \times \boldsymbol{E}_T\end{aligned}\right\} \tag{8-5}$$

$$Z_E = \frac{\gamma}{\mathrm{j}\omega\varepsilon} \tag{8-6}$$

Z_E 是电波的波阻抗，表示横向电场与垂直于它的横向磁场之比。

将式(8-5)代入式(8-4)第一式可得

$$\boldsymbol{E}_T = -\frac{\gamma}{k_c^2} \nabla_T E_z \tag{8-7}$$

式中，

$$k_c^2 = k^2 + \gamma^2 \tag{8-8}$$

式(8-5)和式(8-7)是在任何坐标系中电磁波的横向场分量与纵向场分量间的普遍关系式。在直角坐标系中可表示为

$$\left.\begin{aligned}H_x &= \frac{\mathrm{j}\omega\varepsilon}{k_c^2} \frac{\partial E_z}{\partial y} \\ H_y &= -\frac{\mathrm{j}\omega\varepsilon}{k_c^2} \frac{\partial E_z}{\partial x} \\ E_x &= -\frac{\gamma}{k_c^2} \frac{\partial E_z}{\partial x} \\ E_y &= -\frac{\gamma}{k_c^2} \frac{\partial E_z}{\partial y}\end{aligned}\right\} \tag{8-9}$$

在圆柱坐标系中可表示为

$$\left.\begin{aligned} E_r &= -\frac{\gamma}{k_c^2}\frac{\partial E_z}{\partial r} \\ E_\phi &= -\frac{\gamma}{k_c^2}\frac{1}{r}\frac{\partial E_z}{\partial \phi} \\ H_r &= \frac{j\omega\varepsilon}{k_c^2}\frac{1}{r}\frac{\partial E_z}{\partial \phi} \\ H_\phi &= -\frac{j\omega\varepsilon}{k_c^2}\frac{\partial E_z}{\partial r} \end{aligned}\right\} \tag{8-10}$$

因此，只要求解纵向场分量$\boldsymbol{E}_z$满足的波动方程，即可得到全部场分量。由式(8－10)有

$$\nabla^2 E_z + k^2 E_z = 0$$

考虑到$\frac{\partial}{\partial z}=-\gamma$，纵向场分量可由

$$\nabla_T^2 E_z + k_c^2 E_z = 0 \tag{8-11}$$

求得。

对于磁波或横电波，$E_z=0$，利用电磁场的对偶原理或类似上述方法可得到用纵向场分量表示的横向场分量表达式为

$$H_T = -\frac{\gamma}{k_c^2}\nabla_T H_z \tag{8-12}$$

$$\boldsymbol{E}_T = -\frac{j\omega\mu}{\gamma}\boldsymbol{e}_z \times \boldsymbol{H}_r \tag{8-13}$$

$$Z_H = \frac{j\omega\mu}{\gamma} \tag{8-14}$$

Z_H是磁波的波阻抗，表示磁波横向电场与垂直于它的横向磁场之比。

式(8－12)和式(8－13)在直角坐标系中可表示为

$$\left.\begin{aligned} E_x &= \frac{-j\omega\mu}{k_c^2}\frac{\partial H_z}{\partial y} \\ E_y &= \frac{j\omega\mu}{k_c^2}\frac{\partial H_z}{\partial x} \\ H_x &= -\frac{\gamma}{k_c^2}\frac{\partial H_z}{\partial x} \\ H_y &= -\frac{\gamma}{k_c^2}\frac{\partial H_z}{\partial y} \end{aligned}\right\} \tag{8-15}$$

在圆柱坐标系中为

$$\left.\begin{aligned} E_r &= -\frac{j\omega\mu}{k_c^2}\frac{1}{r}\frac{\partial H_z}{\partial \phi} \\ E_\phi &= \frac{j\omega\mu}{k_c^2}\frac{\partial H_z}{\partial r} \\ H_r &= -\frac{r}{k_c^2}\frac{\partial H_z}{\partial r} \\ H_\phi &= -\frac{r}{k_c^2}\frac{1}{r}\frac{\partial H_z}{\partial \phi} \end{aligned}\right\} \tag{8-16}$$

纵向场分量 H_z可由波动方程

$$\nabla_T^2 H_z + k_c^2 H_z = 0 \tag{8-17}$$

求解。

对于纵向场分量均不为零的波型，其场分量可由式(8-11)和式(8-17)的解的场量叠加来求得。此时，在直角坐标系中表示为

$$\left.\begin{aligned}
E_x &= -\frac{1}{k_c^2}\left(\mathrm{j}\omega\mu\,\frac{\partial H_z}{\partial y} + \gamma\,\frac{\partial E_z}{\partial x}\right)\\
E_y &= \frac{1}{k_c^2}\left(\mathrm{j}\omega\mu\,\frac{\partial H_z}{\partial x} - \gamma\,\frac{\partial E_z}{\partial y}\right)\\
H_x &= \frac{1}{k_c^2}\left(\mathrm{j}\omega\varepsilon\,\frac{\partial H_z}{\partial y} - \gamma\,\frac{\partial H_z}{\partial x}\right)\\
H_y &= -\frac{1}{k_c^2}\left(\mathrm{j}\omega\varepsilon\,\frac{\partial E_z}{\partial x} + \gamma\,\frac{\partial H_z}{\partial y}\right)
\end{aligned}\right\} \tag{8-18}$$

在圆柱坐标系中则表示为

$$\left.\begin{aligned}
E_r &= -\frac{1}{k_c^2}\left(\gamma\,\frac{\partial E_z}{\partial r} + \frac{\mathrm{j}\omega\mu}{r}\,\frac{\partial H_z}{\partial \phi}\right)\\
E_\phi &= -\frac{1}{k_c^2}\left(\frac{\gamma}{r}\,\frac{\partial E_z}{\partial r} - \mathrm{j}\omega\mu\,\frac{\partial H_z}{\partial r}\right)\\
H_r &= -\frac{1}{k_c^2}\left(\frac{\mathrm{j}\omega\varepsilon}{r}\,\frac{\partial E_z}{\partial r} - \gamma\,\frac{\partial H_z}{\partial r}\right)\\
H_\phi &= -\frac{1}{k_c^2}\left(\mathrm{j}\omega\varepsilon\,\frac{\partial E_z}{\partial r} + \frac{\gamma}{r}\,\frac{\partial H_z}{\partial \phi}\right)
\end{aligned}\right\} \tag{8-19}$$

在其他坐标系，可用类似方法导出用纵向场分量表示的横向场分量表达式。这种先由纵向场分量的波动方程来求解纵向场分量，然后由它与横向场分量的关系求解横向场分量的方法称为纵向场法。纵向场法直接利用场矢量来求解波导问题，显得直观简便，特别是在研究具有纵向场分量的传输系统时尤为优越。但是，对于无纵向场分量的横电磁波，此法中的表示式将变为不定式，横向场分量仍必须由二维波动方程来求解。

8.1.2　赫兹矢量法

赫兹矢量法是一种先求赫兹电矢量或赫兹磁矢量所满足的波动方程，再根据它与场之间的固有关系来求场量的方法。因此，此法的基础是应用赫兹矢量。

由第 6 章可得场和矢量势之间的关系为

$$\left.\begin{aligned}
\boldsymbol{E} &= \frac{\nabla\nabla\cdot A}{\mathrm{j}\omega\varepsilon_0\mu} - \mathrm{j}\omega\boldsymbol{A}\\
\boldsymbol{H} &= \frac{1}{\mu}\nabla\times\boldsymbol{A}
\end{aligned}\right\} \tag{8-20}$$

1. 电波

对于电波，设赫兹电矢量

$$\boldsymbol{\Pi}_e = \frac{\boldsymbol{A}}{\mathrm{j}\omega\varepsilon\mu} \tag{8-21}$$

将其带入式(8-20)，可得

$$\left.\begin{aligned} \boldsymbol{H} &= \mathrm{j}\omega\varepsilon \nabla \times \boldsymbol{\Pi}_e \\ \boldsymbol{E} &= \nabla \nabla \cdot \boldsymbol{\Pi}_e + k^2 \boldsymbol{\Pi}_e \end{aligned}\right\} \tag{8-22}$$

将式(8－21)代入时变场的达朗贝尔方程

$$\nabla^2 \boldsymbol{\Pi}_e + k^2 \boldsymbol{\Pi}_e = \mathrm{j}\,\frac{\boldsymbol{J}}{\omega\varepsilon} \tag{8-23}$$

即赫兹电矢量满足达朗贝尔方程。在无源空间，赫兹电矢量同样满足亥姆霍兹方程，故有

$$\nabla^2 \boldsymbol{\Pi}_e + k^2 \boldsymbol{\Pi}_e = 0 \tag{8-24}$$

这样，只需求解赫兹电矢量的波动方程(8－24)得出 $\boldsymbol{\Pi}_e$，再通过式(8－22)可得场的全部分量。这些方程可用于任何坐标系，具有普遍性。赫兹电矢量描述了电偶极子的电场，其方向与极轴相重合。

2. 磁波

对于磁波，可引入赫兹磁矢量 $\boldsymbol{\Pi}_e$，它与矢量势 $\mathbf{A}$ 间的关系定义为

$$\boldsymbol{\Pi}_m = \frac{\mathbf{A}}{\mathrm{j}\omega\varepsilon\mu} \tag{8-25}$$

赫兹磁矢量同样满足达朗贝尔方程，即

$$\nabla^2 \boldsymbol{\Pi}_m + k^2 \boldsymbol{\Pi}_e = \mathrm{j}\,\frac{\boldsymbol{J}}{\omega\mu} \tag{8-26}$$

对于无源区域，赫兹磁矢量同样满足亥姆霍兹方程，有

$$\nabla^2 \boldsymbol{\Pi}_m + k^2 \boldsymbol{\Pi}_e = 0 \tag{8-27}$$

将赫兹磁矢量 $\boldsymbol{\Pi}_e$代入式(8－20)，场量和赫兹磁矢量 Π_e间关系为

$$\left.\begin{aligned} \boldsymbol{E} &= -\mathrm{j}\omega\mu \nabla \times \boldsymbol{\Pi}_e \\ \boldsymbol{H} &= \nabla \nabla \cdot \boldsymbol{\Pi}_m + k^2 \boldsymbol{\Pi}_m \end{aligned}\right\} \tag{8-28}$$

可见，对于磁波，只需求解赫兹磁矢量 $\boldsymbol{\Pi}_m$的波动方程式(8－27)，然后再由式(8－28)求得其场量。同样地，这些方程适用于任何坐标系，具有普遍性。赫兹磁矢量描述了磁偶极子的场，其方向与磁偶极子的轴相重合。

对于纵向场分量均不为零的波型，其场分量可用式(8－22)和式(8－28)对应场叠加求得。但对于无纵向分量的 TEM 波，不能采用这种方法。

为了简化运算，现用 $\boldsymbol{\Pi}$ 表示两个赫兹矢量，则需求解的波动方程为

$$\nabla^2 \boldsymbol{\Pi} + k^2 \boldsymbol{\Pi} = 0 \tag{8-29}$$

令

$$\boldsymbol{\Pi} = \boldsymbol{\Pi}_T F(z)$$

则有

$$\boldsymbol{F}(z) \nabla_T^2 \boldsymbol{\Pi}_T + \boldsymbol{\Pi}_T \frac{\mathrm{d}^2 \boldsymbol{F}(z)}{\mathrm{d}z^2} + k^2 \boldsymbol{\Pi}_T \boldsymbol{F}(z) = 0$$

$$\frac{\nabla_T^2 \boldsymbol{\Pi}_T}{\boldsymbol{\Pi}_T} = -\left[\frac{1}{\boldsymbol{F}(z)} \frac{\mathrm{d}^2 \boldsymbol{F}(z)}{\mathrm{d}z^2} + k^2\right] = -k_c^2 \tag{8-30}$$

故可得

$$\nabla^2 \boldsymbol{\Pi}_T + k_c^2 \boldsymbol{\Pi}_T = 0$$

$$\frac{\mathrm{d}^2 \boldsymbol{F}(z)}{\mathrm{d}z^2} - (k_c^2 - k^2) \boldsymbol{F}(z) = 0$$

若场沿纵向有指数解，则有

$$k^2 + \gamma^2 = k_c^2 \tag{8-31}$$

上述两种方法表明：场量沿纵向有指数解，即满足与低频传输线方程相同的形式；传播常数γ具有在传输线中相同的意义，但与之不同的是：电磁波沿波导传播时，其传播常数包含k_c^2和k^2两部分，在电磁波频率一定的情况下，k取决于波导中的媒质特性，k_c取决于波导中传播的波型和波导的几何尺寸。因此，不同形状的波导，不同波型及波导中填充不同的媒质都将使电磁波的传播常数不同。场在纵向上的分布可采用分离变量法来求解波动方程

$$\nabla_T^2 L + k_c^2 L = 0 \tag{8-32}$$

式中，L表示纵向电场或磁场，或表示赫兹电矢量或磁矢量。

根据波长的定义：电磁波在一振荡周期内沿波导所走过的路程是电磁波在波导中的波长，并称为波导波长，即

$$\lambda_g = v_p T = \frac{v_p}{f} \tag{8-33}$$

而相移常数

$$\beta = \frac{\omega}{v_p} = \frac{2\pi}{\lambda_g} \tag{8-34}$$

可知，由于波导中传播常数取决于k_c^2和k^2两部分，波在波导中的相速与波在自由空间的相速将不相等，这样，对于一定频率f(不论波在自由空间还是在波导中传播，频率都是不变的)，其对应的自由空间波长和波导波长将不相等。因而必须放弃把波长作为一个常数的概念，放弃把它当作单值表征振荡器的特性。

根据式(8-8)，设

$$k_c = \frac{2\pi}{\lambda_c} \tag{8-35}$$

在无耗情况下，式(8-8)可写为

$$\left(\frac{2\pi}{\lambda}\right)^2 \varepsilon_r \mu_r - \left(\frac{2\pi}{\lambda_g}\right)^2 = \left(\frac{2\pi}{\lambda_c}\right)^2$$

可得λ_g和v_p为

$$\left.\begin{aligned} \lambda_g &= \frac{\lambda}{\sqrt{\varepsilon_r \mu_r}\sqrt{1 - \dfrac{\lambda^2}{\lambda_c^2 \varepsilon_r \mu_r}}} \\ v_p &= \frac{c}{\sqrt{\varepsilon_r \mu_r}\sqrt{1 - \dfrac{\lambda^2}{\lambda_c^2 \varepsilon_r \mu_r}}} \end{aligned}\right\} \tag{8-36}$$

如波导内充空气，则有

$$\lambda_g = \frac{\lambda}{\sqrt{1 - \left(\dfrac{\lambda}{\lambda_c}\right)^2}} \tag{8-37}$$

$$v_p = \frac{c}{\sqrt{1 - \left(\dfrac{\lambda}{\lambda_c}\right)^2}} \tag{8-38}$$

当$\lambda \geqslant \lambda_c$时，$\lambda_g$、$v_p$将趋于无穷或变为虚数，且传播常数为实数，波导中场按指数规律

衰减，波最终被终止，而不能沿波导传播。很明显，只有在 $\lambda<\lambda_c$ 时，传播常数为虚数，波在波导中才可无衰减地传播。因此，电磁波在波导中的传输条件为

$$\left.\begin{aligned}\lambda &< \lambda_c\\ f &> f_c\end{aligned}\right\} \tag{8-39}$$

这样，λ_c 表示了在波导中电磁波能否传播的波长的临界值，并被称为截止波长或临界波长。相应地，k_c 称为截止波数或临界波数。

由于波的相速与频率有关，因此，电磁波在这类波导中传播时有色散现象，并被称为色散波，由式(8-36)知，色散波的相速是大于光速的。而它的群速

$$v_g=\frac{\mathrm{d}\omega}{\mathrm{d}\beta}=\frac{c}{\sqrt{\varepsilon_r\mu_r}}\sqrt{1-\frac{\lambda^2}{\lambda_r^2\varepsilon_r\mu_r}} \tag{8-40}$$

是能量传播速度，它是小于光速的。

由式(8-36)和式(8-40)知，相速和群速的乘积为

$$v_g\cdot v_p=v^2 \tag{8-41}$$

式中，$v=\dfrac{c}{\sqrt{\varepsilon_r\mu_r}}$是光在相应的无界媒质中的传播速度。

在真空中

$$v_g=c\sqrt{1-\left(\frac{\lambda}{\lambda_c}\right)^2} \tag{8-42}$$

$$v_g\cdot v_p=c^2 \tag{8-43}$$

电磁波沿波导传播时，其相速可大于光速其原因是由于电磁波在波导壁上不断反射向前传播的结果。相速是电磁波等相位面的移动速度，而群速是电磁波能量的传播速度，由图 8-2 中可解释这一现象。

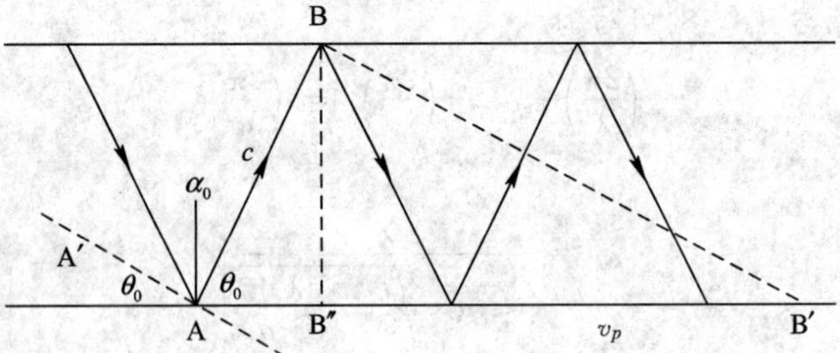

图 8-2 电磁波沿波导传播示意图

在波导中当电磁波以光速 c 由 A 点传至 B 时，波的相位面以相速 v_p 由 AA′面移至 BB′面，即等相位面沿波导移动了距离 AB′。由直角 ΔABB′知

$$v_p=\frac{c}{\cos\theta_0}=\frac{c}{\sin\alpha_0} \tag{8-44}$$

式中 θ_0 是电磁波传播方向与波导轴(z 轴)之间的夹角，α_0 是电磁波的入射角。它们之间关系为

$$\theta_0=\frac{\pi}{2}-\alpha_0$$

与此同时，电磁波的能量沿波导仅从 A 点传至 B″点，从 △ABB″知，电磁波群速

$$v_g = c\cos\theta_0 = c\sin\alpha_0 \tag{8-45}$$

比较式(8-38)、式(8-42)和式(8-44)、式(8-45)可得

$$\cos\theta_0 = \sqrt{1-\left(\frac{\lambda}{\lambda_c}\right)^2} = \sqrt{1-\sin^2\theta_0} \tag{8-46}$$

故

$$\sin\theta_0 = \cos\alpha_0 = \frac{\lambda}{\lambda_c} = \frac{f_c}{f} \tag{8-47}$$

它表明，入射角的大小取决于电磁波频率和在波导中的截止频率。

当入射角 $\alpha_0=0\left(\theta_0=\frac{\pi}{2}\right)$时，即 $\lambda=\lambda_c$，波沿横向来回反射形成驻波，波导中产生自由振荡，沿 z 轴无能量传输。

当入射角 $\alpha_0=\frac{\pi}{2}(\theta_0=0)$时，$\lambda_c\to\infty$，即波导内为无截止的波，(TEM 波)，但这种波不能满足边界条件，在波导中是不能传播的。

当入射角在 0°～90°之间时，$\lambda<\lambda_c$。但入射角越小，相速越大，在波导壁上来回反射次数越多，导体损耗越大。而 $\lambda>\lambda_c$ 的波是不可能传播的，因这时，θ 角无解($\sin\theta>1$)，v_p、λ_g 为虚数，波将全被衰减。

在实际工作中，为了方便通常称

$$G = \sqrt{1-\left(\frac{k_c}{k}\right)^2} = \sqrt{1-\left(\frac{\lambda}{\lambda_c}\right)^2} = \sqrt{1-\left(\frac{f_c}{f}\right)^2} \tag{8-48}$$

为波导因子。

8.2 矩形波导中的导行电磁波

下面根据 8.1 节的统一理论对几种典型的波导结构进行具体的分析。矩形波导是横截面为矩形的管状空心导体结构，如图 8-3 所示。a、b 分别是矩形波导内壁宽边和窄边尺寸。矩形波导是使用最多的导波结构之一。本节首先分析矩形波导中的模式及其场结构，然后讨论电磁波在矩形波导中的传播特性。

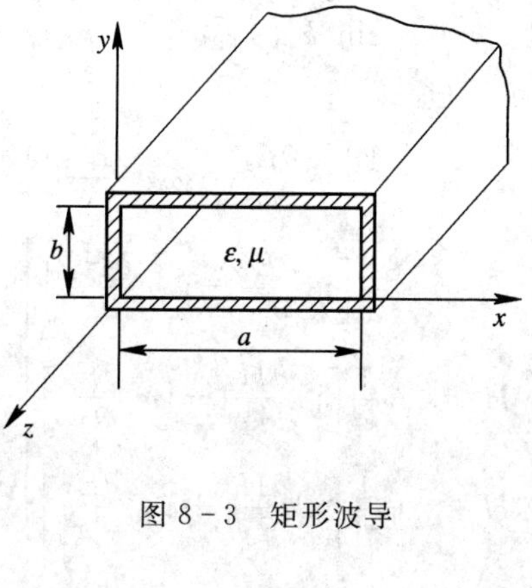

图 8-3 矩形波导

8.2.1 矩形波导中的模式及其场表达式

采用直角坐标系(x, y, z)，则式(8-11)可写成

$$\frac{\partial^2 H_z}{\partial x^2}+\frac{\partial^2 H_z}{\partial y^2}=-k_c^2 H_z \tag{8-49}$$

$$\frac{\partial^2 E_z}{\partial x^2}+\frac{\partial^2 E_z}{\partial y^2}=-k_c^2 E_z \tag{8-50}$$

首先考虑方程式(8-49)，应用分离变量法，令

$$H_z(x, y, z)=X(x)Y(y)\mathrm{e}^{-\mathrm{j}\beta z} \tag{8-51}$$

代入式(8-49)得到

$$\frac{X''}{X}+\frac{Y''}{Y}=-k_c^2 \tag{8-52}$$

其中 X''和 Y''分别是 X 对 x、Y 对 y 的二阶导数。

由于式(8-52)左边两项分别只是 x 和 y 的函数，要想对于任意的 x、y 它们的和始终等于常数，则该两项分别等于常数，令

$$\frac{X''}{X}=-k_x^2 \quad 或 \quad X''+k_x^2 X=0 \tag{8-53}$$

和

$$\frac{Y''}{Y}=-k_y^2 \quad 或 \quad Y''+k_y^2 Y=0 \tag{8-54}$$

显然应有

$$k_x^2+k_y^2=k_c^2 \tag{8-55}$$

式(8-53)和式(8-54)的解分别为

$$X(x)=a_1\cos(k_x x)+a_2\sin(k_x x) \tag{8-56}$$

$$Y(x)=b_1\cos(k_y y)+b_2\sin(k_y y) \tag{8-57}$$

因此式(8-49)的每个特解可表示为

$$H_z=[a_1\cos(k_x x)+a_2\sin(k_x x)][b_1\cos(k_y y)+b_2\sin(k_y y)] \tag{8-58}$$

同理可得式(8-16)的每个特解为

$$E_z=[c_1\cos(k_x x)+c_2\sin(k_x x)][d_1\cos(k_y y)+d_2\sin(k_y y)] \tag{8-59}$$

在直角坐标系中，式(8-18)可写成

$$\left.\begin{aligned}
E_x&=-\frac{1}{k_c^2}\left[\mathrm{j}\beta\frac{\partial E_z}{\partial x}+\mathrm{j}\omega\mu\frac{\partial H_z}{\partial y}\right]\\
E_y&=-\frac{1}{k_c^2}\left[\mathrm{j}\beta\frac{\partial E_z}{\partial y}-\mathrm{j}\omega\mu\frac{\partial H_z}{\partial x}\right]\\
H_x&=-\frac{1}{k_c^2}\left[\mathrm{j}\beta\frac{\partial H_z}{\partial x}-\mathrm{j}\omega\varepsilon\frac{\partial E_z}{\partial y}\right]\\
H_y&=-\frac{1}{k_c^2}\left[\mathrm{j}\beta\frac{\partial H_z}{\partial y}+\mathrm{j}\omega\varepsilon\frac{\partial E_z}{\partial x}\right]
\end{aligned}\right\} \tag{8-60}$$

有了 E_z 和 H_z，就可以利用式(8-60)求横向场分量。下面分别对 TE 模和 TM 模进行讨论。

1. TE 模

由于 $E_z=0$、$H_z\neq0$，式(8-60)变成

$$\left.\begin{aligned}E_x&=-\frac{\mathrm{j}\omega\mu}{k_c^2}\frac{\partial H_z}{\partial y}\\E_y&=\frac{\mathrm{j}\omega\mu}{k_c^2}\frac{\partial H_z}{\partial x}\\H_x&=-\frac{\mathrm{j}\beta}{k_c^2}\frac{\partial H_z}{\partial x}\\H_y&=-\frac{\mathrm{j}\beta}{k_c^2}\frac{\partial H_z}{\partial y}\end{aligned}\right\}\tag{8-61}$$

波导内壁上边界条件为

$$E_y\Big|_{\substack{x=0\\x=a}}=0\quad 即\quad \frac{\partial H_z}{\partial x}\Big|_{\substack{x=0\\x=a}}=0$$

$$E_x\Big|_{\substack{y=0\\y=b}}=0\quad 即\quad \frac{\partial H_z}{\partial y}\Big|_{\substack{y=0\\y=a}}=0$$

由式(8-58)得

$$\frac{\partial H_z}{\partial x}=[-a_1k_x\sin(k_xx)+a_2k_x\cos(k_xx)]\cdot[b_1\cos(k_yy)+b_2\sin(k_yy)]\mathrm{e}^{-\mathrm{j}\beta z}$$

$$\frac{\partial H_z}{\partial y}=[a_1\cos(k_xx)+a_2\sin(k_xx)]\cdot[-b_1k_y\sin(k_yy)+b_2k_y\cos(k_yy)]\mathrm{e}^{-\mathrm{j}\beta z}$$

由 $x=0$ 时，$\partial H_z/\partial x=0$，对区间 $0<y<b$ 的任意 y 应有

$$a_2k_x\cdot[b_1\cos(k_yy)+b_2\sin(k_yy)]=0$$

所以 $a_2=0$。

又由于 $x=a$ 时，$\partial H_z/\partial x=0$，对任意的 y 应有

$$-a_1k_x\sin(k_xa)\cdot[b_1\cos(k_yy)+b_2\sin(k_yy)]=0$$

则得到

$$k_xa=m\pi\quad 或\quad k_x=\frac{m\pi}{a},\ m=0,1,2,\cdots$$

同理，由 $y=0$ 和 $y=b$ 处，$\partial H_z/\partial y=0$ 可得

$$b_2=0$$

$$k_yb=n\pi\quad 或\quad k_y=\frac{n\pi}{b},\ n=0,1,2,\cdots$$

最后得到 H_z 的任一特解为

$$H_z=H_{mn}\cos\left(\frac{m\pi}{a}x\right)\cos\left(\frac{n\pi}{b}y\right)\mathrm{e}^{-\mathrm{j}\beta_{mn}z}\tag{8-62}$$

其中 $H_{mn}=a_1b_1$ 为任意常数，m、n 可取任意整数。代入式(8-61)，可得所有场分量如下：

$$\left.\begin{aligned}
E_x &= \frac{\mathrm{j}\omega\mu}{k_c^2}\frac{n\pi}{b}H_{mn}\cos\left(\frac{m\pi}{a}x\right)\sin\left(\frac{n\pi}{b}y\right)\mathrm{e}^{-\mathrm{j}\beta_{mn}z} \\
E_y &= \frac{-\mathrm{j}\omega\mu}{k_c^2}\frac{m\pi}{a}H_{mn}\sin\left(\frac{m\pi}{a}x\right)\cos\left(\frac{n\pi}{b}y\right)\mathrm{e}^{-\mathrm{j}\beta_{mn}z} \\
E_z &= 0 \\
H_x &= \frac{\mathrm{j}\beta}{k_c^2}\frac{m\pi}{a}H_{mn}\sin\left(\frac{m\pi}{a}x\right)\cos\left(\frac{n\pi}{b}y\right)\mathrm{e}^{-\mathrm{j}\beta_{mn}z} \\
H_y &= \frac{\mathrm{j}\beta}{k_c^2}\frac{n\pi}{b}H_{mn}\cos\left(\frac{m\pi}{a}x\right)\sin\left(\frac{n\pi}{b}y\right)\mathrm{e}^{-\mathrm{j}\beta_{mn}z} \\
H_z &= H_{mn}\cos\left(\frac{m\pi}{a}x\right)\cos\left(\frac{n\pi}{b}y\right)\mathrm{e}^{-\mathrm{j}\beta_{mn}z}
\end{aligned}\right\} \tag{8-63}$$

其中

$$k_c^2 = k_x^2 + k_y^2 = \left(\frac{m\pi}{a}\right)^2 + \left(\frac{n\pi}{b}\right)^2 \tag{8-64}$$

$$\beta_{mn} = \sqrt{k^2 - k_c^2} == \sqrt{k^2 - \left[\left(\frac{m\pi}{a}\right)^2 + \left(\frac{n\pi}{b}\right)^2\right]} \tag{8-65}$$

可见，矩形波导中的 TE 模有无穷多个，每一个 m、n 的组合对应着一个 TE 模，记为 TE_{mn} 模。注意并不存在 m、n 同时取 0 的 TE_{00} 模，因为此时所有的场分量都将为 0。因此，最低次(截止波数最小，即截止频率最低)的 TE 模是 TE_{10} 或 TE_{01}，视 a、b 的相对大小而定。

2. TM 模

此时 $H_z=0$、$E_z\neq0$。与 TE 模场分量的求解过程完全相同，可得 TE 模的场分量为

$$\left.\begin{aligned}
E_x &= \frac{-\mathrm{j}\beta}{k_c^2}\frac{m\pi}{a}E_{mn}\cos\left(\frac{m\pi}{a}x\right)\sin\left(\frac{n\pi}{b}y\right)\mathrm{e}^{-\mathrm{j}\beta_{mn}z} \\
E_y &= \frac{-\mathrm{j}\beta}{k_c^2}\frac{n\pi}{b}E_{mn}\sin\left(\frac{m\pi}{a}x\right)\cos\left(\frac{n\pi}{b}y\right)\mathrm{e}^{-\mathrm{j}\beta_{mn}z} \\
E_z &= E_{mn}\sin\left(\frac{m\pi}{a}x\right)\sin\left(\frac{n\pi}{b}y\right)\mathrm{e}^{-\mathrm{j}\beta_{mn}z} \\
H_x &= \frac{\mathrm{j}\omega\varepsilon}{k_c^2}\frac{n\pi}{b}E_{mn}\sin\left(\frac{m\pi}{a}x\right)\cos\left(\frac{n\pi}{b}y\right)\mathrm{e}^{-\mathrm{j}\beta_{mn}z} \\
H_y &= \frac{\mathrm{j}\omega\varepsilon}{k_c^2}\frac{m\pi}{a}E_{mn}\cos\left(\frac{m\pi}{a}x\right)\sin\left(\frac{n\pi}{b}y\right)\mathrm{e}^{-\mathrm{j}\beta_{mn}z} \\
H_z &= 0
\end{aligned}\right\} \tag{8-66}$$

对于 TM 模，式(8-64)和式(8-65)的关系仍然成立。与 TE 模一样，矩形波导中的 TM 模也有无穷多个，记为 TM_{mn}。注意 m、n 都不能取 0，否则所有的场分量都将为 0。所以，最低次的 TM 模是 TM_{11} 模。

任何一个 TE 模或 TM 模都是导波方程满足边界条件的一个解，因此都可以存在于矩形波导中。不仅如此，它们的任何线性组合也满足波导方程和边界条件，故也可以存在。反过来说，矩形波导中任何一种实际存在的波都可以看做是这些基本模式的某种组合。

根据 8.1 节得到一般公式，对矩形波导中 TE_{mn} 和 TM_{mn} 模有：

截止频率

$$f_c=\frac{k_c}{2\pi\sqrt{\mu\varepsilon}}=\frac{v}{2\pi}\sqrt{\left(\frac{m\pi}{a}\right)^2+\left(\frac{n\pi}{b}\right)^2}=\frac{v}{2}\sqrt{\left(\frac{m}{a}\right)^2+\left(\frac{n}{b}\right)^2}$$

截止波长

$$\lambda_c=\frac{v}{f_c}=\frac{2\pi}{\sqrt{\left(\frac{m\pi}{a}\right)^2+\left(\frac{n\pi}{b}\right)^2}}=\frac{2}{\sqrt{\left(\frac{m}{a}\right)^2+\left(\frac{n}{b}\right)^2}}$$

相速

$$v_p=\frac{\omega}{\frac{2\pi}{\lambda}\sqrt{1-\left(\frac{\lambda}{\lambda_c}\right)^2}}=\frac{v}{\sqrt{1-\left(\frac{\lambda}{\lambda_c}\right)^2}}=\frac{v}{\sqrt{1-\left(\frac{f_c}{f}\right)^2}}$$

波导波长

$$\lambda_g=\frac{v_p}{f}=\frac{\lambda}{\sqrt{1-\left(\frac{f_c}{f}\right)^2}}=\frac{\lambda}{\sqrt{1-\left(\frac{\lambda}{\lambda_c}\right)^2}}$$

波导中不同的模式具有相同的截止波长(或截止频率)的现象称为波导模式的简并现象。在矩形波导中，除 TE_{m0} 模和 TE_{0n} 模外，都一定有简并模，由上面的分析知，TE_{mn} 模和 TM_{mn} 模(m、$n\neq 0$)是相互简并的。

波导中截止波长最长(截止频率最低)的模称为波导的主模(或基模)，其他的模则称为高次模。显然，矩形波导的主模是 TE_{10} 模(如果 $a>b$)，其截止波长为 $2a$。

不同模式的截止波长是不同的，而当波导尺寸和信号频率一定时，只有满足 $\lambda<\lambda_c$ 的那些模才能传播。例如，对于 BJ-100 型的矩形波导，可以得到如图 8-4 的截止波长分布图。由图可以看出，在一个较大的波长范围内，波导中只能传输 TE_{10} 模，可以实现单模工作。

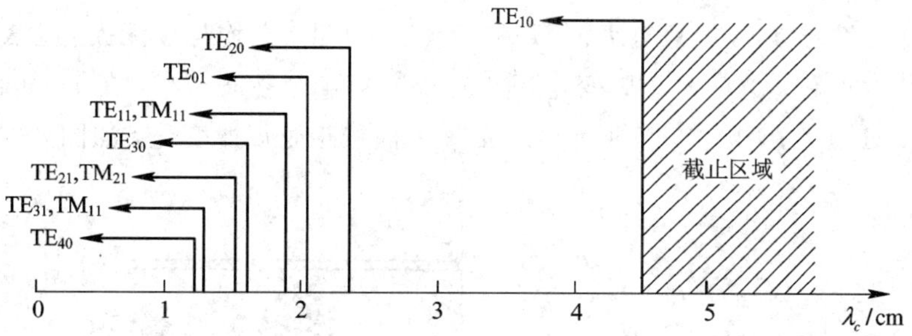

图 8-4 矩形波导中模式的截止波长分布图

8.2.2 矩形波导模式的场结构

所谓场结构是指电力线和磁力线的形状和分布情况，对直观了解各模式的形态很有帮助。

电场和磁场的矢量线方程分别为

$$\frac{\mathrm{d}x}{E_x}=\frac{\mathrm{d}y}{E_y}=\frac{\mathrm{d}z}{E_z}$$

$$\frac{\mathrm{d}x}{H_x} = \frac{\mathrm{d}y}{H_y} = \frac{\mathrm{d}z}{H_z}$$

根据各场分量的表达式和上述方程可以严格地画出电力线和磁力线，但这通常是比较麻烦的，在实际中，常常是由场分量的表达式粗略地画出电力线和磁力线。

1. TE 模的场结构

对于 TE 模，由于 $E_z=0$、$H_z\neq 0$，所以电力线仅分布在横截面内，而磁力线却是空间闭合曲线。

首先考虑最低次的 TE_{10} 模的场结构。由式(8-63)可得其场分量为

$$\left.\begin{aligned}
E_y &= -\frac{\mathrm{j}\omega\mu}{k_c^2}\frac{\pi}{a}H_{10}\sin\left(\frac{\pi}{a}x\right)\mathrm{e}^{-\mathrm{j}\beta_{10}z} \\
H_x &= \frac{\mathrm{j}\beta}{k_c^2}\frac{\pi}{a}H_{10}\sin\left(\frac{\pi}{a}x\right)\mathrm{e}^{-\mathrm{j}\beta_{10}z} \\
H_z &= H_{10}\cos\left(\frac{\pi}{a}x\right)\mathrm{e}^{-\mathrm{j}\beta_{10}z} \\
E_x &= E_z = H_y = 0
\end{aligned}\right\} \tag{8-67}$$

瞬时值为

$$\left.\begin{aligned}
E_y &= \frac{\omega\mu}{k_c^2}\frac{\pi}{a}H_{10}\sin\left(\frac{\pi}{a}x\right)\sin(\omega t-\beta_{10}z) \\
H_x &= -\frac{\beta}{k_c^2}\frac{\pi}{a}H_{10}\sin\left(\frac{\pi}{a}x\right)\sin(\omega t-\beta_{10}z) \\
H_z &= H_{10}\cos\left(\frac{\pi}{a}x\right)\cos(\omega t-\beta_{10}z) \\
E_x &= E_z = H_y = 0
\end{aligned}\right\} \tag{8-68}$$

可见，矩形波导 TE_{10} 模只有 E_y、H_x 和 H_z 三个分量，且均与 y 无关。这表明电磁场沿 y 方向无变化。E_y 沿 x 方向呈正弦变化，在 $0\sim a$ 内有半个驻波分布，在 $x=0$ 和 $x=a$ 处为 0，在 $x=a/2$ 处最大，如图 8-5 所示。E_y 沿 z 方向按正弦规律变化，如图 8-5 所示。

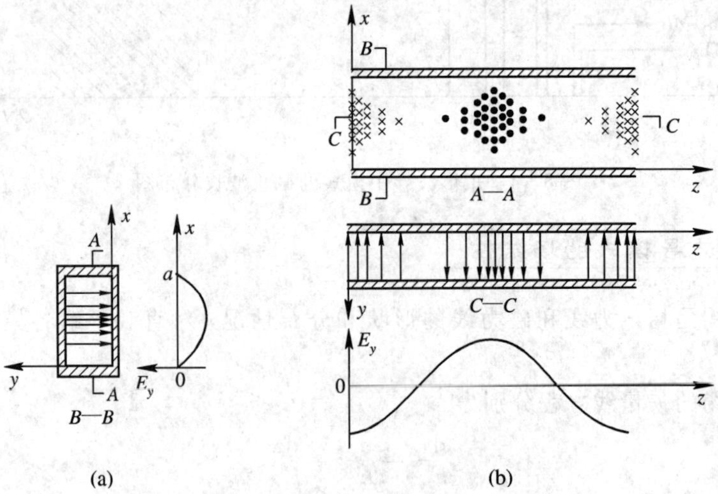

图 8-5 TE_{10} 模的电场结构

TE_{10}模的磁场有 H_x 和 H_z 两个分量。H_x 沿 x 方向呈正弦变化，在 $0\sim a$ 内有半个驻波分布，在 $x=0$ 和 $x=a$ 处为 0，在 $x=a/2$ 处最大；H_z 沿 x 方向呈余弦变化，在 $0\sim a$ 内有半个驻波分布，在 $x=0$ 和 $x=a$ 处最大，在 $x=a/2$ 处为 0，如图 8-6(a)所示。H_x 沿 z 方向按正弦规律变化，H_z 沿 z 方向按余弦规律变化，H_x 和 H_z 在 xz 平面形成闭合曲线，如图 8-6(b)所示。E_y 和 H_x 沿 z 方向同相，而 H_z 与它们存在 90°相位差。图 8-7 是 TE_{10} 模的电磁场立体结构图。

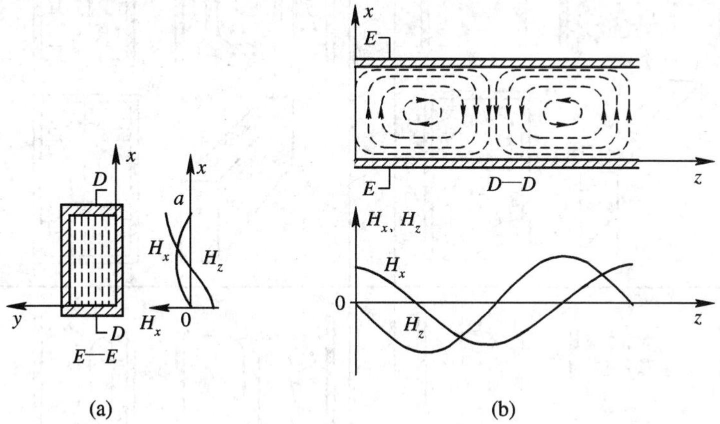

图 8-6　TE_{10} 模的磁场结构

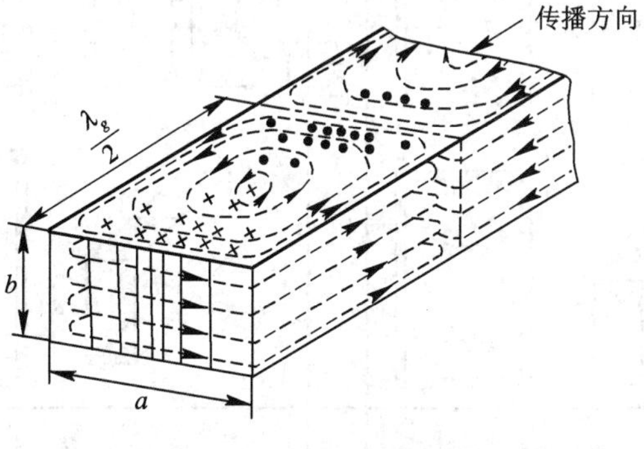

图 8-7　TE_{10} 模的电磁场结构

由式(8-63)和 TE_{10} 模的场结构可以看出，m 和 n 分别是场沿 a 边和 b 边分布的半驻波数。TE_{10} 模的场沿 a 边有半个驻波分布，沿 b 边无变化。TE_{m0} 模的场与 TE_{10} 模相似，也只有 E_y、H_x 和 H_z 三个分量，且与 y 无关，差别仅在于 x 方向的分布，沿 a 边有 m 个半驻波分布，或者说有 m 个 TE_{10} 模的基本结构单元(两个相邻的基本单元的场相位相反)，沿 b 边变化。

TE_{0n} 模的场只有 E_x、H_y 和 H_z 三个分量，且与 x 无关，沿 b 边有 n 个半驻波分布，沿 a 边变化，与 TE_{m0} 模的差异只是场的极化面旋转了 90°。

从上述讨论可以看出，下标 m、n 的意义分别是电磁场沿 a 边和沿 b 边变化的半驻波数。$m=0$ 表示沿 a 边无变化，$n=0$ 表示沿 b 边无变化。m 和 n 都不为 0 时的 TE_{mn} 模的场结构更为复杂，其中以 TE_{11} 模最为简单。其场沿 a 边和 b 边都有半个驻波分布。m 和 n 都大于 1 的 TE_{mn} 模的场结构则沿 a 边和 b 边分别有 m 个和 n 个 TE_{11} 模的基本结构单元，不过此时的场都具有五个场分量。可见只要掌握了 TE_{10} 模、TE_{01} 模和 TE_{11} 模的场结构，就不难画出任意 TE_{mn} 模的场结构。图 8-8 给出了几种较低阶 TE 模的场结构。

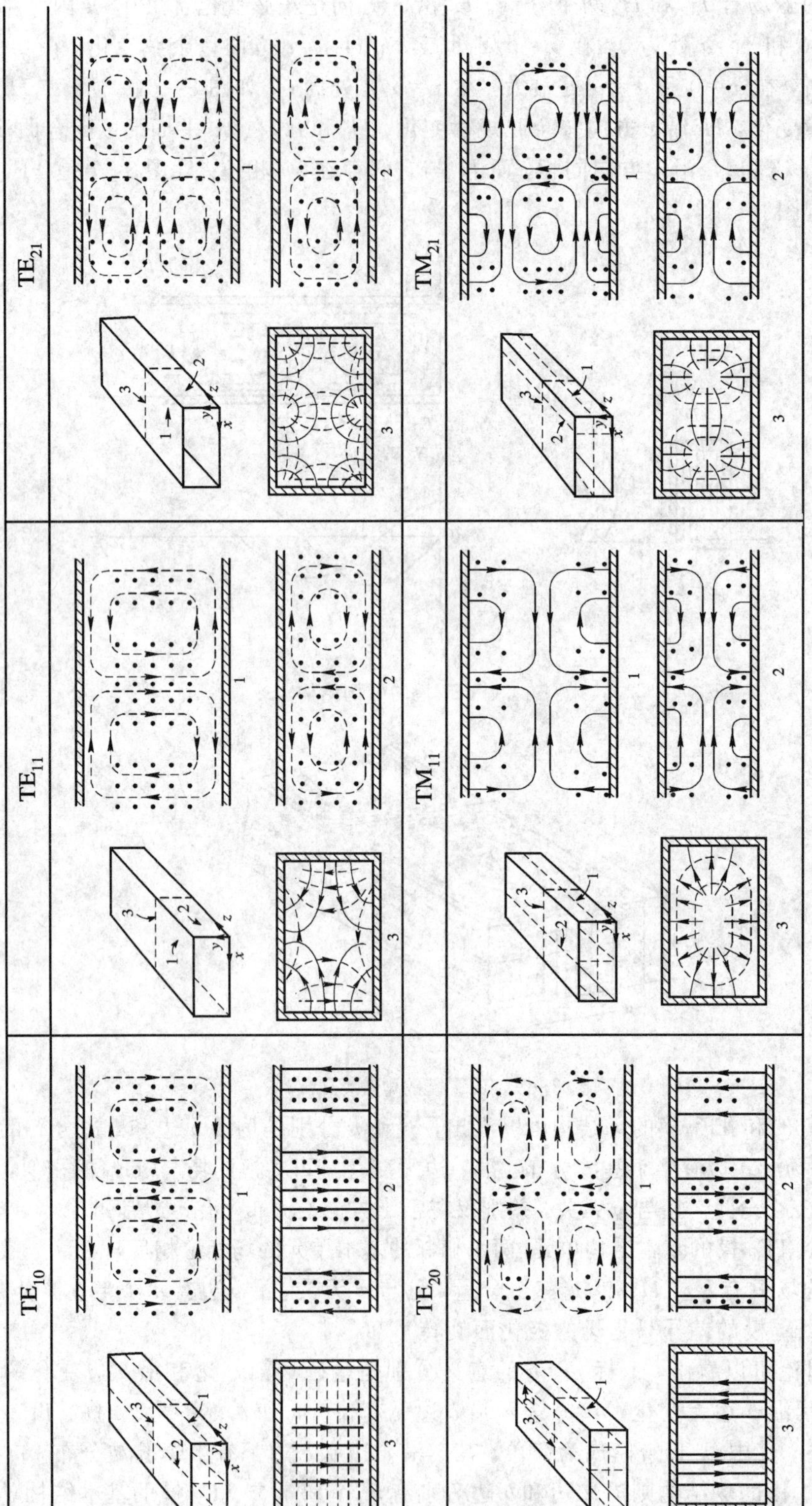

图 8-8 矩形波导中部分TE和TM模的场结构

2. TM模的场结构

最简单的TM模是TM_{11}模，其场沿a边和b边都有半个驻波分布。m和n都大于1的TM_{mn}模的场结构则沿a边和b边分别有m个和n个TM_{11}模的基本结构单元，只要掌握了TM_{11}的场结构，任意TM_{mn}模的场结构便可很容易得到。图8-8同时给出了几种较低阶TM模的场结构。

有必要指出，并非所有的TE_{mn}模和TM_{mn}模都能在波导中同时传播，波导中存在哪些模，由信号频率、波导尺寸与激励情况决定。

8.2.3 矩形波导的壁电流

当微波在波导中传播时，其高频电磁场将在波导壁上产生感应电流，因为波导壁是良导体，在微波频段它的趋肤深度极小，所以壁电流可以认为是内壁上的面电流。由导体表面的边界条件，面电流密度为

$$\boldsymbol{J}_S = \boldsymbol{n}\times\boldsymbol{H}_t \tag{8-69}$$

其中$\boldsymbol{n}$是波导内壁外法线方向的单位矢量，$\boldsymbol{H}_t$是内壁处的切向磁场。

当传输主模TE_{10}时，由式(8-67)和式(8-69)可得在波导的下壁($y=0$，$\boldsymbol{n}=\boldsymbol{e}_y$)和上臂($y=b$，$\boldsymbol{n}=-\boldsymbol{e}_y$)的电流密度分别为

$$\begin{aligned}\boldsymbol{J}_S\big|_{y=0} &= \boldsymbol{e}_y\times(\boldsymbol{e}_xH_x+\boldsymbol{e}_zH_z)=\boldsymbol{e}_xH_z-\boldsymbol{e}_zH_x\\ &=\left[H_{10}\cos\left(\frac{\pi}{a}x\right)\boldsymbol{e}_x-\mathrm{j}\frac{\beta a}{\pi}H_{10}\sin\left(\frac{\pi}{a}x\right)\boldsymbol{e}_z\right]\mathrm{e}^{-\mathrm{j}\beta z}\end{aligned} \tag{8-70a}$$

$$\begin{aligned}\boldsymbol{J}_S\big|_{y=b} &= -\boldsymbol{e}_y\times(\boldsymbol{e}_xH_x+\boldsymbol{e}_zH_z)=-\boldsymbol{e}_xH_z+\boldsymbol{e}_zH_x\\ &=\left[-H_{10}\cos\left(\frac{\pi}{a}x\right)\boldsymbol{e}_x+\mathrm{j}\frac{\beta a}{\pi}H_{10}\sin\left(\frac{\pi}{a}x\right)\boldsymbol{e}_z\right]\mathrm{e}^{-\mathrm{j}\beta z}\end{aligned} \tag{8-70b}$$

左侧壁和右侧壁的电流密度分别为

$$\boldsymbol{J}_S\big|_{x=0}=\boldsymbol{e}_x\times\boldsymbol{e}_zH_z=-\boldsymbol{e}_yH_z=-H_{10}\boldsymbol{e}_y\mathrm{e}^{-\mathrm{j}\beta z}$$

$$\boldsymbol{J}_S\big|_{x=a}=-\boldsymbol{e}_x\times\boldsymbol{e}_zH_z=\boldsymbol{e}_yH_z=H_{10}\boldsymbol{e}_y\mathrm{e}^{-\mathrm{j}\beta z}$$

可见，当矩形波导传输TE_{10}模时，在左右侧壁上电流密度只有J_y分量，且大小相等、方向相反；在上壁和下壁上，电流密度有J_x和J_z两个分量，大小相等、方向相反，如图8-9所示。

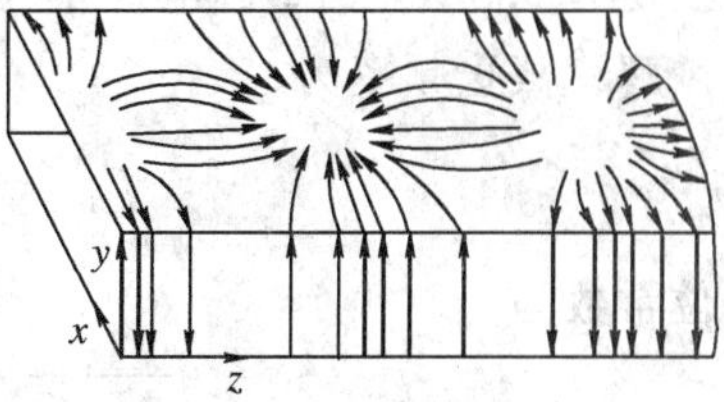

图8-9 TE_{10}模的壁电流分布

了解波导壁电流分布对设计波导元件非常有益。当需要在波导壁上开槽而又希望不影响传输模式的传输性能时，就不应该切断该模式的壁电流通路。如传输TE_{10}模时应在波导宽边中心($x=a/2$)处开槽，将不会改变波导内的场分布。反之，为了开槽产生强辐射，槽缝应切断电流线，如在波导的窄边开纵向槽可以构成缝隙天线。

8.2.4 矩形波导的传输功率和功率容量

矩形波导中TE_{mn}模的传输功率可由下式计算求得：

$$P = \frac{ab\omega\mu\beta_{mn}}{2\varepsilon_{0m}\varepsilon_{0n}k_{cmn}^2}H_{mn}^2 \tag{8-71}$$

其中

$$\varepsilon_{0i} = \begin{cases} 1, & i = 0 \\ 2, & i \neq 0 \end{cases}$$

对 TM_{mn} 模有

$$P = \frac{ab\omega\mu\beta_{mn}}{8k_{cmn}^2}E_{mn}^2 \tag{8-72}$$

由式(8-71)得 TE_{10} 模的传输功率为

$$P = \frac{ab\omega\mu\beta_{10}}{4k_{c10}^2}H_{10}^2 = \frac{ab}{4\eta}\sqrt{1-\left(\frac{\lambda}{2a}\right)^2}\left(\frac{\omega\mu a}{\pi}H_{10}\right)^2 \tag{8-73a}$$

因为在宽壁中心 $|E_y|$ 达到最大值 $|E_0| = \frac{\omega\mu a}{\pi}|H_{10}|$，可利用波导中电场的最大值表示 TE_{10} 模的传输功率为

$$P = \frac{ab}{4\eta}\sqrt{1-\left(\frac{\lambda}{2a}\right)^2}|E_0|^2 \tag{8-73b}$$

由于当波导中某处的电场达到或超过所填充介质的击穿场强 E_{br} 时，介质将发生击穿，导致波导不能正常工作，从而限制了波导的最大传输功率。当波导中的最大电场 $|E_0|$ 等于介质的击穿场强时，对应的传输功率就称为波导的功率容量 P_{br}。故由式(8-73b)可得 TE_{10} 模的功率容量为

$$P_{br} = \frac{ab}{4\eta}\sqrt{1-\left(\frac{\lambda}{2a}\right)^2}E_{br}^2 \tag{8-74a}$$

对于空气填充波导，$\eta = \sqrt{\mu/\varepsilon} = 120\pi$，$E_{br} = 30\ \text{kV/cm}$，则

$$P_{br} \approx 0.6ab\sqrt{1-\left(\frac{\lambda}{2a}\right)^2}\quad (\text{MW}) \tag{8-74b}$$

其中 a、b 和 λ 的单位为 cm，所得功率单位为 MW。

例 8-1 空心矩形波导尺寸为 $a=3$ cm、$b=2$ cm，以 6 GHz 的 TE_{10} 模激励。空气损耗正切为 0.001，铜壁的电导率为 5.76×10^7 S/m。计算衰减常数。

解 截止频率为

$$f_{c10} = \frac{c}{2a} = \frac{3\times10^8}{2\times0.03} = 5\times10^9\ \text{Hz}$$

相位常数为

$$\beta_{10} = \omega\sqrt{\mu\varepsilon}\sqrt{1-\left(\frac{f_{c10}}{f}\right)^2} = 2\pi\times6\times10^9\ \frac{1}{3\times10^8}\sqrt{1-\left(\frac{5\times10^9}{6\times10^9}\right)^2}$$
$$= 69.5\ \text{rad/m}$$

趋肤深度为

$$\delta_c = \frac{1}{\sqrt{\sigma_c\mu f\pi}} = \frac{1}{\sqrt{5.76\times10^7\times4\pi\times10^{-7}\times6\times10^9\pi}}$$
$$= 8.56\times10^{-7}\ \text{m 或 } 0.856\ \mu\text{m}$$

空气的电导率为

$$\sigma_d = \omega\varepsilon\ \tan\delta = 2\pi \times 6 \times 10^9 \times 0.001 \times 8.85 \times 10^{-12} = 3.336 \times 10^{-4}\ \text{S/m}$$

有限电导率壁的衰减常数为

$$\alpha_{c10} = \frac{\left[1 + \frac{2 \times 0.02}{0.03}\left(\frac{5 \times 10^9}{6 \times 10^9}\right)^2\right]}{5.76 \times 10^7 \times 8.56 \times 10^{-7} \times 377 \times 0.02\sqrt{1 - \left(\frac{5}{6}\right)^2}} = 9.372 \times 10^{-3}\ \text{Np/m}$$

介质的衰减常数为

$$\alpha_{d10} = \frac{1}{2} \times 3.336 \times 10^{-4} \times 377\sqrt{1 - \left(\frac{5}{6}\right)^2} = 0.035\ \text{Np/m}$$

8.3 圆 波 导

圆波导是横截面为圆形的金属波导，如图 8-10 所示。圆波导具有较小的损耗和双极化特性，常用于天线馈线和圆柱形谐振腔。其分析方法基本上与矩形波导相同，但适合于采用圆柱坐标系(r，ϕ，z)。

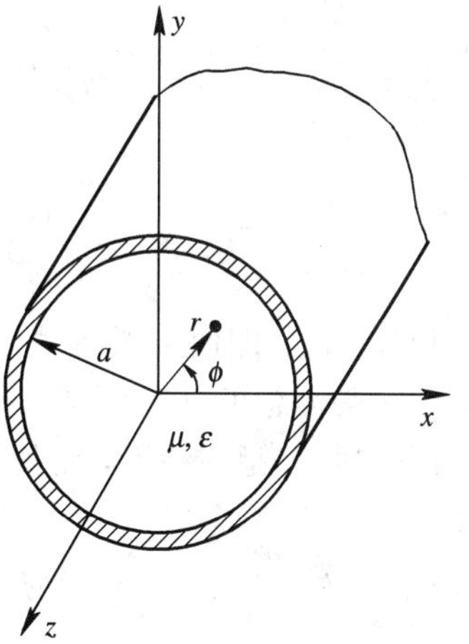

图 8-10 圆波导及其坐标系

8.3.1 传输模式与场分量

与矩形波导一样，圆波导不能传输 TEM 模而只能传输 TE 模和 TM 模。在圆柱坐标系中，度量系数为 $h_1=1$、$h_2=r$、$h_3=1$。各场分量如下式所示：

$$\left.\begin{aligned} E_r &= -\frac{1}{k_c^2}\left(\mathrm{j}\beta\frac{\partial E_z}{\partial r} + \frac{\mathrm{j}\omega\mu}{r}\frac{\partial H_z}{\partial \phi}\right) \\ E_\phi &= -\frac{1}{k_c^2}\left(\frac{\mathrm{j}\beta}{r}\frac{\partial E_z}{\partial \phi} - \mathrm{j}\omega\mu\frac{\partial H_z}{\partial r}\right) \\ H_r &= -\frac{1}{k_c^2}\left(\mathrm{j}\beta\frac{\partial H_z}{\partial r} - \frac{\mathrm{j}\omega\varepsilon}{r}\frac{\partial E_z}{\partial \phi}\right) \\ H_\phi &= -\frac{1}{k_c^2}\left(\frac{\mathrm{j}\beta}{r}\frac{\partial H_z}{\partial \phi} + \mathrm{j}\omega\varepsilon\frac{\partial E_z}{\partial u}\right) \end{aligned}\right\} \tag{8-75}$$

对 TM 和 TE 模，纵向场分量分别满足亥姆霍兹方程

$$\frac{\partial^2 E_z}{\partial r^2}+\frac{1}{r}\frac{\partial E_z}{\partial r}+\frac{1}{r^2}\frac{\partial^2 E_z}{\partial \phi^2}+k_c^2 E_z=0 \tag{8-76}$$

$$\frac{\partial^2 H_z}{\partial r^2}+\frac{1}{r}\frac{\partial H_z}{\partial r}+\frac{1}{r^2}\frac{\partial^2 H_z}{\partial \phi^2}+k_c^2 H_z=0 \tag{8-77}$$

下面用分离变量法分别求解 TE 模和 TM 模的场分量。

1. TE 模的场分量

由于此时 $E_z=0$，只需求解 H_z，令

$$H_z(r,\ \phi,\ z)=R(r)\varphi(\phi)\mathrm{e}^{-\mathrm{j}\beta z}$$

代入式(8-67)得

$$\frac{r^2}{R}\frac{\mathrm{d}^2 R}{\mathrm{d}r^2}+\frac{r}{R}\frac{\mathrm{d}R}{\mathrm{d}r}+k_c^2 r^2=-\frac{1}{\varphi}\frac{\mathrm{d}^2\varphi}{\mathrm{d}\phi^2}$$

上式左边仅为 r 的函数，右边仅为 ϕ 的函数，要想此式成立，它们必须等于一个共同的常数。令此常数为 m^2，则得两个常微分方程为

$$\frac{\mathrm{d}^2\varphi}{\mathrm{d}\phi^2}+m^2\phi=0 \tag{8-78}$$

$$r^2\frac{\mathrm{d}^2 R}{\mathrm{d}r^2}+r\frac{\mathrm{d}R}{\mathrm{d}r}+(k_c^2 r^2-m^2)R=0 \tag{8-79}$$

式(8-79)的解为

$$\varphi(\phi)=B_1\cos m\phi+B_2\sin m\phi=B\begin{cases}\cos m\phi\\ \sin m\phi\end{cases} \tag{8-80}$$

式中的两项的差别仅在于极化面相差 $\pi/2$，即使两项同时存在，也可以写成 $\cos(m\phi+\psi)$ 的形式，通过建立坐标系时选择 ϕ 起始点 ψ 总可以表示成只有 $\cos m\phi(\psi=0)$ 或只有 $\sin m\phi$ 的 $(\psi=\pi/2)$ 形式。由于相差 2π 的两点实际上是同一点，而任一点上的场一定是单值的，所以 φ 必须是以 2π 为周期的函数，即

$$\cos m\phi=\cos[m(\phi+2\pi)]=\cos(m\phi+m\cdot 2\pi)$$

或

$$\sin m\phi=\sin[m(\phi+2\pi)]=\sin(m\phi+m\cdot 2\pi)$$

可见 m 必须为整数，即 $m=1,\ 2,\ 3,\ \cdots$。

方程(8-79)是贝塞尔方程，其通解为

$$R=A_1 J_m(k_c r)+A_2 N_m(k_c r) \tag{8-81}$$

其中 $J_m(x)$ 为 m 阶第一类贝塞尔函数，$N_m(x)$ 为 m 阶第二类贝塞尔函数(或称纽曼函数)。它们的变化曲线如图 8-11 所示。

圆波导的边界条件要求：① 当 $0\leqslant r\leqslant a$ 时，H_z 应为有限值；② 在波导内壁上 $r=a$ 处，$E_\phi=E_z=0$。

因为 $r\to 0$ 时，$N_m(k_c r)\to-\infty$，根据条件①，必须有 $A_2=0$。至于条件②，由于 TE 模已自然满足了 $E_z=0$，所以只需考虑 $E_\phi=0$，根据式(8-41)，应有

$$\left.\frac{\partial H_z}{\partial r}\right|_{r=a}=A_1 k_c J_m'(k_c a)B\begin{cases}\cos m\phi\\ \sin m\phi\end{cases}\mathrm{e}^{-\mathrm{j}\beta z}=0$$

对任意的 ϕ 都成立，这就要求 $J_m'(k_c a)=0$。令 $J_m'(x)$ 的第 n 个根为 u_{mn}'，可得

$$k_c a = u'_{mn} \quad 或 \quad k_c = \frac{u'_{mn}}{a},\ n = 1,\ 2,\ \cdots \tag{8-82}$$

这样我们就得到了 H_z的解为

$$H_z = H_{mn} J_m\left(\frac{u'_{mn}}{a} r\right)\begin{Bmatrix}\cos m\phi \\ \sin m\phi\end{Bmatrix} e^{-j\beta_{mn} z}$$

其中，$H_{mn} = A_1 B$，根据式(8-75)可得 TE 模的所有场分量为

$$\left.\begin{aligned}
E_r &= -\frac{j\omega\mu m}{k_{cmn}^2 \cdot r} H_{mn} J_m\left(\frac{u'_{mn}}{a} r\right)\begin{Bmatrix}-\sin m\phi \\ \cos m\phi\end{Bmatrix} e^{-j\beta_{mn} z} \\
E_\phi &= -\frac{j\omega\mu}{k_{cmn}^2} H_{mn} J'_m\left(\frac{u'_{mn}}{a} r\right)\begin{Bmatrix}-\sin m\phi \\ \cos m\phi\end{Bmatrix} e^{-j\beta_{mn} z} \\
E_z &= 0 \\
H_r &= -\frac{j\beta_{mn}}{k_{cmn}} H_{mn} J'_m\left(\frac{u'_{mn}}{a} r\right)\begin{Bmatrix}\cos m\phi \\ \sin m\phi\end{Bmatrix} e^{-j\beta_{mn} z} \\
H_\phi &= -\frac{j\beta_{mn} m}{k_{cmn}^2 \cdot r} H_{mn} J_m\left(\frac{u'_{mn}}{a} r\right)\begin{Bmatrix}-\sin m\phi \\ \cos m\phi\end{Bmatrix} e^{-j\beta_{mn} z} \\
H_z &= H_{mn} J_m\left(\frac{u'_{mn}}{a} r\right)\begin{Bmatrix}\cos m\phi \\ \sin m\phi\end{Bmatrix} e^{-j\beta_{mn} z}
\end{aligned}\right\}(m = 0 \sim \infty,\ n = 1 \sim \infty) \tag{8-83}$$

其中

$$\beta_{mn} = \sqrt{k^2 - k_{cmn}^2} = \sqrt{\omega^2 \mu\varepsilon - \left(\frac{u'_{mn}}{a}\right)^2} \tag{8-84}$$

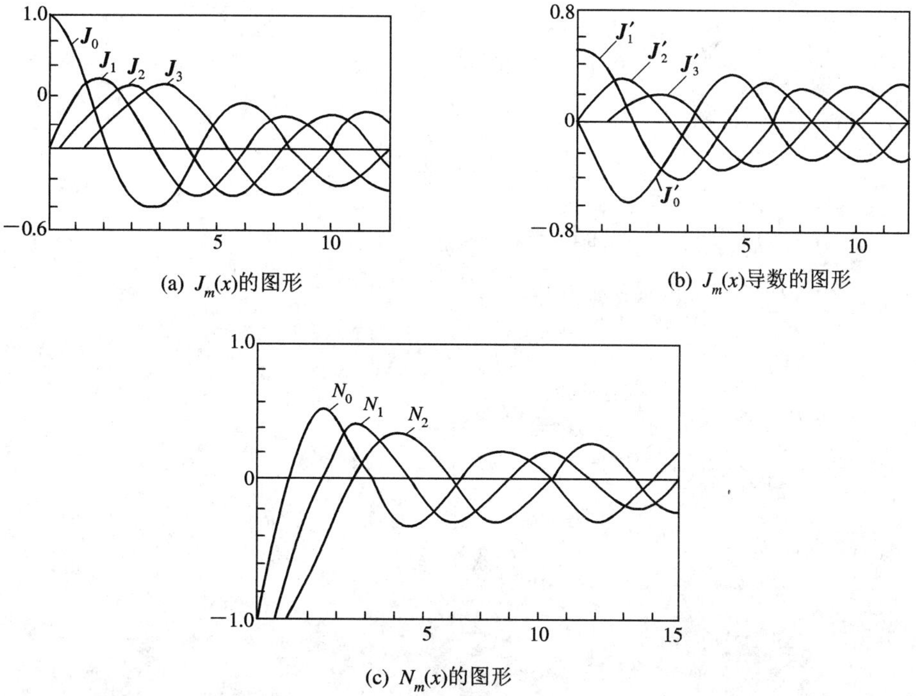

图 8-11 贝塞尔函数的图形

可见圆波导中的 TE 模有无穷多个，以 TE_{mn} 表示，m 表示场沿圆周变化的驻波数，n 表示场沿半径变化的半驻波数或最大值个数。

由式(8-82)可得 TE_{mn} 模的截止波长为

$$\lambda_c = \frac{2\pi}{k_{cmn}} = \frac{2\pi a}{u'_{mn}} \tag{8-85}$$

表 8-1 列出了部分 u'_{mn} 的值与空气填充波导中对应的 TE 模的截止波长。

表 8-1 u'_{mn} 的值与对应的 TE 模的截止波长

波 型	u'_{mn}	λ_c	波 型	u'_{mn}	λ_c
TE_{11}	1.841	$3.413a$	TE_{22}	6.705	$0.937a$
TE_{21}	3.054	$2.057a$	TE_{02}	7.016	$0.896a$
TE_{01}	3.832	$1.640a$	TE_{13}	8.536	$0.736a$
TE_{31}	4.201	$1.496a$	TE_{03}	10.173	$0.618a$
TE_{12}	5.332	$1.178a$			

2. TM 模的场分量

此时 $H_z=0$、$E_z\neq 0$。利用与 TE 模相同的方法可以求出

$$E_z = [C_1 J_m(k_c r) + C_2 N_m(k_c r)] D \begin{Bmatrix} \cos m\phi \\ \sin m\phi \end{Bmatrix} e^{-j\beta z}$$

边界条件要求：① 当 $0\leqslant r\leqslant a$ 时，E_z 应为有限值；② 在波导内壁上 $r=a$ 处，$E_\phi=E_z=0$。

根据条件①，必须有 $C_2=0$。根据条件②，有式(8-75)，应有 $J_m(k_c a)=0$。令 u_{mn} 表示 $J_m(x)$ 的第 n 个根，则

$$k_c a = u_{mn} \quad 或 \quad k_c = \frac{u_{mn}}{a},\ n=1, 2, \cdots \tag{8-86}$$

这样我们就得到了 E_z 的解为

$$E_z = E_{mn} J_m\left(\frac{u_{mn}}{a} r\right) \begin{Bmatrix} \cos m\phi \\ \sin m\phi \end{Bmatrix} e^{-j\beta_{mn} z}$$

其中 $E_{mn}=C_1 D$，进而可得 TM 模所有场分量为

$$\left.\begin{aligned}
E_r &= -\frac{j\beta_{mn}}{k_{cmn}} E_{mn} J'_m\left(\frac{u_{mn}}{a} r\right) \begin{Bmatrix} \cos m\phi \\ \sin m\phi \end{Bmatrix} e^{-j\beta_{mn} z} \\
E_\phi &= -\frac{j\beta_{mn} m}{k_{cmn}^2 \cdot r} E_{mn} J_m\left(\frac{u_{mn}}{a} r\right) \begin{Bmatrix} -\sin m\phi \\ \cos m\phi \end{Bmatrix} e^{-j\beta_{mn} z} \\
E_z &= E_{mn} J_m\left(\frac{u_{mn}}{a} r\right) \begin{Bmatrix} \cos m\phi \\ \sin m\phi \end{Bmatrix} e^{-j\beta_{mn} z} \\
H_r &= \frac{j\omega\varepsilon m}{k_{cmn}^2 \cdot r} E_{mn} J_m\left(\frac{u_{mn}}{a} r\right) \begin{Bmatrix} -\sin m\phi \\ \cos m\phi \end{Bmatrix} e^{-j\beta_{mn} z} \\
H_\phi &= -\frac{j\omega\varepsilon}{k_{cmn}} E_{mn} J'_m\left(\frac{u_{mn}}{a} r\right) \begin{Bmatrix} \cos m\phi \\ \sin m\phi \end{Bmatrix} e^{-j\beta_{mn} z} \\
H_z &= 0
\end{aligned}\right\} (m=0\sim\infty,\ n=1\sim\infty)$$

(8-87)

其中

$$\beta_{mn}=\sqrt{k^2-k_{cmn}^2}=\sqrt{\omega^2\mu\varepsilon-\left(\frac{u_{mn}}{a}\right)^2} \tag{8-88}$$

可见圆波导中的TM模也有无穷多个，以TM_{mn}表示，m、n的意义同TE模。

由式(8-85)可得TM_{mn}模的截止波长为

$$\lambda_c=\frac{2\pi}{k_{cmn}}=\frac{2\pi a}{u_{mn}} \tag{8-89}$$

表8-2是部分u_{mn}的值与空气填充波导中对应的TM模的截止波长。

表8-2　u_{mn}的值与对应的TM模的截止波长

波　型	u_{mn}	λ_c	波　型	u_{mn}	λ_c
TM_{01}	2.405	2.613a	TM_{12}	7.016	0.896a
TM_{11}	3.832	1.640a	TM_{22}	8.417	0.746a
TM_{21}	5.135	1.223a	TM_{03}	8.650	0.726a
TM_{22}	5.520	1.138a	TM_{13}	10.173	0.618a

比较表8-1和表8-2可以发现，圆波导中的主模是TM_{11}模，其截止波长最长。图8-12给出了圆波导模式截止波长的分布图。由图可见，当2.613a<λ<3.413a时，圆波导中只能传输TE_{11}模，可以实现单模传输。

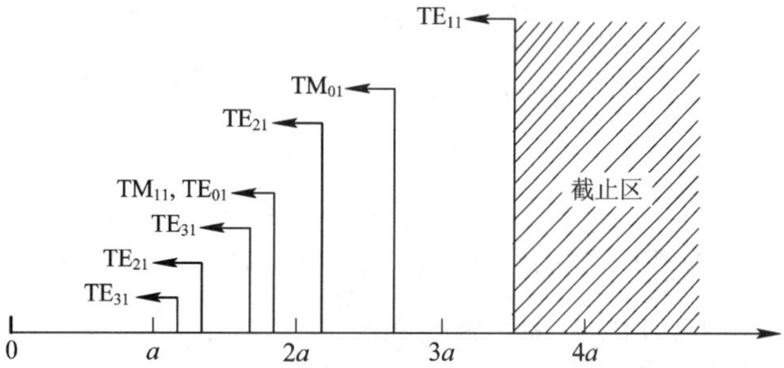

图8-12　圆波导中模式的截止波长分布图

圆波导也存在简并现象，一种是TE_{0n}模和TM_{1n}模具有相同的截止波长，是相互简并的，这种简并称为模式简并。圆波导还存在一种特有的简并现象，即所谓极化简并。从TE模和TM模的场分量表达式可以看出，对同一模式，其场沿ϕ方向存在$\cos m\phi$和$\sin m\phi$两种可能，这两种除了场的极化面旋转了90°之外，所有的其他特性完全相同，当然具有相同的截止波长。因为$m=0$时场与ϕ无关，所以TE_{0n}模和TM_{0n}模不存在极化简并，而其他模式均存在此现象。极化简并在实际中很难避免，因为波导加工中不可能保证是一个正圆，若稍有椭圆度，则传输的场就会分裂成沿长轴和短轴极化的两个模。另外，波导中总难免出现不均匀性，如内壁的局部突起等，都会导致模的极化简并。极化简并对于波在波导中的传输是有害的，但有时我们又需要利用这种现象构成一些特殊的微波元件，如单腔双模滤波器等。

8.3.2 圆波导的传输功率与功率容量

圆波导 TE_{mn} 模的传输功率可由下式计算：

$$P=\frac{\omega\mu\beta_{mn}}{2k_{cmn}^{2}}H_{mn}^{2}\int_{0}^{a}\int_{0}^{2\pi}[J_{m}(k_{c}r)]^{2}\begin{cases}\cos^{2}m\phi\\ \sin^{2}m\phi\end{cases} r\,\mathrm{d}r\,\mathrm{d}\phi$$

$$=\frac{\pi a^{2}\omega\mu\beta_{mn}}{2\varepsilon_{0m}k_{cmn}^{2}}H_{mn}^{2}\{[J_{m}(k_{c}a)]^{2}-J_{m-1}(k_{c}a)J_{m+1}(k_{c}a)\} \tag{8-90}$$

其中推导利用了贝塞尔函数的积分公式

$$\int[J_{m}(k_{c}r)]^{2}r\,\mathrm{d}r=\frac{r^{2}}{2}\{[J_{m}(k_{c}r)]^{2}-J_{m-1}(k_{c}r)J_{m+1}(k_{c}r)\}$$

利用贝赛尔函数的递推公式同时考虑对 TE 模有 $J_{m}'(k_{c}a)=0$，可得

$$J_{m-1}(k_{c}a)=\frac{m}{k_{c}a}J_{m}(k_{c}a)+J_{m}'(k_{c}a)=\frac{m}{k_{c}a}J_{m}(k_{c}a)$$

$$J_{m+1}(k_{c}a)=\frac{m}{k_{c}a}J_{m}(k_{c}a)-J_{m}'(k_{c}a)=\frac{m}{k_{c}a}J_{m}(k_{c}a)$$

将上两式代入式(8-90)得

$$P=\frac{\pi\omega\mu\beta_{mn}}{2\varepsilon_{0m}k_{cmn}^{4}}H_{mn}^{2}[(k_{c}a)^{2}-m^{2}][J_{m}(k_{c}a)]^{2} \tag{8-91}$$

类似的，可得 TM 模的传输功率为

$$P=\frac{\pi a^{2}\omega\varepsilon\beta_{mn}}{2\varepsilon_{0m}k_{cmn}^{2}}E_{mn}^{2}[J'_{m}(k_{c}a)]^{2} \tag{8-92}$$

其中

$$\varepsilon_{0i}=\begin{cases}1, & i=0\\ 2, & i\neq 0\end{cases}$$

下面考虑圆波导主模 TE_{11} 模的功率容量。电场在 $r=0$ 处取得最大值 $|E_{\max}|=|E_{r}|_{r=0}=\frac{\omega\mu}{2k_{c}}H_{11}$，由式(8-91)得 TE_{11} 模的传输功率为

$$P=\frac{\pi\omega\mu\beta_{11}}{2k_{c11}^{4}}H_{11}^{2}[(1.841)^{2}-1][J_{1}(1.841)]^{2}$$

临近击穿时 $H_{11}=\frac{2k_{c}}{\omega\mu}E_{br}$，所以

$$P_{br}=\frac{\pi\beta_{11}}{2\omega\mu k_{c11}^{2}}\times 2.3893[J_{1}(1.841)]^{2}E_{br}^{2}$$

$$=\frac{\pi\beta_{11}a^{2}}{\omega\mu\times(1.841)^{2}}\times 2.3893\times 0.5819^{2}E_{br}^{2}$$

$$=0.2387\frac{\pi\beta_{11}a^{2}}{\omega\mu}E_{br}^{2} \tag{8-93}$$

8.3.3 圆波导的三个主要模式

圆波导中实际应用较多的模是 TE_{11}、TE_{01} 和 TM_{01} 三个。利用这三个模场结构和管壁电流分布特点可以构成一些特殊用途的波导元件。下面分别对它们加以讨论。

1. TE_{11}模

TE_{11}模是圆波导的主模，其截止波长 $\lambda_c=3.14R$。将 $m=1$、$n=1$ 代入式(8－83)可以得到 TE_{11}模场分量为

$$\left.\begin{aligned}
E_r &= -\frac{j\omega\mu a^2}{(1.841)^2 r}H_{11}J_1\left(\frac{1.841}{a}r\right)\begin{Bmatrix}\sin\phi\\ \cos\phi\end{Bmatrix}e^{-j\beta z}\\
E_\phi &= \frac{j\omega\mu a}{1.841}H_{11}J_1'\left(\frac{1.841}{a}r\right)\begin{Bmatrix}\cos\phi\\ \sin\phi\end{Bmatrix}e^{-j\beta z}\\
E_z &= 0\\
H_r &= -\frac{j\beta a}{1.841}H_{11}J_1'\left(\frac{1.841}{a}r\right)\begin{Bmatrix}\cos\phi\\ \sin\phi\end{Bmatrix}e^{-j\beta z}\\
H_\phi &= -\frac{j\beta a^2}{(1.841)^2 r}H_{11}J_1\left(\frac{1.841}{a}r\right)\begin{Bmatrix}\cos\phi\\ \sin\phi\end{Bmatrix}e^{-j\beta z}\\
H_z &= H_{11}J_1\left(\frac{1.841}{a}r\right)\begin{Bmatrix}\cos\phi\\ \sin\phi\end{Bmatrix}e^{-j\beta z}
\end{aligned}\right\} \qquad (8-94)$$

可见 TE_{11}模有五个场分量，其场结构如图 8－13 所示。由图可见，其场结构与矩形波导主模 TE_{10}模的场结构相似，因此很容易由矩形波导 TE_{10}模来过渡变换成圆波导的 TE_{11}模，如图 8－14 所示。

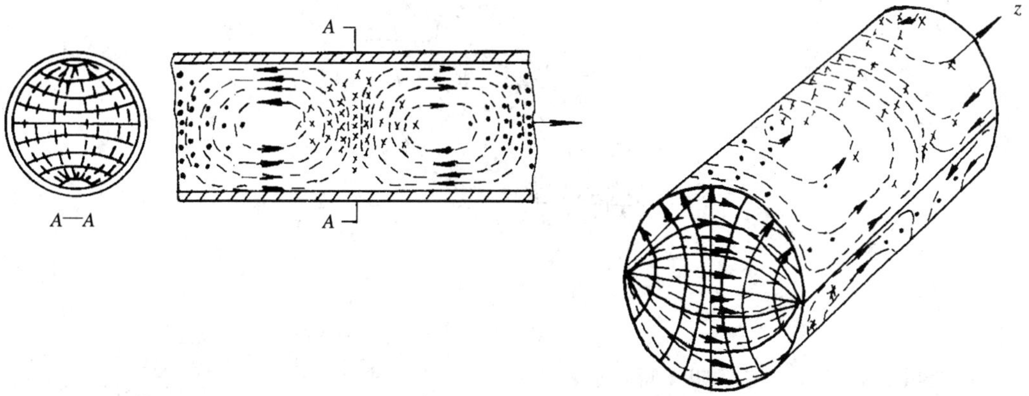

图 8－13　圆波导 TE_{11}模的场结构

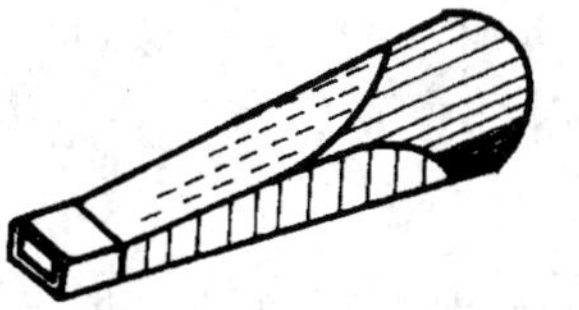

图 8－14　由矩形波导 TE_{10}模向圆波导 TE_{11}模的过渡

虽然 TE_{11}模是圆波导的主模，但它存在极化简并，会使模的极化面发生旋转，分裂成极化简并模。所以不宜采用 TE_{11}模来传输微波能量。这也就是实用中不用圆波导而采用矩形波导作为传输系统的基本原因。

然而，利用 TE_{11}模的极化简并却可以构成一些特殊的波导元器件，如极化衰减器，极化变换器，铁氧体环形器等。

2. TE_{01} 模

TE_{01} 模是圆波导的高次模。将 $m=0$、$n=1$ 代入式(8-83)可以得到其场分量为

$$\left.\begin{aligned}
E_\phi &= -\frac{j\omega\mu a}{3.832}H_{01}J_1\frac{3.832}{a}r\ e^{-j\beta z}\\
H_r &= \frac{j\beta a}{3.832}H_{01}J_1\frac{3.832}{a}r\ e^{-j\beta z}\\
H_z &= H_{01}J_0\frac{3.832}{a}r\ e^{-j\beta z}\\
E_r &= E_z = H_\phi = 0
\end{aligned}\right\} \tag{8-95}$$

其截止波长为 $\lambda_c=1.64R$。

TE_{01} 模的场结构如图 8-15 所示。

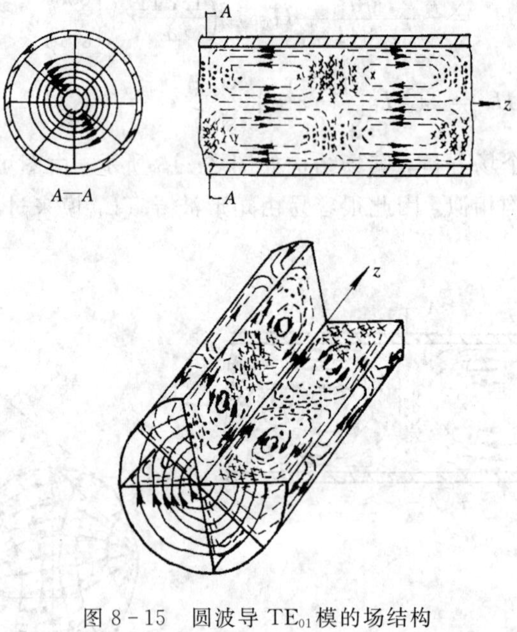

图 8-15　圆波导 TE_{01} 模的场结构

由图可见，其场结构有如下特点：

(1) 电场和磁场均沿 ϕ 方向无变化，具有轴对称性；

(2) 电场只有 E_ϕ 分量，电力线是分布在横截面上的同心圆，且在波导中心和波导壁附近为零；

(3) 在管壁附近只有 H_z 分量，因此只有 J_ϕ 分量管壁电流，如图 8-16 所示。

TE_{01} 模有个突出的特点，那就是它没有纵向管壁电流，由下面章节的分析将会发现，当传输功率一定时，随着频率的升高，其功率损耗反而单调下降。这一特点使得 TE_{01} 模适用于作高 Q 谐振腔的工作模式和远距离毫米波波导传输。但 TE_{01} 模不是主模，因此在使用时需要设法抑制其他模。

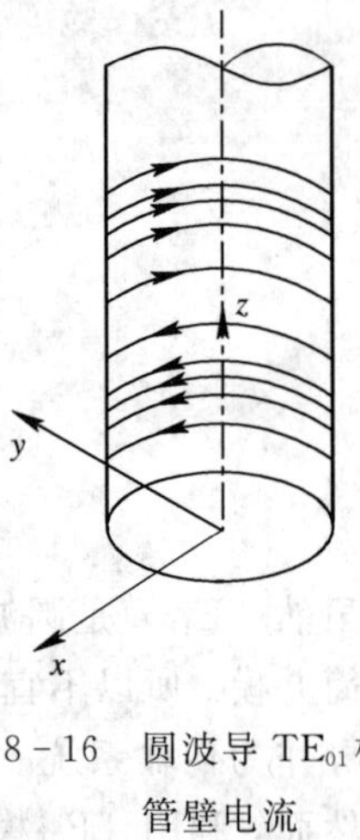

图 8-16　圆波导 TE_{01} 模的管壁电流

3. TM_{01} 模

TM_{01} 模是圆波导中的最低横磁模，且不存在简并，截止波长为 $2.62R$。将 $m=0$、$n=1$

代入式(8-87)，可以得到 TM_{01} 模场分量为

$$\left.\begin{aligned} E_r &= -\frac{j\beta a}{2.405}E_{01}J_1\frac{2.405}{a}r\ e^{-j\beta z} \\ E_z &= E_{01}J_0\frac{2.405}{a}r\ e^{-j\beta z} \\ H_\phi &= \frac{j\omega\varepsilon a}{2.405}E_{01}J_1\frac{2.405}{a}r\ e^{-j\beta z} \\ E_\phi &= H_r = H_z = 0 \end{aligned}\right\} \tag{8-96}$$

其场结构如图 8-17 所示。由图可见，其场结构特点是：

(1) 电磁场沿 ϕ 方向不变化，场分布具有轴对称性；

(2) 电场在中心线附近最强；

(3) 磁场只有 H_ϕ 分量，因而管壁电流只有纵向分量。

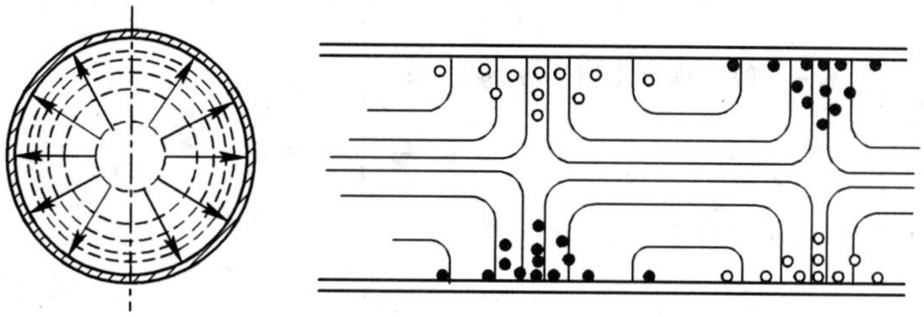

图 8-17　圆波导 TM_{01} 模的场结构

TM_{01} 模的壁电流为

$$J_z = -H_\phi\big|_{r=a}$$

由于 TM_{01} 模场结构具有对称性，且只有纵向电流，所以它适用于作微波天线馈线波导系统连接的旋转接头。

8.4　同轴线中的导行电磁波

如图 8-18 所示由两个轴线与 z 轴重合的圆柱导体构成的传输线称为同轴线，a、b 分别为内导体外半径和外导体内半径。同轴线常用于 2500 MHz 以下微波波段作传输线或制作宽频带微波元器件。

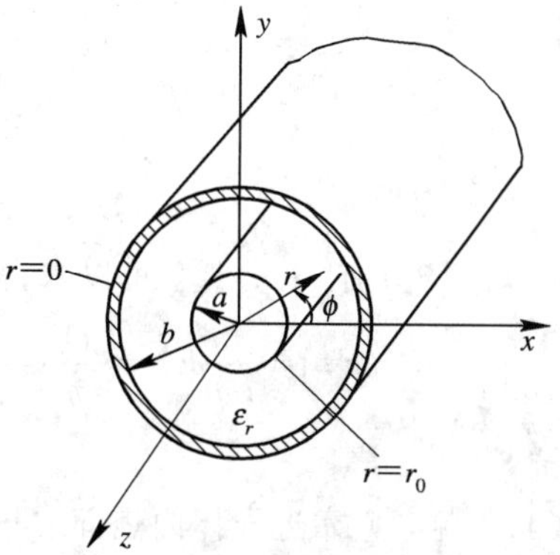

图 8-18　同轴线及其坐标系

同轴线的主模是 TEM 模，TE 模和 TM 模为其高次模。通常同轴线都是以 TEM 模工作。本节从分析同轴线中的三种波形出发，分析同轴线的传输特性，进而讨论其尺寸选择。

8.4.1 同轴线的主模——TEM 模

同轴线是一种双导体传输线，可以传输 TEM 模。

根据前面章节的分析，TEM 模在同轴线横截面上的场分布与静电场的分布相同。其求解可用位函数方法。以电场为例，横截面内电场强度为电位 ϕ 的梯度

$$\boldsymbol{E}=-\nabla\varphi(r,\ \phi)\mathrm{e}^{-\mathrm{j}\beta z}=\boldsymbol{E}_t(r,\ \phi)\mathrm{e}^{-\mathrm{j}\beta z} \tag{8-97}$$

其中 $\boldsymbol{E}_t(r,\ \phi)$表示同轴线横截面上的电流，仅为 r、f 的函数。对于 TEM 模，$k=\beta$，所以 $k_c^2=k^2-\beta^2=0$。故电磁场强度满足

$$\frac{1}{r}\frac{\partial}{\partial r}\left(r\frac{\partial \boldsymbol{E}}{\partial r}\right)+\frac{1}{r^2}\frac{\partial^2 \boldsymbol{E}}{\partial \phi^2}=0 \tag{8-98}$$

将式(8-98)代入式(8-97)，得到电位 φ 的方程

$$\frac{1}{r}\frac{\partial}{\partial r}\left(r\frac{\partial \varphi}{\partial r}\right)+\frac{1}{r^2}\frac{\partial^2 \varphi}{\partial \phi^2}=0 \tag{8-99}$$

因为同轴线结构具有轴对称性，并且有

$$\frac{\partial \varphi}{\partial \phi}=0$$

于是式(8-99)变为

$$\frac{1}{r}\frac{\partial}{\partial r}\left(r\frac{\partial \varphi}{\partial r}\right)=0 \tag{8-100}$$

其解为

$$\varphi=-A\ln r+B \tag{8-101}$$

将式(8-101)代入式(8-97)，得到

$$\begin{aligned}\boldsymbol{E}&=-\nabla\varphi\,\mathrm{e}^{-\mathrm{j}\beta z}=-\left(\boldsymbol{a}_r\frac{\partial\varphi}{\partial r}+\boldsymbol{a}_\phi\frac{1}{r}\frac{\partial\varphi}{\partial\phi}+\boldsymbol{a}_z\frac{\partial\varphi}{\partial z}\right)\mathrm{e}^{-\mathrm{j}\beta z}\\&=-\boldsymbol{a}_r\frac{\partial\varphi}{\partial r}\mathrm{e}^{-\mathrm{j}\beta z}=\boldsymbol{a}_r\frac{\boldsymbol{A}}{r}\mathrm{e}^{-\mathrm{j}\beta z}\end{aligned} \tag{8-102}$$

这表示同轴线传输 TEM 模时，电场只有 E_r分量。式(8-102)中的常数 A 可以利用边界条件确定。设 $z=0$ 时 $r=a$ 处的电场为 E_0，代入式(8-102)，求得

$$A=E_0 a$$

故得电场为

$$E_r=E_0\frac{a}{r}\mathrm{e}^{-\mathrm{j}\beta z} \tag{8-103}$$

磁力线必须与电力线垂直，所以磁场只有 H_ϕ分量。可以求得

$$H_\phi=\frac{1}{\mathrm{j}\omega\mu}\left(\frac{\partial E}{\partial r}+\mathrm{j}\beta E_r\right)=\frac{\beta}{\omega\mu}E_r=\frac{E_r}{\eta}=\frac{E_0 a}{\eta r}\mathrm{e}^{-\mathrm{j}\beta z} \tag{8-104}$$

其中 $\eta=\sqrt{\mu/\varepsilon}$为介质的波阻抗。

由式(8-103)、式(8-104)可见，愈靠近导体内表面，电磁场愈强。因此内导体的表面电流密度较外导体内表面的表面电流密度大。所以同轴线的热损耗主要发生在截面尺寸较

小的内导体上。

同轴线内导体上的轴向电流

$$I = \oint H_\phi \, \mathrm{d}l = \int_0^{2\pi} H_\phi r \, \mathrm{d}\phi = 2\pi a H_\phi \Big|_{r=a} = \frac{2\pi E_0 a}{\eta} \mathrm{e}^{-\mathrm{j}\beta z} \tag{8-105}$$

内外导体之间的电压

$$U = \int_a^b E_r \, \mathrm{d}r = E_0 a \ln \frac{b}{a} \mathrm{e}^{-\mathrm{j}\beta z} \tag{8-106}$$

同轴线传输 TEM 模时的功率容量

$$P_{br} = \frac{1}{2} \frac{|U_{br}|^2}{Z_0} = \sqrt{\varepsilon_r} \frac{a^2}{120} E_{br}^2 \ln \frac{b}{a} \tag{8-107}$$

其中 E_{br} 为介质的击穿强度。空气的击穿强度约为 30 kV/cm。例如，内外导体半径分别为 3.5 mm 和 8 mm 的空气同轴线，其功率容量为 700 kW。

8.4.2 同轴线的高次模

当同轴线截面尺寸与信号波长相比拟时，同轴线内部将出现高次模——TE 模和 TM 模。实用中的同轴线都是以 TEM 模工作的。我们分析同轴线中可能出现的高次模的目的在于了解高次模的场结构，确定其截止波长，以便在给定工作频率时选择合适的尺寸，保证同轴线内部只传输 TEM 模，或者采取措施抑制高次模的产生。

1. TM 模

分析同轴线中 TM 模的方法与分析与圆波导中的 TM 模的方法相似。TM 模的横向场分量可由 E_z 求得，而 E_z 则可由方程(8-75)求得为

$$E_z = [A_1 J_m(k_c r) + A_2 N_m(k_c r)] B \begin{cases} \cos m\phi \\ \sin m\phi \end{cases} \mathrm{e}^{-\mathrm{j}\beta z} \tag{8-108}$$

与圆波导不同之处在于，对于同轴线，$r=0$ 不属于波的传播区域，故第二类贝塞尔函数应该保留。

边界条件要求在 $r=a$ 和 b 处，$E_z=0$，于是得到

$$A_1 J_m(k_c a) + A_2 N_m(k_c a) = 0$$

和

$$A_1 J_m(k_c b) + A_2 N_m(k_c b) = 0$$

因此得到决定 TM 模特征值 k_c 的特征方程

$$\frac{J_m(k_c a)}{J_m(k_c b)} = \frac{N_m(k_c a)}{N_m(k_c b)} \tag{8-109}$$

式(8-109)是个超越方程，其解有无穷多个，每个解的根决定一个 k_c 值，即确定一个截止波长 λ_c。但式(8-109)无解析解，下面我们来求其近似解。对于 $k_c a$ 和 $k_c b$ 值很大的情况，贝塞尔函数可以用三角函数近似表示为

$$J_m(k_c a) \approx \sqrt{\frac{2}{k_c a \pi}} \cos\left(k_c a - \frac{2m+1}{4}\pi\right)$$

$$N_m(k_c a) \approx \sqrt{\frac{2}{k_c a \pi}} \sin\left(k_c a - \frac{2m+1}{4}\pi\right)$$

$$J_m(k_cb)\approx\sqrt{\frac{2}{k_cb\pi}}\cos\left(k_cb-\frac{2m+1}{4}\pi\right)$$

$$N_m(k_cb)\approx\sqrt{\frac{2}{k_cb\pi}}\sin\left(k_cb-\frac{2m+1}{4}\pi\right)$$

代入式(8-109)，并消去共同因子后得到

$$\frac{\sin\left(k_ca-\frac{2m+1}{4}\pi\right)}{\cos\left(k_ca-\frac{2m+1}{4}\pi\right)}\approx\frac{\sin\left(k_cb-\frac{2m+1}{4}\pi\right)}{\cos\left(k_cb-\frac{2m+1}{4}\pi\right)} \tag{8-110}$$

令

$$x=k_cb-\frac{2m+1}{4}\pi\quad 和\quad y=k_ca-\frac{2m+1}{4}\pi$$

则得

$$\sin x\cos y-\cos x\sin y\approx 0$$

由此可得

$$k_c\approx\frac{n\pi}{b-a},\quad n=1,2,3,\cdots \tag{8-111}$$

因此得到同轴线中 TM_{mn} 的截止波长近似为

$$\lambda_{cTM}\approx\frac{2}{n}(b-a),\quad n=1,2,3,\cdots \tag{8-112}$$

最低型 TM_{01} 模的截止波长近似为

$$\lambda_{cTN_{01}}\approx 2(b-a) \tag{8-113}$$

由式(8-112)可以看出，同轴线中 TM 高次模的截止波长近似与 m 无关。这就意味着，如果在同轴线内出现 TM_{01} 模，就可能同时出现 TM_{11} 模、TM_{21} 模、TM_{31} 模，…这是我们所不希望的，因此在设计和使用同轴线时，应设法避免 TM 模的出现。

2. TE 模

分析同轴线中 TE 模的方法和圆波导中的 TE 模的方法相似。此时 $E_z=0$，H_z 则可由式(8-77)解得

$$H_z=[A_3J_m(k_cr)+A_4N_m(k_cr)]C\left\{\begin{matrix}\cos m\phi\\ \sin m\phi\end{matrix}\right. e^{-j\beta z} \tag{8-114}$$

边界条件要求在 $r=a$ 和 b 处，$\partial H_z/\partial n=0$，于是得到

$$A_3J_m'(k_ca)+A_4N_m'(k_ca)=0$$

和

$$A_3J_m'(k_cb)+A_4N_m'(k_cb)=0$$

由此得到决定 TE 模特征值 k_c 的特征方程

$$\frac{J_m'(k_ca)}{J_m'(k_cb)}=\frac{N_m'(k_ca)}{N_m'(k_cb)} \tag{8-115}$$

式(8-115)也是超越方程，无解析解。用上述近似方法可以求得 $m\neq0$、$n=1$ 的 TE_{m1} 模的截止波长近似为

$$\lambda_{cTEm1}\approx\frac{\pi(b+a)}{m},\quad m=1,2,3,\cdots \tag{8-116}$$

最低型 TE_{11} 模的截止波长则为

$$\lambda_{cTE11} \approx \pi(b+a) \tag{8-117}$$

对于 $m=0$ 的情况，式(8-115)变为

$$\frac{J_0'(k_c a)}{J_0'(k_c b)} = \frac{N_0'(k_c a)}{N_0'(k_c b)}$$

根据 $J_0'=-J_1$、$N_0'=-N_1$，则得

$$\frac{J_1(k_c a)}{J_1(k_c b)} = \frac{N_1(k_c a)}{N_1(k_c b)}$$

此式与决定 $m=1$ 的 TM_{1n} 模 k_c 值的式(8-109)相同。因此 TE_{01} 的截止波长近似为

$$\lambda_{cTE01} \approx 2(b-a) \tag{8-118}$$

由式(8-113)、式(8-117)和式(8-118)可以看出，TE_{11} 是同轴线中的最低型高次模。因此，设计同轴线尺寸时，只要保证能抑制 TE_{11} 模就行了。图 8-19 所示为同轴线模式的截止波长分布图。

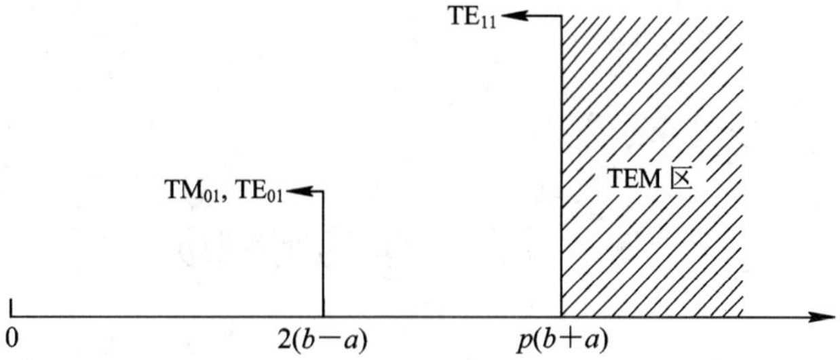

图 8-19　同轴线模式的截止波长分布图

8.4.3　同轴线的尺寸选择

尺寸选择的原则是：

(1) 保证在给定工作频带内只传输 TEM 模；

(2) 满足功率容量要求，即传输功率尽量大；

(3) 损耗最小。

为保证只传输 TEM 模，必须满足条件

$$\lambda_{min} \geqslant \pi(b+a)$$

因此得到

$$(b+a) \leqslant \frac{\lambda_{min}}{\pi} \tag{8-119}$$

为保证传输功率最大，在满足式(8-119)条件下，限定 b 值，改变 a，则传输功率也将改变。功率容量最大的条件是 $dP_{br}/da=0$。以式(8-107)代入求得

$$\frac{b}{a} = 1.649 \tag{8-120}$$

其相应的空气同轴线特性阻抗为 30 Ω。

传输 TEM 模时，空气同轴线的导体衰减应同时考虑内导体和外导体，即分子应为内导体和外导体的环路积分之和。带入 TEM 模的场表达式得

$$a_c = \frac{R_S}{2\pi b} \frac{1+\dfrac{b}{a}}{120 \ln \dfrac{b}{a}} \quad (\text{Np/m}) \tag{8-121}$$

衰减最小的条件是$\dfrac{da_c}{da}=0$。将式(8-121)代入，求得

$$\frac{b}{a} = 3.591 \tag{8-122}$$

其相应的空气同轴线特性阻抗为 76.71 Ω。

计算表明，b/a 在一个比较宽的范围内变化时，衰减因数最小值基本不变，即当 b/a 从 3.2 变到 4.1 时，衰减因数最小值变化小于 0.5%，b/a 为 5.2 和 b/a 为 2.6 相比，衰减因数最小值仅增加 5%。

如果对衰减最小和功率最大都有要求，则一般折中地取

$$\frac{b}{a} = 2.303 \tag{8-123}$$

其相应的空气同轴线特性阻抗为 50 Ω。

8.5 谐振腔中的电磁场

谐振腔是指用任意形状的金属面所封闭的空腔，它是具有分布参量的谐振回路。谐振腔的类型很多，一般分为：传输线型和非传输线型谐振腔，传输线型谐振腔是应用最广泛的谐振腔，它是一段两端被短路或一端开路的传输线，其中最常见的有矩形谐振腔，圆柱形谐振腔和同轴线型谐振腔。

谐振腔中的电磁场必须满足其特定的边界条件，故所讨论的仍是一个边值问题。在这里仅介绍矩形谐振腔、圆柱形谐振腔和同轴线型谐振腔。

8.5.1 谐振腔的基本参数

在低频谐振腔回路中，常使用的基本参数是电阻、电容、电感。在分布参数的谐振腔中，这些参数是没有意义的，也是无法测量的。在高频用一些能实际测量的等效参量来代替它们才是有意义的。通常，谐振腔的参量是：谐振波长、品质因数和等效电导。

1. 谐振波长

由于传输线型谐振腔是一段均匀传输系统在纵向两端封闭而成；因而在横向上与传输系统具有相同的边界条件，所不同之处是在纵向上，电磁场也要满足类似的边界条件。

根据波导理论，均匀波导中电场的横向分量可以表示为

$$E_T = AF(T)e^{j(\omega t-\beta z)} + BF(T)e^{j(\omega t+\beta z)} \tag{8-124}$$

式中 $F(T)$称为横向本征函数，只与横向坐标有关。

在 $z=0$、$z=l$ 的波导端面上，应满足 $E_T=0$ 的边界条件，当 $z=0$ 时，$E_T=AF(T)e^{j\omega t}+BF(T)e^{j\omega t}=0$ 得

$$A=-B$$

则横向场可表示为

$$E_T = -\mathrm{j}2AF(T)\sin\beta z\,\mathrm{e}^{\mathrm{j}\omega t} \tag{8-125}$$

$z=l$ 时，$\sin\beta l=0$，故有

$$\beta = \frac{p\pi}{l},\quad p=0,1,2,\cdots \tag{8-126}$$

考虑到周期性，p 一般取整数，它表示腔中场沿纵向的半波长数。这样，由式(8-31)可得腔中谐振角频率和谐振波长为

$$\left.\begin{aligned}\omega_0 &= \frac{1}{\sqrt{\varepsilon\mu}}\sqrt{k_c^2+\left(\frac{p\pi}{l}\right)^2}\\ \lambda_0 &= \frac{1}{\sqrt{\left(\frac{1}{\lambda_c}\right)^2+\left(\frac{p}{2l}\right)^2}}\end{aligned}\right\} \tag{8-127}$$

上式表明：只有波长满足该式的电磁波才能在腔内谐振。

对于 TEM 波传播系统，$\lambda_0=\frac{2l}{p}$，说明沿纵向两端短路，长为$\frac{\lambda}{2}$整数倍的 TEM 波传播系统是电磁谐振回路，或者说任意长度的纵向两端短路的 TEM 波传输系统可以谐振于若干不同的波长。

对于非 TEM 波传播系统，由于 λ_0 取决于系统的结构与波型，其谐振波长也不同。它与传输系统相似，腔的谐振波长取决于腔的形状和腔内存在的振荡模式。因腔内可以存在无限多个振荡模式，同一个腔可谐振于无限多个谐振频率，谐振波长最长的模式称为腔的最低谐振模式或主模。很明显，谐振波长是腔内电磁场满足麦氏方程的波的一个解。

2. 品质因数

由于谐振腔一般是封闭的，因而腔内电磁能量不能辐射至腔外，而只能在腔内以电能和磁场的形式存储和交换，如果腔是有耗的，则腔内将损耗电磁能量，使电磁能量逐渐衰减，直至消失。显然，衰减的快慢与储能多少及损耗大小有关。谐振腔的这一特性通常用品质因数来表征，其定义与普通 LC 谐振回路相同。当响应下降到谐振点值的 70.7%时，谐振频率与偏离谐振频率的宽度(Δf)的比值决定品质因数，即

$$Q_0 = \frac{f_0}{2\Delta f} \tag{8-128}$$

在电磁理论中，品质因数与储存在谐振腔回路中的能量 W_0 和每周内耗散的能量 W_L 相联系，定义为

$$Q_0 = 2\pi\frac{W_0}{W_L} = \omega\frac{W_0}{P_L} \tag{8-129}$$

可以证明，Q_0 值定义式(8-128)和式(8-129)是一致的。

腔的储能可在磁场最大、电场为零或电场最大、磁场为零的瞬间来计算，即

$$W_0 = \frac{1}{2}\int_V \mu\,|\boldsymbol{H}|^2\,\mathrm{d}V = \frac{1}{2}\int_V \varepsilon\,|\boldsymbol{E}|^2\,\mathrm{d}V \tag{8-130}$$

式中，V 是腔体体积。

腔的能量损耗包括导体损耗、介质损耗和辐射损耗。对于金属封闭腔，没有辐射损耗；如假定腔中介质是无耗的，则腔的损耗就是腔壁的导体损耗，它在每周内耗能为

$$(P_L)_c = \frac{1}{2}\oint_S |\boldsymbol{J}_S|^2 R_S \, \mathrm{d}S = \frac{1}{2} R_S \oint_S |\boldsymbol{H}_t|^2 \, \mathrm{d}S \tag{8-131}$$

式中，S 是腔的内表面面积。从而可得

$$Q_c = \frac{\omega\mu}{R_S} \frac{\int_V |\boldsymbol{H}|^2 \, \mathrm{d}V}{\oint_S |\boldsymbol{H}_t|^2 \, \mathrm{d}S} = \frac{2}{\delta} \frac{\int_V |\boldsymbol{H}|^2 \, \mathrm{d}V}{\oint_S |\boldsymbol{H}_t|^2 \, \mathrm{d}S} \tag{8-132}$$

下标 c 是仅考虑导体损耗时，谐振腔的品质因数。我们知道，储存能量和磁通量密度的平方与腔的体积积分成正比，而在腔壁上每周期损耗的能量与趋肤深度和磁通密度平方与腔的全部内表面面积成正比。因此，欲想得到高的品质因数，谐振腔应有一个大的体积与表面积之比。

如腔中介质是有耗的，其介电常数为复数，介质的导电率 σ_d 是一个不能忽略的量，在介质中的损耗功率为

$$(P_L)_d = \frac{1}{2}\sigma_d \int_V |\boldsymbol{E}|^2 \, \mathrm{d}V \tag{8-133}$$

这样，仅考虑介质损耗时腔的品质因数为

$$Q_d = \omega_0 \frac{W_0}{(P_L)_d} = \frac{1}{\tan\delta} \tag{8-134}$$

在一般情况下，腔的品质因数表示为

$$Q_0 = \omega_0 \frac{W_0}{P_L} = \frac{\omega_0 W_0}{(P_L)_c + (P_L)_d} = \frac{1}{\dfrac{1}{Q_c} + \dfrac{1}{Q_d}} = \frac{Q_c}{1 + Q_c \tan\delta} \tag{8-135}$$

这里没有考虑与外界耦合的孤立谐振腔的品质因数，通常称为固有品质因数。

3. 等效电导

为了研究谐振腔的外部特性，常在某一振荡模式的谐振频率附近，将腔等效为低频的谐振回路，考虑到谐振腔应用在微波电真空器件中，电子束的作用可视为并联的电子导纳，为保证它与腔的等效导纳相加，腔的等效电路应采用如图 8－20 所示并联电导的电路，这样谐振腔的等效电导为

$$G = \frac{2P_L}{U_m^2} \tag{8-136}$$

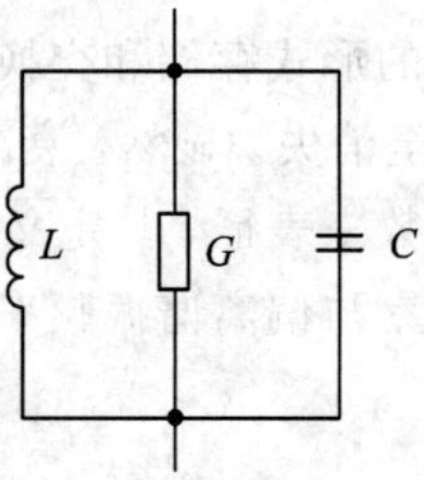

图 8－20　谐振腔的等效电路

它表征谐振腔的功率损耗特性。与波导一样，在腔中，电压也是非单值的，故电导的值也是不确定的。但当腔中任意两点给定时，电场的线积分是可以找到的，该两点间的电导可写为

$$G = \sqrt{\frac{\omega\mu_1}{2\sigma}} \frac{\int_S |\boldsymbol{H}_t|^2 \, \mathrm{d}S}{\left\{\int_a^b \boldsymbol{E} \cdot \mathrm{d}\boldsymbol{l}\right\}^2} \tag{8-137}$$

式中 a、b 是决定计算点选择的积分限。可见，等效电导值与计算点有关，它与单值固有品质因数不同，但电导的概念在微波电真空器件中仍得到重要的应用。

8.5.2 矩形谐振腔

将矩形波导两端用导体片封闭就构成矩形谐振腔(也称角柱形谐振腔)，如图 8-21 所示。如将电磁波输入腔中，即腔内产生半波长整数倍的驻波。很明显，腔中可谐调的电磁波必是矩形波导中传输的那些模式演变而来的，与矩形波导相对应，矩形谐振腔中存在TE 型振荡模式和 TM 型振荡模式。

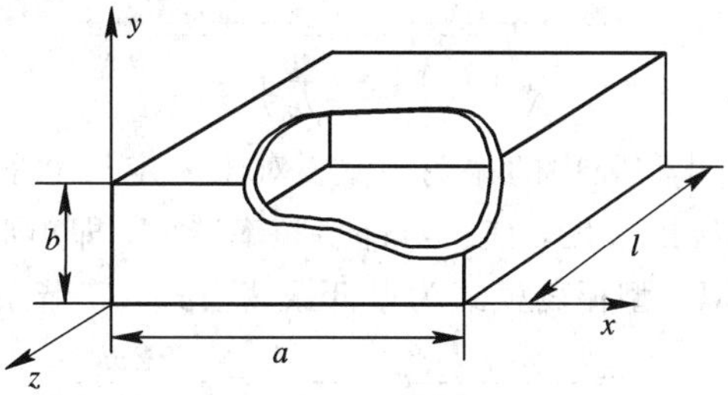

图 8-21 矩形谐振腔

对于 TE 模式，由式(8-125)或直接用分离变离法求解三维坐标的亥姆霍兹方程可得其振荡模式的场分量为

$$\left.\begin{aligned}
E_x &= \frac{2\omega\mu}{k_c^2}\left(\frac{n\pi}{b}\right)H_0 \cos\frac{m\pi}{a}x \sin\frac{n\pi}{b}y \sin\frac{p\pi}{l}z \\
E_y &= -\frac{2\omega\mu}{k_c^2}\left(\frac{m\pi}{a}\right)H_0 \sin\frac{m\pi}{a}x \cos\frac{n\pi}{b}y \sin\frac{p\pi}{l}z \\
E_z &= 0 \\
H_x &= \mathrm{j}\frac{2}{k_c^2}\left(\frac{m\pi}{a}\right)\left(\frac{p\pi}{l}\right)H_0 \sin\frac{m\pi}{a}x \cos\frac{n\pi}{b}y \cos\frac{p\pi}{l}z \\
H_y &= \mathrm{j}\frac{2}{k_c^2}\left(\frac{n\pi}{b}\right)\left(\frac{p\pi}{l}\right)H_0 \cos\frac{m\pi}{a}x \sin\frac{n\pi}{b}y \cos\frac{p\pi}{l}z \\
H_z &= -\mathrm{j}2H_0 \cos\frac{m\pi}{a}x \cos\frac{n\pi}{b}y \sin\frac{p\pi}{l}z
\end{aligned}\right\} \tag{8-138}$$

式中，$H_0=\dfrac{k_c^2}{\mu}A$。

用类似的方法可以求得矩形谐振腔中 TM 型振荡模式的场分量为

$$\left.\begin{aligned}
E_x &= -\frac{2}{k_c^2}\left(\frac{m\pi}{a}\right)\left(\frac{p\pi}{l}\right)E_0 \cos\frac{m\pi}{a}x \sin\frac{n\pi}{b}y \sin\frac{p\pi}{l}z \\
E_y &= -\frac{2}{k_c^2}\left(\frac{n\pi}{b}\right)\left(\frac{p\pi}{l}\right)E_0 \sin\frac{m\pi}{a}x \cos\frac{n\pi}{b}y \sin\frac{p\pi}{l}z \\
E_z &= 2E_0 \sin\frac{m\pi}{a}x \sin\frac{n\pi}{b}y \cos\frac{p\pi}{l}z \\
H_x &= \mathrm{j}\frac{2\omega\varepsilon}{k_c^2}\left(\frac{n\pi}{b}\right)E_0 \sin\frac{m\pi}{a}x \cos\frac{n\pi}{b}y \cos\frac{p\pi}{l}z \\
H_y &= -\frac{2\omega\varepsilon}{k_c^2}\left(\frac{m\pi}{a}\right)E_0 \cos\frac{m\pi}{a}x \sin\frac{n\pi}{b}y \cos\frac{p\pi}{l}z \\
H_z &= 0
\end{aligned}\right\} \tag{8-139}$$

由上两式知：对于不同的 m、n、p 值，场分布是不同的，m、n、p 分别对应着场沿 x、y、z 方向的变化数或半驻波数，对应不同的振荡模式，并以 TE_{mnp} 和 TM_{mnp} 模表示。对于 TE_{mnp} 型振荡模 $p\neq 0$，m 和 n 不能同时为零，因为 $p=0$ 意味着场沿纵向无变化，为满足 $z=0$ 和 $z=l$ 两端面的边界条件，横向电场应为零，而 TE 模又无纵向电场，故这种模式不可能存在。

将矩形波导中各波型的截止波长代入式(8－127)，可得矩形谐振腔的谐振波长为

$$\lambda_0=\frac{2}{\sqrt{\left(\frac{m}{a}\right)^2+\left(\frac{n}{b}\right)^2+\left(\frac{p}{l}\right)^2}} \tag{8－140}$$

它取决于腔的几何尺寸和腔中的振荡模式。对于一定尺寸的腔，可对许多模式谐振；对于某一模式，可调谐振腔的长度，使之对许多频率谐振，即矩形谐振腔具有多谐性。

在矩形谐振腔中，TM_{101} 型振荡模式为最低振荡模式，其谐振波长值最大，为

$$\lambda_0=\frac{2}{\sqrt{\left(\frac{1}{a}\right)^2+\left(\frac{1}{l}\right)^2}}=\frac{2al}{\sqrt{a^2+l^2}} \tag{8－141}$$

其场分量可由式(8－138)得

$$\left.\begin{aligned}
E_y&=-\frac{2\omega\mu a}{\pi}H_0\sin\frac{\pi}{a}x\sin\frac{\pi}{l}z\\
H_x&=\mathrm{j}2\frac{a}{l}H_0\sin\frac{\pi}{a}x\cos\frac{\pi}{l}z\\
H_z&=-\mathrm{j}2H_0\cos\frac{\pi}{a}x\sin\frac{\pi}{l}z\\
E_x&=E_z=H_y=0
\end{aligned}\right\} \tag{8－142}$$

为了求得 TE_{101} 模的品质因数，可将其场分量式(8－142)代入式(8－132)得

$$\begin{aligned}
Q_0&=\frac{\omega\mu\int_V|\boldsymbol{H}|^2\,\mathrm{d}V}{R_S\oint_S|\boldsymbol{H}_t|^2\,\mathrm{d}S}\\
&=\frac{\omega\mu}{R_S}\frac{\int_V(|\boldsymbol{H}_x|^2+|\boldsymbol{H}_z|^2)\,\mathrm{d}V}{2\left[\int_0^a\int_0^b|\boldsymbol{H}_x|_{z=0}^2\,\mathrm{d}x\,\mathrm{d}y+\int_0^b\int_0^l|\boldsymbol{H}_z|_{x=0}^2\,\mathrm{d}y\,\mathrm{d}z+\int_0^a\int_0^l(|\boldsymbol{H}_x|^2+|\boldsymbol{H}_y|^2)_{y=0}\,\mathrm{d}x\,\mathrm{d}z\right]}\\
&=\frac{\omega\mu}{R_S}\int_0^a\int_0^b\int_0^l 4H_0^2\left[\left(\frac{a}{l}\right)^2\sin^2\frac{\pi}{a}x\cos^2\frac{\pi}{l}z+\cos^2\frac{\pi}{a}x\sin^2\frac{\pi}{l}z\right]\mathrm{d}x\,\mathrm{d}y\,\mathrm{d}z\Big/\\
&\qquad 2\left\{\int_0^a\int_0^b 4H_0^2\left(\frac{a}{l}\right)^2\sin^2\frac{\pi}{a}x\,\mathrm{d}x\,\mathrm{d}y+\int_0^a\int_0^b 4H_0^2\sin^2\frac{\pi}{l}z\,\mathrm{d}y\,\mathrm{d}z\right.\\
&\qquad\left.+\int_0^a\int_0^l 4H_0^2\left[\left(\frac{a}{l}\right)^2\sin^2\frac{\pi}{a}x\cos^2\frac{\pi}{l}z+\cos^2\frac{\pi}{a}x\sin^2\frac{\pi}{l}z\right]\mathrm{d}x\,\mathrm{d}z\right\}\\
&=\frac{\omega\mu}{R_S}\frac{\dfrac{H_0^2(a^2+l^2)ab}{l}}{\dfrac{4H_0^2}{l^2}[2b(a^3+l^3)+al(a^2+l^2)]}=\frac{abl}{\delta}\frac{a^2+l^2}{2b(a^3+l^3)+al(a^3+l^3)}
\end{aligned} \tag{8－143}$$

或

$$Q_0\frac{\delta}{\lambda_0}=\frac{b}{2}\frac{(a^2+l^2)^{3/2}}{2b(a^3+l^3)+al(a^2+l^2)} \tag{8-144}$$

式中，$\left(Q_0\frac{\delta}{\lambda_0}\right)$称为$TE_{101}$模的波形因数，仍然表示腔的性质，采用它只是为了设计方便，因为它与腔壁的电导率无关，仅取决于腔的几何尺寸。

对于正方形谐振腔，$a=b=l$，其品质因数为

$$\left.\begin{aligned}Q_0&=\frac{a}{3\delta}\\Q_0&=\frac{\delta}{\lambda_0}=\frac{1}{3\sqrt{2}}\end{aligned}\right\} \tag{8-145}$$

如当频率为10 GHz时，选用铜材作腔，取$R_S=0.0261\ \Omega$，可得H_{101}模的品质因数约为10^4数量级。可知微波谐振腔的Q值远比低频集总回路的Q值高得多。用同样的方法可以求得其他模式的Q值。

8.5.3 圆柱形谐振腔

将圆柱形波导两端用理想导体封闭起来就构成圆柱形谐振腔，如图8-22所示。腔中电磁波是由圆柱形波导中传输的波形演变而来的，腔中存在着TE_{nip}型和TM_{nip}型振荡模式。

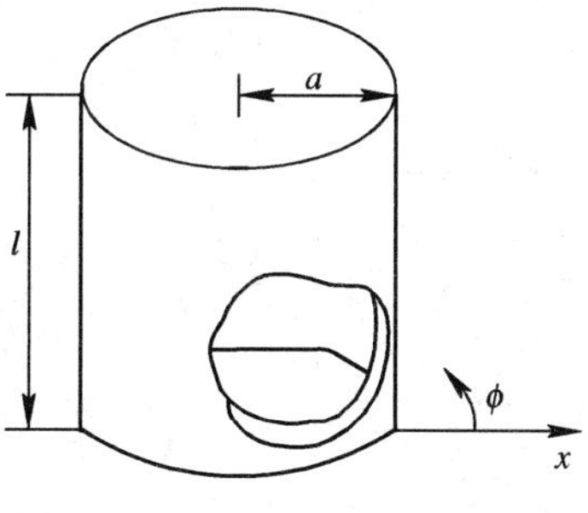

图8-22 圆柱形谐振腔

与矩形谐振腔的处理方法相同。利用圆柱形波导的场分量和两端面边界条件，在圆柱坐标系中应用式(8-91)、式(8-92)和式(8-125)即可得到圆柱形谐振腔中TE振荡模式的场分量为

$$\left.\begin{aligned}E_r&=\frac{2\omega\mu}{(\mu_{ni}/a^2)}\frac{n}{r}H_0J_n\left(\frac{\mu_{ni}}{a}r\right)\sin n\phi\ \sin\frac{p\pi}{l}z\\E_\phi&=\frac{2\omega\mu}{(\mu_{ni}/a^2)}\frac{n}{r}H_0J_n'\left(\frac{\mu_{ni}}{a}r\right)\cos n\phi\ \sin\frac{p\pi}{l}z\\H_r&=-\mathrm{j}\frac{2\omega\mu}{\mu_{ni}/a}\frac{p\pi}{l}H_0J_n'\left(\frac{\mu_{ni}}{a}r\right)\cos n\phi\ \cos\frac{p\pi}{l}z\\H_\phi&=\mathrm{j}\frac{2}{(\mu_{ni}/a)^2}\frac{n}{r}\frac{p\pi}{l}H_0J_n\left(\frac{\mu_{ni}}{a}r\right)\sin n\phi\ \cos\frac{p\pi}{l}z\\H_z&=-\mathrm{j}2H_0J_n\left(\frac{\mu_{ni}}{a}r\right)\cos n\phi\ \sin\frac{p\pi}{l}z\\E_z&=0\end{aligned}\right\} \tag{8-146}$$

TM 模的场分量为

$$\left.\begin{aligned}
E_r &= \frac{-2}{\nu_{ni}/a}\frac{p\pi}{l}E_0 J_n'\left(\frac{\nu_{ni}}{a}r\right)\cos n\phi\ \sin\frac{p\pi}{l}z \\
E_\phi &= \frac{2\omega\mu}{(\nu_{ni}/a)^2}\frac{n}{r}\frac{p\pi}{l}E_0 J_n\left(\frac{\nu_{ni}}{a}r\right)\sin n\phi\ \sin\frac{p\pi}{l}z \\
E_z &= 2E_0 J_n\left(\frac{\nu_{ni}}{a}r\right)\cos n\phi\ \cos\frac{p\pi}{l}z \\
H_r &= -\mathrm{j}\frac{2\omega\varepsilon}{(\nu_{ni}/a)^2}\frac{n}{r}E_0 J_n\left(\frac{\nu_{ni}}{a}r\right)\sin n\phi\ \cos\frac{p\pi}{l}z \\
H_\phi &= -\mathrm{j}\frac{2\omega\varepsilon}{\nu_{ni}/a}E_0 J_n'\left(\frac{\nu_{ni}}{a}r\right)\cos n\phi\ \cos\frac{p\pi}{l}z \\
H_z &= 0
\end{aligned}\right\} \tag{8-147}$$

对于不同的 n、i、p 值，场分布不同。n、i、p 分别对应着场沿 r、ϕ、z 方向的半驻波数，对应不同的振荡模式，并以 TE_{nip} 型和 TM_{nip} 型表示。不难看出，$n=0$、1、2、…，$i=1$、2、3、…，$p=1$、2、3、…的 TE 模和 $n=0$、1、2、…，$i=1$、2、3、…，$p=0$、1、2、…的 TM 模都能在圆柱形波导谐振腔中存在。将式(8-94)和式(8-90)分别代入式(8-127)可得谐振波长为

$$\lambda_0 = \begin{cases} \dfrac{1}{\sqrt{\left(\dfrac{\mu_{ni}}{2\pi a}\right)^2 + \left(\dfrac{p}{2l}\right)^2}} & \text{TE 模} \\[2ex] \dfrac{1}{\sqrt{\left(\dfrac{\nu_{ni}}{2\pi a}\right)^2 + \left(\dfrac{p}{2l}\right)^2}} & \text{TM 模} \end{cases} \tag{8-148}$$

1. E_{010} 型振荡模式

E_{010} 模式是 TM 模中的最低模式，其场分布可由式(8-147)在 $n=p=0$，$i=1$ 时求得为

$$\left.\begin{aligned}
E_z &= 2E_0 J_0\left(\frac{\nu_{01}}{a}r\right) \\
H_\phi &= \mathrm{j}\frac{2\omega\varepsilon}{\nu_{01}/a}E_0 J_1\left(\frac{\nu_{01}}{a}r\right) \\
E_r &= E_\phi = H_r = H_z = 0
\end{aligned}\right\} \tag{8-149}$$

由式(8-148)可求得 E_{010} 模的谐振波长为

$$\lambda_0 = 2.16a = \lambda_c \big|_{E_{01}^0}$$

可见，它与腔长无关，且等于圆柱形波导 E_{01} 波的截止波长值。其电场处处平行波导轴，因而腔终端的短路片与电力线垂直，改变腔长并不妨碍场的存在和分布。由于其场结构简单且轴对称，因而在绕轴转动的期间(如天馈系统中的旋转关节)获得了应用，显然，在绕轴旋转时场结构不变。

根据场方程和场结构可得电流分布：在圆柱侧面上仅有纵向电流，在两端面内壁上仅有径向电流，而 E_{010} 模的角向电流为零，因而在腔壁上不能存在角向隙缝。

用推导矩形谐振腔 H_{101} 模品质因数的方法，可得圆柱形谐振腔 E_{010} 模的品质因数为

$$Q_0 = \frac{\lambda_0}{\delta} \frac{2.405}{2\pi(1+a/l)} \tag{8-150}$$

波形因数为

$$Q_0 \frac{\delta}{\lambda_0} = \frac{\nu_{01}}{2\pi(1+a/l)} \tag{8-151}$$

当腔长很小时，其品质因数微不足道，但随腔长逐渐增加，Q 值增加并趋于一常数。由于改变腔长对其谐振波长无任何影响，因而不能用调谐腔长的方法来调节谐振波长，但是调谐腔长对其 Q 值有影响，设计使用时应予以注意。

对于 TM_{ni0} 型振荡模式，其波形因数为

$$Q_0 \frac{\delta}{\lambda_0} = \frac{\nu_{ni}}{2\pi\left(1+\dfrac{a}{l}\right)} \tag{8-152}$$

对于 TM_{nip} 型振荡模式，其波形因数为

$$Q_0 \frac{\delta}{\lambda_0} = \frac{\left[\nu_{ni}^2 + \left(\dfrac{p\pi}{2}\right)^2 \left(\dfrac{D}{l}\right)^2\right]^{1/2}}{2\pi\left(1+\dfrac{D}{l}\right)} \tag{8-153}$$

在圆柱形谐振腔中，这些振荡模式的品质因数较低，但是，当腔长小于 $2.05a$ 时，E_{010} 型振荡模式是圆柱形谐振腔的最低振荡模式。

2. H_{011} 型振荡模式

H_{011} 型振荡模式是圆柱形谐振腔的高次模，其场方程由式(8-146)可得

$$\left.\begin{aligned} E_\phi &= -\frac{2\omega\mu}{\nu_{01}/a} H_0 J_1\left(\frac{\mu_{01}}{a} r\right) \sin \frac{\pi}{l} z \\ H_r &= \mathrm{j}\, \frac{2}{\mu_{01}/a} \frac{\pi}{l} H_0 J_1\left(\frac{\mu_{01}}{a} r\right) \cos \frac{\pi}{l} z \\ H_z &= -\mathrm{j}2 H_0 J_0\left(\frac{\mu_{01}}{a} r\right) \sin \frac{\pi}{l} z \\ E_r &= E_z = H_\phi = 0 \end{aligned}\right\} \tag{8-154}$$

由此可知，其壁电流仅有角向分量而无纵向和径向电流。无论在哪个腔壁上，电流均呈环形流动。因此可用结构简单的无接触活塞来调谐腔的长度，同时这种结构还能抑制其他不需要的振荡模式。

H_{011} 型振荡模式的谐振波长为

$$\lambda_0 = \frac{1}{\sqrt{\left(\dfrac{1}{1.64a}\right)^2 + \left(\dfrac{1}{4l^2}\right)}} \tag{8-155}$$

借助于活塞来调谐腔的一个端面，即改变腔长，可以调谐 H_{011} 模谐振腔的谐振波长。

TE_{01p} 型振荡模式的波形因数为

$$Q_0 \frac{\delta}{\lambda_0} = 0.61 \frac{\left[1 + 0.168 p^2 \left(\dfrac{D}{l}\right)^2\right]^{3/2}}{1 + 0.168 p^2 \left(\dfrac{D}{l}\right)^3} \tag{8-156}$$

这些模式具有较高的品质因数，即使是 H_{011} 型振荡模式，其 Q 值亦可达 10^5。同时由

于其场沿角向无变化，使之不存在极化简并的振荡模式，因而常用作高精度波长计、雷达回波箱、频谱分析仪、稳频用标准谐振腔等。但是由于它不是最低振荡模式，使用时必须精心设计以去除可能在腔内激发的其他模式，其中正确的选择耦合和激励元件的结构，保证必要的加工精度是必不可少的。

3. H_{111} 型振荡模式

H_{111} 模是 H 模中的最低模式。当 $n=i=p=1$ 时，由式(8-146)可得场分量为

$$\left.\begin{aligned}
E_r &= \frac{2\omega\mu}{(\mu_{11}/a^2)}\frac{1}{r}H_0J_1\left(\frac{\mu_{11}}{a}r\right)\sin\phi\ \sin\frac{\pi}{l}z\\
E_\phi &= \frac{2\omega\mu}{\mu_{11}/a}H_0J_1'\left(\frac{\mu_{11}}{a}r\right)\cos\phi\ \sin\frac{\pi}{l}z\\
E_z &= 0\\
H_r &= -\mathrm{j}\frac{2\omega\mu}{\mu_{11}/a}\frac{\pi}{l}H_0J_1'\left(\frac{\mu_{11}}{a}r\right)\cos\phi\ \cos\frac{\pi}{l}z\\
H_\phi &= \mathrm{j}\frac{2}{(\mu_{11}/a)^2}\frac{\pi}{l}\frac{1}{r}H_0J_1\left(\frac{\mu_{11}}{a}r\right)\sin\phi\ \cos\frac{\pi}{l}z\\
H_z &= -2\mathrm{j}H_0J_1\left(\frac{\mu_{11}}{a}r\right)\cos\phi\ \sin\frac{\pi}{l}z
\end{aligned}\right\} \tag{8-157}$$

该谐振波长 λ_0 为

$$\lambda_0 = \frac{1}{\sqrt{\left(\frac{1}{3.14a}\right)^2+\frac{1}{4l^2}}} \tag{8-158}$$

为了判断腔中的最低模式，使

$$\lambda_0\,|\,H_{111} = \lambda_0\,|\,E_{010}$$

即可得，$l_c\approx2.05$。表明当腔长小于 l_c 时，E_{010} 模是腔中最低振荡模式；当腔长大于 l_c 值时，H_{111} 模是腔中的最低振荡模式。

H_{111} 模的波形因数为

$$Q_0\frac{\delta}{\lambda_0} = \frac{1}{2\pi}\frac{\left[1-\left(\frac{1}{\mu_{11}}\right)^2\right]\left[\mu_{11}^2+\left(\frac{\pi}{2}\right)^2\left(\frac{D}{l}\right)^2\right]^{3/2}}{\mu_{11}+\left(\frac{\pi}{2}\right)^2\left(\frac{D}{l}\right)^2+\left(\frac{1}{\mu_{11}}\right)^2\left(\frac{\pi}{2}\right)^2\left(\frac{D}{l}\right)^2\left(1-\frac{D}{l}\right)} \tag{8-159}$$

H_{111} 模的 Q_0 值约为 H_{011} 模的一半，因此在不需很高 Q 值的情况下，采用 H_{111} 模作主模的圆柱形谐振腔。它具有较大的腔长，而直径较小，在高频测量中，常用作中精度波长计。

对于 TE_{nip} 型振荡模式，其波形因数为

$$Q_0\frac{\delta}{\lambda_0} = \frac{1}{2\pi}\frac{\left[1-\left(\frac{n}{\mu_{ni}}\right)^2\right]\left[\mu_{ni}^2+\left(\frac{p\pi}{2}\right)^2\left(\frac{D}{l}\right)^2\right]^{3/2}}{\mu_{ni}+\left(\frac{p\pi}{2}\right)^2\left(\frac{D}{l}\right)^2+\left(\frac{n}{\mu_{11}}\right)^2\left(\frac{p\pi}{2}\right)^2\left(\frac{D}{l}\right)^2\left(1-\frac{D}{l}\right)} \tag{8-160}$$

8.5.4 同轴线谐振腔

采用适当的方式使同轴线中传输的电磁行波转换为电磁驻波，就构成同轴线型谐振腔。由于同轴线中传输的基波是 TEM 波，因此，同轴线谐振腔中的振荡模式较前述的谐

振腔简单，它具有场结构稳定、频带宽、工作可靠等优点。这里仅介绍二分之一波长同轴线谐振腔的基本特性。

二分之一波长同轴线谐振腔是由两端短路的同轴线构成的，腔中的最低振荡模式是 TEM 模式，由式(8-125)可得电场径向分量，并进而得到磁场的角向分量，它们分别为

$$\left.\begin{aligned} E_r &= -2jE_0 \frac{1}{r} \sin\beta z\, e^{j\omega t} \\ H_\phi &= 2E_0 \sqrt{\frac{\varepsilon}{\mu}} \frac{1}{r} \cos\beta z\, e^{j\omega t} \end{aligned}\right\} \tag{8-161}$$

谐振波长由式(8-127)得

$$\lambda_0 = \frac{2l}{p} \tag{8-162}$$

或谐振于某电磁波的谐振长度为

$$l = p\frac{\lambda}{2} \tag{8-163}$$

这就是说，长度为 $\lambda/2$ 整数倍的两端短路的同轴线构成 $\lambda/2$ 同轴线谐振腔。在 $p=1$ 时，腔长最短。值得注意的是同轴线谐振腔也具有多谐性，即腔长一定时，可对许多不同频率的 TEM 波谐振；电磁波频率一定时，可改变腔长得到许多谐振长度。通常，为了调谐波长，均用可调活塞来改变腔的长度。

当不考虑腔中介质损耗时，其品质因数可将式(8-161)的场量代入式(8-132)得

$$Q_0 = \frac{\omega\mu}{R_S} \frac{\int_V |\boldsymbol{H}|^2 \, dV}{\int_{S_1} |\boldsymbol{H}_t|^2 \, dS + \int_{S_2} |\boldsymbol{H}_t|^2 \, dS + 2\int_{S_3} |\boldsymbol{H}_t|^2 \, dS}$$

$$= \frac{2}{\delta} \frac{\int_{d/2}^{D/2}\int_0^{2\pi}\int_0^l \left(\frac{H_0}{r}\right)^2 \cos^2\beta z \cdot r\, dr\, d\phi\, dz}{\int_0^{2\pi}\int_0^l \left(\frac{H_0}{D/2}\right)^2 \cos^2\beta z \cdot \frac{D}{2} d\phi\, dz + \int_0^{2\pi}\int_0^l \left(\frac{H_0}{d/2}\right)^2 \cos^2\beta z \cdot \frac{d}{2} d\phi\, dz + 2\int_0^{2\pi}\int_{d/2}^{D/2} \left(\frac{H_0}{r}\right)^2 r\, dr\, d\phi}$$

$$= \frac{2}{\delta} \frac{\pi H_0^2 l \ln\frac{D}{d}}{2\pi H_0^2 \left(\frac{l}{D} + \frac{l}{d} + 2\ \text{in}\frac{D}{2}\right)} = \frac{1}{\delta} \frac{\ln\frac{D}{d}}{\left(\frac{1}{D} + \frac{1}{d}\right) + \frac{2}{l}\ \text{in}\frac{D}{d}}$$

对于 $\frac{\lambda}{2}$ 同轴线谐振腔，$l = p\frac{\lambda}{2}$。故其品质因数为

$$Q_0 = \frac{1}{\delta} \frac{\ln\frac{D}{d}}{\left(\frac{1}{D} + \frac{1}{d}\right) + \frac{4}{pl}\ \text{in}\frac{D}{d}} \tag{8-164}$$

例 8-2　铜矩形谐振腔，尺寸为 $a=3$ cm、$b=1$ cm、$l=4$ cm，运行于主模。铜的电导率为 5.76×10^7 S/m。求解腔的谐振频率和品质因数。

解　TE_{101} 模是矩形谐振腔的主模，相应的谐振频率为

$$f_{101} = \frac{v_p}{2}\sqrt{\left(\frac{1}{a}\right)^2 + \left(\frac{1}{l}\right)^2} = \frac{3\times10^8}{2}\sqrt{\left(\frac{1}{0.03}\right)^2 + \left(\frac{1}{0.04}\right)^2}$$

$$= 6.25\times10^9 \text{ Hz 或 } 6.25 \text{ GHz}$$

趋肤深度 δ_c 为

$$\delta_c = \frac{1}{\sqrt{\pi f \sigma_c \mu}} = \frac{1}{\sqrt{\pi \times 6.25 \times 10^9 \times 5.76 \times 10^7 \times 4\pi \times 10^{-7}}} = 8.39 \times 10^{-7}\ \text{m}$$

品质因数为

$$Q \approx 7427$$

习　题

8-1　两无限大平行理想导体板，间距为 d，板间介质为空气，坐标 y 轴垂直于导体板，试讨论其中可能存在的传输模式及其特征参量。

8-2　如习题 8-1，若两无限大导体板间有电场 $E = \boldsymbol{e}_x E_0 \sin\left(\frac{\pi}{d}y\right) e^{j(\omega t - \beta z)}$，其中 E_0 为常数，平行板以外的空间电磁场为零。

(1) 求 $\nabla \cdot E$，$\nabla \times E$；

(2) E 能否用一位置的标量函数的负梯度来表示？说明原因；

(3) 决定两板上的面电流密度和面电荷密度。

8-3　一频率为 10 MHz 的 TE_{11} 波在矩形波导内传播，其磁场的纵向分量为

$$H_z = 10^{-3} \cos\frac{\pi}{3}x \cos\frac{\pi}{3}y e^{j\omega t - \gamma z}$$

试求其他场量，及其 λ_g、λ_c、v_p、v_g 为多少？($a = b = 3$ cm)

8-4　下列两种矩形波导具有相同的工作波长，试比较它们工作在 E_{11} 模式时的截止波长。

(1) $a \times b = 23\ \text{mm} \times 10\ \text{mm}$；

(2) $a \times b = 16.5\ \text{mm} \times 16.5\ \text{mm}$。

8-5　设矩形波导中传输 H_{10} 模，求填充介质时（介电常数为 ε）的截止频率和波导波长。

8-6　矩形波导尺寸为 $a = 2b = 2.5$ cm，若传输调制波 $(1 + m\cos\omega_{mt})\cos\omega t$，其中 $f_m = 20$ kHz，$f = 10^4$ MHz，问波导应有多长才能使上边频与下边频有 180°相位差。

8-7　一铜制波导，内填充空气，横向尺寸为 $a \times b = 72\ \text{mm} \times 34\ \text{mm}$，若波导内传输频率为 $f = 3$ GHz 的 TE_{10} 模。求：

(1) 衰减常数 α；

(2) 求场强衰减到 50%的距离。

8-8　试证明矩形波导中 H_{10} 波在 $f = \sqrt{3} f_c$ 时，其衰减常数有极小值。

8-9　试用场分量的曲线建立矩形波导 E_{11} 波的场结构。

8-10　试画出矩形波导中 E_{11} 波的壁电流分布图。

8-11　试绘出矩形波导中 H_{04}、H_{32}、E_{23} 的瞬时电磁场分布。

8-12　空气填充的矩形波导，其尺寸满足 $b < a < 2b$，其中传输 $\lambda = 10$ cm 的 H_{10} 模。若要求 H_{10} 的 f_c 比波的频率低 20%，第一个高次模的 f_c 则高出 20%，确定波导的尺寸。并求

此时第一个高次模的振幅减至为原值的 1/e 所经过的距离。

8-13 试证明矩形波导中的不同波型的场是正交的。

8-14 一填充空气的圆柱形波导，内直径为 5 cm。

(1) 求波导中 TE_{11}、TM_{01}、TE_{01} 和 TM_{11} 模的截止波长；

(2) 当工作波长为 7 cm、6 cm 和 3 cm 时可能传输的波型模式？

(3) 求最低(基模)的波导波长。

8-15 内径为 1 cm 充空气的圆柱形波导中，传输 H_{21} 波时，求其 λ_c，若波导内填充 $\sigma=0$、$\varepsilon_r=2$、$\mu_r=1$ 的介质，为使其波导波长不变，问波导内径应为多少？

8-16 绘出圆柱形波导中 E_{01}、E_{21}、E_{23} 模的场分布图。

8-17 试设计一铜质的圆柱形波导，工作波长 $\lambda=7$ cm，其中只允许 TE_{11} 型波传输，而没有其他高次型波存在，并根据设计，计算 TE_{11} 型波的铜损耗 α_c。

8-18 内充空气的硬同轴线，其外导体内半径至少应为多少？

(1) 计算前三种高次模的截止波长；

(2) 若要单模传输 TEM 型波，其工作波长至少应为多少？

(3) 若工作波长为 30 cm，求此同轴线中不引起击穿条件下所能传输 TEM 模的最大功率。

8-19 试证明同轴线传输最大功率的条件为 $\dfrac{D}{d}=1.65$，衰减最小条件为 $\dfrac{D}{d}=3.59$，耐压值 $U_{\max}$ 具有最大值的条件为 $\dfrac{D}{d}\approx 2.71$。

8-20 拟用矩形波导制成谐振腔，要求当 $\lambda_0=10$ cm 时对 H_{101} 模谐振；当 $\lambda_0=5$ cm 时对 H_{103} 模谐振，求此矩形波导谐振腔的尺寸。

8-21 试用能量转换观点，证明在矩形波导谐振中，H_{101} 模的谐振波长为

$$\lambda_0=\frac{2}{\sqrt{\left(\dfrac{1}{l}\right)^2+\left(\dfrac{1}{a}\right)^2}}$$

8-22 用铜(电导率 $\sigma=5.8\times10^7$ S/m)制做的立方形谐振腔，其尺寸 $a=b=l=3$ cm，求工作模式为 TE_{101} 模时的谐振频率与 Q 值。

8-23 由空气填充的矩形谐振腔，其尺寸为 $a\times b\times l=25\ \text{mm}\times12.5\ \text{mm}\times60\ \text{mm}$，谐振于 H_{102} 模式。若在腔内填充介质，则在同一工作频率谐振于 H_{103} 模式。求介质 ε_r。

8-24 证明：对矩阵波导谐振腔中 H_{101} 模，其瞬时电场能量 W_e 与磁场能量 W_m 分别为

$$W_e=\frac{1}{2}\mu_0 H_0^2 abl\left[1+\left(\frac{a}{l}\right)^2\right]\cos^2\omega t$$

$$W_m=\frac{1}{2}\mu_0 H_0^2 abl\left[1+\left(\frac{a}{l}\right)^2\right]\sin^2\omega t$$

8-25 工作于 H_{01} 模式的圆柱形波导，在 $z=0$ 及 $z=d$ 处予以短路。求在 H_{011} 模式谐振的电场与磁场的分布以及谐振频率。当 $a=6$ cm，$l=2$ cm 时，P 应取什么值可使 H_{011} 模式的谐振频率接近 37.5 GHz。

8-26 将半径为 1 cm 的圆柱形波导两端用金属板短路，腔内填充空气，使在 30 GHz 谐振于 E_{021} 模式，求端板之间的距离。

第9章 电磁波的辐射及天线基础

☞前面章节讨论了电磁波在无界空间的传播以及电磁场在不同媒质分界面上的反、折射问题，但均未涉及电磁波的产生，这正是本章要讨论的内容。理论和实践都证明了时变电磁场的能量可以脱离场源以波的形式在空间向远处传播而不再返回场源。这种现象被称为电磁波的辐射。在电子系统中，称辐射或接收电磁波的装置为天线，它是无线电通信、导航、雷达、测控、遥感、射电天文、电子对抗及信息战等民用和国防系统必不可少的组成部分。

空间电磁波的场源是天线上的时变电流和电荷。严格地说，天线上的电流和由此电流激发的电磁场是相互作用的，天线电流激发电磁场，电磁场反过来影响天线上电流的分布，所以，求解天线辐射问题本质上就是求解相应的边值问题，即根据天线满足的边界条件求解麦克斯韦方程。然而，这种方法往往在数学上遇到很大的困难，有时甚至无法求解，因此，实际上都是采用近似解法：把它视为一个分布型问题，即先近似得出天线上的场源分布，再根据场源分布(或等效场源分布)来求外场。

9.1 滞后位

在第5章中，已经引入了时变电磁场的标量位 φ 和矢量位 $\boldsymbol{A}$。对于时谐场，它们与电荷源 ρ 和电流源 $\boldsymbol{J}$ 之间的关系为(式(5-79)和式(5-80))

$$\nabla^2\boldsymbol{A}+k^2\boldsymbol{A}=-\mu\boldsymbol{J}$$

$$\nabla^2\varphi+k^2\varphi=-\frac{\rho}{\varepsilon}$$

式中 $k^2=\omega^2\mu\varepsilon$。式(5-78)和(5-79)称为非齐次亥姆霍兹方程。时谐场中，电荷源 ρ 和电流源 $\boldsymbol{J}$ 之间以电流连续性方程为

$$\nabla\cdot\boldsymbol{J}=-\mathrm{j}\omega\rho$$

将 ρ 与 $\boldsymbol{J}$ 联系起来，而标量位 φ 和矢量位 $\boldsymbol{A}$ 之间也存在一定的关系，这一关系就是洛仑兹条件(式(5-78))

$$\nabla\cdot\boldsymbol{A}=-\mathrm{j}\omega\mu\varepsilon\varphi$$

电磁场与标量位 φ 和矢量位 $\boldsymbol{A}$ 之间的关系式为

$$\boldsymbol{B}=\nabla\times\boldsymbol{A} \tag{9-1}$$

$$E = -j\omega\left[\frac{\nabla(\nabla\cdot A)}{k^2} + A\right] \tag{9-2}$$

可见，只要解出式(5-78)中的 $\boldsymbol{A}$，就可以由式(9-1)和式(9-2)求出 $\boldsymbol{B}$ 和 $\boldsymbol{E}$。

9.1.1　亥姆霍兹积分及辐射条件

现在来解式(5-78)和式(5-79)中的矢量位 $\boldsymbol{A}$ 和标量位 φ。由于这两个方程具有相同的形式，所以我们只求出一个方程的解即可。

下面我们来求式(5-79)中的标量位 φ。对于式(5-78)，可以在直角坐标系中把矢量位 $\boldsymbol{A}$ 分解为三个分量，得到三个与式(5-79)形式相同的标量方程，然后直接套用标量位 φ 的解法求得。

采用格林定理

$$\int_V (u\nabla^2 w - w\nabla^2 u)\,\mathrm{d}v = \oint_S (u\nabla w - w\nabla u)\cdot \mathrm{d}\boldsymbol{S} \tag{9-3}$$

求式(5-79)中的标量位 φ，并且导出辐射条件。这里 u、w 以及它们的一阶和二阶导数在 V 内连续。

容易验证标量函数

$$\Psi = \frac{\mathrm{e}^{-jkR}}{R} \tag{9-4}$$

满足齐次亥姆霍兹方程

$$\nabla^2\Psi + k^2\Psi = 0 \tag{9-5}$$

令格林定理中的 u 代表标量位 φ，即 $u=\varphi$，φ 满足式(5-79)，即

$$\nabla^2\varphi(\boldsymbol{r}') + k^2\varphi(\boldsymbol{r}') = -\frac{\rho(\boldsymbol{r}')}{\varepsilon} \tag{9-6}$$

再令 $w=\Psi$，且 $R=|\boldsymbol{r}-\boldsymbol{r}'|$，如图 9-1 所示。$\boldsymbol{r}$ 是场点；$\boldsymbol{r}'$ 是源点，亦即格林定理中的积分变点。

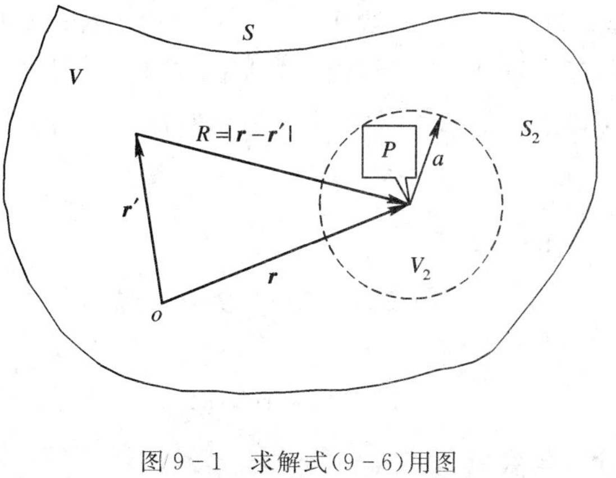

图 9-1　求解式(9-6)用图

再将 φ 和 Ψ 带入格林定理积分时，需暂时排除 Ψ 的奇点 $R=0(\boldsymbol{r}=\boldsymbol{r}')$，因为这时 Ψ 在 P 点不连续，从而不满足格林定理对被积函数的要求。为此，以 P 点为球心，作半径为 a 的小球，其表面为 S_2，体积为 V_2，如图 9-1 所示。于是积分在体积 $V_1=V-V_2$ 及其表面 $S_1=S+S_2$ 上进行：

$$\int_{V_1}[\varphi(\boldsymbol{r}')\nabla^2\Psi-\Psi\nabla^2\varphi(\boldsymbol{r}')]\mathrm{d}V'$$
$$=\oint_S\left[\varphi(\boldsymbol{r}')\frac{\partial\Psi}{\partial n}-\Psi\frac{\partial\varphi(\boldsymbol{r}')}{\partial n}\right]\mathrm{d}S'+\oint_{S_2}\left[\varphi(\boldsymbol{r}')\frac{\partial\Psi}{\partial n}-\Psi\frac{\partial\varphi(\boldsymbol{r}')}{\partial n}\right]\mathrm{d}S' \tag{9-7}$$

式中，在 S_2 上积分时，其面元外法线方向指向小球球心 P 点，于是有$\frac{\partial}{\partial n}=-\frac{\partial}{\partial R}$；面元 $\mathrm{d}S'=a^2\,\mathrm{d}\Omega'$，$\mathrm{d}\Omega'$是 $\mathrm{d}S'$对 P 点所张的立体角元。这样，

$$\oint_{S_2}\left[-\varphi(\boldsymbol{r}')\frac{\partial}{\partial R}\frac{\mathrm{e}^{-\mathrm{j}kR}}{R}+\frac{\mathrm{e}^{-\mathrm{j}kR}}{R}\frac{\partial\varphi(\boldsymbol{r}')}{\partial R}\right]_{R=a}a^2\mathrm{d}\Omega'$$
$$=\oint_{S_2}\left[\varphi(\boldsymbol{r}')\left(\frac{1}{R^2}+\frac{\mathrm{j}k}{R}\right)\mathrm{e}^{-\mathrm{j}kR}+\frac{\mathrm{e}^{-\mathrm{j}kR}}{R}\frac{\partial\varphi(\boldsymbol{r}')}{\partial R}\right]_{R=a}a^2\mathrm{d}\Omega'$$

令 a 小球面 S_2 收缩成点 P。考虑到$\frac{\partial\varphi}{\partial R}$有限，上式中的积分只剩下被积函数是 $\varphi(\boldsymbol{r}')\cdot\mathrm{e}^{-\mathrm{j}kR}/R^2$的一项不等于零。此时小球面 S_2 上任一点的 $\varphi(\boldsymbol{r}')$可以用小球球心处的 $\varphi(\boldsymbol{r})$代替，从而使上式变为

$$\lim_{a\to 0}\oint_{S_2}\left[\varphi(\boldsymbol{r}')\frac{\mathrm{e}^{-\mathrm{j}kR}}{R^2}\right]_{R=a}a^2\mathrm{d}\Omega'=\varphi(\boldsymbol{r})\oint_{S_2}\mathrm{d}\Omega'=4\pi\varphi(\boldsymbol{r})$$

将上式代入式(9－7)，并且在其体积分中考虑到式(9－5)和式(9－6)，可得标量位的表达式为

$$\varphi(\boldsymbol{r})=\frac{1}{4\pi\varepsilon}\int_V\frac{\rho(\boldsymbol{r}')}{R}\mathrm{e}^{-\mathrm{j}kR}\mathrm{d}V'+\frac{1}{4\pi}\oint_S\left[\frac{\partial\varphi(\boldsymbol{r}')}{\partial n}\frac{\mathrm{e}^{-\mathrm{j}kR}}{R}-\varphi(\boldsymbol{r}')\frac{\partial}{\partial n}\frac{\mathrm{e}^{-\mathrm{j}kR}}{R}\right]\mathrm{d}S' \tag{9-8}$$

由于矢量位 **A** 的每个直角坐标分量均可用形如上式的积分表示，于是矢量位的表达式为

$$\boldsymbol{A}(\boldsymbol{r})=\frac{\mu}{4\pi}\int_V\frac{\boldsymbol{J}(\boldsymbol{r}')}{R}\mathrm{e}^{-\mathrm{j}kR}\mathrm{d}V'$$
$$+\frac{1}{4\pi}\oint_S\left[\frac{\partial\boldsymbol{A}(\boldsymbol{r}')}{\partial n}\frac{\mathrm{e}^{-\mathrm{j}kR}}{R}-\boldsymbol{A}(\boldsymbol{r}')\frac{\partial}{\partial n}\frac{\mathrm{e}^{-\mathrm{j}kR}}{R}\right]\mathrm{d}S' \tag{9-9}$$

可见，当源分布已知时，可由式(9－8)或式(9－9)求出位函数，其中的体积分是 V 内源的贡献；而面积分是 V 外源的贡献。上述结论首先是由亥姆霍兹得出，故称为亥姆霍兹积分。

考虑无限空间的电磁场问题时，取以 R 为半径的球面作为 S，$\mathrm{d}S'=R^2\,\mathrm{d}\Omega'$，这时式(9－8)中的面积分可以写成

$$\oint_S R\left(\frac{\partial\varphi}{\partial R}+\mathrm{j}k\varphi\right)\cdot\mathrm{e}^{-\mathrm{j}kR}\mathrm{d}\Omega'+\oint_S\varphi\mathrm{e}^{-\mathrm{j}kR}\mathrm{d}\Omega' \tag{9-10}$$

而要排除在无限远处的场源(设无限远处的场源为零)，就必须使上式为零。为此，要求 $R\to\infty$ 时

$$\lim_{R\to\infty}R\varphi=\text{有限值} \tag{9-11a}$$

在这个限制条件下，又要求式(9－10)的第二项积分等于零，即要求在远离场源处标量位 φ 至少按 R^{-1}减少；第一项积分在满足

$$\lim_{R\to\infty}R\left(\frac{\partial\varphi}{\partial R}+\mathrm{j}k\varphi\right)=0 \tag{9-11b}$$

时也等于零。式(9－11b)称为辐射条件。同理，对于磁矢位亦有类似条件。

9.1.2　滞后位

标量位 φ 满足辐射条件式(9-11b)时，排除无限远处的场源，于是式(9-8)右边的面积分一项为零，标量位 $\varphi(\boldsymbol{r})$ 仅表示向外传播的电磁波，即

$$\varphi(\boldsymbol{r}) = \frac{1}{4\pi\varepsilon}\int_V \frac{\rho(\boldsymbol{r}')\mathrm{e}^{-\mathrm{j}kR}}{R}\,\mathrm{d}V' \tag{9-12a}$$

如果我们把 $k=\omega/v$ 代入上式，并重新引入时间因子 $\mathrm{e}^{\mathrm{j}\omega t}$，则得

$$\varphi(\boldsymbol{r},\ t) = \frac{1}{4\pi\varepsilon}\int_V \frac{\rho(\boldsymbol{r}')}{R}\mathrm{e}^{\mathrm{j}\omega\left(t-\frac{R}{v}\right)}\,\mathrm{d}V' \tag{9-12b}$$

由于矢量位 $\boldsymbol{A}$ 可以分解为三个直角坐标分量，它们的解也具有式(9-12)的形式，因此有

$$\boldsymbol{A}(\boldsymbol{r}) = \frac{\mu}{4\pi}\int_V \frac{\boldsymbol{J}(\boldsymbol{r}')}{R}\mathrm{e}^{-\mathrm{j}kR}\,\mathrm{d}V' \tag{9-13a}$$

引入时间因子 $\mathrm{e}^{\mathrm{j}wt}$ 后则有

$$\boldsymbol{A}(\boldsymbol{r},\ t) = \frac{\mu}{4\pi}\int_V \frac{\boldsymbol{J}(\boldsymbol{r}')}{R}\cdot\mathrm{e}^{\mathrm{j}\omega\left(t-\frac{R}{v}\right)}\,\mathrm{d}V' \tag{9-13b}$$

这就是式(5-78)的解。利用上式可求解天线电流在空间激发的电磁波的分布。

现在讨论式(9-12b)和(9-13b)的物理含义。首先注意到，当 $\omega=0$ 时，式(9-12b)和(9-13b)都还原到静电场的解

$$\varphi(\boldsymbol{r}) = \frac{1}{4\pi\varepsilon}\int_V \frac{\rho(\boldsymbol{r}')}{R}\,\mathrm{d}V'$$

$$\boldsymbol{A}(\boldsymbol{r}) = \frac{\mu}{4\pi}\int_V \frac{\boldsymbol{J}(\boldsymbol{r}')}{R}\,\mathrm{d}V'$$

其次，时变场所引入的时间因子 $\mathrm{e}^{\mathrm{j}\omega\left(t-\frac{R}{v}\right)}$ 表明，对离开源点为 R 的场点 P 而言，可以看出某时刻 t 的标量位 φ 和矢量位 $\boldsymbol{A}$ 并不由 t 时刻的场源(电荷或电流分布)所决定，而是由早些时刻 $t-R/v$ 的场源(电荷或电流分布)所决定。换句话说，场点的位函数的变化滞后于场源的变化，滞后的时间 R/v 就是电磁波传播一段距离 R 所需要的时间。基于这种位函数的滞后，通常把式(9-12b)和(9-13b)所示的标量位和矢量位 $\boldsymbol{A}$ 称为滞后位。

9.2　电基本振子辐射场

电基本振子是指载有高频电流的短导线，短是指其长度远小于所辐射的电磁波的工作波长($l\ll\lambda$)，这时导线上各点电流的振幅和相位可视为相同，但其上的电流分布可以看成是由许多首尾相连的一系列电基本振子的电流组成的，而各电基本振子上的电流可分别看做常数，因此电基本振子也称为电流元。电流元辐射场的分析计算是线天线工程计算的基础。

根据电流连续性原理，电流元的两端必须同时积聚大小相等、符号相反的时谐电荷 Q，以使 $i(t)=\partial Q(t)/\partial t=I_m\cos(\omega t+\varphi)$，用复量表示，则有 $Q=I/\mathrm{j}\omega$，($I=I_m\mathrm{e}^{\mathrm{j}\varphi}$)。为此，电基本振子的实际结构之一是在两端各加载一个大金属球，如图 9-2(a)所示，这也就是早期

赫兹实验所用的形式，所以又称为赫兹电偶极子。普通的短对称振子，两端的电流分布近于零(相当于开路端)，其电流沿导线的分布是不均匀的，而是呈现如图 9-2(b)所示的三角形分布。

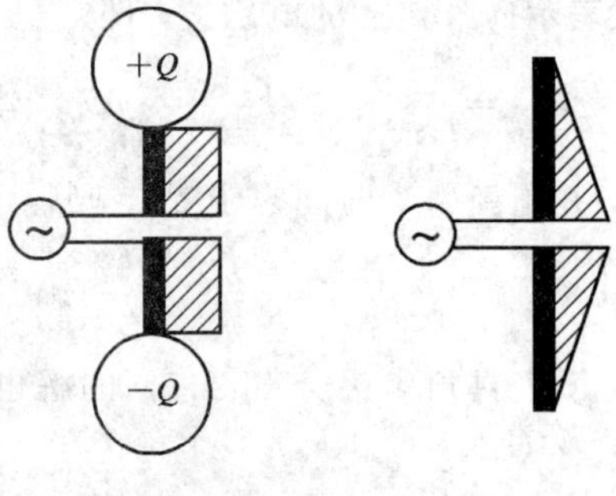

(a) 赫兹电偶极子　　　(b) 短对称振子

图 9-2　电流元与短对称振子

9.2.1　电基本振子的电磁场分布

在此采用间接方法来求电基本振子的电磁场，即先由式(9-13a)求出电基本振子的矢量位 $\boldsymbol{A}(\boldsymbol{r})$，再将其代入式(9-1)确定磁感应强度 $\boldsymbol{B}(\boldsymbol{r})$，最后把磁感应强度 $\boldsymbol{B}(\boldsymbol{r})$ 代入麦克斯韦第一方程求出电场强度 $\boldsymbol{E}(\boldsymbol{r})$。设电基本振子沿 z 轴方向，且置于坐标原点，如图 9-3 所示。取短导线的长度为 l，横截面积为 ΔS，因为短导线仅占有一个很小的体积 $\mathrm{d}V = l \cdot \Delta S$，故有

$$\boldsymbol{J}(\boldsymbol{r}')\mathrm{d}V' = \frac{I}{S} Sl\boldsymbol{e}_z = Il\boldsymbol{e}_z \tag{9-14}$$

又由于短导线放置在坐标原点，l 很小，因此可取 $\boldsymbol{r}'=\boldsymbol{0}$，从而有 $R=|\boldsymbol{r}-\boldsymbol{r}'|\approx r$。考虑到上述理由，根据式(9-13a)可求出电基本振子在场点 P 产生的矢量位

$$\boldsymbol{A}(\boldsymbol{r}) = \boldsymbol{e}_z \frac{\mu}{4\pi}\int_l \frac{I\,\mathrm{d}l}{R}\mathrm{e}^{-\mathrm{j}kR} = \boldsymbol{e}_z \frac{\mu}{4\pi}\frac{Il}{R}\mathrm{e}^{-\mathrm{j}kr} \tag{9-15}$$

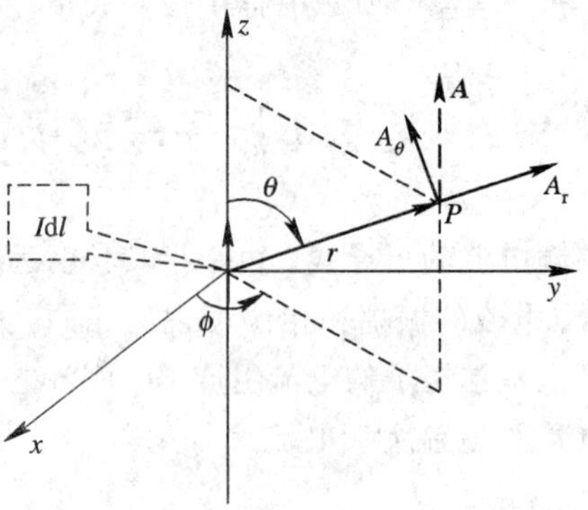

图 9-3　电基本振子

为了采用球坐标系，将式(9-15)表示的矢量磁位 $\boldsymbol{A}(\boldsymbol{r})$ 进行坐标变换，得

$$\boldsymbol{A} = \boldsymbol{e}_r A_r + \boldsymbol{e}_\theta A_\theta + \boldsymbol{e}_\phi A_\phi = \boldsymbol{e}_r A_z \cos\theta - \boldsymbol{e}_\theta A_z \sin\theta \tag{9-16}$$

将上式代入式(9 - 1)可求出电基本振子在场点 P 产生的磁场

$$\boldsymbol{H}(\boldsymbol{r}) = \frac{1}{\mu}\nabla\times\boldsymbol{A} = \frac{1}{\mu r^2\sin\theta}\begin{vmatrix} \boldsymbol{e}_r & r\boldsymbol{e}_\theta & r\sin\theta\,\boldsymbol{e}_\phi \\ \dfrac{\partial}{\partial r} & \dfrac{\partial}{\partial\theta} & \dfrac{\partial}{\partial\phi} \\ A_z\cos\theta & -rA_z\sin\theta & 0 \end{vmatrix}$$

由此可解得

$$H_r = 0 \tag{9-17a}$$

$$H_\theta = 0 \tag{9-17b}$$

$$H_\phi = \frac{k^2 I\,l\,\sin\theta}{4\pi}\left[\frac{\mathrm{j}}{kr} + \frac{1}{(kr)^2}\right]\mathrm{e}^{-\mathrm{j}kr} \tag{9-17c}$$

将式(9 - 17)代入无源区中的麦克斯韦方程

$$\nabla\times\boldsymbol{H} = \mathrm{j}\omega\varepsilon\boldsymbol{E}$$

可得电场强度的三个分量

$$E_r = \frac{2Il\,k^3\cos\theta}{4\pi\omega\varepsilon}\left[\frac{1}{(kr)^2} - \frac{\mathrm{j}}{(kr)^3}\right]\mathrm{e}^{-\mathrm{j}kr} \tag{9-18a}$$

$$E_\theta = \frac{2Il\,k^3\sin\theta}{4\pi\omega\varepsilon}\left[\frac{\mathrm{j}}{kr} + \frac{1}{(kr)^2} - \frac{\mathrm{j}}{(kr)^3}\right]\mathrm{e}^{-\mathrm{j}kr} \tag{9-18b}$$

$$E_\phi = 0 \tag{9-18c}$$

由上可见，$\boldsymbol{E}$ 和 $\boldsymbol{H}$ 互相垂直，$\boldsymbol{E}$ 处于振子所在的平面(子午面)内，而 $\boldsymbol{H}$ 则处于与赤道平面平行的平面内；磁场强度只有一个分量 H_ϕ，而电场强度有两个分量 E_r 和 E_θ。无论哪个分量都随距离 r 的增加而减小，只是在与 r 有关的各项中，有的随 r 减小快，有的减小慢；此外，在源点的近区和远区，对场量贡献最大的项各不相同。

9.2.2　电基本振子的电磁场分析

1. 近区场

当 $kr\ll 1$ 或 $r\ll\lambda/2\pi$ 时，即场点 P 与源点的距离 r 远小于波长 λ 的区域称为近区。在近区中有

$$\frac{1}{kr} \ll \frac{1}{(kr)^2} \ll \frac{1}{(kr)^3},\quad \mathrm{e}^{-\mathrm{j}kr}\approx 1$$

故在式(9 - 17)和式(9 - 18)中，起主要作用的是 $1/kr$ 的高次幂项，因而只保留这一高次幂项而忽略其他项，有

$$E_r = -\mathrm{j}\frac{Il\cos\theta}{2\pi\omega\varepsilon r^3} = \frac{2p}{4\pi\varepsilon r^3}\cos\theta \tag{9-19a}$$

$$E_\theta = -\mathrm{j}\frac{Il\sin\theta}{2\pi\omega\varepsilon r^3} = \frac{p}{4\pi\varepsilon r^3}\sin\theta \tag{9-19b}$$

$$H_\phi = \frac{Il\sin\theta}{4\pi r^2} \tag{9-19c}$$

式中 $p=Ql$ 是电偶极矩的复振幅。因为已经把载流短导线看成一个振荡电偶极子，其上下两端的电荷与电流的关系是 $I=\mathrm{j}\omega Q$。

从以上结果可以看出，近区中，电基本振子(时变电偶极子)的电场复振幅与静态场的“静”电偶极子的电场表达式相同；磁场表达式则与静磁场中用毕奥—萨伐尔定律计算电流元 $I\,\mathrm{d}l$ 所得的表达式相同，故电基本振子的近区场与静态场有相同的性质，因此称为似稳场(准静态场)。此外，近区中电场与磁场有 $\pi/2$ 的相位差，因此平均坡印廷矢量为零。也就是说，电基本振子的近区场没有电磁能量向外辐射，电磁能量被束缚在电基本振子附近，故近区场又称为束缚场或感应场。

应该指出，这些结论是在满足 $kr\ll 1$ 的条件下，忽略了$\dfrac{1}{kr}$、$\dfrac{1}{(kr)^2}$等低次幂项后得出的，是一个近似的结果。实际上，正是这些被忽略了的低次幂项形成了远区场中的电磁波。

2. 远区场

当 $kr\gg 1$ 时，$r\gg\lambda/2\pi$ 时，即场点 P 与源点距离 r 远大于波长 λ 的区域称为远区。在远区中有

$$\frac{1}{kr}\gg\frac{1}{(kr)^2}\gg\frac{1}{(kr)^3}$$

故在式(9-17)和式(9-18)中，起主要作用的是含 $1/kr$ 的低次幂项，且相位因子 $\mathrm{e}^{-\mathrm{j}kr}$ 必须考虑，基于此，远区电磁场表达式可简化为

$$E_\theta=\mathrm{j}\,\frac{Il\ k^2\ \sin\theta}{4\pi\varepsilon\omega r}\mathrm{e}^{-\mathrm{j}kr}=\mathrm{j}\,\frac{Il}{2\lambda r}\eta\ \sin\theta\cdot\mathrm{e}^{-\mathrm{j}kr}\tag{9-20a}$$

$$E_\phi=\mathrm{j}\,\frac{Il\ k\ \sin\theta}{4\pi r}\mathrm{e}^{-\mathrm{j}kr}=\mathrm{j}\,\frac{Il}{2\lambda r}\ \sin\theta\cdot\mathrm{e}^{-\mathrm{j}kr}\tag{9-20b}$$

从上式可以看出，电场与磁场在时间上同相，因此平均坡印廷矢量不等于零，这表明有电磁能量向外辐射，辐射方向是径向，故把远区场称为辐射场。

从式(9-20)中可得出电基本振子远区场有以下特点：

(1) 场矢量的方向：电场只有 E_θ 分量；磁场只有 E_ϕ 分量。其复坡印廷矢量为

$$\boldsymbol{S}=\frac{1}{2}\boldsymbol{E}\times\boldsymbol{H}^*=\boldsymbol{e}_r\,\frac{1}{2}E_\theta H_\phi^*=\boldsymbol{e}_r\,\frac{1}{2}\,\frac{|E_\theta|^2}{\eta}$$

可见，$\boldsymbol{E}$、$\boldsymbol{H}$ 互相垂直，并都与传播方向 $\boldsymbol{e}_r$ 相垂直。因此电基本振子的远区场是横电磁波(TEM 波)。

(2) 场的相位：无论 E_θ 或 H_ϕ，其空间相位因子都有 $\mathrm{e}^{-\mathrm{j}kr}$，即其空间相位随离源点的距离 r 增大而滞后，等相位面是 r 为常数的球面，所以远区辐射场是球面波。由于等相位面上任意点的 $\boldsymbol{E}$、$\boldsymbol{H}$ 振幅不同，所以又是非均匀平面波。$E_\theta/H_\phi=\eta$ 是一常数，等于媒质的波阻抗。

(3) 场的振幅：远区场的振幅与 r 成反比；与 I、l/λ 成正比。值得注意的是，场的振幅与电长度 l/λ 有关，而不是仅与几何尺寸 l 有关。

(4) 场的方向性：远区场的振幅还正比于 $\sin\theta$，在垂直于天线轴的方向($\theta=90°$)，辐射场最大；沿着天线轴的方向($\theta=0°$)，辐射场为零。这说明电基本振子的辐射具有方向性，这种方向性也是天线的一个主要特性。

下面分析电基本振子的辐射功率和辐射电阻。如果以电基本振子天线为球心，用一个半径为 r 的球面把它包围起来，那么从电基本振子天线辐射出来的电磁能量必然全部通过这个球面，故平均坡印廷矢量在此球面上的积分值就是电基本振子天线辐射出来的功率

P_r。因为电基本振子天线在远区任一点的平均坡印廷矢量为

$$\begin{aligned} \boldsymbol{S}_{av} &= \mathrm{Re}\left[\frac{1}{2}\boldsymbol{E}\times\boldsymbol{H}^*\right] = \mathrm{Re}\left[\boldsymbol{e}_r\,\frac{1}{2}E_\theta H_\phi^*\right] \\ &= \boldsymbol{e}_r\,\frac{1}{2}\,\frac{|E_\theta|^2}{\eta} = \boldsymbol{e}_r\,\frac{1}{2}\eta\,|H_\phi|^2 \\ &= \boldsymbol{e}_r\,\frac{1}{2}\eta\left(\frac{Il}{2\lambda r}\sin\theta\right)^2 \end{aligned} \tag{9-21}$$

所以辐射功率为

$$\begin{aligned} P_r &= \oint_S \boldsymbol{S}_{av}\cdot \mathrm{d}\boldsymbol{S} \\ &= \int_0^{2\pi}\int_0^{\pi}\frac{1}{2}\eta\left(\frac{|I|l}{2\lambda r}\sin\theta\right)^2\cdot r^2\sin\theta\,\mathrm{d}\theta\,\mathrm{d}\phi \\ &= \frac{\eta}{2}\left(\frac{|I|l}{2\lambda}\right)^2 2\pi\int_0^{\pi}\sin^3\theta\,\mathrm{d}\theta \\ &= \frac{\eta}{2}\left(\frac{|I|l}{2\lambda}\right)^2 2\pi\cdot\frac{4}{3} \\ &= \frac{4}{3}\eta\pi\left(\frac{|I|l}{2\lambda}\right)^2 \end{aligned} \tag{9-22a}$$

以空气中的波阻抗 $\eta=\eta_0=\sqrt{\dfrac{\mu_0}{\varepsilon_0}}=120\pi$ 代入，可得

$$P_r = 40\pi^2\left(\frac{|I|l}{2\lambda}\right)^2 \tag{9-22b}$$

式中 I 的单位为 A(安培)且是复振幅值，辐射功率 P_r 的单位为 W(瓦)，空气中的波长 λ_0 的单位为 m(米)。

电基本振子幅射出去的电磁能量既然不能返回波源，因此对波源而言也是一种损耗。利用电路理论的概念，引入一个等效电阻。设此电阻消耗的功率等于辐射功率，则有

$$P_r = \frac{1}{2}|I|^2R_r = \frac{1}{2}I_m^2R_r$$

式中，R_r 称为辐射电阻。由式(9-22b)可得电基本振子的辐射电阻为

$$R_r = \frac{2P_r}{|I|^2} = 80\pi^2\left(\frac{l}{\lambda_0}\right)^2 \tag{9-23}$$

显然，辐射电阻可以衡量天线的辐射能力，它仅仅取决于天线的结构和工作波长，是天线的一个重要参数。

例 9-1　已知电基本振子的辐射功率 P_r，求远区中任意点 $P(r,\theta,\phi)$ 的电场强度的振幅值。

解　利用 $k=\dfrac{2\pi}{\lambda}$，$I=I_m\,\mathrm{e}^{\mathrm{j}\phi}$ 以及式(9-20a)，远区辐射场的电场强度振幅为

$$E_m = \frac{I_m l}{2\lambda_0 r}\eta_0\sin\theta$$

由式(9-23)有 $I_m l/\lambda_0=\sqrt{P_r/40\pi^2}$，将其代入上式得

$$E_m = 3\sqrt{10\cdot P_r}\cdot\frac{\sin\theta}{r}$$

例 9-2 计算长度 $l=0.1\lambda_0$的电基本振子当电流振幅值为 2 mA 时的辐射电阻和辐射功率。

解 由式(9-23)知辐射电阻

$$R_r = 80\pi^2\left(\frac{l}{\lambda_0}\right)^2 = 80\pi^2 \cdot (0.1)^2 = 7.8957\ (\Omega)$$

辐射功率为

$$P_r = \frac{1}{2}|I|^2 R_r = \frac{1}{2}(2\times 10^{-3})^2 \cdot 7.8957 = 15.791\ (\mu\text{W})$$

9.3 磁基本振子的辐射场

9.3.1 磁基本振子

磁基本振子是一个半径为 $a(a\ll\lambda)$的细导线小圆环，载有高频时谐电流，$i=I_m\cos(\omega t+\phi)$，其复振幅为 $I=I_m e^{j\phi}$，如图 9-4 所示。当细导线小圆环的周长远小于波长时可以认为流过圆环的时谐电流的振幅和相位处处相同，所以磁基本振子也被称为磁偶极子。现在采用与上节求解电偶极子场相类似方法求解磁偶极子的电磁场。

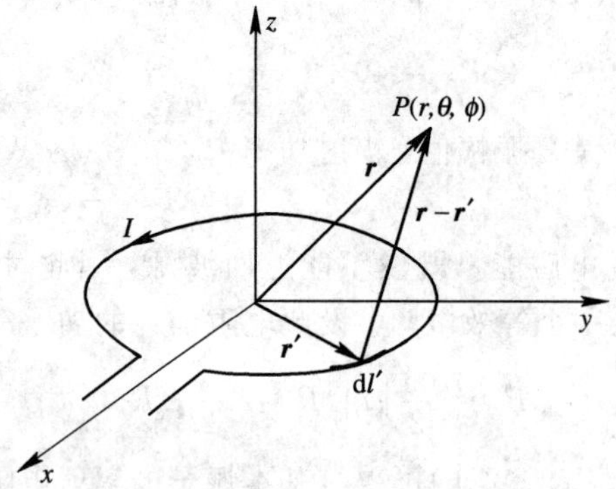

图 9-4 磁基本振子

取图 9-4 所示的球坐标系，借助式(9-13a)，并将其中的 $\boldsymbol{J}(\boldsymbol{r}')\mathrm{d}V'$改为 $I'\mathrm{d}\boldsymbol{l}'$，有

$$\boldsymbol{A}(\boldsymbol{r}) = \frac{\mu I}{4\pi}\oint_l \frac{e^{-jkR}}{R}\mathrm{d}\boldsymbol{l}' = \frac{\mu I}{4\pi}\oint_l \frac{e^{-jk|\boldsymbol{r}-\boldsymbol{r}'|}}{|\boldsymbol{r}-\boldsymbol{r}'|}\mathrm{d}\boldsymbol{l}' \tag{9-24}$$

严格计算上式的积分比较困难，但因 $r'=a\ll\lambda$，所以其中的指数因子可以近似为

$$e^{-jk|\boldsymbol{r}-\boldsymbol{r}'|} = e^{-jkR} = e^{-jk(R-r+r)} = e^{-jkr}\cdot e^{-jk(R-r)} \approx e^{-jkr}[1-jk(R-r)]$$

其中已经用到了

$$e^{-jk(R-r)} = 1-jk(R-r)-\frac{1}{2}k^2(R-r)^2+\cdots \quad (|-jk(R-r)|<+\infty$$

并忽略了高次幂项。将上式代入式(9-24)，可得矢量位的近似表达式为

$$\boldsymbol{A}(\boldsymbol{r}) = \frac{\mu I}{4\pi}\oint_l \frac{1}{R}(1+jkr-jkR)e^{-jkr}\,\mathrm{d}\boldsymbol{l}'$$

由于上式的积分是对带“′”的坐标变量(源点)进行的，故可视 r(场点坐标)是常量，所以上式可以改写为

$$\boldsymbol{A}(\boldsymbol{r}) = (1+\mathrm{j}kr)\mathrm{e}^{-\mathrm{j}kr}\left[\frac{\mu I}{4\pi}\oint_l \frac{\mathrm{d}\boldsymbol{l}'}{|\boldsymbol{r}-\boldsymbol{r}'|}\right] - \frac{\mathrm{j}k\mu I}{4\pi}\mathrm{e}^{-\mathrm{j}kr}\oint_l \mathrm{d}\boldsymbol{l}' \tag{9-25}$$

显然，上式右边第二项的积分是零。第一项方括号中的因子与“静”磁偶极子(恒定电流环)的矢量磁位表达式相同。现将对此式的运算结果

$$\frac{\mu I}{4\pi}\oint_l \frac{\mathrm{d}\boldsymbol{l}'}{|\boldsymbol{r}-\boldsymbol{r}'|} \approx \boldsymbol{e}_\phi \frac{\mu SI}{4\pi r^2}\sin\theta = \frac{\mu \boldsymbol{m}\times\boldsymbol{r}}{4\pi r^3}$$

用于式(9 - 25)，只要注意到对于现在讨论的“时变”磁偶极子而言，该式中的 $\boldsymbol{m}=\boldsymbol{e}_z\pi a^2 I=\boldsymbol{e}_z SI$ 是复矢量即可。于是有

$$\boldsymbol{A}(\boldsymbol{r}) = \boldsymbol{e}_\phi \frac{\mu IS}{4\pi r^2}(1+\mathrm{j}kr)\sin\theta\cdot \mathrm{e}^{-\mathrm{j}kr} \tag{9-26}$$

将式(9 - 26)代入 $\boldsymbol{H}=\mu^{-1}\nabla\times\boldsymbol{A}$，可得磁基本振子的磁场为

$$H_r = \frac{IS}{2\pi}\cos\theta\left(\frac{1}{r^3}+\frac{\mathrm{j}k}{r^2}\right)\mathrm{e}^{-\mathrm{j}kr} \tag{9-27a}$$

$$H_\theta = \frac{IS}{4\pi}\sin\theta\left(\frac{1}{r^3}+\frac{\mathrm{j}k}{r^2}-\frac{k^2}{r}\right)\mathrm{e}^{-\mathrm{j}kr} \tag{9-27b}$$

$$H_\phi = 0 \tag{9-27c}$$

再由 $\boldsymbol{E}=(\mathrm{j}\omega\varepsilon)^{-1}\nabla\times\boldsymbol{H}$，可得磁基本振子的电场为

$$E_r = 0 \tag{9-28a}$$

$$E_\theta = 0 \tag{9-28b}$$

$$E_\phi = -\mathrm{j}\frac{ISk}{2\pi}\eta\sin\theta\left(\frac{\mathrm{j}k}{r}+\frac{1}{r^2}\right)\mathrm{e}^{-\mathrm{j}kr} \tag{9-28c}$$

由以上诸式可见，电场强度矢量与磁场强度矢量相互垂直，这一点与电基本振子的电磁场相同；但是，$\boldsymbol{E}$、$\boldsymbol{H}$ 的取向互换，即 $\boldsymbol{E}$ 在与赤道面平行的平面内，而 $\boldsymbol{H}$ 则在子午面内，这与电基本振子的电磁场取向比较，正好相反。

磁基本振子的电磁场也可以分为近区和远区来研究。不难看出，前面对电基本振子电磁场性质的讨论也适用于磁基本振子。对远区($kr\gg1$)，只保留 $\boldsymbol{E}$、$\boldsymbol{H}$ 表达式中含 $1/kr$ 的项，可由式(9 - 27)和式(9 - 28)得到磁基本振子的远区辐射场为

$$H_\theta = -\frac{ISk^2}{4\pi r}\sin\theta\cdot\mathrm{e}^{-\mathrm{j}kr} = -\frac{\pi IS}{\lambda^2 r}\sin\theta\cdot\mathrm{e}^{-\mathrm{j}kr} \tag{9-29a}$$

$$E_\phi = \frac{ISk^2}{4\pi r}\eta\sin\theta\cdot\mathrm{e}^{-\mathrm{j}kr} = \frac{\pi IS}{\lambda^2 r}\eta\sin\theta\cdot\mathrm{e}^{-\mathrm{j}kr} = -\eta H_\theta \tag{9-29b}$$

由上式可以看出，磁基本振子的远区辐射场具有以下特点：

(1) 磁基本振子的辐射场也是 TEM 非均匀球面波；

(2) $E_\phi/(-H_\theta)=\eta$；

(3) 电磁场与 $1/r$ 成正比；

(4) 与电基本振子的远区场比较，只是 $\boldsymbol{E}$、$\boldsymbol{H}$ 的取向互换，远区场的性质相同。

磁基本振子的平均坡印廷矢量可由式(9 - 29)获得

$$\boldsymbol{S}_{\mathrm{av}}=\mathrm{Re}\left[\frac{1}{2}\boldsymbol{E}_{\phi}\times\boldsymbol{H}_{\theta}^{*}\right]=\mathrm{Re}\left[-\boldsymbol{e}_{r}\ \frac{1}{2}E_{\phi}H_{\theta}^{*}\right]$$
$$=\boldsymbol{e}_{r}\ \frac{1}{2}\eta\left(\frac{\pi IS}{\lambda^{2}r}\right)^{2}\ \sin^{2}\theta$$

辐射功率为

$$P_{r}=\oint_{S}\boldsymbol{S}_{\mathrm{av}}\cdot\mathrm{d}\boldsymbol{S}=\int_{0}^{2\pi}\int_{0}^{2\pi}\frac{1}{2}\eta\left(\frac{\pi IS}{\lambda^{2}r}\right)^{2}\sin^{2}\theta\cdot r^{2}\ \sin\theta\ \mathrm{d}\theta\ \mathrm{d}\phi$$
$$=\frac{\eta}{2}\left(\frac{\pi IS}{\lambda^{2}}\right)^{2}\cdot\frac{8\pi}{3}=\frac{4}{3}\eta\pi\cdot\left(\frac{\pi IS}{\lambda^{2}}\right)^{2}\tag{9-30a}$$

以空气的波阻抗代入上式，有

$$P_{r}=160\pi^{2}\cdot\left(\frac{\pi IS}{\lambda_{0}^{2}}\right)^{2}=160\pi^{6}\cdot\left(\frac{a}{\lambda_{0}}\right)^{4}I^{2}\tag{9-30b}$$

辐射电阻为

$$R_{r}=\frac{2P_{r}}{|\ r\ |^{2}}=320\pi^{6}\cdot\left(\frac{a}{\lambda_{0}}\right)^{4}\tag{9-31}$$

例 9-3 将周长为 $0.1\lambda_0$ 的细导线绕成圆环，以构造电基本振子，求此电基本振子的辐射电阻。

解 此电基本振子的辐射电阻为

$$R_{r}=320\pi^{6}\cdot\left(\frac{a}{\lambda_{0}}\right)^{4}=320\pi^{6}\cdot\left(\frac{1}{2\pi}\times0.01\right)^{4}=1.9739\times10^{-2}(\Omega)$$

将此结果与例 9-2 比较可见：长度为此磁基本振子周长的电基本振子的辐射电阻远比磁基本振子的辐射电阻大，即电基本振子的辐射能力大于磁基本振子的辐射能力。

例 9-4 沿 z 轴放置大小为 $I_1 l_1$ 的电基本振子，在 xoy 平面上放置大小为 $I_1 S_1$ 的磁基本振子，它们的取向和所载电流的频率相同，中心位于坐标原点，求它们的辐射电场强度。

解 电基本振子和磁基本振子在空间任意点产生的合成辐射场为

$$\boldsymbol{E}=\boldsymbol{E}_{1}+\boldsymbol{E}_{2}=\boldsymbol{e}_{\theta}E_{\theta}+\boldsymbol{e}_{\phi}E_{\phi}=\left(\boldsymbol{e}_{\theta}\mathrm{j}\ \frac{I_{1}l_{1}}{2\lambda}+\boldsymbol{e}_{\phi}\ \frac{\pi I_{2}S_{2}}{\lambda^{2}}\right)\eta\ \sin\theta\cdot\frac{\mathrm{e}^{-\mathrm{j}kr}}{r}$$

这是一椭圆极化波。当 $\frac{I_1 l_1}{2\lambda}=\frac{\pi I_2 S_2}{2^2}$ 时是右旋圆极化波。可见这一组合形式能够构成一幅产生圆极化波的天线。

9.3.2 对偶原理

我们知道，稳态电磁场中，电场的源是静止的电荷，磁场的源是恒定电流。那么是否存在静止的磁荷产生磁场，恒定的磁流产生电场呢？迄今为止我们还不能肯定自然界中是否存在磁荷和磁流。电流和电荷是产生电磁场的唯一的源。但是，我们在理论上引入假想的磁荷和磁流概念，将一部分原本是电荷和电流产生的电磁场用能够产生同样电磁场的等效磁荷和等效磁流来代替，即将“电源”换成“磁源”，有时可以大大简化计算工作量。稳态电磁场具有这种特性，时变电磁场也具有这种特性。

引入假想的磁荷和磁流概念之后，磁荷与磁流也产生电磁场，因此麦克斯韦方程组可修改为

$$\nabla \times \boldsymbol{H} = \boldsymbol{J} + \mathrm{j}\omega\varepsilon \boldsymbol{E} \tag{9-32a}$$

$$\nabla \times \boldsymbol{E} = -\boldsymbol{J}_m - \mathrm{j}\omega\mu \boldsymbol{H} \tag{9-32b}$$

$$\nabla \cdot \boldsymbol{D} = \rho \tag{9-32c}$$

$$\nabla \cdot \boldsymbol{B} = \rho_m \tag{9-32d}$$

上式称为广义麦克斯韦方程组。式中下标 m 表示磁量；$\boldsymbol{J}_m$ 是磁流密度，其量纲为 $\mathrm{V/m^2}$；ρ_m 是磁荷密度，其量纲为 $\mathrm{Wb/m^3}$（韦伯每立方米）。式(9－32a)的等号右边用正号，表示电流与磁场之间有右手螺旋关系；式(9－32b)的等号右边用负号，表示磁流与电场之间有左手螺旋关系。

在无界的简单媒质中，如果存在“电源”$\boldsymbol{J}$、ρ，它们产生的电磁场用 $\boldsymbol{E}_e$、$\boldsymbol{H}_e$ 表示，则其满足的麦克斯韦方程组为

$$\nabla \times \boldsymbol{H}_e = \boldsymbol{J} + \mathrm{j}\omega\varepsilon \boldsymbol{E}_e \tag{9-33a}$$

$$\nabla \times \boldsymbol{E}_e = -\mathrm{j}\omega\mu \boldsymbol{H}_e \tag{9-33b}$$

$$\nabla \cdot \boldsymbol{D}_e = \rho \tag{9-33c}$$

$$\nabla \cdot \boldsymbol{B}_e = 0 \tag{9-33d}$$

如果存在“磁源”$\boldsymbol{J}_m$、ρ_m，它们产生的电磁场用 $\boldsymbol{E}_m$、$\boldsymbol{H}_m$ 表示，则其满足的麦克斯韦方程组为

$$\nabla \times \boldsymbol{H}_m = \mathrm{j}\omega\varepsilon \boldsymbol{E}_m \tag{9-34a}$$

$$\nabla \times \boldsymbol{E}_m = -\boldsymbol{J}_m - \mathrm{j}\omega\mu \boldsymbol{H}_m \tag{9-34b}$$

$$\nabla \cdot \boldsymbol{D}_m = 0 \tag{9-34c}$$

$$\nabla \cdot \boldsymbol{B}_m = \rho_m \tag{9-34d}$$

由上可见，如果对式(9－33)作以下变量代换：

$$\boldsymbol{H}_e \to -\boldsymbol{E}_m,\quad \boldsymbol{E}_e \to \boldsymbol{H}_m,\ \varepsilon \to \mu,\ \mu \to \varepsilon,\ \rho \to \rho_m,\ \boldsymbol{J} \to \boldsymbol{J}_m \tag{9-35}$$

就可以得到式(9－34)。这种对应关系称为电磁场的对偶原理。

如果有两个问题，第一个问题是满足麦克斯韦方程式(9－33)和相应的边界条件，第二个问题是满足麦克斯韦方程式(9－34)和相应的边界条件，应用电磁场的对偶原理，只要按式(9－35)作对偶量代换，即可由第一个问题的解得到第二个问题的解，反之亦然。

例 9－5　应用对偶原理，求磁基本振子的远区辐射场。

解　引入假想的磁荷与磁流概念之后，载流细导线小圆环可等效为相距 $\mathrm{d}l$，两端磁荷分别为 $+q_m$ 和 $-q_m$ 的磁偶极子，其磁偶极距

$$\boldsymbol{p}_m = \boldsymbol{q}_m\,\mathrm{d}l = \boldsymbol{e}_z q_m\,\mathrm{d}l = \boldsymbol{e}_z\,\mu IS$$

由此可得磁基本振子的磁流

$$i_m = \frac{\mathrm{d}q_m}{\mathrm{d}t} = \frac{\mu S}{\mathrm{d}l}\frac{\mathrm{d}i}{\mathrm{d}t} = \frac{\mu S}{\mathrm{d}l}\frac{\mathrm{d}}{\mathrm{d}t}[I_m\cos(\omega t + \phi)]$$

其对应的磁流复量为

$$I^m = \mathrm{j}\omega\frac{\mu S}{\mathrm{d}l}I \quad (I = I_m\,\mathrm{e}^{-\mathrm{j}\phi})$$

如果定义磁偶极子对应的磁流元为 $I^m\,\mathrm{d}l$，那么它与电流环的关系为

$$I^m \mathrm{d}l = \mathrm{j}\omega\mu SI = \mathrm{j}k\eta IS = \mathrm{j}\,\frac{2\pi}{\lambda}\eta IS \tag{9-36}$$

或

$$IS = -\mathrm{j}\,\frac{\lambda}{2\pi\eta}I^m \mathrm{d}l$$

将上式代入式(9-29)，可将磁偶极子产生的远区场重写为

$$E_\phi = -\mathrm{j}\,\frac{I^m \mathrm{d}l}{2\lambda r}\sin\theta\cdot \mathrm{e}^{-\mathrm{j}kr} \tag{9-37a}$$

$$E_\theta = \mathrm{j}\,\frac{I^m \mathrm{d}l}{2\lambda r\eta}\sin\theta\cdot \mathrm{e}^{-\mathrm{j}kr} \tag{9-37b}$$

式(9-37)也可以根据对偶原理，将式(9-20)经过式(9-35)的变换得到。

9.4 天线的基本电参数

天线的作用是辐射(发射)和接收电磁波。为了评价一副天线的技术性能优劣，必须规定一些能够表征天线性能的参数。根据互易原理(下一节将要介绍)，同一副天线用作辐射和接收时，其电特性参数是相同的，只是具体含义有所不同。为叙述方便起见，下面均以发射天线来定义各个电参数。

9.4.1 辐射方向图

1. 方向性函数和方向图

任何实际天线的辐射都具有方向性。离开天线一定距离处，描述天线辐射的电磁场强度在空间的任何相对分布情况的数学表达式，称为天线的方向性函数；把方向性函数用图形表示出来，就是方向图。因为天线的辐射场分布于整个空间，所以天线的方向图通常就是三维的立体方向图。在球坐标系中，场强随 θ 和 ϕ 两个坐标变量变化。虽然现在利用电子计算机可以绘制很复杂的天线的立体方向图，但是常用的仍是所谓“主平面”上的方向图。因为有了这样两个主平面上的方向图，整个立体的方向性也就可以想见了。对于线天线，主平面指包含天线导线轴的平面(称为 E 面)和垂直于天线导线轴的平面(称为 H 面)；对于面天线，主平面指与天线口面上电场矢量相平行的平面(E 面)和与天线口面上磁场矢量相平行的平面(H 面)。这两个平面上的方向图分别称为 E 面方向图和 H 面方向图。

为便于绘制方向图，定义场强振幅的归一化方向性函数为

$$F(\theta,\phi) = \frac{|\boldsymbol{E}(\theta,\phi)|}{|E_{\max}|} \tag{9-38}$$

式中，$|E_{\max}|$ 是 $|\boldsymbol{E}(\theta,\phi)|$ 的最大值。

例 9-6 绘制电基本振子的方向图。

解 根据式(9-38)的方向性函数定义和电基本振子远区辐射场的表示式(9-20a)知，电基本振子的方向性函数为

$$F(\theta,\phi) = \sin\theta$$

由此方向性函数绘制的 E 面方向图、H 面方向图和立体方向图如图 9-5 所示。

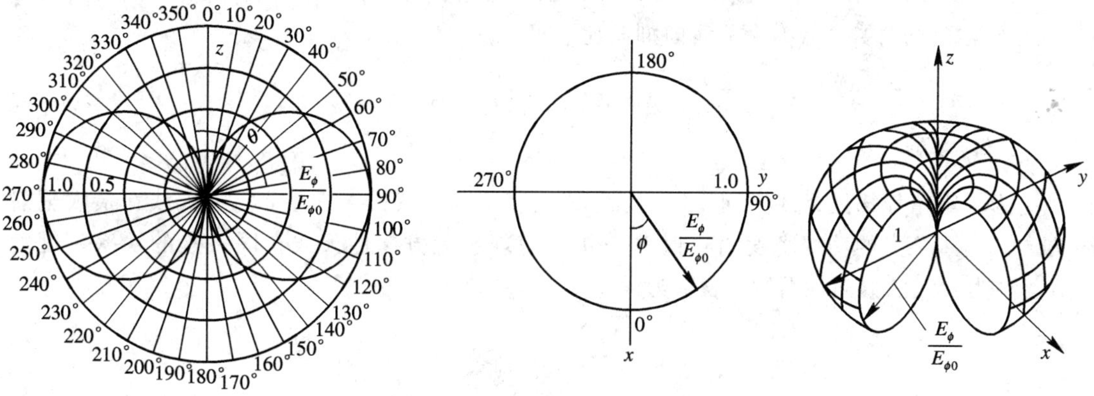

(a) E面方向图　(b) H面方向图　(c) 立体方向图

图 9-5　电基本振子的方向图

实际天线的方向图通常要比图 9-5 复杂，方向图可能包含多个波瓣，分别称为主瓣、副瓣和后瓣，如图 9-6 所示，此图表示某天线的极坐标形式方向图。

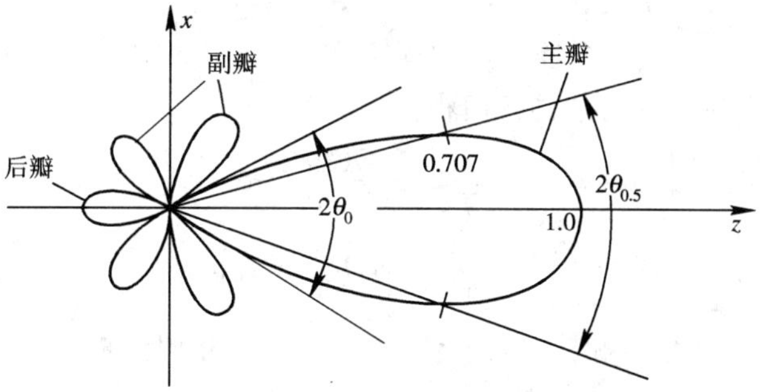

图 9-6　天线方向图的波瓣

主瓣就是包含有最大辐射方向的波瓣，除主瓣外的其他波瓣都统称为副瓣。位于主瓣正后方的波瓣(副瓣)另称为后瓣。为了对各种天线的方向图进行定量比较，通常提出以下参数：

(1) 主瓣宽度：主瓣最大辐射方向两侧的两个半功率点(即功率密度下降为最大值的一半，或场强下降为最大值的 $1/\sqrt{2}$)的矢经之间的夹角，称为主瓣宽度，记为 $2\theta_{0.5}$。主瓣宽度愈小，说明天线辐射的电磁能量愈集中，定向性愈好。图 9-5 表示的电基本振子的主瓣宽度为 90°。主瓣宽度也称为半功率角。

(2) 副瓣电平：副瓣最大辐射方向上的功率密度 S_1 与主瓣最大辐射方向上的功率密度 S_0 之比的对数值，称为副瓣电平，即

$$P_{sub}(\mathrm{dB}) = 10\lg\frac{S_1}{S_0}$$

方向图的副瓣是指不需要辐射的区域，所以其电平应尽可能地低。一般地，离主瓣较远的副瓣电平要比离主瓣较近的副瓣电平低。因此，副瓣电平是指第一副瓣(离主瓣最近和电平最高)的电平。

(3) 前后向抑制比：后瓣最大辐射方向上的功率密度 S_a 与主瓣最大辐射方向上的功率密度 S_0 之比的对数值，称为前后向抑制比，即

$$P_{ab}(\mathrm{dB}) = 10\ \lg \frac{S_a}{S_0}$$

2. 方向性系数

为了定量地描述天线方向性的强弱，或比较不同天线的方向性，定义天线在最大辐射方向上远区某点的功率密度与辐射功率相同的理想无方向性天线在同一点的功率密度之比，称为天线的方向性系数，表示为

$$D = \frac{S_{\max}}{S_0}\bigg|_{P_r\text{相同}, r\text{相同}} \tag{9-39a}$$

或

$$D = \frac{|E_{\max}|^2}{|E_0|^2}\bigg|_{P_r\text{相同}, r\text{相同}} \tag{9-39b}$$

方向性系数也可定义为，在天线最大辐射方向上某点产生相等的电场强度的条件下，理想的无方向性天线的辐射功率 P_{r0} 与某天线的辐射功率 P_r 之比值，即

$$D = \frac{P_{r0}}{P_r}\bigg|_{\text{相等电场强度}} \tag{9-40}$$

根据上述定义，可导出天线方向性系数的计算公式。对于被研究的天线，其辐射功率等于在半径为 r 的球面上对功率密度进行面积分

$$\begin{aligned} P_r &= \oint_S \boldsymbol{S}_{\mathrm{av}} \cdot \mathrm{d}\boldsymbol{S} = \frac{1}{2}\oint_S \frac{|E(\theta, \phi)|^2}{\eta_0}\mathrm{d}S \\ &= \frac{|E_{\max}|^2 \cdot r^2}{240\pi}\int_0^{2\pi}\int_0^{\pi} F^2(\theta, \phi)\sin\theta\,\mathrm{d}\theta\,\mathrm{d}\phi \end{aligned} \tag{9-41}$$

对于理想的无方向性天线，因其在空间各个方向上具有相同的辐射，故其辐射功率为

$$P_{r0} = 4\pi r^2 S_0 = 4\pi r^2 \cdot \frac{1}{2} \cdot \frac{|E_0|^2}{120\pi} = \frac{|E_0|^2 r^2}{60} \tag{9-42}$$

由式(9-41)和式(9-42)，再考虑条件——辐射功率相同，即 $P_r = P_{r0}$，则根据式(9-39b)得

$$D = \frac{|E_{\max}|^2}{|E_0|^2}\bigg|_{P_r\text{相同}, r\text{相同}} = \frac{4\pi}{\int_0^{2\pi}\int_0^{\pi} F^2(\theta, \phi)\sin\theta\,\mathrm{d}\theta\,\mathrm{d}\phi} \tag{9-43}$$

若 $F(\theta, \phi) = F(\theta)$，即天线方向图轴对称(与 ϕ 无关)时，则

$$D = \frac{2}{\int_0^{\pi} F^2(\theta)\sin\theta\,\mathrm{d}\theta} \tag{9-44}$$

显然，对于理想的无方向性天线，其方向性系数为 $F(\theta, \phi) = 1$，故其方向性系数为 1。因为有方向性的天线的辐射功率主要集中在其最大辐射方向附近，因此在其最大辐射方向上某点与理想无方向性天线具有相同电场强度的条件下，它所需要的辐射功率一定比理想无方向性天线的辐射功率小，即 $P_r < P_{r0}$。因此，天线的方向性系数总大于1。方向性愈强，D 值愈大。

不同天线都取理想无方向性天线作为标准进行比较，因此能比较出不同天线最大辐射

的相对大小，即方向性系数能比较不同天线方向性的强弱。公式(9－39a)中

$$S_{max}=\frac{1}{2}\cdot\frac{|E_{max}|^2}{120\pi},\ S_0=\frac{P_{r0}}{4\pi r^2}$$

故

$$D=\frac{\frac{1}{2}\cdot\frac{|E_{max}|^2}{120\pi}}{\frac{P_{r0}}{4\pi r^2}}=\frac{|E_{max}|^2 r^2}{60P_{r0}}$$

因此

$$|E_{max}|=\frac{\sqrt{60P_{r0}D}}{r} \tag{9-45a}$$

对于理想的无方向性天线，因其方向性系数 $D=1$，故有

$$|E_{max}|=\frac{\sqrt{60P_{r0}}}{r} \tag{9-45b}$$

上式中 $|E_{max}|$ 表示天线最大辐射方向上电场强度的复振幅的模。

比较式(9－45a)和式(9－45b)，可以看出方向性系数的物理意义如下：某天线的方向性系数，表征该天线在其最大辐射方向上比起无方向性天线来说把辐射功率增大了 D 倍。例如为了在空间一定距离的 M 点产生一定的场强，若使用无方向性天线，需要馈给无方向性天线 10 W 的辐射功率；但是若使用方向性系数 $D=10$ 的有方向性天线，并将有方向性天线对准 M 点，就只需 1 W 的辐射功率。

例 9－7　计算电基本振子的方向性系数。

解　电基本振子的方向性函数 $F(\theta,\phi)=\sin\theta$，故其方向性系数为

$$D=\frac{4\pi}{\int_0^{2\pi}\int_0^{\pi}\sin^2\theta\cdot\sin\theta\,d\theta\,d\phi}=1.5$$

9.4.2　辐射效率

天线的辐射效率(Radiation Efficiency)表征天线能否有效地转换能量，定义为天线的辐射功率与输入到天线上的功率(输入功率)之比

$$\eta_r=\frac{P_r}{P_{in}}=\frac{P_r}{P_r+P_L}$$

式中的 P_L 表示天线的总损耗功率。通常，发射天线的损耗功率包括：天线导体中的热损耗、介质材料的损耗、天线附近物体的感应损耗等。

如果把天线向外辐射的功率看做是被某个电阻 R_r 所吸收，该电阻称为辐射电阻。与此相似，也把总损耗功率看做被某个损耗电阻 R_L 所吸收，则有

$$P_r=\frac{1}{2}I^2R_r,\quad P_L=\frac{1}{2}I^2R_L$$

故天线的辐射效率可表示为

$$\eta_r=\frac{P_r}{P_{in}}=\frac{P_r}{P_r+P_L}=\frac{R_r}{R_r+R_L} \tag{9-46}$$

可见，要提高天线效率，应尽可能地提高辐射电阻和降低损耗电阻。

对于频率很低的长、中波天线，由于波长很长，而天线的电长度 l/λ 较小，故其辐射功率较低，天线辐射效率也很低。但是，大多数超高频微波天线的损耗都很小，辐射效率可接近 1。

9.4.3 增益系数

方向性系数表征天线辐射能量的集中程度，辐射效率则表征在转换能量上的效能。将两者结合起来，就可以得到表征天线总效能的一个指标——增益系数，其定义为天线在其最大辐射方向上远区某点的功率密度与输入功率相同的无方向性天线在同一点产生的功率密度之比，表示为

$$G=\left.\frac{S_{\max}}{S_0}\right|_{P_{in}\text{相同}} \tag{9-47a}$$

或

$$G=\left.\frac{|E_{\max}|^2}{|E_0|^2}\right|_{P_{in}\text{相同}} \tag{9-47b}$$

增益系数也可定义为：在天线最大辐射方向上某点产生相等电场强度的条件下，理想的无方向性天线所需要的输入功率 P_{in0} 与某天线所需要的输入功率 P_{in} 之比，即

$$G=\left.\frac{P_{in0}}{P_{in}}\right|_{E\text{相同}} \tag{9-48}$$

比较式(9-48)和式(9-40)可见，增益系数和方向性系数的计算式是相似的，差别在于增益系数是用输入功率计算，而方向性系数是用辐射功率计算的。考虑到辐射功率的定义关系 $P_r=\eta_r P_{in}$，以及理想无方向性天线的效率 η_{r0} 一般被认为是 1，故

$$G=\left.\frac{P_{in0}}{P_{in}}\right|_{E\text{相同}}=\left.\frac{P_{r0}/\eta_{r0}}{P_r/\eta_r}\right|_{E\text{相同}}=e_rD \tag{9-49}$$

由此可见，只有当天线的 D 值大，辐射效率 η_r 也高时，天线的增益才较高。增益系数比较全面地表征了天线的性能。通常用分贝来表示增益系数，即令

$$G(\text{dB})=10\lg G$$

9.4.4 输入阻抗

天线与馈线相连接，欲使天线能从馈线获得最大功率，就必须使天线和馈线良好匹配，即要使天线的输入阻抗与馈线的特性阻抗相等。所谓天线的输入阻抗，是指天线输入端的高频电压与输入端的高频电流之比，可表示为

$$Z_{in}=\frac{U_{in}}{I_{in}}=R_{in}+\mathrm{j}X_{in} \tag{9-50}$$

9.4.5 极化形式

天线的极化特性是以天线辐射的电磁波在最大辐射方向上电场强度矢量的空间取向来定义的，分为线极化、圆极化和椭圆极化。线极化又分为水平极化和垂直极化；圆极化又分为左旋圆极化和右旋圆极化。

9.5 互易定理

互易定理是电磁场理论的基本定理之一，有许多应用。它联系着两个场源及场源在空间区域和封闭面上产生的场。互易定理为证明电路理论中的线性网络参数的互易关系提供了理论基础；利用互易定理还可以证明同一副天线具有相同的收发特性。

假设空间区域 V_1 中的电流源 J_1 产生的电磁场为 $\boldsymbol{E}_1$ 和 $\boldsymbol{H}_1$，空间区域 V_2 中的电流源 J_2 产生的电磁场为 $\boldsymbol{E}_2$ 和 $\boldsymbol{H}_2$，两电流源振荡在同一频率上，且空间区域 V_1 和 V_2 及它们之外的空间区域 V_3 中的媒质是线性的，根据矢量恒等式

$$\nabla\cdot(\boldsymbol{A}\times\boldsymbol{B})=\boldsymbol{B}\cdot(\nabla\times\boldsymbol{A})-\boldsymbol{A}\cdot(\nabla\times\boldsymbol{B})$$

有

$$\nabla\cdot(\boldsymbol{E}_1\times\boldsymbol{H}_2)=\boldsymbol{H}_2\cdot(\nabla\times\boldsymbol{E}_1)-\boldsymbol{E}_1\cdot(\nabla\times\boldsymbol{H}_2) \tag{9-51}$$

将上式带入麦克斯韦方程

$$\nabla\times\boldsymbol{E}=-\mathrm{j}\omega\mu\boldsymbol{H},\quad \nabla\times\boldsymbol{H}=\boldsymbol{J}+\mathrm{j}\omega\varepsilon\boldsymbol{E}$$

得

$$\begin{aligned}\nabla\cdot(\boldsymbol{E}_1\times\boldsymbol{H}_2)&=\boldsymbol{H}_2\cdot(-\mathrm{j}\omega\mu\boldsymbol{H}_1)-\boldsymbol{E}_1\cdot(\boldsymbol{J}_2+\mathrm{j}\omega\varepsilon\boldsymbol{E}_2)\\&=-\mathrm{j}\omega(\mu\boldsymbol{H}_1\cdot\boldsymbol{H}_2+\varepsilon\boldsymbol{E}_1\cdot\boldsymbol{E}_2)-\boldsymbol{E}_1\cdot\boldsymbol{J}_2\end{aligned} \tag{9-52}$$

同理，将上式的下标 1、2 对调，可写出

$$\begin{aligned}\nabla\cdot(\boldsymbol{E}_2\times\boldsymbol{H}_1)&=\boldsymbol{H}_1\cdot(-\mathrm{j}\omega\mu\boldsymbol{H}_2)-\boldsymbol{E}_2\cdot(\boldsymbol{J}_1+\mathrm{j}\omega\varepsilon\boldsymbol{E}_1)\\&=-\mathrm{j}\omega(\mu\boldsymbol{H}_2\cdot\boldsymbol{H}_1+\varepsilon\boldsymbol{E}_2\cdot\boldsymbol{E}_1)-\boldsymbol{E}_2\cdot\boldsymbol{J}_1\end{aligned} \tag{9-53}$$

用式(9－52)减去式(9－53)，可得

$$\nabla\cdot[(\boldsymbol{E}_1\times\boldsymbol{H}_2)-(\boldsymbol{E}_2\times\boldsymbol{H}_1)]=\boldsymbol{E}_2\cdot\boldsymbol{J}_1-\boldsymbol{E}_1\cdot\boldsymbol{J}_2 \tag{9-54}$$

将式(9－54)两边对体积 V 积分，并根据散度定理把左边的体积分写成面积分，可得

$$\oint_S[(\boldsymbol{E}_1\times\boldsymbol{H}_2)-(\boldsymbol{E}_2\times\boldsymbol{H}_1)]\cdot\boldsymbol{n}\,\mathrm{d}S=\int_V(\boldsymbol{E}_2\cdot\boldsymbol{J}_1-\boldsymbol{E}_1\cdot\boldsymbol{J}_2)\mathrm{d}V \tag{9-55}$$

式中 S 为包围空间区域 V 的封闭面，$\boldsymbol{n}$ 为 S 的外法向单位矢量。上式是洛仑兹互易定理的积分形式，也就是互易定理的一般表达式。由此式可导出若干特殊情况下的简化形式。

9.5.1 洛仑兹互易定理

设两个电流源 J_1 和 J_2 均在空间区域 V 外，则空间区域 V 内为无源空间，因而式(9－55)右端的体积分等于零，故其左边的封闭面积也等于零，即

$$\oint_S[(\boldsymbol{E}_1\times\boldsymbol{H}_2)-(\boldsymbol{E}_2\times\boldsymbol{H}_1)]\cdot\boldsymbol{n}\,\mathrm{d}S=0 \tag{9-56}$$

上式是洛仑兹互易定理的简化形式。

9.5.2 卡森互易定理

当 V 表示整个空间区域时，S 为无限大的封闭面 S_∞，且设两个电流源 J_1 和 J_2 均在空间区域 V 内，如图 9－7 所示。

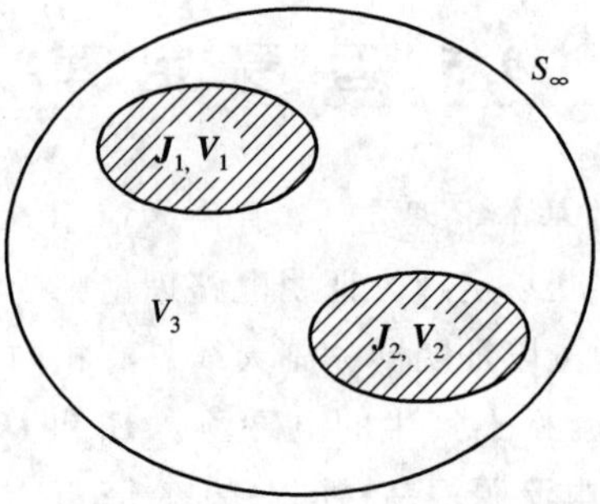

图 9-7 卡森互易定理用图

由于空间区域 V_1 中的电流源 $\boldsymbol{J}_1$ 产生电磁场 $\boldsymbol{E}_1$ 和 $\boldsymbol{H}_1$，以及空间区域 V_2 中的电流源 $\boldsymbol{J}_2$ 产生电磁场 $\boldsymbol{E}_2$ 和 $\boldsymbol{H}_2$，且在包围 V 的无限大的封闭面 S_∞ 上电磁场趋于零，所以式(9-55)左边的面积分等于零。从而得

$$\int_V (\boldsymbol{E}_2 \cdot \boldsymbol{J}_1 - \boldsymbol{E}_1 \cdot \boldsymbol{J}_2)\mathrm{d}V = \int_{V_1+V_2+V_3} (\boldsymbol{E}_2 \cdot \boldsymbol{J}_1 - \boldsymbol{E}_1 \cdot \boldsymbol{J}_2)\mathrm{d}V = 0$$

即当两个电流源均在 V 时，仍然有下式成立：

$$\int_V (\boldsymbol{E}_2 \cdot \boldsymbol{J}_1 - \boldsymbol{E}_1 \cdot \boldsymbol{J}_2)\mathrm{d}V = 0 \tag{9-57}$$

注意到空间区域 V_3 为无源区，因此

$$\int_{V_3} (\boldsymbol{E}_2 \cdot \boldsymbol{J}_1 - \boldsymbol{E}_1 \cdot \boldsymbol{J}_2)\mathrm{d}V = 0$$

综上可得，

$$\int_{V_1} \boldsymbol{E}_2 \cdot \boldsymbol{J}_1 \,\mathrm{d}V = \int_{V_2} \boldsymbol{E}_1 \cdot \boldsymbol{J}_2 \,\mathrm{d}V \tag{9-58}$$

这是最有用的互易定理形式，称为卡森(J. R. Carson)形式的互易定理。它反映了两个场源与其场之间的互易关系。这种互易性源自线性媒质中麦克斯韦方程的线性性质。

一个天线用作发射和用作接收时，其方向图、增益和输入阻抗都是相同的。下面我们应用卡森互易定理来说明收、发天线方向图的互易性。

如图 9-8 所示，在图(a)情况下，设天线 1 的输入端以电压源 U_1 激励，其上电流为 I_{11}，天线 2 输入端短路，其上电流为 I_{21}，电流 I_{11} 和 I_{21}($\boldsymbol{J}_1$)在空间产生的电磁场为 $\boldsymbol{E}_1$ 和 $\boldsymbol{H}_1$。在图(b)情况下，将激励源与短路对换，即设天线 2 的输入端以电压源 U_2 激励，其上电流为 I_{22}，天线 1 输入端短路，其上电流为 I_{12}，电流 I_{22} 和 I_{12}($\boldsymbol{J}_2$)在空间产生的电磁场为 $\boldsymbol{E}_2$ 和 $\boldsymbol{H}_2$。由卡森互易定理知，两种情况下的源和场的关系为

$$\int_V \boldsymbol{E}_2 \cdot \boldsymbol{J}_1 \,\mathrm{d}V = \int_V \boldsymbol{E}_1 \cdot \boldsymbol{J}_2 \,\mathrm{d}V$$

当天线为细导线时，对于线电流，$\boldsymbol{J}\,\mathrm{d}V = I\,\mathrm{d}\boldsymbol{l}$，从而上式变为

$$\int_{l_1+l_2} I_2 \boldsymbol{E}_1 \cdot \mathrm{d}\boldsymbol{l} = \int_{l_1+l_2} I_1 \boldsymbol{E}_2 \cdot \mathrm{d}\boldsymbol{l}$$

即

$$\int_{l_1} I_{12}\boldsymbol{E}_1 \cdot \mathrm{d}\boldsymbol{l}_1 + \int_{l_2} I_{22}\boldsymbol{E}_1 \cdot \mathrm{d}\boldsymbol{l}_2 = \int_{l_1} I_{11}\boldsymbol{E}_2 \cdot \mathrm{d}\boldsymbol{l}_1 + \int_{l_2} I_{21}\boldsymbol{E}_2 \cdot \mathrm{d}\boldsymbol{l}_2$$

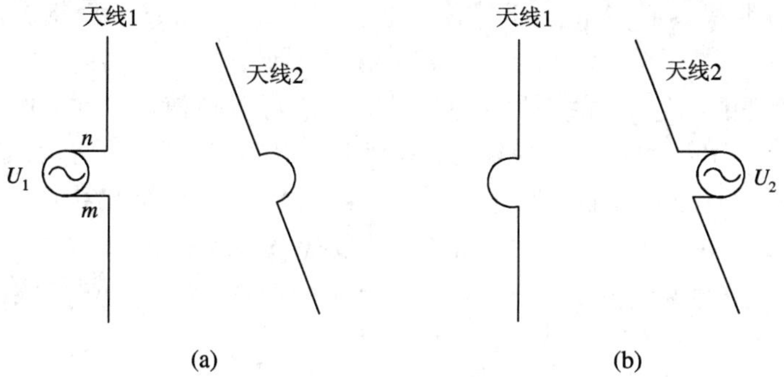

图 9-8　天线互易性的说明图

如果天线为理想导体，其上电场切向分量为零，则上式左边第二项积分和右边第一项积分为零；在 l_1 上除输入端 mn 处 $\int_n^m \boldsymbol{E}_1 \cdot \mathrm{d}\boldsymbol{l}_1 = U_1$ 外电场切向分量仍为零，在 mn 段有由天线 2 上电压 U_2 产生的短路电流 $I_2 = I_{12}$。因此上式左边应等于 $I_{12}U_1$。同理，该式右边等于 $I_{21}U_2$。于是

$$I_{12}U_1 = I_{21}U_2$$

令天线 1 对天线 2 的互导纳为 $Y_{12} = I_{12}/U_2$；天线 2 对天线 1 的互导纳为 $Y_{21} = I_{21}/U_1$，则上式可写为

$$Y_{12} = Y_{21} \tag{9-59}$$

如果天线 1 用作发射天线，天线 2 用作接收天线，则当天线 2 在以天线 1 为中心的球面上移动时，天线 2 上测得的短路电流 I_{21} 的大小应正比于天线 1 的发射方向性函数，于是

$$I_{21}(\theta, \phi) = Y_{21}U_1 = K_1 f_{发}(\theta, \phi)$$

同理，天线 2 用作发射天线，天线 1 用作接收天线时，天线 1 上测得的短路电流 I_{12} 的大小应正比于天线 1 的接收方向性函数，于是

$$I_{12}(\theta, \phi) = Y_{12}U_2 = K_2 f_{收}(\theta, \phi)$$

考虑到式(9-59)，且取 $U_1 = U_2$，则由上式可见

$$f_{发}(\theta, \phi) = f_{收}(\theta, \phi)$$

上式表明天线 1 用作发射天线与用作接收天线时的方向性函数相同，也就是说天线的发射方向图与接收方向图相同。

此外，还可以由互易定理证明同一天线用作发射和接收时，尚有其他相同的性质。这将在后续课程介绍。

9.6　线形天线

辐射体由横截面半径远小于波长的金属导线构成的天线，称为线天线。线天线广泛应用于通信、广播、雷达等领域，其内容非常丰富。

9.6.1　对称振子天线

1. 对称振子的电流分布和远区场

对称振子是最基本的线天线形式，如图 9-9 所示。它是一对等长度的直导线，其内端

与馈线相接。一臂长度为 l，全长为 $2l$，圆柱导体的半径为 a。这种结构可以看成是一段终端开路的双线传输线的两根导线张开 180°的张角所形成。

对称振子是应用非常广泛的一种基本天线。它既可单独使用，也可作为阵列天线的组成单元，还可以作为某些微波天线的馈源。这种看起来非常简单的结构，即使认为导线是理想导体，要确定导线上的正确电流分布，也是极其困难的电磁场边值问题。所以，作为工程近似，通常假定电流沿导线按正弦分布。当导线直径约为 0.01 或更小时，这种假设是对电流实际分布的很好近似。

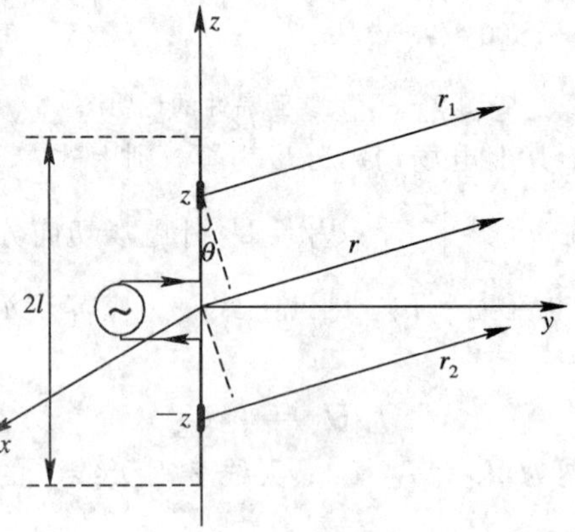

图 9-9　臂长为 l 的对称振子

如图 9-9 所示，设对称振子沿 z 轴放置，振子中心位于坐标原点，则振子上的电流分布表示式为

$$I(z) = I_m \sin[k(l - |z|)] \tag{9-60}$$

式中 I_m 为电流驻波的波腹电流，即电流最大值；k 为对称振子上电流传输的相移常数，在此它就等于自由空间的相移常数，即 $k=2\pi/\lambda$。

有了电流分布，便可以利用叠加原理来求出对称振子的远区场。由于对称振子天线的长度可以与波长比拟，因而沿天线分布的电流不再是振幅和相位处处相同的均匀电流。此时尽管不能把整个天线看做电基本振子，但可以把对称振子分解成许多小电流元，每个长度为 dz 的小电流元 $I\ \mathrm{d}z$ 就是一个电基本振子，其远区辐射电场强度可由式(9-20a)给出

$$\boldsymbol{E} = \boldsymbol{e}_\theta E_\theta = \mathrm{j}\frac{I\ \mathrm{d}z}{2\lambda r}\eta\ \sin\theta \boldsymbol{e}_\theta$$

式中 r 为小电流元 $I\ \mathrm{d}z$ 与场点间的距离。将这些互不相同的小电流元 $I\ \mathrm{d}z$ 在空间同一点产生的辐射场叠加，就获得了对称振子的辐射场。

为了便于计算，我们在振子两臂上点 $|z|$ 处各取小电流元 $I\ \mathrm{d}z$，如图 9-9。考虑到远区场，因 $r \gg l$，故可以认为各小电流元 $I\ \mathrm{d}z$ 到场点的射线平行。在自由空间中，由式(9-20a)知，振子上、下臂上的小电流元的远区场分别是

$$\mathrm{d}E_{\theta 1} = \mathrm{j}\frac{60\pi I(z)\ \mathrm{d}z}{\lambda_0 r_1}\sin\theta \cdot \mathrm{e}^{-\mathrm{j}kr_1} \tag{9-61a}$$

$$\mathrm{d}E_{\theta 2} = \mathrm{j}\frac{60\pi I(z)\ \mathrm{d}z}{\lambda_0 r_2}\sin\theta \cdot \mathrm{e}^{-\mathrm{j}kr_2} \tag{9-61b}$$

在平行射线近似下，$\mathrm{d}E_{\theta 1}$、$\mathrm{d}E_{\theta 2}$ 的方向相同；且分母中的 r_1、r_2 用 r 代替，即可忽略对称振

子上各小电流元 $I\,dz$ 到场点距离不同对远区场振幅的影响。但是，决定远区场的相位因子中的 r_1、r_2 却必须用更精确的近似值。因为场点虽然很远，但对称振子天线上的各小电流元 $I\,dz$ 到场点的距离差可达若干波长，因此与波长相比是不能忽略的，它将引起显著的相位差。

由图 9－9 可见

$$r_1 = r - |z|\cos\theta,\quad r_2 = r + |z|\cos\theta \tag{9-62}$$

于是两个小电流元的远区辐射场之和为

$$\begin{aligned}dE_\theta &= dE_{\theta 1} + dE_{\theta 2}\\ &= \mathrm{j}\,\frac{60\pi I(z)dz}{\lambda_0 r}\sin\theta\cdot\left[e^{-jk(r-|z|\cos\theta)} + e^{-jk(r+|z|\cos\theta)}\right]\\ &= \mathrm{j}\,\frac{120\pi I(z)\sin[k(l-|z|)]dz}{\lambda_0 r}\sin\theta\cdot\cos(k|z|\cos\theta)\cdot e^{-jkr}\end{aligned} \tag{9-63}$$

将 dE_θ 从 0 到 l 对 z 积分，便得对称振子的辐射场

$$E_\theta = \mathrm{j}\,\frac{60 I_m}{r}\left[\frac{\cos(kl\cos\theta) - \cos kl}{\sin\theta}\right]e^{-jkr} \tag{9-64}$$

其远区磁场与电场的关系仍为

$$H_\phi = \frac{E_\theta}{120\pi}$$

可见，对称振子的辐射场是一个球面波，其等相位面是以振子中心为球心、半径为常数的球面。电厂只有 E_θ 分量，磁场只有 H_ϕ 分量，是横电磁波。在不同的 θ 方向上有不同的辐射场强值，即其具有方向性。

对称振子最常见的长度是 $l=\lambda/4$，即振子全长 $2l=\lambda/2$，称为半波振子。其远区辐射场为

$$\begin{cases} E_\theta = \mathrm{j}\,\dfrac{60 I_m \cos\left(\dfrac{\pi}{2}\cos\theta\right)}{r\sin\theta}e^{-jkr}\\ H_\phi = \dfrac{E_\theta}{\eta_0}\end{cases} \tag{9-65}$$

2. 对称振子的电参数

1）对称振子的方向图

通常取式(9－64)中与方向有关的因子作为对称振子的方向性函数，称为未归一化的方向性函数：

$$f(\theta,\phi) = \frac{|E(\theta,\phi)|}{60 I_m/r} = \frac{\cos(kl\cos\theta) - \cos kl}{\sin\theta} \tag{9-66a}$$

由其可得出按式(9－38)定义的归一化方向性函数：

$$F(\theta,\phi) = \frac{f(\theta,\phi)}{f_{max}} \tag{9-66b}$$

式中 f_{max} 是 $f(\theta,\phi)$ 的最大值。对于半波振子，有

$$f(\theta,\phi) = F(\theta,\phi) = \frac{\cos\left(\dfrac{\pi}{2}\cos\theta\right)}{\sin\theta} \tag{9-66c}$$

由式(9－66a)可见，方向性函数仅与θ有关，而与ϕ无关。即H的方向图是圆，与对称振子的电长度无关；E面方向图总是关于$\theta=90^\circ$的平面对称，且方向图随电长度$2l/\lambda$变化。图9－10画出了四种不同电长度的对称振子的E面方向图。

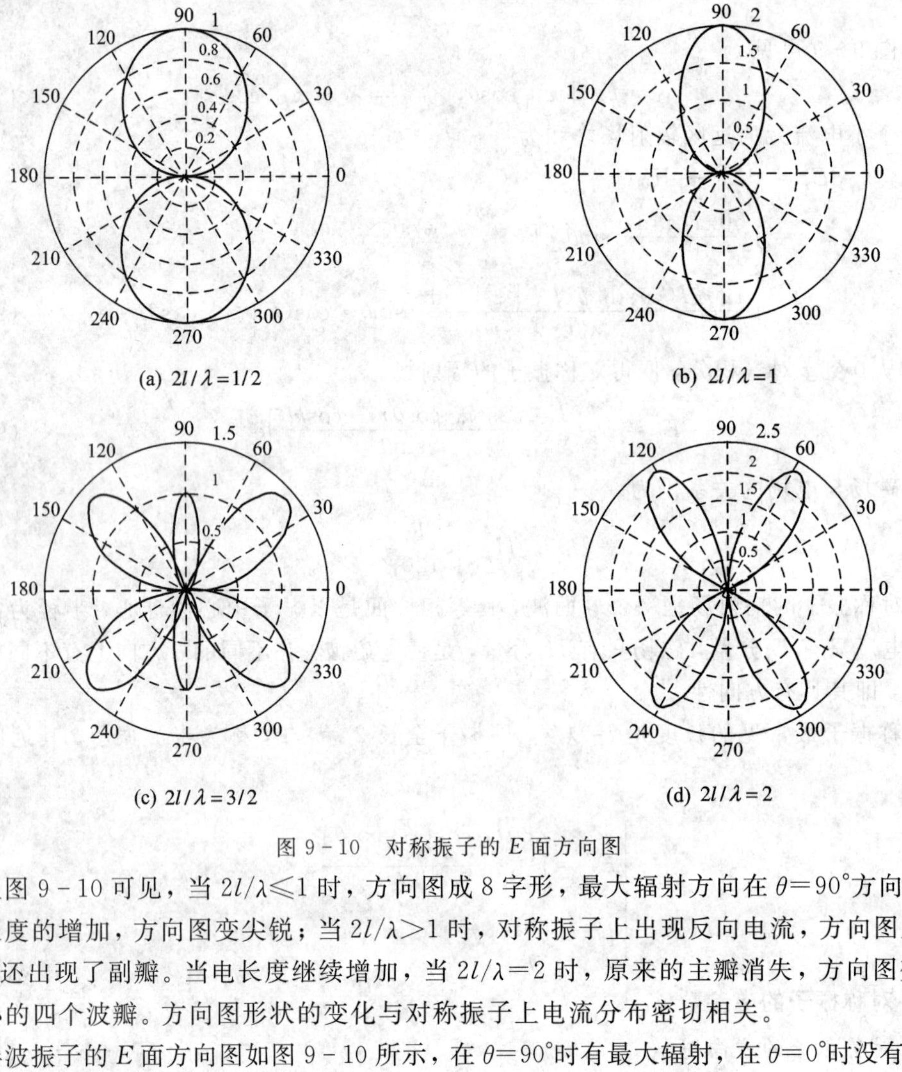

(a) $2l/\lambda=1/2$　　(b) $2l/\lambda=1$

(c) $2l/\lambda=3/2$　　(d) $2l/\lambda=2$

图9－10　对称振子的E面方向图

从图9－10可见，当$2l/\lambda\leqslant1$时，方向图成8字形，最大辐射方向在$\theta=90^\circ$方向上，且随电长度的增加，方向图变尖锐；当$2l/\lambda>1$时，对称振子上出现反向电流，方向图上除主瓣外，还出现了副瓣。当电长度继续增加，当$2l/\lambda=2$时，原来的主瓣消失，方向图变成同样大小的四个波瓣。方向图形状的变化与对称振子上电流分布密切相关。

半波振子的E面方向图如图9－10所示，在$\theta=90^\circ$时有最大辐射，在$\theta=0^\circ$时没有辐射。

2）对称振子的辐射功率和辐射电阻

对称振子的辐射功率，通常用平均坡印廷矢量在一个中心位于对称振子中心、半径足够大(远区)，并且包围对称振子天线的球面上的积分来表示

$$\begin{aligned}P_r &= \oint_S \boldsymbol{S}_{av}\cdot \mathrm{d}\boldsymbol{S} = \int_0^{2\pi}\int_0^{\pi}\frac{|E_\theta|^2}{2\eta_0}r^2\sin\theta\,\mathrm{d}\theta\,\mathrm{d}\phi\\ &= 30I_m^2\int_0^{\pi}\frac{[\cos(kl\cos\theta)-\cos kl]^2}{\sin\theta}\,\mathrm{d}\theta\end{aligned}\tag{9-67}$$

半波振子的辐射功率为

$$P_r = 30I_m^2\int_0^{\pi}\frac{\left[\cos\left(\dfrac{\pi}{2}\cos\theta\right)\right]^2}{\sin\theta}\mathrm{d}\theta = 30I_m^2\times1.2188 = 36.564I_m^2(\mathrm{W})$$

由于对称振子天线的辐射功率与辐射电阻的关系为

$$P_r = \frac{1}{2} I_m^2 R_r$$

因此辐射电阻为

$$R_r = \frac{2P_r}{I_m^2} = 60 \int_0^\pi \frac{[\cos(kl\ \cos\theta) - \cos kl]^2}{\sin\theta} \mathrm{d}\theta \tag{9-68}$$

此式积分可以用正弦积分和余弦积分表示，但更直接的计算是作数值积分。

半波振子的辐射电阻

$$R_r = \frac{2P_r}{I_m^2} = 73.128\ (\Omega)$$

对于半波振子，由式(9 - 56c)和式(9 - 43)得其方向性系数

$$D = \frac{4\pi}{\int_0^{2\pi}\int_0^\pi F^2(\theta, \phi)\ \sin\theta\ \mathrm{d}\theta\ \mathrm{d}\phi} = \frac{4\pi}{\int_0^{2\pi}\int_0^\pi \left[\dfrac{\cos\left(\dfrac{\pi}{2}\cos\theta\right)}{\sin\theta}\right]^2 \sin\theta\ \mathrm{d}\theta\ \mathrm{d}\phi}$$

$$= \frac{2}{\int_0^\pi \dfrac{\cos^2\left(\dfrac{\pi}{2}\cos\theta\right)}{\sin\theta}\mathrm{d}\theta} = \frac{2}{1.2188} = 1.641$$

9.6.2　引向天线

引向天线又称波道天线或八木天线，它由一个有源振子和若干个无源振子组成，其结构如图 9 - 11 所示。有源振子一侧的若干短无源振子形成引向器，另一侧的一个长无源振子形成反射器。作为无源振子的引向器和反射器的中心是不接电源的短路寄生振子。所有振子在一个平面内相互平行，其中点固定于相垂直的金属杆上。它具有结构简单、馈电方便、增益高，易于制作等优点。常用于米波、分米波段的雷达、通信及其他无线电系统中。它的主要缺点是频带较窄。

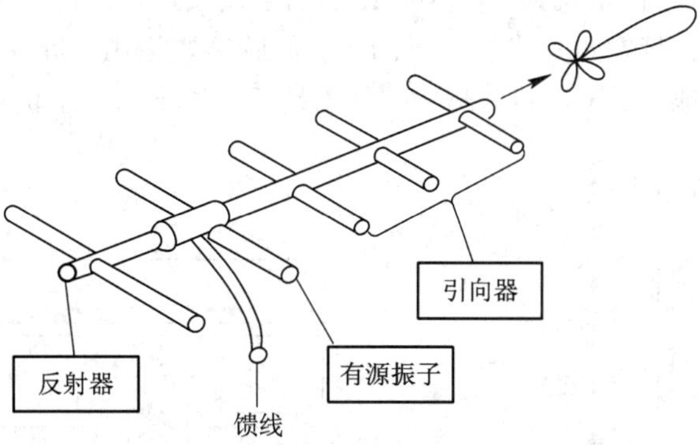

图 9 - 11　引向天线

引向天线的定向工作原理可由图 9 - 12 所示的二元振子引向天线来说明。假定振子 1 与振子 2 振幅相等，相距 λ/4。若振子 1 为有源振子，由于辐射场的耦合作用，则振子 2 所感应的电流滞后于振子 1 的 π/2。也就是说，振子 1 与振子 2 振幅之间在空间相位和时间

相位上均相差 $\pi/2$。当振子 1 的辐射场经过 $\lambda/4$ 的空间程差到达场点 P 时，空间相位恰好比 1 滞后 $\pi/2$，此时振子 2 在时间相位上比振子 1 滞后 $\pi/2$，同时在场点 P 产生辐射场，因此场点 P 的合成场是同相叠加而增强的；当振子 1 的辐射场到达场点 P'时，振子 2 的辐射场在空间上和时间上都要比振子 1 滞后 $\pi/2$ 才能到达场点 P'，总的滞后相位为 π，因此场点 P'的合成场是反相叠加而抵消。这样，引向天线辐射场的方向性图便指向场点 P。所以若振子 1 为主振子，则振子 2 为引向器；反之，若振子 2 为主振子，则振子 1 为反射器。推而广之，对于多元振子引向天线，只要对其中一个振子馈电，其余振子则依靠与有源振子之间的近场耦合所感应的电流来激励，而感应电流的大小取决于各振子的长度及其间距。因此，通过改变无源振子的尺寸即与有源振子的间距来调整彼此间的电流分配比，就可以达到控制引向天线方向图的指向，从而达到定向辐射的目的。

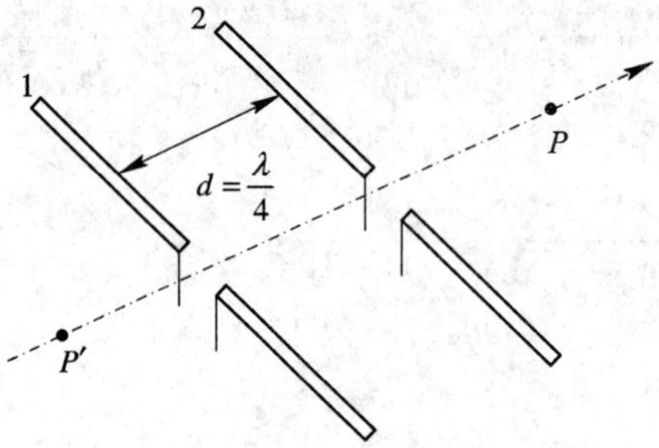

图 9-12　引向天线的定向工作原理

为了提高天线的输入阻抗，引向天线的有源振子常采用折合振子，如图 9-13(b)所示。折合振子可看做是由馈电的 $\lambda/2$ 短路双线传输线变形而形成的，如图 9-13(a)中的传输线上的电流为反相分布，而在图 9-13(b)中的折合振子天线上的电流则为同相分布。这相当于电流为 $2I_0$的单振子，在输入功率 $P_{in}=\dfrac{1}{2}I_0^2R_{in}$ 与辐射功率 $P_r=\dfrac{1}{2}(2I_0)^2R_r$ 等值的条件下，有 $P_{in}=4P$。已知单振子的输入电阻为 73 Ω，所以折合振子的输入阻抗变为 300 Ω，这足够与具有特性阻抗为 50～100 Ω 的同轴馈线进行匹配。同时，折合振子相当于加粗的振子，所以工作带宽也比半波振子的宽。最后还要指出，折合振子的中心点为电压波节点，因而可以接地，便于固定和避雷。这也是折合振子的三个优点。

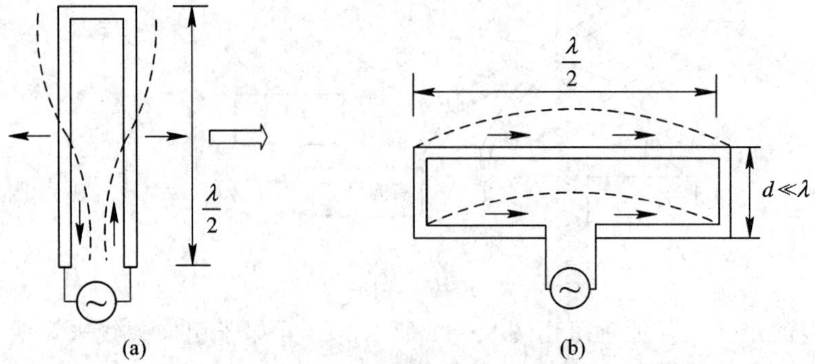

图 9-13　短路双线传输线与折合振子的比较

9.7 天　线　阵

天线的方向性是描述天线辐射特性的一个最重要的形式，天线的某些电参量都与它有密切的关系。在工程应用中，对用于形象化描述天线方向性的方向性图的尖锐性程度的要求也是不同的。例如，电视发射采用蝙蝠翼天线能在水平方向得到无向性的方向性图，雷达和卫星等采用抛物面天线能够在指定的方向得到尖锐性程度很高的方向性图。因此，如何改善和调控天线的方向性图，以适应各种天线的需求，就成为必须考虑的重要问题。事实上，前面介绍的各种线形天线和面形天线均具有不同的方向性图，其原因在于这些天线都是以电、磁基本振子按不同方式组合而成的，而电、磁基本振子的方向性图则是一定的，这表明不同辐射单元的组合可以改善或增强某个方向的方向性。为了改善和调控天线的方向性，将若干辐射单元按某种方式排列所组成的系统称为天线阵。组成天线阵的辐射单元称为阵元或天线元。

9.7.1　方向性相乘原理

线形天线是一种离散性天线阵，面形天线是一种连续性天线阵。我们以线形天线中最简单的二元阵为例来说明天线阵的方向性相乘原理或方向性图乘法规则。图 9-14 表示两个形式和取向一致、间距为 d 的天线组成的二元阵，它们至场点 P 的距离分别为 r_1 和 r_2。在远区有(r_1，$r_2 \gg d$)，则 r_1 和 r_2 近似平行，元天线 1 和 2 的电流 I_1 和 I_2 产生的电场强度 E_1 和 E_2 近似平行，场点 P 的电场强度方向相同，二元天线阵的合成场可写成如下标量和：

$$E = E_1 + E_2 \tag{9-69}$$

式中，E_1 和 E_2 随 r 的函数变化因子为 $\frac{1}{r}e^{-jkr_{1,2}}$。

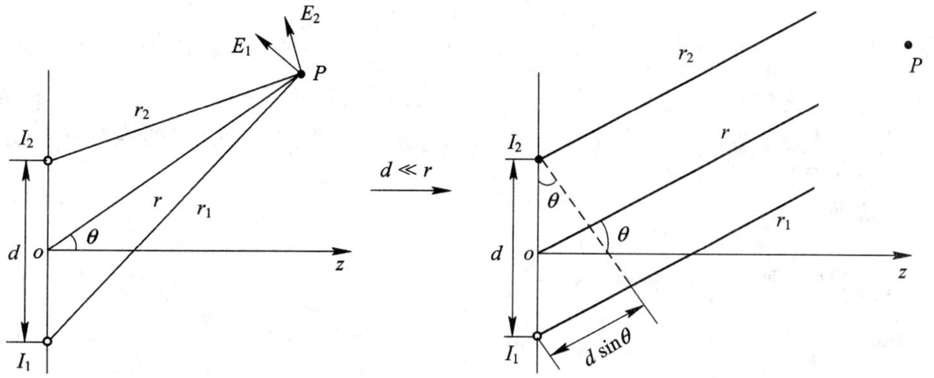

图 9-14　二元天线阵(E 面)

现在分别考查元天线 1 和 2 的场在场点的空间相差和时间相差。

1. 空间相差

由于在远区 r_1 近似平行于 r_2，即知振幅因子中近似取 $r_1 \approx r_2$，相位因子中取较精确的 $r_2 = r_1 - d\sin\theta$，则由路程差引起的空间相位差由如下指数因子决定，即

$$e^{-jk(r_2-r_1)} = e^{jkd\sin\theta}$$

这表示 r_2 超前 r_1 的空间相差为 $kd\sin\theta$。

2. 时间相差

相同形式元天线的电流分布也相同，它们的绝对值之比为 $\frac{I_2}{I_1}=m$，其时间相差可由如下指数因子决定，即

$$\frac{I_2}{I_1} = me^{-j\alpha}$$

这表示 I_2 滞后 I_1 的时间相差为 α。

综合上述结果，可知在场点 P 处的电场强度 E_2 超前电场强度 E_1 的净相差为

$$\psi = kd\sin\theta - \alpha \tag{9-70}$$

式(9-70)中第一项是由元天线相对位置所引起的空间相差，第二项是由电流相对相位所引起的时间相差。

由式(9-20)可知 $E_{1,2}\propto I_{1,2}$，则有 $\frac{E_2}{E_1}=me^{-j\psi}$，将式(9-70)代入式(9-69)，得

$$E = E_1(1+me^{j\psi}) \tag{9-71}$$

式中 E_1 包含元天线 1 的方向性因子，由式(9-20)可知 $F_1(\psi)=F_1(\theta)(\alpha=0)$；$(1+me^{j\psi})$ 是元天线 1 和 2 间的阵因子，可写为

$$\begin{aligned} F_{12}(\psi) &= |1+m\cos\psi+jm\sin\psi| \\ &= \sqrt{(1+m\cos\psi)^2+m^2\sin^2\psi} \\ &= \sqrt{1+m^2+2m\cos\psi} \end{aligned} \tag{9-72}$$

由式(9-71)可写出二元天线的方向性相乘原理的表示式为

$$F(\psi) = F_1(\psi)F_{12}(\psi) \tag{9-73}$$

式中 $F(\psi)$ 表示二元天线阵的方向性因子。由此可知，二元天线阵的方向性因子等于元天线的方向性因子与阵因子的乘积，称为方向性相乘原理。由此可以推而广之，还可得到多元天线阵的天线方向性相乘原理。显然，天线阵的方向性与元天线的类型、数目、间距和电流相位有关，适当变更元天线的数目、间距和电流相位，即可按需求改变天线阵的方向性。

9.7.2 常见二元阵天线

为简化分析，取 $m=1$，式(9-72)变为

$$F_{12}(\psi) = \sqrt{2(1+\cos\psi)} = 2\cos\frac{\psi}{2} \tag{9-74}$$

将上式代入式(9-71)，得

$$|E| = |E_1|\,2\cos\frac{\psi}{2} = 2|E_1|\cos\left(\frac{\pi d\sin\theta}{\lambda}-\frac{\alpha}{2}\right) \tag{9-75}$$

α 取不同值，可得到不同的二元天线阵。

1. 等幅同相二元阵天线

当 $\alpha=0$ 时，由式(9-74)得

$$F_{12}(\psi) = F_{12}(\theta) = 2\cos\left(\frac{\pi d}{\lambda}\sin\theta\right)$$

当$\frac{d}{\lambda}$取不同值时，可得不同的阵因子方向性图。图 9 - 15(a)表示$\frac{d}{\lambda}=0.5$时的方向性图。

2. 等幅反相二元阵天线

当 $\alpha=\pi$ 时，由式(9 - 74)得

$$F_{12}(\psi) = 2\sin\left(\frac{\pi d}{\lambda}\sin\theta\right)$$

图 9 - 15(b)表示$\frac{d}{\lambda}=0.5$时的方向性图。

3. 等幅正交相二元阵天线

当 $\alpha=\frac{\pi}{2}$时，由式(9 - 74)得

$$F_{12}(\psi) = 2\cos\left(\frac{\pi d}{\lambda}\sin\theta - \frac{\pi}{4}\right)$$

图 9 - 15(c)表示$\frac{d}{\lambda}=0.25$时的方向性图。

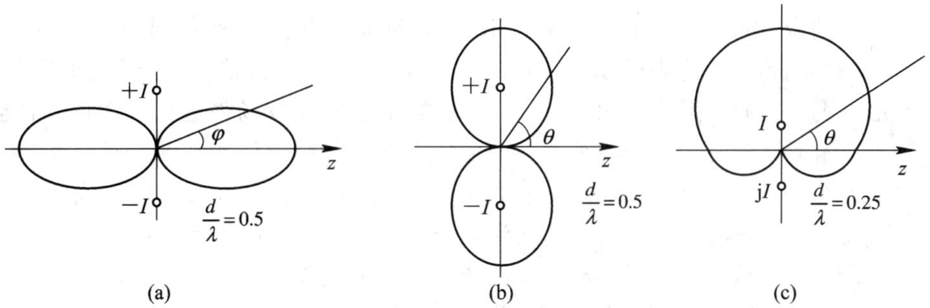

图 9 - 15　二元阵天线的阵因子$\left(a，\frac{d}{\lambda}取不同值\right)$

需要指出的是，图 9 - 14 中所示二元天线阵至辐射场场点射线与 z 轴的夹角为极角 θ，其阵因子 $F_{12}(\psi)=F_{12}(\theta)$可以描述 E 面上的方向性图。图 9 - 15 表示二元天线阵至辐射场场点射线与 x 轴的夹角为方位角 φ，其阵因子 $F_{12}(\psi)=F_{12}(\varphi)$可以描述 H 面上的方向性图。比较由路径差引起的空间相位差可知，图 9 - 14 中的 $d\sin\theta$ 已转换为图 9 - 16 中的 $d\cos\varphi$。因此，只需将 F_{12}中的 $\sin\theta$ 代换为 $\cos\varphi$，即可将 E 面方向性图代换为 H 面方向性图。

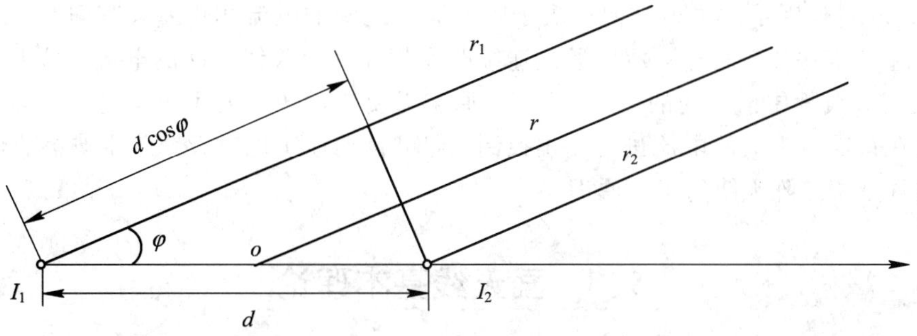

图 9 - 16　二元天线阵(H 面)

9.7.3 直线阵天线

二元阵天线可以推广为多元均匀直线阵天线，以获得更尖锐的辐射方向性图。多元均匀直线阵天线是等间距、等幅度，且按等相位差递变的直线阵天线。由于均匀直线阵天线的阵元天线及其排列方式相同，所以天线阵的方向性因子可由方向性图乘法规则来确定，即等于阵元天线的方向性因子与阵因子的乘积。直线阵天线有两种特殊情况非常重要。

1. 侧射式天线阵

天线阵具有最大辐射的方向称为主射方向。主射方向是辐射场方向图的主瓣方向。天线阵的主射方向垂直于天线阵轴线或指向其轴线两侧，这样的天线阵称为侧射式天线阵。

由式(9-74)知，在主射方向要求天线阵因子为最大值 $F(0)|_{max}=2$，得知 $|E|=2|E_1|$，亦即获得最大辐射的条件为 $\psi=0$。此时要求式(9-70)满足 $\theta=0$(取 $\sin\theta$)和 $\alpha=0$(在 E 面中)或 $\varphi=\pm\frac{\pi}{2}$(取 $\cos\varphi$)和 $\alpha=0$(在 H 面中)。这表明在垂直于阵轴的方向上，各阵元天线到场点没有波程差。所以各元天线电流不需要有时间相位差。

2. 端射式天线阵

天线阵的主射方向沿天线阵轴线。这样的天线阵称为端射式天线阵。为了满足最大辐射条件 $\varphi=0$，要求式(9-70)满足 $\theta=\pi/2$(取 $\sin\theta$)和 $\alpha=kd$(在 E 面中)或 $\varphi=0$，π(取 $\cos\varphi$)和 $\alpha=\pm kd$(在 H 面中)。这表明场强 E 的空间相位差 kd 恰好抵消了电流 I 的时间相位差。因此，各元天线产生的场强相位相同，同相叠加的结果使合成场强达到最大值。而且可以判断，若各阵元天线电流沿天线阵轴线方向使场强的空间相位依次超前(或滞后)kd，则要求相应电流的时间相位一次滞后(或超前)同样值，才能确保沿轴线方向各天线元的场强相位相同。这表明天线阵的主射方向是从电流相位超前(或滞后)的阵元天线指向电流相位滞后(或超前)的阵元天线，正好是沿着其轴线的端射式天线阵。

在式(9-70)中，若只考虑 H 面，则将 $\sin\theta$ 代换为 $\cos\varphi$ 得

$$\psi = kd\ \cos\varphi - \alpha$$

阵因子达到最大值的条件为 $\psi=0$，由上式可知

$$\cos\varphi_m = \frac{\alpha}{kd} \tag{9-76a}$$

可见阵因子达到最大值的角度 φ_m 为

$$\varphi_m = \arccos\frac{\alpha}{kd},\quad \alpha \leqslant kd \tag{9-76b}$$

式(9-76)表明阵因子的主射方向取决于阵元天线之间的电流相位差及其间距。由于天线的方向性主要取决于阵因子，所以通过连续改变相邻阵元天线之间的电流相位差，即可达到连续改变天线阵主射方向的目的。于是，原来需要通过转动天线来实现对主波束的机械扫描，现在只需对天线的电流进行相位控制，即可自动地实现对天线阵主波束的快速电调扫描，这就是相控阵天线的工作原理。

9.8 面天线基本理论

长波、中波、短波和超短波段通常采用线天线，但在微波波段一般不采用线天线，而

是采用面天线，也称为口径天线。因为在微波波段，波长很短(通常波长小于 1 m，大于 1 mm)，如果采用线天线，则在天线的加工、安装和调试上都会遇到许多困难，有时甚至难于实现；另一方面，微波天线具有类似光学系统的特性。面天线广泛应用于微波中继通信、卫星通信、卫星电视广播以及雷达、导航等无线电系统中。

喇叭天线、抛物面天线和透镜天线是几种常用的面天线。面天线通常由初级辐射器和辐射口面两部分组成。初级辐射器又称为馈源，用作初级辐射器的有终端开口的波导、喇叭天线、对称阵子等，初级辐射器的作用是把馈线中传输的电磁能量转换为由辐射口面向外辐射的电磁能量。辐射口面的作用是把从初级辐射器获得的电磁能量按所要求的方向性向空间辐射出去。

严格求解面天线的辐射场，就要根据天线的边界条件求解麦克斯韦方程组，这在数学处理上相当复杂。工程上往往采用以下两种近似方式求解。

1. 感应电流法

这种方法是先求出天线的金属导体面在初级辐射器照射下产生的感应面电流分布，然后计算此电流在外部空间产生的辐射场。

2. 口面场法

这种方法包括两部分，先作一个包围天线的封闭面，求出此封闭面上的场(称为界内场问题)；然后根据惠更斯原理，利用该封闭面上的场求出空间的辐射场(称为解外场的问题)。由于金属封闭面上无电磁场，故实际上只需考虑封闭面的开口部分的辐射作用，即口面场的辐射。

9.8.1　基尔霍夫公式

惠更斯原理指出，包围波源的闭合面(波阵面)上任一点的场均可认为是二次波源，它们产生球面子波，闭合面外任一点的场可由闭合面上的场(二次波源)的叠加决定。

基尔霍夫公式是上述思想的数学表述。设闭合面 S 中的源在闭合面 S 上产生的场为 $\boldsymbol{E}_S$ 及 $\boldsymbol{H}_S$，在闭合面外任一点 P 产生的场为 $\boldsymbol{E}_P$ 及 $\boldsymbol{H}_P$，如图 9-17 所示。下面推导由 $\boldsymbol{E}_S$、$\boldsymbol{H}_S$ 计算 $\boldsymbol{E}_P$、$\boldsymbol{H}_P$ 的公式——基尔霍夫公式。

取无限大闭合面 S_∞ 包围空间场域，如图 9-17 所示。设 S 与 S_∞ 包围的空间区域 V 是无源区。ψ 是一个标量函数，它可表示标量位、矢量位或矢量场的任一直角坐标分量，并满足齐次亥姆霍兹方程

$$\nabla^2\psi + k^2\psi = 0 \qquad (9-77)$$

式中，$k^2=\omega^2\mu\varepsilon$。为方便起见，取 P 点为坐标原点($r=0$)。现引入另一标量函数 $G(r)$，它满足方程

$$\nabla^2 G(r) + k^2 G(r) = -\delta(r) \qquad (9-78)$$

可以证明，式(9-78)的解为

$$G(r) = \frac{e^{-jkr}}{4\pi r} \qquad (9-79)$$

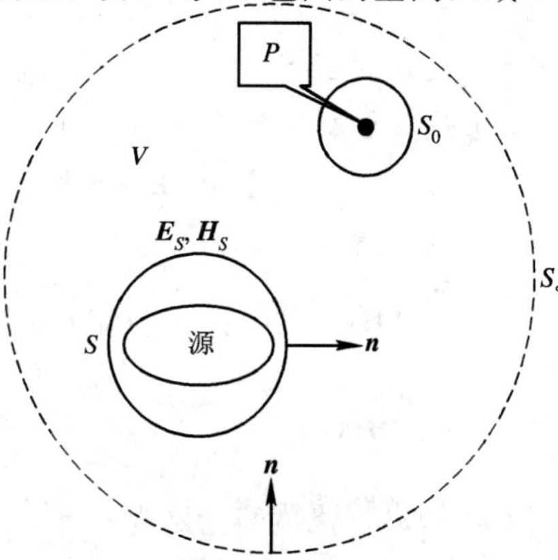

图 9-17　惠更斯原理

标量函数 $G(r)$ 称为标量格林函数，其物理意义为

在 $r=0$ 处的点源在距源点 r 处产生的标量场。

由上可见，ψ 在 V 中具有二阶连续偏导数，$G(r)$ 在 V 中除 P 点外也具有二阶连续偏导数。以 P 点为球心作半径为 a 的球面 S_0，它包围的空间区域为 V_0。在空间区域 $V-V_0$ 中，标量函数 ψ 和 $G(r)$ 均具有二阶连续偏导数，因此它们满足格林定理式(9-3)，即

$$\int_{V-V_0}[\psi\nabla^2 G-G\nabla^2\psi]\mathrm{d}V=-\oint_{S+S_0+S_\infty}\left(\psi\frac{\partial G}{\partial n}-G\frac{\partial\psi}{\partial n}\right)\mathrm{d}S \tag{9-80}$$

上式右边取负号是因为单位矢量 $\boldsymbol{n}$ 的方向为空间区域 $V-V_0$ 的内法线矢量。$V-V_0$ 的空间区域为 ψ 和 $G(r)$ 的无源区，因此式(9-80)左边的被积函数为

$$\psi\nabla^2 G-G\nabla^2\psi=\psi(-k^2 G)-G(-k^2\psi)=0$$

故式(9-80)左边的体积分为零。而右边的面积分可分为三个面积分之和。已知场分量的振幅至少与距离 r 的一次方成反比，即 $G(r)$ 与 $\frac{1}{r}$ 成正比，所以当 $r\to\infty$ 时，$\frac{\partial}{\partial n}\to-\frac{\partial}{\partial r}$。因此面积分中的被积函数在 $r\to\infty$ 时至少与 r 的三次方成反比，又由于 S_∞ 与 r^2 成正比，故当 $r\to\infty$ 时，S_∞ 的面积分为零。S_0 面上的面积分为

$$\begin{aligned}\oint_{S_0}\left(\psi\frac{\partial G}{\partial n}-G\frac{\partial\psi}{\partial n}\right)\mathrm{d}S&=\oint_{S_0}\left(\psi\frac{\partial G}{\partial r}-G\frac{\partial\psi}{\partial r}\right)\mathrm{d}S\\&=\left.\frac{\partial G}{\partial r}\right|_{r=a}\oint_{S_0}\psi\,\mathrm{d}S-G\,|_{r=a}\oint_{S_0}\frac{\partial G}{\partial r}\mathrm{d}S\end{aligned} \tag{9-81}$$

上式中第二项的面积分为

$$\oint_{S_0}\frac{\partial\psi}{\partial r}\mathrm{d}S=\oint_{S_0}\frac{\partial\psi}{\partial n}\mathrm{d}S=\oint_{S_0}\nabla\psi\cdot\mathrm{d}\boldsymbol{S}=\int_{V_0}\nabla^2\psi\,\mathrm{d}V=-\int_{V_0}k^2\psi\,\mathrm{d}V \tag{9-82}$$

当 $a\to 0$ 时，$V_0\to 0$，式(9-82)第二项的极限为零，第一项的极限为 $-\psi(P)$。

于是，由式(9-80)可得 P 点的标量场为

$$\psi_P=\oint_S\left(\psi\frac{\partial G}{\partial n}-G\frac{\partial\psi}{\partial n}\right)\mathrm{d}S \tag{9-83}$$

当 P 点在 $\boldsymbol{r}$ 点处时，格林函数 $G=\frac{\mathrm{e}^{-\mathrm{j}k|\boldsymbol{r}-\boldsymbol{r}'|}}{4\pi|\boldsymbol{r}-\boldsymbol{r}'|}$，闭合面 S 外任一点 $\boldsymbol{r}$ 处

$$\psi(\boldsymbol{r})=\frac{1}{4\pi}\oint_S\left[\psi(\boldsymbol{r}')\frac{\partial}{\partial n}\left(\frac{\mathrm{e}^{-\mathrm{j}k|\boldsymbol{r}-\boldsymbol{r}'|}}{|\boldsymbol{r}-\boldsymbol{r}'|}\right)-\frac{\mathrm{e}^{-\mathrm{j}k|\boldsymbol{r}-\boldsymbol{r}'|}}{|\boldsymbol{r}-\boldsymbol{r}'|}\frac{\partial}{\partial n}\psi(\boldsymbol{r}')\right]\mathrm{d}S \tag{9-84}$$

式中 $\boldsymbol{r}'$ 点在闭合面 S 上。式(9-84)被称为基尔霍夫公式，它是惠更斯原理的数学形式。事实上，上式只是所有源均在 S 之外时式(9-8)的特例。

电磁场的任一直角坐标分量都满足式(9-84)，所以三个直角坐标分量合成为矢量后，可得矢量基尔霍夫公式为

$$\boldsymbol{E}_S(\boldsymbol{r})=\frac{1}{4\pi}\oint_S\left[\boldsymbol{E}_S(\boldsymbol{r}')\frac{\partial}{\partial n}\left(\frac{\mathrm{e}^{-\mathrm{j}k|\boldsymbol{r}-\boldsymbol{r}'|}}{|\boldsymbol{r}-\boldsymbol{r}'|}\right)-\frac{\mathrm{e}^{-\mathrm{j}k|\boldsymbol{r}-\boldsymbol{r}'|}}{|\boldsymbol{r}-\boldsymbol{r}'|}\frac{\partial}{\partial n}\boldsymbol{E}_S(\boldsymbol{r}')\right]\mathrm{d}S \tag{9-85a}$$

$$\boldsymbol{H}_S(\boldsymbol{r})=\frac{1}{4\pi}\oint_S\left[\boldsymbol{H}_S(\boldsymbol{r}')\frac{\partial}{\partial n}\left(\frac{\mathrm{e}^{-\mathrm{j}k|\boldsymbol{r}-\boldsymbol{r}'|}}{|\boldsymbol{r}-\boldsymbol{r}'|}\right)-\frac{\mathrm{e}^{-\mathrm{j}k|\boldsymbol{r}-\boldsymbol{r}'|}}{|\boldsymbol{r}-\boldsymbol{r}'|}\frac{\partial}{\partial n}\boldsymbol{H}_S(\boldsymbol{r}')\right]\mathrm{d}S \tag{9-85b}$$

式中 $\boldsymbol{r}$ 为场点位置矢量，场点在闭合面 S 外；$\boldsymbol{r}'$ 为闭合面 S 上的任意点的位置矢量；$\boldsymbol{E}_S$、$\boldsymbol{H}_S$ 为闭合面 S 上的电磁场。由式(9-84)可见，只要已知闭合面 S 上的电磁场，就可以通过面积分求出闭合面外任一点的电磁场。

9.8.2　口径面的辐射场

设一天线的口径面上电磁场的某一直角坐标分量 ψ_S 已知，在口径面上取一面元 dS，如图 9－18 所示，将其称为惠更斯元。合适地选择坐标系，使惠更斯元 dS 位于坐标原点，其法线沿 z 轴。

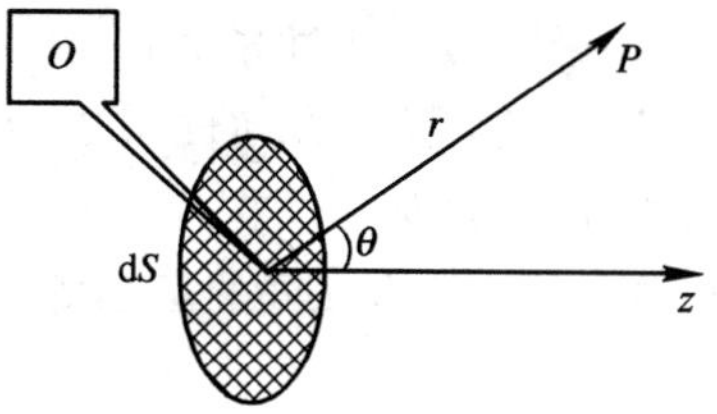

图 9－18　惠更斯元

设惠更斯元上场的传播方向为 z 方向，那么惠更斯元上的场可以表示为

$$\psi_S = \psi_{S_0}\,\mathrm{e}^{-\mathrm{j}kz} \tag{9-86}$$

这样

$$\left.\frac{\partial\psi}{\partial n}\right|_{z=0} = \left.\frac{\partial\psi}{\partial z}\right|_{z=0} = \mathrm{j}k\psi_{S_0} \tag{9-87}$$

$$\frac{\partial}{\partial n}\left(\frac{\mathrm{e}^{-\mathrm{j}k|\boldsymbol{r}-\boldsymbol{r}'|}}{|\boldsymbol{r}-\boldsymbol{r}'|}\right) = \frac{\partial}{\partial z}\left(\frac{\mathrm{e}^{-\mathrm{j}kr}}{r}\right) = \boldsymbol{e}_z \cdot \nabla\left(\frac{\mathrm{e}^{-\mathrm{j}kr}}{r}\right) = \cos\theta\left[\frac{\mathrm{e}^{-\mathrm{j}kr}}{r}\left(\mathrm{j}k + \frac{1}{r}\right)\right]$$

对于远区场

$$\frac{\partial}{\partial n}\left(\frac{\mathrm{e}^{-\mathrm{j}k|\boldsymbol{r}-\boldsymbol{r}'|}}{|\boldsymbol{r}-\boldsymbol{r}'|}\right) \approx \mathrm{j}k\,\frac{\mathrm{e}^{-\mathrm{j}kr}}{r}\cos\theta \tag{9-88}$$

式中 θ 为 $\boldsymbol{r}$ 与 z 轴的夹角。将以上结果代入式(9－83)中可得惠更斯元的远区辐射场为

$$\psi(\boldsymbol{r}) = \mathrm{j}\,\frac{\psi_{S_0}\,\mathrm{d}S}{2\lambda r}(1+\cos\theta)\,\mathrm{e}^{-\mathrm{j}kr} \tag{9-89}$$

由上式可得到位于 $\boldsymbol{r}'$ 处的惠更斯元在 $\boldsymbol{r}$ 点产生的场为

$$\psi(\boldsymbol{r}) = \mathrm{j}\,\frac{\psi_{S_0}(\boldsymbol{r})\,\mathrm{d}S'}{2\lambda\,|\boldsymbol{r}-\boldsymbol{r}'|}(1+\cos\theta')\,\mathrm{e}^{-\mathrm{j}k|\boldsymbol{r}-\boldsymbol{r}'|} \tag{9-90}$$

式中 θ' 为 $\boldsymbol{r}-\boldsymbol{r}'$ 与 $\mathrm{d}S'$ 的法线间的夹角。上式对整个口径面积分，可得口径面 S 上的场在 $\boldsymbol{r}$ 点产生的辐射场为

$$\psi(\boldsymbol{r}) = \frac{\mathrm{j}}{2\lambda}\int_S \frac{\psi_{S_0}(\boldsymbol{r}')\,\mathrm{d}S'}{|\boldsymbol{r}-\boldsymbol{r}'|}(1+\cos\theta')\,\mathrm{e}^{-\mathrm{j}k|\boldsymbol{r}-\boldsymbol{r}'|}\,\mathrm{d}S' \tag{9-91}$$

必须注意，基尔霍夫公式中的积分面必须是闭合面。如果采用它计算面天线的有限口径面的辐射场，将会引入误差。这种误差在口径的轴线上是很小的，偏离轴线误差将很快增大。

习　题

9－1　距离电偶极子多远的地方，远区辐射场公式中与 r 成反比的项等于与 r^2 成反比的项。

9-2　假设一电偶极子在垂直于它的轴线的方向上距离 100 km 处所产生的电磁强度的振幅等于 100 μV/m，试求电偶极子所辐射的功率。

9-3　计算一长度等于 0.1λ 的电偶极子的辐射电阻。

9-4　假设坐标原点上有一间距 $\boldsymbol{p}=\boldsymbol{e}_z p$ 的电偶极子和磁矩 $\boldsymbol{m}=\boldsymbol{e}_z m$ 的磁偶极子天线。问什么条件下两天线所辐射的电磁波在远区相叠加为一圆极化电磁波。

9-5　推导磁偶极子天线的辐射功率公式。

9-6　试计算电偶极子和半波振子的方向性系数。

9-7　已知某天线的辐射功率为 100 W，方向性系数 $D=3$，求：

(1) $r=10$ km 处，最大辐射方向的电磁强度振幅；

(2) 若保持辐射功率不变，要使 $r=20$ km 处的场强等于原来 $r=10$ km 处的场强，应选取方向性系数 D 等于多少的天线。

9-8　设电基本振子的轴线沿东西方向放置，在远方有一移动接收电台在正南方向而接收到最大电磁强度。当接收电台沿电基本振子为中心的圆周在地面上移动时，电磁强度将逐渐减少。问当电磁强度减少到最大值的 $1/\sqrt{2}$ 时，接收电台的位置偏离正南方向多少度。

9-9　两个半波振子天线平行放置，相距 $\lambda/2$。若要求它们的最大辐射方向在偏离天线阵轴线 $\pm 60°$ 的方向上，问两个半波振子天线馈电电流相位差应为多少。

9-10　大小分别为 $I_1 l_1$、$I_2 S_2$ 的电基本振子和磁基本振子同频率、同方向，并放置在同一点。求辐射电场。

9-11　计算矩形均匀同相口径天线的方向性系数及增益。

9-12　利用互易定理证明紧靠理想导体表面上的切向电流元无辐射场。

9-13　无限大理想导体平面上方距平面 h 处垂直放置一半波振子天线，求远区辐射场及其方向因子。

附录 A 常用矢量公式

1. 矢量代数运算

$$\boldsymbol{A}\cdot(\boldsymbol{B}\times\boldsymbol{C})=\boldsymbol{B}\cdot(\boldsymbol{C}\times\boldsymbol{A})=\boldsymbol{C}\cdot(\boldsymbol{A}\times\boldsymbol{B}) \tag{A-1}$$

$$\boldsymbol{A}\times(\boldsymbol{B}\times\boldsymbol{C})=(\boldsymbol{A}\cdot\boldsymbol{C})\boldsymbol{B}-(\boldsymbol{A}\cdot\boldsymbol{B})\boldsymbol{C} \tag{A-2}$$

$$(\boldsymbol{A}\times\boldsymbol{B})\cdot(\boldsymbol{C}\times\boldsymbol{D})=(\boldsymbol{A}\cdot\boldsymbol{C})(\boldsymbol{B}\cdot\boldsymbol{D})-(\boldsymbol{A}\cdot\boldsymbol{D})(\boldsymbol{B}\cdot\boldsymbol{C}) \tag{A-3}$$

$$(\boldsymbol{A}\times\boldsymbol{B})\times(\boldsymbol{C}\times\boldsymbol{D})=[\boldsymbol{A}\cdot(\boldsymbol{B}\times\boldsymbol{D})]\boldsymbol{C}-[\boldsymbol{A}\cdot(\boldsymbol{B}\times\boldsymbol{C})]\boldsymbol{D} \tag{A-4}$$

2. 微分公式

$$\nabla\cdot\nabla u=\nabla^2 u \tag{A-5}$$

$$\nabla\cdot\nabla\times\boldsymbol{F}=0 \tag{A-6}$$

$$\nabla\times\nabla u=0 \tag{A-7}$$

$$\nabla\times(\nabla\times\boldsymbol{F})=\nabla(\nabla\cdot\boldsymbol{F})-\nabla^2\boldsymbol{F} \tag{A-8}$$

$$\nabla(uv)=(\nabla u)v+(\nabla v)u \tag{A-9}$$

$$\nabla\cdot(u\boldsymbol{F})=(\nabla u)\cdot\boldsymbol{F}+u(\nabla\cdot\boldsymbol{F}) \tag{A-10}$$

$$\nabla\times(u\boldsymbol{F})=(\nabla u)\times\boldsymbol{F}+u(\nabla\times\boldsymbol{F}) \tag{A-11}$$

$$\nabla\cdot(\boldsymbol{F}\times\boldsymbol{G})=\boldsymbol{G}\cdot(\nabla\times\boldsymbol{F})-\boldsymbol{F}\cdot(\nabla\times\boldsymbol{G}) \tag{A-12}$$

$$\nabla\times(\boldsymbol{F}\times\boldsymbol{G})=(\nabla\cdot\boldsymbol{G})\boldsymbol{F}-(\nabla\cdot\boldsymbol{F})\boldsymbol{G}+(\boldsymbol{G}\cdot\nabla)\boldsymbol{F}-(\boldsymbol{F}\cdot\nabla)\boldsymbol{G} \tag{A-13}$$

$$\nabla(\boldsymbol{F}\cdot\boldsymbol{G})=(\boldsymbol{F}\cdot\nabla)\boldsymbol{G}+\boldsymbol{F}\times(\nabla\times\boldsymbol{G})+(\boldsymbol{G}\cdot\nabla)\boldsymbol{F}+\boldsymbol{G}\times(\nabla\times\boldsymbol{F}) \tag{A-14}$$

(有关 $\boldsymbol{R}$ 的运算：$\boldsymbol{R}=\boldsymbol{r}-\boldsymbol{r}'$，$R=|\boldsymbol{R}|$)

$$\nabla\frac{1}{R}=-\frac{\boldsymbol{R}}{R^3} \tag{A-15}$$

$$\nabla^2\frac{1}{R}=-\nabla\cdot\frac{\boldsymbol{R}}{R^3}=-4\pi\delta(\boldsymbol{r}-\boldsymbol{r}') \tag{A-16}$$

3. 积分公式

$$\int_V\nabla\cdot\boldsymbol{F}\,\mathrm{d}V=\oint_S\boldsymbol{F}\cdot\mathrm{d}\boldsymbol{S}\quad\text{（散度定理，即奥—高公式）} \tag{A-17}$$

$$\int_V\nabla\times\boldsymbol{F}\,\mathrm{d}V=-\oint_S\boldsymbol{F}\times\mathrm{d}\boldsymbol{S}\quad\text{（旋度定理）} \tag{A-18}$$

$$\int_V\nabla u\,\mathrm{d}V=\oint_S u\,\mathrm{d}\boldsymbol{S}\quad\text{（梯度定理）} \tag{A-19}$$

$$\oint_l \boldsymbol{F}\cdot d\boldsymbol{l}=\int_S(\nabla\times\boldsymbol{F})\cdot d\boldsymbol{S}\quad\text{（斯托克斯公式）}\tag{A-20}$$

$$\oint_l u\, d\boldsymbol{l}=-\int_S(\nabla u)\times d\boldsymbol{S}\tag{A-21}$$

$$\oint_S(u\nabla v)\cdot d\boldsymbol{S}=\int_V(u\nabla^2 v+\nabla u\cdot\nabla v)\,dV\quad\text{（格林第一恒等式）}\tag{A-22}$$

$$\oint_S\left(u\frac{\partial v}{\partial n}-v\frac{\partial u}{\partial n}\right)dS=\int_V(u\nabla^2 v-v\nabla^2 u)\,dV\quad\text{（格林第二恒等式）}\tag{A-23}$$

4. 常用正交坐标中的矢量微分公式

（1）直角坐标系：

$$\nabla u=\boldsymbol{e}_x\frac{\partial u}{\partial x}+\boldsymbol{e}_y\frac{\partial u}{\partial y}+\boldsymbol{e}_z\frac{\partial u}{\partial z}\tag{A-24}$$

$$\nabla\cdot\boldsymbol{A}=\frac{\partial A_x}{\partial x}+\frac{\partial A_y}{\partial y}+\frac{\partial A_z}{\partial z}\tag{A-25}$$

$$\nabla\times\boldsymbol{A}=\begin{vmatrix}\boldsymbol{e}_x & \boldsymbol{e}_y & \boldsymbol{e}_z\\ \dfrac{\partial}{\partial x} & \dfrac{\partial}{\partial y} & \dfrac{\partial}{\partial z}\\ A_x & A_y & A_z\end{vmatrix}$$

$$=\boldsymbol{e}_x\left(\frac{\partial A_z}{\partial y}-\frac{\partial A_y}{\partial z}\right)+\boldsymbol{e}_y\left(\frac{\partial A_x}{\partial z}-\frac{\partial A_z}{\partial x}\right)+\boldsymbol{e}_z\left(\frac{\partial A_y}{\partial x}-\frac{\partial A_x}{\partial y}\right)\tag{A-26}$$

$$\nabla^2 u=\frac{\partial^2 u}{\partial x^2}+\frac{\partial^2 u}{\partial y^2}+\frac{\partial^2 u}{\partial z^2}\tag{A-27}$$

$$\nabla^2\boldsymbol{A}=\boldsymbol{e}_x\nabla^2 A_x+\boldsymbol{e}_y\nabla^2 A_y+\boldsymbol{e}_z\nabla^2 A_z\tag{A-28}$$

（2）圆柱坐标系：

$$\nabla u=\boldsymbol{e}_\rho\frac{\partial u}{\partial\rho}+\boldsymbol{e}_\varphi\frac{1}{\rho}\frac{\partial u}{\partial\varphi}+\boldsymbol{e}_z\frac{\partial u}{\partial z}\tag{A-29}$$

$$\nabla\cdot\boldsymbol{A}=\frac{1}{\rho}\frac{\partial(\rho A_\rho)}{\partial\rho}+\frac{1}{\rho}\frac{\partial A_\varphi}{\partial\varphi}+\frac{\partial A_z}{\partial z}\tag{A-30}$$

$$\nabla\times\boldsymbol{A}=\begin{vmatrix}\dfrac{\boldsymbol{e}_r}{\rho} & \boldsymbol{e}_\varphi & \dfrac{\boldsymbol{e}_z}{\rho}\\ \dfrac{\partial}{\partial r} & \dfrac{\partial}{\partial\varphi} & \dfrac{\partial}{\partial z}\\ A_\rho & \rho A_\varphi & A_z\end{vmatrix}$$

$$=\boldsymbol{e}_r\left(\frac{1}{\rho}\frac{\partial A_z}{\partial\varphi}-\frac{\partial A_\varphi}{\partial z}\right)+\boldsymbol{e}_\varphi\left(\frac{\partial A_\rho}{\partial z}-\frac{\partial A_z}{\partial\rho}\right)+\boldsymbol{e}_z\left[\frac{1}{\rho}\frac{\partial(\rho A_\varphi)}{\partial\rho}-\frac{1}{\rho}\frac{\partial A_\rho}{\partial\varphi}\right]\tag{A-31}$$

$$\nabla^2 u=\frac{1}{\rho}\frac{\partial}{\partial\rho}\left(\rho\frac{\partial u}{\partial\rho}\right)+\frac{1}{\rho^2}\frac{\partial^2 u}{\partial\varphi^2}+\frac{\partial^2 u}{\partial z^2}\tag{A-32}$$

$$\nabla^2\boldsymbol{A}=\boldsymbol{e}_\rho\left[\nabla^2 A_\rho-\frac{A_\rho}{\rho^2}-\frac{2}{\rho^2}\frac{\partial A_\varphi}{\partial\varphi}\right]+\boldsymbol{e}_\varphi\left[\nabla^2 A_\varphi-\frac{A_\varphi}{\rho^2}+\frac{2}{\rho^2}\frac{\partial A_\rho}{\partial\varphi}\right]+\boldsymbol{e}_z\nabla^2 A_z\tag{A-33}$$

(3) 球坐标系：

$$\nabla u = \boldsymbol{e}_r \frac{\partial u}{\partial r} + \boldsymbol{e}_\theta \frac{1}{r}\frac{\partial u}{\partial \theta} + \boldsymbol{e}_\varphi \frac{1}{r\sin\theta}\frac{\partial u}{\partial \varphi} \tag{A-34}$$

$$\nabla \cdot \boldsymbol{A} = \frac{1}{r^2}\frac{\partial (r^2 A_r)}{\partial r} + \frac{1}{r\sin\theta}\frac{\partial(\sin\theta A_\theta)}{\partial \theta} + \frac{1}{r\sin\theta}\frac{\partial A_\varphi}{\partial \varphi} \tag{A-35}$$

$$\begin{aligned}\nabla \times \boldsymbol{A} &= \begin{vmatrix} \dfrac{\boldsymbol{e}_r}{r^2\sin\theta} & \dfrac{\boldsymbol{e}_\theta}{r\sin\theta} & \dfrac{\boldsymbol{e}_\varphi}{r} \\ \dfrac{\partial}{\partial r} & \dfrac{\partial}{\partial \theta} & \dfrac{\partial}{\partial \varphi} \\ A_r & rA_\theta & r\sin\theta A_\varphi \end{vmatrix} \\ &= \boldsymbol{e}_r \frac{1}{r\sin\theta}\left[\frac{\partial}{\partial\theta}(\sin\theta A_\varphi) - \frac{\partial A_\theta}{\partial\varphi}\right] \\ &\quad + \boldsymbol{e}_\theta \frac{1}{r}\left[\frac{1}{\sin\theta}\frac{\partial A_r}{\partial\varphi} - \frac{\partial}{\partial r}(rA_\varphi)\right] + \boldsymbol{e}_\varphi \frac{1}{r}\left[\frac{\partial(rA_\theta)}{\partial r} - \frac{\partial A_r}{\partial\theta}\right]\end{aligned} \tag{A-36}$$

$$\nabla^2 u = \frac{1}{r^2}\frac{\partial}{\partial r}\left(r^2\frac{\partial u}{\partial r}\right) + \frac{1}{r^2\sin\theta}\frac{\partial}{\partial\theta}\left(\sin\theta\frac{\partial u}{\partial\theta}\right) + \frac{1}{r^2\sin^2\theta}\frac{\partial^2 u}{\partial\varphi^2} \tag{A-37}$$

$$\begin{aligned}\nabla^2 \boldsymbol{A} &= \boldsymbol{e}_r \nabla^2 A_r - \boldsymbol{e}_r \frac{2}{r^2}\left[A_r + \frac{1}{\sin\theta}\frac{\partial}{\partial\theta}(\sin\theta A_\theta) + \frac{1}{\sin\theta}\frac{\partial A_\varphi}{\partial\varphi}\right] \\ &\quad + \boldsymbol{e}_\theta\left[\nabla^2 A_\theta + \frac{2}{r^2}\left(\frac{\partial A_r}{\partial\theta} - \frac{A_\theta}{2\sin^2\theta} - \frac{\cos\theta}{\sin^2\theta}\frac{\partial A_\varphi}{\partial\varphi}\right)\right] \\ &\quad + \boldsymbol{e}_\varphi\left[\nabla^2 A_\varphi + \frac{2}{r^2\sin\theta}\left(\frac{\partial A_r}{\partial\varphi} + \mathrm{ctan}\theta\frac{\partial A_\theta}{\partial\varphi} - \frac{A_\varphi}{2\sin\theta}\right)\right]\end{aligned} \tag{A-38}$$

附录B δ 函数

1. 一维 δ 函数

1）一维 δ 函数的定义及表示方法

一维 δ 函数可以用来表示单位质点的质量密度或单位点电荷的电荷密度。δ 函数是由狄拉克首先引入的。一维 δ 函数可由下式定义：

$$\delta(x-x_0)=\begin{cases}0, & \text{当 } x\neq x_0 \text{ 时}\\ \infty, & \text{当 } x=x_0 \text{ 时}\end{cases}$$

$$\int_a^b \delta(x-x_0)\,\mathrm{d}x=\begin{cases}0, & \text{当 } x_0\notin(a,\ b) \text{ 时}\\ 1, & \text{当 } x_0\in(a,\ b) \text{ 时}\end{cases}$$

由上述定义，可以看出它的特性，δ 函数只有在很小的范围里，它的值不为零，而在这个微小范围内的形状却没有规定。它本身是一个奇异函数，本身没有确定的值，但是它可以作为被积函数中的一个乘积因子，δ 函数的积分结果却是固定的。δ 函数是一个广义函数，$\delta(x)$可以看成是函数序列的极限。

$$\delta(x)=\lim_{a\to0^+}\frac{1}{2a}\begin{cases}1, & [x\in(-a,\ a)]\\ 0, & [x\notin(-a,\ a)]\end{cases}$$

$$\delta(x)=\lim_{a\to0^+}\frac{1}{\pi}\frac{a^2}{a^2+x^2}$$

$$\delta(x)=\frac{1}{2\pi}\int_{-\infty}^{\infty}\mathrm{e}^{\mathrm{j}\omega x}\,\mathrm{d}\omega$$

$$\delta(x)=\lim_{a\to0}\frac{\sin ax}{\pi x}$$

$$\delta(x)=\frac{1}{2\pi}\int_{-\infty}^{\infty}\cos\omega x\ \mathrm{d}\omega$$

$$\delta(x)=\lim_{u\to\infty}\frac{1-\cos ux}{\pi ux^2}$$

$$\delta(x)=\lim_{u\to\infty}\frac{u}{\sqrt{\pi}}\mathrm{e}^{-u^2x^2}$$

$$\delta(x)=\lim_{u\to\infty}\frac{u}{\sqrt{\mathrm{j}\pi}}\mathrm{e}^{\mathrm{j}u^2x^2}$$

2）一维 δ 函数的性质

(1) 筛选特性：对于任意的连续函数 $f(x)$，恒有：

$$\int_a^b f(x)\delta(x-x_0)\mathrm{d}x=\begin{cases}0, & \{x_0\notin(a, b)\}\\ f(x_0), & \{x_0\in(a, b)\}\end{cases}$$

(2) 标度变换特性：对于任意实数 a，则有：

$$\delta(ax)=\frac{1}{|a|}\delta(x)$$

(3) 乘积特性：设 $f(x)$在 x_0点连续，则

$$f(x)\delta(x-x_0)=f(x_0)\delta(x-x_0)$$

如果 $f(x)=x$，$x_0=0$，则有：$x\delta(x)=0$。

(4) 卷积特性：设 $f(x)$为任意的连续函数，恒有：

$$\delta(x)*f(x)=\int_{-\infty}^{\infty}f(\xi)\delta(x-\xi)\mathrm{d}\xi=f(x)$$

这一特性表明，δ 函数是卷积运算的单位元。

(5) δ 函数的傅里叶变换：它的傅里叶正变换恒为 1，即

$$\int_{-\infty}^{\infty}\delta(x)\mathrm{e}^{-\mathrm{j}2\pi kx}\,\mathrm{d}x=1$$

与其相对应的逆傅里叶变换为

$$\int_{-\infty}^{\infty}\mathrm{e}^{\mathrm{j}2\pi kx}\,\mathrm{d}k=\delta(x)$$

(6) δ 函数的傅里叶正余弦展开为

$$\delta(x-x_0)=\sum_{n=1}^{\infty}\frac{2}{a}\sin\frac{n\pi x}{a}\sin\frac{n\pi x_0}{a}$$

$$\delta(x-x_0)=\frac{1}{a}+\sum_{n=1}^{\infty}\frac{2}{a}\cos\frac{n\pi x}{a}\cos\frac{n\pi x_0}{a}$$

3) 一维 δ 函数的导数

一维 δ 函数具有任意阶导数，并且有

(1) $\int_{-\infty}^{+\infty}f(x)\delta'(x-x_0)\,\mathrm{d}x=f'(x_0)$；

(2) $\int_{-\infty}^{+\infty}f(x)\delta^{(n)}(x-x_0)\,\mathrm{d}x=f^{(n)}(x_0)$；

(3) $x\delta^{(n)}(x)=-n\delta^{(n-1)}(x)$。

2. 二维 δ 函数

二维 δ 函数在直角坐标中，定义为两个一维的 δ 函数相乘。即

$$\delta(x, y)=\delta(x)\delta(y)$$

$$\delta(\boldsymbol{\rho}-\boldsymbol{\rho}')=\delta(x-x')\delta(y-y')$$

在极坐标(或者在圆柱坐标)中，

$$\delta(\boldsymbol{\rho})=\frac{1}{2\pi\rho}\delta(\boldsymbol{\rho})$$

在上述表达式中，左边是二维 δ 函数，而右边是一维的 δ 函数。

3. 三维 δ 函数

(1) 三维 δ 函数可以用类似的关系式定义：

$$\delta(\boldsymbol{r}-\boldsymbol{r}')=\delta(x-x')\delta(y-y')\delta(z-z')=\begin{cases}0, & \text{当 } \boldsymbol{r}\neq\boldsymbol{r}' \text{ 时}\\ \infty, & \text{当 } \boldsymbol{r}=\boldsymbol{r}' \text{ 时}\end{cases}$$

$$\int_V f(\boldsymbol{r})\delta(\boldsymbol{r}-\boldsymbol{r}')\mathrm{d}V=\begin{cases}0, & \text{当 } \boldsymbol{r}' \text{ 在 } V \text{ 外时}\\ f(\boldsymbol{r}'), & \text{当在 } V \text{ 内时}\end{cases}$$

利用三维 δ 函数可以描述点电荷的空间分布。对位于 $\boldsymbol{r}'$ 处的点电荷 q，可将其体密度表示为

$$\rho(\boldsymbol{r})=q\delta(\boldsymbol{r}-\boldsymbol{r}')$$

(2) 三维 δ 函数的性质：

$$\nabla^2\frac{1}{|\boldsymbol{r}-\boldsymbol{r}'|}=-4\pi\delta(\boldsymbol{r}-\boldsymbol{r}')$$

$$\delta(\boldsymbol{r})=\frac{1}{4\pi r^2}\delta(r)$$

$$\delta(\boldsymbol{r})=\frac{1}{(2\pi)^3}\int_{-\infty}^{\infty}\int_{-\infty}^{\infty}\int_{-\infty}^{\infty}\mathrm{e}^{\mathrm{j}\boldsymbol{k}\cdot\boldsymbol{r}}\,\mathrm{d}k_x\,\mathrm{d}k_y\,\mathrm{d}k_z$$

附录C 特殊函数

1. 贝塞尔函数

1）贝塞尔方程及其解

下列形式的二阶常微分方程

$$\frac{d^2y}{dx^2}+\frac{1}{x}\frac{dy}{dx}+\left(1-\frac{p^2}{x^2}\right)y=0$$

称为贝塞尔方程。其中 p 是方程的阶数，一般而言，p 和 x 都可以是复数。在这一附录里，仅仅介绍 p 为实数的情形。这个方程的解称为贝塞尔函数。

当 $p\geqslant 0$ 时，在 $x=0$ 点有限的解称为第一类贝塞尔函数：

$$J_p(x)=\left(\frac{x}{2}\right)^p\sum_{k=0}^{\infty}(-1)^k\frac{1}{k!\Gamma(p+k+1)}\left(\frac{x}{2}\right)^{2k}$$

当 $p=n$ 时(其中 n 为整数)，n 阶第一类贝塞尔函数为

$$J_n(x)=\sum_{k=0}^{\infty}(-1)^k\frac{1}{k!(n+k)!}\left(\frac{x}{2}\right)^{2k+n}$$

贝塞尔方程的另一个解是第二类贝塞尔函数，当 $p\neq n$ 时(n 为整数)，第二类贝塞尔函数由下式定义：

$$N_p(x)=\frac{J_p(x)\cos p\pi-J_{-p}(x)}{\sin px}$$

当 $p=n$ 时(n 为整数)，第二类贝塞尔函数由下式定义：

$$N_n(x)=\lim_{p\to n}\frac{J_p(x)\cos p\pi-J_{-p}(x)}{\sin px}$$

对第二类贝塞尔函数，有 $N_n(0)\to-\infty$。

实际运用中，常常遇到由第一、第二类贝塞尔函数组合成的第一、第二类汉克尔函数：

$$H_p^{(1)}(x)=J_p(x)+jN_p(x)$$

$$H_p^{(1)}(x)=J_p(x)-jN_n(x)$$

2）贝塞尔函数渐近表达式

在许多工程问题和物理问题中，常常要知道各类贝塞尔函数在小宗量或大宗量下的近似值。当 $|x|\ll 1$ 时

$$J_p(x)\approx\frac{x^p}{2^p\Gamma(p+1)}$$

$$J_n(x) \approx \frac{x^n}{2^n n!}$$

$$J_0(x) \approx 1 - \frac{x^2}{4}$$

$$N_n(x) \approx -\frac{2^n(n-1)!}{\pi x^n}$$

$$N_0(x) \approx \frac{2}{\pi}\left(\ln \frac{xC}{2}\right)$$

其中，$\ln C$ 为欧拉常数，$\gamma = \ln C = 0.577\ 216$。

当$|x| \gg 1$时，各类贝塞尔函数的渐近式为

$$J_p(x) \approx \sqrt{\frac{2}{\pi x}} \cos\left(x - \frac{px}{2} - \frac{\pi}{4}\right)$$

$$N_p(x) \approx \sqrt{\frac{2}{\pi x}} \sin\left(x - \frac{px}{2} - \frac{\pi}{4}\right)$$

$$H_p^{(1)}(x) \approx \sqrt{\frac{2}{\pi x}} \mathrm{e}^{\mathrm{j}\left(x - \frac{p\pi}{2} - \frac{\pi}{4}\right)}$$

$$H_p^{(2)}(x) \approx \sqrt{\frac{2}{\pi x}} \mathrm{e}^{-\mathrm{j}\left(x - \frac{p\pi}{2} - \frac{\pi}{4}\right)}$$

3）贝塞尔函数的递推公式

在各类贝塞尔函数 J_p、N_p、$H_p^{(1)}$ 和 $H_p^{(2)}$ 之间，存在着如下的递推关系(以下用 Z_p 表示任一类贝塞尔函数)：

$$Z_{p-1}(x) + Z_{p+1}(x) = \frac{2p}{x} Z_p(x)$$

$$Z_{p-1}(x) - Z_{p+1}(x) = 2Z_p'(x)$$

$$Z_0'(x) = -Z_1(x)$$

$$\frac{\mathrm{d}}{\mathrm{d}x}[x^p Z_p(x)] = x^p Z_{p-1}(x)$$

4）贝塞尔函数的积分公式

$$\int_0^x Z_p(\mu x) Z_p(\lambda x) x\,\mathrm{d}x = \frac{x}{\mu^2 - \lambda^2}[\mu Z_p(\lambda x) Z_{p+1}(\mu x) - \lambda Z_p(\mu x) Z_{p+1}(\lambda x)] \quad \mu \neq \lambda$$

$$\int_0^x Z_p(\mu x) Z_p(\lambda x) x\,\mathrm{d}x = \frac{x}{\mu^2 - \lambda^2}[\lambda Z_{p-1}(\lambda x) Z_p(\mu x) - \mu Z_{p-1}(\mu x) Z_p(\lambda x)] \quad \mu \neq \lambda$$

$$\int_0^x [Z_p(\mu x)]^2 x\,\mathrm{d}x = \frac{x^2}{2}\left\{[Z_p'(\mu x)]^2 + \left(1 - \frac{p^2}{\mu^2 x^2}\right)[Z_p(\mu x)]^2\right\}$$

当 u 为 $J_p(uc)=0$ 的一个根时，则

$$\int_0^c [J_p(ux)]^2 x\,\mathrm{d}x = \frac{c^2}{2}[J_{p+1}(uc)]^2$$

当 u 为 $ucJ_p'(uc) + hJ_p(uc) = 0$ 的一个根时，则

$$\int_0^c [J_p'(ux)]^2 x\,\mathrm{d}x = \frac{uc^2 + h^2 - p^2}{2u^2}[J_{p+1}(uc)]^2$$

5）贝塞尔函数的零点及其一阶导数的零点

附表1列出了贝塞尔函数的零点。

附表 1　贝塞尔函数的零点[$J_m(x)$第 n 个零点]

m	$n=1$	$n=2$	$n=3$	$n=4$	$n=5$
0	2.405	5.520	8.654	11.792	14.931
1	3.832	7.016	10.173	13.324	16.471
2	5.136	8.417	11.620	14.796	17.960
3	6.380	9.761	13.015	16.223	19.409
4	7.588	11.065	14.372	17.616	20.827

附表2列出了贝塞尔函数导数的零点。

附表 2　贝塞尔函数导数的零点[$J_m'(x)$第 n 个零点]

m	$n=1$	$n=2$	$n=3$	$n=4$	$n=5$
0	3.832	7.016	10.173	13.342	16.471
1	1.841	5.331	8.536	11.706	14.864
2	3.054	6.706	9.969	13.170	16.348
3	4.201	8.015	11.346	14.586	17.789
4	5.317	9.282	12.682	15.964	19.196

2. 勒让德函数

1）勒让德方程及其解

数学上，勒让德函数指以下勒让德微分方程的解：

$$(1-x^2)\frac{\mathrm{d}^2P(x)}{\mathrm{d}x^2} - 2x\frac{\mathrm{d}P(x)}{\mathrm{d}x} + n(n+1)P(x) = 0$$

为求解方便一般也写成如下施图姆-刘维尔形式(Sturm-Liouville form)：

$$\frac{\mathrm{d}}{\mathrm{d}x}\left[(1-x^2)\frac{\mathrm{d}P(x)}{\mathrm{d}x}\right] + n(n+1)P(x) = 0$$

勒让德方程的解可写成标准的幂级数形式。当方程满足$|x|<1$时，可得到有界解(即解级数收敛)。并且当n为非负整数，即$n=0$、1、2、…时，在$x=\pm 1$点亦有有界解。这种情况下，随n值变化，方程的解相应变化，构成一组由正交多项式组成的多项式序列，这组多项式称为勒让德多项式(Legendre polynomials)。

勒让德多项式$Pn(x)$是n阶多项式，可用罗德里格公式表示为

$$P_n(x) = \frac{1}{2^n n!}\frac{\mathrm{d}^n}{\mathrm{d}x^n}[(x^2-1)^n]$$

附表3列出了头11阶(n 从0到10)勒让德多项式的表达式。

附表3　前11阶勒让德多项式

n	$P_n(x)$
0	1
1	x
2	$(3x^2-1)/2$
3	$(5x^3-3x)/2$
4	$(35x^4-30x^2+3)/8$
5	$(63x^5-70x^3+15x)/8$
6	$(231x^6-315x^4+105x^2-5)/16$
7	$(429x^7-693x^5+315x^3-35x)/16$
8	$(6435x^8-12012x^6+6930x^4-1260x^2+35)/128$
9	$(12155x^9-25740x^7+18018x^5-4620x^3+315x)/128$
10	$(46189x^{10}-109395x^8+90090x^6-30030x^4+3465x^2-63)/256$

2) 正交行

勒让德多项式也是正交函数系，正交关系为

$$\int_{-1}^{1} P_m(x)P_n(x)\,\mathrm{d}x = \int_0^{\pi} P_m(\cos\theta)P_n(\cos\theta)\,\sin\theta\,\mathrm{d}\theta = \frac{2}{2n+1}\delta_{mn}$$

3) 递推关系

相邻的三个勒让德多项式具有三项递推关系式：

$$(n+1)P_{n+1} = (2n+1)xP_n - nP_{n-1}$$

另外，考虑微分后还有以下递推关系：

$$\frac{x^2-1}{n}\frac{\mathrm{d}}{\mathrm{d}x}P_n = xP_n - P_{n-1}$$

$$(2n+1)P_n = \frac{\mathrm{d}}{\mathrm{d}x}[P_{n+1} - P_{n-1}]$$

其中最后一个式子在计算勒让德多项式的积分中较为有用。

4) 奇偶性

当阶数 k 偶数时，$P_k(x)$为偶函数；当阶数 k 为奇数时，$P_k(x)$为奇函数，即：

$$P_k(-x) = (-1)^k P_k(x)$$

5) 在电磁学中的应用

在求解三维空间中的球对称问题，譬如计算点电荷在空间中激发的电势时，常常要用到勒让德多项式作如下形式的级数展开：

$$\frac{1}{R} = \frac{1}{\sqrt{r^2+b^2-2rb\,\cos\theta}} = \begin{cases} \sum_{n=0}^{\infty} b^n r^{-n-1} P_n(\cos\theta) & b \leqslant r \\ \sum_{n=0}^{\infty} r^n b^{-n-1} P_n(\cos\theta) & b \geqslant r \end{cases}$$

在对空间中连续分布的电荷引起的电势大小进行计算时，将涉及对上式进行积分。这时，上式右边的勒让德多项式展开将对此积分的计算带来很大的方便。静电场中具有轴对称边界条件的问题可以归结为在球坐标系中用分离变量法求解关于电势函数的拉普拉斯方程$\nabla^2\Phi(x)=0$(与和对称轴的夹角无关)。若设z为对称轴，θ为观测者位置矢量和z轴的夹角，则势函数的解可表示为

$$\Phi(r,\theta)=\sum_{l=0}^{\infty}[A_l r^l+B_l r^{-(l+1)}]P_l(\cos\theta)$$

其中A_l和B_l由具体边界条件确定。

附录 D 考研试题精选

西安电子科技大学
2011 年攻读硕士学位研究生入学考试试题

答题要求：所有答案(填空题按照标号写)必须写在答题纸上，写在试卷上一律作废，准考证号写在指定位置！

一、(15 分)如图所示，半径分别为 a、$b(a>b)$，球心距 $c(c<a-b)$ 的两球面间有密度为 ρ 的均匀体电荷分布，求半径为 b 的球面内任意一点的电场强度。

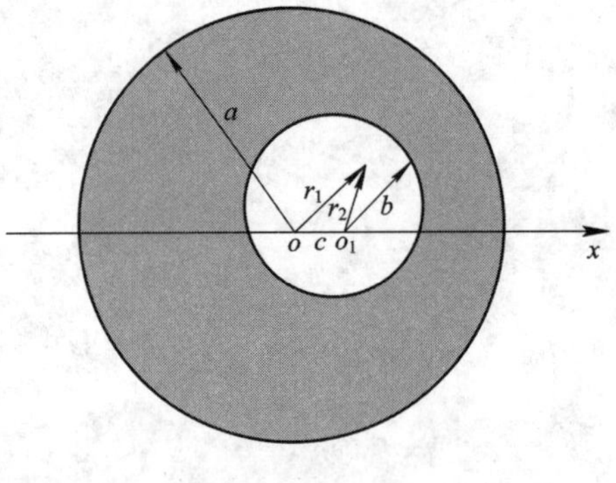

第一题用图

二、(15 分)一段由理想导体构成的同轴线，内导体半径为 a，外导体半径为 b，长度为 L，同轴线两端用理想导体板短路。已知 $a\leqslant r\leqslant b$，$0\leqslant z\leqslant L$ 区域内的电磁场为

$$\boldsymbol{E}=\boldsymbol{e}_r\frac{A}{r}\sin kz$$

$$\boldsymbol{H}=\boldsymbol{e}_\theta\frac{B}{r}\cos kz$$

(1) 确定 A、B 间的关系；

(2) 确定 k；

(3) 求 $r=a$ 及 $r=b$ 面上的 ρ_S、$\boldsymbol{J}_S$。

三、(15 分)假设真空中均匀平面电磁波的电场强度复矢量为

$$\boldsymbol{E}=3(\boldsymbol{e}_x-\sqrt{2}\boldsymbol{e}_y)\mathrm{e}^{-\mathrm{j}\frac{\pi}{6}(2x+\sqrt{2}y-\sqrt{3}z)}\ (\mathrm{V/m})$$

试求：(1) 电场强度的振幅、波矢量和波长；

(2) 电场强度矢量和磁场强度矢量的瞬时表达式。

四、(15 分)平行极化平面电磁波自折射率为 3 的介质斜入射到折射率为 1 的介质，若发生全透射，求入射波的入射角。

五、(15 分)

(1) 已知传输系统反射系数 Γ，求驻波比 ρ；

(2) 矩形波导尺寸 $a\times b$，工作波长 λ，写出 TE_{10} 波的导播波长 λ_g；

(3) 双端口网络阻抗矩阵[Z]和散射矩阵[S]，给出网络互易条件；

(4) 同轴线内半径为 a，外半径为 b，画出截面上 TEM 波的电场和磁场分布；

(5) 给出上述同轴线的特性阻抗 Z_0 公式。

六、(15 分)双管 pin 管相当于归一化电阻 $\bar{R}_1$ 和 $\bar{R}_2$(正向运用)，两管间隔 $\theta=90°$，求输入端匹配时的 $\bar{R}_1$ 和 $\bar{R}_2$ 的关系式。

七、(15 分)矩形谐振腔($a\times b\times c$)如图所示，画出 TE_{101} 模的电场和磁场分布，写出电场和磁场分量。

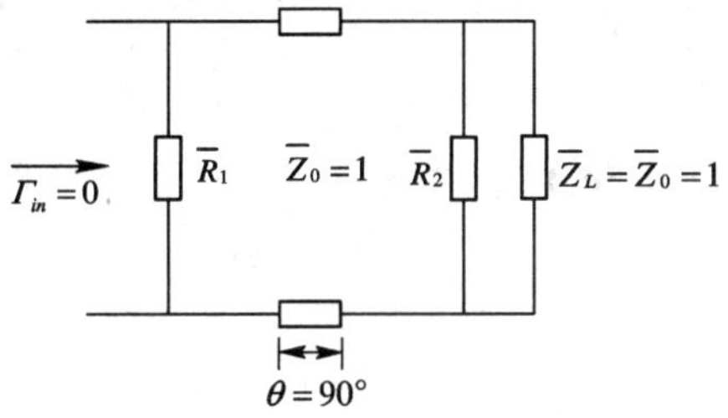

第六题用图

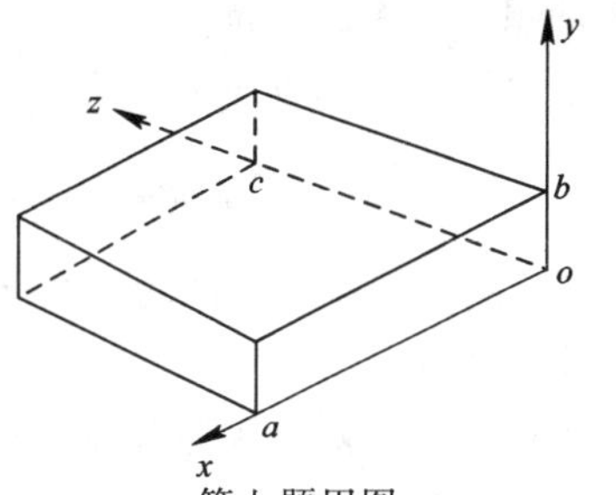

第七题用图

八、(20 分)证明自由空间中天线在任意方向产生的辐射电场大小为

$$E(\theta, \phi)=\frac{\sqrt{60P_rD}}{r}F(\theta, \phi)$$

式中，P_r 为天线的辐射功率，D 为天线的方向系数，$F(\theta, \phi)$ 为天线的归一化方向函数，r 为天线到场点的距离。

九、(25 分)如图所示，三个半波对称振子共轴排列组成直线阵。单元间距为 $d=\dfrac{\lambda}{2}$，单元电流分布为 $I_1=I$、$I_2=2I$、$I_3=I$，求：

(1) 天线阵的空间方向函数；

(2) 概画 xz 面及 xy 面的方向图；

(3) 各振子的辐射阻抗 Z_{ri}，$i=1,2,3$；

(4) 天线阵的辐射阻抗 $Z_{r(i)}$，$i=1, 2, 3$；

(5) 天线阵的方向系数。

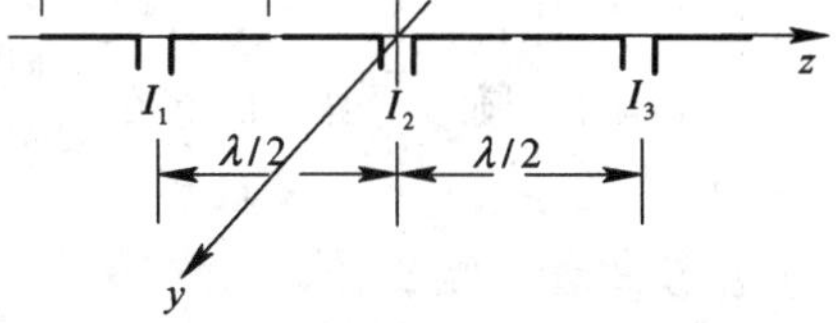

第九题用图

注：(a) 两共轴排列的半波对称振子，间距 $d=\dfrac{\lambda}{2}$时，互阻抗 $Z_{mn}=30+j25\ \Omega$；间距 $d=\lambda$ 时，互阻抗 $Z_{mn}=-10\ \Omega$。

(b) 半波对称振子自阻抗 $Z_{mn}=73.1+j42.5\ \Omega$。

西安电子科技大学
2010年攻读硕士学位研究生入学考试试题

一、(15分)相对介电常数 $\varepsilon_r=2$ 的区域内电位 $\phi(r)=x^2-2y^2+z(V)$，求点(1，1，1)处的：

(1) 电场强度 E；

(2) 电荷密度 ρ；

(3) 电场能量密度 W_e。

二、(15分)电场强度 $\boldsymbol{E}(\boldsymbol{r}, t)=\boldsymbol{e}_x\cos(3\times10^8t-2\pi z)-\boldsymbol{e}_y4\sin(3\times10^8t-2\pi z)$(mV/m)的均匀平面电磁波在相对磁导率 $\mu_r=1$ 的理想介质中传播，求：

(1) 电磁波的极化状态；

(2) 理想介质的波阻抗 η；

(3) 电磁波的相速度 v_p。

三、(15分)磁场复矢量振幅 $\boldsymbol{H}_i(\boldsymbol{r})=\dfrac{1}{60\pi}(-8\boldsymbol{e}_x+6\boldsymbol{e}_y)\mathrm{e}^{-\mathrm{j}\pi(3x+4z)}$(mA/m)的均匀平面电磁波由空气斜射入到海平面($z=0$ 的平面)，求

(1) 反射角 θ_r；

(2) 入射波的电场复矢量振幅 $\boldsymbol{E}_i(\boldsymbol{r})$；

(3) 电磁波的频率 f。

四、(15分)电场复矢量振幅 $\boldsymbol{E}_i(\boldsymbol{r})=\boldsymbol{e}_x10^{-\mathrm{j}\pi z}$(mV/m)的均匀平面电磁波由空气一侧垂直入射到相对介电常数 $\varepsilon_r=2.25$、$\mu_r=1$ 相对磁导率的理想介质一侧，其界面为 $z=0$ 平面，求：

(1) 入射波磁场的瞬时值 $\boldsymbol{H}_i(\boldsymbol{r}, t)$；

(2) 反射波的振幅 E_{rm}；

(3) 透射波坡印廷矢量的平均值 $\boldsymbol{S}_{\mathrm{av}}$。

五、(15分)

(1) 已知无耗传输线某点的归一化阻抗 $\overline{Z}=\dfrac{Z}{Z_0}$，求该点的反射系数 Γ；

(2) 已知条件同上，求系统驻波比 ρ；

(3) 简述传输线中 TEM 波、TE 波和 TM 波的主要特点；

(4) 画出圆波导中 H_{11} 模的圆截面电场、磁场分布图；

(5) 尺寸为 $a\times b\times l$ 理想导体长方体盒组成微波谐振腔，且 $a>b>l$，写出(波长最长的)主模式谐振波长 λ_0。

六、(15分)$\dfrac{1}{4}\lambda$ 传输线两侧各并联 R_1 和 R_2，如图所示。今要求输入端匹配(即 $Z_{in}=Z_0$)，请给出 R_1 和 R_2 相互关系。

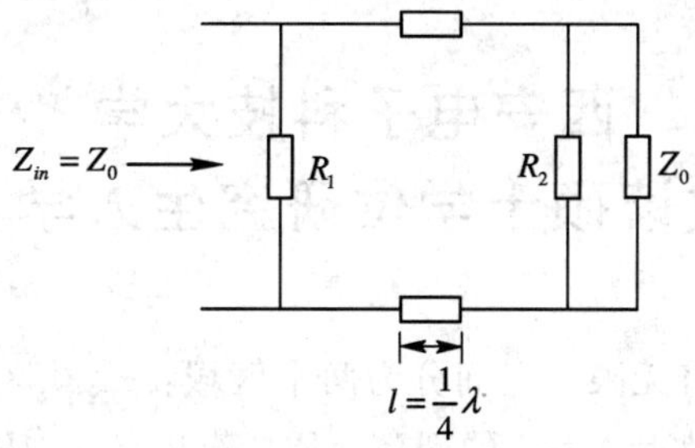

第六题用图

七、(15 分)矩形波导(填充 μ_0，ε_0)内尺寸为 $a\times b$，如图所示。

已知电场 $\boldsymbol{E}=\boldsymbol{e}_y E_0\sin\left(\frac{\pi}{a}x\right)\mathrm{e}^{-\mathrm{j}\beta z}$。式中，$\beta=\frac{2\pi}{\lambda_g}=\frac{2\pi}{\lambda}\sqrt{1-(\frac{\lambda}{2a})^2}$

(1) 求出波导中的磁场 $\boldsymbol{H}$；

(2) 画出波导场结构；

(3) 写出波导传输功率 P。

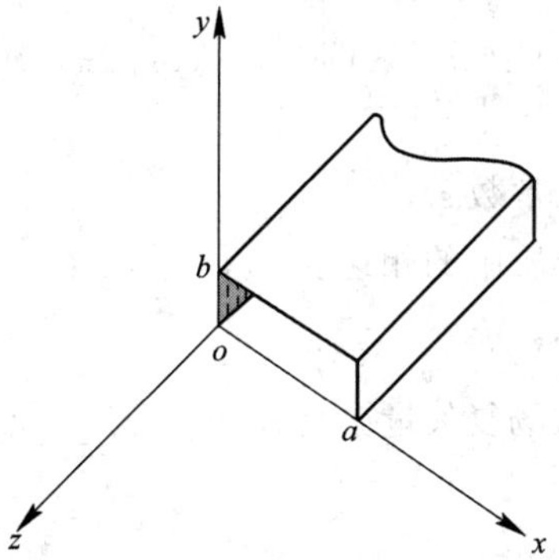

第七题用图

八、(10 分)若天线的功率方向图为：$P(\theta)=\cos\theta$，$0°\leqslant\theta\leqslant 90°$，求天线的方向系数和半功率波束宽度。

九、(20 分)证明功率传输方程

$$P_R=\frac{P_r}{4\pi r^2}G_r\frac{\lambda^2}{4\pi}G_R=\left(\frac{\lambda}{4\pi r}\right)^2 P_r G_r G_R$$

其中，G_r、P_r 为发射天线的增益和输入功率；G_R、P_R 为接收天线的增益和接收功率。

十、(15 分)如图沿 z 轴排列的三个半波振子组成直线阵，间距为 $\lambda/2$，电流等幅同相，求此阵列的空间方向图函数，并用方向图乘积定理概画出 yz 面和 xy 面方向图。

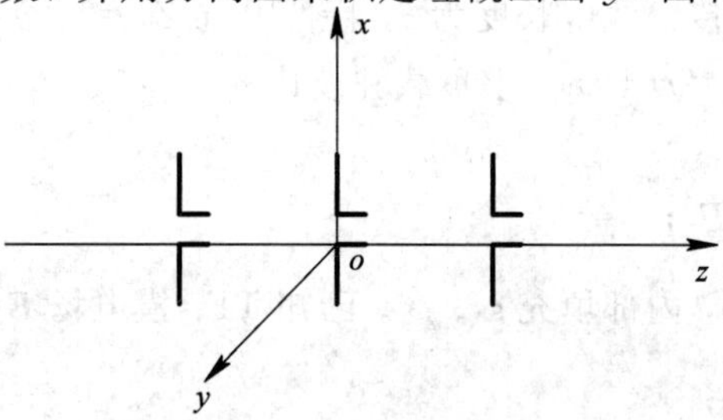

第十题用图

西安电子科技大学
2009 年攻读硕士学位研究生入学考试试题

一、(15 分)$z=0$ 平面将无限大空间分为两个区域：$z<0$ 区域为空气，$z>0$ 区域为相对磁导率 $\mu_r=1$，相对介电常数 $\varepsilon_r=4$ 的理想介质，若知空气中的电场强度为

$$\boldsymbol{E}_1=\boldsymbol{e}_x+4\boldsymbol{e}_z\ \text{V/m}$$

试求：

(1) 理想介质中的电场强度 $\boldsymbol{E}_2$；

(2) 理想介质中电位移矢量 $\boldsymbol{D}_2$ 与界面间的夹角 α；

(3) $z=0$ 平面上的极化面电荷密度 ρ_{SP}。

二、(15 分)均匀平面电磁波在相对磁导率 $\mu_r=1$ 的理想介质中传播，其电场强度的瞬时值为

$$\boldsymbol{E}(\boldsymbol{r},t)=\boldsymbol{e}_x 5\sin[2\pi(10^8 t-z)]+\boldsymbol{e}_y 5\cos[2\pi(10^8 t-z)]\ (\text{mV/m})$$

试求：

(1) 该理想介质的相对介电常数 ε_r；

(2) 平面电磁波在该理想介质中的相速度 v_p；

(3) 平面电磁波的极化状态。

三、(15 分)空气中传播着磁场复矢量振幅 $\boldsymbol{H}(\boldsymbol{r})=\dfrac{1}{12\pi}(3\boldsymbol{e}_x-4\boldsymbol{e}_y)\mathrm{e}^{-\mathrm{j}\pi(0.8x+0.6z)}$ (mA/m)的均匀平面电磁波,试求：

(1) 该平面电磁波的波长 λ；

(2) 该平面电磁波传播方向的单位矢量 $\boldsymbol{n}$；

(3) 该平面电磁波电场的复振幅矢量 $\boldsymbol{E}(\boldsymbol{r})$。

四、(15 分)电场强度复振幅矢量 $\boldsymbol{E}_i(\boldsymbol{r})=\boldsymbol{e}_x 24\pi\mathrm{e}^{-\mathrm{j}2\pi z}$ (mV/m)的均匀平面电磁波由空气垂直入射到相对介电常数 $\varepsilon_r=2.25$、相对磁导率 $\mu_r=1$ 的半无限大理想介质的界面($z=0$ 平面)，试求：

(1) 反射波电场强度的振幅 E_{rm}；

(2) 反射波磁场的复振幅矢量 $\boldsymbol{H}_r(\boldsymbol{r})$；

(3) 投射波电场的复振幅矢量 $\boldsymbol{E}_t(\boldsymbol{r})$。

五、(20 分)已知无耗传输线电长度为 θ，特性阻抗 $Z_0=1$。

(1) 已知负载阻抗 $Z_L=r_l+\mathrm{j}x_l$，求负载驻波比 ρ_L；

(2) 求输入驻波比 ρ_{in}；

(3) 求负载反射系数 Γ_L；

矩形波导内壁尺寸为 $a\times b$，内部填充 ε_0、μ_0。已知 TE_{10} 模电场 $\boldsymbol{E}=E_0\sin\left(\dfrac{\pi}{a}x\right)\mathrm{e}^{-\mathrm{j}\beta z}\boldsymbol{e}_y$。

(4) 求 TE_{10} 模磁场 $\boldsymbol{H}$；

(5) 求 TE_{10} 模截止波长 λ_c。

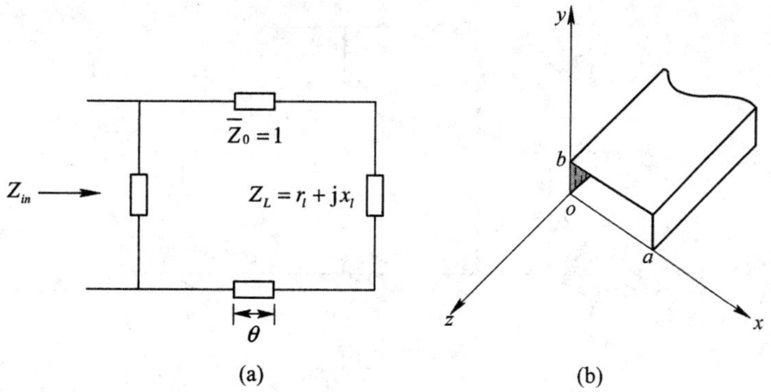

第五题用图

六、(10 分)已知双端口网络的散射参数[S]：

$$[S]=\begin{bmatrix} s_{11} & s_{12} \\ s_{21} & s_{22} \end{bmatrix}$$

(1) 已知负载反射 Γ_L 和[S]，写出输入反射 Γ_{in}。

(2) 网络对称时，[S]有什么性质？网络互易时，[S]有什么性质？

七、(15 分)已知矩形波导内壁尺寸为 $a\times b$。今在长 l 的两壁用理想导体封闭构成矩形谐振腔(见图)。

(1) 内部工作 TE_{101} 模，工作波长为 λ，写出腔内的电场和磁场；

(2) 用 a、b、l 表示 λ_0。

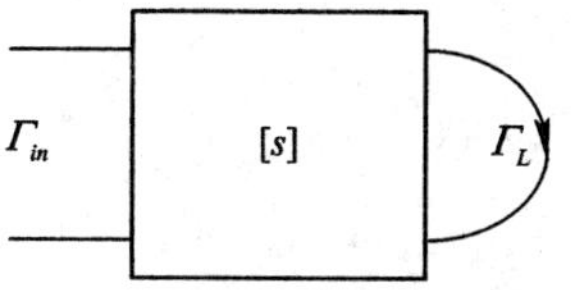

第六题用图

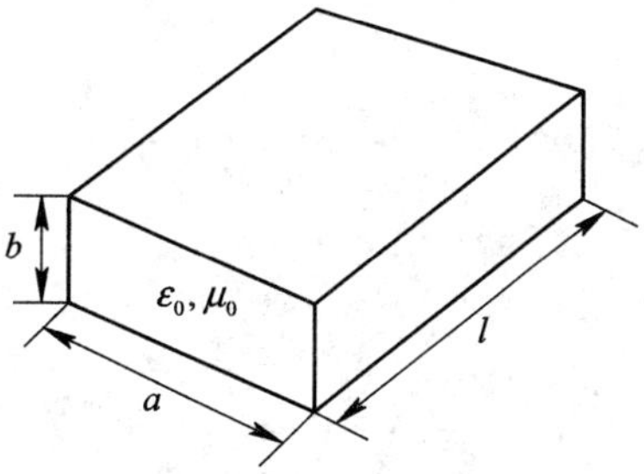

第七题用图

八、(10 分)已知天线的辐射功率为 $\boldsymbol{P}_r$，方向系数为 D。

(1) 试给出自由空间中距离天线 r 处辐射场大小的表达式；

(2) 若距离增加一倍，天线的辐射功率不变，辐射场的大小不变，则天线方向系数需要增加多少 dB?

九、(20 分)垂直放置于无限大理想导体平面上的半波对称振子天线，如右图所示，求

(1) 天线空间方向函数；

(2) 概画 E 面及 H 面的方向图；

(3) 天线的辐射阻抗；

(4) 天线的方向系数。

注：(a) 共轴排列的两半波对称振子，间距 $d=\lambda/2$ 时，互阻抗 $Z_{12}=30+j25\ \Omega$；

(b) 对称振子自阻抗 $Z_{11}=73.1+j42.5\ \Omega$。

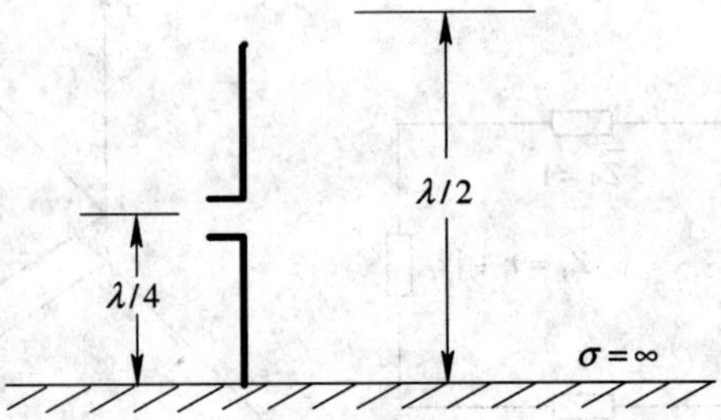

第九题用图

十、(15 分)如图所示的收发系统中，发射天线 A 为右旋圆极化天线，辐射功率为 10 W，增益为 10 dB；接收天线 B 最大辐射方向指向 A，发射天线 A 最大辐射方向指向 B；两天线相距 1 km，工作频率为 300 MHz，天线 A、B 均处于共轭匹配状态，忽略损耗，求下述三种情况下天线 B 的接收功率。

(1) 接收天线 B 为一右旋圆极化天线，增益为 1.64；

(2) 接收天线 B 为一左旋圆极化天线，增益为 1.64；

(3) 接收天线 B 为半波对称振子天线。

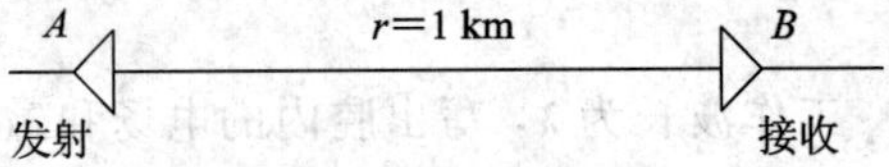

第十题用图

附录E 部分习题答案

第 1 章

1-1 $\cos\alpha=\cos\beta=\cos\gamma=1/\sqrt{3}$。

1-2 $6/\sqrt{5}$。

1-3 $\pm\dfrac{\boldsymbol{e}_x-2\boldsymbol{e}_y+\boldsymbol{e}_z}{\sqrt{6}}$。

1-4 混合积是 6，如果三个矢量同时反向，则混合积是 −6。

1-7 ① 椭圆； ② 椭圆柱螺线。

1-9 $(\boldsymbol{e}_x-\boldsymbol{e}_z)/\sqrt{2}$。

1-10 $(t^2\sin t+2t\cos t-2\sin t)\boldsymbol{e}_x+(-t^2\cos t+2t\sin t+2\cos t)\boldsymbol{e}_y$。

1-12 $\int_V(\nabla u\cdot\nabla\times\boldsymbol{F})\mathrm{d}V=\oint_S n\cdot(u\nabla\times\boldsymbol{F})\,\mathrm{d}S$。

1-13 等值面 $r=C$，过所给定点等值面 $r=3$。

1-14 等值线是 $xy-4=0$。

1-15 等值面 $r^2=C\cos\theta$，C 为常数；梯度是 $-Kr^{-3}(2\cos\theta\boldsymbol{e}_r+\sin\theta\boldsymbol{e}_\theta)$。

1-16 矢量线的通解是 $x^2+y^2=Cy^{4/3}$，过点(1，1，0)的矢量线是 $x^2+y^2=2y^{4/3}$。

1-17 矢量线是 $x^2+y^2=1$。

1-18 矢量线是 $y=x/2$，$z=x-y$；矢量线是过坐标原点的两个平面的交线。

1-19 过点 A 矢量线是 $x^2+y^2=-5y/2$，和 $z=2$；过 B 的矢量线是 $x^2+y^2=5y/2$，和 $z=2$。

1-20 ① $4x\boldsymbol{e}_x-2y\boldsymbol{e}_y-2z\boldsymbol{e}_z$； ② $(y+z)\boldsymbol{e}_x+(x+z)\boldsymbol{e}_y+(x+y)\boldsymbol{e}_z$；
③ $(2x+2y)(\boldsymbol{e}_x+\boldsymbol{e}_y)$。

1-21 $2\sqrt{3}$。

1-22 $n=\pm(2\boldsymbol{e}_x+8\boldsymbol{e}_y-\boldsymbol{e}_z)$。

1-23 求 $\nabla r=\boldsymbol{r}/r=\boldsymbol{e}_r$，$\nabla r^2=2\boldsymbol{r}$，$\nabla f(r)=f'(r)\boldsymbol{e}_r$。

1-24 $2\pi a^3$。

1-25 $\pi a^4/4$。

1-26 $-\pi a^2h^2/2$。

1-27 ① $\nabla\cdot\boldsymbol{A}=2(x+y+z)$，$\nabla\times\boldsymbol{A}=0$；② $\nabla\cdot\boldsymbol{A}=0$，$\nabla\times\boldsymbol{A}=0$；

③ $\nabla \cdot \boldsymbol{A}=1+2y$，$\nabla \times \boldsymbol{A}=\boldsymbol{e}_z(2x-1)$。

1-28 ① $\nabla \cdot \boldsymbol{r}=3$；② $\nabla \times \boldsymbol{r}=0$；③ $\nabla(\boldsymbol{k} \cdot \boldsymbol{r})=\boldsymbol{k}$；④ $(\boldsymbol{k} \cdot \nabla)\boldsymbol{r}=\boldsymbol{k}$。

1-29 $4\pi a^5/15$。

1-31 $-2\pi R^2$。

1-32 -4。

1-34 ① $\nabla \times \boldsymbol{F}=\boldsymbol{e}_y+\boldsymbol{e}_z$；② 通量为(a) πa^2；(b) πa^2；③ 环流量为 πa^2。

1-35 $4\pi a^3$(提示 x、y、z 是球形区域的奇函数)。

1-36 $\boldsymbol{A}=\rho \boldsymbol{e}_\rho+z^2 \boldsymbol{e}_z$；两种坐标系下，其散度均为$\nabla \cdot \boldsymbol{A}=2+2z$。

1-42 $\nabla \cdot \boldsymbol{A}=0$。

1-46 $\nabla u=V_0(y\boldsymbol{e}_x+x\boldsymbol{e}_y)/a^2$。

1-47 ① $\nabla \cdot \boldsymbol{A}=3\cos\phi$，$\nabla \times \boldsymbol{A}=3\sin\phi \boldsymbol{e}_z$；② $\nabla \cdot \boldsymbol{A}=0$，$\nabla \times \boldsymbol{A}=0$。

1-48 ① $\nabla \frac{1}{r}=-\frac{\boldsymbol{r}}{r^3}$；② $\nabla \times \frac{\boldsymbol{r}}{r^3}=0$；③ $\nabla \cdot \frac{\boldsymbol{r}}{r^3}=0(r\neq 0)$；④ $\nabla r=\boldsymbol{e}_r$。

第 2 章

2-1 $Q=2\pi Aa^3/3$；A 的单位：库仑/立方米；$F=\frac{3Qqz}{4\pi\varepsilon_0 a^3}\left[\ln \frac{z+\sqrt{z^2+a^2}}{z}-\frac{a}{\sqrt{z^2+a^2}}\right]$。

2-2 $\boldsymbol{E}=-\boldsymbol{e}_x\frac{Aa^2}{4\varepsilon_0(a^2+z^2)^{3/2}}$。

2-3 $E_r=\frac{q}{4\pi\varepsilon_0 r^2}\quad(r>a)$；$E_r=\frac{rq}{4\pi\varepsilon_0 a^3}\quad(r<a)$。

2-4 $E_r=\frac{Q}{4\pi\varepsilon_0 r^2}\quad(r>a)$；$E_r=\frac{Qr^{n+1}}{4\pi\varepsilon_0 a^3}\quad(r<a)$。

2-5 $\boldsymbol{E}=\frac{\rho c}{3\varepsilon_0}\boldsymbol{e}_x$。

2-7 提示：等位面是旋转椭球面。

2-8 提示：在坐标原点有一个点电荷，同时空间分布与这个点电荷等量异号的电子云。

2-11 $x^2-2y^2=C$。

2-12 $\Omega=2\pi-6\arcsin(\sqrt{2/3})$。

2-13 可以作为无源区电位。

2-14 $C=\frac{2}{3}$。

2-15 $E=\frac{r\rho}{2\varepsilon_0}\quad(r<a)$；$E=\frac{\rho a^2}{2r\varepsilon_0}\quad(r>a)$。

2-16 $E=-\frac{\rho_S}{2\varepsilon_0}\left(1-\frac{|z|}{(a^2+z^2)^{\frac{1}{2}}}\right)$。

2-19 $\rho=0\quad(r>a)$；$\rho=3E_0\varepsilon_0/a\quad(r<a)$。

2-20 $\varphi=\frac{q}{4\pi\varepsilon_0 r}\quad(r\geqslant a)$；$\varphi=\frac{q}{8\pi\varepsilon_0 a^3}(3a^2-r^2)\quad(r\leqslant a)$。

2-21　$\varphi=\dfrac{\rho_S a}{2\pi\varepsilon_0}[2-\sqrt{2}+\ln(\sqrt{2}+1)]$。

2-34　$\boldsymbol{E}_2=\boldsymbol{e}_x+4\boldsymbol{e}_y+5\boldsymbol{e}_z$(V/m)。

2-41　$W=-\dfrac{q^2}{2\pi\varepsilon_0 a}\ln 2$。

第 3 章

3-1　$\boldsymbol{J}=\boldsymbol{e}_\varphi\dfrac{3q\omega r\sin\theta}{4\pi a^3}$。

3-2　$p=\dfrac{a^2b^2\sigma U^2}{(b-a)^2r^4}$，　$P=\dfrac{4\pi ab\sigma U^2}{b-a}$，　$R=\dfrac{b-a}{4\pi ab\sigma}$。

3-4　$\boldsymbol{E}_1=\dfrac{\sigma_2 U}{\sigma_1 d_2+\sigma_2 d_1}\boldsymbol{e}_x$，　$\boldsymbol{E}_2=\dfrac{\sigma_1 U}{\sigma_1 d_2+\sigma_2 d_1}\boldsymbol{e}_x$；

$\boldsymbol{D}_1=\dfrac{\varepsilon_1\sigma_2 U}{\sigma_1 d_2+\sigma_2 d_1}\boldsymbol{e}_x$，　$\boldsymbol{D}_2=\dfrac{\varepsilon_2\sigma_1 U}{\sigma_1 d_2+\sigma_2 d_1}\boldsymbol{e}_x$；

$\boldsymbol{J}_1=\boldsymbol{J}_2=\dfrac{\sigma_1\sigma_2 U}{\sigma_1 d_2+\sigma_2 d_1}\boldsymbol{e}_x$，　$\rho_S=\dfrac{(\varepsilon_2\sigma_1-\varepsilon_1\sigma_2)U}{\sigma_1 d_2+\sigma_2 d_1}$。

3-5　$\rho_S=\dfrac{(\varepsilon_2\sigma_1-\varepsilon_1\sigma_2)U}{\left(\sigma_2\ln\dfrac{b}{a}+\sigma_1\ln\dfrac{c}{a}\right)b}$。

3-6　0.33 Ω。

3-7　$R=\dfrac{1}{4\pi\sigma}\dfrac{bd-2ab+ad}{abd}$。

3-12　$\boldsymbol{B}=\dfrac{\mu_0 I}{2a}\boldsymbol{e}_z$。

3-14　$\boldsymbol{B}=0\quad(r<a)$，　$\boldsymbol{B}=\dfrac{\mu_0 I(r^2-a^2)}{2\pi r(b^2-a^2)}\boldsymbol{e}_\varphi(a<r<b)$，　$\boldsymbol{B}=\dfrac{\mu_0 I}{2\pi r}\boldsymbol{e}_\varphi(r>b)$

3-15　$\boldsymbol{B}_R=\dfrac{\mu_0 Jd}{2}\boldsymbol{e}_y$。

3-16　提示：只有$\nabla\cdot\boldsymbol{A}=0$，$\boldsymbol{A}$才满足矢量泊松方程。

3-17　(1) $\boldsymbol{B}=\mu_0 J_{S0}\boldsymbol{e}_x(r<a)$，$\boldsymbol{B}=0(r>a)$；

(2) $\boldsymbol{B}=0(r<a)$，$\boldsymbol{B}=\dfrac{\mu_0 J_{S0}a}{r}\boldsymbol{e}_\varphi(r>a)$。

3-18　$\boldsymbol{A}=\dfrac{\mu_0 I}{4\pi}\ln\dfrac{(x-a)^2+y^2}{(x+a)^2+y^2}\boldsymbol{e}_z$。

$$\boldsymbol{B}=\frac{\mu_0 I}{2\pi}\left[\left(\frac{y}{(x-a)^2+y^2}-\frac{y}{(x+a)^2+y^2}\right)\boldsymbol{e}_x+\left(\frac{x+a}{(x+a)^2+y^2}-\frac{x-a}{(x-a)^2+y^2}\right)\boldsymbol{e}_y\right]。$$

3-19　$\boldsymbol{A}=\dfrac{\mu_0 I}{2\pi}\ln\dfrac{r_0}{r}\boldsymbol{e}_z$。

提示：设电流沿坐标z轴方向，作一与z轴共面的矩形，矩形的一条边距z轴为r_0，另一条边距z轴为$r(r>r_0)$，边长为h，并取距z轴为r_0的点为磁矢位参考点；取面积分域 S 为该矩形的面积，积分环路为该矩形的边，注意环路方向应与磁场方向成右手关系，则 $\int_S \boldsymbol{B}\cdot d\boldsymbol{S}=\oint \boldsymbol{A}\cdot d\boldsymbol{l}$ 变为 $\frac{\mu_0 Ih}{2\pi}\ln\frac{r}{r_0}=A(-h)$，$h$ 前面的负号来源于距 z 轴为 r 的边上的环路正方向与 $\boldsymbol{A}$ 的方向相反。

3-21 $\boldsymbol{m}=\pi a^2 M_0 l\boldsymbol{e}_z$，$\boldsymbol{A}=\frac{\mu_0\pi a^2 M_0 l\sin\theta}{4\pi r^2}\boldsymbol{e}_\varphi$；

$\boldsymbol{B}=\frac{\mu_0\pi a^2 M_0 l}{4\pi r^3}(\boldsymbol{e}_\phi 2\cos\theta+\boldsymbol{e}_\theta\sin\theta)$，$2.5\times10^{-4}\boldsymbol{e}_z(\mathrm{A\cdot m^2})$。

3-22 $\boldsymbol{J}_m=0$，$\boldsymbol{J}_{mS}=\boldsymbol{e}_\phi M_0\cos^2\theta\sin\theta$。

3-24 $\boldsymbol{B}=\frac{\mu_0 I}{2\pi r}\boldsymbol{e}_\phi(r<a, r>b)$，$\boldsymbol{B}=\frac{\mu I}{2\pi r}\boldsymbol{e}_\phi(a<r<b)$，$\boldsymbol{J}_m=0$；

$\boldsymbol{J}_{mS(r=a)}=\frac{(\mu_r-1)I}{2\pi a}\boldsymbol{e}_z$，$\boldsymbol{J}_{mS(r=b)}=\frac{-(\mu_r-1)I}{2\pi b}\boldsymbol{e}_z$。

3-25 $\boldsymbol{B}=\frac{\mu I}{(\mu_r+1)\pi r}\boldsymbol{e}_\phi$，$\boldsymbol{J}_m=\boldsymbol{J}_{mS}=0$。

3-26 $\boldsymbol{H}_1=\frac{Ir}{2\pi a^2}\boldsymbol{e}_\phi$，$\boldsymbol{B}_2=\frac{\mu_1 Ir}{2\pi a^2}\boldsymbol{e}_\phi$，$\boldsymbol{H}_2=\frac{I}{2\pi r}\boldsymbol{e}_\phi$，$\boldsymbol{B}_2=\frac{\mu_2 I}{2\pi r}\boldsymbol{e}_\phi$；

$\boldsymbol{J}_{m1}=\boldsymbol{e}_z\frac{(\mu_r-1)I}{\pi a^2}$，$\boldsymbol{J}_{m2}=0$，$\boldsymbol{J}_{mS(r=a)}=\frac{(\mu_{r2}-\mu_{r1})I}{2\pi a}\boldsymbol{e}_z$。

3-29 $W_m=\frac{\mu_0 I^2}{4\pi}\left(\ln\frac{b}{a}+\frac{1}{4}\right)$，$L=\frac{\mu_0}{2\pi}\left(\ln\frac{b}{a}+\frac{1}{4}\right)$。

第 4 章

4-1 $\frac{q^2}{8\pi\varepsilon_0 d}$。

4-2 $\frac{-Q^2}{16\pi\varepsilon_0 a^2}(1-\frac{1}{2\sqrt{2}})(\boldsymbol{e}_x+\boldsymbol{e}_y)$。

4-5 需要三个镜像电荷。

4-8 $C=4\pi\varepsilon_0(a+b-ab/c)$。

4-9 $C=4\pi\varepsilon_0 a(5/2-2/\sqrt{3})$。

4-11 $\varphi=20\frac{\cos\frac{\pi x}{2a}\mathrm{sh}\frac{\pi y}{2a}}{\mathrm{sh}\frac{\pi b}{2a}}+10\frac{\cos\frac{5\pi x}{2a}\mathrm{sh}\frac{5\pi y}{2a}}{\mathrm{sh}\frac{5\pi b}{2a}}$。

4-12 $\varphi=\sum_{n=1}^{\infty}\frac{4V_0}{n^2\pi^2}\frac{\sin\frac{n\pi}{2}}{\mathrm{sh}\frac{n\pi a}{b}}\sin\frac{n\pi y}{b}\ \mathrm{sh}\frac{n\pi x}{b}$。

4-13 $\varphi=\sum_{n=1,3,\cdots}^{\infty}\frac{4V_0}{n\pi}\sin\frac{n\pi x}{a}e^{-\frac{n\pi y}{a}}$。

4-14 ① $\varphi=V_0\sin\frac{3\pi x}{a}\exp\frac{-3\pi y}{a}$；

② $\varphi=\dfrac{3V_0}{4}\sin\dfrac{\pi x}{a}\exp\dfrac{-\pi y}{a}-\dfrac{V_0}{4}\sin\dfrac{3\pi x}{a}\exp\dfrac{-3\pi y}{a}$；

③ $\varphi=\dfrac{V_0}{2}\sin\dfrac{2\pi x}{a}\exp\dfrac{-2\pi y}{a}$。

4-15　$\varphi=\dfrac{V_0 x}{b}+\sum\limits_{n=1}^{\infty}\dfrac{2V_0}{n\pi}\sin\dfrac{n\pi x}{b}\exp\dfrac{-n\pi y}{b}$。

4-16　$\varphi=\dfrac{10xy}{a^2}$。

4-18　提示：设 $\varphi=\sum\limits_{m=1}^{\infty}\sum\limits_{n=1}^{\infty}A_{mn}\sin\dfrac{m\pi x}{a}\sin\dfrac{n\pi y}{b}\,\mathrm{sh}\,\dfrac{l\pi z}{c}$，且 $\dfrac{m^2\pi^2}{a^2}+\dfrac{n^2\pi^2}{b^2}=\dfrac{l^2\pi^2}{c^2}$。

4-19　$\varphi=\dfrac{\rho_0\cos\pi x\cos 2\pi y\sin 4\pi z}{\varepsilon_0 21\pi^2}$。

4-20　$\varphi=\dfrac{1}{2}V_0+\dfrac{2V_0}{\pi}\sum\limits_{n=1,3,5}^{\infty}\dfrac{1}{n}\left(\dfrac{r}{a}\right)^n\sin n\phi$。

4-22　提示：采用恒等式 $\dfrac{1}{R}=\dfrac{1}{\sqrt{r^2+b^2-2rb\cos\theta}}=\begin{cases}\sum\limits_{n=0}^{\infty}b^n r^{-n-1}P_n(\cos\theta) & b\leqslant r\\ \sum\limits_{n=0}^{\infty}r^n b^{-n-1}P_n(\cos\theta) & b\geqslant r\end{cases}$

4-23　$\varphi=\begin{cases}\dfrac{\rho_{S0}}{2\varepsilon_0}r\cos\phi & (r<a)\\ \dfrac{a^2\rho_{S0}}{2\varepsilon_0 r}\cos\phi & (r>a)\end{cases}$

4-27　$\varphi=V_0\dfrac{a^2}{r^2}\cos\theta$。

4-28　$G=\dfrac{2}{\pi}\sum\limits_{n=1}^{\infty}\dfrac{\sin\dfrac{n\pi x'}{a}\sin\dfrac{n\pi x}{a}}{n\,\mathrm{sh}\,\dfrac{n\pi b}{a}}\begin{cases}\mathrm{sh}\,\dfrac{n\pi}{a}(b-y')\,\mathrm{sh}\,\dfrac{n\pi}{a}y & (y\leqslant y')\\ \mathrm{sh}\,\dfrac{n\pi}{a}y'\,\mathrm{sh}\,\dfrac{n\pi}{a}(b-y) & (y\geqslant y')\end{cases}$

或 $G=\dfrac{4}{ab}\sum\limits_{n=1}^{\infty}\sum\limits_{m=1}^{\infty}\dfrac{\sin\dfrac{n\pi x}{a}\sin\dfrac{n\pi x'}{a}\sin\dfrac{m\pi y}{b}\sin\dfrac{m\pi y'}{b}}{\left(\dfrac{n\pi}{a}\right)^2+\left(\dfrac{m\pi}{b}\right)^2}$。

4-30　$\varphi=-\dfrac{\rho_0}{6\varepsilon_0 d}x^3+\left(\dfrac{V_0}{d}+\dfrac{\rho_0 d}{6\varepsilon_0}\right)x$。

4-31　① $G=\begin{cases}x & (x\leqslant x')\\ x' & (x\geqslant x')\end{cases}$；　② $G=\begin{cases}a-x' & (x\leqslant x')\\ a-x & (x\geqslant x')\end{cases}$；　③ $G=\begin{cases}a+\dfrac{1}{2}-x' & (x\leqslant x')\\ a+\dfrac{1}{2}-x & (x\geqslant x')\end{cases}$

4-32　① $G=\begin{cases}C-x' & (x\leqslant x')\\ C-x & (x\geqslant x')\end{cases}$；　② $G=\begin{cases}\dfrac{x}{2}-\dfrac{x'}{2}+C & 0\leqslant x\leqslant x'\\ \dfrac{x'}{2}-\dfrac{x}{2}+C & x'\leqslant x\leqslant 1\end{cases}$。

4-38　$\varphi=\dfrac{\rho_l}{4\pi\varepsilon_0}\ln\dfrac{r+1-2\sqrt{r}\sin\dfrac{\phi}{2}}{r+1+2\sqrt{r}\sin\dfrac{\phi}{2}}$，其中场点 $z=x+\mathrm{j}y=r\exp(\mathrm{j}\phi)$。

第 5 章

5-1　$\dfrac{B\omega a^2}{2}$。

5-2　$\dfrac{Qva^2}{2(d^2+a^2)^{\frac{3}{2}}}$。

5-3　1.125×10^{-3}。

5-5　$-\boldsymbol{e}_x 100\mathrm{e}^{-\alpha z}\left[\dfrac{\beta}{\omega\mu_0}\cos(\omega t-\beta z)+\dfrac{\alpha}{\omega\mu_0}\sin(\omega t-\beta z)\right]$。

5-8　(1) $\boldsymbol{e}_x\dfrac{\boldsymbol{E}_0\pi}{d\omega\mu_0}\cos\left(\dfrac{\pi}{d}z\right)\sin(\omega t-k_x x)+\boldsymbol{e}_z\dfrac{\boldsymbol{E}_0 k_x}{\omega\mu_0}\sin\left(\dfrac{\pi}{d}z\right)\cos(\omega t-k_x x)$；

(2) $\boldsymbol{e}_y\dfrac{\pi\boldsymbol{E}_0}{\omega\mu_0 d}\sin(\omega t-k_x x)$。

5-9　$\boldsymbol{e}_x 5\times10^4\cos(6\pi\times10^8 t)\sin2\pi z$。

5-11　(1) $\dfrac{A}{B}=\dfrac{-\mathrm{j}\omega\mu}{k}$；

(2) $k=\omega\sqrt{\mu\varepsilon}$；

(3) 在 $r=a$ 的表面上 $J_{Sa}=\boldsymbol{e}_z\dfrac{B}{a}\cos kz$，$\rho_{Sa}=\dfrac{\varepsilon A}{a}\sin kz$；

在 $r=b$ 的表面上 $J_{Sb}=-\boldsymbol{e}_z\dfrac{B}{b}\cos kz$，$\rho_{Sb}=-\dfrac{\varepsilon A}{b}\sin kz$。

5-12　I^2R。

5-13　(1) $\boldsymbol{E}(x,y,z)=[\boldsymbol{e}_x\boldsymbol{E}_{ym}\mathrm{e}^{-\mathrm{j}kx}-\mathrm{j}\boldsymbol{e}_z\boldsymbol{E}_{zm}\mathrm{e}^{-\mathrm{j}kx}]\mathrm{e}^{\mathrm{j}a}$；

(2) $\boldsymbol{H}(x,y,z)=\boldsymbol{e}_x\boldsymbol{H}_0 k\left(\dfrac{a}{\pi}\right)\sin\left(\dfrac{\pi x}{a}\right)\mathrm{e}^{\mathrm{j}\left(-kz+\frac{\pi}{2}\right)}+\boldsymbol{e}_z\boldsymbol{H}_0\cos\left(\dfrac{\pi x}{a}\right)\mathrm{e}^{-\mathrm{j}kz}$；

(3) $\boldsymbol{E}(x,y,z,t)=\boldsymbol{e}_z\boldsymbol{E}_0\sin(k_x x)\sin(k_y y)\cos(\omega t-k_z z)$；

(4) $\boldsymbol{E}(x,y,z,t)=\boldsymbol{e}_x 2\boldsymbol{E}_0\sin\theta\cos(k_x x\cos\theta)\cos\left(\omega t+\dfrac{\pi}{2}-kz\sin\theta\right)$。

5-14　0.174 $\mathrm{W/m^2}$。

5-15　(1) $\boldsymbol{H}=-\boldsymbol{e}_x\dfrac{k}{\omega\mu_0}E_m\sin(\omega t-kz)$；

(3) $\boldsymbol{S}_{\mathrm{av}}=\boldsymbol{e}_z\dfrac{1}{2}E_m^2\varepsilon_0 C$。

5-16　(1) $\boldsymbol{H}=\dfrac{E_0}{\mu_0 C}[-\boldsymbol{e}_x\sin k_0(z-Ct)]+\boldsymbol{e}_y\cos k_0(z-Ct)$；　$\boldsymbol{S}=\boldsymbol{e}_z\dfrac{E_0^2}{\mu_0 C}$；

(2) 当 z 固定时，电场强度矢量随时间 t 变化的轨迹是 $z=$常数的平面上的圆；

(3) $w_e^{\mathrm{av}}=\dfrac{1}{2}\varepsilon_0 E_0^2=w_m^{\mathrm{av}}$，　$\boldsymbol{S}_{\mathrm{av}}=\boldsymbol{e}_z\dfrac{E_0^2}{\mu_0 C}$。

第 6 章

6-1　(1) $\lambda=1$ (m)，$\lambda_0=3$ (m)；　(2) $\varepsilon_r=9$；

(3) $\boldsymbol{H}=\boldsymbol{e}_y\dfrac{1}{8\pi}\cos[2\pi(10^8t-z)]$ (A/m)。

6-2　(1) $f=3\times10^9$ (Hz)；

(2) $\boldsymbol{H}=(\boldsymbol{e}_y+\mathrm{j}\boldsymbol{e}_x)\dfrac{10^{-4}}{120\pi}\mathrm{e}^{-\mathrm{j}20\pi z}$；

(3) $\boldsymbol{S}(\boldsymbol{r},t)=\boldsymbol{e}_z\dfrac{10^{-8}}{120\pi}[\cos^2(\omega t-kz)-\sin^2(\omega t-kz)]$ (W)；　$\boldsymbol{S}_{\mathrm{av}}=\boldsymbol{e}_z\dfrac{10^{-8}}{120\pi}$ (W)。

6-3　$\boldsymbol{H}=\dfrac{1}{120\pi}\left[\boldsymbol{e}_y4\cos(6\pi\times10^8t-2\pi z)-\boldsymbol{e}_x3\cos\left(6\pi\times10^8t-2\pi z-\dfrac{\pi}{3}\right)\right]$ (A/m)；

$\boldsymbol{S}_{\mathrm{av}}=\boldsymbol{e}_z\dfrac{25}{240\pi}=3.3\times10^{-2}$ (W/m^2)。

6-4　$\boldsymbol{E}=\boldsymbol{e}_x10^{-3}$ (V/m)，　$\boldsymbol{H}=\boldsymbol{e}_y\dfrac{1}{2}\times10^{-5}$ (A/m)，　$\boldsymbol{S}=\boldsymbol{e}_z\dfrac{1}{2}\times10^{-8}$ (W/m^2)。

6-5　(1) $\lambda=0.4$ (m)，$\boldsymbol{k}=\left(\boldsymbol{e}_x\dfrac{4}{5}+\boldsymbol{e}_z\dfrac{3}{5}\right)$，$\theta=\cos\dfrac{3}{5}=53.13°$；

(2) $A=3$；

(3) $\boldsymbol{E}=120\pi\left(\boldsymbol{e}_x\dfrac{6}{5}\sqrt{6}+\boldsymbol{e}_y5-\boldsymbol{e}_z\dfrac{8}{5}\sqrt{6}\right)\mathrm{e}^{-\mathrm{j}\pi(4x+3z)}$ (μV/m)。

6-6　(1) 满足波动方程；

(2) $\boldsymbol{H}_1=0$，$\boldsymbol{H}_2=\boldsymbol{e}_y\dfrac{1}{\eta}E_{02}\mathrm{e}^{-\mathrm{j}kz}$。$\boldsymbol{E}_1$不能表示电磁波；$\boldsymbol{E}_2$表示一电磁波。

6-7　(1) $\boldsymbol{B}(x,t)=-\boldsymbol{e}_y10^{-12}\cos(2\pi\times10^6t-2\pi\times10^2x)$ T；　(2) $\varepsilon_r=9$。

6-8　(1) $E_m=3\sqrt{3}$ (V/m)，$\boldsymbol{k}=\dfrac{\pi}{6}(2\boldsymbol{e}_x+\sqrt{2}\boldsymbol{e}_y-\sqrt{3}\boldsymbol{e}_z)$ (rad/m)，$\lambda=4$ (m)；

(2) $\boldsymbol{E}(r,t)=3(\boldsymbol{e}_x-\sqrt{2}\boldsymbol{e}_y)\cos\left[15\pi\times10^7t-\dfrac{\pi}{6}(2x+\sqrt{2}y-\sqrt{3}z)\right]$ (V/m)；

$\boldsymbol{H}(\boldsymbol{r},t)=\dfrac{1}{120\pi}(-\sqrt{6}\boldsymbol{e}_x+\sqrt{3}\boldsymbol{e}_y-3\sqrt{2}\boldsymbol{e}_z)\cos\left[15\pi\times10^7t-\dfrac{\pi}{6}(2x+\sqrt{2}y-\sqrt{3}z)\right]$。

6-9　$\mu_r=1.99$；　$\varepsilon_r=1.13$。

6-10　(1) $\alpha=0.0071$ (Np/m)，　$\beta=0.0114$ (rad/m)。

(2) $v_p=2.06\times10^8$ (m/s)，　$\lambda=382$ (m)；

(3) $\eta_c=260.149(1-\mathrm{j}0.2)^{-\frac{1}{2}}$ (Ω)。

6-11　$\boldsymbol{H}=-\boldsymbol{e}_y\dfrac{1}{3\pi}\cos(\omega t+\beta z)$ (A/m)；

$\boldsymbol{E}=\boldsymbol{e}_x\dfrac{\eta_0}{3\pi}\cos(\omega t+\beta z)$ (V/m)；

$\lambda=\dfrac{2\pi}{\beta}=\dfrac{2\pi}{30}=0.21$ (m)；

$f=\frac{c}{\lambda}=\frac{3\times10^8}{\frac{\pi}{15}}=\frac{45}{\pi}\times10^8=1.43\times10^9\,(\mathrm{Hz})$；

$\boldsymbol{H}=-\boldsymbol{e}_y\frac{1}{3\pi}\cos(2\pi ft+\beta z)=-\boldsymbol{e}_y\frac{1}{3\pi}\cos(90\times10^8t+30z)\ (\mathrm{A/m})$。

6 - 12 (1) $A=6\sqrt{3}$；

(2) $\omega=36\times10^8\,(\mathrm{rad/m})$；

$\boldsymbol{H}=\boldsymbol{e}_y\frac{10}{h_0}\cos(36\times10^8t6\sqrt{3}x-6z)\ (\mathrm{A/m})$。

6 - 13 (1) 电荷密度与初始值之比为 0； (2) $f>1.044\times10^{16}\,(\mathrm{Hz})$。

6 - 15 $k=-\frac{3}{5}\boldsymbol{e}_y+\frac{4}{5}\boldsymbol{e}_z$右旋椭圆极化波，是横电磁波。

6 - 16 $\boldsymbol{E}(\boldsymbol{r},t)=\boldsymbol{e}_z3\sqrt{3}\cos\left[\frac{3\pi}{2}\times10^8t-\frac{\pi}{2\sqrt{2}}(x+y)\right]\ (\mathrm{V/m})$；

$\boldsymbol{H}(\boldsymbol{r},t)=(\boldsymbol{e}_x-\boldsymbol{e}_y)\frac{1}{40\pi}\sqrt{\frac{3}{2}}\cos\left[\frac{3\pi}{2}\times10^8t-\frac{\pi}{2\sqrt{2}}(x+y)\right]$。

6 - 17 $\boldsymbol{E}(\boldsymbol{r},t)=\frac{1}{4}\left[\boldsymbol{e}_x\sqrt{17}b\cos(\omega t-kz+14^\circ)-\boldsymbol{e}_y\sqrt{3}b\sin(\omega t-kz)\right]$；

$\boldsymbol{H}(\boldsymbol{r},t)=\frac{1}{480\pi}\left[\boldsymbol{e}_y\sqrt{17}b\cos(\omega t-kz+14^\circ)-\boldsymbol{e}_x\sqrt{3}b\sin(\omega t-kz)\right]$；

左旋椭圆极化波。

6 - 19 (1) 左旋圆极化波； (2) $\boldsymbol{H}=\frac{\sqrt{2}}{120\pi}(-\mathrm{j}\boldsymbol{e}_z+\boldsymbol{e}_y)\mathrm{e}^{-\mathrm{j}\frac{\pi}{2}z}\,(\mathrm{A/m})$。

6 - 20 (1) 左旋圆极化波；(2) 椭圆极化波；(3) 椭圆极化波；(4) 左旋椭圆极化波。

6 - 23 由给定的电场强度表示式看出，这是在良导体中沿 $-z$ 轴方向传播的均匀平面波。两个电场分量的振幅相等，即 $E_{x0}=E_{y0}=4\ \mathrm{V/m}$；而 E_x 的初相位 $\varphi_x=0$，E_y 的初相位 $\varphi_y=\frac{\pi}{2}$，即 E_x 的相位滞后于 $E_y\,90^\circ$。由于波的传播方向是 $-z$ 轴方向，故题给的 $\boldsymbol{E}(z)$表征一个右旋圆极化波。

6 - 24 $b=w\sqrt{m_0e_2}$；$\boldsymbol{H}=\boldsymbol{e}_y\frac{b}{wm_0}E_0\mathrm{e}^{\mathrm{j}bx}$。

6 - 25 (1) $b=w\sqrt{m_0e_0}\sqrt{1-\frac{f_p^2}{f}}=0.204\ (\mathrm{rad/m})$；

(2) $v_p=\frac{w}{b}=\frac{c}{\sqrt{1-\left(\frac{f_p}{f}\right)^2}}=3.08\times10^8\,(\mathrm{m/s})$。

第 7 章

7 - 1 (1) $\theta_i=\theta_r=36.9^\circ$，$\theta_t=17.47^\circ$；

(2) $\theta_i=\theta_r=30^\circ$，$\theta_t=14.47^\circ$。

7 - 3 $\theta_i=45^\circ$，$n_r=-\frac{1}{\sqrt{2}}\boldsymbol{e}_x-\frac{1}{\sqrt{2}}\boldsymbol{e}_z$。

7-4 (1) $\boldsymbol{E}_t|_{z=0}=\boldsymbol{e}_x 3.39\times10^{-8}\mathrm{e}^{\mathrm{j}\frac{\pi}{4}}$ (V/m)， $\boldsymbol{H}_t|_{z=0}=\boldsymbol{e}_y 5.3\times10^{-6}$ (A/m)；

(2) $\boldsymbol{J}|_{z=0}=\boldsymbol{e}_x 1.96\mathrm{e}^{\mathrm{j}\frac{\pi}{4}}$ (A/m)，$\delta=38.1\times10^{-6}$ (m)；

(3) $Z_s=4.52\times10^{-3}(1+\mathrm{j})$ (Ω)；

(4) $P=6.35\times10^{-2}$ (W/m^2)。

7-5 4%。

7-6 1.16×10^{-7} (W/m^2)。

7-7 (1) $\boldsymbol{E}_r=-\boldsymbol{e}_x 4\times10^{-3}\cos\left(2\pi\times10^9 t+\dfrac{20\pi}{3}z\right)$，

$$\boldsymbol{H}_r=\boldsymbol{e}_y\frac{4\times10^{-3}}{\eta_0}\cos\left(2\pi\times10^9 t+\frac{20\pi}{3}z\right)；$$

(2) $\boldsymbol{E}_1=-\boldsymbol{e}_x \mathrm{j}8\times10^{-3}\sin\dfrac{20\pi}{3}z$， $\boldsymbol{H}_1=\boldsymbol{e}_y \mathrm{j}\dfrac{2}{3\pi}\times10^{-4}\cos\dfrac{20\pi}{3}z$；

(3) $z=-\dfrac{3}{20}$ (m)处。

7-8 $|E_{r0}|=33.3$ (V/m)， $|E_{t0}|=66.7$ (V/m)。

7-9 $\varepsilon_r=7.3$。

7-10 (1) $\varepsilon_{r_2}=73$；

(2) $E_i=E_{i0}=47.6$ (V/m)，$H_i=H_{i0}=0.126$ (A/m)；

$E_r=E_{r0}=-36.5=37.6\mathrm{e}^{\mathrm{j}\pi}$ (V/m)，$H_r=H_{r0}=0.1\mathrm{e}^{\mathrm{j}\pi}$ (A/m)；

$E_t=E_{t0}=10$ (V/m)，$H_t=H_{t0}=0.226$ (A/m)；

(3) $\rho=8.54$。

7-11 $E_t=\dfrac{E_0}{2}(\boldsymbol{e}_x-\mathrm{j}\boldsymbol{e}_y)\mathrm{e}^{\mathrm{j}3kz}$ (V/m)； $E_r=-\dfrac{E_0}{2}(\boldsymbol{e}_x-\mathrm{j}\boldsymbol{e}_y)\mathrm{e}^{\mathrm{j}kz}$ (V/m)；

分别为左旋和右旋圆极化波。

7-12 (1) $\boldsymbol{E}_1=-\boldsymbol{e}_x 200\sin\beta z\cos\omega t+\boldsymbol{e}_y 400\sin\beta z\sin\omega t$ (V/m)；

$\boldsymbol{H}_1=-\boldsymbol{e}_x 1.06\cos\beta z\cos\omega t+\boldsymbol{e}_y 0.53\cos\beta z\sin\omega t$ (A/m)；

(2) $\boldsymbol{J}_S=\boldsymbol{e}_x 0.53\sin\omega t+\boldsymbol{e}_y 1.06\cos\omega t$ (A/m)；

(3) 入射波和反射波分别是左,右旋椭圆极化。

7-13 $\boldsymbol{E}_t=\boldsymbol{e}_x 8.57\cos(3\times10^9 t-40\pi z)$ (V/m)；

$\boldsymbol{H}_t=\boldsymbol{e}_y 4.5\times10^{-2}\cos(3\times10^9 t-40\pi z)$ (A/m)。

7-15 $\mathrm{sech}kt$， $k=(1+\mathrm{j})\sqrt{\dfrac{\omega\mu\sigma}{2}}$。

7-16 $\Gamma=-0.127$，$T=0.873$。

7-17 $\varepsilon_r=3$。

7-18 $\theta_i=36.87°$。

$\boldsymbol{E}_r=-\boldsymbol{e}_y\mathrm{e}^{-\mathrm{j}(6x-8z)}$ (V/m)；

$\boldsymbol{H}_r=-2.65\times10^{-4}(8\boldsymbol{e}_x+6\boldsymbol{e}_z)\mathrm{e}^{-\mathrm{j}(6x-8z)}$ (A/m)。

7-19 $\boldsymbol{E}_1=2\boldsymbol{E}_0\{\boldsymbol{e}_x\mathrm{j}\cos\theta_i\sin[(k\cos\theta_i)z]+\boldsymbol{e}_z\sin\theta_i\cos[(k\cos\theta_i)z]\mathrm{e}^{-\mathrm{j}(k\sin\theta_i)x}\}$；

$\boldsymbol{H}_1=-\boldsymbol{e}_y 2E_0\eta_1^{-1}\cos[(k\cos\theta_i)z]\mathrm{e}^{-\mathrm{j}(k\sin\theta_i)x}$。

7-21　$\theta_B=\arcsin\sqrt{\frac{\mu_2}{\mu_1+\mu_2}}$，电场垂直于入射面的波可实现。

7-22　$\varepsilon_{\min}=2\varepsilon_0$。

7-23　(1) $T=\frac{3}{2}$；

(2) $\theta_t'=\theta_1$，$\Gamma'=-\frac{1}{2}$，$T'=\frac{1}{2}$。

7-24　$\delta=0.45\lambda_2$，λ_2是媒质 2 中的电磁波波长。

7-26　$P_r=0.18\ (\mathrm{W/m^2})$。

7-27　(1) $\omega=1.2\times10^9\,(\mathrm{rad/s})$，$A=-2$；　(3) $\theta_i=30°$。

7-29　(1) θ_i任意；(2) $\theta_{i\max}=14.4°$。

第 8 章

8-1　可能存在三种形式的传输模：

TEM 模：$\beta=\omega\sqrt{\mu_0\varepsilon_0}$，$v_0=c$，$\eta=\eta_0$；

TE 模：$\beta=\sqrt{k^2-k_c^2}$，$v_p=\frac{\omega}{k}\left[1-\left(\frac{k_c}{k}\right)^2\right]^{-\frac{1}{2}}$，$Z_E=\eta_0\left[1-\left(\frac{f_c}{f}\right)^2\right]^{-\frac{1}{2}}$；

TM 模：$\beta=\sqrt{k^2-k_c^2}$，$v_p=\frac{\omega}{k}\left[1-\left(\frac{k_c}{k}\right)^2\right]^{-\frac{1}{2}}$，$Z_H=\eta_0\left[1-\left(\frac{f_c}{f}\right)^2\right]^{-\frac{1}{2}}$。

8-2　(1) $\nabla\cdot\boldsymbol{E}=\boldsymbol{0}$；

$$\nabla\times\boldsymbol{E}=-\mathrm{j}\beta E_0\boldsymbol{e}_y\sin\left(\frac{\pi}{d}y\right)\mathrm{e}^{j(\omega t-\beta z)}-\boldsymbol{e}_z\frac{\pi}{d}E_0\cos\left(\frac{\pi}{d}y\right)\mathrm{e}^{\mathrm{j}(\omega t-\beta z)}；$$

(2) $\boldsymbol{E}$ 不能用一位置的标量函数的负梯度来表示；

(3) 因 $H=\frac{E_0}{\omega\mu_0}\left[\boldsymbol{e}_y\beta\sin\frac{\pi}{d}y-\boldsymbol{e}_z\mathrm{j}\frac{\pi}{a}\cos\frac{\pi}{d}y\right]\mathrm{e}^{\mathrm{j}(\omega t-\beta z)}$。

8-3　$H_x=-\mathrm{j}\frac{3\beta}{2\pi}10^{-3}\sin\frac{\pi}{3}x\cos\frac{\pi}{3}y\mathrm{e}^{\mathrm{j}\omega t-\gamma z}$；

$H_y=\mathrm{j}\frac{3\beta}{2\pi}10^{-3}\cos\frac{\pi}{3}x\sin\frac{\pi}{3}y\mathrm{e}^{\mathrm{j}\omega t-\gamma z}$；

$E_x=\mathrm{j}\frac{3\omega\mu}{2\pi}10^{-3}\cos\frac{\pi}{3}x\sin\frac{\pi}{3}y\mathrm{e}^{\mathrm{j}\omega t-\gamma z}$；

$E_y=-\mathrm{j}\frac{3\omega\mu}{2\pi}10^{-3}\sin\frac{\pi}{3}x\cos\frac{\pi}{3}y\mathrm{e}^{\mathrm{j}\omega t-\gamma z}$；

$\lambda_c=3\sqrt{2}\ \mathrm{cm}$，$\lambda_g=3\sqrt{2}\ \mathrm{cm}$，$v_p=3\sqrt{2}\times10^8\ \mathrm{m/s}$，$v_g=\frac{3\sqrt{2}}{2}\times10^8\,(\mathrm{m/s})$。

8-4　(1) $f_c=16.35\ (\mathrm{GHz})$，　(2) $f_c=12.86\ (\mathrm{GHz})$。

8-5　$f_c=\frac{1}{2a\sqrt{\mu_0\varepsilon}}$，　$\lambda_g=\frac{\lambda_0}{\sqrt{\varepsilon_r}\sqrt{1-\left(\frac{\lambda}{2a\sqrt{\varepsilon_r}}\right)^2}}$。

8-6　$d\approx3000\ (\mathrm{m})$。

8-7　$\alpha=2.26\times10^{-3}\,(\mathrm{Np})$，$d=307\ \mathrm{m}$。

8-12 $a>6.25$ cm，$b<4.17$ cm，取 $a=6.5$ cm，$b=3.5$ cm，$d=1.56$ cm。

8-14 (1) $\lambda_{c(TE_{11})}=8.53$ cm，$\lambda_{c(TM_{01})}=6.53$ cm；

$\lambda_{c(TE_{01})}=4.10$ cm，$\lambda_{c(TM_{11})}=4.10$ cm。

(2) $\lambda=7$ cm 时，可传输 TE_{11} 模；

$\lambda=6$ cm 时，可传输 TE_{11} 模、TM_{01} 模；

$\lambda=3$ cm 时，可传输 TE_{11} 模、TM_{01} 模、TE_{01}、TM_{11} 模。

(3) λ_g 分别为 12.2 cm、8.53 cm、3.42 cm。

8-15 $\lambda_c=2.06$ cm。

8-18 (1) $\lambda_{c(H_{11})}=15.7$ (cm)，$\lambda_{c(E_{01})}=6$ (cm)，$\lambda_{c(H_{01})}=6$ (cm)；

(2) $\lambda>15.7$ (cm)；　(3) $P_{max}=10.4$ (mW)。

8-20 $a=6.3$ (cm)，$l=8.16$ (cm)。

8-22 $f_0=7.07$ GHz，$Q=12700$。

8-23 $\varepsilon_r=1.5$。

8-25 500。

8-26 $l=1$ cm。

第 9 章

9-1 $r=\dfrac{1}{k}=\dfrac{\lambda}{2\pi}=0.159\lambda$。

9-2 $P_r=1.1$ (W)。

9-3 $R_r=7.9$ (Ω)。

9-4 磁矩与电矩之比的绝对值等于光速。

9-5 $P_r=\dfrac{1}{2}\eta_0\dfrac{8\pi^3}{3}\left(\dfrac{I\pi a^2}{\lambda^2}\right)^2$。

9-6 1.5；1.64。

9-7 (1) $|E_{max}|=\dfrac{\sqrt{60DP_r}}{r}=3\times10^{-3}$ (V/m)；　(2) $D=12$。

9-8 45°。

9-9 $-\dfrac{\pi}{2}$。

9-10 沿 z 轴放置于坐标原点时合成电场为 $E=\left(\boldsymbol{e}_\theta \mathrm{j}\dfrac{I_1 l_1}{2\lambda}+\boldsymbol{e}_\phi\dfrac{\pi I_2 S_2}{\lambda^2}\right)\eta\sin\theta\dfrac{1}{r}\mathrm{e}^{-\mathrm{j}kr}$。

9-11 $D=\dfrac{16\pi ab}{\lambda^2}=\dfrac{4\pi A}{\lambda^2}$；　$G=\eta D$。

9-13 (用镜像原理)　$E_\theta=\dfrac{60I_m}{r}\left[\cos\left(\dfrac{\pi}{2}\cos\theta\right)/\sin\theta\right]\cdot\left[\cos\left(\dfrac{1}{2}k(2h)\cos\theta\right)\right]$；

$$f(\theta,\phi)=\frac{\cos\left(\dfrac{\pi}{2}\cos\theta\right)}{\sin\theta}\cos(kh\cos\theta)$$

参考文献

[1] 谢处方，绕克谨．电磁场与电磁波．2 版．北京：高等教育出版社，1987.
[2] 牛中奇，朱满座，卢智远，等．电磁场理论基础．北京：电子工业出版社，2001.
[3] 王增和，王培章，卢春兰．电磁场与电磁波．北京：电子工业出版社，2001.
[4] 许福永．电磁场与电磁波．北京：科学出版社，2005.
[5] 何红雨．电磁场数值计算法与 MATLAB 实现．武汉：华中科技大学出版社，2004.
[6] 吴万春，等．电磁场理论．北京：电子工业出版社，1985.
[7] 王家礼，等．电磁场与电磁波．西安：西安电子科技大学出版社，2004.
[8] 杨儒贵．电磁场与电磁波．北京：高等教育出版社，2003.
[9] 徐安士，周乐柱．工程电磁学．北京：电子工业出版社，2004.
[10] 钟顺时，钮茂德．电磁场理论基础．西安：西安电子科技大学出版社，1995.
[11] 冯亚伯．电磁场理论．成都：电子科技大学出版社，1995.
[12] 毕德显．电磁场理论．北京：电子工业出版社，1985.
[13] 沈琍娜．电磁场与电磁波．武汉：华中科技大学出版社，2009.
[14] 廖承恩．微波技术基础．北京：国防工业出版社，1984.
[15] 林德云，全泽松，赵书玉．电磁场理论．北京：电子工业出版社，1990.
[16] L. C Shen，J. A. Kong，Applied Electromagnetism. 2th，PWS Engineering，1987.
[17] Demarest KR. Engineering Electromagnetics. Beijing：Science press and pearson Education North Asia Limited，2003.
[18] S. Ramo，J. R. Whinnery，T van，et al. Fields and Waves in Communication Electronica. 2th，John Wiley & Sons. 1984.